W0261461

Infektionen

(Handbuch der experimentellen
Pharmakologie, Neue Serie,
16. Band, Teil 9, 10 und 11)

Infektionen I

Redaktion O. Eichler

Mit 181 Abbildungen
XII, 483 Seiten Gr.-8°
1964. Ganzleinen DM 138.—

A. Erhardt, G. Lämmler, E. Hinz und
H. Themann: Experimentelle Invasionen
bzw. Erzeugung von Krankheiten durch
Metazoen bei Laboratoriumstieren. —
G. Piekarski und Ch. Meske: Experi-
mentelle Infektionen mit pathogenen
Protozoen. — W. Klöne: Die experi-
mentelle Virusinfektion. — W.-H. Wag-
ner: Experimentelle Infektionen mit
Tuberkelbakterien.

Infektionen II

Redaktion O. Eichler

Mit 80 Abbildungen. XVI, 564 Seiten
Gr.-8°. 1966. Ganzleinen DM 154.—

F.-H. Caselitz: Erzeugung von Infektio-
nen durch Pseudomonadaceae und
Achromobacteraceae. — H. Hartwigk:
Das Tierexperiment mit tierpathogenen
Corynebakterien. — R. Wigand: Krank-
heiten durch Bartonellaceae. — W.
Wundt: Experimentelle Erzeugung von
Krankheiten durch Salmonellen und
Shigellen. — G. Linzenmeier: Experi-
mentelle Infektionen durch anaerobe
Sporenbildner (Clostridien) der Gas-
brandgruppe. — U. Berger: Experi-
mentelle Infektionen mit grampositiven
Haufenkokken (Micrococcaceae). — U.
Berger: Experimentelle Infektionen mit
gramnegativen Diplokokken (Neisseria-
ceae). — U. Berger: Experimentelle
Infektionen mit grampositiven Ketten-
kokken (Streptococceae).

Infektionen III

In Vorbereitung

Klinische Infektionslehre

**Einführung in die Pathogenese
der Infektionskrankheiten**

Von Dr. **Felix O. Höring**
apl. Professor für innere Medizin
und Tropenmedizin
an der Freien Universität Berlin,
Chefarzt der II. Inneren (Infektions-)
Abteilung des Städtischen
Rudolf-Virchow-Krankenhauses
Berlin

Dritte Auflage. Mit 7 Abbildungen
VIII, 309 Seiten Gr.-8°. 1962
Ganzleinen DM 48.—

SPRINGER-VERLAG

BERLIN · HEIDELBERG · NEW YORK

Infektionskrankheiten

In drei Bänden

Herausgegeben von

O. Gsell und W. Mohr

Band I

Krankheiten durch Viren

Teil 2

Wahrscheinlich virusbedingte und virusähnliche Krankheiten

Bearbeitet von

O. Gsell · E. Gugler · G.-A. von Harnack · H. Lippelt
H. Löffler · F. Lüthy · W. Mohr · M. F. Paccaud
H. K. von Rechenberg · R. H. Regamey · H. A. Reimann
H. Rieger · E. Rossi · M. E. Said · W. Siede · C. E. Sonck

Mit 76 Abbildungen

Springer-Verlag Berlin Heidelberg GmbH 1967

ISBN 978-3-642-49634-9   ISBN 978-3-642-49928-9 (eBook)
DOI 10.1007/978-3-642-49928-9

Alle Rechte, insbesondere das der Übersetzung in fremde Sprachen, vorbehalten. Ohne ausdrückliche Genehmigung des Verlages ist es auch nicht gestattet, dieses Buch oder Teile daraus auf photomechanischem Wege (Photokopie, Mikrokopie) oder auf andere Art zu vervielfältigen. © by Springer-Verlag Berlin Heidelberg 1967. Softcover reprint of the hardcover 1st edition 1967
Library of Congress Catalog Card Number 66-27982.
Die Wiedergabe von Gebrauchsnamen, Handelsnamen, Warenbezeichnungen usw. in diesem Werk berechtigt auch ohne besondere Kennzeichnung nicht zu der Annahme, daß solche Namen im Sinn der Warenzeichen- und Markenschutz-Gesetzgebung als frei zu betrachten wären und daher von jedermann benutzt werden dürften

Titel-Nr. 6015

Inhaltsverzeichnis

II. Krankheiten durch postulierte Viren

Trachom. Professor Dr. M.-E. SAID. Mit 11 Abbildungen.

Einschluß-Conjunctivitis. Von Professor Dr. H. Rieger. Mit 1 Abbildung.

IV. Krankheiten durch Coxiella

Q-Fieber. Von Professor Dr. H. LÖFFLER. Mit 7 Abbildungen.

V. Krankheiten durch Mycoplasmen

Allgemeines und unspezifische (PPLO-)Urethritis. Von Professor Dr. R. H. REGAMEY und Dr. M. F. PACCAUD.

Mycoplasma pneumoniae (Eaton-Agent)-Pneumonie. Von Professor Dr. H. A. REIMANN. Mit 4 Abbildungen.

VI. Adnex zu Band I

Virus-Pneumonien. Von Professor Dr. H. A. REIMANN. Mit 13 Abbildungen.

Inhaltsverzeichnis des ersten Teiles

I. Krankheiten durch Viren

Mitarbeiterverzeichnis von Band I/2

GSELL, O., Prof. Dr., Medizinische Universitäts-Poliklinik, Basel/Schweiz, Hebelstraße 1.

GUGLER, E., Dr., Universitäts-Kinderklinik, Inselspital, Bern/Schweiz, Freiburgstraße 23.

HARNACK, G.-A. VON, Prof. Dr., Universitäts-Kinderklinik, 4000 Düsseldorf, Moorenstraße 5.

LIPPELT, H., Prof. Dr., Tropeninstitut, 2000 Hamburg 4, Bernhard-Nocht-Straße 74.

LÖFFLER, H., Prof. Dr., Hygienisches Institut der Universität Basel/Schweiz, Petersplatz 10.

LÜTHY, F., Prof. Dr., Neurologische Universitätsklinik, Zürich/Schweiz, Mühlebachstraße 119.

MOHR, W., Prof. Dr., Bernhard-Nocht-Institut, Klinische Abteilung, 2000 Hamburg 4, Bernhard-Nocht-Straße 74.

PACCAUD, M. F., Dr., Institut d'Hygiène, Section de Virologie, 22, Quai de l'Ecole-de-Médecine, Genf/Schweiz.

RECHENBERG, H. K. VON, Prof. Dr., Städtisches Krankenhaus, Medizinische Abteilung, Baden/Schweiz.

REGAMEY, R. H., Prof. Dr., Institut d'Hygiène, 22, Quai de l'Ecole-de-Médecine, Genf/Schweiz.

REIMANN, H. A., Prof. Dr., The Hahnemann Medical College and Hospital, 230 North Broad Street, Philadelphia 2, Pa./U.S.A.

RIEGER, H., Prof. Dr., Allgemeines öffentliches Krankenhaus, Augenabteilung, Linz/Österreich, Museumstraße 15.

ROSSI, E., Prof. Dr., Universitäts-Kinderklinik, Bern/Schweiz, Freiburgstraße 23.

SAID, M. E., Prof. Dr., Alexandria University, 40, Safia Zaghloul Street, Alexandria/Ägypten.

SIEDE, W., Prof. Dr., I. Medizinische Universitätsklinik, 6000 Frankfurt/M., Ludwig-Rehn-Straße 14.

SONCK, C. E., Prof. Dr., Department of Dermatology, University of Turku, Turku 3/Finnland, Keskussairaala.

Inhalt des II. Bandes

Krankheiten durch Bakterien

II. Krankheiten durch postulierte Viren

Virushepatitis

Von WERNER SIEDE, Frankfurt/M.

Mit 2 Abbildungen

I. Definition

Die Virushepatitis ist eine akute fieberhafte Allgemeinreaktion mit nachfolgender Organmanifestation vorwiegend in Form einer *akuten Hepatitis*. Das Krankheitsbild erhält auf Grund der einem fieberhaften Allgemeinstadium folgenden Gelbsucht ein charakteristisches Gepräge. Es werden *zwei Formen* von Virushepatitis beobachtet, eine Form, die meist auf fäkal-oralem Wege oder durch Verunreinigung von Trinkwasser oder Nahrungsmitteln mit einer Inkubationszeit von 15—50 Tagen übertragen wird, häufig epidemisch auftritt und als *Hepatitis infectiosa* bezeichnet wird und eine zweite Form, die bei einer Inkubationszeit von 60—180 Tagen mit Blut anläßlich der Verabfolgung von Bluttransfusionen oder anderer mit Durchtrennung der Haut einhergehender Eingriffe übertragen und als *Serumhepatitis* bekannt ist. Als Erreger kommen wahrscheinlich zumindest zwei verschiedene Virusarten, bei ersterer Form als Virus A, bei letzterer als Virus B bezeichnet, infrage. Während die Hepatitis infectiosa bei der größten Zahl der Fälle Dauerimmunität hinterläßt, besteht bei der Serumhepatitis die Immunität nur etwa 1 Jahr lang.

II. Geschichte

Schon in der *Antike* wurden offensichtlich der Hepatitis infectiosa entsprechende Gelbsuchtsepidemien beobachtet. *Hippokrates* berichtet 377 v. Chr. von einer die gesamte Jugend befallenden Gelbsucht. Auch *Galen* sowie *Celsus* beschreiben das Krankheitsbild, letzterer als ἡπατικόυ πάδοσ.

Im 8. Jahrhundert erwähnt Papst Zacharias eine ansteckende Gelbsucht. In einem Schreiben an den heiligen Bonifatius in Deutschland rät er diesem, Kranke mit Gelbsucht zu isolieren, damit die Krankheit nicht weiter verbreitet wird.

Im 17. Jahrhundert macht *Henry de Beer* in Spanien Mitteilung über eine ansteckende Gelbsucht. In der ersten Hälfte des 18. Jahrhunderts wurde in größerem Umfang über Epidemien berichtet, nachdem es in verschiedenen Städten und Ländern Europas, nämlich 1702 in Berlin, 1705 in Ungarn, 1709 in Italien, 1729 in Holland und Belgien, 1741 in Paris, 1729 und 1743 in England, 1743 in Irland und Schottland und 1745 in Minorka zu Gelbsuchtsausbrüchen gekommen war. Aus Deutschland stammt die erste ausführliche Mitteilung von HERLITZ. Er beschreibt im Jahre 1761 eine Epidemie in Göttingen, deren klinische Charakteristika sich mit der heute beobachteten Symptomatologie der Krankheit weitgehend decken.

Ende des 18. Jahrhunderts erfolgte wohl die erste bisher bekannte Epidemie der Militärgeschichte. LARRAY, der Leibarzt Napoleons, berichtet über das Auftreten der epidemischen Gelbsucht während der Napoleonischen Kriege (1796—1814) im französischen, türkischen, preußischen und polnischen Heer. Auch in den Aufzeichnungen von KERCKHOFF, der die Armee als Arzt im 3. französischen Corps unter Marschall Ney bis Moskau begleitete, wird die „hépatite" erwähnt.

Seit *Mitte des letzten Jahrhunderts* häufen sich die Mitteilungen über *Gelbsuchtsepidemien*. Im Jahre 1879 gibt FRÖHLICH eine Zusammenstellung von 31 bis da bekannten Hepatis-Epidemien und beschreibt dabei selbst vier in Baden bzw. im Elsaß zur Beobachtung gekommene Ausbrüche der Seuche. Im Jahre 1899 erfolgen sehr sorgfältige Erhebungen durch MEINERT und HENNIG. Ersterer schildert eine über große Teile von Sachsen sich ausbreitende Epidemie mit Zentrum in Dresden, letzterer beschreibt eine Epidemie in Königsberg, die er zum Anlaß eingehender differentialdiagnostischer Erwägungen macht. Er umreißt das Krankheitsbild klar im Sinne einer nosologischen Einheit. Bis zum Ende des 19. Jahrhunderts sind im Schrifttum bereits 90 Hepatitis-Epidemien bekannt. Auch außerhalb Deutschland häuft sich im 19. Jahrhundert die Zahl der Mitteilungen über Hepatitis-Epidemien (Genf (1852) BARTHEZ und RILLIET, Basel (1874) HAGENBACH, Norwegen (1884/85) GRAARUD, Dänemark (1890) FLINDT, Mittelitalien (1897/98) DOMENICI, Moskau (1890—96) KISSEL). Aus den USA stammt ein Bericht von WOODWARD über Massenerkrankungen im Jahre 1864. In der zweiten Hälfte des 19. Jahrhunderts ereigneten sich auch wiederum *Kriegsepidemien*, so während des amerikanischen Sezessionskrieges 1861/62 mit 52133 Erkrankungen (= 2% der Kampftruppen) und 161 Todesfällen, während des französisch-italienischen Feldzuges 1866/67, während des amerikanisch-spanischen Krieges 1898, während des Burenkrieges 1899/1902 sowie während des deutsch-französischen Krieges 1870/71, wo es vor allem im bayrischen und im sächsischen Armeekorps zu einer starken Häufung kam. Im ersteren betrug die Morbidität 2,4%, in einzelnen Bataillonen 5,0%. Um die letzte Jahrhundertwende und in den folgenden Jahren häufen sich im angelsächsischen Schrifttum die Mitteilungen über „epidemic jaundice". Auch in Skandinavien wurden in dieser Zeit Gelbsuchts-Epidemien beobachtet. Weitgehend auf Kinder beschränkte Epidemien werden im Jahre 1904 aus Budapest (FLESCH) und 1905 aus Prag (LANGER) mitgeteilt.

Im ersten Weltkrieg wurden auf fast allen Kriegsschauplätzen sowohl bei den Alliierten als auch bei den Mittelmächten größere Epidemien beobachtet. Die größte Weltkriegsepidemie machte wahrscheinlich die rumänische Armee auf dem Rückzug im Jahre 1917 durch (CANTACUZÉNE). Dabei erkrankten viele Tausende von Soldaten mit einer relativ hohen Zahl schwerer Fälle.

Auch in den Jahren *zwischen den beiden Weltkriegen* wurden in allen Teilen der Erde Hepatitisausbrüche beobachtet. Es liegen zahlreiche Mitteilungen aus Deutschland, England, Schweden, Norwegen, Finnland, Estland, Holland, Frankreich, Portugal, Ungarn, Italien vor (Lit. b. SIEDE). Auch außerhalb Europas ist es in dieser Zeit zu größeren Ausbrüchen der Seuche gekommen. Im Jahre 1921/22 wurde eine Epidemie im Staate New York mit über 1400 Erkrankungen (WILLIAMS, WADWORTH und HERRMANN) beobachtet. In der gleichen Zeit traten etwa 200 kleinere Epidemien im Staate New York auf (BLUMER). Weiter wurden 1931/32 wieder in Nordamerika (WILLIAMS und SIGOLOFF), 1929 in China (ROBINSON), 1933 in Südamerika (CARRAU), 1935 in Australien (LAURIE) und 1936 in Kleinasien (YENIKOMSHIAN und DENNIS) sowie in Japan (MURAKAMI) Epidemien beobachtet. Sehr aufschlußreich ist ein Seuchenausbruch bei der deutschen Marine mit über 2500 Erkrankungsfällen vorwiegend in den Jahren 1922—1924 (RUGE). Im Jahre 1925 wurde besonders Gotenburg und Südschweden von einer großen Epidemie befallen (WALLGREN). Auch auf der Insel Gotland wurde in den Jahren 1929—1932 eine große Epidemie mit 1382 Fällen durch BERGSTRÖM beobachtet, wobei allein im Jahre 1930 926 Kranke gezählt wurden. Bemerkenswert ist eine im Jahre 1939 von PER SELANDER veröffentlichte ausführliche statistisch-epidemiologische Studie mit klinischen Untersuchungen über das Auftreten der Gelbsucht in Südschweden in den Jahren 1924—1938. Der Arbeit liegen besonders exakte Zahlen über die gesamte Morbidität zugrunde, da zu dieser Zeit in Südschweden ebenso wie in Dänemark bereits die Meldepflicht für die Krankheit bestand.

In Deutschland schien die nach dem ersten Weltkrieg aufgetretene Epidemiewelle ungefähr bis zum Jahre 1924 weitgehend abgeklungen zu sein. Erst in den letzten Jahren vor dem zweiten Weltkrieg traten an einigen Orten Deutschlands wieder größere Epidemien auf. Es wurden Gelbsuchtsausbrüche durch v. BORMANN in Heidelberg, HOLM in Wilhelmsburg und KATHE in Kunitz mitgeteilt. Zur gleichen Zeit erfaßten wir, gemeinsam mit GÄRTNER und MANCKE, verschiedene Epidemien im sächsischen Erzgebirge, deren größte in Thalheim südlich Chemnitz auftrat. Dabei wurden wesentliche neue epidemiologische und klinische Gesichtspunkte herausgearbeitet und für Deutschland die Einführung der Meldepflicht gefordert. SIEDE trat schon damals mit als erster für die Virusätiologie ein und erkannte die Schmierinfektion als hauptsächliche Übertragungsweise.

Der zweite Weltkrieg stellte offensichtlich die ideale Voraussetzung für eine erneute massive Verbreitung der epidemischen Gelbsucht dar, und es sind auf allen Kriegsschauplätzen, besonders aber unter deutschen und angelsächsischen Truppen umfangreiche Gruppenerkrankungen beobachtet worden. Die Hepatitiswelle setzte nach GUTZEIT plötzlich im Juli 1941 auf dem Balkan, in Afrika und dann in Rußland ein. Eingehende Mitteilungen liegen aus Frankreich (DOHMEN), Norwegen (STUHLFAUTH), Nordafrika, Sardinien, Korsika, Kreta, Griechenland, Süditalien und Libyen vor. In Griechenland war die Morbidität in einzelnen Truppenteilen so groß, daß man von „gelben Divisionen" sprach (VOEGT). MEYTHALER sah innerhalb von 6 Wochen 7000 Fälle. Im September 1941 wurden allein an der Ostfront 190000 Fälle registriert. In drei Kriegsjahren sollen auf deutscher Seite 5—6 Millionen Soldaten erkrankt sein

(Gutzeit). Gutzeit beziffert die Morbidität in einzelnen Truppenteilen mit bis zu 40%. Die englische Armee wurde nach Cullinan besonders im Mittelmeerraum, China, Indien, Australien, Persien und dem Irak befallen. Die erste schwere Epidemie im Mittelmeerraum breitete sich gerade zu einem sehr kritischen Zeitpunkt während des Feldzuges kurz vor dem Vorstoß auf El Alamein aus. Am schlimmsten waren die Fronttruppen der 8. englischen Armee des Generals Montgomery betroffen. Die Morbidität stieg bis zu 8—9% an, dabei erkrankten besonders viel Offiziere. Die höchste Erkrankungsfrequenz im Mittelmeerraum betrug bei einer neuseeländischen Division 11%. Im Winterhalbjahr 1942/43 kostete die Hepatitis die britischen Truppen allein im mittleren Osten über $^1/_2$ Million Lazarett-Tage. Bei den USA-Streitkräften wurden von 1941—1945 182000 Hepatitisfälle festgestellt.

Es konnte naturgemäß nicht ausbleiben, daß gleichzeitig mit den Soldatenepidemien auch die Zivilbevölkerung von der Seuche in verstärktem Maße befallen wurde, so z. B. in Freiburg (Jungel), Berlin (Henneberg), Düsseldorf (Goeters). Man rechnet mit 4 Millionen Erkrankungen unter der deutschen Zivilbevölkerung, so daß zusammen mit den ca. 6 Millionen Soldaten während des letzten Weltkrieges 10 Millionen Deutsche an Hepatitis erkrankt gewesen sein dürften (Harmsen).

Es ist sehr bemerkenswert, daß der *nach dem zweiten Weltkrieg* erwartete Abfall der Gelbsuchtswelle entsprechend den Erfahrungen nach früheren Kriegen nicht eintrat. In allen Teilen der Erde wird bis zum heutigen Tage immer wieder über Ausbrüche der Seuche unter der Zivilbevölkerung berichtet. Der Korea-Krieg brachte neue Epidemien unter den amerikanischen Soldaten (Morbidität bis 3,5%, Havens), ebenso wie der Algerien-Krieg mit einer Morbidität von 16—30% und einer Letalität in 1,2% unter den französischen Truppen (Bernhard u. Mitarb.).

Im Bereich der BR Deutschland beobachtet Verfasser seit 1950 in Südhessen permanent Ausbrüche der Seuche. Während in der Stadt Darmstadt in den vergangenen 15 Jahren bei geringfügigen Schwankungen im Durchschnitt ungefähr dieselbe jährliche Hepatitis-Morbidität in beachtlicher Höhe bestand, wobei sich die Fälle von Hepatitis infectiosa und Serumhepatitis etwa die Waage hielten, trat in der näheren und weiteren Umgebung von Darmstadt in kleineren Orten, jedes Jahr an anderer Stelle, die epidemieartige Häufung contagiöser Erkrankungen auf. Dabei wurden charakteristischerweise immer solche Orte befallen, in denen jahrelang zuvor nahezu keine Hepatitis-Erkrankungen vorgekommen waren. Über *Hepatitishäufungen nach dem zweiten Weltkrieg* bis in die jüngste Zeit hinein liegen Mitteilungen aus Düsseldorf (Schmengler), Hamburg (Jacobi und Mertens), Württemberg (Wedler), Berlin (Hüsfeld), Mannheim (Hahn), Lübeck (Curtius), Poppenbauer (Schön u. Mitarb.), Homberg (Delteskamp u. Mitarb.), Minden (Reploh und Primavesi), Oldenburg (Miller), Oberfranken (Sitzmann und Schricker) und dem Kreis Meppen/Ems (Ritzerfeld und Brinkmann) vor. Dasselbe gilt auch für den mitteldeutschen Raum. So stellten Rheinfried und Straube in Zwickau im Jahre 1950 eine bemerkenswerte Zunahme der Morbidität auf 3,5% fest, Renger und Steinborn veröffentlichten 1963 eine epidemiologische Studie über die Hepatitis-Morbidität im Kreise Neuruppin, und die von Hofmann aufgestellte Morbiditätskurve für Leipzig läßt ein deutliches Ansteigen seit 1945 erkennen, wobei die Jahre 1947, 1950 und 1951 als ausgesprochene Epidemiejahre gelten können. Anders und Kima haben ermittelt, daß die Hepatitis infectiosa in Mitteldeutschland im Jahre 1958 mit 34094 Beobachtungsfällen die häufigste anzeigepflichtige übertragbare Krankheit darstellt. Seit 1952 wird dort eine kontinuierliche Zunahme der Hepatitisfälle beobachtet. Die Ausbreitung erfolgt offenbar von gewissen Reservoiren aus, deren bedeutungsvollstes Sachsen ist. Auf Grund der bekannt gewordenen Morbiditätszahlen nimmt die Krankheitshäufigkeit von dort aus nach Westen und Norden hin ab. Die maximale in den Nachkriegsjahren in Mitteldeutschland beobachtete Morbidität in einem geographischen Raum von Kreisgröße beträgt 70/10000 Einwohner.

In der Bundesrepublik Deutschland sind die Verhältnisse infolge der unterschiedlichen Handhabung der Registrierung leider nur schlecht zu überblicken. Die Meldepflicht, die wir seit 1938 immer wieder gefordert haben, wurde hier endlich im Jahre 1962 eingeführt. Auf Grund der im Jahre 1956 gemeldeten 114 Sterbefälle errechnet sich die Zahl der Erkrankungen in diesem Jahre bei Unterstellung einer Letalität von 0,12% auf 95000. Für das Jahr 1962 wurden 14708 (= 25,8 auf 100000 Einwohner), für 1963 14077 (= 24,4/100000), für 1964 17126 Fälle (= 29,3/100000) und für 1965 19759 Fälle (= 33,5/100000) von Hepatitis infectiosa gemeldet. Diese Zahlen stellen ohne Zweifel nur einen Bruchteil der tatsächlich aufgetretenen Hepatitis infectiosa-Fälle dar.

Auch außerhalb Deutschlands wurde in der Zeit nach dem zweiten Weltkrieg ein außergewöhnlicher Anstieg beobachtet. So wurden in den *USA* im Jahre 1954 49739 Erkrankungsfälle registriert, was einer Morbidität von 3,06 auf 10000 Lebende entspricht. Im Jahre 1959 steht in USA die Hepatitis mit 29187 Fällen unter den anzeigepflichtigen übertragbaren Krankheiten an erster Stelle. Nach einem weiteren Anstieg im Jahre 1960 erreichte die Morbidität in den ersten 6 Monaten des Jahres 1961 mit 43039 gemeldeten Fällen (Morrison u.

Mitarb.) bei einer Gesamtmorbidität von 72000 Fällen in diesem Jahr (McCollum) einen neuen Höhepunkt. Die erhebliche Zunahme in New Jersey im Jahre 1961 (2095 Fälle) wurde eingehend bearbeitet (Dougherty und Altman). In *Neu-Delhi* wurde im Jahre 1955/56 eine große Epidemie (über 35000 Fälle) beobachtet. Auch die *Sowjetunion* ist seit 1953 in erheblichem Maße von Hepatitis-Ausbrüchen befallen. Dabei wies die Aserbeidshanische Sowjet-Republik eine Morbidität von 6,81 auf 10000 Lebende auf. Die *Tschechoslowakei*, die *Schweiz*, die *Niederlande* registrierten im Jahre 1954 ebenfalls besondere hohe Erkrankungszahlen. In *Jugoslawien* begann im Jahre 1955 eine Epidemiewelle (Milojeic). Besonders bemerkenswert ist die Zunahme in *Polen* in jüngster Zeit (Kassur). Während im Jahre 1957 26000 Fälle registriert wurden, waren es im Jahre 1959 75000. Aus *England* (Bristol) wird über eine Kontaktepidemie von 2395 Fällen 1959—1962 berichtet (Bothwell u. Mitarb.). Zur Zeit scheinen besonders hohe Endemiespiegel in den Mittelmeerländern und im Fernen Osten zu bestehen, was sich durch die hohe Rate von Infektionen unter empfänglichen Besuchern, speziell Militärpersonal ergibt (McCollum). Dabei ist erstaunlich, daß die Morbiditätsrate in diesen Ländern unter der Eingeborenenbevölkerung dem Anschein nach gering ist, was wohl so zu erklären ist, daß diese Bevölkerung universell durch eine vorwiegend inapperente oder subklinische Infektion in frühem Alter befallen wird (McCollum). In *Japan* wird seit 1945 über zahlreiche Hepatitisausbrüche unter der Zivilbevölkerung, meist in kleinen Orten, jedes Jahr an anderer Stelle, berichtet (Maeno, Kosaka, Yamamoto, Ueda). Kosaka u. Mitarb. haben eine ausführliche epidemiologische Studie über Epidemien unter der Bevölkerung in der näheren und weiteren Umgebung der Stadt Okayama in den Jahren 1945—1960 mit besonderen Gipfeln der Morbiditätskurse 1946, 1952 und 1960 veröffentlicht.

III. Ätiologie

Der *Erreger der Hepatitis* ist noch nicht eindeutig erwiesen. Viele Untersuchungen sprechen für die Virusnatur des ursächlichen Agens. Die ersten positiven Ergebnisse im Sinne der *Virusätiologie* der Hepatitis infectiosa wurden im Jahre 1941 bei Versuchen mit dem Hühnerembryo erziehlt (Siede u. Mitarb.). In der filtrierten Duodenalgalle von an Hepatitis infectiosa Erkrankten wurde ein huhnembryonentötendes in Passagen fortführbares Agens nachgewiesen, welches in der Leber des Versuchstieres ein der Hepatitis entsprechendes anatomisches Bild hervorrief. Mit aus solchen Bruteipassagen gewonnenem Material wurden bei Freiwilligen der Hepatitis infectiosa entsprechende Krankheitsbilder bzw. Leberschädigungen erzielt (Essen und Lembke). Damit war der Nachweis erbracht, daß das im Huhnembryo isolierte, biologisch als Virus identifizierte Agens eine Hepatitis auslösen kann. Im Jahre 1960 wurde auf Grund der in der Leber der Embryonen festgestellten histologischen Veränderungen von Reploh und Primavesi ein Embryonen-Lebertest entwickelt.

Die Versuche der Adaption des Hepatitisvirus in den Eiweißkörper des Huhnembryo wurden im Jahre 1950 durch Henle u. Mitarb. fortgesetzt, die das Ausgangsmaterial auf gehacktes Huhnembryogewebe und parallel dazu gleichzeitig auf Gewebekulturen von Kaninchenleber brachten und in Passagen fortführten. Von der 10. Passage der Hühnerembryogewebskultur an wurde das Material in die Amnionhöhle des wachsenden Hühnerembryo gebracht. Das Material der Hühnerembryogewebekulturen und der Amnionpassagen wurde schließlich auf freiwillige Versuchspersonen überführt, bei denen eine leichte Hepatitis ohne Gelbsucht mit Bilirubinerhöhung bis 1,3 mg/100 ml auftrat. Aus der Amnionflüssigkeit wurde ein Antigen-Hauttest entwickelt.

Weitere Fortschritte wurden durch die Entwicklung der Gewebekulturtechnik erzielt. Diesbezüglich sind in erster Linie die Versuche der Virusisolierung mit Gewebekulturen von Schimpansennieren (Hillis) mit der Detroit-6-Zelle (Rightsel u. Mitarb.) und mit der diploiden Zelle Wistar-38 (Liebhaber, Krugman u. Mitarb.) zu nennen. Bei den vorgenannten Zellsystemen handelt es sich um Primatenzellen, zwei vom Menschen, eine vom Schimpansen. Besonderes Interesse fanden die im Jahre 1961 veröffentlichten Untersuchungen durch die Arbeitsgruppe von Rightsel, Taylor und McLean. Diesen gelang es, aus Blut von Hepatitisinfectiosa- und Serumhepatitis-Kranken auf menschlichen Zellkulturen, der eine permanente menschliche Zellinie darstellenden Detroit-6-Zelle, zahlreiche Stämme von Hepatitisvirus zu züchten und zu vermehren. Die Vermehrung der fraglichen Viren in der Zelle rief cytopathologische Veränderungen hervor. Diese wurden in jüngster Zeit elektronenmikroskopisch durch Erkennung von Kern- und Cytoplasma-Alterationen sowie von Virus-Partikel-Aggregaten mit einem Virus-Durchmesser von 24 mμ weiter differenziert (JÉZÉQUEL und STEINER).

In den Gewebekulturen wurden verhältnismäßig hohe Virustiter erzielt. Das Virus war im Serum von Normalpersonen in 5—35%, bei Virus-Hepatitis in über 95% der Untersuchungen nachweisbar. Diese Tatsache gab zu der Hypothese Veranlassung, daß die Hepatitis-Entwicklung mit abnormer Leberfunktion und Gelbsucht eine relativ seltene Komplikation einer ziemlich allgemeinen Virus-Infektion darstellt. Massive Exposition und starke Hepatotropie führen erst zu Leberschaden mit Gelbsucht. Über 15 Gewebekultur-Passagen geführtes Virus rief bei Freiwilligen Hepatitis hervor. Dabei waren Inkubationszeit, Symptome, klinische Erscheinungen und Laboratoriumsbefunde typisch für Hepatitis infectiosa. Von diesen Fällen konnte das Virus wieder isoliert und der Anstieg spezifischer neutralisierender Antikörper festgestellt werden. Unter den über 100 gezüchteten Virusstämmen konnten drei deutlich abtrennbare Virustypen nachgewiesen werden, von denen zwei Hepatitis mit Gelbsucht produzierten. Einiges aus den Untersuchungen ist schwer verständlich, so z. B. der häufig gelungene Virus- und Antikörpernachweis in der gleichen Serumprobe oder die Beobachtung, daß Versuchspersonen ca. 300 Tage nach einem gelungenen Infektionsversuch mit dem gleichen Virus bereits wieder infiziert werden konnten und sich Symptome einer Hepatitis einstellten (HAAS).

Bei den Untersuchungen von LIEBHABER u. Mitarb. wurden aus Urin und Serum von im Inkubationsstadium befindlichen Hepatitiskranken mittels Gewebekultur einer permanenten menschlichen diploiden Lungenfibroblastosezelle drei Viren isoliert, bei denen es sich auf Grund des Nachweises neutralisierender Antikörper gegen die isolierten Viren bei 13 Hepatitispatienten um Hepatitisviren handeln soll.

Kürzlich mitgeteilte Übertragung auf junge afrikanische Affen durch Inokulation von Material, welches von Menschen mit Hepatitis infectiosa stammt (BEARCROFT), läßt hoffen, daß möglicherweise ein für Hepatitis empfängliches Versuchstier gefunden ist.

Auf Grund der bisher vorliegenden Untersuchungen ist über das Hepatitisagens das Folgende bekannt:

Als wesentliche *Eigenschaft* ist die relativ große *Hitzebeständigkeit* hervorzuheben. Es überlebt Temperaturen von 56—60° C auf die Dauer von 30 min oder länger (4 Std). Eine 10 Std andauernde Hitzebehandlung von 60° inaktiviert das Virus (GELLIS u. a.). Das Virus bleibt bei einer Temperatur von 10—20° C zumindest 1 Jahr lang lebensfähig (NEEFE u. a.). Es übersteht die üblichen Desinfektionsmittel wie Alkohol, Äther, Quecksilberantiseptica. Durch die Chlorierung von Wasser wird das Virus nicht inaktiviert. Ultraviolettbestrahlung von Plasma vernichtet das Virus nicht, ebenso wie die Behandlung mit cytostatischen Substanzen. Schwefel, Alkyloxyde und β-Propriolakton scheinen einen gewissen Einfluß auf das Absterben des Virus zu haben (HARTMANN u. a.). Am zuverlässigsten soll infektiöses Plasma durch eine kombinierte Anwendung von UV-Strahlung und β-Propriolakton desinfiziert werden (LoGRIPPO). Die Aufbewahrung von Plasma bei Raumtemperatur soll das Virus abschwächen (MURRAY u. a.). Bei 32° C über 6 Monate wurde das Virus im Serum anscheinend völlig zerstört (MURRAY u.a.).

Bezüglich der Morphologie des Virus ist festzustellen, daß das elektronenoptisch kugelförmig erscheinende Virus offenbar sehr klein ist. Sein Durchmesser wird auf Grund von Ultrafiltrationsversuchen mit unter 20 mμ bzw. 15 mμ beziffert (RIGHTSEL u. Mitarb.). Es soll aus Ribonucleinsäure und Protein bestehen. Die einzelnen Virusteilchen liegen in Form rosettenförmiger Aggregate von 75—100 mμ zusammen (RIGHTSEL u. Mitarb.).

NIKOLAU und RUGE glauben in den Kernen der Leberzellen Einschlußkörperchen erkannt zu haben, die dem Virus entsprechen sollen, was von POPPER und SCHAFFNER angezweifelt wird. Letztere halten auch die acidophile Degeneration des Cytoplasma, die zur Bildung der sog. „Councilman-bodies" führt, nicht für eine spezifische Reaktion der Zellen auf das Virus im Sinne cytoplasmatischer Einschlußkörperchen, da sie auch beim Gelbfieber und bei der Hepatitis canis vorkommen. Elektronenoptisch sind in Leberpunktaten viruspartikelähnliche Gebilde gefunden worden (BRAUNSTEINER). Es handelt sich dabei um in der cytoplasmatischen Grundsubstanz und den endoplasmatischen Räumen der Leberepithelien lokalisierte 200 bis 2400 Å im Durchmesser große Partikel, die der Größe und dem Aussehen von Viruskörpern entsprechen (COSSEL, GUEFT, BEARCROFT). Ob es sich dabei um das Hepatitisvirus handelt, ist allerdings nicht erwiesen.

Bezüglich des kulturellen Verhaltens ist die Züchtbarkeit und Vermehrbarkeit im Eiweißkörper des Huhnembryo als wahrscheinlich und auf menschlichen Gewebekulturen als weitgehend gesichert zu betrachten. Verschiedentlich mitgeteilte Übertragungsversuche auf verschiedene Versuchstiere (Schwein, weiße Maus, Ratte, Wellensittich, Kanari, Kanari-Stieglitz-Bastard, Meerschweinchen, Schimpanse) wurden bisher bei Nachuntersuchungen nicht bestätigt. (Lit. s. b. SIEDE).

Die Frage möglicher toxischer und antigener Eigenschaften ist noch im Fluß.

Ein *Antigen-Hauttest* für das Virus A, der aus der Amnionflüssigkeit beimpfter Huhnembryonen gewonnen wurde, ruft bei Menschen, die eine Hepatitis durchgemacht haben, eine positive Reaktion hervor (HENLE u. Mitarb.). Der Hauttest soll sich bei Epidemien bewährt haben (BENETT u. Mitarb.). Durch den Hauttest soll Immunität gegen das Virus A erzielt werden, so daß möglicherweise in dem Antigen lebendes Virus vorhanden ist (DRAKE u. Mitarb.). Danach stellt möglicherweise das Virus A ein einheitliches Antigen dar. Die Freiwilligenversuche der Gruppe McLEAN demonstrieren die Bildung von Antikörpern frühestens nach 35, meist nach 40—100 Tagen.

Bemerkenswert sind die in einem hohen Prozentsatz positiven *Agglutinationsphänomene* im Serum mit Erythrocyten von Rhesusaffen (HOYT und MORRISON) und Küken (HAVENS u. Mitarb.; FRENGER u. Mitarb.). Es wurde die Frage diskutiert, ob die Erythrocyten durch ein vom Virus abgegebenes Agglutinin (RUBIN) ohne Vermittlung von Serumfaktoren agglutiniert werden oder ob die Agglutination durch ein Serum-γ-Globulin hervorgehoben wird angesichts der Tatsache, daß bei der Virushepatitis eine deutliche Vermehrung von β 2 M-Globulin vorliegt, welches neben spezifischen Antikörpern weitere Faktoren führt, die zu Seroreaktionen, insbesondere Agglutination Veranlassung geben können.

HAAS betont, daß ein Zusammenhang der Agglutination von Rhesuserythrocyten mit Hepatitis nur insofern besteht, als die Verteilung der Hämagglutinintiter und die Lage des mittleren Hämagglutinintiters bei Hepatitiskranken eine andere, und zwar eine höhere als bei Gesunden ist. Die Titerbereiche Gesunder und Hepatitiskranker überschneiden sich. HAAS fand bei 50% der Hepatitis-Sera einen Titer von 1:256 und mehr. Wenn auch statistisch die Unterschiede zwischen der Titerverteilung der Seren von Hepatitiskranken und Gesunden sich gut sichern ließ, ist damit für die Bewertung im Einzelfall nichts gewonnen.

IV. Pathologisch-anatomische Befunde

Die pathologische Anatomie der komplikationslos verlaufenden Virushepatitis, bei der nach 2—3 Monaten eine Abheilung mit restitutio ad integrum erfolgt, beruht auf dem Studium von Fällen, bei denen während der akuten Krankheitsphase der Tod aus anderen Ursachen eintrat (Unglücksfälle, gefallene Soldaten), und auf der Auswertung der bioptischen Methoden, der Laparoskopie und Leberpunktion. Mit Hilfe letzterer ist es möglich, in jeder gewünschten Krankheitsphase das morphologische Substrat der Virushepatitis zu erfassen. Auf Grund der auf diesen Wegen gewonnenen Untersuchungsbefunde sind morphologisch drei Formen der akuten Virushepatitis zu unterscheiden:

1. Hepatitis mit fleckförmiger Nekrose.
2. Hepatitis mit massiver Nekrose.
3. Hepatitis mit intrahepatischer Cholestase.

1. Hepatitis mit fleckförmiger Nekrose

a) Makroskopischer Befund

Im akuten Stadium der Erkrankung stellt sich die Leber laparoskopisch als mehr oder weniger vergrößertes, geschwollenes, stumpfrandiges Organ dar. Die Leberkapsel erscheint gespannt, die Leberoberfläche ist glatt und spiegelnd. Das Kolorit der Leber erscheint gegenüber der Norm vermehrt gerötet. Manchmal besteht eine intensiv flammende Rötung, gelegentlich ist auch eine fleckige Intensivierung der Rötung zu erkennen. Je frischer die Krankheit zur Beobachtung kommt und je stärker der Krankheitsprozeß ausgeprägt ist, desto intensiver erscheint das rötliche Kolorit. KALK hat daher mit Recht von der großen roten Leber gesprochen. Mit Zunahme des Ikterus und besonders, wenn dieser ein erheblicheres Ausmaß erreicht, nimmt die Leber allmählich eine gelbrote oder braunrote Tönung an.

Die Leber erscheint im ganzen konsistenzvermehrt und starr. Sobald sie jedoch punktiert wird, ist zu erkennen, daß diese Starrheit durch die pralle Spannung der Leberkapsel infolge des erhöhten intrahepatischen Druckes bedingt ist, denn die Leber läßt sich an ihrer Oberfläche bei Berührung mit einer Punktionsnadel leicht eindrücken und nach Durchstoßung der Leberkapsel gelangt man in weiches Lebergewebe. Unter Umständen ist die Konsistenz der Leber dann sogar ungewöhnlich weich.

In der Rückbildungsphase der Hepatitis verkleinert sich die Leber allmählich wieder, ohne jedoch ihre normale Größe zu unterschreiten. Dabei wird die Konsistenz wieder fester. Die beschriebenen Veränderungen der Leber betreffen in der Regel beide Leberlappen. Ausnahmsweise kann auch nur ein Lappen von der Krankheit befallen sein (SIEDE). Unter Umständen kann dann der zunächst nicht befallene Leberlappen einige Wochen später auch erkranken, was durch einen erneuten Ikterusschub, der dann meist irrtümlich als Rezidiv gedeutet wird, kenntlich ist.

Charakteristisch ist das Verhalten der Gallenblase bei der Laparoskopie, die in der Entfaltungsphase und auf dem Höhepunkt der Erkrankung leer und atonisch erscheint, während sie sich in der Rückbildungsphase als prall gefüllt darstellt.

b) Mikroskopischer Befund

Der mikroskopische Leberbefund im akuten Stadium ist von komplexer Natur und betrifft sowohl das eigentliche Hepaton als auch das periportale Gewebe. Im Mittelpunkt des Krankheitsprozesses stehen die Veränderungen am epithelialen Parenchym, die sich in verschiedenartigen *Degenerationserscheinungen des Cytoplasmas und der Kerne* bis zur Nekrose darstellen. Als besonders charakteristischer Befund sind dabei disseminierte *acidophile Einzelnekrosen* zu nennen (AXENFELD und BRASS, KALK und BÜCHNER, KÜHN, SIEGMUND). Diese treten zunächst bevorzugt in der Läppchenperipherie auf. In der zentralen Zone werden normalgroße Zellen nach ausgedehnter feiner Granulierung des Cytoplasmas nekrotisch (POPPER und SCHAFFNER). Bei schweren Fällen erfaßt die Nekrose mehrere Reihen von Leberzellen in der Umgebung der Zentralvene. Infolgedessen kann sich eine weitgehende Auflösung der Bälkchenstruktur vollziehen.

Der Abtransport der Zelleichen vollzieht sich relativ rasch. Diese werden entweder von histiocytären Zellen oder Kupfferschen Sternzellen phagocytiert oder offenbar schnell durch Autolyse weiter verflüssigt, oder wandeln sich sehr schnell in einen breiigen Detritus um, der mit dem Lymphstrom abfließt. In der Umgebung der nekrotischen Leberzellen sammeln sich Entzündungszellen, vorwiegend Histiocyten und Lymphocyten, z. T. aber auch neutrophile und eosinophile Leukocyten und Plasmazellen an.

Bemerkenswert ist das Auftreten sog. dunkler Leberzellen, was durch die Herabsetzung der Basophilie des Cytoplasmas zustande kommt und als acidophile Degeneration bezeichnet wird (Axenfeld und Brass). Weiterhin kommt es zum Auftreten von sog. Ballonzellen (Smetana). Es handelt sich dabei um ballonförmig aufgetriebene Leberzellen mit einem Maximaldurchmesser bis 50 mμ. Die nicht nekrotischen Leberzellen enthalten oft noch reichlich Glykogen (Krarup), nur bei schwereren Leberzellschäden ist der Glykogengehalt beträchtlich vermindert (Iversen und Roholm, Kühn, Weinbren).

Auch die *Kerne* der Leberzellen weisen charakteristische Veränderungen auf. Sie sind verschieden groß und von unterschiedlicher Farbqualität. Es werden Karyolyse, Karyorrhexis, Pyknose und vacuoläre Degeneration beobachtet. Auch treten ausgesprochen große acidophile Einschlußkörperchen auf (Popper und Schaffner). Bemerkenswert ist weiter eine stark ausgeprägte Polymorphie unter den Leberzellen mit erheblichen Schwankungen in bezug auf Zell- und Kerngröße, Kernzahl und Zellform, Deutlichkeit der Zellmembranen und Färbbarkeit des Cytoplasmas. Schließlich ist noch das Auftreten sog. acidophiler Körper zu erwähnen, indem in einigen Leberzellen umschriebene Gebiete des Cytoplasmas tief und homogen acidophil werden. Die Acidophilie breitet sich nach und nach über das gesamte Cytoplasma der Zelle aus. Gleichzeitig verkleinert sich die Zelle und der Kern wird kugelig und pyknotisch, um schließlich zu verschwinden. Die sich so bildenden acidophilen Körper werden alsbald aus den Leberbälkchen abgestoßen und formen sich zu lichtbrechenden Kugeln um, die sich in den Gewebsspalten anordnen. Sie ähneln den Councilman-Körpern, die in der intermediären Zone des Läppchens beim Gelbfieber beobachtet werden.

Der Höhepunkt der Parenchymdestruktion wird etwa am 8.—12. Tag nach Auftreten der Gelbsucht beobachtet.

Dadurch entstehen in der Umgebung der Zentralvenen größere parenchymfreie Bezirke. Das Ausmaß dieses Entparenchymatisierungsprozesses geht etwa mit der klinisch wahrnehmbaren Schwere der Erkrankung parallel. Dibble, Mc Michael und Sherlock betonen, daß bei leichten Fällen die Nekrose und Autolyse der Parenchymzellen gering und auf zentrolobuläres Gebiet beschränkt und somit zonal ist, während der Prozeß bei schweren Fällen, das Zentrum des Läppchens bevorzugend, diffus ist.

Durch eine rege Mitose-Tätigkeit (Büchner, Kühn) wird der Zelluntergang schnell ausgeglichen. Im späteren Stadium besteht auch Amitose mit Bildung mehrkerniger Leberriesenzellen und Auftreten von Riesenkernen (Altmann). Charakteristische Vorgänge finden sich auch am *Mesenchym.* Im Frühstadium besteht eine ausgesprochene Hyperämie des intralobulären Blutgefäß-Systems. Die zentralen Läppchencapillaren sind mittelmäßig erweitert und mit Erythrocyten ausgefüllt, die meist homogen erscheinende Blutsäulen bilden. Die Wände der Läppchencapillaren sind verdickt. Vom Beginn der zweiten Krankheitswoche an stellt sich als weiteres Charakteristikum eine erhebliche *Proliferation der retikuloendothelialen Elemente,* der Kupfferschen Sternzellen ein.

Dieser Prozeß macht den Eindruck einer Aktivierung mit Funktionssteigerung. Im Zuge dieser Reaktion kommt es infolge Schwellung und Vermehrung der Kupfferschen Sternzellen teils zu diffusen Infiltrationen, teils zur Ausbildung intraacinös gelegener Knötchen. Die Proliferation der Kupfferschen Sternzellen geht mit einer Vergrößerung derselben einher, die sowohl das Plasma als auch den Kern betrifft. Das Cytoplasma der Kupfferschen Sternzellen färbt sich ausgesprochen basophil und ist mit gallen-eisenhaltigen und eisenfreien Pigmenten, außerdem mit zellulären Detritus beladen (Kühn).

Des weiteren treten abgerundete monocytoide Elemente im Blut der Sinusoide auf. Diese Erscheinung und die *Vermehrung gleichartiger Zellen* im peripheren Blut sollen die Folge der Abstoßung der proliferierten Kupfferschen Sternzellen darstellen (Axenfeld und Brass). Häufig phagocytieren die Kupfferschen Sternzellen untergehende Leberzellen. Die Zellanhäufungen der ersteren sind während des ganzen Krankheitsablaufes anzutreffen und bleiben am längsten bestehen. Sie werden, von Büchner als *Spätknötchen* bezeichnet, als das Charakteristikum des morphologischen Substrates der Reparationsphase betrachtet. Sie sind auch kennzeichnend beim Auftreten chronischer Veränderungen im Zuge der Entwicklung eines chronischen Prozesses.

Im Verlauf der Endothelreaktion kommt es auch zur Ansammlung weißer Blutzellen in den Capillaren, wobei es sich vorwiegend um eosinophile Leukocyten, Plasmazellen und Lymphocyten handelt. Bei vielen Fällen wird auch gleichzeitig eine Verdickung des Gitterfasergerüstes beobachtet, besonders im Bereich der retikulären Knötchen (Fresen), ein Vorgang, der von einer Vermehrung der kollagenen Fasern im Läppchenbereich gefolgt ist. Wenn im Bereich der zentralen Gebiete eine völlige Entparenchymatisierung erfolgt, kollabiert das Netzwerk der Retikulumfasern, wodurch dann ebenfalls eine Verdickung des Gitterfasergerüstes zu entstehen scheint.

Das morphologische Bild der Virushepatitis wird schließlich durch die Veränderungen der Periportalfelder vervollständigt.

Die *Periportalfelder* sind schon gegen Mitte der ersten Krankheitswoche regelmäßig *verbreitert*. Dieser Prozeß beginnt in der Regel mit einem Ödem und einer Schwellung der ortsständigen Zellformen, insbesondere der Endothelien der Blut- und Lymphcapillaren, anschließend kommt es auch zu einer Vermehrung der Endothelien, so daß Thaler von einer Mesenchymaktivierung spricht. Die kleinen Blutgefäße sind dabei durchweg hyperämisch. Gleichzeitig sammeln sich in den Periportalfeldern *viele Entzündungselemente* an, hauptsächlich Histiocyten und in den späteren Stadien Lymphocyten, wobei unterschiedlich stark Plasmazellen und eosinophile sowie neutrophile Leukocyten eingestreut sind. In den späteren Stadien werden Fibroblasten mit spindelförmigen Kernen beobachtet (Popper und Schaffner). Vom 10.—15. Krankheitstag ab sind *Gallengangswucherungen* nachzuweisen. Die Zahl der Gallengänge erscheint hauptsächlich in der Peripherie der Periportalfelder und erst viel später auch innerhalb des Parenchyms vermehrt. Die Gallengänge enthalten nur selten Gallenpfröpfe. Dabei kann schließlich sowohl periportal als auch intralobulär eine Anhäufung von Entzündungszellen in der Umgebung der Gallengänge hinzutreten. Infolge der Infiltrierung im Bereich der Peripherie der periportalen Felder und der Proliferation der Gallengänge kann eine Zerstörung der Grenzplatten erfolgen. Wenn der Entzündungsprozeß dann auf das Parenchym übergreift, resultiert eine Zerstörung der Leberzellen in der Peripherie des Läppchens und ein Kollaps des Bindegewebsgerüstes (Weinbren). Innerhalb der Leberläppchen findet man regelmäßig vermehrte Ablagerung von Gallenpigment ebenso wie meist in Form kleiner Ausgüsse innerhalb der intracellulären und extracellulären Gallencapillaren.

Bezüglich des Ablaufes der geschilderten Veränderungen unterscheidet Büchner streng zwischen dem anatomischen Befund der Entfaltungsphase und dem der Reinigungs- und Wiederherstellungsphase. Die *Entfaltungsphase* ist zu Beginn durch die geschilderten Veränderungen in den periportalen Feldern und durch die Koagulationsnekrosen der Leberepithelien, wobei es sich häufig um disseminierte Einzelnekrosen handelt, welche über das ganze Läppchen ausgestreut sind, charakterisiert. In der zweiten Krankheitswoche tritt die beschriebene Reaktion der Capillarendothelien und der Kupfferschen Sternzellen hinzu. Gleichzeitig sind schon Veränderungen sichtbar, die der *Gewebsreinigung und Wiederherstellung* dienen, insbesondere in Form des Abbaues der Leberepithelien durch Capillarendothelien. Im Sinne des Wiederaufbaues tritt etwa von der 3. Woche ab die amitotische Epithelzellteilung anstelle der zu Beginn der Erkrankung beobachteten mitotischen Teilung der Leberepithelien auf, ebenso wie nun Sprossungen der kleinen Gallengänge in den periportalen Feldern zu beobachten sind. Etwa von der 4. Woche ab klingen die nekrotisierenden Veränderungen besonders im Zentrum der Läppchen ab, wenn auch Nekrosen einzelner Zellen und die acidophilen Körper noch über längere Zeit bestehen bleiben können. Nun kann es auch schon zur Bildung von Narben kommen, die durch Bindegewebsgerüstkollaps im Gebiet herdförmiger Nekrosen entstehen. Die Szene wird schließlich durch *regenerative Vorgänge* beherrscht. Nach Sherlock schreitet die Leberzellregeneration von der Peripherie nach innen fort, wobei sich das Leberläppchen architektonisch um das erhaltene Gerüst des retikulären Faserwerkes neu aufbaut. Gleichzeitig tritt die intralobuläre mesenchymale Reaktion örtlich stärker in den Vordergrund und nimmt herdförmigen Charakter an. Langsam bilden sich schließlich auch die periportalen Infiltrationen und die knötchenförmigen Anhäufungen der Kupfferschen Sternzellen, die sog. Spätknötchen zurück. BÜCHNER bezeichnet die geschilderten Mesenchymwucherungen sowie die Infiltrationen in den periportalen Feldern neben den disseminierten Einzelnekrosen als besonders charakteristisch im mikroskopischen Bild der Virushepatitis.

Nach POPPER und SCHAFFNER ist bei vollentwickelten Stadien der morphologische Befund so charakteristisch, daß dadurch die Diagnose auf Virushepatitis gestellt werden kann, da zwar die verschiedenen besprochenen Veränderungen im einzelnen nicht spezifisch sind, aber das gleichzeitige Vorkommen derselben nur selten bei anderen Krankheiten zu finden ist.

Folgende *Veränderungen* werden dafür als *kennzeichnend* angegeben:
1. Acidophilie oder Councilman-Körperchen.
2. Vielgestaltigkeit der Leberzelldegeneration.
3. Unregelmäßige Regeneration mit vielkernigen Riesenzellen.
4. Starke intralobuläre mesenchymale Reaktion mit Anhäufung mononucleärer Elemente um nekrotische Leberzellen oder Gebiete mit Zellschwund.
5. Große Mengen von Lipofuszinpigment in intralobulären und portalen Zellen vermischt mit etwas eisenhaltigem Pigment.

Die *elektronenmikroskopischen Befunde* bei akuter Virushepatitis formuliert COSSEL wie folgt:
An der Leberepithelzelle sind hinsichtlich des Zellkernes Volumenzunahme, Oberflächenvergrößerung, Ausbildung einer ribonucleinsäurereichen elektronendichten Randschale, Vergrößerung und periphere Lage des Nucleolus, vermehrt sichtbare Ausschleusung von Ribonucleoproteidgranula in die cytoplasmatische Grundsubstanz (BÜCHNER, COSSEL, BEARCROFT), hinsichtlich des Cytoplasma eine vermehrte Ausbildung und Erweiterung des intracytoplasmatischen Raumsystems (endoplasmatischen Retikulums) auf Kosten der cytoplasmatischen Grundsubstanz und damit des Glykogengehaltes des Cytoplasma zu erkennen (BRAUNSTEINER u. Mitarb.; IZARD; JEZEQUEL, ALBOT und NEZELOF; COSSEL; BEARCROFT, HÜBNER). Qualitative Veränderungen an den Mitochondrien treten, wenn überhaupt, erst in späteren Stadien der Zellschädigung auf (COSSEL). Weitere Befunde wurden am peripheren Cytoplasma einschließlich der Mikrovilli (fingerförmige Cytoplasmaausstülpungen) und an der Zellmembran erhoben (COSSEL); diese sind für die Erklärung der Transaminasenerhöhung im Serum (COSSEL) und des Zustandekommens des Ikterus (COSSEL, HOLLE) von Bedeutung.

Die Veränderungen an der Leberzellmembran können bei fortschreitender Ausdehnung in einem lytischen Zerfall der Zelle (Kolliquationsnekrose) münden (COSSEL). Daneben ist elektronenmikroskopisch auch der Leberepithelzelluntergang in Form einer Koagulationsnekrose mit Ausbildung der bereits lichtmikroskopisch bekannten acidophilen hyalinen Körper zu erkennen (über das elektronenmikroskopische Bild der acidophilen Körper s. COSSEL).
Die geschilderten sowohl licht- als auch elektronenmikroskopisch festgestellten Veränderungen an den Leberepithelzellen werden durch direkten Virusbefall, durch sekundäre — vorwiegend durch die begleitende Mesenchymreaktion ausgelöste — Durchblutungsstörungen und durch kompensatorische Stoffwechselaktivierung hervorgerufen. Die an den Leberepithelien erhobenen morphologischen Befunde sind der Ausdruck reaktiver Anpassung an die einwirkende Schädlichkeit (Stoffwechselaktivierung), der Insuffizienz dieser Anpassungsreaktion und unterschiedlich ausgeprägter Zellschädigung („degenerative Veränderungen") sowie des Zelluntergangs (Einzel- und Gruppennekrosen).

Das wechselnde Nebeneinander reaktiver, degenerativer und nekrotischer Veränderungen der Leberepithelien ist für die akute Virushepatitis kennzeichnend. Die in Aktivierung, Mobilisation und Proliferation der Endothelzellen und in entzündlichen Reaktionen bestehenden Veränderungen am Mesenchym der Leber sind Ausdruck einer allgemeinen Reaktion auf die Virusinfektion (Virämie) und die Folgen der Schädigung der Leberepithelzellen.

2. Die flächenhaft vollständige nekrotisierende Hepatitis

a) Makroskopisches Bild

Die Leber ist verkleinert. Ihr Gewicht beträgt weniger als $^2/_3$ des Normalgewichtes, manchmal nicht mehr als 500 g. Die Leberoberfläche erscheint gleichförmig glatt oder gefaltet, die Kapsel ist runzelig. Der Leberrand ist scharf. Das Kolorit schwankt zwischen braungrau bis rotgelb, häufig tritt eine fleckige flammende rote Marmorierung stärker in Erscheinung. Oft ist der linke Lappen stärker betroffen. Auf der Schnittfläche sieht die Leber oft milzartig aus, was durch den Kollaps des Leberparenchyms bedingt ist, oder sie zeigt eine Muskatnußbeschaffenheit mit roten hämorrhagischen Arealen zwischen gelben Nekrosezonen. Die Leber ist dabei ausgesprochen weich, zerdrückbar und hat fast die Konsistenz wie eine halbflüssige Masse (KETTLER).

b) Histologische Veränderungen

Histologisch handelt es sich um ausgedehnte Zelluntergänge, z. T. *Massennekrosen.*

Es bleibt gelegentlich nur ein kleiner intakter Ring in der Peripherie des Läppchens ausgespart, in welchem sich die Zellen vergrößern. Anstelle der untergegangenen Leberzellen sind proliferierte und mobilisierte Kupffersche Sternzellen, Histiocyten, Lymphocyten und segmentkernige Leukocyten erkennbar. In den Capillaren sammeln sich Eiweißmassen und Erythrocyten an. Das Gitterfasergerüst bleibt intakt, so daß die Läppchen bei gleichzeitiger Entparenchymisierung als „ghost lobules" bezeichnet werden. Es kann auch kollabieren. In den periportalen Feldern besteht eine starke Infiltration mit Entzündungszellen. Gleichzeitig vollzieht sich eine Proliferation der Gallengänge.

Die in zeitlichen Abständen aufeinanderfolgenden massiven Nekroseschübe erklären das makroskopisch *bunte Bild der Leber.* Unter Umständen kann die Leber wieder völlig regenerieren, so daß nur kleine Narben zurückbleiben, die aus wenigen Schattenläppchen oder kollabierten Gebieten bestehen.

Neben dem akuten Verlauf der nekrotisierenden Virushepatitis werden auch subakute und *chronische Verläufe* derselben beobachtet. Bei letzteren nimmt die Leberoberfläche makroskopisch eine ausgesprochen gelbrote Marmorierung an und neben unter dem Niveau liegenden grauroten Bezirken ordnen sich gelbe, die Oberfläche überragende knotige Vorwölbungen an. Mikroskopisch sind bei den nicht überstürzt verlaufenden Formen Läppchenschatten zu finden, die kleiner als die ursprünglichen Lobuli sind, so daß die Periportalfelder enger als der Norm entsprechend zusammenrücken. Gleichzeitig ist die Zahl der periportalen Gänge vermehrt, wodurch die Läppchenschatten abgegrenzt werden. Daneben ist aber auch eine Regeneration der Leberzellen festzustellen.

3. Hepatitis mit intrahepatischer Cholestase

Das morphologische Charakteristikum dieser Fälle besteht in einer schweren *Gallenstauung* in Form der Ablagerung von Gallencylindern kleinen und mittleren Kalibers in den Gallencanaliculi, manchmal auch in den Ductuli, und in der Anreicherung von Gallenpigment in den Leberzellen. In fortgeschrittenen Stadien können unter Umständen celluläre Infiltrate um die peri- und intralobulären Gallengänge herum hinzutreten. Elektronenmikroskopisch finden sich hochgradige Gallenpigmentanreicherung im Cytoplasma der Leberzellen, Ausfällungen von Gallenpigment in den Gallencapillaren und Einrisse der Zellmembranen der Leberzellen (ALBOT u. Mitarb.). Ein weiterer wesentlicher Befund sind Verminderung und Deformierung der Mikrovilli der Gallencapillaren (SCHAFFNER). Nach SIEDE sind zwei Formen der cholestatischen Virushepatitis zu unterscheiden:

Eine Form, bei der die Zeichen der intrahepatischen Cholestase das Bild beherrschen und die übrigen morphologischen Kennzeichen der Virushepatitis weitgehend in den Hintergrund treten oder sogar völlig fehlen, und eine zweite Form, bei der neben der vorwiegend im Läppchenzentrum lokalisierten Cholestase alle Veränderungen an den Leberepithelien und am Mesenchym gefunden werden, wie sie im Vorangehenden als charakteristisch für die Virushepatitis geschildert sind. Zwischen diesen beiden Prototypen werden alle möglichen Übergangsformen beobachtet. Bei der ersteren Form erweist sich makroskopisch, d. h. laparoskopisch die Leber als ausgesprochen grün bis olivgrünbraun verfärbt, die Gallenblase als klein, leer und schlaff. Bei der zweiten Form ist laparoskopisch in der Regel nur eine grünliche Sprenkelung der rotbraunen Leber zu erkennen.

Daß die Fälle von reiner Cholestase durch das Agens der Virushepatitis hervorgerufen werden, wird durch folgende Beobachtung wahrscheinlich gemacht: Morphologisch finden POPPER und SCHAFFNER gelegentlich acidophile Körperchen, die eine Virusätiologie nahelegen. Epidemiologisch treten diese Fälle im Rahmen von Hepatitis-Epidemien und als Serumhepatitiden auf. So sahen wir dreimal im Rahmen von typischen und örtlich begrenzten Hepatitis-Epidemien solche Fälle. Über eine Häufigkeit derartiger Fälle berichten DUBIN u. Mitarb. während einer Epidemie in Texas 1951—1953 und SMETANA bei der Epidemie in Neu-Delhi 1955/56. In diesem Sinne sprechen auch Beobachtungen von TURNER u. Mitarb. und morphologische Befunde von FOX u. Mitarb. an Kranken mit Serumhepatitis nach Gelbfiebervaccine.

Wir sahen schließlich zwei derartige Fälle im Anschluß an eine Bluttransfusion auftreten, einmal nach 93, einmal nach 87 Tagen, entsprechend der häufigsten Inkubationszeit der Serumhepatitis.

Die Frage, ob sich aus den nicht glatt abheilenden Fällen von cholestatischer Virushepatitis ein chronisches Krankheitsbild im Sinne der *primär-biliären Cirrhose* entwickeln kann, wird verschieden beurteilt. SHALDON und SHERLOCK lehnen auf Grund der Beobachtung von 12 einschlägigen Fällen eine solche Entwicklung ab, demgegenüber haben verschiedene andere Autoren die Entwicklung einer biliären Cirrhose aus derartigen Krankheitsbildern beschrieben (WATSON und HOFFBAUER, DUBIN, RICKETTS, POPPER und ZAK, McPHEE, KÜHN).

Extrahepatische pathologische Anatomie

Die Befunde an Organen außer der Leber stammen in der Regel von Fällen, die an einer massiven nekrotisierenden Virushepatitis verstorben sind (LUCKÉ, LUCKÉ und MALLORY, WOOD, SIEGMUND). Dabei wird hervorgehoben, daß die extrahepatischen Gallengänge nicht beteiligt sind.

Die *Bauchspeicheldrüse* kann jedoch offenbar miterkranken. So fand WERTHEMANN u. Mitarb. bei 61 im Verlauf der Basler Epidemie Verstorbenen fünfmal Pankreaszellgewebsnekrosen und einmal interstitielle Pankreatitis. LASZLO stellte autopisch einmal eine akute Pankreasnekrose fest. Auch POPPER weist auf die Möglichkeit eines gleichzeitigen Bestehens von Pankreasnekrose und Virushepatitis hin. Meist scheint das morphologische Substrat einer *interstitiellen Pankreatitis* z. T. *mit Fettnekrose* zu entsprechen. NEEFE betrachtet die Pankreatitis mehr oder weniger als obligate Begleiterscheinung der Virushepatitis. Die Pankreatitis wäre danach durch direkte Einwirkung des Virus auf das Parenchym der Bauchspeicheldrüse als eine Parallelerkrankung der Hepatitis aufzufassen.

In verschiedenen Abschnitten des Intestinaltraktes, besonders im Bereich der Ileocoecalregion und des Colon ascendens, aber auch im Duodenum und Jejunum wird vereinzelt eine phlegmonöse Infiltration beobachtet. Außerdem werden Infiltrationen des unteren Oesophagusanteiles beschrieben. Bioptische Untersuchungen ergaben entzündliche Infiltrationen im Duodenum und Jejunum, diese werden auf direkte Einwirkung des Virus zurückgeführt und für die Beschwerden von seiten des Magens verantwortlich gemacht (CONRAD u. Mitarb.).

Die *Milz* wird bei 75% der Fälle als vergrößert gefunden. Bei einem Drittel der Fälle wiegt sie mehr als 300 g. Sie bietet das Bild einer akuten oder subakuten *Splenitis* mit Retikulumhyperplasie, die mit einer Ablagerung von eisenfreiem und eisenhaltigem Pigment kombiniert sein kann. Gelegentlich sind kleinere Nekrosebezirke mit Blutungen vorhanden.

Sowohl im Bereich der Pfortader als auch in der Peripherie sind Vergrößerungen der *Lymphknoten* zu beobachten, welche ebenfalls auf eine Hyperplasie der Retikulumzellen zurückzuführen sind.

Am *Herzen* wird vereinzelt eine diffuse seröse Exsudatbildung mit Entzündung und Nekrose isolierter Fasern im Sinne einer Myokarditis beschrieben. Die *Nieren* bieten autoptisch das Bild der sog. cholämischen Nephrose. Nierenbioptische Untersuchungen zeigten nichtentzündliche tubuläre und glomeruläre Schäden und interstitielles Ödem (CONRAD u. Mitarb.). Manchmal wird ein *Hirnödem* beobachtet gleichzeitig mit mikroskopisch erkennbaren degenerativen Veränderungen in den Ganglienzellen sowie entzündlichen Reaktionen um die Gefäße in den Meningen. Vereinzelt wird eine Meningo-Encephalitis beschrieben (Lucké, Taylor, Wood). Das Bild wird durch *Hämorrhagien* vervollständigt, die am häufigsten in Eingeweiden, Mesenterium, Lungen, Herz, Nieren, Haut und Gehirn beobachtet werden. Die Hämorrhagien variieren in der Größe von Petechien bis zu großen Ekchymosen. Die Ansammlung von Blut in den Alveolen und Bronchien kann zur Entwicklung von Pneumonien Veranlassung geben.

Ausheilung, Folgezustände

Bei ca. 72—90 % der Fälle tritt eine völlige anatomische Ausheilung ein.

An der *Leber* kann lediglich eine Sklerosierung der zentralen Läppchenanteile bestehen bleiben. Der Zeitpunkt der klinischen deckt sich jedoch nicht mit dem der anatomischen Heilung. Nach klinischer Heilung finden sich noch viele Wochen bis *monatelang* charakteristische morphologische Befunde wie Unruhe im Kernbild, Zweikernigkeit, ungleiche Kerngröße der Leberepithelien, periportale Infiltrate und Spätknötchen im Innern der Läppchen, bei schweren Fällen außerdem perizentrale und periportale Bindegewebsvermehrung. Bei den protrahiert verlaufenden Fällen kann es Monate oder Jahre andauern, bis morphologische Ausheilung erreicht ist.

Bei einem Teil der Fälle (Neefe 0,6 %) persistieren stärkere morphologische Veränderungen wie epitheliale Schäden in Form vereinzelter fleckförmiger Nekrosen, isolierter acidophiler Körper und pigmentspeichernder Zellen. Unter den mesenchymalen Veränderungen sind vor allem *Sklerosierungsvorgänge* zu nennen. Die Zentralvenen sind unter Umständen von einem breiten Mantel kollagener Fibrillen begleitet, die Gitterfasern können vermehrt und verdickt sein. Daneben sind die beschriebenen Spätknötchen zu erwähnen. Die Veränderungen in den periportalen Feldern, wobei es sich vorwiegend um histiocytäre und lymphocytäre Infiltrate handelt, bleiben am längsten bestehen (Popper und Schaffner). Schließlich entwickelt sich ein bindegewebiges Netzwerk mit breiteren kollagenen Bündeln (Kühn). Auf diese Weise entsteht eine Sklerosierung im Sinne der Fibrose. Infolge von Bindegewebsproliferation erscheinen schließlich die Portalfelder verbreitert und sternförmig verformt (Dible, McMichael und Sherlock). Von ihnen strahlen kollagene Faserzüge aus und können sich septenartig und unter Verstärkung des Fasergerüstes in das Läppchenparenchym hinein ausbreiten. Dieser Vorgang ist gewöhnlich mit knötchenförmiger Parenchymregeneration besonders in der Peripherie verbunden (Popper und Schaffner). Bei Anwesenheit von Entzündungsvorgängen in den Periportalfeldern und bei Zerstörung der Grenzplatten kann eine Vermehrung der peri- und intralobulären Gallengänge bestehen (Popper und Schaffner). Intralobuläre schmale Kollapsnarben sind als Ergebnis herdförmiger Zellnekrosen zu werten. Nach submassiven Nekrosen stellt sich eine zentrale Entparenchymisierung mit Gerüstkollaps ein, meist vergesellschaftet mit peripherer Fibrose (Benda, Rissel und Thaler, Mallory, Weinbren). Eine Besonderheit stellt die sekundäre *posthepatitische Siderophilie*, die Ablagerung von körnigem Eisen in untergehenden Leberzellen, Sternzellen und Bindegewebe dar (Wepler).

Die geschilderten posthepatitischen Veränderungen können unter Umständen bestehen bleiben und dann mehr oder weniger die Brücke zum *Übergang in eine chronische Virushepatitis* darstellen. Es muß zwischen einer *stationären* (persistierenden) *und einer aktiv fortschreitenden Form* der chronischen Virushepatitis unterschieden werden. Letztere kann schließlich im Verlauf einiger Jahre in eine *Lebercirrhose* übergehen. Die Cirrhose-Entwicklung kann sich aber auch sehr schnell, innerhalb von 3—6 Monaten ohne Einschaltung eines chronischen Hepatitis-Stadiums vollziehen, wie wir in jüngster Zeit an Hand von 30 Fällen belegen konnten (accelerierte Cirrhose-Entwicklung nach Siede und Erb). Die Zustände von postnekrotischer Vernarbung werden von Kalk als *Narbenleber* bezeichnet. Morphologisch handelt es sich bei der posthepatitischen Cirrhose meist (nach Siede und Klamp in 88,4 % der Fälle) um eine postnekrotische Cirrhose (Popper und Schaffner). Es werden jedoch auch portale Cirrhoseformen beobachtet (Kalk, Wepler, Büchner). Auch liegen Beobachtungen vor, die es möglich erscheinen lassen, daß aus einer cholestatischen Hepatitis eine biliäre Cirrhose entsteht (vgl. S. 764). Weiter scheint auch die eisenspeichernde Cirrhose als Hepatitisfolge in Frage zu kommen (Kalk, Siede, Pirart u. Mitarb.), wozu vielleicht die Brücke durch die sekundäre posthepatitische Siderophilie (Wepler) gebildet wird. Schließlich wurde auch ein Fall einer Cruveilhier-Baumgarten'schen Cirrhose als Hepatitisfolge beschrieben (MEDREA u. Mitarb.). Auf dem Boden einer posthepatitischen Lebercirrhose entwickelt sich häufiger (in 5,7—11,9 % der Fälle) als bei anderen Cirrhoseformen, besonders bei Afrikanern, ein primäres Lebercarcinom (MACDONALD und MALLORY).

Als weitere Folgezustände der Virushepatitis sind das *Posthepatitis-Syndrom* (SHERLOCK), welches als ein funktioneller durch hypodynamische und abdominell-neurotische Züge gekennzeichneter Beschwerdekomplex zu beschreiben ist, und die *posthepatitische funktionelle Hyperbilirubinämie* zu nennen. Bei letzterer ist lichtmikroskopisch lediglich ein braun erscheinendes staubfeines, vorwiegend im Läppchenzentrum abgelagertes Pigment festzustellen, während elektronenmikroskopisch eine Schädigung des Gefäßpoles der Leberzellen und der Mitochondrien diskutiert wird. Nach meinem Dafürhalten handelt es sich bei dieser Form der Hyperbilirubinämie, die klinisch durch eine Erhöhung des freien Bilirubins im Serum gekennzeichnet ist, um die durch die Virushepatitis ausgelöste Manifestierung des Gilbert-Syndroms.

Unter den *extrahepatischen Folgezuständen* werden chronische Cholecystopathien, Cholelithiasis, Störungen des Sphincter Oddi, Pankreascirrhose und -sklerose sowie chronisch rezidivierende Pankreatitiden, chronische Gastritiden und Ulcusbildung angeführt (SIEDE und KLAMP).

V. Pathogenese

Von den meisten Autoren wird angenommen, daß das Virus im Anschluß an die Virämie, die der Aufnahme des Erregers vom 25. Inkubationstag ab folgt, die Leberzelle direkt befällt.

BÜCHNER modifiziert diese Auffassung dahingehend, indem er annimmt, daß sich der Erreger zunächst in den periportalen Feldern ansiedelt und hier die Mesenchymreaktion auslöst, bevor er in die Leberzelle eintritt. Ob der Erreger portal, arteriell oder cholangiogen die Leber erreicht, ist noch unklar. Das Virus verursacht in der Leberzelle eine Degeneration des Cytoplasmas und des Kernes, in deren Gefolge die Leberzellen der Koagulationsnekrose anheimfallen und damit untergehen und verschwinden. An dem Prozeß ist die ganze Leber beteiligt. Die Schwankungen des Grades der Leberzellschädigung mit nachfolgender Nekrose von Zelle zu Zelle werden dadurch erklärt, daß das Virus höchstwahrscheinlich in den einzelnen Leberzellen unterschiedlich schnell wächst. Die flächenhaft vollständige Nekrose soll durch eine übertriebene Steigerung der fleckförmigen Nekrose zustande kommen, wobei der Untergang von Einzelzellen in eine rasche Nekrose fast aller Leberzellen eines ganzen Läppchens übergeht. Sie wird durch eine massive Infektion des größten Teiles der Leberzellen mit dem Virus verursacht (POPPER und SCHAFFNER).

Hinsichtlich der cholestatischen Virushepatitis wird die Frage erörtert, ob dabei ein grundsätzlich unterschiedlicher Angriffspunkt des Hepatitisvirus im Sinne des Befalles der canaliculi) vorliegt, oder ob ätiologisch atypische Virusstämme oder die Existenz mehrerer Varianten des Virus für die Verschiedenheit des histopathologischen Bildes verantwortlich sind.

Das Ikterusphänomen ist auf Grund elektronenmikroskopischer Untersuchungen als Dysfunktion der Leberzelle im Sinne der Parapedesestörung zu interpretieren, indem die Leberzellen die Fähigkeit verlieren, Bilirubin in gehöriger Weise festzuhalten, so daß eine Fehlleitung der Bilirubinsekretion in Form eines Rückflusses in den Dissé'schen Raum und in das Blut erfolgt (HOLLE). In späteren Stadien tritt eine mechanische Komponente infolge Bildung von Gallecylindern in den canaliculi hinzu. Letztgenannter Faktor ist auch bei der cholestatischen Hepatitis wirksam. Außerdem kommt es infolge Ruptur der Zellmembranen zur Kommunikation zwischen intrahepatischem Gallenweg-System und Blut (ALBOT u. Mitarb.).

Bezüglich der Pathogenese wird heute auch die Frage der Bedeutung *immunologischer Vorgänge* in weitestem Sinne diskutiert. Veranlassung dazu gab die Tatsache, daß bei der akuten Virushepatitis (ebenso wie bei ihren chronischen Folgezuständen) einerseits im Zusammenhang mit der entzündlichen Dysproteinämie verschiedene zirkulierende Serumfaktoren, andererseits zirkulierende Antikörper gegen ein in der Leber selbst lokalisiertes Antigen und die Einlagerung gewebsgebundener Antigen-Antikörper-Komplexe im lymphocytär infiltrierten Mesenchym der erkrankten Leber nachgewiesen wurden.

Hinsichtlich der erstgenannten *Serumfaktoren* sind neben der oft erheblichen Beschleunigung der BKSR und einem positiven C-reaktiven Protein als Symptome der entzündlichen Aktivität die *breitbasige γ-Globulinvermehrung*, in welcher sich auch Vermehrung von Subfraktionen der γ-Globuline insbesondere γ_1-A- und γ_1-M-Globuline verbergen (VORLAENDER). Nach Untersuchungen in der Ultrazentrifuge stellen sich die γ_1-A-Globuline als 7-S-Globuline dar. In der γ_1-M-Fraktion verbergen sich immunoelektrophoretisch die sehr viel großmolekulareren 19-S-Globuline, welche den *positiven Ausfall der Rheumafaktoren* (Latex-Gamma-Test, Waaler-Rose-Test) mit einem Titer von 1:16 bis 1:32 und den Nachweis von Kälteagglutininen von einem Titer von 1:16 ab erklären. Damit zeigt sich, daß die Rheumafaktoren bei der akuten Virushepatitis allerdings nicht die bei rheumatisch entzündlichen Gelenkerkrankungen üblichen hohen Titer von 1:256 und maximal 1:512 erreichen. Der *Latex-Test* wird in 42% (ATWATER und JACOX), bzw. in 50—60% (VORLAENDER) aller Fälle von Hepatitis infectiosa und besonders bei den protrahierten Verlaufsformen (DÓBIÁS u. Mitarb.) positiv gefunden. Weiterhin ist der Anstieg der *Anti-O-Streptolysine* auf 250 Einheiten anzuführen, wobei es sich um 7-S-Globuline handelt. Es wird allerdings vermutet, daß diese Titersteigerungen durch eine Vermehrung der Lipoide im Serum der Kranken vorgetäuscht wird. Weiterhin kann bei Fällen mit den geschilderten Serumveränderungen auch die *Wassermannsche Reaktion falsch positiv* ausfallen. Schließlich sind auch noch antinucleäre Antikörper, die 7-S-Globulinen entsprechen und die Induktion eines Lupus erythematodes (L.E.)-Zellphänomens sowie des *positiven Antihumanglobulinkonsumptions-Tests* bedingen, zu erwähnen (GOLDBERG u. Mitarb., SCHENKER u. Mitarb., GÖCKEN, BORON, SZÉCSEY u. Mitarb.). Alle erwähnten Serumfaktoren deuten auf eine besondere immunologische Reaktionsweise bei Virushepatitis hin.

Hinsichtlich zirkulierender, gegen ein in der Leber selbst lokalisiertes Antigen gerichteter Antikörper sind als erste die Untersuchungen von EATON u. Mitarb. im Jahre 1944 anzuführen, die über das Auftreten eines komplementfixierenden Antikörpers, der unter Verwendung von Extrakten aus Hepatitislebern zur Darstellung gebracht werden konnte, bei akuter Virus-Hepatitis berichteten. VORLAENDER gelang 1953 der Nachweis entsprechender Antikörper, allerdings nur bei Spätstadien der Virushepatitis und bei Übergangsformen zu chronisch progredienter Hepatitis mit Cirrhoseentwicklung. Inzwischen wurde der Nachweis verschiedener Typen von gegen Lebergewebe gerichteten *Organ-Auto-Antikörpern* bei entzündlichen Leberkrankheiten und auch bei akuter Hepatitis erbracht (SCHEIFFARTH u.a.). So wurde bei akuter Hepatitis in einem beachtlichen Teil der Untersuchungen bei der passiven Hämagglutination nach der Methode von BOYDEN, wobei als Antigen normales menschliches Lebergewebe verwandt wurde (DEBRAY u. Mitarb.) ebenso wie bei der Anwendung des Diffusionstests von OUCHTERLONY (KELLEN) Auto-Antikörper gegen gesundes Lebergewebe nachgewiesen. Diese als Organ-Auto-Antikörper definierten Serumfraktionen stehen in Beziehung zu Proteinfraktionen des Serums, deren Differenzierung heute durch Immunoelektrophorese möglich ist. Dabei ergab sich, daß es sich um Immunglobuline der 7-S-Klasse, z.T. der 19-S-Klasse handelt (WIEDERMANN u. Mitarb.). Neuerdings wurde im Immunoelektropherogramm des Serums bei akuter Hepatitis neben den fehlenden Präcipitationslinien des Präalbumins und a-1-Glykoproteins, der Verstärkung der a-1- und β-Lipoproteine Erhöhung der β-2M- und γ-Globuline festgestellt (Kolős und Kellen). Dabei ist das Verhalten der β-2M-Fraktion besonders bemerkenswert, weil es mit dem Rheumafaktor in Beziehung steht (Coppo u. Mitarb.). Auch histo-serologisch wurden Antigen-Antikörper-Komplexe in Form von γ-Globulinen und komplementbindenden Komplexen in Sinuswandungen, intralobulären Mesenchymproliferaten und in entzündlich infiltrierten Periportal- und Narbenfeldern nachgewiesen (Kief und Kochem).

Die Einlagerung komplementfixierender *Antigen-Antikörper-Komplexe* im Bereich des zellig infiltrierten interstitiellen Bindegewebes wurde mit Hilfe fluorescenzserologischer Methoden oder mit einer Fluoreszeinmarkierung von Antikomplement *in Lebergewebe* sichtbar gemacht (MacKay, Popper u. Mitarb.). Popper u. Mitarb. stellten derartige Antigen-Antikörper-Komplexe in 67 % der untersuchten Fälle von Virushepatitis einschließlich ihrer Folgezustände fest. Fluorescenzserologisch findet sich dieser Vorgang der Proliferation mesenchymaler Zellen im Interstitium der Leber, insbesondere immunologisch kompetenter Lymphocyten und Plasmazellen, als *Immunocyten* zusammengefaßt, zugeordnet. Diese Zellen lagern sich häufig an die Leberzellen an und führen so zu einer besonderen Form der Leberschädigung (Untergang, Regeneration), die, in charakteristischer Form bei der lupoiden Hepatitis vorkommend, als piece meal necrosis (Mottenfraß-Nekrose) bezeichnet werden.

Die Bedeutung der nachgewiesenen circulierenden *Antikörper* bei Virushepatitis ist noch unklar. Es ist nicht wahrscheinlich, daß es sich dabei um Antikörper gegen Viren oder gegen antigen wirksame Teile derselben handelt. Es spricht manches dafür, daß diese Antikörper gegen veränderte Leberzellstrukturen und Stoffwechselprodukte, die durch den Virusbefall der Leberzellen entstehen, gerichtet sind.

Das Problem spitzt sich auf die Frage zu, ob es sich bei der Virushepatitis um eine *Krankheit durch oder mit Auto-Antikörpern* handelt. Der Beweis, daß den Auto-Antikörpern gegen Lebergewebe eine causale Rolle zukommt, ist bisher nicht erbracht, z. T. sind diese offensichtlich als unspezifisch zu betrachten, so daß das Auftreten von Auto-Antikörpern zunächst nur im Sinne eines immunologischen Begleitphänomens zu interpretieren ist. Die Frage, ob die circulierenden oder zellgebundenen Antikörper gegen Lebergewebe bei der Entwicklung chronischer Hepatitis-Folgezustände eine Rolle spielen, indem sie die fortschreitende Entzündung der Leber bei chronischen Erkrankungen einleiten oder fortsetzen im Sinne einer Selbstschädigung der Leber („self perpetuation") ist noch Gegenstand der Diskussion. Ein solcher Mechanismus ist jedenfalls bisher nicht definitiv bewiesen.

Dieses Problem berührt auch die Frage der Beziehung der Virushepatitis zur *lupoiden Hepatitis*, bei welcher außer den im vorangehenden beschriebenen Serumfaktoren circulierende antinucleäre Antikörper nachgewiesen sind (Vorlaender). In unserem Material von lupoider Hepatitis (21 Fälle) stellten wir 13mal fest, daß diese wie eine akute Virushepatitis zunächst ununterscheidbar von ihr begann. Es muß noch durch weitere Untersuchungen geklärt werden, ob die Virushepatitis als (eine ?) auslösende Ursache der bei der lupoiden Hepatitis vermuteten Autoimmunogenese in Frage kommt (Reynolds u. Mitarb., Siede und Kramer).

VI. Epidemiologie

Die Epidemiologie der Virushepatitis läßt ein breites Spektrum von Antworten des Wirtes auf das Hepatitisvirus erkennen. Unsere derzeitigen Kenntnisse darüber resultieren aus epidemiologischen Beobachtungen und in geringem Grad aus experimentellen Ergebnissen. Es handelt sich um eine ähnliche Situation, wie sie vor noch nicht allzulanger Zeit bei der Poliomyelitis vorlag, wobei sich gezeigt hatte, daß klinische Symptome nur in einem kleinen Prozentsatz bei Infizierten auftraten und Lähmungen wiederum nur in einem geringen Teil der apperent Erkrankten erfolgten. Auch bei der Virushepatitis spielen offenbar inapperente Infektionen eine erhebliche Rolle, und das Verhältnis von apperenten zu inapperenten Infektionen scheint — bedingt durch eine unübersehbare Zahl von Wirts- und Umgebungsfaktoren sowie durch Variationen im Virustyp und seiner Virulenz — erheblich zu schwanken. Im Wechsel mit längeren Perioden weitgehender Dunkelheit erreichte die Hepatitis in vielen Ländern der Erde — ebenso wie das für die

Poliomyelitis galt — relativ kurze Phasen, die durch das Auftreten sporadischer Fälle und lokalisierter begrenzter Epidemien gekennzeichnet waren, bis massive Morbiditätsausbrüche in der jüngsten Zeit zu einem Epidemieproblem von größter Bedeutung wurden.

A. Epidemiologie der Hepatitis infectiosa

1. Das Auftreten der Krankheit in Form von Epidemien

Neben dem sporadischen Vorkommen ist das Auftreten der Krankheit in Form von Epidemien als besonders charakteristisch zu bezeichnen. Das Studium der Epidemiologie der Hepatitis infectiosa ergibt, daß sich die Erkrankungen ausgehend von sporadischen Fällen in einzelnen Reservoiren zu gewissen Zeiten

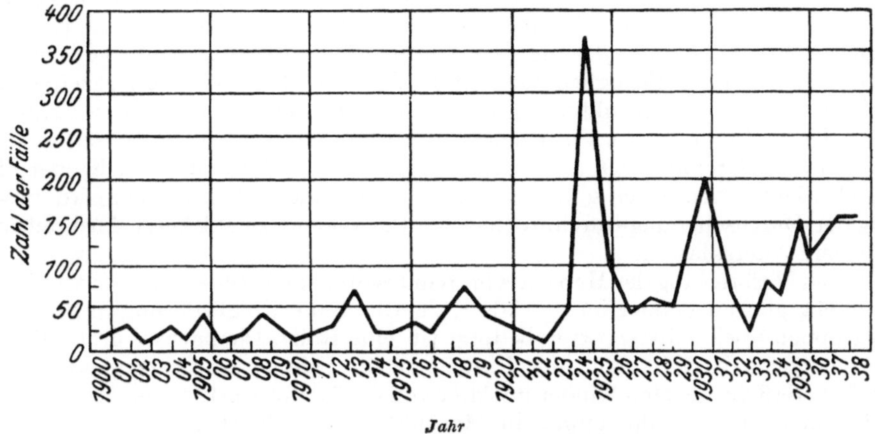

Abb. 1. Morbiditätskurve von Gotenburg nach SELANDER

häufen und zu Epidemien ausweiten. So hat sich die Krankheit in gewissen Zeitabständen in Form großer Epidemien immer wieder über ganze Länder und Erdteile ausgebreitet und auch politisch ideologische Grenzen nicht respektiert.

Ein gutes Beispiel für die schnell erfolgende epidemieartige Häufung der Erkrankungsfälle in einem abgegrenzten Gebiet gibt eine Morbiditätskurve von Gotenburg (SELANDER), aus der ersichtlich ist, daß die Krankheit bis zum Jahre 1924 in Gotenburg eine gleichmäßige, relativ niedrige Morbidität aufwies. Nach dieser Periode häuften sich die Erkrankungsfälle schlagartig und in den Jahren 1925, 1931, 1936, 1938 traten epidemieartige Morbiditätsverhältnisse ein (Abb. 1).

Aus dieser Aufstellung ergibt sich ebenso wie auf Grund zahlloser entsprechender Erhebungen die Tatsache, daß die *Seuchenkurve* der Hepatitis eine ausgesprochene *Wellenform* mit von Zeit zu Zeit auftretenden hohen Gipfeln, die den epidemieartigen Ausbrüchen der Krankheit entsprechen, zeigt. Allerdings bestehen bezüglich der Geschwindigkeit der Ausbrüche gewisse Unterschiede. In manchen Ländern ergibt sich eine cyclische Seuchenkurve mit Gipfeln in 5—10 Jahresintervallen — so fanden sich in den USA alle 7 Jahre deutliche Erhebungen der Seuchenkurve (McCOLLUM) — in anderen Ländern wurde über längere Perioden ein kontinuierliches Ansteigen und Abschwellen der Morbidität beobachtet, so daß flacher ansteigende und abfallende Seuchenkurven resultieren.

Zu den epidemiologischen Besonderheiten der Hepatitis gehört es, daß diese *in Kriegszeiten* seit jeher besondere *Seuchenausbrüche* erfahren hat. Bei keiner

kriegerischen Auseinandersetzung der letzten Jahrhunderte wurde das Auftreten
von Hepatitis-Epidemien vermißt.

FRÖHLICH bezeichnet daher die Hepatitis als „Militärkrankheit", die Franzosen nennen
sie „Jaunisse des camps", die Engländer „the epidemic jaundice of campaigns". HENNIG
berichtet, daß durch seuchenhaftes Auftreten der Gelbsucht in früheren Zeiten das Kriegs-
glück entscheidend beeinflußt worden ist. Die durch die Hepatitis bedingten Ausfälle über-
wogen teilweise die Zahl der Gefallenen und Verwundeten. Die Gelbsuchts-Epidemien des
letzten Weltkrieges gaben in den höheren Stäben der deutschen Armee Anlaß zur Beunruhigung, die Hepatitis war das Sorgenkind des Sanitätswesens (WOLFF).

2. Die Altersverteilung der Hepatitis infectiosa

Alle Erhebungen über die Altersverteilung müssen mit einem gewissen Vorbe-
halt interpretiert werden, da sie sicher z. T. ein irreführendes Bild geben, weil
ikterische Fälle häufiger als nichtikterische und asymptomatische Fälle meist
überhaupt nicht registriert werden. Besonders unzuverlässig dürften diesbezüglich Erhebungen für das Kindesalter sein, da die Virushepatitis in dieser Lebens-
epoche nach der Meinung der meisten Autoren (z. B. McCOLLUM) für gewöhnlich
anikterisch verläuft. Bezüglich des Alters der außerhalb von Kriegszeiten an
Hepatitis infectiosa Erkrankten ergibt sich, daß die Seuche vorzugsweise Kinder
befällt. Unter 40 von GIBSON in England beobachteten Epidemien handelt es sich
bei 30 um Kinderepidemien. Erwachsene erkranken im Verhältnis zu Kindern in
normalen Zeiten wesentlich seltener. Nur unter besonderen Umständen wird dieser
Gang der Durchseuchung durchbrochen, und es kommt zu stärkerer Ausbreitung
auf höhere Altersklassen.

Bei der Verbreitung der Hepatitis im Kindesalter spielt zunächst die Exposition
der empfänglichen Kinder im Spielalter, die durch die Eingliederung in Straßen-
spielgruppen sowie Kindergärten bedingt ist, eine Rolle. Die nächste große Expo-
sitionsmöglichkeit stellt dann der Eintritt in die Schule dar. So ist es auch verständlich, daß die meisten Kinder im Alter von 4—7 Jahren erkranken (SCHREIER).
Nach dem 12. Lebensjahr nimmt die Morbidität schon deutlich ab.

Säuglinge erkranken selten an Hepatitis (WALGREN, v. BORMANN, SIEDE, u. a.). FLESCH
hat innerhalb von 10 Jahren an einem Kinderkrankenhaus mit einem Durchlauf von 160000
Patienten nur einmal eine Säuglingshepatitis beobachtet. Aus der Heidelberger Kinderklinik
wurden über 30 Fälle in der Zeit von 1950—1963 berichtet (SCHREIER). HUBER beschreibt
11 Fälle. Ich habe 7 Fälle gesehen, die alle recht schwer verliefen. Vereinzelt wurden Hepatitisfälle bei Neugeborenen beobachtet, deren Mütter an Hepatitis erkrankt waren (KLINGEL-
HÖFER, WILLIAMS, BLUMER), so daß transplacentare Übertragung diskutiert wird (SCHREIER).
Selten erkranken auch Kleinkinder unter 2 Jahren. Bei Epidemien im Erwachsenenalter ist
das dritte Lebensjahrzehnt weit bevorzugt, wie sich auf Grund der Erhebungen zahlreicher
Autoren ergibt (v. BORMANN, SIEDE, u. a.). Diese Erkenntnis geht bis auf Hippokrates zurück.
Bei den Kriegs- und Soldaten-Epidemien erkranken bevorzugt junge Soldaten bzw. Rekruten
(FRÖHLICH, RUGE, u. a.). Vereinzelt wurden auch reine Erwachsenen-Epidemien beschrieben,
wo vorzugsweise (60—70%) wie z. B. kürzlich in Schweden sowie in einigen Bezirken in den
USA (McCOLLUM) oder ausschließlich Erwachsene apparent erkrankten (KLINGELHÖFER,
WEISSENBERG, ANDERS und KIMA). Beim Überspringen der Epidemien auf Erwachsene kann
unter Umständen auch das hohe Alter betroffen werden.

Demnach besteht das größte Erkrankungsrisiko im Alter von 4—14 Jahren.
Unter den Erwachsenen erkranken bevorzugt jugendliche Erwachsene.

Die Altersverteilung ist durch eine Immunitätsreaktion im Sinne der Entwicklung einer spezifischen Immunität durch Erkrankung oder stumme Feiung
oder aber außerdem durch eine Steigerung der natürlichen Resistenz mit zunehmendem Alter zu erklären. Sie dürfte in einer Population in erster Linie davon
abhängen, wann die letzte Exposition gegenüber dem Virus bestand. Daneben
spielen Umgebungsfaktoren hinsichtlich der Möglichkeit der Übertragung bzw.
Weiterverbreitung eine Rolle. Auch die Virus-Wirtsbeziehungen sind wegen der
Dauer der Infektiosität der Befallenen von Bedeutung (McCOLLUM).

3. Geschlechtsverteilung

Im Kindesalter wurde von den meisten Autoren eine besondere Geschlechtsdisposition nicht festgestellt. Eine Ausnahme machen die Feststellung von BATTEN u. Mitarb., die einen signifikant häufigeren Befall von *Knaben* ermittelten und die Beobachtung, daß Mädchen während der Menarche besonders empfänglich für Hepatitis sind (SCHREIER). Der höhere Befall von Mädchen in einer Schule in der Grafschaft Lancaster wird auf die größere Schwierigkeit des weiblichen Geschlechts, sich bei Verunreinigung der Aborte vor Infektionen zu schützen, zurückgeführt (TILLEY). Bezüglich der Erwachsenen nimmt HAVENS bei *Frauen* während der Pubertät, der Schwangerschaft und nach der Menopause eine besondere Empfänglichkeit an, die er spezifischen Geschlechtsfaktoren zuschreibt. Auch der schwerere Verlauf der Hepatitis bei der Frau während dieser Lebensepochen wird darauf zurückgeführt. Anläßlich der Epidemie in Neu-Delhi waren Schwangere signifikant mehr erkrankt als andere Frauen.

4. Rassendisposition, Klimadisposition

Die Möglichkeit einer besonderen *Rassendisposition* ist anläßlich der Epidemie, die durch die Verwendung der mit Serumhepatitis verunreinigten Gelbfieber-Vaccine ausgelöst und wobei die weiße Rasse bevorzugt befallen wurde, und auf Grund von Beobachtungen in Alaska (MAYNARD), wonach in einer Gemeinde Indianer-Kinder in erheblich höherem Maße befallen wurden als solche der weißen Rasse, was nur durch Unterschiede hinsichtlich natürlicher oder erworbener Immunität zu erklären war, zur Erörterung zu stellen. Eine besondere *Klimadisposition* liegt offensichtlich nicht vor.

5. Kleinraumepidemiologie

Epidemie-Formen

Die Hepatitis-Ausbrüche treten als *Kontakt- und Explosiv-Epidemien* auf. Unter Umständen kann sich an eine Explosiv-Epidemie eine Kontakt-Epidemie anschließen. Die häufigste Form ist die Kontakt-Epidemie. Sie beginnt immer ganz allmählich mit einzelnen Erkrankungsfällen von Vorläufern und Kontaktstreuern und breitet sich nur langsam im Verlauf mehrerer Wochen aus. Es folgt ein 2—3 Monate anhaltendes Maximum an Erkrankungsfällen, danach gehen die Morbiditätszahlen stufenweise wieder zurück, und schließlich kommt die Epidemie mit einigen Nachzügler-Fällen innerhalb mehrerer Wochen nach und nach zum Erlöschen. Es ergeben sich auf diese Weise recht kennzeichende flach ansteigende und flach abfallende Morbiditätskurven (SIEDE) (Abb. 2). Bei den meisten Kontakt-Epidemien besteht darüber hinaus eine jahreszeitliche Bindung an die *Herbst- und Wintermonate* (SIEDE). Die Hepatitis infectiosa ist damit eine ausgesprochene *Saison-Krankheit*. Bei von diesem jahreszeitlichen Rhythmus abweichenden Epidemien handelt es sich meist um Explosiv-Epidemien.

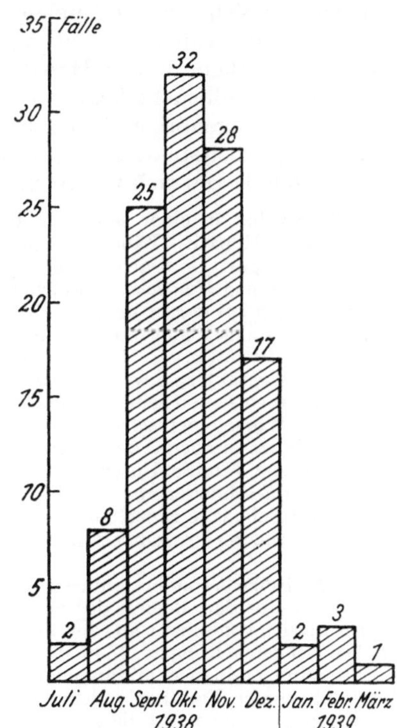

Abb. 2. Morbiditätskurve. Jahreszeitliche Verteilung von 118 Hepatitis-epidemica-Fällen der Epidemie Thalheim 1938/39

49*

Die Explosiv-Epidemien, die in der Regel mit relativer Sicherheit auf eine gemeinsame Quelle (meist Verunreinigung von Trinkwasser oder Nahrungsmitteln) zurückgeführt werden können, verlaufen unter dramatischeren Umständen. Die Dauer der Exposition ist oft kurz, und die Zahl der Exponierten relativ groß, so daß schnell ansteigende Morbiditätskurven entstehen.

6. Ausbreitung der Hepatitis infectiosa

Eine weitere bemerkenswerte Tatsache des epidemiologischen Verhaltens der Krankheit ist es, daß vorzugsweise *Menschengruppen*, die *in Gemeinschaften* zusammenleben, befallen werden, besonders wenn räumliche Beschränkungen und ungünstige hygienische Bedingungen hinzutreten. In dem ausführlichen Schrifttum zu dieser Frage wird auf den bevorzugten Befall von Wohn- und Arbeitsgemeinschaften, Kindergärten, Kinderheimen, Schulen, Erziehungsanstalten, Massenunterkünften, Lagern, Kasernen, Gefängnissen wiederholt hingewiesen.

HENNIG hat 26 Kasernen-Epidemien zitiert. HOLM hat die Ausbreitung unter der Belegschaft eines Zinnwerkes beobachtet. Sehr aufschlußreich über die zusätzliche Bedeutung des Zusammenlebens in räumlicher Enge sind die von RUGE bei der Deutschen Marine in den Zwanziger Jahren festgestellten Morbiditätsverhältnisse, wonach die an Bord stärker räumlich eingeengte Mannschaft wesentlich häufiger als die an Land aufgelockerter wohnende erkrankte. Die Morbiditätszahlen der Schiffsbesatzungen waren umso größer, je kleiner das Schiff war. Offiziere waren wiederum erheblich seltener als die Mannschaft befallen.

Jeder, der sich mit der Epidemiologie der Hepatitis infectiosa befaßt, verfügt über eine Reihe von Beobachtungen einwandfreier *Kontakterkrankungen*. So ist häufig festzustellen, daß an Hepatitis erkrankte Menschen bestimmte Zeit vorher mit anderen Gelbsuchtskranken in bestimmten Kontaktbeziehungen standen wie z. B. als Angehörige einer Familie, einer Wohngemeinschaft, Spielgefährten, Schulbank-, Arbeitsplatznachbarn, Pflegepersonal in Krankenhäusern usw. Bei jeder Epidemie lassen sich zahlreiche Kontaktgruppen erkennen.

HOFMANN hat in einer sehr sorgfältigen epidemiologischen Studie festgestellt, daß bei 1562 erfaßten Hepatitis-Fällen in über 50% die Annahme einer Kontaktinfektion durch Zusammensein mit Gelbsuchtskranken in der Inkubationszeit gerechtfertigt war. Häufig erkranken in einem *Haushalt*, in welchem sich ein Hepatitis-Fall ereignet, weitere Angehörige desselben. Auch bei der in jüngster Zeit in Bristol beobachteten Epidemie war in 76% bzw. 87% von zwei einschlägig untersuchten Gruppen eine annähernd sichere Kontaktanamnese festzustellen (BOTHWELL u. Mitarb.). Bei der Epidemie in Minden war bei 68% der Erkrankten ein direkter Kontakt nachweisbar, 39% davon innerhalb einer Familie (REPLOH und PRIMAVESI). Wir haben sieben sehr eindrucksvolle Kontakterkrankungen in 2—3 wöchigen Abständen in einer Wohngemeinschaft mitgeteilt. Die Ausbreitung von Familie zu Familie ist meist das Ergebnis der Intensität des Kontaktes zwischen den eng miteinander lebenden und spielenden Kindern der Familie. Unter Kindergartenangehörigen und Schülern breitet sich die Krankheit überhaupt schneller aus, da bei ihnen zu gleicher Zeit die Kontaktmöglichkeit für eine viel größere Zahl von Einzelpersonen gegeben ist als in einer Familie. Außerdem ist unter solchen ein größerer Prozentsatz noch nicht Durchseuchter bzw. Infektionsempfänglicher vorhanden.

Aus der Reihe besonders eindrucksvoller *Kontaktübertragungen* seien die folgenden erwähnt. SHOU beschreibt den Beginn der Epidemie an der norwegischen Westküste bei einem Mann, welcher Besuch von seinem aus den Bergen stammenden Bruder erhielt, der dort die Krankheit gerade durchgemacht hatte. Nach diesem ersten Fall kam es dann zum Ausbruch von weiteren 14 Erkrankungen in zwei miteinander in Verbindung stehenden Höfen. Von THODE wurde die Mitteilung zweier Familienepidemien in 17 km auseinanderliegenden Höfen gemacht, die dadurch von der einen auf die andere Familie übertragen wurde, daß ein junges Mädchen der einen Familie bei der kranken Familie einen Besuch abgestattet hatte. Das junge Mädchen erkrankte danach an Gelbsucht. Anschließend wurden sämtliche weiteren Mitglieder der Familie befallen. Da die Höfe außerordentlich abgelegen waren, kam eine andere Infektionsquelle nicht in Betracht.

Zu Zeiten geringerer Morbidität kann es andererseits für den Epidemiologen recht *schwierig* sein, den Seuchengang genauer zu verfolgen und eine geschlossene *Infektionskette* aufzufinden, weil viele Menschen infiziert werden, aber nur wenige erkranken und nur bei einem Teil der

Erkrankten auf die oft verkannte präikterische Phase der Ikterus folgt. Ein weiterer Grund für die Schwierigkeit der Verfolgung des epidemiologischen Ablaufes ist darin zu erblicken, daß, wie noch darzulegen sein wird, bereits in den ersten Stadien der Infektion und auch schon in der Inkubationsphase das Virus von dem Infizierten ausgestreut wird. Bei Ausbruch des Ikterus ist der Betreffende schon sehr lange vorher Streuer des Virus gewesen und außer ihm haben auch schon viele Menschen seiner Umgebung, die nicht oder anikterisch erkrankt sind, das Virus in die Umgebung ausgeschieden. Diese sind die Hauptstreuer, nicht die relativ wenigen Ikteruskranken. Die Tatsache, daß die meisten Virusverbreiter nicht zu erkennen sind, weil sie nicht ikterisch erkranken, und somit die Verbreitungswege im Dunkeln bleiben, bedeutet, daß es nahezu unmöglich ist, das Weiterschleichen der Seuche zu verhindern, da die nicht erkennbaren Streuer nicht erfaßt und damit auch nicht isoliert werden können, und daß durch Isolierung der durch Ikterus markierten Streuer nicht viel gewonnen ist.

Aus den geschilderten Beobachtungen geht schlüssig hervor, daß die Hepatitis infectiosa üblicherweise durch Kontakt direkt von Mensch zu Mensch verbreitet wird.

Ausbreitung auf besondere Berufsgruppen

Bemerkenswert ist die Tatsache, daß das *Ärzte-, Pflege- und Laborpersonal* in Krankenhäusern infolge der mannigfaltigen Kontaktmöglichkeiten mit Virus-Streuern besonders häufig erkrankt.

Nach HAHN soll diese Berufsgruppe 54mal häufiger, nach HOFMANN 20mal häufiger erkranken als die Gesamtbevölkerung. STRÖMBECK fand bei einer Umfrage bei 4030 Ärzten und Schwestern eine Häufigkeit der Hepatitis von 14,5%, wobei Krankenhausärzte häufiger erkrankt waren als Praktiker. In dem Material von GAUSTÄDT erkrankten 27% der Labor-schwestern, dagegen nur 2,5% der übrigen Schwestern. In einer russischen Statistik auf Grund der Verhältnisse in der ukrainischen SSR erkrankten 1957 weniger als 8%, 1958 14% und 1959 27,2% des medizinischen Personals. Für die gesamte UdSSR betrug die Morbidität 0,5—1,2% (FOMIN). Nach HOFMANN sind unter den Ärzten Internisten, Chirurgen und Patho-logen gleich stark betroffen. In den Jahren 1952—1958 wurden der Berufsgenossenschaft für Gesundheitsdienst und Wohlfahrtspflege in der Bundesrepublik Deutschland 1166 Hepatitis-Berufserkrankungen gemeldet (RÖMER). Ein Teil der Erkrankungen an Hepatitis bei Ärzten, Schwestern und Laborpersonal kann wohl auf die Serumhepatitis bezogen werden, indem der Erreger anläßlich von Verletzungen während der Tätigkeit am Kranken inokuliert wird, wenn auch GSELL mit Recht darauf hinweist, daß im Arzt- und Pflegeberuf vorzugsweise die Hepa-titis infectiosa infolge der reichlichen Gelegenheit zu peroraler Schmierinfektion als Berufs-krankheit nicht als Unfall in Frage komme, was rechtlich bei Versicherungsansprüchen zur Diskussion Anlaß geben kann. MADSEN hat auf Grund einer Anfrage in Kopenhagener Kran-kenhäusern festgestellt, daß Ärzte wesentlich häufiger als Rechtsanwälte, Arbeiter und Ange-stellte erkranken. Nach HOFMANN sollen unter den anderen Berufsgruppen in erster Linie Schneider, Putzmacher, Hutmacher, Bügler, Klempner, Fliesenleger, Steinsetzer, Friseure und Verkäufer bevorzugt erkranken.

7. Übertragungsweise

Nachdem über die Übertragungsweise lange Zeit verschiedene Auffassungen vertreten wurden, kann heute als Weg der Übertragung die von SIEDE bereits 1938 angenommene *Schmierinfektion* als *hauptsächlichster Übertragungsweg* als gesichert gelten. Auf Grund zahlreicher Beobachtungen und verschiedener Über-tragungsversuche befindet sich das infektiöse Agens im Stuhl und wird so mit diesem ausgeschieden. Mit Stuhlfiltraten von an Hepatitis Erkrankten konnte die Krankheit auf oralem Weg auf Freiwillige übertragen werden (STOKES). Damit war der fäkal-orale Weg als Übertragungsmodus erwiesen.

In einer Waisenanstalt wiesen CAPPS u. Mitarb. bei Schwestern als Ursache einer Epidemie den oral-fäkalen Weg durch unmittelbaren Kontakt nach. Die Erkrankungen hörten auf, nachdem eine aseptische Pflegetechnik bei der Betreuung nichtikterischer Keimträger einge-führt wurde. Elf Hepatitisfälle wurden nach Kontakt mit jungen Schimpansen beobachtet (HILLIS). Ob das Virus auch im Urin vorhanden ist und auf diese Weise übertragen wird, ist noch nicht hinreichend geklärt, nach SHERLOCK wahrscheinlich.

Ausnahmsweise kann die Hepatitis infectiosa jedoch auch *durch Blut* übertra-gen werden: Serum hat sich sowohl auf oralem als auch auf parenteralem Weg als infektionstüchtig erwiesen (HAVENS). 6 von 9 Versuchspersonen erkrankten nach Injektion von 0,025 ml eines Serum-Pool (KRUGMAN u. Mitarb.). Die Krankheit kann somit mittels Blut bei jedem Verfahren erzeugt werden, das mit einer Durchdringung der Haut oder der Schleimhaut verbunden ist. Auf parenteralem Weg Infizierte scheiden das Virus mit den Faeces aus (HAVENS).

Die Hepatitis kann auch durch *Trinkwasser oder Nahrungsmittel* verbreitet werden. Die Entstehung von Epidemien durch Trinkwasser infolge Verunreinigung von Flüssen, Brunnen oder chlorierten städtischen Wasserleitungen durch Abwässer kann durch eine Reihe einwandfreier Beobachtungen als gesichert gelten. (WALLGREN, STOCKES und NEEFE, PECZENIK, DUTTWEILER und MOSER, HAVENS, KIMBALL u. Mitarb., HARRISON, HOLM, ANDERS und KIMA, MOSLEY u. Mitarb., TUCKER u. Mitarb.).

So berichten STOKES und NEEFE, daß es in einem Lager im Anschluß an einen sporadischen Fall zum schlagartigen Ausbruch einer Epidemie kam. Dabei erkrankten jedoch nur diejenigen Angehörigen des Lagers, die ihr Trinkwasser aus einem bestimmten Reservoir bezogen, welches, wie sich später herausstellte, durch Fäkalien eines Hepatitiskranken verunreinigt war, während diejenigen Insassen, die mit Trinkwasser anderer Herkunft versorgt wurden, von der Gelbsucht verschont blieben. Als man das offenbar verseuchte Trinkwasser Versuchspersonen trinken ließ, kam es bei einem großen Teil derselben ebenfalls zum Ausbruch von Gelbsucht. Ein weiteres typisches Beispiel einer Trinkwasserepidemie ist die schlagartige Erkrankung von 32% der Schüler der Grundschule in Judenbach im Jahre 1954 (ANDERS und KIMA). Weitere Erkrankungen in der Ortschaft traten nicht auf. Die Schule wurde von einem gesonderten Zweig des Trinkwassernetzes versorgt, in welches der Einbruch von Abwasser nachgewiesen werden konnte. Die größte bisher beobachtete *Trinkwasserepidemie* stellt die im Jahre 1955/56 aufgetretene in Delhi (Indien) mit ca. 35000 Erkrankungen dar, bei der als Ursache infolge einer Überschwemmung die Verunreinigung der städtischen Trinkwasserleitung festgestellt wurde. In Australien wurde eine Epidemie durch Genuß von unfiltriertem Flußwasser ausgelöst (WALLACE).

Hinsichtlich der *Verbreitung durch Nahrungsmittel* berichtet READ über die gleichzeitige Erkrankung von 24 Medizinstudenten, wobei als Infektionsquelle nur das gemeinsam eingenommene Mittagsmahl in Frage kam. MURPHY u. Mitarb. stellten bei 10 in einer Stadt verstreuten Fällen fest, daß diese die Milch aus der gleichen Molkerei, in der vorher zwei Hepatitisfälle vorgekommen waren, genossen hatten. Es wird daher hier die Übertragung durch die *Milch* angenommen. Verbreitung durch während der Zubereitung verunreinigter Nahrungsmittel wurde bezüglich Sandwiches, Orangensaft (EISENSTEIN u. Mitarb.), Salat und Fleisch (ANDERS und GÄSSLEIN) beobachtet. Bei einer Epidemie in Schweden (ROOS) nach einem Internistenkongreß war der Genuß von *Austern* derselben Quelle als Ursache zu erblicken. Es ergab sich, daß die Fäkalien der Austernfischerhäuser, in welchen Gelbsuchtsfälle lagen, über die Austernbänke geleitet wurden, von denen die Austern stammten, nach deren Genuß die Gelbsuchtsfälle auftraten. Im ganzen wurden drei Muscheln- und Austern-Epidemien hervorgerufen durch verschmutztes Wasser bzw. Verseuchung der Austernbänke (MASON und MCLEAN) bekannt. Da die Muscheln und Austern teilweise weit verschickt wurden, traten die Hepatitisfälle in verschiedenen Teilen des Landes auf, so daß es schwierig war, die Verbreitungsweise dieser Epidemie zu erkennen. In dem Material der Bostoner Krankenhäuser hatten die an Hepatitis infectioa Erkrankten zuvor signifikant mehr rohe Schalentiere gegessen als Kontrollpersonen (GRADY und CHALMERS).

Ein treffendes Beispiel für eine Nahrungsmittelepidemie, die durch mit größter Akribie aufgestellte Erhebungen hinsichtlich der verschiedenen Anlaufhäfen der Schiffe und der Daten für die Beurlaubung des an Land gehenden Personals aufgeklärt werden konnte, indem der Händler des angelaufenen Hafens, von dem die Infektion ausging, ermittelt wurde, stellt die im Jahre 1959 unter den Schiffsbesatzungen der 6. USA-Flotte im Mittelmeerraum dar (MCCOLLUM). Schwierig ist die Aufklärung von Nahrungsmittel- oder Trinkwasser-Epidemien, wenn die Dauer der möglichen Exposition lang ist oder unterbrochen wird, die Zahl der Exponierten schwankt, die verunreinigte Quelle weit verbreitet ist, Ortsveränderungen der Infizierten geographisch nicht übersehbar sind, so daß das gemeinsame Element der Exposition verdeckt bleiben kann.

Verschiedentlich wird auch die Übertragung *durch Gegenstände* diskutiert (NIKOLAYSEN, BLUMER, HOESCH, GUTZEIT). In einer Schulspeisestätte wurden 20 Erkrankungen durch Eßgeschirr, welches ein an Hepatitis Erkrankter vor dem Gebrauch abgetrocknet hatte, beobachtet (DULL u. Mitarb.).

Als weiterer Übertragungsmodus muß schließlich die Möglichkeit der Verbreitung durch *Insekten* (Fliegen, Schaben) in Erwägung gezogen werden (HAVENS, McFARLEY), indem diese virushaltige Fäkalien auf ihren Chitinpanzer oder an ihrem Saugrüssel aufnehmen und auf Nahrungsmittel oder direkt auf den Menschen verschleppen.

8. Dauer der Ansteckungsfähigkeit

Bezüglich der Dauer der Ansteckungsfähigkeit der Hepatitis infectiosa ist anzunehmen, daß Infektiosität im Inkubationsstadium, im präikterischen Stadium und nach Ausbruch der Gelbsucht etwa 14 Tage lang besteht.

In diesem Sinne sprechen verschiedene ältere Beobachtungen (SEYFARTH, MEYTHALER) und neuere Übertragungsversuche. So zeigten von WARD u. Mitarb. sowie von KRUGMAN u. Mitarb. durchgeführte Übertragungsversuche auf schwachsinnige Kinder mit einem Virusstamm, der eine Inkubationszeit von rund 40 Tagen aufwies, daß sich das Virus während der Inkubationszeit und im Frühstadium der Erkrankung in Stuhl und Blut befindet. Die Stühle erwiesen sich vom 25. Tag der Inkubation ab bzw. ab 16 Tage vor Auftreten der Gelbsucht bis 8 Tage danach als infektiös. Im Blut war das Virus etwa zur gleichen Zeit nachweisbar. Anikterische Kranke schieden das Virus ebensolange wie Gelbsüchtige aus. Bei letzteren war vom 8.—18. Tag nach Ausbruch der Gelbsucht eine Virusausscheidung nicht nachweisbar. Übertragungsversuche mit Fäces-Pools, die vom 11. Tag der Inkubationsperiode und vom 19.—33. Tag nach Ikterusbeginn stammten, verliefen erfolglos. Virämie wurde nicht am 18. aber vom 25. Tage der Inkubationsperiode, 3—7 Tage vor und 3 Tage nach Einsetzen der Gelbsucht festgestellt. In anderen experimentellen Übertragungen wurden Virämie und fäkale Ausscheidung während des präikterischen Stadiums und bis 3 Wochen nach Ausbruch der Gelbsucht demonstriert.

Es darf daher mit ziemlicher Sicherheit unterstellt werden, und in diesem Sinne sprechen auch die Beobachtungen in Krankenhäusern, daß die Kranken höchstens noch ca. *2—3 Wochen lang nach Beginn* der Gelbsucht ansteckungsfähig sind. *Ausnahmsweise* muß jedoch mit *länger* anhaltender Infektiosität gerechnet werden, da bei zwei Kindern noch 5 bzw. 16 Monate nach Beginn der Erkrankung das Hepatitisvirus im Stuhl gefunden wurde (CAPPS und STOKES). Hierdurch erklären sich die vereinzelten Beobachtungen der Übertragung durch Rekonvaleszenten. Aus Übertragungsversuchen von Mensch zu Mensch durch STOKES ist zu schließen, daß der Mensch nach vollständigem Überstehen der Krankheit unter Umständen das Hepatitisvirus jahrelang in sich tragen, bzw. ausscheiden kann. Es gibt daher wohl *Dauerausscheider.* Die Zahl dieser Kontaktträger wird von den meisten Autoren auf 0,5% der Bevölkerung, von STOKES sogar auf 2—3% geschätzt.

KRUGMAN u. Mitarb. wiesen eine Virämie bei einem Fall von inapparenter Hepatitis infectiosa nach, woraus zu folgern ist, daß eine Infektion ohne Krankheitssymptome und -zeichen ablaufen kann. Auf Grund eines von CREUTZFELDT u. Mitarb. berichteten Falles ist anzunehmen, daß die Virämie bei chronischer Virushepatitis jahrlang bestehen bleiben oder zumindest rezidivieren kann. Ein an einer unerkannten posthepatitischen Lebercirrhose leidender Blutspender hat im Laufe von 10 Jahren durch Blutspenden mindestens 8 Hepatitis-Erkrankungen ausgelöst. Es wird angenommen, daß der Blutspender an einer Hepatitis infectiosa erkrankt war. Schließlich konnte auch wahrscheinlich gemacht werden, daß offensichtlich gesunde Menschen, die nie an Virushepatitis erkrankt waren, das Virus im Serum tragen und im Stuhl ausscheiden und damit als Kontaktkeimträger fungieren können (NEEFE u. Mitarb., SIEDE, STOKES u. Mitarb.).

9. Inkubationszeit

Die Inkubationszeit der Hepatitis infectiosa beträgt nach unseren Erhebungen meist *14—35 Tage.* POPPER und SCHAFFNER nehmen 15—40 Tage an. Das Experten-Komitee der Weltgesundheitsorganisation beziffert sie zwischen 15 und 50 Tagen. Es wurden jedoch bei einer Anstaltsepidemie Inkubationszeiten bis zu 56 Tagen (ROEMER), bei der Epidemie in Poppenbauer bis zu 58 Tagen beobachtet.

10. Immunität

Die Hepatitis infectiosa hinterläßt in der Regel eine *lebenslängliche Immunität*, wie sich auf Grund von epidemiologischen Beobachtungen und Übertragungsversuchen auf Freiwillige, die eine experimentelle infektiöse Hepatitis überstanden haben (HAVENS), ergibt. *Zweiterkrankungen* werden bis zu 5 % (WARD u. Mitarb.) bzw. 8 % (KRUGMAN u. Mitarb.) beobachtet. Sie werden als Ergebnis einer ausgesprochen starken Exposition betrachtet. Das Intervall zwischen Erst- und Zweiterkrankung kann einige Monate bis viele Jahre betragen. Kürzlich wurde über Rezidive bei Kranken berichtet, die einige Monate zuvor eine subklinische Infektion durchgemacht hatten. Bei einigen Trinkwasserepidemien in Schweden, Indien und USA fiel auf, daß Erwachsene über 25 Jahre besonders häufig erkrankten, was die Immunitätsverhältnisse etwas differenzierter erscheinen läßt als bisher angenommen.

11. Krankheitsbegünstigende Faktoren

Eine besondere Ernährung scheidet als dispositioneller Faktor wahrscheinlich aus. Hierfür spricht insbesondere die Beobachtung nach beiden Weltkriegen, wo es ebenso wie in dem ausgehungerten Deutschland auch in den „satten" Staaten wie Dänemark, Schweden, Schweiz, Nordamerika zu großen Ausbrüchen der Seuche kam. Die in Kriegszeiten gemachten Beobachtungen sprechen dafür, daß körperliche Anstrengungen im Verein mit Übermüdung und unzureichender Ernährung das Angehen der Infektion begünstigen. Die Häufung unter Diabetikern darf nicht der Hepatitis infectiosa zur Last gelegt werden, sie ist vielmehr auf die größere Exposition gegenüber der Serumhepatitis zurückzuführen. Eine Reihe von Autoren (HOFF, SCHÖN, VOIT, u. a.) sehen in vorhergehenden Gastroenteritiden anderer Herkunft den Schrittmacher für die Hepatitis infectiosa ebenso wie GUTZEIT in der Ruhr.

B. Epidemiologie der Serum-Hepatitis

Es ist zu vermuten, daß das Virus der Serumhepatitis ein alter Infektionserreger der menschlichen Rasse ist, der jetzt in fast perfekter Symbiose mit dem Menschen lebt (POPPER und SCHAFFNER). Offenbar erfolgte seine Übertragung von Generation zu Generation transplazentar ohne daß klinische Symptome auftraten und eine Immunität entstand (STOKES u. Mitarb.). Diese Wirtsbeziehungen wurden in den vergangenen 70 Jahren dadurch gestört, daß der Mensch das Virus auf neue Wirte parenteral überführte. Die *parenterale Übertragung* ist auf folgende Weise möglich:

1. Übertragung von Blut, Plasma, Serum, Fibrinogen, Thrombin, antihämophilem Globulin.

2. Zufuhr von Impfstoffen, die menschliches Plasma oder Serum enthalten.

3. Übertragung mit durch Blutbestandteile (Koagula) verunreinigten Spritzen, Nadeln und Lanzetten bei intramuskulären, intravenösen, subcutanen und intradermalen Injektionen, Infusionen, Venenpunktionen, Blutentnahmen, Pneumothoraxfüllungen, Tätowierungen, Skarifikationen, Sensibilitätsprüfungen mit Nadeln.

Übertragung mit durch Blutbestandteile verunreinigtem zahnärztlichen Instrumentarium.

4. Laboratoriums- und Berufsinfektionen durch Umgang mit Blutproben oder Säubern verunreinigter Instrumente (Spritzen, Kanülen, Nadeln usw.).

5. Infektion durch offene Haut- und Schleimhautverletzungen.

Mitgeteilte diaplacentare Übertragungen bedürfen noch der Bestätigung. Das Virus der Serumhepatitis befindet sich *nur im Blut* und ist hitzeresistent. Es hat sich im Plasma gegen Erhitzung auf 60° mehr als 4 Std lang als resistent erwiesen (MURRAY, DIEFENBACH). Ob als Erreger das gleiche Virus wie bei der Hepatitis infectiosa in Frage kommt, oder ob zwei verschiedene Typen des Virus (als Virus A und B bezeichnet, wobei Virus B die Serumhepatitis übertragen würde), vorliegen, ist noch nicht definitiv geklärt.

Die einzigen Unterschiede, die zwischen Typ A und B bisher feststehen, sind die *wesentlich längere Inkubationszeit* der Serumhepatitis und die fehlende Immunität der Hepatitis infectiosa für die Serumhepatitis und umgekehrt. Erstere könnte aber auch dadurch bedingt sein, daß das Virus im Blut des Überträgers lange Zeit der Einwirkung von Antikörpern ausgesetzt ist, welche die Virulenz des Virus herabsetzen können. Bei Bluttransfusionen könnte durch die in der erheblichen Blutmenge gleichzeitig erfolgenden Übertragung von gegen das Hepatitis-Virus gerichteten Spender-Antikörpern derselbe Effekt beim Empfänger entstehen (BIELING). Neben der fehlenden gekreuzten Immunität für Hepatitis infectiosa und Serumhepatitis sprechen die Ergebnisse der Antigen-Hauttests von HENLE und der Hämagglutinationsreaktion mit Rhesus und Küken-Erythrocyten für die Existenz zweier verschiedener Virusarten.

Die Häufigkeit der Übertragung einer Serumhepatitis im Gefolge einer Bluttransfusion wird von NEEFE mit 0,09—4,1%, von japanischen Autoren (KOSAKA, UEDA, SAMBE, IWAMURA) mit 3—10 % angegeben. Je mehr Blut übertragen wird, um so größer ist das Risiko der Übertragung der Krankheit (Lit. bei CREUTZFELDT).

Bei 2547 Patienten, die durchschnittlich 3,4 Bluttransfusionen erhalten hatten, ermittelten ALLEN und SAYMAN in Chicago eine durchschnittliche Erkrankungsrate von 36%. Bei Aufschlüsselung dieser Fälle nach der Zahl der erhaltenen Transfusionen ergab sich eine direkte *Beziehung zwischen Transfusionszahl und* Auftreten von *ikterischer Hepatitis.* Während von den Kranken, die nur eine Transfusion erhalten hatten, 1,4% an Hepatitis erkrankten, stieg die Erkrankungsrate bei zwei Transfusionen auf 2,7%, bei drei auf 3,2%, bei vier auf 2,5%, bei fünf auf 6,7% und bei sechs auf 8,3% an, um dann allerdings bei mehr als sechs Transfusionen wieder auf 5,4—7,8% abzufallen. Die Erfassung der ikterischen Serum-Hepatitiden gibt naturgemäß noch keine Auskunft über die tatsächliche Inoculationsrate, solange nicht auch die Zahl der *nichtikterischen Fälle* ermittelt ist. In dieser Hinsicht sind Untersuchungen von SHIMIZU und KITAMOTO in Japan aufschlußreich, welche bei 64,5% von 175 transfundierten Patienten innerhalb der Inkubationszeit der Serum-Hepatitis mindestens 2 Wochen lang anhaltende, mehr als 90 I.E. ausmachende Erhöhungen der GP-Transaminasen feststellten, die bei allen bioptisch untersuchten Fällen histologisch einer Hepatitis entsprachen. Während nach 1—4 Transfusionen 38% der Empfänger an Hepatitis erkrankten, stieg die Morbiditätsrate bei über 26 Transfusionen auf 88 % an. Diese Untersuchungen werden mittlerweile durch HAMPERS u. Mitarb. für Philadelphia, von CREUTZFELD in Göttingen im Prinzip bestätigt.

Unbehandelten *Plasma-Pools* kommt ein höheres Risiko als Vollblut zu. Das Risiko wächst mit der Größe der Spenderzahl der Pools (MCGRAW). Die Häufigkeit der Übertragung der Krankheit durch Plasma-Pools wird mit 0,12%—12,2% beziffert (SPURLING). Das Risiko der Übertragung durch *Fibrinogen* hängt von der Größe der Plasmamenge ab, aus welcher das Fibrinogen bereitet ist. In einem Fall betrug die Frequenz der Erkrankung an Serumhepatitis 17%. Ähnliche Verhältnisse liegen bezüglich antihämophilem *Globulin und Thrombin* vor. Übertragungen durch γ-Globulin mit Hilfe der Äthanol-Methode von COHN sind nicht bekannt. Stabilisierte Plasma-Protein-Lösungen und Albumin können durch Hitze sterilisiert werden, so daß durch sie Übertragungen nicht möglich sind.

Die Serumhepatitis wurde zuerst *im Gefolge von Massenimpfungen* beobachtet, wonach es zu epidemieartigen Häufungen der Krankheit kam. Die erste große Epidemie dieser Art wurde im Jahre 1882 in Bremen durch LÜRMANN und im gleichen Jahr in Merzig durch JEHN nach Verwendung derselben Lymphe zur *Pockenschutzimpfung* beschrieben. In der amerikanischen Armee kam es während des zweiten Weltkrieges zu 26000 Erkrankungsfällen nach Anwendung einer *Gelbfiebervaccine,* die vermutlich mit dem Virus B infiziert war. Hepatitis-Erkrankungen traten nur dann auf, wenn Serum als Vehikel für die Vaccine verwandt wurde.

Bei gewöhnlichen Injektionen, Blutentnahmen und Gebrauch von chirurgischen und zahnärztlichen Instrumenten vollzieht sich die Übertragung offensichtlich dadurch, daß die Instrumente vorher bei einem virämischen Menschen gebraucht werden und dabei virushaltige Blutbestandteile haften bleiben. Das Virus ist auf diese Weise in ein eiweißhaltiges Medium (Blutkoagula) eingehüllt, welches eine protektive Wirkung auf das Virus ausübt, so daß dieses bei dem früher üblichen Auskochen nicht abgetötet wird. Für die Übertragung des Virus auf die geschilderte Weise genügen nach NEEFE 0,001 ml, nach SHERLOCK 0,0005 ml Vollblut. Der *Salvarsan-Spätikterus* ist heute als eine Serumhepatitis zu betrachten ebenso wie die Häufung der *Hepatitis bei Diabetikern* (Blutentnahme bei Blutzuckerbestimmung, Insulinspritzen). Kurmäßige Spritzenbehandlungen stellen z. Z. die häufigste Ursache (48 %) der Serumhepatitis dar (HOFMANN).

Da die Serumhepatitis in der Regel nach den oben angeführten blutigen Eingriffen auftritt, ist ihre Frequenz im Gegensatz zur Hepatitis infectiosa *über das ganze Jahr gleichmäßig verteilt*. Sie ergreift angesichts der nur kurzdauernden Immunität Erwachsene aller Altersklassen entsprechend deren Exposition gegenüber den blutigen Eingriffen. Kinder werden demzufolge nur ausnahmsweise befallen. Die *Inkubationszeit* der Serumhepatitis beträgt *60—180 Tage*. Es wurde jedoch vereinzelt auch längere (bis 210 Tage) und kürzere (13 und 30 Tage) Inkubationszeit beobachtet (SIEDE, ROEMER). Im Material von TEXTER u. Mitarb. (60 Fälle) schwankt sie zwischen 28 Tagen und $4^1/_2$ Monaten, bei zwei Drittel der Fälle zwischen 6 Wochen und 4 Monaten. SCHARMEISTER und CREUTZFELD fanden im Inkubationsstadium bereits 6 Wochen vor Ausbruch der Gelbsucht histologisch die Zeichen der Hepatitis.

In Übertragungsversuchen wurde gezeigt, daß die Serumhepatitis von 89 Tagen vor Ausbruch der Gelbsucht bis 4—8 Tage danach übertragen werden kann. Das Blut von Menschen, die an Serumhepatitis erkrankt waren, bleibt unter Umständen kontinuierlich oder zeitweise jahrelang ansteckungsfähig. Es konnte auch nachgewiesen werden, daß die Serumhepatitis unter Umständen durch gesund erscheinende Spender, die wissentlich nie eine Hepatitis durchgemacht haben, übertragen werden kann (NEEFE, STOKES). Es muß also mit einem asymptomatischen Trägerzustand, d. h. mit der Existenz gesund erscheinender Virusträger gerechnet werden. Blut- und Serumhepatitis-Virus enthaltende Blutfraktionen übertragen die Krankheit ausschließlich auf parenteralem Weg. Faeces, Urin und Nasen-Rachen-Spülwasser von an Serumhepatitis Erkrankten erwiesen sich bei oraler Übertragung nicht als infektiös.

Infolge der zunehmenden Verabfolgung von Bluttransfusionen und der Durchführung ausgedehnter Massenimpfungen in der Kriegs- und Nachkriegszeit sowie durch die Häufigkeit der Verabfolgung von Medikamenten auf parenteralem Wege hat die Serumhepatitis *in den vergangenen Jahrzehnten* außerordentlich *an Häufigkeit zugenommen*. In den Nachkriegsjahren dürfte es sich etwa bei jeder zweiten auftretenden Virushepatitis um eine Serumhepatitis gehandelt haben (KALK, SIEDE). Infolge der jetzt gewissenhafter gehandhabten Spritzensterilisation, der strengeren Indikationsstellung bei Bluttransfusionen und der sorgfältigeren Auswahl der Blutspender ist die Häufigkeit der Serumhepatitis *zur Zeit* offensichtlich *im Abnehmen*. Insbesondere die Verbesserung der Spritzensterilisation dürfte sich segensreich ausgewirkt haben. Auch wird die Blutentnahme mittels Schnepper, eine häufige Übertragungsquelle, nicht mehr geübt, sondern durch die Entnahme mittels besonderer Lanzetten ersetzt. Demzufolge soll der Anteil der Serumhepatitis an der Gesamtzahl der Hepatitisfälle in der Bundesrepublik Deutschland zur Zeit nur noch 10 % (KALK) bzw. 18 % (DENNIG) betragen.

Die Immunität der Serumhepatitis soll nur kurz anhalten und kaum 1 Jahr übersteigen. Zwischen Serumhepatitis und Hepatitis infectiosa besteht keine gekreuzte Immunität.

VII. Klinisches Bild

1. Symptomatologie

Die Infektion mit dem Hepatitisvirus löst beim Wirt offensichtlich verschiedene Manifestierungen und Verlaufsformen der Krankheit aus. Als klinisch ausgeprägt auftretende Arten der Virushepatitis sind ein ikterischer und ein nicht-ikterischer Typ, beide mit verschiedenen Varianten, zu beobachten. Außerdem kommen von uns als abortive Form bezeichnete Arten der Krankheit vor, die durch nur kurze Dauer und ganz unterschwellige oder nahezu fehlende Hepatitiszeichen mit geringfügig gestörter Leberfunktion (Transaminasenanstieg!) gekennzeichnet sind. Schließlich ist auf Grund neuester epidemiologischer und virologischer Untersuchungen die Existenz subklinischer Infektionen ohne irgendwelche nachweisbare Zeichen einer Leberaffektion wahrscheinlich (HAVENS).

Kennzeichnende Unterschiede der klinischen Symptomatologie zwischen Hepatitis infectiosa und Serumhepatitis sind nicht bekannt. Es wurde lediglich anläßlich von Epidemien beobachtet, daß der Anteil der schwerer verlaufenden Fälle bei der Serumhepatitis größer ist als bei der Hepatitis infectiosa.

Die klinischen Manifestierungen und Verlaufsarten lassen die folgenden Formen (a—h) der Virushepatitis unterscheiden.

a) Akute ikterische Virushepatitis

Die Krankheit kündigt sich in der Regel durch uncharakteristische einige Tage bis einige Wochen anhaltende Prodromalerscheinungen an. Die Kranken klagen über Leistungsabfall, Müdigkeit, Mattigkeit, Körperschwäche, Appetitlosigkeit. Der Krankheitsverlauf wird nach SIEDE in *drei Stadien* eingeteilt:

1. das präikterische Stadium der fieberhaften Allgemeinerkrankung mit gastrointestinalen Störungen,

2. das ikterische Stadium,

3. das postikterische Stadium.

ad 1. Die Krankheit selbst beginnt meist allmählich mit Frösteln, Fieber, deutlichem Krankheitsgefühl, Kopf- und Gliederschmerzen, Appetitlosigkeit, Übelkeit, Druck in der Lebergegend. Unter 60 Fällen von Serumhepatitis wurde bei 50 Kranken ein schleichender Krankheitsbeginn, bei 10 ein abrupter beobachtet (TEXTER u. Mitarb.). Die Appetitlosigkeit verstärkt sich schnell und kann unter Umständen in eine quälende Übelkeit übergehen. Daneben bestehen gelegentlich Darmerscheinungen, häufiger in Form von Obstipation, seltener als Durchfälle. Die Kranken machen in diesem Stadium unter Umständen einen schwerkranken Eindruck. Die Leber ist als vergrößert zu tasten, auch die Milz kann jetzt schon palpabel sein. Der Harn wird spärlich abgesondert, ist hochgestellt und enthält vermehrt Urobilinoide. Die Faeces erscheinen heller als normal.

ad 2. Nach wenigen, meist 5—8 Tagen, kommt es schlagartig zum Ausbruch der *Gelbsucht.* Die Kranken bemerken nun meist selbst, daß sie dunklen, bierbraunen Harn und hellen lehmfarbenen Kot ausscheiden. Der Urin enthält jetzt reichlich Bilirubin. Mit Ausbruch der Gelbsucht oder wenige Tage danach fällt das Fieber lytisch ab, und es leitet sich nun auch schon eine Besserung der Beschwerden ein. Das Zusammentreffen des Ausbruchs der Gelbsucht mit deutlicher Besserung im Befinden des Kranken und lytischem Abfall des Fiebers ist so charakteristisch, daß es als pathognomonisch für die Virushepatitis zu werten ist. In der zweiten Krankheitsphase entwickelt sich der Ikterus meist innerhalb von 14 Tagen zu seiner vollen Stärke. Die Leber ist nun meist als deutlich vergrößert, stumpfrandig, konsistenzvermehrt, druckschmerzhaft zu tasten. Oft ist gleichzeitig eine Vergrößerung der Milz festzustellen. Die Analyse der Leberfunktion läßt deutliche Ausfälle erkennen. Bei der Mehrzahl der Kranken kommt es im Zeitraum von 4—6 Wochen, bei Kindern in wesentlich kürzerer Zeit zum völligen Rückgang der Gelbsucht. Sobald der Harn bilirubinfrei ist und die Faeces wieder dunkler werden, ist mit dem Abblassen der Gelbsucht zu rechnen. Bei schweren Fällen tritt während der Gelbsuchtsperiode ein erheblicher Gewichtsverlust ein.

ad 3. Nach Schwinden der Gelbsucht beginnt das *postikterische Stadium*, welchem pathologisch-anatomisch die Reparationsphase der Hepatitis entspricht. Leber und Milz sind zunächst noch deutlich vergrößert und konsistenzvermehrt. Der Gesamt-Bilirubinspiegel des Serums ist auf hochnormale Werte abgesunken, jedoch ist das konjugierte Bilirubin eine zeitlang noch vermehrt. Auch die Leberfunktionsanalyse ist noch pathologisch und die Blutkörperchensenkungsreaktion wird zunächst stärker beschleunigt. Die Kranken klagen in der Regel auch in diesem Stadium noch über Druckgefühl in der Lebergegend, dyspeptische und kardiovasculäre Beschwerden, allgemeine Mattigkeit und schnelle Erschöpfung nach (verbotenen!) körperlichen Belastungen.

WOLFF und HEUPKE beobachteten gehäuft spontanen flüchtigen Hyperkortizismus in dieser Phase (Gewichtsabnahme, plethorische Gesichtsröte, Schläfrigkeit, Kopfhaarausfall, Akne, Follikulitis, Polyglobulie, Blutdruckanstieg, Superacidität, Nachlassen der Libido, vermehrte Ausscheidung von 17-Ketosteroiden).

Die Dauer der postikterischen Phase ist sehr unterschiedlich. Bei Kindern ist sie häufig nach 14 Tagen beendet, bei Erwachsenen kann es viele Wochen und Monate dauern, bis die geschilderten Krankheitszeichen verschwunden sind.

Besprechung der einzelnen *Krankheitssymptome:*

a) Subjektive Krankheitserscheinungen

Die in ihrer Intensität sehr unterschiedlichen Beschwerden der Kranken sind mannigfacher Art. Zu Beginn bestehen meist deutliches Krankheitsgefühl, allgemeine Mattigkeit und erhebliche Körperschwäche, Kopf-, Muskel-, Glieder- und Gelenkschmerzen. Die Muskel- und Gliederschmerzen betreffen meist die Muskulatur der Rücken- und Lendengegend und des Pectoralis major, aber nicht die Waden. Manche Kranken lokalisieren ihre Schmerzen im Bereich der langen Röhrenknochen. Gelenkschmerzen geben 10,3% der Erwachsenen an (SELANDER). Gelenkschwellungen werden dabei vermißt. Von besonderer Wichtigkeit sind die Beschwerden von Seiten der Verdauungsorgane. Nahezu alle Kranken klagen im präikterischen Stadium über Appetitlosigkeit und Übelkeit. Die Inappetenz kann so hohe Grade erreichen, daß jegliche Nahrungsaufnahme unmöglich wird. Die Übelkeit wird oft als außerordentlich quälend empfunden. Dazu kommt häufig ein ausgesprochener Widerwillen gegen Fett. Kinder erbrechen meist in diesem Stadium, so daß sich bei hartnäckigem Erbrechen unter Umständen eine Azetonämie entwickelt. Gleichzeitig wird über Völle-, Druck- und Spannungsgefühl in der Leber geklagt. 63,4% der Kinder und 51,2% der Erwachsenen gaben in dem Material von SELANDER Bauchschmerzen an.

Gelegentlich treten kolikartige Schmerzen in der Gallenblasengegend auf. Auch werden manchmal im Initialstadium Schmerzen in der Blinddarmgegend angegeben, die unter Umständen so heftig sind, daß sie die Appendektomie veranlassen. Eine Reihe von Kranken klagt über mehr oder weniger ausgeprägtes lästiges Hautjucken teils im präikterischen, teils im ikterischen Stadium. Manchmal wird Aversion gegen Nikotin angegeben, auch von leidenschaftlichen Rauchern.

Es wurde schon ausgeführt, daß mit Ausbruch der Gelbsucht die meisten Beschwerden völlig verschwinden oder zumindest weitgehend zurückgehen. Am längsten bleiben Appetitlosigkeit und Übelkeit und das lästige Druckgefühl in der Lebergegend bestehen. Daneben wird gelegentlich noch über eine mäßige Fettintoleranz und allgemeine dyspeptische Beschwerden geklagt.

In der postikterischen Phase stehen schnelle geistige und körperliche Erschöpfbarkeit im Vordergrund des Beschwerdebildes. Oft treten kardiovasculäre Beschwerden hinzu.

β) *Objektive Krankheitszeichen*

Fieber. In den meisten Fällen besteht in den ersten Tagen Fieber, zumindest eine initiale Fieberzacke.

Die Fieberhöhe schwankt bei der Hälfte der Fälle zwischen 38° und 39° und beträgt nur ausnahmsweise mehr als 39°. Hohes Fieber wird vorzugsweise bei epidemischen Fällen junger Erwachsener beobachtet (Havens). Das Fieber hat remittierenden Charakter und hält meist nicht länger als 5—8 Tage an. Rezidive künden sich häufig durch Fieberschübe an. Der initiale Fieberanstieg vollzieht sich manchmal plötzlich, so daß dann über Frösteln (niemals Schüttelfrost) geklagt wird. Der Fieberabfall geht im allgemeinen lytisch vonstatten. Er vollzieht sich meist in den ersten Tagen der Gelbsucht oder kurz vor Ausbruch derselben. Nur ausnahmsweise besteht noch während der ersten Gelbsuchtswoche Fieber.

Hauterscheinungen. Die Gelbsucht beginnt in den Bindehäuten der Augen und breitet sich bald danach auf die Haut aus. Die Verfärbung tritt zunächst im Gesicht, dann am Rumpf und schließlich an den Extremitäten auf. Beim Entgilben wird diese Reihenfolge in der umgekehrten Richtung eingehalten. Das Kolorit ist zu Beginn rötlich gelb, nach Art des „Rubin-Ikterus". Im Verlauf der Erkrankung können alle möglichen Abstufungen zwischen kanarien- und zitronengelb bis braungelb auftreten. Bei Kindern findet sich oft nur ein flüchtiger Ikterus der Conjunktiven.

An weiteren Hauterscheinungen sind unter Umständen präikterisch flushartige Exantheme (maculo-papulös, erythematös, urticariell), morbilliforme und scarlatiniforme Rushs, Kratzeffekte und Hämorrhagien zu beobachten.

Schleimhautveränderungen. Manchmal bestehen zu Beginn ausgeprägte Conjunctivitis, Rhinitis, Pharyngitis, Angina tonsillaris, Tracheitis und Bronchitis. Die Zunge ist meist belegt und die Mündungsstelle des Stenon'schen Ganges ist oft gerötet und klafft.

Herz und Kreislauf. Während des präikterischen Fieberstadiums besteht eine deutliche *Tachykardie* mit einer Schlagfrequenz zwischen 85 und 110/min, besonders bei Kindern. Demgegenüber findet sich im ikterischen Stadium in der Regel eine ausgesprochene *Bradykardie*. Während der Gelbsuchtsperiode gilt es als prognostisch ungünstiges Zeichen, wenn die Bradykardie in Tachykardie umschlägt, es droht dann die Gefahr der Leberinsuffizienz (Tilgren). In der postikterischen Phase besteht wieder eine Neigung zu Tachykardie (Gutzeit). Bei allen Fällen tritt ein bemerkenswerter *Blutdruckabfall* ein, der am deutlichsten in den ersten Tagen der Gelbsucht ist.

Bei der Schellong'schen Kreislaufregulationsprüfung finden sich im Stehen eine erhebliche Frequenzerhöhung, Abfall des systolischen Druckes und Einebnung der Blutdruckamplitude (Schenetten). Letztere nimmt allmählich durch Absinken des diastolischen Druckes wieder zu. Infolge der Tachykardie führt dieses Verhalten des Blutdruckes zu einer ungenügenden diastolischen Füllungszeit und damit zu Präkollaps- und Kollapszuständen. Die festgestellt Erniedrigung des Quotienten Austreibungszeit: Anspannungszeit wird von Echte als Ausdruck einer hepatogenen Fermentinsuffizienz des Herzstoffwechsels gedeutet, die zu reversibler Myokardschädigung im Sinne einer energetisch-dynamischen Herzinsuffizienz führt. Zissler fand an der Wollheim'schen Klinik auf dem Höhepunkt der Erkrankung eine Verkleinerung der aktiven Blutmenge um 17%, eine Abnahme der aktiven Plasmamenge um 20%. Da gleichzeitig die aktive Erythrocytenmenge unverändert bleibt, liegt eine *Hämokonzentration* vor, die auch in der einfachen Bestimmung des relativen Erythrocytenvolumens im venösen oder capillären Hämatokrit ihren Ausdruck findet. Nach Wollheim wird die Verkleinerung der aktiven Blutmenge bei diesen Kranken durch den Austritt von Plasma aus der Blutbahn hervorgerufen, wie es in weit stärkerem Maße vom Schocksyndrom her bekannt ist, während hier die schockähnliche Zunahme der Capillarpermeabilität für eiweißhaltiges Plasma nur auf ein Organ, nämlich die Leber beschränkt ist. Wollheim hält es weiter für wahrscheinlich, daß die Verkleinerung der aktiven Blutmenge bei den ikterischen Patienten auch zu einer ungenügenden Durchblutung der Nieren führt, so daß möglicherweise die Oligurie und Bradyurie der Hepatitis-Kranken als Folge einer zirkulatorisch bedingten Schädigung des tubulären Apparates anzusehen ist. Auch der glomeruläre Filtrationsdruck dürfte bei dem durchweg niedrigen arteriellen systolischen Druck der Patienten herabgesetzt sein, so daß auch hieraus eine Störung der Nierenfunktion resultiert. Die Annahme einer renalen Störung wird nach WOLLHEIM durch die Tatsache gestützt, daß nicht selten in der ersten Woche im Harnsediment Erythrocyten und vereinzelt granulierte und hyaline Zylinder gefunden werden und daß auch gelegentlich der Rest-N ansteigt.

Eine statistisch gesicherte Vermehrung der Leberdurchblutung ergab sich bei der Bestimmung des Leberblutdurchflusses mit radioaktivem kolloidalen Chromphosphat (SCHMITT).

Am Herzen selbst lassen sich bei auskultatorischer und perkutorischer Untersuchung meist keine pathologischen Veränderungen erkennen. Dasselbe gilt für die röntgenologische Untersuchung des Herzens. SIEDE hat zuerst über *elektrokardiographische Veränderungen* berichtet, die das Vorliegen einer Myokarditis wahrscheinlich machen. Es fanden sich typische Veränderungen der Kammerendschwankung mit Senkung der ST-Strecken und Deformierung bzw. Negativwerden der Endzacken.

Außer diesen Befunden fanden SCHENETTEN Niederspannung, ABENDROTH Typenwechsel, intraventrikuläre Reizleitungsstörungen und ventrikulären Bigeminus. Bei Fällen mit stärkerer Leberinsuffizienz treten auch stoffwechselbedingte EKG-Veränderungen auf. So werden insbesondere auch Mineralhaushaltstörungen entsprechende Befunde beobachtet, wobei die Hypokaliämie von besonderer Bedeutung ist. Es handelt sich um QT-Verlängerung im Sinne von TU-Verschmelzungswellen und um die bekannten charakteristischen Veränderungen der Endzacken. Es wird auch das Phänomen der Verlängerung der QT-Dauer bei vorzeitigem Einfall des 2. Herztones im Sinne der energetisch-dynamischen Herzinsuffizienz von HEGGLIN beobachtet. Diese Veränderungen stellen bei fortgeschrittenen Stadien der Leberinsuffizienz ein infaustes Zeichen dar (HOLZMANN).

Abdominalorgane. Die Veränderungen im Bereich der Abdominalorgane stehen im Mittelpunkt der speziellen Symptomatologie der Virushepatitis. Der *Leberbefund* ist meist charakteristisch. Die Leber schwillt bereits im ersten Krankheitsstadium schnell an und ist dann als deutlich vergrößertes Organ zu tasten. Ihr Rand ist stumpf, ihre Konsistenz mehr oder weniger vermehrt. Dabei kann sie sowohl im Bereich der Vorderfläche (besonders des linken Lappens) als auch am unteren Rand stark druckempfindlich sein. Bei schweren Fällen kann ihre Anschwellung ein erhebliches Ausmaß erreichen, sie überragt den Rippenbogen dann nicht selten um Handbreite. Gelegentlich ist die Leber aber auch kaum vergrößert.

SHERLOCK findet die Leber in 70% der Fälle vergrößert. In meinem Material erwies sich die Leber in 13,8% der Fälle als nicht, in 62% als mäßig (bis 2 Querfinger) und in 24% als stark vergrößert (über 2 Querfinger). Beim Kind ist sie ausnahmslos als vergrößert zu tasten. Die Schwellung und Verhärtung der Leber pflegt nur sehr langsam zurückzugehen und kann das Abklingen der Gelbsucht um viele Wochen, unter Umständen Monate überdauern.

Das schnelle Anschwellen der Leber kann unter Umständen mit sehr heftigen, spontanen Schmerzen verbunden sein, die durch die Anspannung der Leberkapsel hervorgerufen sein dürften. Durch diese von MEYTHALER als Leberschwellkrisen bezeichneten Schmerzen können sich differentialdiagnostisch Schwierigkeiten gegenüber akuten Gallenblasenleiden ergeben.

Zwischen Intensität des Ikterus und Ausmaß der Leberschwellung besteht keine Beziehung.

Die *Milz* stellt sich häufig ebenfalls (nach SHERLOCK in 20%) als stark vergrößertes und erheblich konsistenzvermehrtes Organ dar. In meinem Material war sie in 17,4% stark vergrößert, in 45,3% eindeutig palpabel, in 20,8% perkutorisch vergrößert und nur in 16,5% weder perkutorisch noch palpatorisch vergrößert. Bei Kindern ist die Milz fast immer als vergrößert zu tasten. Die Vergrößerung ist meist schon im präikterischen Stadium festzustellen, spätestens jedoch mit Beginn des Ikterus. Sie geht nach Abklingen des Ikterus nur sehr langsam zurück und kann noch lange nach Weggang der übrigen Krankheitszeichen persistieren.

Gelegentlich, besonders in der Rückbildungsphase der Krankheit ist die *Gallenblase* als birnenförmige, prall elastische, teils indolente, teils gering, teils stark schmerzhafte Resistenz an ihrer typischen Stelle zu tasten (GUTZEIT, LE-PEHNE, OLIVER, KALK, SIEDE). Laparoskopisch stellt sich bei diesen Fällen die Gallenblase meist als prallgefülltes, vergrößertes Organ dar (KALK, SIEDE), wie es auch meist bei den irrtümlicherweise laparotomierten Hepatitis-Fällen gefunden wird.

Darüber hinaus ist bei einigen Kranken ohne Zweifel im Verlauf der Hepatitis klinisch der Befund einer *Gallenblasenentzündung* zu erheben (KALK, SIEDE). Es treten lokale entzündliche Reizerscheinungen mit Fieber auf. Laparoskopisch ist dann das Bild wie bei einer akuten Cholezystitis bakterieller Genese festzustellen. Es entwickelt sich oft daraus eine zunehmende Wandverdickung der Gallenblase, die unter Umständen viele Jahre nach der Erkrankung noch zu erkennen ist. Mit der Feststellung einer Cholecystitis ist freilich nicht der Beweis dafür erbracht, daß diese durch direkte Einwirkung des Hepatitisvirus verursacht wird. Es muß auch erwogen werden, daß die Wandschädigung der Gallenblase durch toxische Einwirkungen entstehen kann, wie es ARONSON u. a. in Tierversuchen zeigten, wonach als Ursache solcher Schädigungen die gesteigerte Konzentration der Gallenblase wahrscheinlich gemacht wurde. SIEDE diskutiert auch die Möglichkeit, daß die bei der Hepatitis vorliegenden Veränderungen der Zusammensetzung der Galle (Dyscholie) und die für den Abfluß der Galle bedeutungsvollen dynamischen Störungen im Gallenwegssystem den Wegbereiter für sekundäre bakterielle Infekte darstellen können. Derartige Infekte können hämatogen oder durch Ascension von Bakterien aus dem Darm auftreten, sie können aber auch autochthon entstehen, wenn man berücksichtigt, daß die gesunde Gallenblase, wie SIEDE bereits 1941 gezeigt hat, sehr häufig von Bakterien, besonders von Eschericha Coli befallen ist („Bakteriocholie"), ohne erkrankt zu sein. Schließlich können aber auch bis dahin unerkannte latente Infekte der Gallenblase manifest werden, wie auch nicht selten bekannte, bakteriell bedingte chronische Gallenleiden durch das Hinzutreten einer Virushepatitis exazerbieren, unter Umständen auch durch Behandlung mit Gluko-Kortikoiden. Wenn man aber an dem direkten Befall der Gallenblase durch das Hepatitis-Virus festhalten wollte, so müßte der Virushepatitis außerdem zumindest eine besondere Bedeutung für eine Begünstigung bakterieller Infektionen der Gallenblase, sei es im Sinne der Entstehung oder der Aktivierung einer solchen zugestanden werden. STOCKINGER hielt demgegenüber die Gallenblasenerkrankungen im Verlauf einer Virushepatitis für eine abakterielle Cholecystopathie auf allergischer Basis. Diese soll wiederum die Vorbedingung für das Angehen einer bakteriellen Sekundärinfektion darstellen und damit das Entstehen einer Infektcholecystitis in die Wege leiten. Die Frage, ob im Gefolge derartiger Cholecystopathien Gallensteine entstehen können, ist ein vieldiskutiertes Problem. Nach unserem Dafürhalten ist der Beweis dafür nicht erbracht.

Nach FAHRLÄNDER und HESS sollen im Verlauf der akuten Hepatitis auch entzündliche *Veränderungen der Papilla Vateri* vorkommen. Mit der Möglichkeit, daß auf dieser Basis sekundäre Cholangitiden entstehen, ist zu rechnen. Unter Umständen sind auch vereinzelt festzustellende hypotonische Dyskinesien vom Sphincter-Oddi-Typ beim Abklingen einer Hepatitis darauf zurückzuführen.

Bei der Duodenalsondierung zeigt sich auf dem Höhepunkt der Virushepatitis eine trübe farbstoffarme Galle. Im postikterischen Stadium ist die Duodenalgalle farbstoffreich. Die Duodenalflora läßt die üblichen Keime von saprophytärer Bedeutung erkennen. In der Duodenalgalle sind zu Beginn der Hepatitis Trockengewicht, Cholesterin, Phospholipoide, Gallensäuren, Albumine vermindert, a- und β-Globuline vermehrt (SOTGIU u. Mitarb.), Lipase und Bicarbonat herabgesetzt (CHARMOT u. Mitarb.).

Oesophagoskopisch wurde über das Vorliegen von *Oesophagitis* berichtet (LAINER). Im Magen findet sich gastroskopisch häufig eine Schwellung und Rötung der Magenschleimhaut als Ausdruck einer Gastritis (RATING und VOEGT), was auch durch Magenbiopsie bestätigt wurde (WALDMANN und FINDOR). Röntgenologisch ergibt sich neben deutlicher Vergröberung des Reliefs im Antrum ventriculi und im gesamten Duodenum häufig eine sehr erhebliche Störung der Dynamik und des Tonus (SIEDE).

Im ikterischen Stadium besteht ein hochgradig hypokinetisch-atonischer Zustand mit träger Peristaltik. Auffällig ist dabei eine weitgehende Erschlaffung der Wand des Bulbus duodeni, der sich dadurch nicht selten als erheblich erweitert darstellt. Demgegenüber sind im Stadium des abklingenden Ikterus und postikterisch eine ausgesprochene Hyperkinese und Hypertonie, besonders im Duodenum, gelegentlich mit gesteigerter Retroperistaltik, festzustellen.

Die Beteiligung der *Bauchspeicheldrüse* verläuft meist stumm. Quälendes Druckgefühl im linken Hypochondrium mit Ausstrahlung in den Rücken, damit verbundene Übelkeit,

Head'sche Zonen in D VII—D IX mit linksseitiger Pupillenerweiterung, Druckempfindlichkeit der Bauchspeicheldrüse, Muskelrigidität des Oberbauches als reflektorisches Zeichen, Durchfälle und abnorme Fermentbefunde (Vermehrung der Diastase im Urin, erniedrigte Blutdiastase während des Ikterus, erhöhte Blutdiastase danach) (GÜLZOW) lassen gelegentlich die Bauchspeicheldrüsenerkrankung erkennen. Bemerkenswert sind Duodenalsaftuntersuchungen nach Sekretin, die gegenüber Normalpersonen bei 26 von 30 Kranken herabgesetzte Bicarbonatausscheidung und Lipaseaktivität ergaben, so daß auf diese Weise eine neben der Virushepatitis bestehende leichte Pankreasschädigung wahrscheinlich gemacht werden konnte (CHARMOT u. Mitarb.).

Die Beschaffenheit der *Faeces* ist recht charakteristisch. Schon im präikterischen Stadium nimmt der Farbstoffgehalt ab, der Stuhl nimmt dann eine graue, lehmig-tonige Färbung an. Im ikterischen Stadium kann eine weitgehende Entfärbung erfolgen. Die Sterkobilinprobe fällt dann negativ aus. Die Bakterienflora des Stuhles ist nicht verändert.

Bei schweren Fällen von Virushepatitis kann infolge Hyperaldosteronismus und Herabsetzung des onkotischen Druckes *Ascites* auftreten.

Gelegentlich wird eine Anschwellung von peripheren *Lymphknoten* beobachtet: Schwellungen der Lymphknoten des Nackens sind üblich (HAVENS). Auch Hiluslymphknotenvergrößerungen kommen vor.

Nieren- und Harnbefund. Recht charakteristisch ist das Verhalten von Nieren und Harn. Es bestehen in der Regel *Störungen der Diurese*. Die Harnmenge ist zu Beginn der Gelbsucht oft erheblich vermindert, manchmal besteht eine ausgesprochene Oligurie. Beim Wasserbelastungsversuch nach Volhard ist präikterisch und in der ersten Hälfte des ikterischen Stadiums immer eine verzögerte Urinausscheidung (*Brady-urie*) festzustellen. Häufig liegt dabei eine Abnahme des Verdünnungs-, seltener des Konzentrationsvermögens vor. Die *Oligurie* besteht bei den meisten Fällen bis zum Höhepunkt der Gelbsucht, um dann mit Abblassen der Gelbsucht einer starken *Harnflut*, der „crise urinique", Platz zu machen.

Die häufig diskutierte Frage, ob die Flüssigkeitsretention renal oder extrarenal bedingt ist, darf auf Grund der Untersuchungen von WOLFF u. Mitarb. heute als dahingehend entschieden betrachtet werden, daß in erster Linie Störungen im Mineralstoffwechsel im Sinne einer gesteigerten Aldosteronwirkung, die die Natriumausscheidung hemmt, dafür verantwortlich sind. Es mag dahingestellt bleiben, ob auf Grund der veränderten Kreislaufverhältnisse ein renaler Faktor im Sinne einer Herabsetzung der Nierendurchblutung hinzukommt. Für eine Beteiligung der Nieren sprechen flüchtige Proteinurien und im Harnsediment die gelegentliche Anwesenheit von Erythrocyten und granulierten Zylindern.

Als wesentlicher Harnbefund ist die Ausscheidung von *Bilirubin* zu nennen. Dabei ist zu bemerken, daß sich die Nierenschwelle beim ansteigenden und abklingenden Ikterus verschieden verhält.

Die Bilirubinausscheidung beginnt in der präikterischen Phase, also noch vor Erhöhung des Bilirubingehaltes im Serum. Bei abklingendem Ikterus sistiert dagegen die *Bilirubinurie* zu einem Zeitpunkt, zu dem das direkt reagierende Bilirubin im Serum noch deutlich erhöht ist (SIEDE, REDEKER und KAHN). In meinem Material hörte die Bilirubinurie bei Rückgang des Ikterus im Durchschnitt bereits bei einem Serumbilirubinspiegel von insgesamt 3,9 mg/ 100 ml, direkt 2,3 mg/100 ml auf.

Über die Ursache dieses Phänomens wurden verschiedene Betrachtungen angestellt. So diskutieren REDEKER und KAHN unter anderen Möglichkeiten die vermehrte Bildung von Konjugaten aus Bilirubin mit anderen Substanzen als Glukuronid, die weniger gut in den Harn ausgeschieden werden. Es muß auch eine Veränderung der Nierenschwelle für konjugiertes Bilirubin in Betracht gezogen werden. Auf Grund des Ikterusmechanismus, der der Hepatitis zugrunde liegt und weil coincident mit dem Aufhören der Bilirubinurie der Serumbilirubin-Spiegel in der Regel schnell abfällt, halte ich es für wahrscheinlich, daß das Sistieren der Bilirubinurie mit der Beendigung der Rückflußstörung der Leberzelle zusammenhängt. Es ist anzunehmen, daß nach Überwindung dieser Störung das Bilirubin wieder in toto über die Galle ausgeschieden wird, so daß nunmehr die Eliminierung des normalerweise anfallenden Bilirubins wieder ausschließlich über die Gallenwege bewältigt wird und daß auch das im Verlauf der Gelbsuchtsentwicklung im Gewebe abgelagerte Bilirubin auf diesem Weg den Körper verläßt.

Damit wäre das Sistieren der Bilirubinurie als ein für den Ausgang einer Hepatitis entscheidender schicksalhafter Wendepunkt zu betrachten.

Ein weiterer charakteristischer Harnbefund ist die *vermehrte Ausscheidung der Urobilinoide*. Dabei ist hervorzuheben, daß im anikterischen Stadium und zwar schon mit Einsetzen der ersten Krankheitserscheinungen eine besonders starke Vermehrung dieser Stoffe besteht. Mit Ausbruch des Ikterus geht die Ausscheidung der Urobilinoide meist erheblich zurück. In einer Reihe von Fällen kann sie völlig aufhören. Mit Rückgang der Gelbsucht kommt es zu einem erneuten deutlichen Anstieg der Urobilinoide im Harn. Auch im postikterischen Stadium kann noch eine Vermehrung von Urobilinoiden im Harn vorliegen, vor allem nach körperlichen Belastungen. Besonders bei den Fällen, bei denen die Endphase nicht normal verläuft und die reparativen Vorgänge eine Verzögerung erfahren, wird die vermehrte Ausscheidung von Urobilinoiden praktisch niemals vermißt. Der Nachweis der Urobilinoide im Harn ist daher einerseits ein ebenso feiner wie wertvoller Indikator für die Ausheilung wie andererseits für die Erkennung persistierender chronischer Entzündungszustände der Leber.

Flüchtige *Proteinurie* kommt vorwiegend bei Kindern vor. Bei schweren Fällen findet sich *Hyperaminoazidurie*, ein Symptom, welches schon von FRERICHS beschrieben worden ist. Diese ist mit Hilfe der Millon'schen Probe leicht nachweisbar. Gleichzeitig sind dann oft *Leucin und Tyrosin-Kristalle* im Harnsediment erkennbar. Bei Kindern wurden auch Methionin, Histidin und Lysin festgestellt (SCHREIER und SATTELBERG). Im Urinsediment sind bei manchen Fällen Erythrocyten, granulierte und Epithel-Zylinder zu erkennen. Gelegentlich findet sich eine Porphyrinurie, bei Kindern werden häufig Aceton, selten auch Glucose, Galaktose oder Fruktose (SCHREIER) nachgewiesen.

Serumbefunde. *Bilirubin:* Während des Gelbsuchtsstadiums ist der Bilirubingehalt im Serum erhöht. Dabei können alle Grade der *Hyperbilirubinämie* von geringem bis zu extremen Ausmaß vorkommen. Es handelt sich dabei vorwiegend um prompt direkt reagierendes konjugiertes Bilirubin. Der Anteil des konjugierten Bilirubins beträgt auf dem Höhepunkt des Ikterus rund 70 % des Gesamtbilirubins. Bei Hepatitis handelt es sich dabei um eine relative Vermehrung der Monoglukuronide gegenüber den Diglukuroniden als Zeichen der gestörten Koppelung in der Leberzelle.

Zu Beginn der Erkrankung ermittelte VEST 25 % des Bilirubins als Monoglukuronid und 50 % als Diglukuronid, der Rest (25 %) lag als freies Bilirubin vor. Bei klinischer Besserung sanken die Monoglukuronide zugunsten der Diglukuronidbildung ab, was einer Besserung der vorher nachweislich gestörten Glukuronidbildung entspricht.

Bei Rückgang der Gelbsucht fällt die prompte Direkt-Reaktion des Bilirubins grundsätzlich wesentlich länger positiv aus als der Bilirubingehalt des Serums quantitativ vermehrt ist. Diese Frage ist für die Bewertung der Ausheilung der Hepatitis von großer Bedeutung; es ist solange noch eine Leberschädigung anzunehmen, wie das Bilirubin im Serum die prompte Direkt-Reaktion gibt. Manchmal vollzieht sich nach einem verschieden langen Intervall im Anschluß an den Bilirubinabfall nach der ersten akuten Krankheitsattacke ein erneuter Bilirubinanstieg. Als Ursache der Bilirubinerhöhung wird von SHERLOCK eine gestörte Konjugation des Bilirubins in der Leber, eine intrahepatische Cholestase und eine gesteigerte Hämolyse angenommen.

Eiweißblutbild. Die Bluteiweißkörper sind charakteristischen Veränderungen unterworfen. Die *Blutsenkungsreaktion* ergibt bei den meisten Fällen während des ganzen Krankheitsverlaufes eine Beschleunigung.

Dabei besteht ein typischer Dreiphasenverlauf: im präikterischen Stadium findet sich eine mäßige Beschleunigung, im ikterischen Stadium ist diese deutlich rückläufig, manchmal wird die Reaktion jetzt annähernd normal. Mit Absinken des Serumbilirubinspiegels und in der postikterischen Phase erfährt die Blutsenkungsreaktion dann wieder eine stärkere Beschleunigung, um sich erst nach Wochen allmählich zu normalisieren. — Die Gerinnungsfaktoren lassen bei der unkompliziert verlaufenden Hepatitis mit Ausnahme einer Erhöhung des Antithrombin (ROTTHAUWE und KOWALEWSKI) keine gesetzmäßigen Veränderungen erkennen. Bei schweren Fällen besteht eine *Verlängerung der Prothrombinzeit*, die auch nach Gabe von Vitamin K nicht normalisiert wird.

Der *Gesamteiweißgehalt* des Plasma *vermindert sich* bei jeder schweren Virushepatitis. Der Albumin-Globulin-Quotient erfährt eine Verschiebung zugunsten der Globuline. Die Auftrennung der Bluteiweißkörper mittels der Elektrophorese hat gezeigt, daß eine Verminderung des Albumins und eine geringe Vermehrung des β- und eine stärkere Vermehrung des γ-Globulins eintritt. Zu Beginn soll auch vorübergehend eine Vermehrung des α-Globulins vorliegen (HARTMANN). Das Ausmaß der *γ-Globulinvermehrung* geht meist mit dem Schweregrad der Erkrankung parallel. In der postikterischen Phase normalisiert sich das Eiweißblutbild in der Regel innerhalb von 2—4 Wochen. Persistieren der γ-Globulinvermehrung ist immer verdächtig auf eine chronische Entwicklung.

Bluteiweißreaktionen (Flockungsteste): Der Ausfall der Bluteiweißreaktionen entspricht den bei der Elektrophorese beobachteten Verschiebungen der Bluteiweißkörper.

Es sei hier nur kurz auf die bekanntesten derselben hingewiesen. Die *Takata-Reaktion* fällt in ³/₄ aller Fälle mehr oder weniger stark positiv aus. In ihrer Modifikation nach MANCKE-SOMMER erhöht sich diese Quote auf 88%. Dem entspricht auch der Ausfall des *Zinksulfattest* nach KUNKEL, der in 87,9% der Fälle positiv gefunden wird. Der *Hanger-Test* ergibt in etwa 70% der Fälle einen positiven Ausfall. Den höchsten Prozentsatz an positiven Ausfällen zeigt der Thymoltrübungstest mit 93%. Ähnlich sind die Ergebnisse beim *Lugol-Test* nach SALAZAR MALLÉN (HOFSTETTER und v. d. MÜHLL). Dem *Thymoltest* kommt damit unter den Bluteiweißreaktionen für die Erkennung der Virushepatitis die größte Bedeutung zu. Darüber hinaus ist das Verhalten der Bluteiweißreaktion für die Beobachtung des Verlaufes einer Hepatitis-Erkrankung besonders aufschlußreich. Sie spiegeln wohl ebenso wie die Vermehrung des γ-Globulins überwiegend die Schwere und Eigenart des sich im Mesenchym der Leber abspielenden Prozesses und insbesondere wohl das Ausmaß der Entzündungsreaktion im weitesten Sinne wieder. Es soll hier nicht erörtert werden, inwieweit auf Grund neuerer Untersuchungen hierfür außerdem noch die Funktion der Leberzelle verantwortlich ist.

Eisen und Kupfer: In der Regel besteht eine *Hypersiderämie*.

Der Serumeisenspiegel schwankt zwischen 150 und 300 γ/100 ml. KRAFT fand als Durchschnittswert bei 60 Fällen 226 γ/100 ml. Die Ursache der Eisenerhöhung ist darin zu erblicken, daß die Leber infolge des nekrobiotischen Zerfalls der Epithelien die Fähigkeit der Speicherung des Eisens in Form von Ferritin verliert, so daß dieses in die Blutbahn abgegeben wird. Damit ist die *Erhöhung des Serumeisens* als Ausdruck einer Leberzellschädigung zu werten. Zusätzlich wird als Ursache der Hypersiderämie eine relative Blockade des RES, vermehrte Hämolyse sowie verstärkte Eisenresorption diskutiert (OVERKAMP). Auch das Kupfer ist dem Eisen entsprechend im Serum erhöht. Der Abfall des Serumeisens nach der Hepatitis ist für die Beurteilung der Leberfunktion bedeutungsvoller als der Abfall des Serumbilirubins, da die kranke Leberzelle die Fähigkeit der Bilirubinausscheidung schneller zurückgewinnt als die der Eisenfixation.

Aus denselben Gründen wie das Serumeisen ist auch das Vitamin B 12 im Serum bei Hepatitis-Kranken erhöht, indem die erkrankte Leberzelle ebenfalls die Fähigkeit verliert, Vitamin B 12 zu binden. Der Vitamin-B-12-Spiegel, der normalerweise 200—500 ng/ml beträgt, kann auf 700—6000 ng/ml ansteigen (Lit. s. bei SIEDE).

Enzyme: Von besonderer Bedeutung ist das Verhalten der organspezifischen Enzyme der Leber. Unter den Exkretionsenzymen ist die *alkalische Serumphosphatase*, die in den Osteoblasten gebildet und physiologischerweise von der Leberzelle in die Galle ausgeschieden wird, bei der Virushepatitis mäßig erhöht. Ihr Spiegel übersteigt allerdings nur selten die Grenze von 30 KAE, soweit es sich nicht um die cholestatische Form handelt. Die Erhöhung der Phosphatase bei der akuten Virushepatitis ist durch die Unfähigkeit der kranken Leberzelle, Phosphatase in die Gallencapillaren auszuscheiden, bedingt, eine Störung, die in ähnlicher Weise für die Bilirubinglukuronide vorliegt. Die Phosphatase gelangt demzufolge vermehrt in den Blutkreislauf.

Mit der Einführung der Bestimmung der *Transaminasen*, die Cytoplasmaenzyme darstellen, durch WROBLEWSKI wurde ein entscheidender Fortschritt in der Hepatitisdiagnostik erzielt. Es hat sich gezeigt, daß die Indikatorenenzyme Glutamat-Oxalacetat-Transaminase (GOT) und Glutamat-Pyruvat-Transaminase (GPT) bei der Virushepatitis im Blutserum *deutlich erhöht* sind. Die Erhöhung kommt offenbar dadurch zustande, daß die durch das Virus geschädigte Leberzelle die Fähigkeit verliert, die Transaminasen im Cytoplasma zu binden oder daß die Leberzellmembran durchlässig für Transaminasen wird. Die höchsten Transaminasenwerte im Serum werden 1—2 Tage vor oder direkt nach Ausbruch der Gelbsucht gefunden. In unserem Material schwanken die Werte in der ersten Woche zwischen 500 und 3000 WrE, in extremen Fällen wurden Werte über 4000 Einheiten erreicht, der höchste Wert betrug 8318 WrE. Dabei wird die *GPT* noch *deutlicher höher als* die *GOT* gefunden. In der zweiten Ikteruswoche kommt es schon zu einem deutlichen Rückgang der Transaminasenwerte.

Manchmal, beim Material von REISLER u. Mitarb. in 13 von 44 Fällen in einem Indianer-Reservat, vollzieht sich nach verschieden langen Intervallen ein erneuter Anstieg der Transaminasen, nachdem diese bereits weitgehend normalisiert waren. Es besteht ein gewisser Parallelismus zwischen Abfall der Transaminasen und des Bilirubin. In unserem Material waren in 45% der Fälle die Transaminasen gleichzeitig mit dem Serumbilirubin normalisiert. Weitere 45% der Fälle zeigten bis 4 Wochen nach Normalisierung des Serumbilirubins auch eine Normalisierung der Transaminasen. Bei 5% dauerte die Normalisierung der Transaminasen länger als 4 Wochen nach Normalisierung des Serumbilirubins und bei weiteren 5% blieb die Normalisierung der Transaminasen aus. Bei letzteren Fällen hatte sich eine chronische Hepatitis bzw. eine Leberzirrhose entwickelt.

Andere Indicatorenenzyme, die bei Virushepatitis infolge Membranschädigung leicht in das Plasma übertreten und dort erhöht gefunden werden, sind die *Laktatdehydrogenase*, die *Fruktose-1-Phosphatataldolase*, die *Sorbitdehydrogenase* und als relativ typisch für Virushepatitis die *Leucin-Amino-Peptidase* (GILES u. Mitarb., KLAUS) und die *Ornithin-Carbamoyl-Transferase* (RICHTERICH). Die Sorbitdehydrogenase soll weniger empfindlich, aber spezifischer die Leberzellschädigung anzeigen (ASADA und GALAMBOS). Ein organellenspezifisches Enzym der Mitochondrien der Leberzelle stellt die *Glutamatdehydrogenase* dar, welche physiologischerweise im Plasma nicht auftritt, sondern nur dann, wenn Untergang von Lebermitochondrien stattfindet, also Nekrobiosen vorliegen, was bei der gewöhnlichen Virushepatitis weniger der Fall ist als bei ihrer nekrotisierenden Form (RICHTERICH). Das Sekretionsenzym *Cholinesterase*, welches in den Palade-Granula der Leberzellen synthetisiert wird, ist erniedrigt.

Die vereinzelt festgestellte Verminderung des *Serumproperdin* (SCHEIFARTH u. Mitarb., SCHABINSKI u. Mitarb.) in den ersten 3 Krankheitswochen hat zunächst nur theroretische Bedeutung.

Bemerkenswert sind die in der russischen Literatur veröffentlichten Befunde über Steigerung der fibrinolytischen Aktivität (ARAKELOV) und der Abfall des *Vitamin-E-Spiegels* (KISHKO) im Serum im Verlauf der Virushepatitis. Die *Antistreptolysinreaktion* wird bei einer auffällig großen Zahl der Fälle positiv gefunden (nach TEICHMANN in der ersten Ikteruswoche in 86,9%, in der 4. Ikteruswoche in 56%, in der 6. Woche nach Ikterusbeginn in 45,8%), was nach SCHEIFFARTH und LEGLER als unspezifische Reaktion auf die im Gefolge der Leberschädigung auftretende Dysproteinämie gedeutet wird.

Leberfunktionsproben. Die sog. Leberfunktionsproben, die bekanntlich Belastungsproben der Leberfunktion darstellen, fallen bei der Virushepatitis mehr oder weniger positiv aus. Das gilt für die Wasserbelastung, für die Galaktoseprobe, für die Tests des Eiweiß-Stoffwechsels, sowie für Proben, die die Entgiftungsfunktion der Leber (Hippursäuretest) prüfen. Als die empfindlichsten Tests haben sich die Belastungen mit körperfremden Farbstoffen, so der *Bromsulfophthaleintest* erwiesen, der allerdings im ikterischen Stadium nicht durchgeführt werden kann. Die von SIEDE eingeführte *Prontosilbelastung* fällt praktisch in 100% der Fälle positiv aus. Auch für die Prüfung der Leberfunktion in der postikterischen Phase und bei anikterischen Fällen hat sich dieser Test neben der Bromsulfophthaleinbelastung als am geeignetesten erwiesen. Es wurde auch kürzlich gezeigt, daß Speicherungskapazität und Transportgeschwindigkeit von Bromsulfophthalein während der akuten Phase der Hepatitis infectiosa reduziert sind, und daß sich in der Wiederherstellungsphase zuerst die Speicherungskapazität normalisiert. (PREISIG u. Mitarb.).

Blutbild. Das Blutbild läßt im präikterischen Stadium eine Leukocytose mit Linksverschiebung erkennen, welcher im Knochenmark eine gesteigerte Myelopoese mit Linksverschiebung entspricht. Mit Ausbruch des Ikterus nähern sich die Leukocytenwerte der Norm oder fallen auf subnormale Werte ab (Leukopenie). Dabei entwickelt sich in 10—20% der Fälle eine Eosinophilie. Charakteristisch für die Virushepatitis ist eine *lymphatische Reaktion*, die ihren Ausdruck in einer Vermehrung der Lymphocyten im strömenden Blut mit Neigung zu lymphoidzellig-plasmacellulärer Metamorphose derselben, teilweise auch in einer monocytoiden Umwandlung findet.

Wie SIEDE an anderer Stelle ausführlich dargelegt hat, handelt es sich dabei offenbar um eine virusspezifische, unmittelbar durch den Erreger der Virushepatitis ausgelöste Reaktion, wie sie ähnlich auch bei anderen Viruskrankheiten auftreten kann und mehr oder weniger als charakteristisch für bestimmte Viruskrankheiten anzusehen ist. Die diese Reaktion repräsentierenden Zellen wurden daher als Virocyten bezeichnet (LITWINS und LEIBOWITZ).

Bei einer Reihe von Fällen findet sich im Knochenmark eine Vermehrung der Plasmazellen. Im roten Blutbild ist gelegentlich eine Steigerung der Erythropoese im Mark und eine Vermehrung der Erythrocyten und des Hämoglobingehaltes im strömenden Blut zu erkennen. Gelegentlich finden sich im Ausstrich Schießscheibenformen. CONRAD u. Mitarb. beschreiben leichte hämolytische Anämien mit herabgesetzter Erythrocytenüberlebenszeit, Vermehrung der Retikulocyten und Abnahme des Hämatokritwertes, die sie auf zirkulierende Antikörper oder direkte Einwirkung des Virus auf die roten Zellen zurückführen.

b) Die protrahiert verlaufende Form der akuten ikterischen Virushepatitis

Es handelt sich dabei um Fälle, bei denen Leber- und Milzvergrößerung, pathologisch-anatomischer Befund, pathologische Laboratoriumsbefunde und gelegentlich auch Gelbsucht *länger als 3 Monate* bestehen und erst im Ablauf von weiteren 3—6 Monaten eine Ausheilung mit restitutio ad integrum oder unter Hinterlassung pathologisch-anatomischer Restzustände (z. B. Fibrose) erfolgen kann. Manchmal vollzieht sich schleichend der Übergang in eine chronische Hepatitis.

c) Die akute anikterische Virushepatitis

Bei einem Teil dieser Fälle handelt es sich um abortive Formen ohne Ikterus mit nur geringfügiger Leberbeteiligung und unwesentlicher Beeinträchtigung der Leberfunktion, gelegentlich nur mit Steigerung der Transaminasenaktivität (HAVENS).

Andere dieser Fälle unterscheiden sich klinisch lediglich durch das Fehlen des Ikterus von der akuten ikterischen Verlaufsform. Das Serumbilirubin ist nicht erhöht, jedoch reagiert oft ein Teil desselben direkt. Im Harn kann etwas Bilirubin nachweisbar sein. Bei jeder Epidemie besteht eine mehr oder weniger große *Zahl* von anikterischen Fällen (SIEDE). Wir haben ursprünglich deren Zahl auf Grund unserer früheren bei Epidemien durchgeführten Untersuchungen mit *mindestens einem Drittel aller Hepatitis-Fälle* angegeben. Mit Hilfe der modernen Fermentuntersuchungen wurde diese Frage in jüngster Zeit anläßlich von Hepatitis-Epidemien erneut bearbeitet (GOLDBERG u. Mitarb.). Dabei stellen DELTESKAMP

u. Mitarb. 50%, WROBLEWSKI u. Mitarb. 64%, SCHÖN u. Mitarb. 70% und
MORRISON u. Mitarb. mehr als 50% anikterische Fälle fest. Diese Form kommt
bei Kindern häufiger vor als bei Erwachsenen, HAVENS bezeichnet sie als die
übliche Form in der Kindheit. Nach MORRISON u. Mitarb. verlaufen 70—80% der
kindlichen Hepatitiden anikterisch.

Die anikterische Hepatitis ist auch *vom epidemiologischen Standpunkt* aus *von
Bedeutung*, da die nicht diagnostizierten Fälle als unerkannte Kontaktstreuer für
die Weiterverbreitung der Krankheit eine verhängnisvolle Rolle spielen dürften.

Die häufig vertretene Auffassung, daß es sich bei der anikterischen Virushepatitis um eine
leichte Verlaufsform handele und der anatomische Befund weniger ausgeprägt als bei der
ikterischen Form sei, darf nicht verallgemeinert werden. Bei unseren Fällen war oft der anatomische Befund ebenso ausgeprägt wie bei den ikterischen Fällen.

Anikterische Hepatitiden können auch unter dem Bild der persistierenden
chronischen Hepatitis und unter dem der recurrierenden Hepatitis verlaufen
(CHUNG, POPPER u. Mitarb.). Hinsichtlich der klinischen Symptomatologie war
bei den 42 Fällen von CHUNG u. Mitarb. u. a. in 87% Hepatomegalie, 59% Verdauungsstörungen, 69% Ermüdbarkeit, 23% Anorexie, 23% abdominelle Druck-
beschwerden, 27% Diarrhoe, 7% Nausea, 3% Erbrechen festzustellen. HAVENS
beobachtete häufig Diarrhoe und Symptome einer Infektion des Respirationstraktes dabei. Psychoneurotische Symptome sind nicht selten. Die Hämagglutination
auf Virushepatitis wurde in 65% der Fälle positiv gefunden (MORRISON u. Mitarb.).

Vereinzelt wurde beobachtet, daß anikterische Kranke in ein Leberkoma fielen
und darin zum Exitus kamen (SIEDE, BERNARD u. Mitarb.). Zum andern scheint
bei anikterischen Fällen die Neigung zu verzögerter Ausheilung und Rezidiven
(nach MORRISON u. Mitarb. heilten 5% innerhalb eines Jahres nicht aus und 12%
rezidivierten) sowie zu chronischem Verlauf (bei 16 von 32 Fällen in der koreani-
schen Armee) und zum Übergang in eine postnekrotische Cirrhose größer zu sein
als bei den ikterischen Hepatitiden (CHUNG, Popper u. a.). Daher stellt wahrscheinlich bei einem Teil derjenigen Fälle von Lebercirrhose, deren Anamnese keine
Anhaltspunkte für eine cirrhogene Noxe oder durchgemachte Hepatitis gibt, eine
unerkannte anikterische Hepatitis die Ursache der Cirrhose dar.

d) Die rezidivierende Form

Es handelt sich dabei um Fälle, bei denen einige Zeit nach Verschwinden der
Krankheitserscheinungen, manchmal schon nach 2—6 Wochen, manchmal auch
erst nach 3—6 Monaten ein Rezidiv auftritt. Dabei wiederholt sich das Krankheitsbild in seiner vollen Symptomatologie. Rezidive ikterische Fälle verlaufen
meist leichter als die erste Erkrankung und unter Umständen ohne Ikterus.
Trotzdem sind Rezidive prognostisch zurückhaltend zu beurteilen, da sie zum
Übergang in den chronischen Verlauf neigen. Die Häufigkeit der Rezidive wird
zwischen 1,8% und 15% schwankend angegeben (HAVENS). KRUGMAN stellte
unter 697 Fällen in 4,6% ein Rezidiv fest.

e) Die nekrotisierende Form

Es handelt sich dabei um ein schweres Krankheitsbild, welches mit hoher
Letalität unter den Zeichen der sog. *akuten gelben Leberatrophie* verläuft. Säug-
linge, Frauen im Klimakterium und Gravide erkranken häufiger als die übrige
Bevölkerung an dieser Form.

Die Häufigkeit, mit der solche Fälle auftreten, wird offenbar teilweise durch den genius
epidemicus bestimmt. Bei einer im Jahre 1927 von BERGSTRAND beschriebenen Epidemie von
akuter Leberatrophie auf der Insel Bornholm dürfte es sich wohl um eine ungewöhnliche
Häufung von nekrotisierender Hepatitis gehandelt haben. In neuerer Zeit wurden entsprechende Epidemien in Basel 1946 von STAUB, MÜLLER und WERTHEMANN und in Kopenhagen
1945 von BJORNEBOE u. a. beschrieben.

Hinsichtlich des klinischen Bildes bestehen unter Umständen schon von Anfang an nach akutem Beginn schwerste Krankheitszeichen, der Tod tritt häufig innerhalb der ersten 8—10 Tage oder nach der 3. Woche (HAVENS) ein. Manchmal entwickeln sich erst im Verlaufe einer mehrere Wochen lang sich steigernden Gelbsucht die unheilkündenden Zeichen. Diese bestehen zunächst in völliger *Appetitlosigkeit* und schwerster *Übelkeit*, oft unstillbarem Erbrechen. Die Kranken verweigern jede Nahrungszufuhr. Psychisch sind sie zunächst durch eine sich mehr und mehr steigernde *Apathie* auffällig. Dabei besteht oft eine hartnäckige Schlaflosigkeit. In der Ausatmungsluft wird der als *Foetor hepaticus* bezeichnete Geruch bemerkt. Anstelle der sonst üblichen Bradycardie bei Hepatitis tritt eine mehr oder weniger deutliche *Tachycardie* mit Blutdruckabfall auf. Das EKG zeigt Veränderungen der Kammerendstrecken und Verlängerungen des QT-Intervalls, phonokardiographisch findet sich gleichzeitig ein vorzeitiger Einfall des zweiten Herztones. Die *Gelbsucht* verstärkt sich sehr schnell und erreicht extreme Ausmaße, unter Umständen tritt Fieber auf. Die Leber wird von Tag zu Tag kleiner, sie fühlt sich meist extrem weich an oder ist schließlich überhaupt nicht mehr zu tasten. Häufig entwickeln sich gleichzeitig Ascites und Ödeme. In der Regel treten die Zeichen einer *hämorrhagischen Diathese* hinzu, welche sowohl in Form spontan aufkommender Petechien als auch als Schleimhautblutungen, unter Umständen profusen Charakters, häufig aus dem Magen-Darm-Kanal in Erscheinungen treten können. Auch cerebrale Blutungen, die unter Umständen Herderscheinungen verursachen, kommen vor.

Dieser Erscheinung liegen komplexe Schäden im Gerinnungssystem zugrunde (Hypoprothrombinämie, Fibrinogenopenie, Mangel an Faktor V und VII.). Außerdem ist aber unter Umständen auch eine toxische Gefäßwandschädigung beteiligt, das Rumpel-Leedesche Phänomen ist dann positiv. Blutgerinnungszeit und Blutungszeit sind verlängert, die Zahl der Thrombocyten ist vermindert. Gleichzeitig findet sich im Blutbild Leukocytose.

Als Komplikation entwickelt sich manchmal eine Meningoencephalitis. Schließlich bildet sich eine charakteristische vielseitige *neurocerbrale Symptomatik* in Form von psychischen Veränderungen, neurologischen Störungen und EEG-Veränderungen aus. Manchmal stellen neuropsychiatrische Symptome und Störung der Verhaltensweise auch erste Alarmsymptome des drohenden Unheils dar (BERNARD u. Mitarb.).

Es kommt zu Dämmerzuständen und Verwirrtheit. Die zeitliche oder örtliche Orientierung ist erschwert oder fehlt. Nach einem Stadium einer ausgeprägten motorischen Unruhe entwickelt sich eine tiefe Bewußtlosigkeit. Die neurologischen Störungen betreffen vor allem *Veränderungen im extrapyramidalen motorischen System* (ZILLIG). Pathognomonisch ist ein rhythmischer Antagonistentremor, ein Flattertremor der Hand von ADAMS und FOOLEY als *Flapping-Tremor* bezeichnet, der die Handschrift der Kranken ausfahrend und zittrig gestaltet. Er besteht in teils rhythmischen, teils arrhythmischen Zuckungen der Finger sowohl in seitlicher als auch in senkrechter Richtung. Diese Bewegungen sind besonders ausgeprägt im Metacarpophalangial- und im Handwurzelgelenk, wo sie oft mit kurzen Unterbrechungen von wenigen Sekunden stoßweise auftreten. Der Tremor wird besonders deutlich, wenn man die Kranken auffordert, die Arme im Vorhalten auszustrecken, die Hände fallen zu lassen und dabei gleichzeitig die Finger seitwärts zu spreitzen. Oft gelingt es auch, den Tremor auszulösen, wenn der Kranke die Arme neben sich auf die Bettdecke legt und die Hände nach dorsal beugt (MARTINI). Manchmal kommt ein Zittern der Zunge und der Gesichtsmuskeln hinzu. Die Voraussetzung für die Auslösung des Tremors ist immer eine Muskelanspannung. Der Tremor deutet das drohende Koma an. Manchmal besteht auch ein Rigor und ein sog. Zahnradphänomen. Die Reflexe verhalten sich unterschiedlich. Häufig sind sie lebhaft, zuweilen kann ein Fuß- oder Patellar-Klonus ausgelöst werden. Im fortgeschrittenen Leberkoma können Pyramidenzeichen auftreten. Im EEG beherrschen träge Schwankungen das Bild.

Das *Leberkoma* bei der nekrotisierenden Virushepatitis ist nach KALK als ein Leberzerfallskoma zu deuten, welches nicht nur durch das Versagen der Leberfunktion, sondern in erster Linie auch durch die Intoxikation mit Leberzerfallsprodukten entsteht. Im Serum kennzeichnend dafür sind der Anstieg der Aminosäuren, des Ammoniak sowie des Residualstickstoffes, die Abnahme des Natrium, des Cholesterin und der Cholesterinester, der Sturz der Transaminasen bei Abfall der übrigen Hauptkettenenzyme (E. und F. Schmidt) und die Herabsetzung der Alkalireserve. Die Harnmenge nimmt ab. Der Harn enthält Protein und im Sediment treten Erythrocyten und granulierte Zylinder auf. Außerdem werden im Harn vermehrt Aminosäuren ausgeschieden (Leucin, Tyrosin). Neben dem Versagen aller Partialfunktionen der Leber im Kohlenhydrat-, Fett-, Eiweiß-Stoffwechsel, Mineral-, Wasser- und Bilirubinhaushalt sind auch die Entgiftungsvorgänge gestört und ist die Blutgerinnung geschädigt. Ursächlich werden dabei schwere Fermentstörungen vermutet, so daß von einer Fermentanarchie gesprochen wurde (Hartmann). Bei 45 Fällen unter französischen Soldaten in Algerien starben 35 am Koma hepaticum, 4 unter einem akuten Syndrom mit Leibschmerzen, Kollaps und hämorrhagischer Diathese, 2 an Encephalitis und 4 in Zusammenhang mit therapeutischen Maßnahmen im Schock bzw. infolge Magen- bzw. Colon-Perforation nach Glucocorticoidgabe (Bernard u. Mitarb.).

f) Die cholestatische Form

Es handelt sich dabei um eine im Jahre 1942 von Mancke und Siede beobachtete schwere Verlaufsform der akuten Virushepatitis, bei der klinisch die Erscheinungen eines *intrahepatischen Verschluß-Syndrom* ganz im Vordergrund des Bildes stehen oder sich mit denen der akuten Hepatitis mischen. Diese Form tritt bei der Serumhepatitis häufiger als bei der Hepatitis infectiosa auf. Bei manchen Epidemien verläuft ein relativ großer Teil der Fälle (z. B. 46% Dubin u. Mitarb.) als cholestatische Form. Thaler fand unter 68 bioptisch untersuchten Fällen 49 mal histologisch eine „gewöhnliche" Hepatitis, 15mal Hepatitis mit Cholestase und/oder Cholecystitis und 4mal überwiegend Cholestase und/oder Cholangiolitis. Wie im anatomischen Teil beschrieben, ist das wesentliche morphologische Substrat dieser Form die ausgesprochene intrahepatische Cholestase, die in den Biopsiepräparaten die Szene beherrscht. Das klinische Bild ist durch einen intensiven *Verdinikterus* mit völlig entfärbtem Kot und dunklem grünbraunen Urin gekennzeichnet. Meist klagen die Kranken über ausgeprägtes *Hautjucken*, so daß in der Regel mehr oder weniger deutliche Kratzeffekte der Haut sichtbar sind. Die Krankheit nimmt meist einen *stark verzögerten Verlauf*, die Gelbsucht kann 4—6 Monate und länger anhalten. Der Klinikaufenthalt der Fälle von Thaler betrug im Durchschnitt 63,4 Tage (gegenüber 25,4 Tage bei „gewöhnlicher" Virushepatitis), das Durchschnittsalter 57,2 Jahre (gegenüber 35,1 Jahre bei „gewöhnlicher" Virushepatitis). Im Urin sind Urobilinoide nicht nachweisbar, im Duodenalsaft fehlt die Galle. Das Serumbilirubin ist extrem erhöht und kann bis zu 50 mg/100 ml und höher ansteigen. Es handelt sich dabei vorwiegend um konjugiertes Bilirubin. Die alkalische Phosphatase und das Cholesterin sind im Serum ebenfalls extrem erhöht. Die übrigen Blutbefunde entsprechen den bei der akuten ikterischen Hepatitis beschriebenen. Dagegen sind bei den rein cholestatischen Formen die Transaminasenwerte normal oder nur mäßig gesteigert, nie höher als 300 WrE. Das Serumeisen ist dabei normal. Im Pherogramm findet sich gelegentlich eine isolierte Vermehrung des β-Globulins.

g) Die persistierende Form (Smetana)

Diese Krankheitsform gleicht zunächst völlig dem akuten ikterischen Verlaufstyp. Der Ikterus klingt wie üblich ab, und es scheint eine Ausheilung zu erfolgen. Die Leber bleibt jedoch vergrößert, und verhärtet und auch die Milz ist unverändert palpabel. Auch die Laboratoriumsbefunde bleiben pathologisch. Laparoskopisch findet sich auch noch nach langer Krankheitsdauer eine große rote

Leber wie bei der akuten Hepatitis. Auch die Leberbiopsie zeigt akute entzündliche Veränderungen. Dieser Zustand kann *8 Monate bis 3 Jahre* lang (GALLAGHER u. Mitarb.) *und länger* persistieren, um sich dann allmählich doch zurückzubilden. KALK sah derartige Fälle bis zu 6 Jahre unverändert bestehen. Die Prognose wird im allgemeinen als gut bezeichnet. Bei den wenigen Fällen, die bisher beschrieben sind (KALK, HOFSTETTER u. a.) wurde nur ausnahmsweise die Entwicklung einer chronischen Hepatitis beobachtet (SIEDE).

Der Übergang in die stationäre persistierende chronische Hepatitis vollzieht sich in fließender Form meist ohne besondere Anzeichen. Remissionen und Wiederausbrüche können sich in vielmonatigen Intervallen ereignen. Teils verlaufen neue Schübe mit Ikterus wechselnder Stärke mit Krankheitsgefühl und abdominellen Beschwerden, Druck in der Lebergegend. Transaminasen, Bilirubin und γ-Globuline steigen im Serum an. Im Urin sind die Urobilinoide vermehrt. Die Leberbiopsie deckt die cellulären Infiltrationsherde in den Periportalfeldern und innerhalb der Läppchen auf. Daneben sind Narbenfelder zu sehen. Gleichzeitig bestehen Leberzellenkrosen verschiedenen Grades. Die Leberarchitektur bleibt erhalten.

h) Progressive subakute Hepatitis (Sherlock)

Aus einer gewöhnlichen akuten Virushepatitis, gelegentlich auch aus einer subakuten nekrotisierenden oder cholestatischen Form kann sich aus Gründen, die wir noch nicht übersehen, eine fortschreitende subakute Hepatitis entwickeln. Der Übergang in die fortschreitende subakute Hepatitis ist an bleibendem Ikterus wechselnder Intensität, mäßigem Fieber und gelegentlichem Erbrechen zu erkennen. Die Leber vergrößert und verhärtet, die Milz nimmt an Größe zu. Im Serum kommt es zum Absinken des Albuminspiegels bei gleichzeitigem Anstieg des γ-Globulins. Die Eiweißflockungsreaktionen werden stark positiv. Das klinische Bild spitzt sich durch das Hinzutreten von Zeichen der Leberinsuffizienz, Gefäßpinnen, Ascites, Blutdruckabfall und schließlich Koma zu. Der *Tod* kann innerhalb von 1—3 Monaten eintreten. Manchmal kann eine interkurrente Infektion oder eine intestinale Blutung den Tod herbeiführen. Unerwartete Remissionen kommen vor. Morphologisch besteht im Endstadium das Bild der Cirrhose.

ERB und SIEDE beschrieben kürzlich 30 derartige Fälle mit accelerierter Cirrhoseentwicklung, bei denen im Anschluß an eine zunächst anscheinend unkompliziert verlaufende akute Virushepatitis eine progressive subakute Hepatitis und innerhalb weniger Monate eine postnekrotische Cirrhose entstand.

2. Komplikationen der Virushepatitis

Eine oft ernste Komplikation stellen die selten auftretenden *Viruspneumonien* dar (GSELL, MARKOFF, SUTERMEISTER, SIEDE). Es handelt sich dabei um manchmal recht schwere Krankheitsbilder mit mäßigem Fieber, Atemnot, Cyanose und Leukopenie. Im spärlichen Sputum sind Krankheitserreger nicht nachzuweisen. Der Röntgenbefund ist typisch im Sinne der Viruspneumonie. Wir sahen einmal eine diffuse, kleinherdige, kleinfleckige, lockere, die ganze Lunge ergreifende Infiltration der Art wie sie LÖFFLER als miliare Form der Viruspneumonie beschrieben hat. GSELL reiht diese Bilder in die Gruppe der sekundären Pneumonien bei Viruskrankheiten ein.

Die komplizierende *Myokarditis*, die wahrscheinlich durch direkte Viruseinwirkung bedingt ist, verläuft meist leicht mit typischem EKG-Befund. Wir sahen lediglich bei zwei Säuglingen einen schweren Verlauf mit letalem Ausgang. Vereinzelt wurde im präikterischen Stadium *Perikarditis* beobachtet (CACHIN u. Mitarb.). Komplizierende *Pankreasnekrosen* verlaufen wohl infolge der Schwere der Grunderkrankung meist subklinisch ebenso wie die autoptisch gefundenen schweren

Gastro-Entero-Colitiden. Vereinzelt wurde über *Komplikationen des Zentralnerven-systems* berichtet, welche meist in der präkterischen Phase auftreten. Es wurden flüchtige akute encephalitische (WILLIAMS), kürzlich ein Fall in Form eines chore-atisch-athetotischen Syndroms (MÜHLER und GROS), myelitische (BRAIN, SIEDE, ORSZÁGH und KÁŠ), meningoencephalitische (WOOD), lymphocytär-meningitische (MARKOFF, SIEDE), polyradikulitische (MARKOFF) und polyneuritische Krankheits-bilder (LUSTMAN und BUYSE) beschrieben. Besonders eindrucksvoll war uns ein Fall, bei dem im präkterischen Stadium eine Symptomatologie nach Art der Poliomyeli-tis anterior acuta bestand. Ob das von SIEDE beschriebene Zusammentreffen mit Herpes zoster als Komplikation der Virushepatitis zu deuten ist, muß dahingestellt bleiben. CACHIN u. Mitarb. beschrieben als Komplikationen im präkterischen Stadium akute Polyarthritis, Urethritis, Urethro-Conjunctivitis und Orchitis.

Das Auftreten einer *akuten hämolytischen Anämie* als Komplikation einer akuten Virushepatitis ist einerseits von HEILMEYER, andererseits an meiner Klinik von KRAMER beschrieben. Daß Virusnoxen hämolytische Anämien auslösen können, ist bekannt. In diesen Fällen muß wohl das Hepatitisvirus dafür verant-wortlich gemacht werden. Bei unserem Fall konnte die hämolytische Anämie erst durch Splenektomie geheilt werden. Vereinzelt wurde auch *Panmyelopathie* als Komplikation der akuten Virushepatitis beobachtet. Ein Fall von LORENZ und QUAISER kam zum Exitus, der von KRAMER aus meiner Klinik mitgeteilte heilte aus. Ein Fall von thrombocytopenischer Purpura im Verlauf einer Virushepatitis wurde von MONTEIL u. Mitarb. beschrieben. Die Heilung erfolgte durch Splenek-tomie.

3. Diagnose und Differentialdiagnose

Die Diagnose der Virushepatitis ist durch Erregernachweis nicht möglich. Sie ist jedoch in der Regel auf Grund epidemiologischer, klinischer und anatomischer Gesichtspunkte zu stellen. In epidemiologischer Hinsicht ist der Kontakt zu anderen Hepatitisfällen, die Erkrankung im Rahmen einer Epidemie oder nach der typischen Inkubationszeit im Anschluß an Bluttransfusionen, blutige Eingriffe, Spritzen, Schutzimpfungen usw. (s. S. 769 ff) von richtungweisender Bedeutung. Bezüglich des klinischen Bildes sei auf das charakteristische präkterische Stadium mit Appetitlosigkeit und Übelkeit und den weitgehenden Rückgang der Be-schwerden und des Fiebers nach Ausbruch der Gelbsucht verwiesen. Im ikterischen Stadium können die Nackendrüsenanschwellungen und die Milzvergrößerung die Diagnose erleichtern (HAVENS). Richtungsweisende Laborbefunde sind bereits im Frühstadium die stark gesteigerte Transaminasenaktivität (über 600 WrE), der positive Thymoltest und das Auftreten von jugendlichen Lymphocyten im Blut-bild. Morphologisch sind die auf S. 762 angeführten Kriterien von Bedeutung.

Die Hämagglutinationsreaktionen mit Erythrocyten von Rhesusaffen (HOYT und MORRI-SON) die in einem hohen Prozentsatz (89,8 %) positiv ausfällt (BALSANO u. Mitarb.), sowie die Agglutination mit Kükenerythrocyten (HAVENS), die bei 70 % im frühen Krankheitsstadium zur selben Zeit wie der Transaminasenanstieg erfolgt, positiv gefunden wird, haben infolge ihrer technischen Schwierigkeiten keine größere praktische Bedeutung erlangt. HAVENS hält die Hämagglutinationsreaktion in der Differentaldiagnose der Virushepatitis insofern für besonders wertvoll, als die positive Agglutination niemals bei Patienten mit extrahepati-schem Verschluß-Syndrom gefunden wird. Der Hauttest mit Antigen aus der Amnionflüssig-keit beimpfter Huhnembryonen (HENLE u. Mitarb.) hat keinen Platz in der praktischen Diagnostik gefunden.

Die *Differentialdiagnose* muß alle anderen Hepatitisformen berücksichtigen. Diese sind teilweise durch ihren Verlauf oder den Nachweis des Erregers oder von Antikörpern abzutrennen. Schwierigkeiten macht gelegentlich die Abgrenzung gegenüber der Hepatitis bei *Pfeiffer'schem Drüsenfieber*. Die typischen Drüsen-fieberzellen im Blutbild führen meist auf die Fährte und der Nachweis gelingt dann durch die positive Hammelblutkörperchen-Agglutination nach PAUL und BUNEL. Die *Q-Fieber*-Hepatitis ist von der Virushepatitis klinisch nicht abzutrennen (ALKAN u. Mitarb.), wohl aber durch serologische Tests (Komplement-Fixation, Agglutination). Bei den *Salmonellen-Hepatitiden* lassen meist das während der Gelbsucht bestehenbleibende Fieber und die stärkeren Durchfälle die Besonderheit erkennen. Bei Leptospirosen, so beim *Weil'schen Ikterus* sind der „brutale" Beginn, der Kopf- und Wadenschmerz, das schwere Krankheitsgefühl, Verwirrtheit, die zweigipflige Fieberkurve, der Harnbefund (Proteinurie, Erythrocyturie) und die hämorrhagische Diathese, der serologische Nachweis der Antikörper und schließlich der Leptospirennachweis im Meerschweinchen oder in der Kultur wegweisend. Differentialdiagnostische Schwierigkeiten gegenüber der *Malaria* ergeben sich eigentlich nur dann, wenn man nicht an Malaria denkt. Die typischen Fieberanfälle der Malaria sind kennzeichnend.

Schwieriger ist allerdings die Situation, wenn, wie in einem von uns beobachteten Fall, eine Kombination einer Malaria tertiana mit einer Virushepatitis vorliegt. Hier war es im präikterischen Stadium der Hepatitis offenbar zur Auslösung von Malariaanfällen gekommen. Es war zu vermuten, daß bei diesem Fall das Virus der Hepatitis die bei der latenten Malaria in der Milz und wahrscheinlich auch in der Leber vorhandenen Plasmodien mobilisierte.

Sehr schwierig ist die Abtrennung gegenüber dem *Iproniazid-Ikterus*, der ein hepatitisartiges Krankheitsbild, welches morphologisch von der Virushepatitis nicht unterschieden werden kann, verursacht. Eine sorgfältig erhobene Arzneimittelanamnese kann diesbezüglich am sichersten vor einem diagnostischen Irrtum schützen.

Nekrotisierende Schübe bis dahin latent verlaufener Lebercirrhosen lassen sich meist durch die dabei auftretende schwere Dysproteinämie von akuten Virushepatitiden abgrenzen.

Cholangiohepatitiden sind durch den Nachweis der Cholangitis, bzw. der sie auslösenden Faktoren (Choledochus-Stein oder -Tumor, Pankreaskopfprozesse, Papillitis, Askaridiasis) zu erkennen. Bei manchen Fällen, insbesondere bei der cholestatischen Form, ergeben sich Schwierigkeiten hinsichtlich der Abgrenzung vom *Verschlußikterus*, vor allem gegenüber denjenigen intrahepatischen Verschluß-Syndromen, die durch Arzneimittel verursacht werden oder im Verlaufe einer Schwangerschaft auftreten. Oft ist es bei derartigen Verschluß-Syndromen nur unter Zuhilfenahme der Laparoskopie möglich, die Differentialdiagnose zu klären.

Bei *Schwangeren* ist die Abtrennung der Virushepatitis, die die häufigste Gelbsuchtsart in gravidate darstellt, von den Gelbsuchtsarten ex gravidate, insbesondere dem Ikterus bei Spätgestosen ebenso wie der schon erwähnten intrahepatischen Schwangerschaftscholestase — besonders wenn die cholestatische Form der Virushepatitis vorliegt — unter Umständen recht problematisch. Oft ist die Klärung nur durch Biopsie möglich.

Wie die Praxis lehrt, wird auch häufig ein ikterischer Schub einer *funktionellen Hyperbilirubinämie* (*Gilbert-Syndrom*) als Hepatitis falsch gedeutet. Angesichts der Tatsache, daß bei der funktionellen Hyperbilirubinämie immer nur das freie Bilirubin im Blut vermehrt, der Stuhl normal gefärbt ist, im Harn kein Bilirubin ausgeschieden wird, und daß die Leberfunktionsanalyse außer einer gelegentlich pathologischen Bromsulfaleinretention keine Abweichung von der Norm aufweist, insbesondere, daß sich immer normale Transaminasenaktivitäten, negative Eiweißlabilitätsproben und ein normales Pherogramm finden, sollten sich keine Schwierigkeiten der Abgrenzung gegenüber einer Virushepatitis ergeben.

4. Prognose

Der Verlauf der Krankheit ist sehr unterschiedlich und von einer großen Zahl von Faktoren abhängig. Physische Konstitution, Stoffwechselstörungen, Alter, Geschlecht, hormonale und genetische Faktoren dürften von Bedeutung sein. Aus den Kriegen ist bekannt, daß die Krankheit schwerer verläuft, wenn sie stark erschöpfte Truppen befällt. Auch die Hepatitis des Diabetikers hat eine ernstere Prognose. Beim Säugling ist der Verlauf meist schwer, ebenso wie im höheren Alter und noch mehr im Greisenalter. Am leichtesten ist der Charakter der Krankheit im Kindesalter. Die hormonellen Faktoren kommen durch den häufig schweren Verlauf während der Menarche, in der Schwangerschaft und besonders nach der Menopause zum Ausdruck. Die beobachteten schweren Formen bei Zwillingen beleuchten die Bedeutung genetischer Faktoren.

Die Frühprognose der Hepatitis infectiosa ist abhängig von der Zahl der verbleibenden funktionstüchtigen Leberzellen. Sie ist vom Standpunkt der Letalität aus als relativ gut zu bezeichnen. Im Durchschnitt beträgt die Letalität 0,2—0,8 %. GRADY und CHALMERS geben in der neuesten Mitteilung (1965) 0,5 % an. Sie steigt mit zunehmendem Alter an (SHERMAN und EICHENWALD). Vereinzelte Epidemien wiesen eine wesentlich höhere Letalität auf (1945 Kopenhagen (BJORNEBOE) 38 %, 1946 Basel (MÜLLER) 20 %, 1950 Wuppertal (STURM) 31 %, 1954 Indien (WAHI und ARORA) 42 %). Bei Säuglingen, Frauen im Klimakterium, im Greisenalter ist die Letalität unter Umständen wesentlich höher als gewöhnlich. Der von den meisten Autoren vertretenen Auffassung, daß die Hepatitis in der Schwangerschaft eine schlechtere Prognose habe — nach DENNIG u. Mitarb. beträgt die Letalität 4,2 % — besonders wenn eine Zwillingsschwangerschaft, die den Eiweißhaushalt besonders belastet, vorliegt (WEWALKA), steht eine neue Zusammenstellung von REUBEN und COMBES gegenüber.

32 von 34 Schwangeren überstanden ihre Hepatitis normal, nur bei einer Schwangeren entwickelte sich eine postnekrotische Cirrhose und eine Frau im 2. Trimester der Schwangerschaft verstarb. Bei 31 Schwangeren erfolgte eine normale Entbindung. Es wurden 21 ausgereifte Kinder und 6 Frühgeburten geboren. Einmal wurde ein Mongoloid bei Hepatitis während des 3. Trimesters der Schwangerschaft geboren.

Die Frage, ob die Zahl der *fötalen Mißbildungen* bei Virushepatitis während der Schwangerschaft größer ist als bei der Normalverteilung der kindlichen Mißbildungen, ist noch umstritten. Während DÖRFLER die normale Mißbildungsquote von 2,4 % nach MARTIUS auf Grund von 19 beobachteten Embryopathien bei 528 schwangeren Hepatitiskranken nicht signifikant überschritten fand, stellte BICKENBACH mit 11,4 % Mißbildungen bei 70 Fällen eine wesentlich höhere Quote fest. Nach DENNIG u. Mitarb. ist es nicht zweifelhaft, daß die Mißbildungsrate erhöht ist. Letztere empfehlen bei Gestose und Verschlimmerung Abruptio. Im übrigen sollen Aborte und Frühgeburten vermehrt auftreten.

Die *Letalität* der Serumhepatitis wird für gewöhnlich mit 4—6 % angegeben; GRADY und CHALMERS ermittelten sie sogar mit 12,5 %, vereinzelt wurde eine noch wesentlich höhere festgestellt (STEELE 34 %, KOSZOLKA 14,3—41,2 %). Hierbei ist zu bedenken, daß häufig Individien von der Serumhepatitis betroffen werden, deren Resistenz infolge einer schon bestehenden anderen Erkrankung, wegen der Bluttransfusionen verabfolgt wurden, erheblich herabgesetzt ist.

Die *Spätprognose* der Virushepatitis erfährt durch die Tatsache, daß eine größere Zahl der Fälle nicht ausheilt, sondern in eine chronische Hepatitis und u. U. in eine Lebercirrhose übergeht, die schließlich auch letal endet, den entscheidenden Aspekt. Die Prognose ist damit von dem Intaktbleiben der Leberarchitektur abhängig.

Die *Ausheilungsquote* der Virushepatitis wird mit 72 % (SIEDE) bis 90 % (WILDHIRT) beziffert. Die Häufigkeit des Übergangs in chronische Hepatitis wird zwischen 1 % (HAVENS) und 15 % (SCHUSTER) angegeben. KALK und WILDHIRT geben 5 %, SIEDE 12,3 % an. Der Übergang in Lebercirrhose erfolgt nach SIEDE in 1,2 %, nach KALK in 2—3 %, nach MARKOFF in 9 % der Fälle. Dabei ist wieder

zu berücksichtigen, daß die Serumhepatitis häufiger als die Hepatitis infectiosa in
eine Lebercirrhose übergeht, daß diese Entwicklung bevorzugt bei Frauen jenseits
des 40. Lebensjahres und ganz allgemein um so häufiger je älter der Hepatitis-
kranke ist, erfolgt. Die anikterischen, nekrotisierenden, cholestatischen, rezidivie-
renden und progressiv subakuten Formen sind besonders cirrhosegefährdet.

5. Prophylaxe

Die Prophylaxe der Virushepatitis ist von großer Bedeutung. Die sich aus der
Übertragungsweise (Schmierinfektion, Nahrungsmittel-Trinkwasser-Verunreini-
gung, Übertragung bei Blutspenden, blutigen Eingriffen usw.) ergebenden Konse-
quenzen sind gewissenhaft zu beachten. An Hepatitis infectiosa Erkrankte sollten
nach Möglichkeit isoliert werden (SIEDE, GERNER u. a.), da, wenn zwar auch der
Stuhl schon ca. 14 Tage vor Einsetzen des Ikterus infektiös ist und damit mit Einsetzen des Ikterus eine Virusstreuung auf die Umgebung bereits längere Zeit
stattgefunden hat, diese doch auch noch für 2—3 Wochen im Gelbsuchtsstadium
ansteckend sind. Wenn eine *Isolierung* im Hause nicht möglich ist, sollte die Einweisung in ein Krankenhaus erfolgen. Das Pflegepersonal muß eine *aseptische
Pflegetechnik* einhalten. Urin und Stuhl sowie Erbrochenes sind sorgfältig zu beseitigen, die übliche Chlorkalkzugabe zu den Ausscheidungen reicht für die Virus-
vernichtung mit Sicherheit nicht aus. Für Urinflaschen und Stuhlschüsseln empfiehlt sich die neuzeitliche thermische Desinfektion. Wäsche und Geschirr sind getrennt zu halten, Wäsche ist nach Möglichkeit im Autoklaven zu sterilisieren.

Ob die Verwendung der neuerdings empfohlenen viroziden Präparate (BAC, Gevisol,
Parmetol) für die Desinfektion der Ausscheidungen, der Wäsche und des Geschirrs ausreicht,
ist noch nicht hinreichend erwiesen. STOKES empfiehlt die Verwendung einer 1%igen wäßrigen
Jodlösung. Die Kranken sind zu größter persönlicher Sauberkeit anzuhalten. Für die *Hände-
desinfektion* des Pflegepersonals gilt die Regel eines mindestens 2minütigen Spülens in 2%iger
Havisol- oder Korsoformlösung nach gründlicher Reinigung mit Seife in warmem Wasser.
Beim Hantieren mit Erbrochenem, Stuhl, Urin, Duodenalsaft und Blut soll das Pflege- und
Laborpersonal Gummihandschuhe tragen. Die im übrigen auf ein Mindestmaß zu beschränken-
den Krankenbesucher sollen ebenfalls zur Händedesinfektion angehalten, außerdem über die
Infektionsmöglichkeit unterrichtet werden. Besonders ist auf die Isolierung Kranker in der
Umgebung von Säuglingen oder Schwangeren, da diese besonders infektionsgefährdet sind,
zu drängen. Nach Entlassung eines Kranken sind Krankenzimmer und Gegenstände (Bücher!)
mit Formol zu desinfizieren.

Der Verunreinigung von Lebensmitteln, Milch usw. durch direkten oder indirekten Kontakt ist vorzubeugen. Bei Erkrankungen in Lebensmittelgeschäften ist
besondere Vorsicht geboten. Sorgfältiges Augenmerk hat der Trinkwasserversor-
gung zu gelten. Es muß sichergestellt sein, daß eine Verschmutzung durch Abwässer ausgeschlossen ist. Chloren des Trinkwassers hat keine Wirkung. Schulen
sollten beim ersten gemeldeten zugehörigen Fall geschlossen werden (SCHREIER).
Instrumente einschließlich Spritzen, Kanülen sind nach jedem Gebrauch in kaltem Wasser zu reinigen und von allen Blutspuren zu befreien, um zu vermeiden,
daß organisches Material koaguliert. Danach kann einstündiges Einlegen in eine
virocide Lösung (BAC, Ivisol) erfolgen. Schließlich ist eine halbe Stunde lang bei
180° C in zirkulierender Heißluft oder im Autoklaven 15 min lang bei 2,6 atü bei
134° C zu sterilisieren. Blutentnahmen aus Capillarblut sollten möglichst nur mit
frischen Lanzetten erfolgen. Bei mehrfachem Gebrauch einer Lanzette ist diese
mit kaltem Wasser abzuwaschen und anschließend auszuglühen. Den besten
Schutz bietet der Gebrauch von Einmalspritzen und -Kanülen.

Die *Auswahl der Blutspender* hat unter Berücksichtigung der Übertragungsmöglichkeit durch Hepatitisvirus-Träger zu erfolgen. Vom Blutspenden sind daher
alle Personen auszuschließen, die an einer chronischen Hepatitis oder Lebercirrhose leiden oder an Virushepatitis akut erkrankt sind oder jemals eine solche

durchgemacht haben, die während der vorhergehenden 6 Monate Kontakt mit einem Hepatitiskranken hatten, die eine Bluttransfusion empfangen haben, mit deren Blut bereits nachweislich eine Virushepatitis übertragen wurde und bei denen der Thymoltest positiv, die Transaminasenaktivität gesteigert, der Serumbilirubinspiegel erhöht gefunden sowie Leber und Milz als vergrößert getastet werden.

Bei der Hälfte von 29 Spendern, die eine Gelbsucht beim Empfänger verursacht hatten, war der Thymoltest positiv (NORRIS u. Mitarb.). In den USA sind Spender aus niederen sozialen Klassen, die für Entgelt Blut spenden, mit größerer Wahrscheinlichkeit Virus-Träger als die übrige Bevölkerung (NORRIS u. Mitarb.). Die Gefährdung durch Plasmakonserven läßt sich möglicherweise durch Lagerung bei einer Durchschnittstemperatur von 27° bis 31,6° C für 6 Monate oder durch Zugabe von β-Propriolacton in Verbindung mit Ultraviolett-Bestrahlung vermindern.

Bei wahrscheinlich erfolgter Infektion mit Hepatitis infectiosa soll die *Gabe von γ-Globulin* (0,02—0,06 mg/kg i.m. einer 16%igen Konzentration) den Ausbruch der Krankheit verhindern. Die bisherige Annahme, daß γ-Globulin in jedem Stadium der Inkubation wirksam ist, erscheint aber durch die neuen Beobachtungen von ANDERS und GÄSSLEIN in Frage gestellt, nach denen bei 15 mit γ-Globulin prophylaktisch behandelten Personen 1—2 Wochen nach der Verabreichung eine Hepatitis auftrat. Gleichsinnige Beobachtungen machten SITZMANN und SCHRICKER bei 12 behandelten Erwachsenen anläßlich einer Epidemie 1964 in einem oberfränkischen Dorf. Auf jeden Fall sollte γ-Globulin so früh wie möglich gegeben werden. Personen, die sich in ein Gebiet mit hoher Hepatitis-Morbidität begeben, können durch die zweimalige Gabe von 0,04—0,12 ml/kg im Abstand von 5—6 Monaten geschützt werden (KLUGE).

Die Wirkung des γ-Globulins soll in der Hauptsache darin bestehen, daß eine Infektion inapparent abläuft. Auch für die *Prophylaxe der Transfusionshepatitis* scheint die Gabe von γ-Globulin von Bedeutung zu sein. MIRICK, WARD und McCOLLUM gaben bei 656 Patienten, die im Durchschnitt 4,7 Transfusionen erhalten hatten, in der Woche nach der Transfusion sowie 4 Wochen später je 10 ml γ-Globulin. Danach trat in 1,1% der Fälle eine ikterische Hepatitis auf, während in der Kontrollgruppe von 655 Kranken mit etwa derselben durchschnittlichen Transfusionszahl die Incidenz an ikterischer Hepatitis 3,9% betrug. Hinsichtlich der anikterisch verlaufenden Hepatitiden war die γ-Globulin-Prophylaxe erfolglos, da in beiden Gruppen in 6,3% der Fälle eine solche Erkrankung auftrat. Dieses Ergebnis bekräftigt die von KRUGMAN vertretene Auffassung, daß γ-Globulin die Hepatitis-Infektion nicht verhindert, sondern lediglich den Schweregrad der Krankheit modifiziert, indem die Zahl der schweren ikterischen Hepatitiden vermindert wird, während die Zahl der anikterischen Fälle gleichbleibt. Die Häufigkeit der Serumhepatitis nach Bluttransfusionen wurde bei Frühgeburten signifikant durch die gleichzeitige Gabe von 8 ml/kg von menschlichem γ-Globulin mit der Transfusion reduziert (CSAPÓ u. Mitarb.).

6. Therapie

Die Bemühungen um eine spezifische ätiotrope Therapie, das Ziel bei jeder Infektionskrankheit, sind bei der akuten Virushepatitis bisher ohne Erfolg geblieben. Ein gegen das Hepatitis-Virus gerichtetes Therapeutikum existiert nicht. Alle bisher angewandten Behandlungsprinzipien gehören in das Gebiet der *symptomatischen Therapie*. Die Therapie der Virushepatitis soll folgende Ziele anstreben: 1. Abkürzung der Gelbsuchtsdauer, 2. Abkürzung der Krankheitsdauer, 3. Verhütung der Leberinsuffizienz, 4. Vermeidung von Spätfolgen, insbesondere der Entwicklung einer chronischen Hepatitis und Lebercirrhose.

Die Therapie der Virushepatitis baut sich auf der Basis Bettruhe, feuchtwarme Leberwickel und Diät auf.

Die *Diät* spielt eine wichtige Rolle.

Ihr Prinzip ist einerseits die Entgiftungsarbeit der Leber hinsichtlich der intermediären Abbauprodukte von Fett und Eiweiß zu entlasten, andererseits die biologische Resistenz der Leber durch Anreicherung der Leberzelle mit Glykogen und Eiweiß zu steigern und damit ihre

Entgiftungsfunktion zu fördern. In der ersten Krankheitsphase wird die Zusammensetzung der Nahrung allerdings maßgeblich von dem Aufnahmevermögen des anfangs sehr unter Anorexie und Übelkeit leidenden Kranken bestimmt.

In der Regel wird in den ersten Tagen eine *schlackenarme*, leicht aufspaltbare *Breikost* aus Mehl, Gries, Kartoffeln oder Maizena mit Milch, Zucker, Honig, Apfelmus und kleinen Zulagen von Milcheiweiß-Produkten möglich sein. Es kommt dann darauf an, in einem dem Krankheitsverlauf angepaßten stufenweisen Übergang von der strengen Leberschonkost auf eine kalorisch ausreichende *Leberschutzkost*, die pro kg Körpergewicht und Tag 3—5 g Kohlenhydrate, 1,2—1,8 g Eiweiß und 0,5—1 g Fett enthält, überzugehen.

Bei ungestörter Eiweißverwertung ist auf die ausreichende Zufuhr von tierischem Eiweiß zu achten, das neben den Aminosäuren auch die für die Zellkernsynthese notwendigen Purine bereitstellt und auf diese Weise eine allgemeine Leberschutzwirkung ausübt (Proteinogener Leberzellschutz nach SIEDE). Kalbfleisch, Geflügel, Fisch, Ei und Milchprodukte stehen in erster Linie zur Auswahl. Die Fettmenge sollte sich danach orientieren, wie weit der Kranke in der Lage ist, Fett zu verdauen, d. h. zu emulgieren und aufzuspalten. Bezüglich der Art des Fettes sollte im akuten Stadium nur Butter verwendet werden. In der Abheilungsphase und in der Rekonvaleszenz können auch kaltgeschlagene Öle und ausgesuchte Margarinesorten gegeben werden. Verboten bleiben während des ganzen Verlaufes der Erkrankung alle fetten Speisen, erhitzte fette Pfannengerichte, Gebratenes, Geräuchertes und Gepökeltes, grobe Gemüsesorten, unreifes und frisches Obst, fettes Gebäck, sowie scharfe Gewürze, Alkohol und Bohnenkaffee. Die Diät soll mindestens bis 3 Monate nach Abheilung der Hepatitis eingehalten werden.

Die diätetische Leberschutzkost wird durch *Verabreichung von Zuckersorten, Aminosäuregemischen* und *Vitaminen* sinnvoll ergänzt. Die Gabe von Zucker dient dem Ziel, die Leberzellen mit Glykogen anzureichern und damit ihre biologische Resistenz zu fördern. Zucker wird daher auch als ,,Digitalis der Leberzelle" bezeichnet. Dabei ist der Laevulose gegenüber der Dextrose der Vorzug zu geben (DEMLING), weil erstere als bester und schnellster Glykogenbildner gilt und vorzugsweise dem Glykogenaufbau der Leber dient.

Die Aminosäuren sind für die Entgiftungsvorgänge (FELIX) und für den Regenerationsstoffwechsel der Leberzellen (RAVDIN, SIEDE) von grundsätzlicher Bedeutung. Verabreicht werden dürfen jedoch nur wohl ausgewogene Gemische aller essentiellen Aminosäuren, da die Gabe nur einzelner isolierter Aminosäuren den fundamentalen biologischen Erfordernissen des Organismus widerspricht (KÜHNAU) und den Aminosäurenstoffwechsel der Leber entscheidend stört.

Die Anwendung der *Vitamine des B-Komplexes* bei Leberkrankheiten wird durch deren Bedeutung im intermediären Stoffwechsel und Fermenthaushalt der Leber als Kofermente und Katalysatoren begründet (HOFF).

Leichte und mittelschwere Fälle heilen bei der im vorangehenden dargestellten Basisbehandlung in der Regel komplikationslos aus. Bei schweren Fällen hat sich als zusätzliche Behandlungsmethode die Darreichung der *Laevulose* als *i.v. Dauertropfinfusion* bewährt (2—4 Std andauerndes intravenöses Infundieren von 250 bis 500 ml einer 10 %igen Laevuloselösung). Der Dauertropfinfusion können *Vitamin-B-Komplex*, Vitamin B 12, Pancortex und wenn erforderlich *Vitamin K* zugesetzt werden. Die zusätzliche Gabe von Cholin (Dosis 2—4 g) in der Dauertropfinfusion ist umstritten.

Die durch SIEDE und KLAMP in die Therapie der Virushepatitis eingeführten *Cortisonderivate*, speziell Prednison und Prednisolon, sind die einzigen Stoffe, von denen bisher mit Sicherheit feststeht, daß sie den Verlauf einer Hepatitis beeinflussen können.

Es wurde gezeigt, daß die Gelbsuchtsperiode durch die Gabe von Cortisonderivaten statistisch sicher verkürzt wird, und daß bei deren frühzeitigem Einsatz auch eine echte Verkürzung der Krankheitsdauer resultiert. Darüber hinaus darf es als gesichert gelten, daß durch Cortisonderivate bei schweren lebensbedrohlichen Fällen unter Umständen offensichtlich eine lebensrettende Wirkung herbeigeführt und bei rechtzeitiger Gabe ein schwerer Verlauf überhaupt von vornherein verhütet wird. Schließlich erfolgte bei mit Cortisonderivaten behandelten Fällen der Übergang in eine chronische Hepatitis und Lebercirrhose wesentlich seltener (8,6 %) als bei den nicht damit behandelten (21,7 %) Krankheitsfällen.

Der Mechanismus der pharmakodynamischen Wirkung der Glucocorticoide bei der Virushepatitis ist noch nicht geklärt. Neben einem antiphlogistischen, mesenchymotropen Effekt wird vor allem eine membranabdichtende Wirkung diskutiert. Die eklatante Wirkung des Prednisolons ist im allgemeinen daran zu erkennen, daß in der Regel das Serumbilirubin nach Einsatz des Präparates innerhalb von 5 Tagen auf 50 % des Ausgangswertes abfällt. Der Bilirubinabfall geht in der Regel mit einem entsprechend schnellen Rückgang der Transaminasenaktivität im Serum parallel.

Beim Einsatz der Glucocorticoide sind die aufgestellten Richtlinien genau zu beachten (s. b. SIEDE).

Wegen der jeder *Glucocorticoid-Therapie* anhaftenden Gefahr des Auftretens unabwendbarer Nebenwirkungen sollen die Glucocorticoide nur bei folgenden *Indikationen* zum Einsatz kommen:

1. Bilirubinspiegel im Serum über 15—20 mg/100 ml,
2. schwere Fälle mit stark pathologischen klinischen und biochemischen Untersuchungsbefunden, so daß ein Übergang in chronische Hepatitis oder Lebercirrhose zu befürchten ist,
3. länger als 2 Wochen anhaltende Zunahme eines starken Ikterus, die auf Entwicklung einer Lebernekrose (nekrotisierende Hepatitis) hindeuten kann,
4. drohendes oder ausgebrochenes Leberkoma,
5. wiederholte Ikterusschübe und Rezidive,
6. Fälle mit erheblicher intrahepatischer Cholestase (Gefahr der biliären Cirrhose),
7. persistierende Hepatitis,
8. beim Säugling, bei Frauen im Klimakterium, im Alter (jenseits des 65. Lebensjahres).

Darüber hinaus sollte bei der Indikationsstellung zur Glucocorticoidtherapie die Tatsache Berücksichtigung finden, daß die Prognose der Serumhepatitis schlechter ist als die der Hepatitis infectiosa.

Bezüglich der Cortisonderivat-Präparate haben sich eindeutig *Prednison und Prednisolon* als die wirksamsten erwiesen. Für die Dosierung sind die Schwere der Erkrankung und der Krankheitsverlauf maßgebend. Die optimale Initialdosis beträgt 40—60 mg Prednison bzw. Prednisolon.

Diese Dosis ist zu reduzieren, sobald eine eindeutige Besserung des Krankheitsbildes und ein wesentlicher Rückgang der Gelbsucht festzustellen sind, was meist nach 5 Tagen der Fall ist. Die *Reduktion der Dosis* muß *schrittweise* erfolgen und sollte möglichst der Entwicklung der Immunisierungsvorgänge angepaßt werden. Dabei darf von einem zum anderen Tag höchstens um 5 mg zurückgegangen werden. Die Technik des Absetzens ist entscheidend für den Erfolg der Glucocorticoid-Therapie. Bei zu abruptem Absetzen besteht Rezidivgefahr. Das Ausschleichen stellt die Methode der Wahl dar. Es beginnt mit einer Dosis von 20 mg. Von dieser Dosis ab darf das Präparat höchstens um 1 mg täglich reduziert werden. Auf Grund unserer Erhebungen empfiehlt es sich jedoch so langsam abzusetzen, daß die Dosis von 20 mg ab nur jeden 3.—4. Tag um 1 mg reduziert wird.

Therapeutisches Verhalten beim Auftreten von Hepatitis-Komplikationen

Bei schweren Fällen von Virushepatitis tritt unter Umständen Aszites auf. Dabei empfiehlt es sich, die Diät flüssigkeitsbeschränkt zu halten und die Nahrung weitgehend kochsalzfrei zu gestalten. Wenn gleichzeitig eine Hypoproteinämie besteht, ist auf ausreichende Eiweißzufuhr besonders zu achten. Falls durch diese Maßnahmen der Ascites nicht zu beherrschen ist, kommt der Einsatz von Aldosteronantagonisten (Spironolactone) und von Saliuretika in Frage.

Beim Auftreten einer hämorrhagischen Diathese ist, wenn eine Hypoprothrombinämie vorliegt, Vitamin K_1 zu geben. Bei Gefäßwandschaden kommen Vitamin C und Rutin in Frage.

Bei drohendem Koma muß der völlige Eiweißentzug aus der Nahrung erfolgen. Um die Darmfäulnisprodukte herabzusetzen, wird gleichzeitig, wenn noch möglich oral, ein nicht resorbierbares Breitbandantibioticum wie Neomycin (2-4-10 g) täglich verabreicht. Außerdem wird durch hohe Darmeinläufe die Darmentgiftung

gefördert. Beim Vollkoma hat sich der Einsatz von Dauertropfinfusionen mit
Laevulose, Cholin, Vitamin-B-Komplex, Vitamin B 12 und Pancortex in der Art
wie es im vorangehenden geschildert ist, bewährt. Die Anwendung von Prednisolon i.v. in hohen Dosen (100—300 mg pro Tag oder mehr) bringt im Koma oft eine
entscheidende Wendung zum Guten (KATZ u. Mitarb., SIEDE).

Literatur

Abendroth, H.: Elektrokardiographische Befunde bei epidemischer und hämatogener
Hepatitis. Z. Kreisl.-Forsch. **21/22**, 682 (1951). — **Albot, G., A.M. Jezequel**, et **J. Lunel**: Les
épisodes cholostatiques au cours des ictères hépatites virales. Leurs manifestations biologiques
et leurs aspects en microscopie optique et électronique. Acta hepato-splenol. (Stuttg.) **9**, 140
(1962). — **Alkan, W.J., Z. Evenchik**, and **J. Eshchar**: Q-fever and infectious hepatitis. Amer.
J. Med. **38**, 54 (1965). — **Allen, J.G.**, and **W.A. Sayman**: Serum hepatitis from transfusions
of blood J. Amer. med. Ass. **180**, 1079 (1962). — **Altmann, H.W.**: Über die Abgabe von
Kernstoffen in das Protoplasma der menschlichen Leberzellen. Z. Naturforsch. (Tübingen)
4b, 138 (1949). — **Anders, W.**, u. **F. Gässlein**: Nahrungsmittelepidemie von Hepatitis infectiosa.
Bundesgesundheitsblatt **7**, 245 (1964). — **Anders, W.**, u. **Th. Kima**: Zur Epidemiologie der Hepatitis epidemica in Deutschland. Zbl. Bakt., I. Abt. Orig. **176**, 1 (1959). — **Arakelov, R. A.**: Clinical
significance a coagulant and anticoagulant blood systems in epidemic hepatitis (Botkin's disease).
Ter. Arkh. **8**, 33 (1963). — **Aronsohn, H.G.**, and **E. Andrews**: Experimental cholecystitis. Surg.
Gynec. Obstet. **66**, 748 (1938). — **Asada, M.**, and **J.T. Galambos**: Sorbitol dehydrogenase and
hepatocellular injuring. An experimental and clinical study. Gastroenterology **5**, 578 (1963). —
Atwater, E.C., and **R.F. Jacox**: The latex-fixation test in patients with liver disease. Ann.
intern. Med. **58**, 419 (1963). — **Aterman, K.**: Neonatal hepatitis and its relation to virus hepatitis of mother. A review of the problem. Amer. J. Dis. Child. **105**, 395 (1963). — **Axenfeld, H.**,
u. **K. Brass**: Über das postikterische Stadium, rezidivierende, chronische und anikterische
Verlaufsformen der Hepatitis epidemica. Frankfurt. Z. Path. **59**, 281 (1948).

Balsano, F., L. Salerno, G. Pitucco, S. Mansucto, e **A. Musca**: La etero-agglutinazione di
Hoyt-Morrison nella virus epatite. Fegato **8**, 134 (1962). — **Barthez, E.**, u. **F. Rilliet**: In:
Handbuch für Kinderkrankheiten, Leipzig 1855. — **Batten, P.J., V.E. Runte**, and **H.G.
Skinner**: Infectious hepatitis. Infectious ness during the presymptomatic phase of the desease.
Amer. J. Hyg. **77**, 129 (1963). — **Bearcroft, W.G.**: Electron microscope studies of the liver cells
of yellous-fever-infected rhesus-monkeys. J. Path. Bact. **80**, 421, (1960). ～ Electron microscope
studies on the liver in infective hepatitis. J. Path. Bact. **83**, 383 (1962). ～ Hepatitis in african
monkeys. Nature (Lond.) **197**, 806 (1963). — **Benda, L.**, u. **H. Thaler**: Über die Hepatitis bei Lues
und antiluischer Behandlung mit besonderer Berücksichtigung ihrer Folgekrankheiten. Dtsch.
Arch. klin. Med. **197**, 477 (1950). — **Benda, L., R. Rissel** u. **H. Thaler**: Über aspirationsbioptische
Untersuchungen posthepatitischer Leberveränderungen. Virchows Arch. path. Anat. **322**, 249
(1952). — **Bennett, A.M., R.B. Capps, M.E. Drake, R.H. Ettinger, E.H. Mills**, and **J. Stokes jr.**:
Endemic infectious hepatitis in an infants orphanage. II. Epidemiologie studies in infants and
small children. Arch. intern. Med. **90**, 37 (1952). — **Bernard, J.G., Ch. Laverdant, R. Badrouillard**,
et **G. Gires**: Les hépatites virales mortelles. A propos de 45 observations. Rev. int. Hépat. **4**,
171 (1964). — **Bernard, J.G., Ch. Laverdant, A. Feline**, et **D. Bonnet**: Les ictères épidémiques
mortels (Hépatites indectienses). I. Etudes épidémiologiques. Presse méd. **72**, 993 (1964). ～
Les ictères épidémiques mortels. II. Etude clinique à propos de 45 observations. Presse méd.
72, 1119 (1964). — **Bergstrand, H.**: Über die akute und die chronische gelbe Leberatrophie.
Leipzig: Georg Thieme 1930. — **Bergström, K.**: Till kännedom om "Hepatitis epidemica".
Visby 1934. — **Bickenbach, W.**: Exogene Ursachen angeborener Mißbildungen. Arch. Gynäk. **186**,
370 (1955). — **Bieling, R.**: Über die Epidemiologie der Hepatitis (Hepatitis epidemica, Hepatitis
infectiosa). Verh. dtsch. Ges. inn. Med. **63**, 257 (1957). — **Bjorneboe, M., M. Jersild, K. Lundbaak,
E. Hess-Thassen**, and **E. Ryssing**: Incidence of chronic hepatitis in Women in Copenhagen 1944—
1945. Lancet **254**, 867 (1948). — **Blumer, G.**: Infectious jaundice in the United States. J. Amer.
med. Ass. **81**, 353 (1932). — **v. Bormann, F.**: Hepatitis epidemica. Ergebn. inn. Med. Kinderheilk.
58, 201 (1940). — **v. Bormann, F., R.E. Bader, H. Deines, G. Fischer** u. **K. Unholtz**: Die Hepatitis
epidemica. Med. Welt (Berl.) **49**, 1252 (1941). — **Boggs, J.D.**: Studies in human volunteers with
tissuecultured hepatitis virus. In: Aktuelle Probleme der Hepatologie, S. 173 (G. A. Martini, Ed.).
Stuttgart: Georg Thieme 1962. — **Borón, P.**: "Lupoid hepatitis" in patients with viral hepatitis. Pol. Tyg. lek. **18**, 355 (1963). — **Bothwell, P.W., D. Martin, A.W. Macara, J.F. Skone**, and
R.C. Wofinden: Infectious hepatitis in Bristol, 1959—1962. Brit. med. J. **II**, 1613 (1963). —
Boyden, A.M.: Acute gallbladder disease and the common duct. Arch. Surg. **70**, 374 (1955). —
Braunsteiner, H., J. Beyreder, G. Grabner u. **A. Neumayr**: Elektronenmikroskopische Beobach-

tungen bei Serumhepatitis und Hepatitis epidemica. Klin. Wschr. **35**, 901 (1957). — **Braunsteiner, H., K. Fellinger, F. Pakexh** u. **A. Neumayr**: Weitere elektronenmikroskopische Beobachtungen bei Virushepatitiden. Klin. Wschr. **36**, 379 (1958). — **Büchner, F.**: Die Morphologie der Virushepatitis insbesondere der posthepatitischen Narbenprozesse der Leber. Verh. dtsch. Ges. inn. Med. **63**, 155 (1957). ~ Schweiz. Z. allg. Path. **16**, 322 (1953).

Cachin, M., F. Pergola, et **Y. Hecht**: Hépatitis virales à début atypique. Sem. Hôp. Paris **39**, 2672 (1963). — **Cantacuzéne, J.**: Sur une épidemie de l'ictère observée en Roumanie pendant la campagne de 1917. Presse méd. **26**, 541 (1918). — **Capps, R.B.,** and **J. Stokes, jr.**: Epidemiology of infectious hepatitis and problems of prevention and control. J. Amer. med. Ass. **149**, 557 (1952). — **Carrau, A.**: Epidemischer Ikterus. Zbl. Bakt., I. Abt. Ref. **112**, 130 (1933). — **Celsus, C.H.**: De medicina. Liv. IV., cap. 8. — **Chalmers, Th.C.**: The treatment of acute hepatitis. Med. Clin. N. Amer. **46**, 1301 (1962). — **Charmot, G., P. Clergeaud,** et **L.J. Andre**: Exploration fonctionelle du pancréas dans 30 cas d'hépatite virale épidémique. Etude statistique et clinique. Presse méd. **71**, 57 (1963). — **Chung, W.K., S.K. Moon, R.K. Gershon, A.M. Prince,** and **H. Popper**: Anicteric hepatitis in Korea. II. Serial histologic studies. Arch. intern. Med. **113**, 535 (1964). — **Chung, W.K., S.K. Moon, R.K. Gershon, A.M. Prince, Y.C. Park,** and **Y.S. Cho**: Anicteric hepatitis in Korea. I. Clinical and laboratory studies. Arch. intern. Med. **113**, 526 (1964). — **Conrad, M.E., F.E. Schwartz,** and **A.A. Young**: Infectious hepatitis — a generalized disease. Amer. J. Med. **37**, 789 (1964). — **Coppo, M., G. Tedeschi** u. **L. Robba**: Serologische und immunologische Untersuchungen bei chronischer Hepatitis. Gastroenterologia **2**, 269 (1964). — **Cossel, L.**: Elektronenmikroskopische Untersuchungen bei Virushepatitis. Klin. Wschr. **24**, 1263 (1959). ~ Elektronenmikroskopische Untersuchungen an den Lebersinusoiden bei Virushepatitis. Klin. Wschr. **37**, 1263 (1959). ~ Elektronenmikroskopische Befunde an den Leberepithelien bei Virushepatitis. Acta hepato-splenol. (Stuttg.) **6**, 333 (1961). ~ Elektronenmikroskopische Befunde an den Leberepithelien bei Virushepatitis. Acta hepato-splenol. (Stuttg.) **8**, 333 (1961). ~ Elektronenmikroskopische Befunde bei chronischer Virushepatitis und Leberzirrhose. Virchows Arch. path. Anat. **336**, 354 (1963). ~ Die menschliche Leber im Elektronenmikroskop. Untersuchungen an Leberpunktaten. Jena: Gustav Fischer VEB-Verlag 1964. ~ Elektronenmikroskopische Befunde an der Leber zur Pathogenese des Ikterus. Münch. med. Wschr. **107**, 1376 (1965a). ~ Unveröffentlichte Befunde (1965b). ~ Elektronenmikroskopische Befunde an den azidophilen Körpern bei der Virushepatitis des Menschen. (Ein Beitrag zur Kenntnis der Koagulationsnekrose). J. Microscopie **4**, H. 3 (1965). ~ Elektronenmikroskopische Untersuchungsergebnisse bei Virushepatitis. Schriftenreihe für ärztl. Fortbildung, hrsg. v. Prof. **Thiele**. Berlin: Verlag Volk und Gesundheit 1965. — **Creutzfeldt, W.**: Die Transfusionshepatitis und ihre Verhütung. Internist **1**, 1 (1966). — **Creutzfeldt, W., H. Schmitt, J. Richert, K. Kaiser** u. **M. Matthes**: Hepatitisübertragungen über eine Zeitspanne von zehn Jahren durch einen Blutspender mit posthepatitischer Leberzirrhose. Dtsch. med. Wschr. **36**, 1801 (1962). — **Csapó, J., J. Budai, A. Bartos,** and **G. Nyerges**: Prevention of transfusion hepatitis. Orv. Hetil. **104**, 786 (1963). — **Cullinan, E.R.**: Infektiöse Hepatitis. Dtsch. med. Wschr. **7**, 237 (1957). — **Curtius, F., F. Grühn** u. **I. Wilckhaus**: Beiträge zur Klinik der Hepatitis. I. Mitteilung (Entstehung, Verlaufsformen, Prognose). Med. Klin. **47**, 336 (1952).

Debray, Ch., J.-Cl. Lods, et **J.A. Paolaggi**: Etude immunologique des maladies du foie. II. Les anticorps antifoie du sérum. Path. et Biol. **11**, 701 (1963). — **Delteskamp, A., A. Schmidt** u. **F.W. Schmidt**: Fermentaktivitätsbestimmungen in der Diagnostik der anikterischen Hepatitis. Dtsch. med. Wschr. **84**, 188 (1959). — **Demling, L.**: Die Therapie der akuten Hepatitis. Med. Klin. **58**, 723 (1963). — **Dennig, H.,** u. **R. Bruckmann**: Virushepatitis und Schwangerschaft. Münch. med. Wschr. **38**, 1817 (1961). — **Dennig, H.**: Welche Rolle spielt die homologe Serumhepatitis heute noch? Medizinische **45**, 2153 (1959). ~ Lehrbuch der inneren Medizin. Stuttgart: Georg Thieme 1954. — **Dible, J.H., J. McMichael,** and **S.P.V. Sherlock**: Pathology of acute hepatitis. Aspiration biopsy studies of epidemic, arsenotherapy and serumjaundice. Lancet **II**, 402 (1943). ~ Chronic retention jaundice in elderly patients. Gastroenterology **9**, 736 (1947). — **Dörfler, R.**: Zur Frage der kindlichen Mißbildungen infolge Erkrankung der Mutter an Hepatitis epidemica während der Schwangerschaft. Münch. med. Wschr. **45**, 1664 (1957). — **Dóbiás, G., E. Szécsey** u. **S. Bozsoky**: Beiträge zum Mechanismus der Latex-Agglutination mit Serum von Hepatitiskranken. Z. Immun.-Forsch. **123**, 231 (1962). — **Dohmen, A.**: Klinische und epidemiologische Beobachtungen bei gehäuftem Auftreten von Hepatitis epidemica. D. Dtsch. Militärarzt **6**, 9, 532 (1944). — **Domenici, N.**: Hepatitis without jaundice and without hepatomegaly. New Engl. J. Med. **240**, 88 (1949). — **Dougherty, W.J.,** and **R. Altman**: Viral hepatitis in New Jersey 1960—1961. Amer. J. Med. **5**, 704 (1962). — **Drake, M.E., Ch. Ward, J. Stokes, W. Henle, G.C. Medairy, F. Mangold,** and **G. Henle**: Studies on the agent of infectious hepatitis. III. The effekt of skin tests for infectious hepatitis on the incidence of the disease in a closed institution. J. exp. Med. **95**, 231 (1952). — **Drake, M.E., A.W. Kitts, M.C. Blanchard, J.G. Farquhar, J. Stokes,** and **W. Henle**: Studies on the agent of infectious hepatitis. II. The disease produced in human volunteers by the agent cultivated in tissue cultur or embryonated hen's eggs. J. exp. Med. **92**, 283 (1950). — **Dubin, I.N., B.J. Sullivan jr., P.C. LeGolvan, and L.C. Murphy**: The cholestatic form of viral hepatitis; experiences with viral hepatitis at Brooke Army Hospital during the years 1951 to 1953. Amer. J. Med. **29**, 55 (1960). — **Dull, H.B., Th. C. Doege, and J.W. Mosley**: An outbreak of infectious hepatitis associated with a school cafeteria. Sth. med. J. (Bgham, Ala.) **56**, 475 (1963).

Eaton, M.D., W.D. Murphy, and V. Hanford: J. exp. Med. **79**, 539 (1944). — **Echte, W.**: Die Störungen der Herzdynamik bei der akuten Hepatitis. Dtsch. Gesundh.-Wes. **17**, 1395 (1962). — **Eisenstein, A.B., R.D. Aach, W. Jacobsohn, and A. Goldman**: An epidemic of infectious hepatitis in a general hospital. Probable transmission by contaminated orange juice. J. Amer. med. Ass. **185**, 171 (1963). — **Erb, W., u. W. Siede**: Die Serum-Transaminasen-Aktivität in Beziehung zum bioptischen und biochemischen Befund bei Leberkrankheiten. Gastroenterologia **17**, 187 (1964). ~ Accelerierte Cirrhoseentwicklung nach Hepatitis. Dtsch. Arch. klin. Med. **210**, 268 (1965). — **Essen, K.W., u. A. Lembke**: Über den Erreger der Hepatitis epidemica. Zbl. Bakt., I. Abt. Orig. **159**, 387 (1953).

Fahrländer, H., u. W. Hess: L'ictère danses pancreatites. Rev. int. Hépat. **5**, 273 (1955). — **Flesch, H.**: Beitrag zum Icterus infectiosus epidemicus im Kindesalter. Jb. Kinderheilk. **60**, 776 (1904). — **Felix, K., u. E. Schütte**: Zur Physiologie des Eiweiß. Verhdl. dtsch. Ges. inn. Med. **55**, 191 (1949). — **Flindt, N.**: Saakaldte katarrhalske Ikterus's Aetiologi og Genese. Bibl. Laeger **7**, 420 (1890). — **Fomin, Dkh.**: Die Erkrankungen des medizinischen Personals an epidemischer Hepatitis. Sovetsk. Med. **26**, 43 (1962). — **Fox, J.P., C. Manso, H.A. Penna, and M. Para**: Amer. J. Hyg. **36**, 68 (1942). — **Frenger, W., F. Scheiffarth u. U. Sperling**: Vorkommen und Bedeutung der direkten Heterohämagglutination bei Virushepatitis. Gastroenterologia **1**, 351 (1963). — **Fresen, O.**: Die Pathomorphologie des retothelialen Systems. Verhdl. dtsch. path. Ges. **26** (1954). — **Frerichs, F.Th.**: Klinik der Leberkrankheiten. 2. Aufl. Braunschweig 1861. — **Fröhlich, C.**: Über Ikterusepidemien. Dtsch. Arch. klin. Med. **24**, 394 (1879).

Gallagher, N.D., and Goulston, S.J.M.: Persistent acute viral hepatitis. Brit. med. J. **1**, 906 (1962). — **Gellis, S.S., J.M. Craig, and D. YY. Hsia**: Prolonged obstructive jaundice in infancy. IV. Neonatal hepatitis. Amer. J. Dis. Child. **88**, 285 (1954). — **Gerner, G.**: Fragekasten: Soll man Hepatitis-Kranke streng isolieren? Münchn. med. Wschr. **104**, 1892 (1962). — **Gibson, C.R.**: Epidemic jaundice among school children. Lancet I, 983 (1914). — **Giles, J.P., S. Krugman, Ph. Ziring, A.M. Jacobs, and C. Lattimer**: Leucine aminopeptidase activity in infectious hepatitis. Amer. J. Dis. Child. **105**, 256 (1963). — **Göcken, M.**: Autoimmunity in liver disease. J. Lab. clin. Med. **59**, 533 (1962). — **Goeters, W.**: Übersichtsreferat Verdauungsorgane. Mschr. Kinderheilk. **72**, 94 (1938). ~ Hepatitis im Kindesalter. Med. Klin. **39**, 340 (1943). — **Goldberg, St. B., St. J. Gulotta, and M. Silverman**: Acute hepatitis and the lupus erythematosus phenomenon. Gastroenterology **45**, 658 (1963). — **Goldberg, D.M., and D.R. Campbell**: Biochemical investigations of outbreak of infectious hepatitis in a closed community. Brit. med. J. **II**, 1435 (1962). — **Graarud, G.**: Epidemischer Ikterus catarrhalis. Jb. Kinderheilk. **26**, 401 (1887). — **Grady, G.F., and Th. C. Chalmers**: Viral hepatitis in the Boston Hospital community. Gastroenterology **4**, 514 (1965). — **Gsell, O.**: Virushepatitis und ärztliche Unfallversicherung (Infektionsklausel). Schweiz. med. Wschr. **92**, 1413 (1962). — **Gueft, B.**: Viral hepatitis under the electron microscope. Arch. Path. **72**, 61 (1961). — **Gülzow, M.**: Pankreatitis als Hepatitisfolgen. Gastroent. Bohema **14**, 93 (1960). ~ Pankreatitis und Lebererkrankungen. Dtsch. Z. Verdau.- u. Stoffwechselkr. **16**, 198 (1956). — **Gutzeit, K.**: Die Hepatitis epidemica. Münchn. med. Wschr. **29/30, 31/32** (1950). ~ Icterus catarrhalis und Hepatitis contagiosa (epidemica). Z. klin. Med. **2**, 422 (1943). ~ Icterus infectiosus. Münchn. med. Wschr. **8**, 161, **9**, 185 (1942). ~ Die Hepatitis epidemica. Münchn. med. Wschr. **92**, 1161 (1950).

Haas, R.: Die Ätiologie der Virushepatitis. München 1965. — **Hahn, H.**: Über den Verlauf der Mannheimer Gelbsuchtsepidemie. Z. klin. Med. **147**, 108 (1950). ~ Zur Vorbeugung von Gelbsuchtsübertragungen. Dtsch. med. Wschr. **76**, 629 (1951). — **Hagenbach, E.**: Eine Epidemie von Icterus catarrhalis in Basel (1874). Korresp.-Bl. schweiz. Ärz. **19**, 545 (1875). — **Hallgren, R.**: Epidemic hepatitis in the County of Västerbotten in Northern Sweden, II. Acta med. scand. **115**, 22 (1943). — **Hampers, C.L., D. Prager, and J.R. Senior**: Post-Transfusion anicteric hepatitis. New Engl. J. Med. **271**, 747 (1964). — **Harmsen, H.**: Fäkale Gemüsekopfdüngung als gesundheitliche Gefahr der Verwurmung als Ausbreitung gefährlicher Darmkrankheitserreger und der Verbreitung des Erregers der Kinderlähmung und epidemischer Hepatitis. Münchn. med. Wschr. **95**, 1301 (1953). — **Harrison, F.F.**: Infectious hepatitis. Arch. intern. Med. **79**, 622 (1947). — **Hartmann, F.**: Einige Grundprobleme der Störung der Leberfunktion bei der Hepatitis und ihren Folgezuständen. Verh. dtsch. Ges. inn. Med. **63**, 213 (1957). — **Havens, W.P. jr.**: Immunity in experimentally induced infectious hepatitis. J. exp. Med. **84**, 403 (1964). ~ Viral hepatitis. Clinical patterns and diagnosis. Amer. J. Med. **32**, 605 (1962). ~ Viral hepatitis. Ann. Rev. Med. **14**, 57 (1963). ~ Period of infectionly of patients with experimentally induced infectious hepatitis. J. exp. Med. **83**, 251 (1964). ~ Hemagglutination in viral hepatitis. New Engl. J. Med. **259**, 1202 (1958). ~ Über die Immunologie und Epidemiologie der Virushepatitis. Klin. Wschr. **31/32**, 825 (1956). — **Havens, W. P.**: The military importance of viral hepatitis. U.S. armed Forces med. J. **3**, 1013 (1952). — **Henle, W., S. Harris, G. Henle, T. N. Harris, M. E. Drake, F. Mangold, and J. Stokes**: Studies of the agent of infectious hepatitis. I. Propagation of the agent in tissue and in the embryonated hen's eggs. J. exp. Med. **92**, 271 (1950). — **Heilmeyer, L.**: Handbuch Inn. Med., Bd. II. Springer 1951. — **Hennig, A.**: Über epidemischen Ikterus. Slg. klin. Vortr., N.F. **8** (1890). — **Hennig, E.**: Beobachtungen über Epidemiologie und klinischen Verlauf bei Hepatitis epidemica. Z. ärztl. Fortbild. **17**, 380 (1942). — **Herlitz, I. F.**: De ictero speciatim epidemico Goettingae, grassante dissertatio Goettingae. Diss. Inaug. 1761. — **Herrmann, Ch.**: Epidemic jaundice in New York. J. Amer. med. Ass. **78/I.**, 299 (1922). — **Hillis, W. D.**: An outbreak of infectious among chimpanzee handlers at a United States Air Force Base. Amer. J. Hyg. **73**, 316 (1961). — **Hoff, F.**: Klinische Physiologie und Pathologie. Stuttgart: Georg Thieme 1957. — **Hofmann, H.**: Zur Epidemiologie der Virushepatitis. Z. ges. inn. Med. **21**, 965 (1952). ~ Virushepatitis-Übertragung im Krankenhaus. Dtsch. Gesundh.-Wes. **29**, 1503 (1960). — **Hoesch, K.**: Zur Klinik der Weilschen Krankheit. Z. klin. Med. **110**, 557 (1929). — **Hofstetter, J. R.**: L'hépatite persistante. Helv. med. Acta **30**, 545 (1963). — **Holm, K.**: Hepatitis epidemica. D. dtsch. Militärarzt **4**, 234 (1941). ~ Die Gelbsucht in den Wilhelmsburger Zinnwerken (eine „Hepatitis epidemica"). Arbeitsmedizin **8**. Leipzig: Johann Ambrosius Barth 1939. — **Hofstetter, J. R.**, et **A. S. v. d. Mühll**: Le test du Lugol. Etude d'un test hépatique simple. Correlations et valour clinique. Praxis **52**, 889 (1963). — **Holle, G.**: Über die elektronenmikroskopischen Befunde an der Leber bei Virushepatitis und zur Frage des hepatozellulären Ikterus. Dtsch. med. Wschr. **48**, 2089 (1960). ~ Pathologische Anatomie der Beziehungen zwischen Leber und Pankreas. Acta hepat. (Hamburg) **6**, 204 (1959). — **Holzmann, M.**: Klinische Elektrokardiographie. Stuttgart: Georg Thieme 1955. — **Hoyt, R. E.**, and **L. M. Morrison**: Reaction of viral hepatitis sera with m. rhesus erythrocytes. Proc. Soc. trop. Med. Hyg. **48**, 261 (1954). — **Huber, F.**: Über Hepatitis epidemica bei Säuglingen. Z. ges. inn. Med. **3**, 70 (1948). — **Hübner, G.**: Elektronenmikroskopische Untersuchungen bei chronischen Lebererkrankungen des Menschen. Verh. dtsch. path. Ges. **46**, 224 (1962).

Iversen, P., u. **K. Roholm**: On aspiration biopsy of the liver, with remarks on its diagnostic significance. Acta med. scand. **102**, 1 (1939). — **Iwamura, K.**: Factors responsible for protacted viral hepatitis. Liver-Symposium in Tokio Juli 1965. Acta hepat. jap. Vol. 7, Suppl., 1966 (im Druck). — **Izard, J.**: Etude en microscopie électronique de l'hépatocyte humain normal et pathologique. Toulouse: R. Lion 1960.

Jacobi, J., u. **E. Mertens**: Hepatitisfragen. Dtsch. med. Wschr. **1323** (1950). ~ Zum Ikterus-Problem. Verh. dtsch. Ges. inn. Med. **55**, 326 (1949). — **Jehn**: Eine Ikterusepidemie in wahrscheinlichem Zusammenhang mit vorausgegangener Revaccination. Dtsch. med. Wschr. **11**, 339 (1885). — **Jezequel, A. M., G. Albot, et Ch. Nezelof**: Les cellules clarifiées dans l'hépatite parenchymateuse. Presse méd. **68**, 567 (1960). — **Jezequel, A. M.**, and **J. W. Steiner**: An elektron microscopic study of tissue culture cells infected with a transmissible agens isolated from hepatitis patients. Canad. publ. Hlth. **55**, 299 (1964). — **Jungel, M. B.**: Hepatitis epidemica (sog. Icterus catarrhalis) im Kindesalter. Beihefte Arch. Kinderheilk., H. 25 (1964).

Kalk, H.: Hepatitis und posthepatitische Leberkrankheiten. Verh. dtsch. Ges. inn. Med. **63**, 177 (1957). ~ Zirrhose und Narbenleber. Stuttgart: Ferdinand Enke 1954. ~ Die chronischen Verlaufsformen der Hepatitis epidemica in Beziehung zu ihren anatomischen Grundlagen. Dtsch. med. Wschr. **72**, 308 (1947). ~ Die Lebensprognose der infektiösen Hepatitiden. 6. Int. Kongr. der Lebensvers.-Med., Scheveningen, Juni 1958. ~ Virushepatitis und ihre Folgezustände. Helv. med. Acta **4**, 382 (1961). — **Kalk, H.**, u. **W. Brühl**: Leitfaden der Laparoskopie und Gastroskopie. Stuttgart: Georg Thieme 1951. — **Kalk, H.**, u. **F. Büchner**: Das bioptische Bild der Hepatitis epidemica (laparoskopische und bioptische Befunde). Klin. Wschr. **25**, 874 (1947). — **Kalk, H.**, u. **E. Wildhirt**: Die Virushepatitis und ihre Folgezustände. Epidemiologie und Klinik. Helv. med. Acta **28**, 382 (1961). — **Kassur, B.**: Persönliche Mitteilung. — **Kathe, J.**: Die Hepatitis epidemica. Veröffentlichungen aus dem Gebiet des Volksgesundheitsdienstes,ʼ Bd. 56, 8, 585 (1943). ~ Hepatitis epidemica in Schlesien. Zbl. Bakt., I. Abt. Orig. Bd. 144, 1/5, 89 (1939). — **Katz, R., M. Velasco, J. Klinger, and H. Alessandri**: Corticosteroids in the treatment of acute hepatitis in coma. Gastroenterology **42**, 258 (1962). — **Kellen, J.**: Autoantikörper bei Hepatitis epidemica. Acta hepato-splenol. (Stuttg.) **11**, 35 (1964). — **Kerckhoff, J. R. L.**: Observations médicales, faites pendant les campagnes de Russie en 1812 et en Allemagne en 1813. Maestrich 1814. — **Kettler, L. H.**: Die Leber. In **Kaufmann**: Lehrbuch der speziellen pathologischen Anatomie, II. Bd., 1087 (1958). — **Kief, H.**, u. **H. G. Kochem**: Histoserologische Befunde bei Virushepatitis und Cirrhose nach Hepatitis. Frankfurt. Z. Path. **73**, 306 (1964). — **Kimball, St., W. H. C. Chapple**, and **S. Sanes**: Jaundice in relation to cirrhosis of the liver. J. Amer. med. Ass. **134**, 662 (1947). — **Kishko, A. M.**, and **J. V. Roshkovictch**: The vitamin E serum content in patients with Botkin's disease. Klin. Med. (Mosk.) **7**, 27 (1963). —

Kissel, A. A.: Über infektiösen Ikterus bei Kindern. Jb. Kinderheilk. 48, 234 (1898). — **Klaus, D.**: Serum-Leucin-Aminopeptidase-Bestimmungen bei Erkrankungen von Leber, Galle und Pankreas. Verh. dtsch. Ges. inn. Med. 67, 350 (1962). — **Klingelhöfer, W.**: Berl. klin. Wschr. I, 76, 703 (1877, 1876). ~ Kurze Bemerkung zur Ätiologie des epidemischen catarrhalischen Ikterus. Berl. klin. Wschr. I, 703 (1877). — **Kluge, T.**: Gamma-Globulin in the prevention of viral hepatitis. A study on the effect of medium-size doses. Acta med. scand. 174, 469 (1963). — **Kolŏs, T.**, u. **J. Kellen**: Immunoelektrophoretische Befunde bei Hepatitis epidemica. Acta hepato-splenol. (Stuttg.) 2, 88 (1965). — **Kosaka, K.**: Klinik der Hepatitis infectiosa und Serumhepatitis [in japanisch]. Nippon-no-Igaku 5, 59 (1959). ~ Nippon-Densenbyogakkai-Zasshi [in japanisch]. The Japanese Journal of Epidemiology 28, 345 (1954). — **Kosaka, K.**, et al.: Kanzo (Leber) [in japanisch] 3, 52 (1961). ~ Occurence and long-term-prognosis of viral hepatitis. Acta hepatologica japonica 3, 65 (1962). — **Kraft, E.**: Über den Wert der Eisenspiegelbestimmung bei der Differentialdiagnose des Ikterus. Z. ärztl. Fortbild. 48, 494 (1954). — **Kramer, A.**: Virushepatitis und hämolytische Anämie. Acta hepato-splenol. (Stuttg.) 2, 89 (1959). ~ Panmyelopathie und Virushepatitis. Acta hepato-splenol. 10, 228 (1963). — **Krarup, N. B.**: Histological examination of the liver glycogen especially in Hepatitis epidemica. Acta path. microbiol. scand. 16, 443 (1939). — **Krugman, S.**: The clinical use of gamma globulin. New Engl. J. Med. 269, 195 (1963). — **Krugman, S., R. Ward, J. P. Giles**, and **A. M. Jacobs**: Infectious hepatitis. J. Amer. med. Ass. 174, 823 (1960). — **Krugman, S., R. Ward**, and **J. P. Giles**: The natural history of infectious hepatitis. J. Amer. med. Ass. 5, 717 (1962). — **Kühn, H. A.**: Die formale Pathogenese der Hepatitis epidemica nach Untersuchungen an Leberpunktaten. Beitr. path. Anat. 109, 589 (1947). — **Kühn, H. A., W. Müller** u. **R. Pfister**: Die primäre biliäre Cirrhose. Dtsch. med. Wschr. 17, 627 (1957). — **Kühnau, J.**: Biochemie des Nahrungseiweißes. Angew. Chem. 61, 357 (1949).

Lainer, F.: Zur Frage der Infektiosität des Ikterus. Wien. klin. Wschr. 53, 601 (1940). — **Langer, J.**: Gehäuftes Auftreten von Icterus catarrhalis bei Kindern. Prag. med. Wschr. I, 319 (1905). — **Larray, D. J.**: Memoires de Chir. mil. Paris 1812—1817. — **Laszlo, B.**: Recherches sur l'état fonctionel des voies biliaires et du pancréas au cours de l'hepatits à virus. Acta gastro.-ent. belg. 18, 97 (1955). — **Laurie, W.**, and **W. Spalding**: Hepatic cirrhosis with splenomegaly in children. Med. J. Aust. I, 178 (1935). — **Leibowitz, S.**: Distaste for smoking: an early symptom in virus hepatitis. Gastroenterology 9, 721 (1949). — **Lepehne, G.**: Akute und subakute Leberatrophie. Dtsch. med. Wschr. 1, 800 (1921). ~ Pathogenese des Ikterus. Ergebn. inn. Med. Kinderheilk. 20, 221 (1921). ~ Über den sog. „Icterus catarrhalis". Klin. Wschr. 1, 1042 (1926). — **Liebhaber, H., S. Krugman, J. P. Giles**, and **D. M. McGregor**: Recovery of cytopathic agents from patients with infectious hepatitis: isolation and propagation in cultures of human diploid lung fibroblasts (Wi-38). Virology 24, 107 (1964). — **Lindner, H.**: Die praktische Bedeutung der Serumtransaminasenbestimmung bei Erkrankungen der Leber und der Gallenwege. Dtsch. med. J. 12, 15 (1961). — **Litwins, J.**, and **S. Leibowitz**: Abnormal lymphocytes ("virocytes") in Virus diseases other than infectious mononucleosis. Acta haemat. (Basel) 4, 223 (1951). — **LoGrippo, G. A.**, et al.: Progress report on attempt to establish laboratory test object for growth and detection of the hepatitis virus. The Henry Ford Hospital, Department of laboratories, April 1—Dez. 31, 1958. — **Löffler, W.**: Über die Häufung von „Icterus simplex" bei Diabetes. Schweiz. med. Wschr. 73, 195 (1943). — **Lorenz, E.**, u. **K. Quaiser**: Panmyelopathie nach Hepatitis epidemica. Wien. med. Wschr. 1, 19 (1955). — **Lucké, B.**, and **T. Mallory**: The fulminant form of epidemic hepatitis. Amer. J. Path. 22, 867 (1946). ~ Pathology of fatal epidemic hepatitis. Amer. J. Path. 20, 471 (1944). — **Lürmann**: Eine Ikterusepidemie. Berl. klin. Wschr. 22, 20 (1885). — **Lustman, F.**, and **G. Buyse**: Polyradiculonévrite aigue avec diplégie faciale après une hépatite aigue. Acta gastro-ent. belg. 26, 387 (1963).

Mackay, I. R.: Primary biliary cirrhosis. A case with systematic lesions and circulating anti-tissue antibody. Lancet 1960 II, 521. — **Madsen, Th.**: Einfluß der Jahreszeiten auf den Verlauf einiger Infektionskrankheiten auf Grundlage von dänischem Material. Verh. dtsch. Ges. inn. Med. 47, 557 (1935). — **Maeno, K.**, et al.: Infectious hepatitis. J. Jap. Soc. intern. Med. 40, 405 (1951). — **Mallory, T. B.**: Pathology of epidemic hepatitis. J. Amer. med. Ass. 134, 655 (1947). ~ Cirrhosis of the liver. Five different types of lesions from which it may arise. Bull. Johns Hopk. Hosp. 22, 1 (1911). ~ Cirrhosis of the liver. New Engl. J. Med. 206, 1231 (1932). — **Mancke, R., W. Siede** u. **W. Gärtner**: Beobachtung einer Gelbsuchtepidemie im sächsischen Erzgebirge. Dtsch. Z. Verdau.- u. Stoffwechselkr. 3, 190 (1946). — **Markoff, N. G.**: Hepatitis epidemica. Schweiz. med. Wschr. 12, 349 (1943). — **Martini, G. A.**: Verh. dtsch. Ges. Verdau.- u. Stoffwechselkr. 198 (1950). ~ Hepatitis und Schwangerschaft. Schweiz. Z. allg. Path. 16, 475 (1953). — **Mason, J. O.**, and **W. R. McLean**: Infectious hepatitis traced to the consumption of raw oysters. An epidemiologic study. Amer. J. Hyg. 75, 90 (1962). — **Maynard, J. E.**: Infectious hepatitis at Fort Yukon. Alaska-Report of an outbreak 1960—1961. Amer. J. publ. Hlth. 53, 31 (1963). — **McCollum, R. W.**: Epidemiologic Patterns of Viral Hepatitis.

Amer. J. Med. **5**, 657 (1962). — **McDonald, R.A.**, and **G.K. Mallory**: The natural history of postnecrotic cirrhosis. Amer. J. Med. **24**, 334 (1958). — **McFarlan, A.M.**: In: Infective hepatitis. Medical Research council 273, his majesty's stationary office. London 1951. — **McGraw, J.**, **M.M. Strumia**, and **E. Burns**: The incidence of posttransfusion serum hepatitis. Amer. J. clin. Path. **19**, 1004 (1949). — **McLean, I.W., Jr.**: Etiologic studies of infectious and serum hepatitis. Perspectives in virology, III, Chapter **12**, 184 (1963). ~ Clinical significance of recent investigations of hepatitis viruses. Postgrad. Med. **5**, 481 (1964). — **McPhee, J.W.**: Primary biliary cirrhosis. Lancet **271**, 109 (1956). — **Medrea, B.**, **M. Popa**, und **F. Pankiewicz**: Morbus Baumgarten als Folge einer Virushepatitis. Dtsch. Z. Verdau.- u. Stoffwechselkr. **18**, 122 (1958). — **Mendeloff, A.I.**: Viral hepatitis in 1963. Symp. Med. Clin. N. Amer. **47**, 787 (1963). — **Meinert, E.**: Ikterus-Epidemie. Iber. Ges. Natur- u. Heilk. Dresden 129 (1890). — **Meythaler, F.**: Zur Pathophysiologie des Ikterus. Klin. Wschr. **21**, 701 (1942). — **Miller, R.**: Aufzeichnungen über eine Hepatitisepidemie. Münch. med. Wschr. **104**, 1760 (1962). — **Mirick, G.S.**, **R. Ward**, and **R.W. McCollum**: Modification of post-transfusion hepatitis by gamma globulin. New Engl. J. Med. **273**, 59 (1965). — **Monteil, R.**, **J. Vigue**, **P. Bourdet**, **C. Raby**, et **M. Cantegrit**: Purpura thrombocytopénique au décours d'une hépatite virale. Hémostase **1**, 267 (1961). — **Morrison, L.M.**, **R.E. Hoyt**, **M. Rosenthal**, **M.G. Levine**, and **R. Holeman**: Anicteric hepatitis. Studies for four epidemics. Arch. environm. Hlth. **4**, 538 (1962). — **Mosley, J.W.**, **W.D. Schrack, Th.W. Densham**, and **L.D. Matter**: Infectious hepatitis in Clearfield County, Pennsylvania. A probable water-born epidemic. Amer. J. Med. **4**, 555 (1959). — **Mühler, E.**, u. **H. Gros**: Neurologische Komplikationen bei der Virushepatitis. Dtsch. med. Wschr. **19**, 931 (1964). — **Müller, Th.**: Hepatitis epidemica mit hoher Letalität im Kanton Basel-Stadt im Jahre 1946. Schweiz. med. Wschr. **30**, 796 (1947). — **Murakami, M.**, et al.: Febrile icterus. Okayama-igakkai-Zasshi (J. Okayama med. Ass.) **48**, 833 (1938). — **Murray, R.**, **C.L. Diefenbach**, **F. Ratner**, **C. Leone**, and **J.W. Oliphant**: Carriers of hepatitis virus in blood and viral hepatitis in whole blood recipients; confirmation of carrier state by transmission experiments. J. Amer. med. Ass. **154**, 1072 (1954). — **Murphy, W.J.**, **L.M. Petrie**, and **S.D. Work, jr.**: Outbreak of infectious hepatitis, apparently milkborne. Amer. J. publ. Hlth. **36**, 169 (1946).

Neefe, J.R.: Viral hepatitis: problems and progress. Ann. intern. Med. **31**, 857 (1949). ~ Viral hepatitis: problems and progress to 1954. Amer. J. Med. **16**, 710 (1954). ~ Recent advances in the knowledge of virus hepatitis. Med. Clin. N. Amer. **30**, 1407 (1946). ~ Carriers of hepatitis virus in the blood and viral hepatitis in whole blood recificients. I. Studies on donors suspected as carriers of hepatitis virus and as sources of post-transfusion viral hepatitis. J. Amer. med. Ass. **154**, 1066 (1954). — **Neefe, J.R.**, **J.B. Baty**, **J.G. Reinhold**, and **J. Stokes**: Inactivation of virus of infectious hepatitis in drinking water. Amer. J. publ. Hlth. **37**, 365 (1947). — **Nicolaysen, L.**: Beobachtungen über epidemischen katarrhalischen Ikterus. Dtsch. med. Wschr. **I**, 878 (1904). — **Nikolau, Sr.S.**: Hepatite infectivase inframicrobiene. Bukarest, 1957. Akademie der Wissenschaften der V.R. Rumänien. — **Nikolau, S.**, u. **H. Ruge**: Arch. ges. Virusforsch. **3**, 260 (1947). — **Norris, R.F.**, **H.Ph. Potter**, and **J.G. Reinhold**: Present status of hepatic function tests in the detection of carriers of viral hepatitis. Transfusion (Philad.) **3**, 202 (1963).

Országh, J., u. **S. Káš**: Meningoencephalitiden und Myelitiden bei infektiöser Hepatitis. Psychiat. Neurol. med. Psychol. (Lpz.) **14**, 433 (1962). — **Overkamp, H.**: Über den Eisenstoffwechsel bei Virushepatitis. Münch. med. Wschr. **27**, 1325 (1960).

Paul, J.R., and **H.T. Gardner**: Viral hepatitis. In: Preventive medicine in world war II, vol. **5**, p. 411, Department of the army. Washington 1960. — **Peczenik, A.**, **D.W. Duttweiler**, and **R.H. Moser**: An apparently water-born outbreak of infectious hepatitis. Amer. J. publ. Hlth. **8**, 1008 (1956). — **Pirart, J.**, **P. Gallus**, and **M. Goldstein**: Cirrhose bronzée secondaire à une hepatite aigue. Acta gastro-ent. belg. **24**, 131 (1961). — **Popper, H.**, and **F. Schaffner**: Liver. Structure and function. New York-Toronto-London: McGraw Hill Book Company Inc. 1957. ~ Die Leber. Struktur und Funktion. Stuttgart: Georg Thieme 1961. — **Popper, H.**, and **F.G. Zak**: Pathologic aspects of cirrhosis. Amer. J. Med. **24**, 593 (1958). — **Preisig, R.**, **R. Williams**, **J. Sweeting**, and **St. E. Bradley**: Quantitative approach to the study of liver function in normal man during the course of hepatitis and in other forms of liver disease. Gastroenterology **4**, 479 (1963).

Rating, B., u. **H. Voegt**: Gastroskopisch beobachtete Magenschleimhautveränderungen bei Hepatitis contagiosa. Dtsch. Z. Verdau.- u. Stoffwechselkr. **2/3**, 49 (1951). — **Read, M.R.**, **H. Bancroft**, **J.A. Doull**, and **R.F. Parker**: Infectious hepatitis-presumedly food-borne outbreak. Amer. J. publ. Hlth. **36**, 367 (1946). — **Read, A.E.**, **C.V. Harrison**, and **S. Sherlock**: Amer. J. Med. **31**, 249 (1961). — **Redeker, A.G.**, and **A. Kahn**: Viral hepatitis. A study of hyperbilirubinemia with acholaria in convalescence. Calif. Med. **97**, 341 (1962). — **Reinfried, H.**, u. **K.H. Straube**: Beitrag zum Problem der hämatogenen infektiösen Hepatitis. Dtsch. Gesundh.-Wes. **6**, 628 (1951). — **Reisler, D.M.**, **W.B. Strong**, and **J.W. Mosley**: Serum glutamic pyruvic transaminase levels following epidemic infectious hepatitis. Gastroenterology **4**, 516

(1965). — **Renger, H., u. K. Steinborn**: Untersuchungen über die Epidemiologie der Hepatitis in einem Landkreis und die Möglichkeiten der Hepatitisprophylaxe. Dtsch. Gesundh.-Wes. **2**, 55 (1964). — **Reploh, H., u. K. A. Primavesi**: Neue Beobachtungen über die Epidemiologie der Hepatitis epidemica und den Virusnachweis. Dtsch. med. Wschr. **85**, 801 (1960). — **Reuben, H. A., and B. Combes**: Viralhepatitis in pregnancy. Gastroenterology **4**, 508 (1965). — **Reynolds, T. B., H. A. Edmondson, R. L. Peters, and A. Redeker**: Lupoid Hepatitis. Ann. intern. Med. **61**, 650 (1964). — **Richterich, R.**: Enzymdiagnostik der Leberkrankheiten. Schweiz. med. Wschr. **38**, 1363 (1963). — **Ricketts, W. E.**: Cholangiolitic biliary cirrhosis with short fatal course. Gastroenterology **22**, 628 (1952). — **Rightsel, W. A., R. A. Keltsch, A. R. Taylor, J. D. Boggs, and I. W. McLean, Jr.**: Status report on tissue culture cultivated hepatitis virus. J. Amer. med. Ass. **177**, 671 (1961). — **Ritzerfeld, W., u. B. Brinkmann**: Über eine Hepatitis-Epidemie in einer abgeschlossenen Landpraxis. Med Welt (Berl.) **43**, 2209 (1961). — **Robinson, H. L.**: Some observations made during an outbreak of epidemic jaundice. China Med. J. **43**, 118. Shantung 1929. — **Roemer, G. B.**: Zur Frage der Inkubationszeit bei der Begutachtung von Berufserkrankungen an Hepatitis. Dtsch. med. Wschr. **88**, 2081 (1963). ~ Verbreitung und Verhütung der Serumhepatitis. Dtsch. med. Wschr. **41**, 1941 (1961). — **Roos, B.**: Hepatitis epidemic conveyed by oysters. Svensk Lakartidn **53**, 989 (1956). — **Rotthauwe, H. W., u. S. Kowalewski**: Serumenzyme und Gerinnungsfaktoren bei akuter Hepatitis im Kindesalter. Mschr. Kinderheilk. **110**, 41 (1962). — **Rubin, B. A., H. A. Kemp, and H. D. Bennett**: Mechanism of agglutination of Macaca rhesus erythrocytes by human hepatitis serum. Science **126**, 1117 (1957). — **Ruge, H.**: Zehn Jahre Gelbsucht in der Marine (1919—1929). Ergebn. inn. Med. u. Kinderheilk. **41**, 1 (1931). ~ Die sog. katarrhalische Gelbsucht. Med. Welt (Berl.) **6**, 77 (1932).

Sambe, K.: The interrelation between serum hepatitis and drug-induced liver injury. J. Jap. Soc. intern. Med. **54**, 1022 (1965). — **Scott, R. B., W. Wilkins, and A. Kessler**: Viral hepatitis in early infancy. Pediatrics **13**, 447 (1954). — **Selander, P.**: Epidemischer und sporadischer Ikterus. Eine statistisch-epidemiologische und klinische Untersuchung. Acta Paediat. XXIII, Suppl. IV, 1939. — **Siede, W.**: Die iatrogene Gelbsucht. Internist (Berl.) **8**, 446 (1962). ~ Die Differentialdiagnose des Ikterus catarrhalis und der Hepatitis epidemica. Münch. med. Wschr. **44**, 923 (1942). ~ Hepatitis epidemica. (Monographie). Leipzig: Johann Ambrosius Barth 1951. ~ Das klinische Bild der Inoculationshepatitis. Dtsch. Z. Verdau.- u. Stoffwechselkr. **12**, 4/5 (1952). ~ Die nichthämolytische Hyperbilirubinämie ohne direkte van den Bergh-Reaktion. Dtsch. med. Wschr. **82**, 504 (1957). ~ Virushepatitis und Folgezustände. Leipzig: Johann Ambrosius Barth 1958. ~ Zur Ätiologie der Hepatitis epidemica. Ärztl. Forsch. **3**, 232 (1949). ~ Zum Blutbild der Viruskrankheiten. Dtsch. Arch. klin. Med. **195**, 272 (1949). ~ Der derzeitige Stand der Frage der Ätiologie der Hepatitis epidemica. Dtsch. Z. Verdau.- u. Stoffwechselkr. **9**, 179 (1949). ~ Die Mononukleose bei Viruskrankheiten. Klin. Wschr. **39/40**, 649 (1949). ~ Zum Blutbild der Viruskrankheiten. Verh. dtsch. Ges. inn. Med. **54**, 273 (1948). ~ Die cholangiolitische Form der Hepatitis. Verh. dtsch. Ges. inn. Med. **63**, 287 (1957). — **Siede, W., u. A. Klamp**: Die Behandlung der akuten Virushepatitis. Therapeut. Umschau **6**, 280 (1963). ~ Spätfolgen der Virushepatitis. Ergebn. inn. Med. Kinderheilk., Bd. 18. Springer 1962. — **Siede, W., u. K. Luz**: Das Blutbild der Hepatitis epidemica. Dtsch. Z. Verdau.- u. Stoffwechselkr. **7**, H. 2 (1942). ~ Zur Ätiologie der Hepatitis epidemica. Klin. Wschr. **4**, 70 (1943). — **Siede, W., u. R. Mancke**: Die Differentialdiagnose des Icterus catarrhalis und der Hepatitis epidemica. Münch. med. Wschr. **45**, 947 (1942). — **Siede, W., u. B. Meding**: Zur Ätiologie der Hepatitis epidemica. Klin. Wschr. **II**, 1065 (1941). — **Siede, W., u. H. Schneider**: Klinische Ergebnisse der Leberfunktionsprüfung durch Belastung mit Prontosil. Klin. Wschr. **1/2**, 18 (1954). ~ Die Farbstoffausscheidungstests bei Leberkrankheiten unter besonderer Berücksichtigung von Tetrabromphenolphthalein und rotem Prontosil. Ärztl. Lab. **2**, 267 (1956). ~ Virushepatitis und posthepatitische Leberkrankheiten. Med. Klin. **52**, 940 u. 947 (1957). ~ Leitfaden und Atlas der Laparoskopie. München: Lehmann 1960. — **Siede, W., H. Schneider u. G. Vetter**: Zur Frage der nichthämolytischen Hyperbilirubinämie ohne direkte van den Bergh-Reaktion. Dtsch. Arch. klin. Med. **203**, 270 (1956). — **Siegmund, H.**: Veränderungen der Leber beim Ikterus epidemicus. Virchows Arch. path. Anat. **311**, 180 (1944). ~ Zur pathologischen Anatomie der Hepatitis epidemica. Münch. med. Wschr. **89**, 463 (1942). ~ Die pathologische Anatomie der Hepatitis epidemica. Klin. Wschr. **25**, 833 (1947). — **Shaldon, S., and Sh. Sherlock**: Virushepatitis with features of prolonged bile retention. Brit. med. J. **II**, 734 (1957). — **Sherlock, Sh.**: Krankheiten der Leber und der Gallenwege. München: Lehmann 1965. ~ Diseases of the liver and biliary system. 3rd Edition Blackwell scientific publications, Oxford 1955. — **Sherman, I. L., and H. F. Eichenwald**: Viral hepatitis. Descriptive epidemiology bases on morbidity and mortality statistics. Ann. intern. Med. **6**, 1049 (1956). — **Sitzmann, F. C., u. H. Schricker**: Beobachtungen zur Epidemiologie und Klinik einer Hepatitisepidemie. Z. Kinderheilk. **90**, 58 (1964). — **Shimizu, Y., and O. Kitamoto** (Tokyo): The incidence of viral hepatitis after blood transfusions. Gastroenterology **6**, 740 (1963). — **Smetana, H. F.**: The histologic diagnosis of viral hepatitis by needle biopsy. Gastroenterology **4**, 612 (1954). ~ Amer. J. clin.

Path. 24, 395 (1954). — **Spurling, N., J. Shone**, and **J. Vaughan**: The incidence, incubation-period and symptomatology of homologous serum jaundice. Brit. Med. J. **409**, 4472 (1946). — **Sotgiu, G., G. Labò**, et **P. Vannini**: Aspects de la composition biochemique de la bile au cours des hépatites aigues ictérigenes. Rev. int. Hépat. **12**, 575 (1962). — **Szécsey, G., G. Dóbiás**, and **M. Porgányi**: Untersuchungen über die Antihumanglobulinkonsumption bei Lebererkrankungen. Z. Immun. Forsch. **125**, 81 (1963).

Schabinski, G., u. **S. Müller**: Das Verhalten des Properdins und des Komplementes bei Hepatitis. Acta hepato-splenol. (Stuttg.) **9**, 386 (1962). — **Schaffner, F.**: Iatrogenic jaundice. J. Amer. med. Ass. **174**, 1690 (1960). — **Scheiffarth, F.**: Immunpathologische Phänomene bei Lebererkrankungen. Verh. dtsch. Ges. inn. Med. **68**, 405 (1962). — **Scheiffarth, F., K.D. Tympner** u. **W. Frenger**: Das Serumproperdin im Ablauf von Viruserkrankungen. Gemessen am Beispiel der Hepatitis. Klin. Wschr. **42**, 379 (1964). — **Schenetten, F.**: Klinisch-elektrokardiographische Beobachtungen von Herz- und Kreislaufstörungen bei Hepatitis epidemica. Z. ges. inn. Med. **5**, 56 (1950). — **Schenker, S., J.P. Nason**, and **J.T. Lasersohn**: L.E. cell-phenomenon in acute hepatitis. Arch. intern. Med. **109**, 447 (1962). — **Schirmeister, J.**, u. **W. Creutzfeldt**: Histologisch gesicherte floride Hepatitis 6 Wochen vor Ikterusbeginn. Ärztl. Wschr. **14**, 161 (1959). — **Schmengler, F.E.**: Autoantikörper in der Genese der Lebererkrankungen. Regensburg. Jb. ärztl. Fortbild. **8**, 405 (1960). — **Schmidt, E.**, u. **F.W. Schmidt**: Zur Pathophysiologie von enzymatischen Veränderungen bei Lebererkrankungen. In: Fortschritte der Gastroenterologie. München-Berlin: Urban & Schwarzenberg 1960. — **Schmitt, W.**: Die Hämodynamik und der Leberblutdurchfluß bei akuter und chronischer Hepatitis sowie bei Fettleber- und Gallenwegserkrankungen. Z. klin. Med. **158**, 85 (1964). — **Schoen, R.**: Klinische Beobachtungen über Nachwirkungen der Hepatitis epidemica. Dtsch. med. Wschr. **72**, 457 (1947). — **Schön, H., B. Englisch** u. **H. Wüst**: Serumfermentuntersuchungen bei einer Hepatitis-epidemie. Dtsch. med. Wschr. **85**, 265 (1960). — **Schön, H.**, u. **H. Wüst**: Untersuchungen über eine Hepatitisepidemie. Dtsch. med. Wschr. **7**, 281 (1961). — **Schreier, K.**: Handbuch der Kinderheilkunde (Band Infektionskrankheiten, Virushepatitiden, S. 158). Springer 1963. — **Schreier, K.**, u. **I. Khodabakhsh**: Hepatitis epidemica im Kindesalter. Dtsch. med. Wschr. **20**, 1037 (1963). — **Schreier, K.**, u. **H.G. Sattelberg**: Untersuchungen über den Aminosäurenstoffwechsel bei Erkrankungen der Leber. Dtsch. med. Wschr. **19**, 416 (1951). — **Schou**, (zit. nach v. Bormann): Hepatitis epidemica. Ergebn. inn. Med. Kinderheilk., Bd. 58. — **Schuster, C.D.**: Zur Prognose der Hepatitis. Ärztl. Wschr. **9**, 998 (1954).

Staub, H.: Klinische Demonstrationen (Steatorrhoe, Hepatitis epidemica maligna). Helv. med. Acta 4/5, 334 (1947). ~ Häufung von Fällen akuter Leberatrophie in Basel. Schweiz. med. Wschr. **76**, 632 (1946). ~ L'état du foie dans les pancréatites chroniques. Rev. int. Hépat. **5**, 745 (1955). — **Steiner, P.E.**: The etiology of human liver cancer in Africa and the United States of America. Studies Coll. physicians Philadelphia **28**, 61 (1960). — **Steiner, G.**, u. **G. Heuchel**: Ungewöhnliche extrahepatische Manifestationen der Hepatitis epidemica. Z. ges. inn. Med. **2**, 94 (1956). — **Stokes, J.**: The control of viral hepatitis. Amer. J. Med. **5**, 729 (1962). — **Stokes, J., jr.**: Epidemiology of viral hepatitis A. Amer. J. publ. Hlth. **43**, 1097 (1953). — **Stokes, J., jr.**, and **J.R. Neefe**: The prevention and attenuation of infectious hepatitis by gamma globulin. J. Amer. med. Ass. **127**, 144 (1945). — **Stockinger, W.**: Cholezystopathien nach Hepatitis epidemica. Dtsch. med. Wschr. **72**, 476 (1947). — **Straube, K.H.**: Über die Hepatitis epidemica und die hämatogene infektiöse Hepatitis (Serum-Hepatitis). Dtsch. Gesundh.-Wes. **6**, 209 u. 239 (1951). — **Strömbeck, J.P.**: Finnes risk för inoculations hepatit vid kirurgisk behandlung? Nord. Med. **43**, 519 (1950). — **Stuhlfauth, K.**: Die epidemische Gelbsucht. Gehäuftes Auftreten unter Soldaten und Zivilbevölkerung in Norwegen. D. Dtsch. Militärarzt **6**, 591 (1941). — **Sturm, A.** (zit. nach Kalk): Die Lebensprognose der infektiösen Hepatitiden. (Persönliche Mitteilung des Verfassers).

Taylor, A.R., W.A. Rightsel, J.D. Boggs, and **I.W. McLean, Jr.**: Tissue culture of hepatitis virus. Amer. J. Med. Vol. XXXII 5, 679 (1962). — **Teichmann, W.**: Über die Ergebnisse der Antistreptolysinreaktion bei Hepatitis epidemica. Ärztl. Lab. 9/10, 353 (1956). — **Texter, E.C., M. Vidivli**, and **C.W. Borden**: Serum jaundice. Observations on 60 patients seen at VA Research Hospital, 1954—1960. Gastroenterology 4, 487 (1963). — **Thaler, H.**: Zur Histologie der Virushepatitis. Schweiz. Z. allg. Path. **16**, 124 (1953). ~ Über cholestatische und cholangiolitische Varianten der Virushepatitis. Wien. klin. Wschr. **74**, 326 (1962). — **Thode, W.** (zit nach v. Bormann): Hepatitis epidemica. Ergebn. inn. Med. Kinderheilk., Bd. 58. — **Tilgren, J.**: Über die Prognose der akuten Hepatitis. Verh. Kongr. inn. Med. **40**, 391 (1928). — **Tilley, J.H.M.**: Infective hepatitis in a mixed school, with high attack rate in females. Brit. med. J. **5209**, 1354 (1960). — **Tucker, C.B., W.H. Owen**, and **R.P. Farrell**: An outbreak of infectious hepatitis apparently transmitted through water. Sth. med. J. (Bgham, Ala.) **47**, 732 (1954). — **Turner, R.H., J.R. Snavely, E.B. Grossman, R.N. Buchanan**, and **St. O. Foster**: Some clinical studies of acute hepatitis occuring in soldiers after inoculation with yellow fever vaccine; with especial consideration of severe attacks. Ann. intern. Med. **20**, 193 (1944).

Ueda, H.: Kanzobyogaku, Bd. I [in japanisch]. Tokyo: Nankodo 1962.

Vest, M. F.: Zum Verhalten von freiem Bilirubin, Bilirubinmonoglukuronid und -diglukuronid sowie der freien Fettsäuren bei Hepatitis epidemica. Schweiz. med. Wschr. **92**, 940 (1962). **Vest, M. F.**, and **E. Fritz**: Studies on the disturbance of glucuronide formation in infectious hepatitis. J. clin. Path. **14**, 482 (1961). — **Viswanathan, R.**: Infectious hepatitis in Delhi (1955 to 1956): Epidemiology. Indian J. med. Res. **45**, 1 (1957). — **Voegt, H.**: Histologische Befunde bei Hepatitis contagiosa. Kongreßverh., Dtsch. Ges. f. Pathol. Bd. 53 (1944). ~ Pathologische Anatomie der Hepatitis contagiosa. Klin. Wschr. **16/17**, 318 (1943). ~ Zur Ätiologie der Hepatitis epidemica. Münch. med. Wschr. **84**, 76 (1942). — **Voit, K.**: Zur Frage des Übergangs der chronischen Hepatitis epidemica in einen hämolytischen Ikterus. Klin. Wschr. **26**, 176 (1948). — **Vorlaender, K. O.**, u. **W. K. Lelbach**: Die Bedeutung der Autoimmunität bei Leberkrankheiten, insbesondere für die chronische Hepatitis. Lebersymposium Vulpera 1965.

Wadsworth, A., H. V. Langworthy, E. S. Stewart, A. C. Moore, and **M. B. Coleman**: Infectious jaundice occuring in New York State 1921. J. Amer. med. Ass. **78**, 1120 (1922). — **Waldmann, K.**, u. **J. A. Findor**: Über die Gastritis bei chronischen Leberkrankheiten. Med. Klin. **55**, 27, 1190 (1960). — **Wahi** u. **Arora** (zit. nach Kalk): Die Lebensprognose der infektiösen Hepatitiden. 6. Int. Kongr. d. Lebensvers.-Med., Scheveningen, Juni 1958. — **Wallace, E. G.**: Med. J. Aust. **1958**, 102. — **Wallgren, A.**: Erfahrungen über epidemischen Icterus (sog. Icterus catarrhalis). Acta Paediatr., Suppl. II, 1930. ~ Über Hepatitis epidemica. Med. Welt **6**, 3 (1932). ~ An epidemie of catarrhalis jaundice (epidemic hepatitis). Acta med. scand., Suppl., **26**, 118 (1928). — **Ward, R., S. Krugman, J. P. Giles, A. M. Jacobs**, and **O. Bodansky**: Infectious hepatitis. Studies of its natural history and prevention. New Engl. J. Med. **258**, 407 (1958). — **Watson, C. J.**, and **F. W. Hoffbauer**: The problem of prolonged hepatitis with particular reference to the cholangiolitic type and the development of cholangiolic cirrhosis of the liver. Ann. intern. Med. **25**, 195 (1946). ~ Liver function in hepatitis. Ann. intern. Med. **26**, 813 (1947). — **Weinbren, K.**: The pathology of hepatitis. J. Path. Bact. **64**, 395 (1952). ~ The pathology. The effekt of bile duct obstruction on regeneration of the rat's liver. Brit. J. exp. Path. **34**, 280 (1953). — **Weissenberg, S.**: Eine Ikterusepidemie. Dtsch. med. Wschr. **II**, 1456 (1912). — **Wepler, W.**: Zur Genese der Leberzirrhose. Zbl. allg. Path., path. Anat. **95**, 279 (1956). ~ Über posthepatitische Befunde am Leberpunktat. Verh. dtsch. Ges. inn. Med. **63**, 282 (1957). — **Werthemann, A.**, u. **G. Bodoky**: Die pathologische Anatomie der gehäuften Leberdystrophiefälle von Basel aus dem Jahre 1946. Schweiz. Z. allg. Path., Suppl. 10, S. 176 (1947). — **Werthemann, A.**: Über die pathologische Anatomie der epidemischen und sporadischen Leberdystrophie. Bull. schweiz. Akad. med. Wiss. **4**, 43 (1948). — **Wewalka, F.**: Leberzirrhose und Serumproteine. Wien. Z. inn. Med. **42**, 85 (1961). ~ Beitrag zur Hepatitis in der Schwangerschaft. Verh. dtsch. Ges. inn. Med. **63**, 392 (1957). — **Wiedermann, G., M. Doerner** u. **P. A. Miescher**: Autoimmunitäre Vorgänge gegen Lebergewebe. Schweiz. med. Wschr. **94**, 257 (1964). — **Wildhirt, E.**: Fortschr. Gastroenterol. München 1961. ~ Die Behandlung der akuten Virushepatitis mit orotsaurem Cholin. Ther. Umsch. **19**, 387 (1962). — **Williams, H.**: Epidemic jaundice in New York State 1921—1922. J. Amer. med. Ass. **80**, 532 (1923). — **Willet, J. C., E. Sigoloff**, and **C. L. Pfau**: An institutionel outbreak of epidemic jaundice. J. Amer. med. Ass. **106**, 1644 (1936). — **Wolff, G.**: Gelbsucht-Epidemien in Kriegszeiten. Med. Mschr. **9** (1958). — **Wolff, R.**, u. **G. Heupke**: Hyperkortizismus in der Reparationsphase der Hepatitis. Münch. med. Wschr. **104**, 940 (1962). — **Wolff, H. P.**, u. **K. R. Koczorek**: Aldosteron und der Elektrolythaushalt bei Leberkranken. Gastroenterologia **90**, 216 (1958). — **Wollheim, E.**: Kreislauf und Wasserhaushalt bei Hepatitis. Dtsch. med. Wschr. **76**, 789 (1951). ~ Leber, Wasserhaushalt und Kreislauf. Dtsch. Z. Verdau.- u. Stoffwechselkr. **12**, 129 (1952). — **Wood, D.**: Pathologic aspects of acute epidemic hepatitis with especial reference to early states. Arch. Path. **41**, 345 (1946). — **Woodward, E.**: The medical and surgery history of the war of the rebellion. Part I, p. 151. Washington 1880. — **World Health Organization**: Expert Committee on Hepatitis. Nr. 285, Geneva 1964. ~ Expert Committee on hepatitis. First report, Nr. 62. Geneva 1953. — **Wroblewski, F.**: The clinical significance of alterations in serum transaminases in hepatitis. In: Hepatitis frontiers. Boston-Toronto: Little Brown & Cie. 1957.

Yamamoto, H.: Hepatitis infectiosa. Osaka: Nagai-shoten 1960. — **Yenikomshian, H. A.**, and **W. E. Dennis**: An outbreak of epidemic jaundice at Hamet (Lebanese Republ.). Trans. roy. Soc. trop. Med. Hyg. **32**, 189 (1939).

Zillig, G.: Neurologische und psychopathologische Befunde bei Lebererkrankungen. Arch. Psychiat. Nervenkr. **181**, 21 (1948).

Mononucleosis infectiosa (Pfeiffer'sches Drüsenfieber)

Von H. K. v. Rechenberg, Baden (Schweiz)

Mit 6 Abbildungen

I. Definition und Bezeichnung

Die Mononucleosis infectiosa ist eine nur beim Menschen bekannte, wahrscheinlich infektbedingte Krankheit bisher fraglicher Ätiologie mit starker lymphoreticulärer Reaktion. Sie ist eine Systemkrankheit des reticuloendothelialen Systems und wird zu den benignen Reticulopathien gerechnet. Die Diagnose stützt sich auf die Trias: febrile generalisierte Drüsenschwellungen, typisches mononucleäres Differentialblutbild und Nachweis heterophiler Antikörper im Serum (s. u.). Das alte Drüsenfieber Pfeiffers, die Lymphoidzellangina (Schultz) und die Monocytenangina gehören zur Krankheitseinheit der infektiösen Mononucleose.

Der Krankheit wurden infolge der anfänglich sehr verschiedenartigen Auffassungen einzelner Autoren, die einige nosologische Teilerscheinungen als Krankheitseinheiten deklarierten, *verschiedene Namen* gegeben. Wir nennen einige: Mononucleosis infectiosa, Pfeiffer'sches Drüsenfieber, Monocytenangina (Baader), Adenolymphadenitis acuta benigna (Chevallier), idiopathisches Drüsenfieber (Lehndorff und Schwarz), lymphaemoides Drüsenfieber (Glanzmann), Drüsenfieber (Pfeiffer). In den letzten Jahren hat sich nun auch im deutschsprechenden Gebiet die schon seit Jahrzehnten in der angelsächsischen und romanischen Literatur verwendete Bezeichnung Mononucleosis infectiosa durchgesetzt. Der Streit um die Einheit der unter den verschiedenen Namen beschriebenen Krankheiten gehört der Vergangenheit an.

Die fremdsprachigen Bezeichnungen entsprechen weitgehend der hier gebrauchten: englisch: infectious mononucleosis; französisch: mononucléose infectiouse; italienisch: mononucleosi infettiva (febbre ghiandolare di *Pfeiffer*); spanisch: mononucleosis infecciosa (fiebro ganglionar de *Pfeiffer*).

II. Geschichte

Die Mononucleosis infectiosa wurde wie andere Infektionskrankheiten nicht sofort als Krankheit sui generis erkannt. Sie kristallisierte sich durch Beiträge vieler Kliniker und Forscher nur langsam zur heutigen Krankheitseinheit heraus. Seit der Erstbeschreibung sind etwa 80 Jahre vergangen.

1885 schrieb Filatow über cervicale Lymphknotenschwellungen als idiopathische Adenitis ohne eine regionale Veränderung im Einzugsgebiet der Lymphonodi. Über eigentliches „Drüsenfieber" berichtete 1889 der Wiesbadener Arzt Emil Pfeiffer. Pfeiffer beschrieb erstmals ein neues Krankheitsbild. Er kannte neben der Lymphknotenschwellung und dem Fieberzustand auch schon die Milzschwellung. Pfeiffer ist daher als Erstbeschreibender anzusehen; und die Krankheit trägt seinen Namen zu Recht. Türck stellte 1907 in Wien bei einem Manne mit Drüsenfieber eigenartige Veränderungen des weißen Blutbildes fest, die er zunächst als Leukämie ansah. Später wurden sie als lymphatische Reaktion gedeutet. Der Name Mononucleosis infectiosa geht auf Sprunt und Evans zurück, die 1920 diesen Begriff auf Grund atypischer mononucleärer Zellen im Blut prägten. Die typische Blutmorphologie beschrieben aber erst Downey und McKinley 1923. Anfänglich wurde die monocytäre Angina vom Drüsenfieber abgegrenzt (Deussing, 1918). W. Schultz stellte 1923 in Berlin Fälle von Lymphoidzellangina vor, die er für eine besondere Krankheitseinheit ansah. Ende der zwanziger Jahre arbeiteten verschiedene Autoren (Lehndorff und Schwarz, Glanzmann u. a.) die Einheit von Drüsenfieber und Monocytenangina heraus, nachdem Tidy und Morley schon 1921 auf die Identität der beiden Affektionen hingewiesen hatten. Der serologische Beweis für die Richtigkeit dieser Auffassung wurde 1932 durch die Arbeiten von Paul und Bunnell möglich. Diese Autoren beobachteten erstmals das regelmäßige Auftreten einer heterophilen Agglutination von Hammelerythrocyten durch das Serum Mononucleose-Kranker.

1937 entwickelte DAVIDSOHN den Differentialabsorptionstest. Dieser gestattet, die Zugehörigkeit bestimmter Krankheitsformen zur Mononucleosis infectiosa mit einiger Sicherheit zu beurteilen. Erst jetzt konnte man auch atypische Krankheitsbilder mit ungewöhnlicher Symptomatologie der Mononucleosis infectiosa zuordnen: 1936 Meningitis (GSELL), nachdem 1931 schon JOHANSSON sowie EPSTEIN und DAMESHEK auf den Befall der Meningen aufmerksam gemacht hatte, 1943 akute hämolytische Anämie und weitere hämatolytische Veränderungen (DAMASHEK), 1946 Herzveränderungen (WECHSLER u. Mitarb.), 1950 Encephalitits (BERNSTEIN und WOLFF). Seither wurden weitere Organveränderungen entweder im Gefolge einer typischen Mononucleosis infectiosa oder aber als scheinbar alleinige Krankheitsmanifestation beobachtet.

1953 glaubten MISAO u. Mitarb. den Erreger der Mononucleosis infectiosa in einer spezifischen Rickettsie entdeckt zu haben. Ihre Arbeiten fanden bisher keine Anerkennung (s. S. 811).

III. Erreger, Ätiologie

Der *Erreger* der Mononucleosis infectiosa ist noch *nicht* eindeutig *bekannt*. Immerhin ist es verschiedentlich gelungen, die Krankheit von Menschen auf Affen, selten Mäuse und Kaninchen zu übertragen. Auch gelang vereinzelt die direkte Übertragung von Mensch zu Mensch.

Allgemein wird als Erreger ein *Virus* und — wie sich aus der Stellung dieses Kapitels ergibt — ein Virus mittlerer Größe *vermutet*. Schon aus klinischen Gründen ist diese Vermutung naheliegend: Die beiden der Mononucleose ähnlichsten Infektionskrankheiten, nämlich die Hepatitis epidemica und die Rubeolen werden durch Viren hervorgerufen. Damit ist ein verwandter Erreger bei der Entstehung der Mononucleosis infectiosa nicht unwahrscheinlich. Eine Verwandtschaft des Mononucleosevirus mit dem Newcastlevirus wurde von verschiedenen Autoren postuliert (BURNET und ANDERSON, VERLINDE u. Mitarb.). Andere vermuten eine Beziehung zum Sendeivirus (MUSCHEL u. Mitarb., DE MEIO und WALKER).

Verschiedene experimentelle Untersuchungen untermauern die These der Virusätiologie. Die *Übertragung* der Krankheit durch Injektion von sterilem Blut *auf Affen* gelang verschiedenen Untersuchern. Auch Drüsenmaterial und Rachenspülwasser riefen bei einzelnen Tieren eine Krankheit hervor, die der Mononucleosis infectiosa ähnlich war. Die Rückübertragung von auf diese Art infizierten Affen auf den Menschen glückte *Sohier*. Immerhin boten die so erzeugten Krankheitsbilder nicht das Vollbild der Mononucleose, sondern nur einige Veränderungen, die ihr entsprachen. Andere Forscher waren weniger erfolgreich bei den Übertragungsversuchen (EVANS). Die Blutübertragung *von Mensch auf Mensch* rief in einzelnen Fällen eine Mononucleose hervor, in anderen nicht (WESING, PETRIDES). Durch Spray von Gurgelwasser und durch Zuführung von Stuhlaufschwemmung mit dem Magenschlauch und durch verschiedene andere Infektionswege versuchte man, eine Übertragung der Mononucleose durchzuführen. Aber nur gelegentlich zeigten sich Krankheitserscheinungen und nie das typische Vollbild der Mononucleose. Vielleicht sind die verschiedenen postoperativ aufgetretenen Fälle von Mononukleose auch Folge der Übertragung des noch nicht definierten Erregers.

Obschon die Virusgenese der Mononucleosis infectiosa nicht gesichert ist, gibt es schon Argumente, daß möglicherweise nicht nur ein, sondern verschiedene Viren an der Ätiologie beteiligt sein können (HOBSON u. Mitarb.). Vor allem wird immer wieder diskutiert, ob die sporadische und die epidemische Form der Mononucleosis infectiosa durch zwei wohl verwandte, aber verschiedene Erreger hervorgerufen werden. Da es nicht sicher ist, daß die sporadischen und die epidemischen Formen der Mononucleose wirklich identische Krankheitsbilder sind, schlugen SHUBERT u. Mitarb. vor, bei den gehäuften Formen lieber von einer „epidemischen Variante der Mononucleosis infectiosa" zu sprechen. LAMB und STERN beschrieben eine durch Cytomegalovirus bedingte Mononucleose.[1]

Früher dachte man an verschiedene andere, z. T. bekannte Erreger, die aber nie nachweisbar bei der Mononucleose beteiligt waren. Eine Zeitlang machte eine

---

[1] Lancet 1966, II 1003—1006

Listeria, das Bacterium monocytogenes (NYFELDT) von sich reden. Heute ist man wohl allgemein der Ansicht, daß die Mononucleose keine Listeriose ist, auch wenn NYFELD Übertragungsversuche gelungen sind. Zu leicht werden mit der Listeria auch Viren inoculiert. Wenn überhaupt, so kommt der Listeria bei der Mononucleosis infectiosa nur der Charakter eines „Passagiers" zu (HEILMEYER und BEGEMANN).

In langjährigen und sorgfältigen Untersuchungen glauben MISAO u. Mitarb. eine Rickettsie als Krankheitserreger der Mononucleosis infectiosa nachgewiesen zu haben. Die Autoren benannten den von ihnen bei mehreren Mononucleose-Fällen isolierten Erreger *Rickettsia sennetsu* (MISAO-KOBAJASHY). „Sennetsu" ist die japanische Bezeichnung für Drüsenfieber. Die japanischen Autoren haben nicht nur die gleiche Rickettsie zu verschiedenen Zeiten bei verschiedenen Kranken isoliert, sie konnten auch durch Inoculation des Erregers bei einem Studenten ein Drüsenfieber mit morphologischen Blutbildveränderungen und positiver Serumreaktion hervorgerufen. Bei elf weiteren Volontären wurde ebenfalls eine Übertragung durchgeführt. Tierversuche scheinen diese Beobachtung in einem gewissen Maße zu bestätigen. Verschiedene Autoren untersuchten im Hinblick auf die Mitteilung von MISAO und seiner Gruppe das Verhalten der Komplementbindungsreaktion auf Rickettsien. Tatsächlich fand sich in einigen Fällen von Mononucleosis infectiosa ein positiver Komplementbindungstest (MICHON u. Mitarb., GIROUD u. Mitarb.). Bei 4 Fällen GIROUDs mit negativem *Paul-Bunnell* war die serologische Untersuchung auf R. burneti positiv. CLÉMENÇON und KIEBSCH fanden bei 2 von 25 Patienten die Komplementbindungsreaktion auf Q-Fieber positiv. Als Argument für die Rickettsiengenese könnte die Verwandtschaft der 1946 in Amerika erstbeschriebenen „Rickettsialpox", einer durch Rickettsien hervorgerufenen Infektionskrankheit, mit der Mononucleosis infectiosa angeführt werden (HUEBNER, STAMP und ARMSTRONG). Über die Rickettsia sennetsu ist das letzte Wort noch nicht gesprochen, auch wenn man in der westlichen Literatur außer in Frankreich wenig Notiz von den Mitteilungen MISAOS genommen hat.

Zur Ätiologie der Mononucleosis infectiosa gibt es noch verschiedene, oft wenig fundierte Theorien. Curiosi causa sei noch eine Vermutung erwähnt, wonach die Mononucleose als alimentäre Intoxikation durch den Genuß mit pflanzlichen Phenylglycosiden verunreinigten Bienenhonig aufzufassen sei (ELSTE). So ganz absurd ist die Idee von ELSTE auch nicht. MOESCHLIN hat nach Luminal, PAS und Penicillin Fälle von Mononucleosis infectiosa beobachtet. Er vermutet daher, daß unter gewissen Umständen eine Autoimmunisierung durch bestimmte Medikamente das Bild der Mononucleose hervorrufen kann. Somit ist es nicht ausgeschlossen, daß auch andere Substanzen ein der infektiösen Mononucleose ähnliches Bild bewirken.

IV. Pathologisch-anatomische Befunde und Pathogenese

Die Kenntnisse über die pathologisch-anatomischen Veränderungen beruhen einerseits auf histologischen Untersuchungen von Organpunktaten und Biopsien (Leber, Milz, Drüsen, Tonsillen), andererseits auf Obduktionsbefunden von an Mononucleose Verstorbenen. Weil die Mononucleose im allgemeinen gutartig verläuft, waren diese Untersuchungen recht spärlich. Heute liegen mehr als zwei Dutzend Sektionsberichte vor, so daß man über die wesentlichen Veränderungen genügend orientiert ist. WERNER führt bei den 24 von ihm referierten Mononucleose-Fällen als Todesursache u.a. die Milzruptur zehnmal, ein Guillain-Barré-Syndrom viermal an.

Makroskopisch findet man je nach Grad und Zeitpunkt der Krankheit eine mehr oder weniger starke *Beteiligung des gesamten lymphoreticulären Systems*. Die Lymphknoten sind vergrößert, besonders auch abdominal, was klinisch oft dem Untersucher entgeht. Milz- und Leberschwellung sind ebenfalls vorhanden, wobei diese Organe im Extremfall die Gewichte von Leukämie-Fällen erreichen können.

Typischer und aufschlußreicher sind die *histologischen Untersuchungen*. In den Lymphknoten findet sich eine Hyperplasie des Retikulums mit Infiltraten von lymphocytären Zellen, bei denen wie im peripheren Blut normale Lymphocyten neben atypischen zu sehen sind. Die Proliferation beruht auf lymphocytären, reticulären wie endothelialen Zellen. Die Lymphknotenstruktur ist teilweise erhalten, teilweise infolge der dichten mononucleären Durchsetzung nicht mehr differenzierbar. Das Ausmaß und der Charakter der *Lymphknotenveränderung* mit mehr oder weniger starker Wucherung der verschiedenen Formen der Mononucleären variiert zwischen den verschiedenen Lymphknoten desselben Individuums. Daher kann eine einzelne Lymphknotenbiopsie auch nur beschränkt als bezeichnend für das Krankheitsgeschehen angesehen werden.

Die histologischen Verhältnisse in der *Milz* sind denen der Lymphknoten sehr ähnlich. Es finden sich Follikelhyperplasien mit mononucleären Zellmassen in Sinus und Pulpa, lymphocytäre Infiltrationen in den Trabekeln und in der Milzkapsel. Die Gefäße, Arterien wie Venen, lassen Schwellung der Retothelzellen, celluläre Infiltrationen und Einscheidungen erkennen. Bei reichlichen Zellansammlungen werden Pulpa und Sinus gleichmäßig durchsetzt, wodurch die Milzstruktur verloren geht. Die Massierung der Zellen kann derart sein, daß an eine Leukämie gedacht wird. Die celluläre Infiltration der Milzkapsel mit Begleitödem erklärt die klinisch bedeutungsvolle Neigung zu Lacerationen der Milzkapsel, die Ursache subcapsulärer Hämatome und einer eigentlichen Ruptur sein können (JAMBON und BERTRAND).

Alle anderen Organe des Körpers können in gleicher Weise von mononucleären Elementen infiltriert sein. Besonders die zum RES gehörende *Leber* zeigt eine abnorme Ansammlung von mononucleären Zellen im bindegewebigen Anteil, d. h. im periportalen Bereich. Die Capillarwandzellen verändern sich und lösen sich im Sinne einer reticulären Reaktion als runde Zellen ab. Die *Glisson*schen Scheiden sind ebenfalls infiltriert. Die vorwiegende Lokalisation der Infiltrate im Bindegewebe unterscheidet die Mononucleose vom Frühstadium der Hepatitis epidemica, bei der zunächst das Betroffensein des Parenchyms imponiert. In Ausnahmefällen können aber auch bei der Mononucleose Zellansammlungen im Parenchym zur Leberzellnekrose führen und selten ausgedehnte Nekrosen, ganz selten schwere, ja letale Zerstörungen des Leberzellgewebes bewirken (ALLEN und BASS).

Die reticuläre Proliferation findet sich auch im *Knochenmark*, wo sie herdförmigen Charakter besitzt und disseminiert im Schnitt zu finden ist. Wahrscheinlich werden die Lymphocyten am Ort aus den Reticulumzellen gebildet.

Gleichartig zusammengesetzte, meist *perivasculäre Infiltrationen* sind in Myocard, Lungen, Tonsillen, Darm, Nebennieren, Meningen und Nieren beschrieben worden. In den Nieren sind die Glomerula kaum betroffen, die Infiltrate liegen vor allem interstitiell und lassen auch tubuläre Degenerationsherde erkennen. Überhaupt kann man sich fragen, ob die histologischen Veränderungen mit den wahrscheinlich teilweise am Ort entstehenden Zellen wirklich als entzündliche Prozesse anzusprechen sind. Damit ist es problematisch, ob die für die einzelnen Organmanifestationen gebrauchten Bezeichnungen wie Hepatitis, Splenitis, Nephritis, Myokarditis und Appendicitis wirklich zutreffend sind. Infiltrationen finden sich manchmal auch in Prostata, Testes, Pankreas, Thymus, Nebenniere, Hypophyse.

Sogar im *zentralen Nervensystem* sind Infiltrate nachweisbar. Besonders ließen neurologische Symptome aufweisende Patienten in den befallenen Abschnitten von Hirn und Rückenmark wie Vorderhörnern, Myelon, Hirnnervenkernen und anderen Zentren Infiltrate, Umscheidung einzelner intracerebraler Gefäße mit Lymphoidzellen und hämorrhagischer Durchsetzung erkennen.

Interessant ist die Beobachtung von ALLEN und KELLNER an einem Patienten, der einen Monat nach durchgemachter Mononucleose verunglückte und perivasculäre Lymphoidzell-infiltrate in der Hirnrinde zeigte, ohne daß vorher klinische Zeichen einer zentralnervösen Beteiligung bestanden hätten. Diese Beobachtung lehrt zwei Dinge: 1. eine lymphocytäre Infiltration muß nicht zu klinischen Symptomen führen; 2. selbst nach Abklingen der akuten Krankheitserscheinungen können die mononucleären Infiltrate längere Zeit weiterbestehen.

Zusammengefaßt ist also das histologische Bild bei den Mononucleose-Fällen in allen befallenden Organen relativ gleichförmig. Es handelt sich um eine sehr starke lympho-reticuläre Proliferation, die verständlicherweise besonders die Organe, in denen das reticuläre System stark entwickelt ist, betrifft. Man vermutet, daß die infiltratbildenden Zellen nicht aus der Blutbahn einwandern, sondern am Ort entstehen. Wohl treten ähnliche lympho-reticuläre Reaktionen auch bei anderen Krankheiten auf, in diesem Ausmaß sind sie aber nur bei der Mononucleose zu finden.

Die *Pathogenese* der Mononucleose erklärt sich teilweise durch die Infektion mit einem unbekannten Erreger. Er ruft die febrile Reaktion, das allgemeine Krankheitsgefühl, die lymphocytäre Reaktion und vielleicht die Katarrherscheinungen hervor. Die lymphocytäre Wucherung ist sekundär Ursache der Lymphknotenschwellungen, der Milzschwellung, der Hepatomegalie und der mechanischen Druckeffekte der vergrößerten Organe. Einen Teil der komplizierenden hämatologischen Veränderungen wie Thrombopenie, Leukopenie, Anämie sehen MEYTHALER und HÄUPLER bei Milzschwellung als Folge eines Hypersplenie-Syndroms an. Pathogenetisch nicht sicher einzugliedern sind die Funktionsstörungen der einzelnen Organsysteme, bei denen sowohl das krankmachende Agens wie die Zellproliferation ursächlich beteiligt sein können wie bei der Hepatitis, Myocarditis, Nephritis, Encephalitis usw.

Die gelegentlich geäußerte Vermutung, die Mononucleosis infectiosa sei eine *Autoimmunreaktion* auf eine Reihe von verschiedenen Agentien hat *keine genügende Begründung* vorweisen können. Immerhin lassen die Mitteilungen über Auftreten von Mononucleose nach verschiedenen Medikamenten an diese Möglichkeit denken.

Noch ganz ungeklärt in seiner Beziehung zur Mononucleose ist das seit 1960 beobachtete Syndrom mit einem der Mononucleose gleichenden Blutbild und Lymphknotenschwellungen nach Operationen am offenen Herzen, von dem etwa 50 Fälle bekannt sind (SMITH). Vielleicht kann einmal bei Kenntnis des Erregers die Mononucleosis infectiosa von einer mononucleären Reaktion unterschieden werden.

V. Epidemiologie

Die Mononucleosis infectiosa tritt *in allen Weltteilen* auf. Sie scheint allerdings in den angelsächsischen Ländern und in Skandinavien häufiger zu sein.

Eine sichere Bevorzugung eines *Geschlechtes* wurde bisher nicht nachgewiesen, wenn auch verschiedene Autoren ein Überwiegen der Knaben und Männer verzeichneten. Befallen werden vor allem Jugendliche im *Alter* zwischen 15 und 25 Jahren. Bei über 35jährigen ist die Mononucleosis infectiosa selten, bei über 60jährigen wie Kleinkindern bis zu 2 Jahren eine Rarität. Der älteste mitgeteilte Fall betraf eine 77jährige Frau (SHAPIRO und HORWITZ).

Die Mononucleose ist eher eine Krankheit der sozial Bessergestellten, vorzüglich aber der Heilberufe. Ärzte, Pflegepersonal und Medizinstudenten haben in einem relativ sehr hohen Prozentsatz Anteil an den Mononucleose-Fällen. Dies deutet auf eine infektiöse Genese.

Eine *jahreszeitliche Abhängigkeit* der Mononucleose ist nicht allgemein anerkannt, doch scheinen die Frühlingsmonate eine gewisse Häufung zu zeigen.

Es gibt *zwei Formen* der Mononucleosis infectiosa: nämlich die in der täglichen Praxis meistens gesehene *sporadische Form* und die *epidemisch auftretende Form*, die vor allem bei Ansammlung zahlreicher Jugendlicher in Kasernen, Heimen,

Internaten und Schulen, aber auch in größeren Gemeinschaften beobachtet wurde (Führer, Draghiei u. Mitarb.; Lou, Wechsler u. Mitarb.). Über Familienende-mien wurde wiederholt berichtet (Schindlbeck). Da bei den epidemischen For-men durchschnittlich die Krankheitserscheinungen meist weniger schwer sind, das Blutbild weniger atypische Lymphocyten aufweist, die Paul-Bunnell-Reaktion häufiger negativ ist oder einen niedrigeren Titer zeigt, wird immer wieder disku-tiert, ob es sich bei den beiden Formen wirklich um die gleiche Krankheit handelt, oder ob nicht zwei verschiedene Affektionen mit sehr ähnlichen klinischen Mani-festationen vorliegen. Diese Frage wird erst entschieden werden können, wenn einmal der Erreger eindeutig bekannt ist. Im Rahmen einer Epidemie werden selbstverständlich abortive Formen oder oligosymptomatische Bilder, die sonst nicht erfaßt wurden, eher erkannt und der Mononucleose zugeschrieben. Trotzdem sind die Angaben über das Auftreten subklinischer Fälle widersprechend (Evans und Robinton, Lou).

Eine *Übertragung* der infektiösen Mononucleose von Mensch auf Mensch gelang vereinzelt, mißlang aber in anderen Fällen. Daher dürfte im allgemeinen die Infek-tiosität der sporadischen Fälle nicht groß sein. Anders verhält es sich bei den Epi-demien, die z. T. sehr hohe Kontagiositätszahlen besitzen. Lou beobachtete in einer chinesischen technischen Lehranstalt mit 1267 Studenten und Lehrern eine Morbidität von 77,2 %, unter Berücksichtigung der Verdachtsfälle sogar 96,7 %, eine fast totalitäre Zahl. Der Übertragungsmodus ist ebenso wenig wie die Ätiolo-gie der Mononucleosis infectiosa bekannt. Immer wieder liest man von engem und intimsten Kontakt wie Küssen als Voraussetzung zur Übertragung. Bei den Epi-demien in Kasernen, Hochschulen und Spitälern dürfte dieser Transmissions-modus gewiß unwahrscheinlich sein. Es scheint sich eher um eine Kontaktinfek-tion als um eine Tröpfcheninfektion zu handeln (Draghiei u. Mitarb.). Es gibt verschiedene Theorien über den Infektionsweg, die Eintrittspforten, die Infek-tionsphasen usw. Keine dieser Theorien geht aber über das Hypothetische hinaus. Am wahrscheinlichsten ist die Eintrittspforte der Infektion im Bereich des lympha-tischen Rachenringes zu suchen (Lehndorff und Schwarz).

Aus Übertragungsversuchen, Laboratoriumsuntersuchungen und Beobachtun-gen an Epidemien konnte die *Inkubationszeit* ungefähr festgelegt werden. Sie beträgt zwischen 5 und 12 Tagen. Sollte es sich wirklich um eine Virusinfektion handeln, so ist die Inkubationszeit verglichen mit der der Hepatitis und der der Rubeolen relativ kurz.

Man darf annehmen, daß neben den typischen Fällen auch *atypische oder abortive Fälle von Mononucleosis infectiosa* auftreten. Sie können aber nur im Rahmen einer Epidemie oder Familieninfektion erkannt werden. Es ist müßig und medizinisch nicht vertretbar, bei sporadischem Auftreten solche abortive Fälle diagnostizieren zu wollen. Hier müssen die bekannten Kriterien erfüllt sein, bevor man die Diagnose einer Mononucleosis infectiosa stellen darf.

Im allgemeinen tritt die Mononucleose bei einem Menschen *nur einmal* auf. Die Bevorzugung des jugendlichen Alters hat man wie die individuelle Einmaligkeit der Krankheit als Argumente für eine frühe Durchseuchung, bzw. stille Feiung und Immunisierung mit dem Mononucleoseagens angeführt. Die Altersabhängig-keit der Reaktionsintensität des lympho-retikulären Systems ist genügend bekannt und könnte einen weiteren Schlüssel zur Erklärung liefern. Vereinzelte Mitteilun-gen über mehrfaches Auftreten einer Mononucleosis infectiosa beim gleichen Patienten liegen vor (Bender; Patterson und Pinniger; Clémençon und Kiebsch; Kaufmann). Dies steht nach unseren Kenntnissen über die Infektions-krankheiten nicht im Widerspruch zur Annahme einer üblicherweise erworbenen weitgehenden Immunität.

VI. Klinisches Bild

Von der leichten, eventuell ambulanten Krankheit bis zur schwersten Prostration gibt es *alle Schweregrade*. Der Krankheitsbeginn ist meist unscharf. Es gehen manchmal uncharakteristische Prodromi wie Abgeschlagenheit, Kopfschmerzen und Appetitlosigkeit voraus. Der Arzt wird erst gerufen, wenn Fieber und allgemeines, manchmal schweres Krankheitsgefühl auftreten. Gelegentlich spürt der Patient anfänglich nur gewisse Schluckbeschwerden und Kratzen im Rachen, oft klagt er aber später über hochgradige Halsschmerzen wie bei einer schweren Streptokokkenangina, was an eine Superinfektion denken lassen sollte. Katarrhalische Erscheinungen mit Schnupfen und Husten können die Diagnose zunächst fehlleiten und an eine „Grippe" erinnern. Spannende Schmerzen im Nacken und auf den Halsseiten bei Bewegungen des Kopfes werden oft angegeben.

Die Untersuchung ergibt manchmal ein auffällig starkes allgemeines Mitgenommensein, ja sogar ein typhöses Bild, während andere Fälle nur den Eindruck einer leichten Krankheit erwecken. Ein Beginn mit Schüttelfrost ist nicht die Regel. Das *Fieber* beginnt gewöhnlich nicht sehr hoch und steigt dann im Laufe der Tage an. Es beträgt zwischen 38 und 40°. Die Fieberkurve verläuft teils in Form einer Continua, teils als intermittierendes Fieber. Das febrile Stadium kann durch unmotivierte subfebrile Tage unterbrochen werden. Die *Fieberdauer* ist relativ *lang*. Sie zieht sich über eine, aber auch zwei und mehr Wochen hin und erreichte in Extremfällen bis zu 5 Wochen, wobei nicht immer zu entscheiden ist, ob eine Superinfektion vorlag. Die relativ lange Fieberdauer gibt bei noch nicht gestellter Diagnose Anlaß zur Beunruhigung von Familie und Arzt. Dies umso mehr, als das Fieber resistent ist gegen die heute bei ungeklärten Fieberzuständen oft frühzeitig verabreichten Antibiotica. Die Höhe der Temperatur braucht der Schwere des Krankheitsbildes nicht immer parallel zu gehen.

Zusammen mit dem Fieberanstieg schwellen die occipitalen, nuchalen und weniger ausgesprochen die übrigen *cervicalen Lymphknoten* in Ketten an. Die deutliche *Drüsenschwellung* gab der Krankheit ihren Namen „Drüsenfieber". Die einzelnen Lymphknoten werden bis haselnußgroß, am Kieferwinkel selten noch größer. Sie sind immer gut abgrenzbar und verschieblich. Sie lassen nie eine periadenitische Infiltration wie die Diphtherie erkennen. Auf Druck, manchmal auch spontan sind sie mäßig stark dolent. Der Schmerz hat einen drückenden Charakter. Wird der Schmerz intensiv, so handelt es sich oft um regionale Lymphome eines superinfizierten Prozesses. Ausgedehnte Lymphknotenschwellungen am Hals bewirken eine Bewegungsbehinderung des Kopfes, so daß ein meningitisches Bild vorgetäuscht wird. Da es aber auch Begleitmeningitiden gibt, sollte man durch sorgfältige Untersuchung eine Verwechslung von Pseudomeningitis und Meningitis vermeiden. Neben den Halslymphknoten treten weniger regelmäßig auch *Vergrößerungen weiterer Lymphdrüsen* auf, so axillär, cubital, inguinal und popliteal. LEIBOWITZ beobachtete besonders Lymphknoten medial am Oberschenkel oberhalb des Knies. Die Lymphknotenschwellungen setzen nicht schlagartig gemeinsam, sondern meist nacheinander *in Schüben* ein. Sie beginnen oft einseitig. Eine Einschmelzung der Drüsen ist selten, aber doch beschrieben (HAMMOND und McBRIEN).

Man hat auch großes Gewicht auf die *Schwellung der inneren Lymphonodi* gelegt. Im Thoraxröntgenbild beobachtete schon GLANZMANN eine Hiluslymphknotenschwellung, deren Häufigkeit CLÉMENÇON und KIEBSCH mit 17% angeben. Andere Autoren, besonders CHEVALLIER glaubten eine abdominale Form der Mononucleose mit starker Mesenterialdrüsenschwellung abgrenzen zu müssen. Diese Unterteilung der Mononucleose nach Drüsenlokalisationen scheint aber nicht gerechtfertigt zu sein, weil die Lymphknotenschwellung nur ein Teilsymptom und der Ausdruck der gesamten lympho-reticulären Reaktion ist. Klinisch ist es gleichgültig, welche Drüsengruppe am stärksten befallen ist, solange es nicht zu mechanischen Druckerscheinungen kommt. GLANZMANN vertrat die Ansicht, daß die Lymphome an der Leberpforte einen Stauungsikterus und Gallenkoliken bewirken können. Dies dürfte wohl nur selten der Fall sein.

Das Maximum der Drüsenschwellung wird meist in der zweiten Krankheitswoche erreicht. Doch bleiben die Schwellungen über längere Zeit, gelegentlich monatelang bestehen. Es gibt selten Fälle ohne nachweisbare Drüsenschwellung. Andere Fälle zeigen eine generalisierte Adenopathie. Allgemein wird man in über 95 % der Mononucleose-Patienten eine Lymphknotenvergrößerung finden.

Als Frühsymptom ist in 10 % der Fälle ein Gesichts- und besonders Lidödem (*Hoaglandsches Zeichen*) festzustellen. Dies kann überhaupt eines der ersten Symptome sein. Die Pathogenese dieses nicht mit einem renalen zu verwechselnden Ödemes ist nicht bekannt. Ob wirklich eine Stauung durch große Lymphknoten ursächlich daran beteiligt ist, scheint fraglich.

Bei den meisten Mononucleose-Kranken, d. h. bei 90—100 % ist auch das *lymphatische Gewebe des Waldeyerschen Rachenringes* frühzeitig, manchmal sogar ausschließlich befallen. Am eindrucksvollsten ist die *Angina*, die nur bei 10 % der Patienten vermißt wird. Ihr Ausmaß und Charakter ist sehr unterschiedlich. Neben einfacher Rötung und Schwellung der Tonsillen finden sich folliculäre Tonsillitiden und solche mit weißlichen Belegen durch Pseudomembranen, die an Diphtherie erinnern, wohl einen Foetor, aber nicht den typischen Diphtheriegeruch besitzen. Man findet weiter ulcerierende Tonsillitiden (Angina necroticans), die sehr eindrücklich sind und gerne mit einer Angina Plaut-Vinzent verwechselt werden, wenn unspezifische Spirillen und spindelförmige Stäbchen im Ausstrich nachweisbar sind. Die Angina kann eine hochgradige Schwellung des Schlundes bewirken und nicht nur zu Schluckunfähigkeit, sondern sogar zu Atembeschwerden führen, so daß ganz vereinzelt einmal eine Tracheotomie notwendig wird. Nach PAINE soll die Diagnose einer Mononucleose-Angina aus den Tonsillenabstrichen gestellt werden können, da man darin reichlich atypische Lymphocyten (*Downey*-Zellen) nachweisen kann. Die Angina steht in etwa $^1/_3$ der Fälle im Vordergrund, weshalb auch der Begriff der *Monocyten-Angina* aufkam.

Das „Palissadenphänomen" von REWERTS (1953) mit Überragen von kleinen Detrituspfröpfen über die Tonsillenoberfläche sahen wir nicht und haben auch keine weiteren Beschreibungen in der Literatur gefunden. Bei Fehlen der Tonsillitis besteht wenigstens eine *Pharyngitis*, die infolge starker Schwellung auch der Uvula den Isthmus faucium erheblich einengen kann. Die Lymphfollikel sind meist geschwollen. Auch die Pharyngitis kann einen ulcerösen Charakter besitzen. Der Untersucher ist oft durch die hochgradigen entzündlichen Veränderungen und Verschwellungen beeindruckt. Mit Einschmelzung der Tonsillitis und Entstehung eines peritonsillären Abscesses ist nicht zu rechnen, solange keine Superinfektion vorliegt. Je nach Überwiegen von pharyngealen oder lymphadenalen Symptomen unterscheiden HOAGLAND und GILL ein pharyngeales Syndrom (92 % ihrer Fälle) und ein Drüsenfiebertyphoid (8 %).

Die Inspektion der *Mundhöhle* zeigt gelegentlich die Zeichen einer Gingivitis und vorwiegend aphtösen Stomatitis. Je genauer und häufiger man untersucht, umso öfter findet man ein *Enanthem* des Gaumens und eine eigentümlich rasch verschwindende, aber in Schüben auftretende Purpura (SHIVER und FRENKEL) (Abb. 1). LETSOU gibt ihr Auftreten zu 25, DUNNET zu 40 % an. Die mehr oder weniger zahlreichen *Petechien* sind meist *am harten und* am Übergang zum *weichen Gaumen* lokalisiert. Sie wurden erstmals von DOWNEY und KINLEY 1923 beschrieben und dann immer wieder neu entdeckt. Es handelt sich um maximal stecknadelkopfgroße Eruptionen, die auch einmal die Uvula befallen können. Die

Petechien pflegen zwischen dem 3. und 5. Tag schubweise für 24—48-Std-Dauer aufzutreten (HOLZEL). Sie sind auf die Schleimhaut beschränkt. Diese ausschließliche Lokalisation ist diagnostisch eventuell wegweisend und hat uns in einzelnen Fällen die klinische Diagnose stellen lassen. Die Petechien sind aber nicht pathognomonisch, da sie auch bei den Rubeolen (YOUNG und RAMSEY), Herpangina u. a. gefunden werden (DUNNET). Neben der Purpura führen CAIRD und HOLT noch vier weitere Arten von palatalen Veränderungen bei der Mononucleose an: rote Flecken von 3—4 cm Durchmesser, streifige weißliche Zeichnung, weißliche Flecken (LEIBOWITZ) und vesiculäre Veränderungen, die einer Herpangina gleichen.

Die Haut läßt manchmal ein generalisiertes, gelegentlich juckendes *Exanthem* erkennen, das vorwiegend maculöser Natur ist. Es kann scarlatiniformen, rubeoliformen oder morbiliformen Charakter haben, gelegentlich urticariell sein. Die Angaben über die Häufigkeit schwanken erheblich, doch dürften MCCARTHYS und HOAGLANDS Feststellungen von 3 % bei 300 Fällen wohl dem Durchschnitt entsprechen. Hervorzuheben ist die relative Flüchtigkeit der Efflorescenzen. Die Ausschläge sollen umso seltener sein, je gesicherter die Diagnose einer Mononucleose ist. Weitere Eruptionsformen wurden beschrieben, ihre Zugehörigkeit zur Mononucleose wird aber bezweifelt.

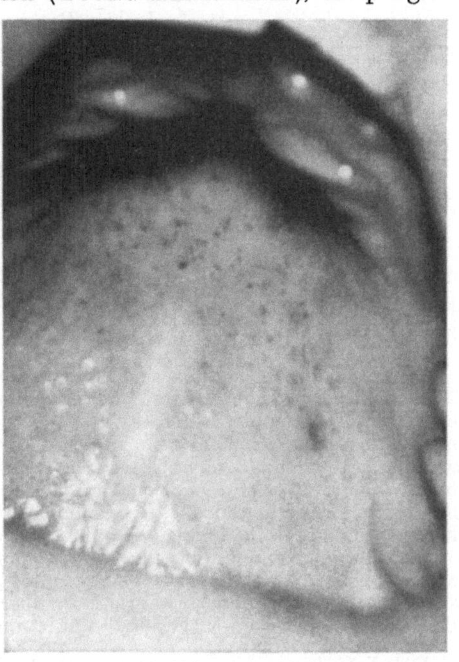

Abb. 1. E. I., 15jährig, multiple Petechien am harten Gaumen bei Mononucleosis infectiosa

Die Beteiligung der Milz als einem lympho-reticulären Organ ist die Regel. Ein *Milztumor* ist in gut der Hälfte der Fälle zu palpieren. Die Milz ist relativ weich, dazu nicht immer gut abgrenzbar. Sie kann daher bei der Untersuchung übersehen werden. Nur gelegentlich wird über Dolenz in der Milzregion bei Palpation geklagt. Die Splenomegalie bewegt sich in bescheidenem Rahmen und erreicht nur selten ein erhebliches Ausmaß. Bei der Milzpalpation hat man sehr behutsam vorzugehen, um nicht eine Milzruptur zu verursachen. Die Milzschwellung kann wie die Lymphknotenvergrößerung längere Zeit andauern, meist geht sie aber relativ rasch zurück. Die Milzruptur beobachtete man vor etwa 25 Jahren kaum. In den letzten Jahren wurden etwa 50 Fälle mitgeteilt (YORK). Trotzdem bleibt die Ruptur ein seltenes Ereignis, das allerdings mit einer beachtlichen Letalität von etwa 30 % belastet ist.

Die Milzruptur kann unter dem Bild eines akuten Abdomens evtl. ohne weitere vorausgehende Krankheitszeichen einsetzen (FREEMAN). In anderen Fällen ist das Ereignis mehrzeitig, verläuft daher weniger dramatisch und läßt bei dem typischen Bild der Mononucleose auch die Diagnose stellen. Wenn es sich auch um Spontanrupturen handelt, so können doch geringe mechanische Einwirkungen wie Pressen, Palpation, Bauchlage die Ruptur auslösen. Rasches chirurgisches Vorgehen ist selbstverständlich.

Zum typischen Bild der Mononucleose ist auch die Leberbeteiligung zu rechnen. Eine *Leberschwellung* wird zwar nur in 25 % gefunden, sie wurde schon von PFEIFFER erwähnt. Die Schwellung ist nicht hochgradig, die Konsistenz der Leber ist etwas vermehrt. Es besteht mäßige Druckdolenz. Verbunden mit der Leberschwellung ist relativ *selten ein Ikterus*, nämlich in etwa 5 % aller Fälle. Viel häufiger läßt sich aber die Leberbeteiligung durch blutchemische Untersuchungen und die Leberbiopsie nachweisen. Klinisch liegt das Bild einer vorwiegend *anikterischen Hepatitis* vor mit Erhöhung der Serum-Transaminasen, positiver Thymol- und Kephalinreaktion, pathologischer Bromsulphaleinretention und mehr oder weniger ausgeprägter Hyperbilirubinämie. Bei der Mononucleose ist die Bilirubinerhöhung relativ gering und erreicht ihre oberen Werte bei etwa 6 mg %. Vereinzelt wurden höhere Konzentrationen mitgeteilt bis maximal 20 mg % (CLÉMENÇON und KIEBSCH, CORR). Die Serum-Phosphatase ist meistens mäßig, teilweise aber ganz erheblich erhöht, es gibt Fälle mit mehr als 30 Bodansky-E. Die Phosphatasezunahme ist nicht unbedingt Ausdruck einer cholestatischen Komponente durch Gallengangsverschwellung oder Kompression der Gallenwege an der Leberpforte. Sie scheint durch die Funktionsstörung der Leberzellen bedingt zu sein. BARONDESS und ERLER diskutieren eine Phosphataseüberproduktion in den mononucleären Zellen. Die alkalische Phosphatase kann erhöht sein bei normalem Blut-Bilirubinwert (Ross u. Mitarb.).

Die *Serum-Transaminasen* sind bei der Mononucleose sehr oft, nämlich in etwa 80 % der Fälle erhöht. Die erreichten Titer sind jedoch mäßig hoch und im allgemeinen niedriger als bei der Hepatitis epidemica. ROSALSKI und JONES sahen in 18 Fällen mit pathologischen Transaminasewerten nur zweimal einen Anstieg über 500 Bodansky-E. Sehr empfindlich soll die Isocitronensäuredehydrogenase sein (HOBSON, DUNNET). Relativ regelmäßig fallen die Kephalin- und die Thymolprobe pathologisch aus, was besonders EVANS hervorhebt. Die *Kunkelsche Reaktion* wird selten positiv gefunden. Das Serum-Eisen ist oft erhöht. Das Elektropherogramm ergibt eine mäßige Verschiebung der einzelnen Gradienten nämlich eine gewisse Alpha-2-Globulin- und eine mäßige Gammaglobulinvermehrung (BURI und EYQUEM, SCHEIFFARTH u. Mitarb.). Bei der Fraktionierung mit der Ultrazentrifuge sind die Lipoproteine mit weniger als Sf 12 vermindert, während die über Sf 12 vermehrt sind (RUBIN). Das Bluteiweißbild ist unabhängig von der Größe des Milztumors (WUHRMANN und MÄRKI).

Die *Leberbiopsie* bestätigt morphologisch die Leberbeteiligung. Die Punktion mit der Menghini-Nadel ist kein schwerwiegender Eingriff und darf daher bei Verdacht auf eine Begleithepatitis ausgeführt werden. Histologisch sieht man eine mononucleäre Infiltration der interlobären Gebilde und der periportalen Felder, sowie eine Proliferation der Kupfferschen Sternzellen.

Der histologische Befund gleicht partiell dem der Hepatitis epidemica, doch sind vor allem die periportalen Felder und die Glissonschen Scheiden betroffen. Eine Nekrose wird kaum gesehen (Abb. 2). Die Leberzellschädigung ist relativ gering. Andere Schnitte können an eine Leukämie erinnern (SHERLOCK). Die mononucleäre Infiltration der Leber ist bei der Mononucleose wohl die Regel, aber nicht obligat. Auch in größeren Serien werden immer wieder eindeutige Mononucleose-Fälle gefunden, ohne das morphologische Bild der Begleithepatitis (HOAGLAND und McCUSHNY, MÜHLER). In diesen Fällen können aber trotz negativem Biopsiebefund klinisch die Zeichen einer Leberfunktionsstörung bestehen (NELSON und DARRAGH). Die pathologischen Laborteste sind eben nicht Folge einer anatomischen Läsion, sondern einer vorübergehenden gestörten Funktion. Die extrem seltene Porphyrinurie (DAWSON und DOWLING) gehört wahrscheinlich auch zu den hepatischen Komplikationen.

Nimmt man alle Leberuntersuchungen zusammen, so läßt sich eine Leberbeteiligung bei der Mononucleose in 90 % und mehr der Fälle nachweisen. Der hepatische Befall ist somit nicht als Komplikation anzusehen, sondern als eine regelmäßig auftretende Erscheinung (HOAGLAND und McCUSHNY). Die Hepatitis ist meist gutartig, ein Übergang in Nekrose und sekundäre Cirrhose ist eine Rarität.

Gastro-intestinale Erscheinungen sind mehr subjektiver Art: Appetitlosigkeit, Nausea, Erbrechen, Bauchschmerzen z. T. als Koliken, Diarrhoe oder Obstipation. Man wird dafür kaum in allen Fällen mechanische Faktoren, nämlich die geschwol-lenen Mensenterialdrüsen verantwortlich machen wollen. Wiederholt gaben die Bauchbeschwerden Anlaß zu einer unnötigen Appendektomie.

Während die bisher beschriebenen Symptome und Befunde als zum typischen Bild der Mononucleose gehörig betrachtet werden können, gibt es eine Reihe *weiterer Organmanifestationen*, die *nicht* so *regelmäßig* bei der Pfeifferschen Krank-

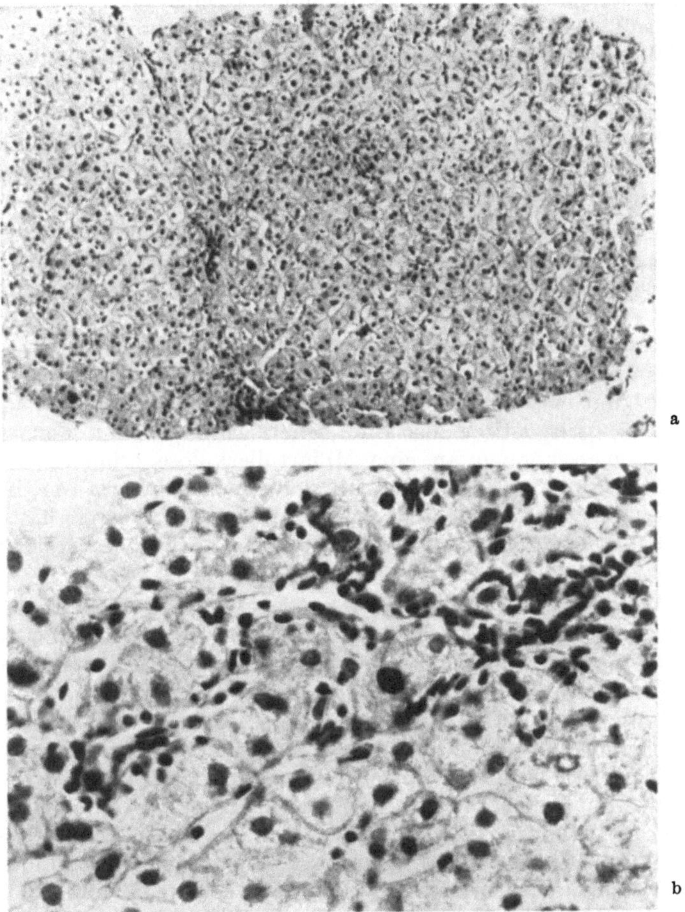

Abb. 2. Leberpunktat bei Mononucleosis infectiosa (die Aufnahmen verdanke ich Herrn Prof. CHR. HEDINGER, Winterthur): E.I., 15jährig: lobuläre Architektur erhalten. Mäßige Ansammlung von Rundzellen in Haufen. Retikuloendotheliale Zellen hervortretend, teilweise deutlich vermehrt. Leberzellen intakt. Infiltratbildung in den Bindegewebsscheiden. Vergrößerung: a) 150mal, b) 600mal

heit gefunden werden. Ob man sie als Komplikationen, oder, was eigentlich richtiger wäre, als ausgedehntere Form der reticuloendothelialen Reaktion bezeichnen will, ist eine Ermessensfrage.

Herz und Kreislauf machen nur selten klinische Erscheinungen. Der Blutdruck ist nicht verändert, die Pulsfrequenz ist dem Fieber entsprechend leicht erhöht, doch besteht eher Neigung zu Bradykardie. Bei Aufnahme eines EKG zeigen sich aber Kurvenveränderungen ziemlich häufig, schätzungsweise bei jedem 4. Fall. In einer großen Serie von 149 Fällen fanden HEINECKER und ZIPF in 39 % ein *pathologisches Elektrokardiogramm*. Die Mitteilungen über EKG-Veränderungen bei Mononucleose, die 1922 begannen und dann nicht mehr aufhörten, sind sehr zahlreich. Die Alterationen betreffen vor allem die Nachschwankung mit ST-Verlagerung und T-Inversion, daneben PQ-Verlängerungen, seltener QRS-Knotungen. Man hat also ein unspezifisches Kurvenbild wie bei einer Myokarditis vor sich (Abb. 3). Rhythmusstörungen wurden gelegentlich beobachtet. Die EKG-Alterationen können recht früh auftreten. Sie halten selten längere Zeit an. Klinisch soll sich in einigen Fällen die *Myokarditis* durch die Zeichen der energetisch-dynamischen Herzinsuffizienz (Hegglin-Syndrom) erkennen lassen (VOLOSHTCHUK). Eine sichere Endokarditis mit nachfolgendem Vitium ist bei Mononucleose nicht bekannt (HOAGLAND und GILL, 1962). Somit sind die Myokarditiden wohl relativ häufig, aber klinisch bedeutungslos. Ganz vereinzelte Mitteilungen über Herztod bei Myokarditis (JERSILD, FISH und BARTON) entwerten diese Feststellung nicht. Ebenfalls selten sind die sporadischen Fälle von *Perikarditis* (ROSEMANN und BARRY). SHUGOL fand 11 Fälle bis 1957 und fügte einen eigenen bei.

Die zuführenden *Luftwege* und *Lungen* sind bei der Mononucleose mitbetroffen. Nasenbluten kommt gelegentlich vor. Die banalen katarrhalischen Symptome und die Hiluslymphome wurden schon erwähnt. Treten die bronchitischen Erscheinungen in den Vordergrund, so wird eine Grippe oder eine grippöse Komplikation in Betracht gezogen. Ein Todesfall durch diffuse stenosierende Bronchitis bei „grippösem Superinfekt" teilten BECK u. Mitarb. mit. Die *Lungeninfiltrate* bei Mononucleose sind etwas seltener als der Icterus, sie imponieren als atypische Pneumonien, die gelegentlich das Bild beherrschen (GSELL). Feinherdig disseminierte Pneumonien können an eine Miliartuberkulose erinnern und bei dem anhaltenden Fieberzustand eventuell zu Fehldiagnosen führen. Die Infiltrate sind meist vorübergehender Natur und schmelzen nicht ein, noch hinterlassen sie Residuen. Ganz vereinzelt wurden Pleuraergüsse beobachtet (CLÉMENÇON und KIEBSCH, VANDER).

Das *Nervensystem* wird klinisch in weniger als 1 % durch die Mononucleose in Mitleidenschaft gezogen. WOLF hat eine ausgezeichnete Übersicht gegeben und eigene Beobachtungen mitgeteilt. Am häufigsten ist die *Meningitis mononucleosa* (GSELL), die in ihren Erscheinungen einer banalen abakteriellen Meningitis entspricht. Der Meningismus ist mäßig stark ausgesprochen. Manchmal wird über retrobulbäre Schmerzen geklagt, wie bei durch andere Erreger bedingten Meningitiden. Die Pleocytose beruht vorwiegend auf mononucleären Zellen — atypischen Lymphocyten. Der Zellcharakter gestattete HOLLISTER u. Mitarb. in einem Fall die Stellung der Diagnose einer mononucleären Meningitis. Die Zellzahl erreicht mäßig hohe Werte bis etwa 600/3, nur ausnahmsweise mehr. Das Liquoreiweiß ist mäßig erhöht, der Liquordruck steigt auf Werte zwischen 150 und 200 mm Wassersäule. Im Liquor kann die Paul-Bunnellsche Reaktion positiv sein. Im Gegensatz zu dem Befall des eigentlichen Nervensystems setzt die Meningitis schon früh in der ersten Woche ein. Immer wieder tritt einmal die Meningitis — wie übrigens auch die anderen Manifestationen des Nervensystems — als dominierendes Symptom und scheinbar einzige Krankheitserscheinung auf, so daß man eine reine Meningitis oder Meningoencephalitis vermuten könnte. Wahrscheinlich ist ein größerer Teil der Meningitiden als Encephalomeningitis anzusehen, da Bewußtseinstrübungen und Somnolenz oft stark ausgeprägt sind.

Man kann in die Vielfalt der an sich nicht sehr reichlichen Mitteilungen über die Mitbeteiligung des Nervensystems durch Einteilung in verschiedene Gruppen eine gewisse Ordnung bringen. Es wurden beschrieben:

1. Die encephalo- (meningitische) Form,
2. Das polyneuritische Syndrom,
3. Isolierte Ausfälle von Hirnnerven.

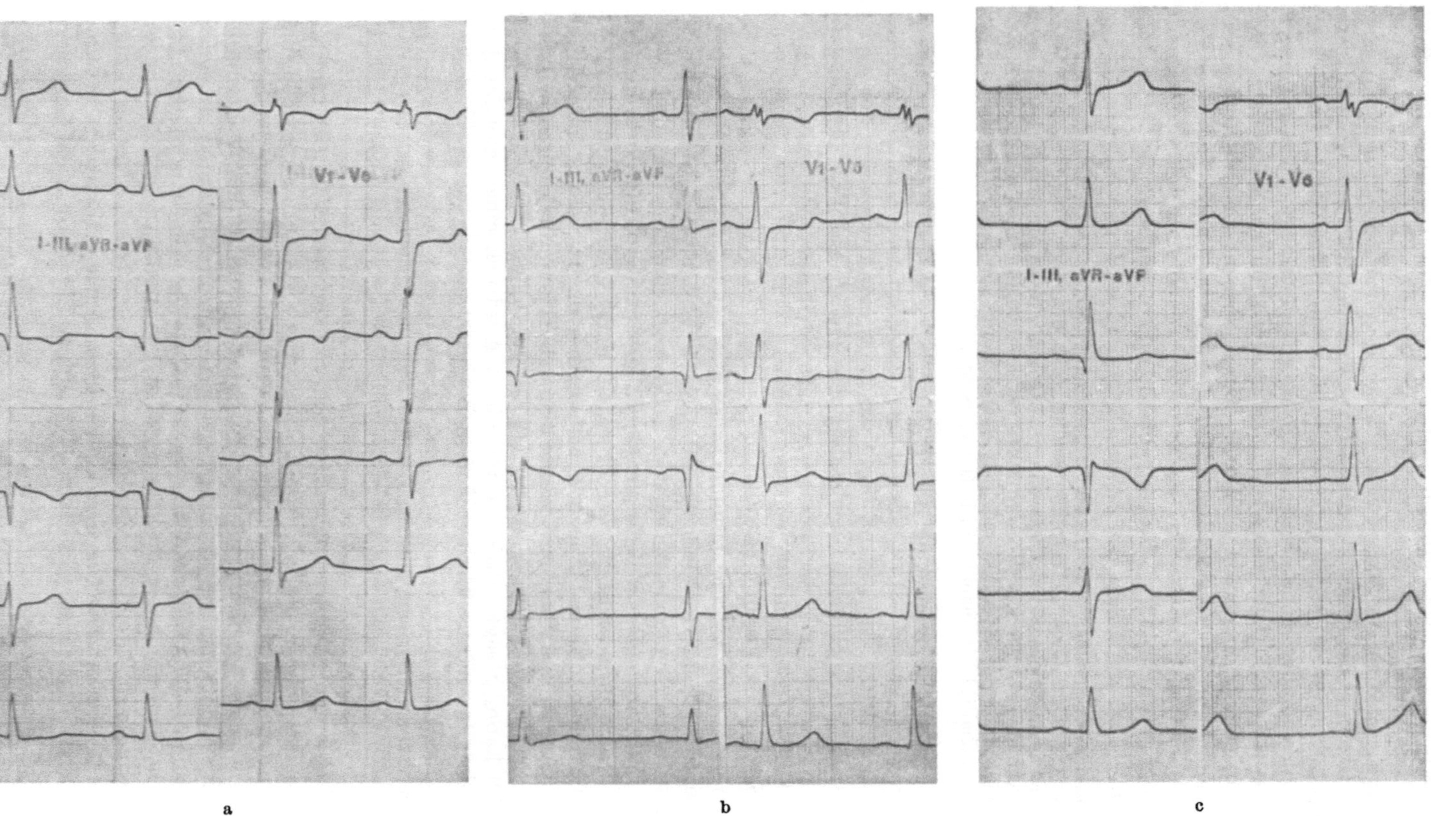

Abb. 3. E.I., 15jährig, EKG-Veränderungen bei Mononucleosis infectiosa. a) 13. 3. 1964: T-Negativität in III, V3, V4. Störung der Erregungsrückbildung in aVF, V2. b) 23. 3. 1964: Rückgang der Alterationen, noch Störung der Erregungsrückbildung in V2, V3. c) 13. 4. 1964: weitgehend normales EKG

Den verschiedenen Lokalisationen entsprechend können bei der *encephalitischen Form* Bewußtseinsstörungen bis zum Coma (REAM und HESSING), Erregungszustände, epileptiforme Anfälle, aphasische und motorische Störungen, sowie cerebellare (BENNET und PETERS) und extrapyramidale Erscheinungen auftreten. Die Reflexe der Babinskigruppe können positiv sein. Eine Liquorveränderung muß bei den encephalitischen Bildern nicht unbedingt vorliegen. Das *polyneuritische Syndrom* weist schlaffe Paresen, z. T. mit ganz erheblichen Schmerzen wie bei der serogenetischen Polyneuritis auf (WOLF). Das polyneuritische Bild läßt in bezug auf Ausdehnung und Lokalisation keine Besonderheiten erkennen. Bei dieser Form wurde auch die Symptomatik des *Guillain-Barre-Syndromes* mit aufsteigenden Paresen (DURFEY und ALLEN, RAUCH), die in einer Atemlähmung enden kann, beschrieben.

Bei den isolierten Ausfällen von Hirnnerven hat in letzter Zeit die *Diplegia faciei* zu reden gegeben (ALEXANDER u. Mitarb., DAVIDSOHN und SALTER, HARBOTT, CHALMERS). Sie beginnt mit einseitiger Facialisparese, worauf nach einigen Tagen die Gegenseite ergriffen wird, so daß vollständige Amimie resultiert. Bei diesen Fällen ist interessanterweise die Parese zuweilen die erste Manifestation der Mononucleose, eine Beobachtung, die ja auch bei einigen Meningitiden und Encephalitiden gemacht wurde (LAWRENCE u. Mitarb.).

Die nervöse Beteiligung ist ein relativ schwerwiegender Aspekt der Mononucleose. Sie zieht in etwa 2—10 % einen letalen Ausgang nach sich. Der Nachweis einer cerebralen Mitaffektion kann durch die häufigere Anwendung der *Elektroencephalographie* öfter gelingen. Hier besteht eine gewisse Parallele zur Herzbeteiligung, wo die klinischen Fälle selten sind, das EKG aber häufigere Störungen nachweist. EEG-Veränderungen wurden ebenfalls ohne klinische Zeichen einer cerebralen Störung beobachtet (BERCEL).

Die Nieren spielen bei der Mononucleose eine untergeordnete Rolle. SALGE erwähnt schon 1920 das Auftreten von *Nephritis*. Eine febrile Albuminurie und Mikrohämaturie dürften unspezifisch sein. Es gibt aber auch in der 2.—3. Woche auftretende Fälle von eigentlicher Nephritis mit Hämaturie, Proteinurie und Cylindrurie. Die Hämaturie steht im Vordergrund. Blutdruckerhöhungen sind Ausnahmen. Auch hier gibt es Fälle mit histologisch nachweisbarer interstitieller Infiltration (ALLEN und BASS) mit mononucleären Zellen, die klinisch keine oder nur geringe Erscheinungen machen, so daß bei dem oligosymptomatischen Bild im Einzelfall kaum gesagt werden kann, ob es Ausdruck einer mononucleären Nephritis, oder eines unspezifischen Harnbefundes ist.

Einzelfälle von *Orchitis* sind beschrieben (RALSTON u. Mitarb., WOLNISTY, FANG TS'EN LOU). Es wird diskutiert, ob nicht teilweise *Epididymitiden* dem Bilde zu Grunde lagen. Weiterhin finden sich Mitteilungen über *Parotitis* (GLANZMANN) und selten Pankreatitis (ERWIN u. Mitarb.).

Schließlich treten *Augenveränderungen* auf. Sie verlieren sich gerne im allgemeinen Krankheitsbild, so daß sie trotz einer Häufigkeit von etwa 5 % nicht immer beachtet werden. Das Lidödem wurde schon erwähnt, desgleichen der Retrobulbärschmerz, beides Symptome, die wie das Schwergefühl in den Augen und die Dakryocystitis nicht oculäre Erscheinungen im engeren Sinne sind. Eigentliche Augensymptome sind Conjunctivitis (nach ROMINGER sehr häufig) und Lichtscheu, Uveitis, Neuritis optica, Papillenödem und Retinablutungen. Neurooculäre Erscheinungen durch Beteiligung der Hirnnerven, besonders des Nervus oculomotorius leiten zu den neuritischen Syndromen über. Auch extraoculäre Störungen der Nerven sind beschrieben wie Ptose, Nystagmus, Skotom u.a. (s. LEIBOWITZ).

Verschiedene Autoren vermuten bei der Mononucleose eine *allergische Bereitschaft*, die einige Symptome, darunter vielleicht auch die gelegentliche Eosionophilie und den Titeranstieg der Forssman-Antigene erklären würde.

Das *Maximum der Krankheit* liegt in der Regel in der *2.—3. Krankheitswoche*. Dies ist auch der Zeitpunkt, wo Blutbild, serologische Befunde und Drüsenschwellungen ihren Höhepunkt erreichen. Entsprechend sind weitere Organmanifestationen und Komplikationen in diesem Zeitraum zu erwarten. Von dieser Regel gibt es aber immer wieder Ausnahmen, bei denen ohne Zeichen einer Allgemeinerkrankung unvermittelt ein Krankheitssymptom, eventuell eine eigentliche Organkrankheit wie Meningitis und andere neurologische Erscheinungen, Perikarditis, Hepatitis, Milzruptur, Nephritis, Orchitis u. a. das Bild beherrschen.

Diagnostische Hilfsmittel

Die Diagnose einer Mononucleosis infectiosa wird *klinisch* gestellt. Bestätigt wird sie aber 1. durch das *Differentialblutbild und* 2. durch die *Serologie*. Der Nachweis von atypischen Lymphocyten im Liquor, Rachenabstrich, Milz-, Drüsen-, Sternal- und Leberpunktat sind bei einer unkompliziert verlaufenden Mononucleose nicht notwendig.

Die Laboratoriumsuntersuchungen außer dem Blutbild und der Serologie sind nur von sekundärer Bedeutung. Die Blutsenkung ist in der Regel mäßig erhöht, sie kann aber auch bei Superinfektionen und exsudativen Prozessen sehr hohe Werte erreichen. Weitere Laboratoriumsresultate fallen je nach Organbeteiligung aus. An erster Stelle sind die Hinweise für die Leberbeteiligung zu erwähnen: Serum-Transaminasen, Thymolprobe, Cephalin-Flockungsreaktion, alkalische Phosphatase und Bromsulphaleinprobe, die schon bei der Hepatitis mononucleosa besprochen wurden. Das EKG ist fast das einzige Hilfsmittel zum Nachweis einer Myokardbeteiligung. Bei zentral-nervösen Erscheinungen hat das EEG seinen Platz. Eine Lumbalpunktion ist bei Verdacht auf Meningitis angezeigt.

1. Blutbild

Die Blutbefunde bedürfen einer besonderen Besprechung. Denn wie die Krankheitsbezeichnung „Mononucleosis infectiosa" ausdrückt, ist bei dem eventuell sehr heteromorphen Krankheitsbild mit unbekanntem Erreger die Veränderung des Blutbildes abgesehen von der Serologie eventuell das einzige Kriterium das gestattet, die scheinbar verschiedenen Krankheiten des Drüsenfiebers, der „Monocyten-Angina" und der allgemeinen Mononucleose mit den verschiedenen Organmanifestationen als Einheit zusammenzufassen.

Das weiße Blutbild zeigt ein typisches Verhalten sowohl inbezug auf Morphologie wie seine Verteilung. Obwohl schon früher hämatologische Veränderungen bei der Mononucleose vereinzelt mitgeteilt wurden, ist erst 1923 vor allem DOWNEY und McKINLEY die eingehende morphologische Analyse des Blutbildes und TIDY und DANIEL auf Grund des Blutbefundes die Einordnung von Drüsenfieber und Monocyten-Angina unter die gleiche Krankheitseinheit zu verdanken.

Das *Differentialblutbild* macht im Laufe der Mononucleose *verschiedene Phasen* durch. Zu Beginn, d. h. in der 1. Krankheitswoche besteht meistens eine normale Leucocytenzahl oder gar eine Leukopenie mit leichter Linksverschiebung der Neutrophilen, aber normaler Lymphocytenzahl. Am Ende der 1. Krankheitswoche kommt es dann zur Leukocytose mit Lymphocytenanstieg bei ungefähr absolut gleichbleibendem Wert der Neutrophilen. Die Lymphocytenvermehrung ist sehr erheblich und hauptsächlich für die Entstehung der Leukocytose verantwortlich. Zugleich findet auch eine Verschiebung in der Morphologie der Lymphocyten statt, wo atypische Formen etwa vom 9. Tag an immer reichlicher werden und dominieren können. Das Maximum dieser lymphocytären Reaktion ist meist am Ende der 2. Krankheitswoche erreicht. Dann setzt eine rückläufige Bewegung ein und die atypischen Lymphocyten verschwinden innerhalb von 1—3 Wochen, zuweilen aber später, während noch längere Zeit eine Lymphocytose nachzuweisen ist (Abb. 4). Dies ist der „Normalablauf" des Blutbildes. Der einzelne Fall kann aber ganz erhebliche Abweichung von den eben genannten Zahlen aufweisen. Es gibt rein leukopenische Formen (ALDER, HEILMEYER und BEGEMANN).

Das Differentialblutbild wird *beherrscht von den lymphatischen Zellen*. Das Vollbild der Mononucleose zeigt eine Leukocytose mit relativer und absoluter Lymphocytose von 12000—30000, selten bis 50000 (SHIPP und BADEN) Zellen. Die höchste allerdings nur zitierte Zahl betrug 80000 (STEPP und WENDT). Die Lymphocyten sind nicht nur vermehrt, sondern zeigen eine atypische Morphologie („*atypische Lymphocyten*"). Die Zellen können sich derart verändern, daß sie an Monocyten erinnern, weshalb man von monocytoiden Lymphocyten oder sogar von lymphocytären Monocyten sprach (vgl. „Monocyten-Angina"). Im Einzelfall kann es bei

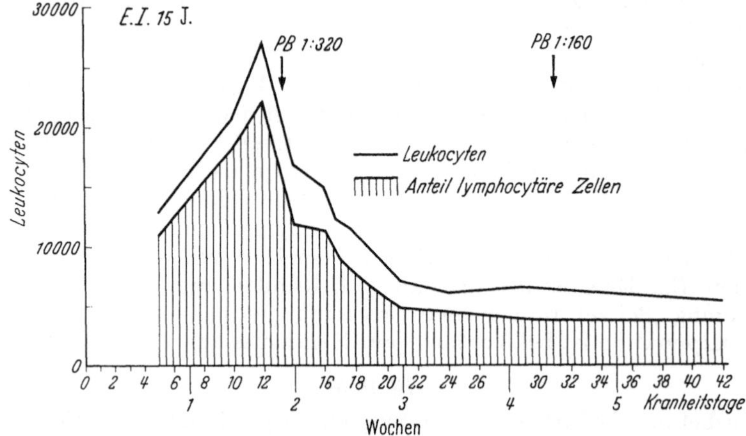

Abb. 4. Verhalten der Leukocyten im Verlauf der Mononucleosis infectiosa (E.I., 15jährig). Die Phase der Leukopenie würde nicht mehr erfaßt. Der Anfall der Lymphocyten an der Gesamtleukocytenzahl überwiegt (schraffiert)

der Differenzierung außerordentlich schwierig sein, eine weiße Zelle richtig einzuordnen. Es herrscht nicht eine Zellform oder eine Atypie der Lymphocyten vor, sondern es finden sich auf der Höhe der Krankheit alle Reizformen des lymphatischen Systemes wie junge Lymphocyten, Plasmazellen, atypische Lymphocyten mit verschieden intensiv basophilem Plasma und verschieden geformten und strukturierten, vor allem auch stark gebuchteten (= Riederzellen) Kernen (Abb. 5). Die Vielfalt dieser Zellen, die mit dem monotonen Bild einer lymphatischen Leukämie kontrastiert, ließ den Ausdruck des „bunten Blutbildes" prägen. Neben den Lymphocyten finden sich selbstverständlich die normalen Neutrophilen, Eosinophilen, Basophilen und Blutmonocyten, aber in relativ spärlicher Anzahl. Der *Anteil der Lymphocyten*, bzw. der lymphocytären Zellen beträgt auf der Höhe der Erkrankung *mindestens 50%*, durchschnittlich 70%; 90% und darüber werden auch gesehen. Der Anteil der *atypischen Lymphocyten* macht während der Fieberphase *mindestens 10%*, in der Regel aber 20, 30% und mehr aus.

Diese Zahl von 10% atypischer Lymphocyten als Kriterium wird immer wieder diskutiert (REWERTS, 1962) und auch bemängelt mit der Begründung, in Epidemien oder Hausinfektionen würden Mononucleose-Fälle mit weniger atypischen Zellen beobachtet. Prinzipiell mag dies zutreffen. Doch haben wir es gewöhnlich mit den sporadischen Formen der Mononucleose, also Einzelfällen, zu tun. Da kein Symptom der Mononucleose obligat ist, ein Erreger nicht bekannt, besteht die Gefahr, daß bei Verzicht auf einige Minimalkriterien im für die Diagnosestellung entscheidenden Blutbild andere Viruskrankheiten mit der Diagnose Mononucleose abgestempelt werden, für die sie nicht zutrifft. Es ist besser etwas engere Grenzen zu ziehen, als durch Verwirrung der Begriffe Unsicherheit zu schaffen.

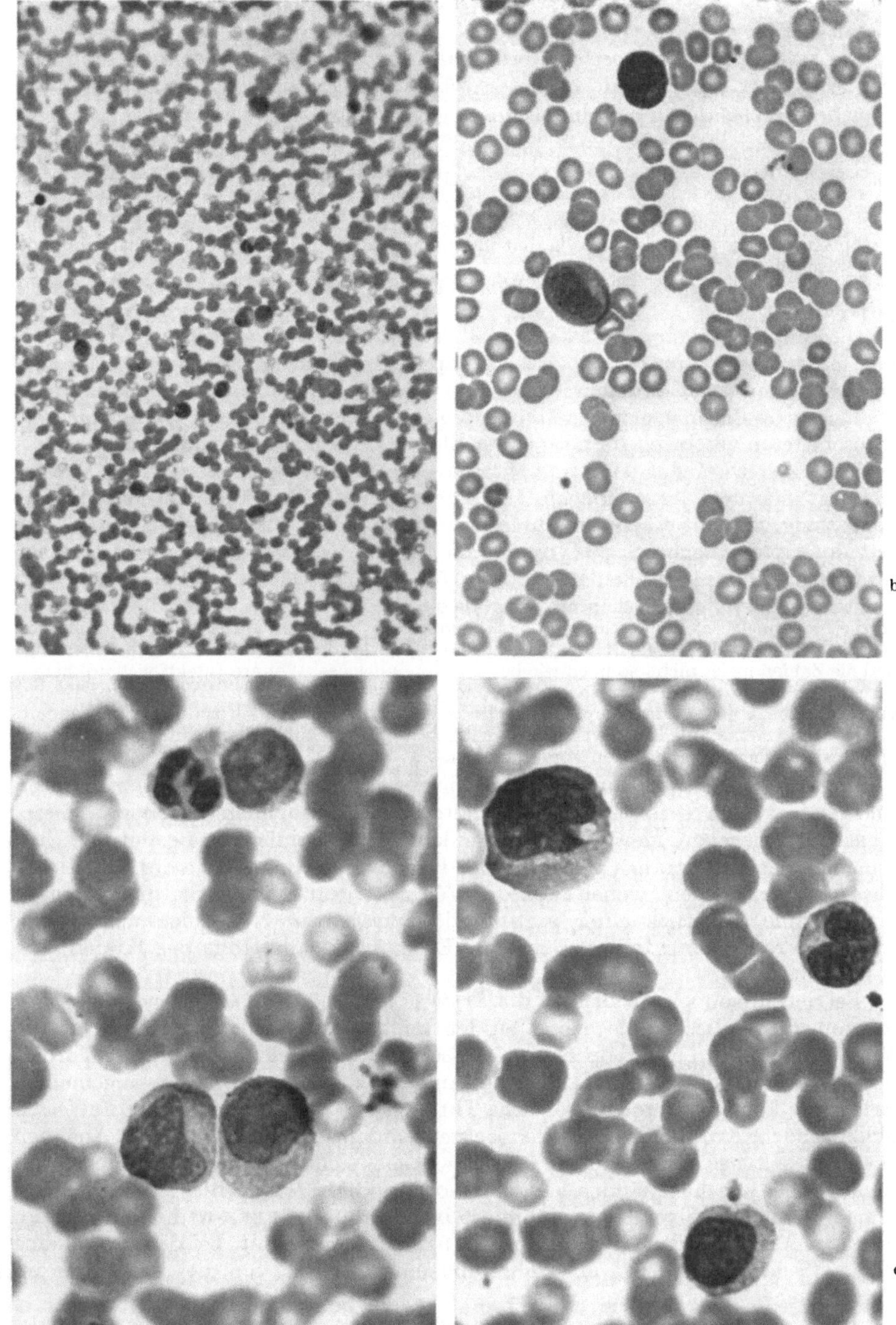

Abb. 5. Blutausstriche bei Mononucleosis infectiosa (die Aufnahmen verdanke ich Herrn PD Dr. H.R. MARTI, Medizinische Universitätspoliklinik Basel). E.I., 15jährig: a) Übersichtsaufnahme 20mal: Vermehrung der Leukocyten. Vorwiegend mononucleäre Zellen verschiedener Reifestufen. b) Oelimmersion 50mal: Plasmocytär- und monocytoide Lymphocyten. c) Oelimmersion 100mal: „Buntes Blutbild" mit 4 verschiedenen Leukocytenformen: 2 große monocytoide Lymphocyten mit blassem ("washed out") Plasma. Ein atypischer Lymphocyt, ein Neutrophiler. d) Oelimmersion 100mal: 3 verschiedene Typen der lymphatischen Reihe: Riederform, großer Lymphocyt mit aufgelockertem Kern und Vacuolenbildung im Plasma, kleiner atypischer Lymphocyt. Beachte die Anschmiegsamkeit des Plasmas des großen Lymphocyten an die anliegenden Erythrocyten

Die *atypischen Lymphocyten* werden als *Downey-Zellen* bezeichnet. DOWNEY und MCKINLEY unterschieden *drei verschiedene Zelltypen.*

1. Den gewöhnlichen Typus mit nicht sehr großen Zellen, aber einem ovalen bis nierenförmigen grobmaschigen Kern von wolkigem Aussehen. Das Protoplasma ist basophiler als das normaler Lymphocyten. Oft weist es reichlich Vacuolen auf. Das Plasma kann dem der Plasmazelle gleichen („plasmocelluläre Umwandlung", HEILMEYER und BEGEMANN). Azurgranula ist spärlich vorhanden.

2. Große Zellen mit relativ homogenem lockeren Kern, der dem der Plasmazellen ähnelt. Protoplasma ist ziemlich gleichmäßig, hat nur wenig Vacuolen und ist weniger basophil, wie ausgewaschen. Der Kern ist rund.

3. Jugendlicher Typ. Er erinnert an Lymphoblasten, weist Nucleolen auf. Im Plasma sind Vacuolen vorhanden.

Die Einteilung von GLANZMANN in 1. *jugendliche Lymphoblasten,* 2. *lymphocytoide Zellen* und 3. *monocytoide Zellen* gibt prägnanter an, wie die Morphologie sich in verschiedenen Richtungen entwickeln kann. Neben diesen Zellen kommen ziemlich viele Plasmazellen, an Monocyten erinnernde Zellen und Übergänge vor. Mitosen treten vereinzelt im peripheren Blut auf. Die Kernpolymorphie ist erheblich (ALDER). Die Zellen sind im späteren Verlauf teilweise lädierbar, ihr Plasma schmiegt sich der Umgebung an. Die Vacuolenbildung in den Kernen wird als Fensterung, das mit Vacuolen durchsetzte Plasma als schaumig bezeichnet. Die den Monocyten gleichenden atypischen Zellen sind peroxydasenegativ und daher ein Glied der lymphatischen Reihe (Abb. 5).

Die atypischen Zellen sind ebensowenig wie die lymphocytäre Reaktion pathognomonisch für die Mononucleose. Beide klinisch der Mononucleose ähnlichen Virusinfektionen, nämlich die Rubeolen und die Hepatitis epidemica können ein ähnliches Blutbild zeigen. Allerdings sind die Zahlen meist nicht so hoch wie bei der Mononucleose. Weitere Infektionskrankheiten fördern die Bildung von atypischen Lymphocyten wie Viruspneumonie, Morbilli, Herpes zoster, Influenza und Parotitis epidemica. Da es sich hier stets um Virusinfektionen handelt, wurde von LITWINS und LEIBOWITZ die sprachlich wenig glückliche Bezeichnung „*Virocyten*" für die atypischen Lymphocyten vorgeschlagen.

Die eigentlichen *Blutmonocyten* sind nicht vermehrt, die kleinen Lymphocyten sind relativ wenig vertreten. Das Verhalten der Eosinophilen wird etwas unterschiedlich angegeben. Meistens sieht man keine Eosinophilie von Bedeutung. Eine Zunahme der *Eosinophilen* ist erst in der Rekonvaleszenz, d. h. in der Reaktionsphase zu verzeichnen, wobei auch der Verdacht geäußert wurde, diese Eosinophilie könne Ausdruck einer postinfektiösen relativen Nebenniereninsuffizienz sein. Andere Autoren teilten Fälle mit Eosinophilie auf Höhe des Krankheitsgeschehens mit.

Bei der Mononucleose bleiben die *Erythrocyten* und die *Thrombocyten* gewöhnlich unberührt, dies im Gegensatz zu den Leukosen. Es gibt aber immer wieder Mitteilungen über Thrombopenien. Gewisse Autoren bezeichnen sogar die Thrombopenie als häufig (ROMINGER), eine Angabe, die nicht mit der allgemeinen Erfahrung übereinstimmt. Chronische Thrombocytopenie soll in einem Fall nach abklingendem Krankheitsschub beobachtet worden sein (SCHUMACHER). Anämien sind noch seltener (THURM und BASSEN), wobei es sich wohl vorwiegend um autoimmunhämolytische Anämien handelt (HOUK und McFARLAND). Eine fulminante Hämolyse mit massiver Hämoglobinurie beobachteten GREEN und GOLDENBERG. SMITH u. Mitarb. teilten den Fall einer 19jährigen Frau mit, bei der sowohl eine hämolytische Anämie wie eine Thrombopenie bestand, für die Antikörper im Serum nachgewiesen werden konnte.

Das *Knochenmarkspunktat* ergibt in der Regel keine entscheidenden Befunde. Es läßt meistens normale Verhältnisse und keine mononucleäre Invasion (MOESCHLIN, 1941), sondern nur eine Linksverschiebung der Granulocyten und selten eine leichte Vermehrung der Retikulocyten erkennen. Andere Autoren sahen eine erhebliche Vermehrung der reticulären Elemente. Die Erklärung, daß es sich hier einfach um eine starke Vermischung mit Blut und damit um eine Annäherung der Zellzusammensetzung an das Blutbild handle, befriedigt nicht. Möglicherweise findet die reticuläre Proliferation im Knochenmark nur stellenweise statt, so daß das wechselnde Punktatergebnis durch die zufällige Punktionsstelle bedingt sein könnte.

Drüsenpunktate wurden vor allem von MOESCHLIN sowie LÜDIN untersucht. Die Drüsen sind typisch verändert. An Stelle der normalerweise vorhandenen kleinzelligen „alten" Lymphocyten findet man zahlreiche junge Zellen, die MOESCHLIN in lymphatische Monoblasten, Plasmoblasten und lymphoide Retikulumzellen unterteilt. Dieses Bild erklärt, warum bei einem weiteren Schub mit neuer Drüsenschwellung auch die Lymphocyten im Blut wieder ansteigen. Gelegentlich soll das Drüsenpunktat typische Veränderungen zeigen, wenn das periphere Blutbild noch nicht charakteristisch verändert ist (LÜDIN).

Im *Milzpunktat* schließlich stellte MOESCHLIN ein ähnliches Verhalten fest. Die Befunde aus Knochenmark, Drüsen und Milz zeigen, daß das ganze lymphatische Gewebe an der Bildung der atypischen Drüsenfieberzellen beteiligt ist und es sich hier wirklich um lymphocytäre Elemente handelt. Diese Erkenntnis wird durch elektronenmikroskopische Untersuchungen von PAEGLE bestätigt. Cytochemische Untersuchungen von GALBRAITH u. Mitarb. kamen zum gleichen Ergebnis und lassen an der Zugehörigkeit zur Lymphocytenreihe keine Zweifel aufkommen.

Abschließend sei nochmals daran erinnert, daß die atypischen Lymphocyten nicht nur im Blut, lymphatischen Gewebe und Knochenmark anzutreffen sind, sondern auch im Liquor und im Tonsillenabstrich, sowie in histologischen Präparaten als Infiltrate bildende Zellen in verschiedensten Organen.

2. Serologie

Wohl ist der Erreger der Mononucleosis infectiosa noch nicht sicher bekannt, doch lassen sich im Organismus während der Krankheit Antikörper nachweisen. Die *Mononucleose-Antikörper* reagieren nicht nur mit dem Antigen der Mononucleose, sondern auch mit Erythrocyten verschiedener Tierarten. Diese Tatsache wird diagnostisch zum Nachweis der Mononucleose verwendet. Die serologischen Untersuchungsmethoden haben im Verlaufe der Jahre einige Modifikationen erfahren und dadurch an Treffsicherheit gewonnen.

1911 fand FORSSMANN, daß die Injektion von Gewebsaufschwemmungen von Meerschweinchen und dann auch bestimmter anderer Tiere beim Kaninchen die Entstehung von Lysinen für Schaf-Erythrocyten bewirkte. Seither wird die Bezeichnung *Forssmann-Antigen* oder *heterogenetisches Antigen* für Substanzen gebraucht, die heterophile Antikörper hervorrufen. Die heterophilen Antikörper reagieren also mit Antigenen, die andersartig und auf eine andere Weise entstanden sind als das ursprüngliche, die Antikörper provozierende Antigen. Man unterscheidet in bezug auf die Antikörperbildung die Meerschweinchengruppe, die heterogenetisches Antigen im eigenen Gewebe besitzt, und daher keine heterophilen Antikörper bilden kann, von der Kaninchengruppe, die heterophile Antikörper auf Injektion von Meerschweinchennierenemulsion oder andere ähnliche Aufschwemmungen zu bilden im Stande ist. Der Mensch verhält sich wie die Kaninchengruppe. Heterophile Antikörper kommen in niedriger Konzentration spontan auch bei Normalpersonen vor, sodann bei Patienten mit Serumkrankheit und manchmal auch bei weiteren Infektionskrankheiten. Alle heterophilen Antikörper, die durch Meerschweinchennierenaufschwemmung absorbiert werden, sind dem *Forssmann-Typ* zuzuteilen.

1924 beobachtete HANGANATZIU und 1926 DEICHER, daß nach Injektion von Pferdeserum beim Menschen eine heterophile Agglutination auftritt. Die beiden Autoren haben aber nichts mit der Serologie der Mononucleose zu tun. Erst PAUL und BUNNELL führten die heterophile Agglutination 1932 in die serologische Diagnostik der Mononucleosis infectiosa ein, nachdem sie bei 4 Mononucleose-Kranken beobachteten, daß das Serum dieser Patienten Hammel-Erythrocyten stärker agglutinierte als das Serum von Normalpersonen.

Es treten also bei der Mononucleosis infectiosa heterophile Antikörper auf, die Schaf-Erythrocyten zur Agglutination bringen. Sie gehören nicht dem Forssmann-Typ an, weil sie durch Meerschweinchennieren nicht absorbiert werden. Hingegen werden die Antikörper der Mononucleosis infectiosa durch gekochte Rinder-Erythrocyten absorbiert. Die Antikörper der Serumkrankheit werden sowohl durch Meerschweinchenniere wie Rinder-Erythrocyten absorbiert. Somit gibt es drei, wenn nicht vier verschiedene Typen von heterogenetischen Antigenen: Nämlich das Forssmann-Antigen, das Serumkrankheit-Antigen, evtl. ein Antigen, das bei Normalpersonen ebenfalls heterophile Antikörper hervorruft und das Mononucleose-Antigen.

Das *Mononucleose-Antigen* kann man aus dem Stroma von Rinder-Erythrocyten isolieren. Es ist wärmestabil und Alkohol unlöslich. Die heterophilen Antikörper der Mononucleose sind in der Gammafraktion des Elektropherogramms enthalten. Immunelektrophoretisch sind sie in der Beta-2-M-Globulinfraktion zu finden (BURI und EYQUEM). Die Forssmann-Antigene (und auch die entsprechenden Antikörper) bezeichnet man mit F, die Serum-Antigene mit S und die Mononucleose-Antigene mit M. Teilweise spricht man bei Normalpersonen von N-Antikörpern.

Die *Technik der Reaktion nach* PAUL *und* BUNNELL sei im Prinzip angeführt:
Man benötigt Patientenserum und eine Aufschwemmung von Schaf-Erythrocyten. Das Patientenserum wird erst durch Erwärmen auf 56° inaktiviert. So behält es sein Agglutinationsvermögen über längere Zeit bei. Dann wird eine Serumverdünnung mit physiologischer Kochsalzlösung, beginnend mit 1:4, in einer Reihe angelegt. Die Schaf-Erythrocyten werden gewaschen. Dann wird mit ihnen eine Suspension mit 0,5% Erythrocyten hergestellt. Je 0,5 ml der absteigenden Serumverdünnung werden in eine Reihe von 10 Röhrchen gegeben und ihnen dann 0,5 ml der Schaf-Erythrocyten-Suspension beigefügt. Nach Schütteln werden die Röhrchen während 15 Std bei Zimmertemperatur stehengelassen. Ablesen der Agglutination nach Durchmischen. Eine makroskopisch sichtbare Agglutination der Schaf-Erythrocyten wird als positiv gewertet. Als Grenzkonzentration wird das Röhrchen mit noch erkennbarer Agglutination bezeichnet.

Einen naheliegenden Schritt zur Differenzierung der Hetero-Agglutinine tat DAVIDSOHN. Er verwertete die Erfahrungen über die absorbierenden Eigenschaften von Meerschweinchenniere und gekochten Rinder-Erythrocyten. Je nachdem eine Absorption von heterophilen Antikörpern stattfindet oder nicht, kann man auf die heterogenetischen Antigene schließen. Die Differentialabsorptionsmethode nach DAVIDSOHN ist heute die klassische Methode zum Nachweis heterophiler Antikörper. Die Absorptionsformen für die verschiedenen Heteroagglutinationen lassen sich aus folgendem Schema erkennen:

Serum	Signifikante Absorption der Antikörper durch:	
	Meerschwein-chenniere	gekochte Rinder-Erythrocyten
Normalpersonen (N)-Antikörper	+	—
Forssmann-(F)-Antikörper	+	+
Serumkrankheit (S)-Antikörper	+	+
Mononucleose (M)-Antikörper)	—	+

Es läßt sich also aus der Differentialabsorption erkennen, um welche Antikörper es sich handelt. Werden die Antikörper durch Meerschweinchennierensuspension signifikant absorbiert, so liegen keine Mononucleose-Antikörper vor. Erfolgt eine *Absorption* wohl *durch Rinder-Erythrocyten, nicht* aber *durch Meerschweinchennieren,* so handelt es sich um *Mononucleose-Antikörper.* Gelingt schließlich eine Absorption sowohl durch Meerschweinchenniere wie durch Rinder-

Erythrocyten, so spricht das für Antikörper des Forssmann-Typs und der Serumkrankheit. Eine Absorption wird als *signifikant* angesehen, *wenn 75% und mehr* des ursprünglichen Titerwertes *absorbiert* werden. Wahrscheinlich handelt es sich hier nicht um eine direkte Antigen-Antikörperreaktion mit dem Krankheitserreger der Mononucleosis infectiosa, sondern um eine paraspezifische Reaktion.

Bei der *Mononucleoseagglutination* handelt es sich also nicht um eine qualitative, sondern um eine *quantitative Reaktion*. Auch Normalserum kann bis 1:32 eine Agglutination bewirken. Erst ein Titer von 1:64 oder mehr wurde bisher als für Mononucleose sprechend angesehen. Da sich aber zeigte, daß auch andere heterophile Antikörper höhere Titerwerte erreichen können, gilt erst ein *Titer von 1:826 und mehr* auch ohne Absorption als für Mononucleosis infectiosa beweisend. Allgemein ist heute aber eine *Absorption mit Meerschweinchenniere* zu verlangen. Nur wenn der Titer absorbiert *gleich bleibt* oder jedenfalls *nicht unter 1:64 absinkt*, sind Mononucleose-Antikörper mit Sicherheit vorhanden. Es ist beim Differentialabsorptionstest das Ausmaß des Titerabfalles von geringerer Bedeutung als der noch nachweisbare Resttiter. Die von den einzelnen Autoren aufgestellten Grenztiterwerte schwanken jedoch je nach Untersucher und können von 1:16 bis 1:128 betragen. Die von verschiedenen Laboratorien erhaltenen Agglutinationstiterwerte sind nicht ohne weiteres miteinander vergleichbar. Denn die technischen Methoden variieren in einem weiten Rahmen. Als die Agglutination beeinflussende Faktoren werden Temperatur, Versuchsdauer, Mengen, Absorptionsmaterial, individuelle Eigenschaften der Erythrocyten, Alter und Blutgruppen angegeben (LEIBOWITZ, 1956). Träger der Blutgruppe A sollen weniger hohe Titer aufweisen, desgleichen Kleinkinder.

Auch die sicheren Fälle von Mononucleose erreichen sehr unterschiedliche Titerwerte. Während einerseits in gewissen Fällen extrem niedrige Werte von 1:32 mit dem Differentialtest noch als positiv nachgewiesen wurden, teilte LEIBOWITZ (1953) einen Fall mit, bei dem der unabsorbierte Titer 1:229376, absorbiert 1:1792 betrug und einen anderen Fall mit einem Titer von 1:28672 unabsorbiert und 1:14336 absorbiert. NOGALSI und LIPPELT geben ihrerseits einen Fall mit einem Titer von 1:256000 an. Meist bewegen sich aber die erhaltenen Werte zwischen 1:64 bis 1:1024. Einen Titer von 1:826 darf man wie gesagt wohl auch unabsorbiert als positiv werten.

Die *Paul-Bunnell-Reaktion* wird etwa *vom 7. Krankheitstage an positiv*. Doch beobachtet man nicht selten erst ein Positivwerden nach 2—3 Wochen. Die erhöhten Titerwerte halten etwa *2—12 Wochen* an, durchschnittlich 9 Wochen (LEIBOWITZ), sie können aber auch noch nach 10 Monaten nachweisbar bleiben. Das Maximum der Titerkurve liegt in der Regel in der 2.—3. Krankheitswoche. Man sollte sich daher wegen des unregelmäßigen Titeranstiegs und -Verlaufs nicht mit einer negativen Reaktion bei Mononucleose-Verdacht begnügen, sondern die Reaktion nach 1—2 Wochen wiederholen. Im Liquor cerebrospinalis wurden vereinzelt heterophile Antikörper nachgewiesen.

Um die Frage, ob alle Fälle von Mononucleose eine positive *Paul-Bunnel-Reaktion* aufweisen, wurde lange Zeit eine heftige Diskussion geführt. HOAGLAND hielt früher eine positive heterophile Agglutination zur Stellung der Diagnose einer infektiösen Mononucleose für erforderlich. Er selbst und andere Autoren, die seine Meinung teilten, geben nun aber zu, daß es auch Fälle mit negativer Paul-Bunnel-Reaktion gibt. Da es sich um eine biologische und nicht chemische Reaktion handelt, ist ein 100%ig positiver Ausfall der Reaktion auch unwahrscheinlich. Über die Häufigkeit der negativen Reaktionen gehen aber die Meinungen noch weit auseinander. Man darf wohl mit 80—90% positiver Agglutinationen bei allen Fällen von Mononucleose rechnen.

Es fehlte nicht an Versuchen, die Heteroagglutinationen zuverlässiger und spezifischer zu gestalten, so daß andere Agglutinationen von der Mononucleoseagglutination eindeutiger unterschieden werden können. *Zwei auf fermentativem Abbau beruhende Methoden* haben in letzter Zeit von sich reden gemacht, die *Methoden von* WÖLLNER *und die von* TOMSCIK.

WÖLLNER inaktivierte 1957 durch Vorbehandlung der Schaf-Erythrocyten mit Papain selektiv das M-Antigen. Nach dieser Behandlung der Erythrocyten ist bei Mononucleosis infectiosa der Agglutinationstiter tiefer als bei der Paul-Bunnell-Reaktion. Die Reaktion spricht also für Mononucleose-Antikörper, wenn der Titer absinkt. Liegen aber andere unspezifische Heteroagglutinine vor, so steigt der Titer nach Papainvorbehandlung an (indirekter Antikörpernachweis = „*Wöllner I*"). Da die Methode aber auch unklare Resultate ergibt, schlägt WÖLLNER vor, vorher das Serum mit papainisierten Schaf-Erythrocyten zu absorbieren und dann wie nach *Wöllner I* vorzugehen. Damit wird das Ergebnis zuverlässiger und entspricht weitgehend dem der klassischen Methode. Statt papainisierter Erythrocyten könnte man auch Meerschweinchennieren zur Absorption brauchen.

TOMSCIK empfahl 1960 statt Schaf-Erythrocyten, *Rinder-Erythrocyten* zu verwenden. Dies hat den Vorteil, mit Erythrocyten zu arbeiten, die das F-Antigen nicht besitzen, womit ein Störfaktor wegfällt. Rinder-Erythrocyten werden durch Mononucleoseserum primär nicht agglutiniert, doch enthalten sie reichlich M-Antigen und S-Antigen. Durch vorsichtige Behandlung mit einer 1:10000 verdünnten *Trypsinlösung* werden die Receptoren an den Erythrocyten freigelegt, wodurch eine nachfolgende Agglutination möglich wird. Wegen des noch vorhandenen S-Antigens ist auch hier eine Absorption mit Meerschweinchenniere notwendig.

TOMSCIKS Theorie über die Grenzflächenstruktur der Erythrocyten erklärt zwanglos die Resultate der beiden eben besprochenen Methoden. Bei den Schaf-Erythrocyten liegen die Receptoren der M-, S- und F-Antigene an der Oberfläche der Proteinhülle. Sie können direkt zur Agglutination führen. Mit Papain wird das M-Antigen inaktiviert (SPRINGER), daher

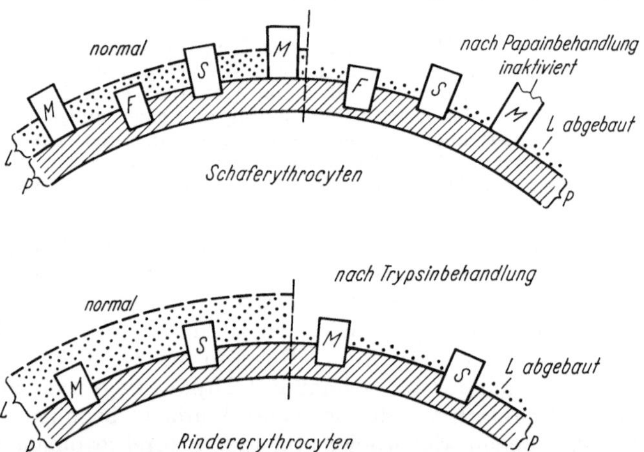

Abb. 6. Schematische Darstellung der Topographie der Antigene an den Grenzflächen der Schaf- bzw. der Rindererythrocyten (modifiziert nach TOMSCIK). M = Mononucleoseantigen, S = Serumkrankheitantigen, F = Forssmannantigen, P = Speziesspezifisches Proteinantigen der semipermeablen Membran, L = Lockere Proteinhülle. Das Normalantigen N wurde hier nicht berücksichtigt. Durch Papain wird nach WÖLLNER das M-Antigen inaktiviert, gleichzeitig werden infolge Proteinabbau unspezifische Receptoren freigesetzt. Trypsin baut nach TOMSCIK die Proteinhülle der Rindererythrocyten ab, so daß die Receptoren zugänglich werden

kommt es zum Titerabfall. Andererseits kann Papain die Proteinhülle weiter abbauen, so daß weitere, tiefer gelegene, unspezifische Receptoren freigelegt werden, was dann den unspezifischen Titeranstieg erklärt. Bei den Rinder-Erythrocyten sind alle Receptoren durch eine lockere Proteinhülle verdeckt, sie können daher wohl eine Antigenantikörperreaktion eingehen, aber nicht eine sterische Agglutination bewirken. Erst nach Entfernung der Proteinhülle liegen die Receptoren frei an der Oberfläche und gestatten eine Agglutination (vgl. Abb. 6). Es ist möglich, daß neben den genannten Antigenen noch ein N-Antigen, das des Normalserums vorliegt, das die unspezifischen Agglutinationen nach der Tomscik-Methode hervorrufen könnte.

Beide fermentative Methoden haben ihre Bestätigung durch andere Autoren erfahren (KRAUER, KLUGE und KRAH, WÖLLNER). Sie scheinen den klassischen

Absorptionsmethoden ebenbürtig zu sein. Jeder der Entdecker der beiden neuen Agglutinationsmethoden hält seine Methode für die technisch einfachste. Bisher haben die enzymatischen Methoden nur in wenigen Instituten Einzug gehalten. Im allgemeinen verwendet man auch heute noch den klassischen Differentialtest nach DAVIDSOHN.

Weitere Methoden wie die Objektträgeruntersuchung (RUOF und HAUSMANN), die Komplementbindungsreaktion (MÜLLER) und solche, die auf verschiedenem Testblut beruhen, haben sich nicht durchgesetzt. [1]

Bei der Bewertung der Hetero-Agglutinationsresultate ist daran zu denken, daß die Titerwerte im Verlaufe von Tagen und Wochen ein unterschiedliches, d. h. kurvenähnliches Verhalten zeigen. Die höchsten Titer werden in der 2. und 3. Woche gefunden (DUNNET). Eine einmalige negative Probe ist daher keinesfalls ein schlüssiges Argument gegen das Vorliegen einer Mononucleose. Der Titeranstieg erfolgt zuweilen sehr spät bis 6 Wochen nach Krankheitsbeginn (DUNNET). Auch können sich die Verhältnisse beim wiederholten Absorptionstest ändern. Dies gilt besonders dann, wenn bei einer Mononucleosis infectiosa vorher Diphtherie-Heilserum gegeben wurde (MEYTHALER und HÄUPLER). Dann bedingt zunächst das infolge der Seruminjektion angestiegene S-Antigen, später aber das M-Antigen die Hetero-Agglutination, oder umgekehrt, wie es sich aus dem Verhalten des Absorptionstestes ergibt. Schließlich darf nicht vergessen werden, daß eine positive Reaktion nach Paul-Bunnell auch als anamnestische Reaktion bei anderen Krankheiten einige Zeit, ja bis 3 Jahre nach der Mononucleose gefunden werden kann (HOAGLAND, 1960, 1963).

Die Hetero-Agglutination ist auch unter den besten Untersuchungsbedingungen nicht absolut spezifisch. Man findet ebenfalls einen gewissen Titeranstieg bei Hepatitis epidemica (LEIBOWITZ), Leptospirosen, Lues, Bang, Typhus, Malaria, Rubeolen, Viruskrankheiten und Blutdyskrasien. Der Titer ist relativ niedrig, am höchsten bei der Hepatitis epidemica, kann hier bis 1:448 erreichen (LEIBOWITZ u. Mitarb.) und bei Leptospirosen (WIESMANN). Meistens wurden diese Agglutinine als *Forssmann*-Antikörper identifiziert. Der Mononucleose-Antikörper kann somit von den übrigen heterophilen Antikörpern bei Infektionskrankheiten abgegrenzt werden.

Umgekehrt fallen andere Seroreaktionen bei der Mononucleose zuweilen im Sinne unspezifischer Reaktion positiv aus. So die *Wassermannsche* Reaktion in 0,6% (HOAGLAND, 1962), der *Waaler-Rose*-Test, Kälteagglutination, C-reaktives Protein. Die immer wieder festgestellte Agglutination von Rickettsien wird als Argument für die Rickettsien-Genese der Krankheit herangezogen; sie könnte aber auch unspezifischer Art sein.

Diesen Abschnitt soll eine eigene Beobachtung abschließen, die die Symptomatologie der Mononucleose illustriert. Da eine Mitbeteiligung mehrerer Organe vorlag, kann unser Fall mit seinen verschiedenen Befunden als *Modellfall* dienen:

Kasuistik: Der 15jährige Patient erkrankte am 2. 3. 1964 ziemlich akut. *Fieber* rasch ansteigend von 38° am 1. Krankheitstag auf Werte über 39° an den folgenden Tagen. Anfänglich Halsschmerzen. Nach wenigen Tagen *generalisierte Lymphknotenschwellung und Milzvergrößerung*. Es trat eine schwere *Tonsillitis* mit weißlichen Belägen auf. Sie war Penicillin-resistent und führte infolge starker Schwellung zu erheblichen Schluckbeschwerden, schließlich zu gewisser Behinderung der Atmung. Am 7. 3. wiederholtes Erbrechen. Leukocyten 12900, davon 88% mononucleäre mit zahlreichen jungen und atypischen Formen. Am 12. 3. wegen Schluckunfähigkeit Spitaleinweisung mit der Vermutungsdiagnose eines *Pfeiffer'schen Drüsenfiebers*.

---

[1] Hingegen vereinfacht die von HOFF und BAUER 1965 beschriebene Objektträgermethode mit Formaldehyd behandelten Pferdeerythrocyten das Vorgehen und verkürzt die Untersuchungszeit auf wenige Minuten bei scheinbar großer Zuverlässigkeit (J. Am. med. Ass. **194**, 351—353 (1965)).

Der hochfebrile jugendliche Patient war stark mitgenommen, leicht somnolent. Fieber rectal 40,2°. Auf der Haut des Stammes disseminiertes, fein papulöses, vor allem folliculäres frisch rotes *Exanthem*. Kopf frei beweglich, keine meningitischen Symptome. Tonsillen stark geschwollen, von dicken weißlich-gelben Membranen überzogen, berühren sich fast in der Medianen. Der Belag läßt sich mit dem Spatel entfernen unter Zurücklassung leichter Blutung. Am weichen wie harten *Gaumen* zahlreiche punktförmige *Petechien* (Abb. 1). Rachenabstrich auf Diphtheriebacillen, Streptokokken, Spirillen und fusiforme Stäbchen negativ. Nuchal beidseits Kette von bis haselnußgroßen, teilweise dolenten Lymphknoten palpabel. Weitere bis mandelgroße Lymphome am Kieferwinkel, in beiden Axillen, kubital und inguinal. Die Drüsen sind relativ derb, nicht verbacken, mäßig dolent auf Druck. Herz physikalisch nicht vergrößert. Spitzenstoß erschütternd. Systolisches Geräusch von der Spitze bis zur Aorta hörbar bei unauffälligen Tönen. Puls um 84 regelmäßig, Blutdruck 120/60. Im *EKG* T-Negativität in III, umschrieben leichte ST-Senkung in V3, V4 (Abb. 3).

Thoraxaufnahme: Etwas myopathisch konfiguriertes, schlankes Herz. Lungen unauffällig. Abdomen weich. Die Milz überragt den Rippenbogen um 2 Querfinger, ist weich, aber druckdolent. Leber etwas konsistenter als normal, überragt den Rippenbogen um 2 Querfinger, ist kaum dolent. Übriger Untersuchungsbefund ohne Besonderheiten.

Senkung 56/72 mm. Leukocyten 20800, davon 5,5% Stabkernige, 8% Segmentkernige, keine Eosinophilen, *86% lymphocytoide Zellen*, von denen 15% Rieder-Zellen, 27,5% monocytoide Zellen, 1,5% junge Lymphocyten, 31% jüngere Lymphocyten, 11% alte Lymphocyten, 0,5% Plasmazellen. Thrombocyten 210000. Hämoglobin 82%. Reticulocyten 16%o. *Reaktion nach Paul-Bunnell* unabgesättigt 1:1280 *positiv*, mit Meerschweinchennierenzellen abgesättigt 1:320 positiv. Absorptionsreaktion auf Mononucleosis-Antigen nach *Tomscik positiv*. Im Serum Bilirubin 0,4 mg%, Thymolprobe 11 Mc-Lagan-E., SGOT 115 E., *SGPT 93 E.* Im Urin spezifisches Gewicht 1028, Eiweiß negativ. Im spärlichen *Urinsediment* wenig Leukocyten, ziemlich reichlich *Erythrocyten*. Die *Leberpunktion* vom 7. 4. ergab das Bild der Hepatitis mit vermehrt reticuloendothelialen Zellen an den Bindegewebsscheiden (Abb. 2).

Diagnose: Mononucleosis infectiosa mit Leber-, Myokard-, fraglicher Nierenbeteiligung.

Der Verlauf war im ganzen komplikationslos. Einzig nahm die Mikrohämaturie noch deutlich zu. Auch fiel ein eigentümliches distanzloses Verhalten des Patienten auf, das zu disziplinarischen Schwierigkeiten führte. Neurologische Störungen sonst nicht nachgewiesen. Es bestand daher neben der Vermutung einer diskreten *nephritischen Beteiligung* auch noch der Verdacht einer blanden *encephalitischen Komponente*. Leber- und Milzschwellungen waren bis zum 40. Krankheitstag nachweisbar, die Lymphknotenschwellung ging etwas rascher zurück. Paul-Bunnell abgesättigt am 32. Krankheitstag noch mit 1:160 positiv. Die Transaminasen normalisierten sich zwischen dem 35. und 44., das EKG am 42. Krankheitstag. Der Patient wurde weitgehend *wiederhergestellt*, aber mit einer Lymphocytose von 53% bei 6200 Leukocyten *am 45. Krankheitstag* entlassen.

Verlauf und Prognose

Von den drei klinischen Hauptsymptomen Fieber, Drüsenschwellung und Angina kann eines das Krankheitsbild beherrschen. Daher wurde seit TIDY die Einteilung in eine febrile, eine glanduläre und eine anginöse Form der Mononucleose vorgenommen. Diese Einteilung ist aber zu starr, wenn man sie auch zur Charakterisierung der Krankheitsbilder gebrauchen kann.

Trotz der vielfältigen Manifestationen und Organbeteiligungen ist die Mononucleose eine *gutartige Krankheit*. Die Letalität liegt wahrscheinlich weit unter 1 %oo. Als Todesursachen figurieren Milzruptur und neurologische Störungen vor den seltenen Fällen von Herzversagen, Verlegung der Atemwege, Leberkoma, Blutung. Hinzutretende Superinfektionen können, wenn sie nicht rechtzeitig erkannt werden, zu schweren, sogar tödlichen Komplikationen führen. Die während des akuten Krankheitsschubes eintretenden Organmanifestationen sind fast ausnahmslos reversibel. Eine posthepatitische Cirrhose nach Mononucleose ist eine Seltenheit. Die kardialen Veränderungen verschwinden bald aus dem EKG. Die Blutlymphocytose geht eventuell erst nach Monaten zurück. Die Meningitis ist benigne. Die Encephalitis heilt, falls sie nicht letal verläuft, in der Regel ohne Residuen ab. Die Neuritis kann selten Restparesen zurücklassen.

Die *Krankheitsdauer* der Mononucleosis infectiosa beträgt 3—6 Wochen. Exacerbationen mit erneutem Fieberanstieg und Anschwellen der Lymphknoten kommen vor. Die Rekonvaleszenz ist oft verzögert und schleppend. Vereinzelte Mitteilungen über chronischen Verlauf oder rezidivierende Krankheitsbilder liegen vor, sind aber derartige Raritäten, daß ihre Beziehung zur Mononucleosis infectiosa fraglich erscheint. MOESCHLIN berichtet von einem während $3^{1}/_{2}$ Jahren beobachteten Fall mit chronischer rezidivierender Mononucleose. Ein anderer Fall zeigte alle 2—3 Monate Drüsenschwellungen und Fieberschübe (ISAACS).

Nicht bekannt ist, ob eine Mononucleosis infectiosa bei einer Schwangeren zu fötalen Mißbildungen führen kann. Vereinzelte Mitteilungen in diesem Sinne sind nicht überzeugend.

Diagnose und Differentialdiagnose

Eigentümlicherweise wird die Mononucleose in der Praxis oft verkannt. Als Einweisungsdiagnose figurieren bei den 155 hospitalisierten Fällen von MEYTHALER und HÄUPLER 86mal Diphtherie, 14mal Angina, 11mal Scharlach, 7mal septische Angina, 7mal Leukämie. Die Diagnose einer Mononucleose war nur in 8 Fällen, d. h. in etwa 6 % gestellt worden. Normalerweise ist aber das Bild der Mononucleose relativ monoton und zeigt ein so typisches Verhalten, daß man klinisch bei Fieberzustand mit ausgedehnter Drüsenschwellung, Angina und entsprechendem Blutbild zumindest die Verdachtsdiagnose ohne Mühe stellen kann, wenn man überhaupt an sie denkt.

Es ist zuzugeben, daß einzelne Fälle besonders im Frühstadium diagnostische Schwierigkeiten bereiten können. Ein unklarer Fieberzustand mit gewissen Abdominalbeschwerden und bei anfänglicher Leukopenie läßt an eine *Salmonellen- oder Brucelleninfektion* denken. Wohl können Milztumor und katarrhalische Erscheinungen ebenfalls in dieser Richtung fehlleiten, doch ist die richtige Diagnose durch den weiteren Verlauf, das Blutbild, den bakteriellen und serologischen Untersuchungsbefund eindeutig zu stellen. Steht das Fieber im Vordergrund, wird auch eine Miliartuberkulose erwogen. Die Abklärung sollte aber keine großen Schwierigkeiten machen.

Drei Virusaffektionen, nämlich die Hepatitis epidemica, die Rubeolen und die Lymphocytosis infectiosa können auch bei eingehender Untersuchung nicht immer sofort von der Mononucleose abgetrennt werden. Vor allem die nur leicht ikterische *Hepatitis epidemica* mit Milztumor, starker Lymphocytose und manchmal sogar positiver *Paul-Bunnell*-Reaktion gleicht gelegentlich stark einer Mononucleose. Hohe Serumtransaminasewerte, relativ niedrige Titer für heterophile Antikörper, die im Absorptionstest vor allem dem Forssmann-Typ angehören, und das quantitativ nicht derart stark veränderte Differentialblutbild gestatten meist eine Entscheidung. Sie kann aber nicht immer mit der nötigen Sicherheit getroffen werden (LEIBOWITZ). Bei den *Rubeolen* mit Lymphknoten- und Milzschwellungen, gelegentlich palatalen Petechien, eventuell nur diskretem Exanthem und einem lymphocytären Bild, das auch einige atypische Zellen enthält, lassen das doch weniger typische Blutbild und vor allem die serologische Überprüfung eine Diagnose zu. Die *Lymphocytosis infectiosa* schließlich kann durch die diffuse Lymphknotenschwellung und das monotone, extrem lymphocytäre Blutbild mit hochgradiger Leukocytose Verwirrung stiften. Das Blutbild ist aber viel monotoner als bei der Mononucleose, die absoluten Zellzahlen sind höher, die Paul-Bunnell-Reaktion ist negativ.

Schließlich sind die lymphatische *Leukämie* und die *Lymphogranulomatose* immer wieder gestellte Fehldiagnosen. Der gutartige Verlauf belehrte schon die ersten Untersucher eines Besseren. Meistens werden aber die gesamte Symptomatologie, sowie die Morphologie der Blutzellen und die heterophile Agglutination frühzeitig in die richtige Richtung weisen.

Die *Toxoplasmose* macht wohl auch Drüsenschwellungen, hat aber meist keine Angina und nicht das typische Blutbild. Sie ist durch die Sabin-Feldman-Reaktion zu beweisen.

Das mononucleäre Syndrom nach Operationen am offenen Herzen wird schon wegen der vorausgegangenen Operation erkannt (SMITH). Es tritt etwa 3—6 Wochen nach dem Eingriff auf (s. S. 813).

Je nach Hervorstechen des einen oder anderen Symptoms oder einer Komplikation kann in einigen Fällen die Mononucleosis infectiosa unter der Maske einer Meningitis, einer Neuritis, einer Encephalitis, einer Viruspneumonie, einer intestinalen Erkrankung, sogar einer Appendicitis, einer Parotitis epidemica, oft auch einer Angina Plaut-Vinzent oder einer anderen Tonsillitisform, sowie verschiedener anderer Affektionen versteckt sein. Die korrekte Diagnose ist meist zu stellen, wenn die einschlägigen Untersuchungen durchgeführt werden.

Bestehen differentialdiagnostisch Zweifel, so sollte man sich an die früher erwähnten *Trias* von Kriterien halten, bevor man sich für eine Mononucleose entscheidet: das Vorhandensein von Angina und Drüsenschwellungen, lymphocytärem Blutbild von 50 % mit mindestens 10 % atypischen Zellen und positiver Paul-Bunnell-Reaktion sind dann die entscheidenden Befunde. Die Diagnose darf als wahrscheinlich gestellt werden, wenn von dieser Trias zwei Hauptmerkmale vorliegen, sie ist gesichert, wenn alle drei Kritieren erfüllt sind (BAYRD).

Prophylaxe

Eine aktive Immunisierung gegen die Mononucleosis infectiosa ist nicht möglich. Bei der relativen Seltenheit der Krankheit und ihrer Benignität sind allgemeine prophylaktische Maßnahmen auch nicht nötig. Die bei uns in der Regel beobachteten sporadischen Formen sind wahrscheinlich wenig infektionstüchtig. Eine strenge Isolierung der Kranken ist daher nicht erforderlich. Wir haben auch bei Behandlung der Patienten im allgemeinen Saal nie eine Übertragung der Mononucleose gesehen. Die Erkrankungsfälle unseres Pflegepersonals traten ebenfalls sporadisch auf und immer zu einer Zeit, wo keine Fälle von Mononucleose auf der Abteilung lagen. Das Einhalten der üblichen hygienischen Maßnahmen ist bei der Pflege selbstverständlich. Ob bei den endemischen, scheinbar viel infektiöseren Formen eine Isolierung die Ausbreitung der Krankheit verhindern kann, oder aber illusorisch ist, weil es zu viele stumme Virusträger gibt, oder weil wie bei der Hepatitis epidemica die sich im Prodromalstadium befindenden Individuen die größte Ansteckungsquelle sind, kann heute noch nicht entschieden werden. Aus theoretischen Gründen wäre aber wohl bei Endemien eine Isolierung wie bei den bekannten übertragbaren Krankheiten am Platze.

Therapie

Eine kausale Therapie ist nicht bekannt. Wohl wurden verschiedene Behandlungsmethoden empfohlen, sie erwiesen sich aber regelmäßig als nicht oder nur palliativ wirksam. Weil trotz der verschiedenen Komplikationen die Mononucleosis infectiosa eine benigne Krankheit bleibt, wird sich bei der unkomplizierten Form die Behandlung auf pflegerische Maßnahmen beschränken.

Während des Fieberzustandes und solange Organmanifestationen wie Ikterus, Myokardsymptome, Orchitis, neurologische und andere Erscheinungen anhalten, ist *Bettruhe* notwendig. Sie ist solange beizubehalten bis der Kranke während mindestens 3 Tagen afebril ist. Bei einem größeren Milztumor empfiehlt sich Schonung während etwa 3 Wochen, da die Gefahr der Milzruptur am Ende der 2. Woche am größten ist und durch exogene Faktoren ausgelöst werden kann.

Die *medikamentöse Therapie* ist viele Irrwege gegangen und dürfte auch heute noch nicht ganz den Pfad der Wahrheit erreicht haben. Das gelegentlich empfohlene Rekonvaleszentenserum ist schwer erhältlich und hat auch keine sichere Wirkung. Die Gammaglobuline haben versagt. Penicillin ist bei der unkomplizierten Mononucleose erfolglos. Daher sollte die Penicillinresistenz bei einer Angina den Verdacht auf Mononucleose wecken. Streptomycin, Tetracyclin (NENNA, RAUCH), Erythromycin (DAVIDSON), Oleandomycin (ESSELLIER und KEITH), Chloramphenicol (REIMANN) und andere Antibiotica wurden meist bei kleinen Beobachtungszahlen als wirksam erklärt, waren dann aber bei größeren Serien ohne überzeugenden Erfolg. Weitere Therapieversuche mit Arsenverbindungen, Sulfonamiden und Emetin enttäuschten (BERNSTEIN). Von den Antiphlogistica versagten die Salicylate. Es bleiben *drei Präparate*, denen ein gewisser, wenn auch *palliativer Erfolg* beschieden ist: Phenylbutazon, Chlorochin und Corticosteroide.

Phenylbutazon (600 mg täglich) ist ein gutes Antiphlogisticum und Antipyreticum. Es senkt das Fieber, bringt die Entzündung im Rachen zum Abschwellen und vermindert die Schmerzen auch im Bereich der Adenopathien. Die Besserung ist allerdings nicht immer so dramatisch, wie man nach HARTIG vermuten könnte.

Das *Chlorochin* ist teilweise noch umstritten. Die meisten Mitteilungen über diese Therapie umfassen nur wenige Fälle, wobei die einen positive (GOTHBERG), die anderen negative (CAPPS, DALYMPLE) Resultate verzeichneten.

Eine größere Doppelblindstudie von COWLEY und MYERS bei 40 Patienten ließ aber eine gewisse Wirkung von Chlorochin, beurteilt an der Dauer des Spitalaufenthaltes, der Pharyngitis, der subjektiven Erscheinungen und weiterer Kriterien erkennen. Das Fieber wurde wenig beeinflußt. Vergleichende Untersuchungen hingegen von Placebo, Aspirin, Chlorochin, Prednison und anderen nicht umschriebenen Therapien und nicht behandelten Fällen bei 139 Patienten ließen allgemein keine eindeutig wirksame Behandlung abgrenzen (SCHUMACHER u. Mitarb.). Unter besonderen Umständen, wie bei Larynxödem oder hämolytischer Anämie, schienen aber die Corticosteroide eine entscheidende Wendung hervorzubringen.

Von den zur Verfügung stehenden Medikamenten entfalten die *Corticosteroide* in der Therapie der Mononucleose vor allem bei den komplizierten Fällen die beste Wirkung. Sie sind daher auch bei schweren Fällen, bedrohlichem Verlauf und bei Komplikationen im Bereich der oberen Luftwege, der Leber, des hämopoetischen Systems, des Herzens und des zentralen Nervensystems angezeigt. Ein Pharynx- oder Larynxödem kann durch Corticosteroidinfusionen reduziert werden und damit eine sonst angezeigte Tracheotomie unnötig machen. Die Steroide wirken wie die Pyrazolkörper unspezifisch als Reaktionshemmer.

Neuerdings berichten ALEXANDER und NEUHAUS über Behandlungserfolge bei 42 Fällen von Mononucleose mit einem neuen Virostaticum (C.G. 662 der Firma Grünenthal). Eine Bestätigung der Untersuchungen durch andere Autoren steht noch aus.

Bei dem gutartigen Verlauf der Mononucleose verzichte man normalerweise auf eine nicht sicher wirksame, aber meistens mit Nebenwirkungen behaftete medikamentöse Behandlung. Eine Pharmakotherapie ist jedoch angezeigt bei Komplikationen. Vor allem sind Superinfektionen antibiotisch zu behandeln.

Die *Komplikationen* sind allgemein nach den geläufigen medizinischen Regeln anzugehen. Eine Milzruptur verlangt sofortige operative Intervention. Hämolytische Schübe werden wie schwere thrombopenische Zustände mit Steroiden behandelt. Eine ikterische Hepatopathie ist wie eine Hepatitis epidemica zu behandeln. Neuritiden, Meningitiden und Encephalitiden sprechen teilweise auf Corticosteroide an (FRENKEL u. Mitarb.), so daß ein Versuch mit 30—60 mg Prednison täglich gerechtfertigt ist. Wenn Steroide gegeben werden, so sind sie genügend lange zu verabreichen, um Rezidive zu verhüten. Die heterophile Agglutination nach Paul-Bunnell sowie das Differentialblutbild werden durch die Steroide nicht beeinflußt.

In der *Rekonvaleszenz* sind manche Kranke längere Zeit stark mitgenommen. Man vermutet, daß daran eine relative Nebennierenrindeninsuffizienz beteiligt sein kann und empfiehlt Corticosteron, allfällig Cortison, da in einigen Fällen eine Besserung der Schwächezustände beobachtet wurde (NENNA).

Literatur

Monographische Darstellungen:

Heilmeyer, L., u. **H. Begemann**: Die infektiöse Mononucleose. In: Handbuch Inn. Medizin, 4. Aufl., Bd. 2, S. 555—569. Berlin 1951. — **Leibowitz, S.**: Infectious mononucleosis. New York 1953. — **Meythaler, F.**, u. **W. Häupler**: Die infektiöse Mononukleose. Stuttgart 1962.

Publikationen:

Alder, A.: Über Diagnose und besondere Verlaufsformen des Pfeifferschen Drüsenfiebers. Schweiz. med. Wschr. **77**, 1129—1131 (1947). — **Alexander, J.C., M.L.E. Espir**, and **V.W. Pugh**: Facial diplegia in infectious mononucleosis. Brit. med. J. I, 1570 (1964). — **Alexander, M.**, u. **G. Neuhaus**: Klinische Erfahrungen mit dem Virusstatikum CG 662. Dtsch. med. Wschr. **88**, 1598—1603 (1963). — **Allen, U.R.**, and **B.H. Bass**: Total hepatic necrosis in glandular fever. J. clin. Path. **16**, 337—342 (1963). — **Allen, F.H.**, and **A. Kellner**: Infectious mononucleosis. An autopsy report. Amer. J. Path. **23**, 463—477 (1947).

Baader, E.: Die Monozytenangina. Dtsch. Arch. klin. Med. **140**, 227—246 (1922). — **Barondess, J.A.**, and **H. Erle**: Serum alkaline phosphatase activity in hepatitis of infectious mononucleosis. Amer. J. Med. **29**, 43—54 (1960). — **Bayrd, E.D.**: Infectious mononucleosis. Clin. N. Amer. **1955**, 1091. — **Beck, G.E., Cl. Wild**, et **B. Scazziga**: Un cas mortel de maladie de Pfeiffer. Rev. méd. Suisse rom. **73**, 654—659 (1953). — **Bennet, D.R.**, and **H.A. Peters**: Acute cerebellar syndrome secundary to infectious mononucleosis. Ann. intern. Med. **55**, 147—149 (1961). — **Bender, Ch.E.**: Recurrent mononucleosis. J. Amer. med. Ass. **182**, 955 (1962). — **Bercel, N.A.**: Infectious mononucleosis, encephalitis, epilepsy. Amer. J. med. Sci. **224**, 667—672 (1952). — **Bernstein, T.C.**, and **H.G. Wolff**: Involvement of the nervous system in infectious mononucleosis. Ann. intern. Med. **33**, 1120—1137 (1950). — **Buri, J.F.**, et **A. Eyquem**: Etude sérologique et immunoélectrophorétique de la mononucléose infectieuse à réaction de Paul-Bunnell-Davidsohn positive. Presse méd. **71**, 391—393 (1963). — **Burnet, F.M.**, and **S.G. Anderson**: Modification of human red cells by virus action II Agglutination of modified human cells by sera from cases of infectious mononucleosis. Brit. J. exp. Path. **27**, 236—244 (1946).

Caird, F.I., and **P.R. Holt**: The exanthem of glandular fever. Brit. med. J. I, 85—87 (1958). — **Capps, R.B.**: Infectious mononucleosis. J. Amer. med. Ass. **176**, 748 (1961). — **Chalmers, R.B.**: Facial diplegia in infectious mononucleosis. Brit. med. J. I, 1316 (1964). — **Chevallier, P.**: L'adéno-lymphoidite benigne avec hyperleucocytose modérée et forte mononucléose. Rev. Path. comp. **28**, 835—859 (1928). — **Clémençon, G.**, u. **I. Kiebsch**: Beitrag zur Klinik der Mononucleosis infectiosa. Dtsch. med. Wschr. **83**, 257—258, 260—263 (1958). — **Corr, W.P.**: Deep Jaundice in infectious mononucleosis. J. Amer. med. Ass. **181**, 52—54 (1962). — **Cowley, R.G.**, and **J.E. Myers**: Chloroquine in treatment of mononucleosis. Ann. intern. Med. **57**, 937 (1962).

Dalrymple, W.: Infectious mononucleosis and chloriquine phosphate. J. Amer. med. Ass. **176**, 1126 (1961). — **Dameshek, W.**: Cold hemagglutinins in acute hemolytic reactions. J. Amer. med. Ass. **123**, 77—80 (1943). — **Davidsohn, I.**: Serologic diagnosis of infectious mononucleosis. J. Amer. med. Ass. **108**, 289—295 (1937). — **Davidson, A.N.M.**: Erythromycin in glandular fever. Brit. med. J. II, 797 (1962). — **Davidson, R.J.L.**, and **R.H. Salter**: Infectious mononucleosis presenting with facial diplegia. Brit. med. J. I, 954 (1964). — **Dawson, T.A.J.**, and **R.H. Dowling**: Infectious mononucleosis and porphyria. Ulster med. J. **31**, 82—87 (1962). — **Deicher, H.**: Über die Erzeugung heterospezifischer Haemagglutinine durch Injektion artfremden Serums. Z. ges. Hyg. **106**, 561 (1926). — **De Meio, J.L.**, and **D.L. Walker**: Sendei virus antibody in acute respiratory infections and infectious mononucleosis. Proc. Soc. exp. Biol. (N.Y.) **98**, 453—458 (1958). — **Deussing, R.**: Über diphtherieähnliche Anginen mit lymphatischer Reaktion. Dtsch. med. Wschr. **44**, 513—515, 542—544 (1918). — **Downey, H.**, and **C.A. McKinley**: Acute lymphadenosis compared with acute lymphatic leukemia. Arch. intern. Med. **32**, 82—112 (1923). — **Draghiei, O., G. Draghiei**, and **I. Toldan**: Epidemie of infectious mononucleosis in a village. Intern. Kongr. Infekt.-Krankh., Bukarest 1962. — **Dunnet, W.N.**: Infectious mononucleosis. Brit. med. J. I, 1187 (1963). — **Durfey, J.Q.**, and **J.E. Allen**: Guillain-Barré syndrome as manifestation of infectious mononucleosis. New Engl. J. Med. **254**, 279 (1956).

Elste, R.: Zur Genese der infektiösen Mononukleose. Med. heute **12**, 59 (1963). — **Epstein, S. H.**, and **W. Dameshek**: Involvement of the central nervous system in a case of glandular fever. New Engl. J. Med. **205**, 1238—1241 (1931). — **Erwin, W., R. K. Weber**, and **R. F. Manning**: Complications of infectious mononucleosis. Amer. J. med. Sci. **238**, 698—712 (1959). — **Essellier, A. F.**, u. **J. Keith**: Romicil, ein neues Antibiotikum. Schweiz. med. Wschr. **86**, 1311—1318 (1956). — **Evans, A. S.**: Further experimental attempts to transmit infectious mononucleosis. J. clin. Invest. **29**, 508—512 (1950). ∼ Recurrent mononucleosis. J. Amer. med. Ass. **184**, 515 (1963). — **Evans, A. S.**, and **E. B. Robinton**: An epidemiologic study of infectious mononucleosis in a New England college. New Engl. J. Med. **242**, 492—496 (1950).

Fitz-Hugh, T.: Acute infectious mononucleosis in a 64 year old woman. Blood **12**, 398—399 (1957). — **Forssmann, J.**: Die Herstellung hochwertiger spezifischer Schafhaemolysine ohne Verwendung von Schafblut. Biochem. Z. **37**, 78—115 (1911). — **Freeman, A. R. M.**: Rupture of the spleen in infectious mononucleosis. Brit. med. J. **II**, 96 (1962). — **Frenkel, E., C. B. Shiver, P. Berg**, and **T. N. Caris**: Meningoencephalitits in infectious mononucleosis. J. Amer. med. Ass. **162**, 885—886 (1956). — **Fuehner, F.**: Epidemisches Auftreten der infektiösen Mononukleose. Münch. med. Wschr. **104**, 1879—1883 (1962).

Galbraith, P., W. J. Mitus, M. Gollerkeri, and **W. Dameshek**: The "infectious mononucleosis cell", a cytochemical study. Blood **22**, 630—638 (1963). — **Giroud, P., M. Capponi**, et **N. Dumas**: Relation de la mononucléose infectieuse avec les rickettioses. Nouv. Rev. franc. Hémat. **1**, 340—344 (1961). — **Glanzmann, E.**: Infektiöse Mononukleose. In: Handbuch Inn. Medizin, 4. Aufl., Bd. I/1, S. 1233—1242. Berlin 1952. — **Gothberg, A.**: Severe infectious mononucleosis treated with chloroquine phosphate. J. Amer. med. Ass. **173**, 137—141 (1960). — **Green, N.**, and **H. Goldenberg**: Acute hemolytic anemia and hemoglobinuria complicating infectious mononucleosis. AMA Arch. intern. Med. **105**, 108—111 (1960). — **Gsell, O.**: Meningitis serosa bei Pfeifferschem Drüsenfieber. Dtsch. med. Wschr. **63**, 1759—1762 (1937). ∼ Die Differenzierung der atypischen Pneumonien. Dtsch. med. Wschr. **79**, 1683—1689 (1954).

Hammond, V. T., and **D. Y. McBrien**: Anusual complication of glandular fever. Brit. med. J. **II**, 1518 (1962). — **Hanganatziu, M.**: Hemagglutinines hétérogénétiques après injection de serum de cheval. C. R. Soc. Biol. (Paris) **91**, 1457 (1924). — **Harbott, A. J.**: Facial diplegia in infectious mononucleosis. Brit. med. J. **I**, 1257 (1964). — **Hartig, H.**: Butazolidin bei infektiöser Mononukleose. Med. Klin. **50**, 1950—51 (1958). — **Heinecker, R.**, u. **K. E. Zipf**: Herzbeteiligung bei infektiöser Mononukleose. Münch. med. Wschr. **102**, 2382—2386 (1960). — **Heubner, O.**: Zusatz zu der obigen Abhandlung (von E. Pfeiffer). Jb. Kinderheilk. **29**, 264—267 (1889). — **Hoagland, R. J.**: Diagnosis of infectious mononucleosis. Blood **16**, 1045—1047 (1960). ∼ False positive serology in mononucleosis. J. Amer. med. Ass. **185**, 783—785 (1963). ∼ Resurgent heterophil antibody reaction after mononucleosis. New Engl. J. Med. **269**, 1307—1308 (1963). — **Hoagland, R. J.**, u. **E. Gill**: Die diagnostischen Kriterien der infektiösen Mononukleose. Dtsch. med. Wschr. **80**, 214—217 (1955). ∼ Elektrokardiogramm bei der infektiösen Mononukleose. Dtsch. med. Wschr. **82**, 410—414 (1957). — **Hoagland, R. J.**, and **R. T. McChushny**: Hepatitis in mononucleosis. Ann. intern. Med. **43**, 1019—1030 (1955). — **Hobson, F. G., B. Lawson**, and **M. Wigfield**: Glandular fever. Brit. med. J. **I**, 485 (1958). — **Hollister, E. L., G. H. Houck**, and **W. A. Dunlap**: Infectious mononucleosis of the central nervous system. Amer. J. Med. **20**, 645 (1956). — **Holzel, A.**: An early clinical sign of infectious mononucleosis. Lancet **267**, 1054—1056 (1954). — **Houk, V. N.**, and **W. McFarland**: Acute autoimmune hemolytic anemia complicating infectious mononucleosis. J. Amer. med. Ass. **177**, 210—212 (1961). — **Huebner, R. J., P. Stamps**, and **C. Armstrong**: Rickettsialpox, a newly recognized rickettsial disease. Publ. Hlth. Rep. (Wash.) **61**, 1605—1614 (1946).

Jambon, M., et **L. Bertrand**: Sur la rupture de la rate dans la mononucléose infectieuse. Sang **31**, 235—250 (1960). — **Jersild, T.**: Mononucleosis infectiosa med letalt Forlob. Nord. Med. Hospitalstid **14**, 1705—1706 (1942). — **Johanson, A. H.**: Serous meningitis and infectious mononucleosis. Acta med. scand. **76**, 269—272 (1931).

Kaiser, H.: Corticosteroide in der Therapie der Mononucleosis infectiosa und ihrer Komplikationen. Antibiotica et Chemotherapie **10**, 99—129 (1962). — **Kaufmann, R. E.**: Recurrences in infectious mononucleosis. Amer. Practit. **1**, 673—676 (1950). — **Kluge, A.**, u. **E. Krah**: Der indirekte und der direkte Mononukleose-Antikörpernachweis als serologisches Diagnostikum bei der infektiösen Mononukleose. Arch. Hyg. (Berl.) **147**, 287—297 (1963). — **Krauer, F.**: Vergleichende Untersuchungen mit zwei Absorptionsreaktionen zur serologischen Diagnose der Mononucleosis infectiosa. Schweiz. med. Wschr. **93**, 129—133 (1963).

Lawrence, J. S.: Mononucleosis serological findings. J. Amer. med. Ass. **181**, 1156 (1962). — **Lawrence, A., P. Simons**, and **G. A. MacGregor**: Glandular fever encephalitis. Brit. med. J. **I**, 376—377 (1962). — **Lehndorff, H.**, u. **E. Schwarz**: Das Drüsenfieber. Ergebn. inn. Med. Kinderheilk. **42**, 775—888 (1932). — **Leibowitz, S.**: Probable infectious mononucleosis without positive agglutination test. Ann. intern. Med. **44**, 717—737 (1956). — **Leibowitz, S.,** **L. Greenwald, I. Cohen,** and **J. Litwins**: Serum hepatitis in a blood bank worker. J. Amer. med. Ass. **140**, 1331—1333 (1949). — **Letsou, G.**: Palatine Petechiae. J. Amer. med. Ass. **162**, 1178 —1180 (1956). — **Litwins, J.,** and **S. Leibowitz**: Abnormal lymphocytes ("virocytes") in virus diseases other than infectious mononucleosis. Acta haemat. (Basel) **5**, 223—231 (1951). — **Lou, F. T.**: Infectious mononucleosis. A review of 572 cases. Chin. med. J. 175—177 (1959). — **Lüdin, H.**: Die Diagnose der Mononucleosis infectiosa im Lymphknotenpunktat. Schweiz. med. Wschr. **78**, 983 (1948).

McCarthy, J. T., and **R. J. Hoagland**: Cutaneous manifestations of infectious mononucleosis. J. Amer. med. Ass. **187**, 153—154 (1964). — **Michon, P., P. Giroud, P. Armand, A. Larcan,** et **F. Streiff**: Mononucléose infectieuse et rickettsioses. Sang **30**, 200—207 (1959. — **Misao, T., J. Kobayashi,** et **M. Shirakawa**: La mononucléose infectieuse. Sang **28**, 785—805 (1957). — **Moeschlin, S.**: Die Genese der Drüsenfieberzellen (Mononucleosis infectiosa) an Hand von Drüsen-, Sternal- und Milzpunktaten. Dtsch. Arch. klin. Med. **187**, 249—268 (1941). ~ Therapie-Fibel. Stuttgart: Georg Thieme 1961. — **Mühler, E.**: Über die Leberbeteiligung bei infektiöser Mononukleose. Med. Klin. **59**. 96—98 (1964). — **Müller, F.**: Komplementbindende Antikörper bei der infektiösen Mononukleose. Klin. Wschr. **36**, 685—686 (1958). — **Muschel, L. H.,** and **D. R. Piper**: Enzymatic treated red blood cells of sheep in the test for infectious mononucleosis. Amer. J. clin. Path. **32**, 240 (1959).

Nelson, R. S., and **J. H. Darragh**: Infectious mononucleosis hepatitis. Amer. J. Med. **21**, 26—33 (1956). — **Nenna, A.**: Traitement de la mononucléose infectieuse. In: Thérapeutique médicale pratique, p. 99—102 (Lièvre u. Mitarb.). Paris 1964. — **Nichols, W. W.,** and **B. Athreya**: Encephalitis probably due to infectious mononucleosis. Amer. J. Dis. Child. **103**, I, 72—76 (1962). — **Nogalski, J.,** u. **H. Lippelt**: Die Heteroagglutination. Z. ges. Hyg. **136**, 476—500 (1953). — **Nyfeldt, A.**: Klinische und experimentelle Untersuchungen über die Mononucleosis infectiosa. Folia haemat. (Frankfurt) **47**, 1—144 (1932).

Paegle, R. D.: Electron microscopic study of leucocytes in infectious mononucleosis. Blood **17**, 687—700 (1961). — **Paine, T. F.**: Atypical lymphocytes in throat exsudates of patients with infectious mononucleosis. New Engl. J. Med. **264**, 240 (1961). — **Paterson, J. K.,** and **J. L. Pinniger**: A case of recurrent infectious mononucleosis. Brit. med. J. 476 (1955). — **Paul, J. R.,** and **W. W. Bunnell**: The presence of heterophile antibodies in infectious mononucleosis. Amer. J. med. Sci. **183**, 90—104 (1932). — **Petrides, A. S.**: Zur Klinik der infektiösen Mononukleose Klin. Wschr. **28**, 364 (1950). — **Pfeiffer, E.**: Drüsenfieber. Jb. Kinderheilk. **29**, 257—264 (1889).

Ralston, L. S., A. K. Saiki, W. T. Powers, and **G. Forks**: Orchitis as a complication of infectious mononucleosis. J. Amer. med. Ass. **173**, 1348—1349 (1960). — **Rauch, S.**: Mononukleose. Guillain-Barré-Syndrom und Postikuslähmung. Dtsch. med. Wschr. **80**, 1767—1770 (1955). — **Ream, C. R.,** and **J. W. Hessing**: Infectious mononucleosis encephalitis. Case report. Ann. intern. Med. **41**, 1231—1236 (1954). — **Reimann, H. A.**: Infectious diseases. Amer. Arch. intern. Med. **94**, 272—313 (1954). — **Rewerts, G.**: Ein klinisches Symptom beim Pfeifferschen Drüsenfieber. Med. Klin. **48**, 1473—1474 (1953). ~ Zur Haematologie und Serologie der infektiösen Mononukleose unter besonderer Berücksichtigung der abortiven Formen und ihrer Epidemiologie. Dtsch. med. Wschr. **87**, 2204—2209 (1962). — **Rominger, E.**: Infektiöse Mononukleose. Med. Klin. **48**, 1841—1846 (1953). — **Rosalski, S. B., T. G. Jones,** and **A. F. Verney**: Transaminase and liverfunction studies in infectious mononucleosis. Brit. med. J. I, 929—932 (1960). — **Roseman, D. M.,** and **R. M. Barry**: Acute pericarditis as the first manifestation of infectious mononucleosis. Ann. intern. Med. **47**, 351—356 (1957). — **Ross, S. R., F. L. Iber,** and **A. M. Harvey**: The serum alkaline phosphatase activity in chronic infiltrate disease of the liver. Amer. J. Med. **21**, 850—856 (1956). — **Rubin, L.**: The serum lipoproteins in infectious mononucleosis. Amer. J. Med. **17**, 521—527 (1954). — **Ruof, H.,** u. **H. G. Hausmann**: Zur Serodiagnostik der infektiösen Mononukleose. I. Über einen Objektträgertest zum Nachweis heterophiler Antikörper. Z. ges. Hyg. **139**, 83 (1954).

Scheiffarth, F., G. Berg u. **H. Goetz**: Papierelektrophorese in Klinik und Praxis. Berlin 1962. — **Schindlbeck, R.**: Klinik und Problematik der sporadischen und epidemischen Mononukleose. Med. Klin. **54**, 801—811 (1959). — **Schultz, W.**: Über eigenartige Halserkrankungen. Dtsch. med. Wschr. **47**, II, 1495 (1922). — **Schumacher, H. R.**: Infectious mononucleosis complicated by chronic thrombocytopenia. J. Amer. med. Ass. **177**, 515—516 (1961). — **Schumacher, H. R., W. A. Jacobson,** and **C. A. Bemiller**: Treatment of infectious mononucleosis. Ann. intern. Med. **58**, 217—228 (1963). — **Shapiro, C. M.,** and **H. Horwitz**: Infectious mononucleosis in the aged. Ann. intern. Med. **51**, 1092—1097 (1959). — **Sherlock, S.**: Diseases of the liver and biliary system, p. 487. Oxford 1955. — **Shipp, J. C.,** and **H. Baden**: Leukemoid reaction in infectious mononucleosis. Amer. Arch. intern. Med. **104**, 619—621 (1959). — **Shiver, C. B.,**

and **E. P. Frenkel**: Palatine Petechiae, an early sign of infectious mononucleosis. J. Amer. mcd. Ass. **161**, 592—594 (1956). — **Shubert, S., J. G. Collee**, and **B. J. Smith**: Infectious mononucleosis. A syndrome or a disease ? Brit. med. J. I, 671 (1954). — **Shugoll, G. I.**: Pericarditis associated with infectious mononucleosis. Arch. intern. Med. **100**, 630—634 (1957). — **Smith, D. R.**: A syndrome resembling infectious mononucleosis after open heart surgery. Brit. med. J. I, 945—948 (1964). — **Smith, D. S., J. D. Abell**, and **I. P. Cast**: Autoimmune hemolytic anemia and thrombocytopenia complicating infectious mononucleosis. Brit. med. J. I, 210 (1963). — **Sohier, R., C. Jaulmes**, et **M. Tissier**: Recherches sur le mécanisme de la réaction d'agglutination dite de **Paul** et **Bunnell**. Reproduction expérimentale chez le lapin des anticorps de la mononucléose infectieuse. Ann. Inst. Pasteur **68**, 563—566 (1942). — **Springer, G. F.**: Freisetzung des heterogenetischen „Mononukleosereceptors" von Schafserythrozyten durch Influenzavirus und Pflanzenproteasen. Klin. Wschr. **35**, 1048 (1957). — **Sprunt, T. P.**, and **E. A. Evans**: Mononuclear leucocytosis in reaction to acute infection, "infections mononucleosis". Bull. Johns Hopk. Hosp. **31**, 410—417 (1920). — **Stepp, W.**, u. **H. Wendt**: Lymphatische Reaktion und Drüsenfieber. Dtsch. med. Wschr. **56**, 645—649 (1930).

Thurm, R. H., and **F. Bassen**: Infectious mononucleosis and acute hemolytic anemia. Report of two cases and review of the literature. Blood **10**, 841 (1955). — **Tidy, H. L.**: Glandular fever and infectious mononucleosis. Lancet **II**, 180—186, 236—240 (1934). — **Tidy, H. L.**, and **E. R. Morley**: Glandular fever. Brit. med. J. I, 452—456 (1921). — **Tomscik, J.**: Neue Wege zur serologischen Diagnose der Mononucleosis infectiosa. Bull. schweiz. Akad. med. Wiss. **16**, 185—205 (1960). ~ Eine neue serologische Reaktion zur Diagnose der Mononucleosis infectiosa. Schweiz. med. Wschr. **90**, 1444 (1960). ~ Die serologische Diagnostik der Mononucleosis infectiosa Triangel **V**, 114—120 (1961). — **Türk, W.**: Septische Erkrankungen bei Verkümmerung des Granulozytensystems. Wien. klin. Wschr. **20**, 157—162 (1907).

Vander, J. B.: Pleural effusion in infectious mononucleosis. Ann. intern. Med. **41**, 146—151 (1954). — **Verlinde, J. D., L. M. de Sonnaville**, and **O. Marksteniks**: Leeuwenhoek, Amsterdam **16**, 21 (1950). — **Voloshtchuk, I.**: The results of polycardiographic examination in patients with infectious mononucleosis. 3. Intern. Kongreß für Infektionskrankheiten, Bukarest 1962.

Wechsler, H. F., A. H. Rosenblum, and **C. T. Sills**: Infectious mononucleosis. Report of an epidemia in a Army port. Ann. intern. Med. **25**, 113—133, 236—265 (1946). — **Werner, W.**: Zur Pathologie der Mononucleosis infectiosa. Virchows Arch. path. Anat. **326**, 155—171 (1954). — **Wiesmann, E.**: Die Leptospirosen unter besonderer Berücksichtigung ihrer antigenen Eigenschaften. Ergebn. Hyg. Bakt. **27**, 359—364 (1952). — **Wolf, G.**: Die infektiöse Mononukleose und das Nervensystem. Fortschr. Neurol. Psychiat. **24**, 167—216 (1956). — **Woellner, D.**: Neue Methoden zur serologischen Diagnostik der infektiösen Mononukleose. Dtsch. med. Wschr. **87**, 1504—1506 (1962). — **Wolnisty, C.**: Orchitis as a complication of infectious mononucleosis. New Engl. J. Med. **266**, 88 (1962). — **Wuhrmann, F.**, u. **H. H. Märki**: Dysproteinaemien und Paraproteinaemien. Basel 1963.

York, W. H.: Spontaneous rupture of the spleen. J. Amer. med. Ass. **179**, 170—171 (1962). — **Young, S. E. J.**, and **A. M. Ramsey**: The diagnosis of rubella. Brit. med. J. **II**, 1295—1296 (1963).

Lymphocytosis infectiosa acuta (Carl Smith)

Von H. K. VON RECHENBERG, Baden (Schweiz)

Mit 1 Abbildung

I. Definition

Die infektiöse Lymphocytose ist eine gutartige, relativ seltene fieberhafte Infektionskrankheit, die vor allem Kinder befällt. Sie ist gekennzeichnet durch eine hochgradige absolute und relative Lymphocytose während mehrerer Wochen bei wenig typischen klinischen Erscheinungen.

II. Geschichte

Die Lymphocytosis infectiosa wurde von CARL SMITH 1941 erstmals in den USA auf Grund der Beobachtung von zwei Kindern beschrieben. 1947 teilte GSELL die ersten Fälle dieser Krankheit in Europa mit. 1964 machten OLSON, MILLER und HANSHAW wahrscheinlich, daß der Erreger ein Adenovirustyp 12 ist.

III. Erreger

Erst kürzlich wurde von amerikanischen Autoren (OLSON, MILLER und HANSHAW) mitgeteilt, daß sie in 4 Fällen bei Kindern mit dem klinischen Bild der Pertussis aber dem Blutbild der Lymphocytosis infectiosa aus Rachenabstrichen ein Virus züchten konnten, das dem *Adenovirus des Typus 12* entsprach. Ein Neutralisationstest mit dem Serum der Patienten ergab im Verlauf der Krankheit einen Anstieg des Antikörpertiters. In keinem dieser Fälle konnte direkt oder indirekt eine Infektion mit B. Pertussis nachgewiesen werden. Ein Adenovirus vom Typ 12 wurde nach den genannten Autoren vorher selten beim Menschen festgestellt: durch KIBRICK, MELENDEZ und ENDERS bei einer poliomyelitisähnlichen Krankheit, durch EHRLICH und ENDERS-RUCKLE bei einer Meningoencephalitis und bei einem Fall von Tonsillitis durch HUBNER, ROWE und LANE.

IV. Pathologie

Es liegen nur wenig pathologisch-anatomische Untersuchungen bei dieser gutartigen Krankheit vor. Drüsenbiopsien ergaben eine starke Proliferation des Sinusreticuloendothels mit dichter Ansammlung lymphocytärer Zellen. Die Lymphfollikel zeigen zentrale Degenerationsherde (SMITH). Das Knochenmark läßt eine Erhöhung der Lymphocytenzahlen erkennen, welche aber bei Kindern an sich sonst schon höher sind als beim Erwachsenen (GASSER). Das Milzpunktat zeigt keine Veränderungen. Über die Pathogenese ist noch zu wenig bekannt, um bindende Aussagen zu machen.

V. Epidemiologie

Die Lymphocytosis tritt teilweise sporadisch auf, teilweise aber in kleinen Endemien. Immer wieder werden Erkrankungsfälle bei Geschwistern mitgeteilt. In einem Kinderheim beobachtete MARTENS 22 Fälle. Die Inkubationszeit beträgt 2—3 Wochen.

VI. Klinisches Bild

Die Erkrankung beginnt teilweise akut mit *Fieber* um 39°, das mehrere Tage anhält. Dazu kommen katarrhalische Erscheinungen der oberen Luftwege mit

Husten und Schluckweh, gelegentlich Conjunctivitis. Ein flüchtiges maculöses Exanthem, das an Masern, Rubeolen oder Scharlach erinnern kann, wurde mehrfach beobachtet. Die cervicalen Lymphknoten sind öfter leicht vergrößert, während eine geringgradige allgemeine Lymphadenopathie selten ist. Die Milz ist meist nicht palpabel. Leichte meningitische oder encephalitische Erscheinungen, aber auch gastroenterocolitische Störungen mit Erbrechen sowie Bauchschmerzen wurden mitgeteilt. Nach der Beobachtung von OLSON, MILLER und HANSHAW ist auch ein pertussisähnliches Krankheitsbild möglich. Eine gleichzeitige Leberbeteiligung wurde nur einmal von EECKHOUTTE und WARMOES beobachtet. In

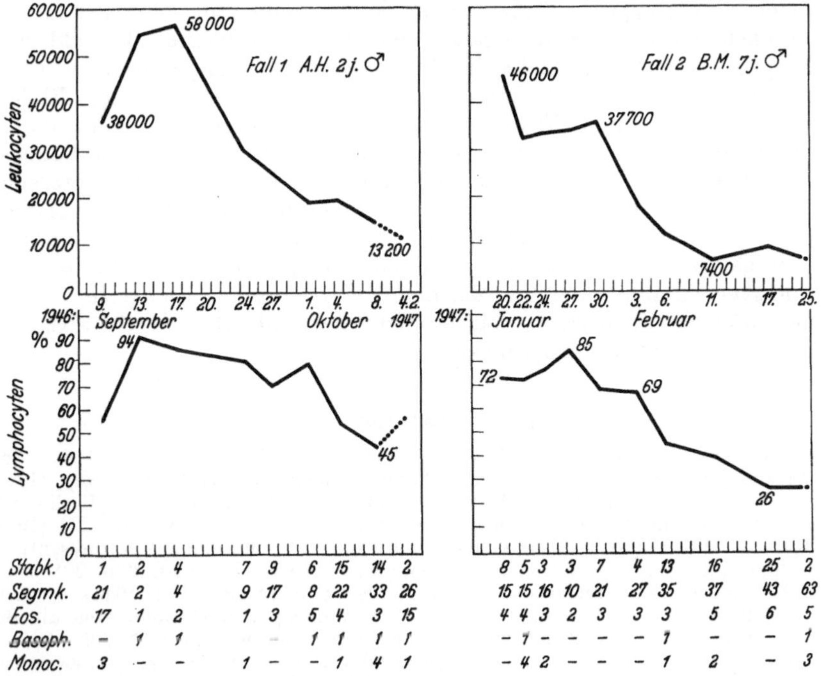

Stabk.	1	2	4		7	9	6	15	14	2		
Segmk.	21	2	4		9	17	8	22	33	26		
Eos.	17	1	2		1	3	5	4	3	15		
Basoph.	–	1	1			1	1	1	1			
Monoc.	3	–	–		1	–	–	1	4	1		

	8	5	3	3	7	4	13	16	25	2		
	15	15	16	10	21	27	35	37	43	63		
	4	4	3	2	3	3	3	5	6	5		
	–	1	–	–	–	–	1	–	–	1		
	–	4	2	–	–	–	1	2	–	3		

Abb. 1. Verhalten von Leukocyten und Lymphocyten bei 2 Fällen von Lymphocytosis infectiosa (nach GSELL)

anderen Fällen verläuft die Krankheit oligosymptomatisch mit fehlenden oder nur geringen Temperaturen oder gar asymptomatisch und wird nur zufällig bei einer Routineuntersuchung des Blutes entdeckt. Falls sich das Adenovirus 12 auch bei Nachuntersuchungen als Erreger der infektiösen Lymphocytose erweist, wird es möglich sein, die klinisch relativ vielfältigen Erscheinungen in ihrer Beziehung zur Lymphocytosis infectiosa besser zu erfassen. Die Krankheitsdauer kann 3—5 Wochen betragen, wobei die klinischen Erscheinungen vor den Blutveränderungen verschwinden.

Das *Blutbild* ist für die Diagnosestellung *wegleitend*. Entscheidend ist eine *hochgradige Leukocytose mit hochgradiger* relativer und absoluter *Lymphocytose*. Dabei handelt es sich um eine rein lymphocytäre Reaktion mit Vermehrung der reifen, kleinen, rundkernigen Lymphocyten mit schmalem Plasmasaum ohne Auftreten von Reizformen wie monocytoiden oder plasmacellulären Elementen, wie sie bei der Mononucleosis infectiosa gefunden werden. Die Leukocytenzahlen bewegen sich zwischen 30000 und 80000, durchschnittlich 40000. Sie können aber auch 120000, ja 140000 erreichen, so daß an eine Leukämie gedacht wird. Die prozentuale Beteiligung der Lymphocyten beträgt um 75 %, selten 90 % und mehr. Bemerkenswert ist eine gleichzeitige oder nachfolgende *Eosinophilie* mit recht beträchtlichen absoluten Eosinophilenzahlen. TODOROW und DAMAJANOWA machten auf eine Hypersegmentierung der neutrophilen Granulocyten aufmerksam. Die weiteren Blutzellen werden nicht in Mitleidenschaft gezogen.

Differentialdiagnostisch ist zunächst an eine akute *lymphatische Leukämie* zu denken. Das Fehlen oder die kleine Ausdehnung der Lymphknotenschwellungen, die akute Febrilität, das typische kleinzellige lymphatische Blutbild gestatten jedoch eine Abgrenzung. Eine chronische Lymphadenose, die ähnlich aussehen könnte, befällt vor allem alte Leute. Eine *Mononucleosis infectiosa* ist leicht auszuschließen, da die typische Polymorphie der Lymphocyten fehlt und die Agglutination nach PAUL-BUNNEL negativ ausfällt. Ein ähnliches Blutbild wie die Lymphocytosis infectiosa macht die *Pertussis* mit Leukocytenwerten, die auch 100000 Zellen überschreiten können. Da die Lymphocytose unter dem Bilde einer Pertussis auftreten kann, dürfte es unter Umständen schwierig sein, die beiden Krankheiten ohne Erregernachweis auseinanderzuhalten. Differentialdiagnostisch sind das frühere Überstehen von Keuchhusten, die bakteriologische Untersuchung auf B. Pertussis (BORDET-GENGOU), die virologische Untersuchung verwertbare Argumente. Im allgemeinen dauert die Leukocytose bei der Pertussis kürzer als bei der infektiösen Lymphocytose, und beim Keuchhusten kommt es auch zu einer Linksverschiebung und Vermehrung der myeloischen Elemente.

Eine wirksame *Therapie* ist bisher nicht bekannt. Bei der Gutartigkeit des Krankheitsgeschehens erübrigt sie sich.

Literatur

Gasser, C.: Der Lymphozyt beim Kinde. Schweiz. med. Wschr. **91**, 1169—1180 (1961). — **Gsell, O.**: Lymphocytosis infectiosa acuta. Schweiz. med. Wschr. **77**, 682—685 (1947). — **Heilmeyer, L.**, u. **H. Begemann**: In: Handbuch Inn. Medizin, Bd. II, S. 569. Berlin 1950. — **Martens, E.**: Akute infektiöse Lymphozytose. Helv. paediat. Acta **3**, 220—224 (1948). — **Olson, L.C.**, **G. Miller**, and **J.B. Hanshaw**: Acute infectious lymphocytosis presenting as a pertussis-like illness. Its association with adenovirus Type 12. Lancet I, 200—201 (1964). — **Smith, C.H.**: Infectious lymphocytosis. Amer. J. Dis. Child. **62**, 231—261 (1941). — **Todorow, J.T.**, u. **M. Damajanowa**: Übersegmentierung der neutrophilen Granulozyten als Begleit-symptom der akuten infektiösen Lymphozytose. Folia haemat. (Lpz.) **77**, 495—501 (1960). — **Van Eeckhoutte, P.**, en **F. Warmoes**: Een geval van acute infectieuze lymphozytose van Carl Smith met hepatitis. T. Gastro-ent. **6**, 297—302 (1963).

Erythema infectiosum

Von E. Gugler und E. Rossi, Bern

Mit 1 Abbildung

Synonyma: Lateinisch: Megalerythema epidemicum. Deutsch: Ringelröteln, Großfleckfieber, Kinderrotlauf. Englisch: Fifth disease, megalerythema. Französisch: Mégalérythème épidémique, cinquième maladie. Italienisch: Quinta malattia, eritema infettivo. Spanisch: Quinta enfermedad.

I. Definition

Das Erythema infectiosum ist eine epidemisch auftretende, akute Infektionskrankheit, welche ohne Prodromalzeichen durch das Auftreten eines polymorphen, in Intensität und Ausbreitung stark wechselnden, konfluierenden, makulo-papulösen Exanthems gekennzeichnet ist. Dieses beginnt im Gesicht in Form einer flächenhaften, schmetterlingsförmigen Rötung und greift anschließend auf die Extremitäten über, wo es ein mehr ring- oder girlandenförmiges Aussehen annimmt. Allgemeinveränderungen fehlen, der Erreger ist wahrscheinlich ein Virus.

II. Geschichte

1889 berichtet Tschamer, ein Grazer Kinderarzt, über 30 Fälle einer exanthematischen Erkrankung, welche er in die ihm bekannten nicht einordnen konnte und sie als „örtliche Röteln" bezeichnete. 1891 wurden von Gumplowicz, wiederum aus Graz, und von Tobeitz weitere Fälle beobachtet. Alle drei Autoren sahen in der Krankheit eine Abart der Röteln. Escherich ist als erster der Meinung, daß es sich um ein selbständiges Krankheitsbild handeln muß. 1899 erschien in Deutschland auf Grund einer beobachteten Epidemie in Gießen die erste klare Beschreibung durch Sticker und seinen Schüler Berberich, die erstmals die Bezeichnung „Erythema infectiosum" vorschlugen.

In der Folgezeit häuften sich dann die Berichte über diese Erkrankung, welche, wegen der außerordentlichen Vielgestaltigkeit der Erscheinungen, mit den verschiedensten Namen bezeichnet wurde: Erythema simplex marginatum (Feilchenfeld, 1902), Erythema infectiosum morbilliforme (Heiman, 1903), Megalerythema epidemicum oder Großfleckfieber (Plachte, 1904), Erythema variabile (Pospischill), Ringelröteln (Hoffmann, 1916). Die erste zusammenfassende Übersicht über diese neue Infektionskrankheit erschien 1915 von Tobler, der seinen Ausführungen die Beobachtungen einer ausgedehnten Epidemie in Breslau zugrunde legte.

Seitdem sich das Erythema infectiosum als selbständige Krankheit abgezeichnet hat, sind auch von anderen Ländern Europas und schließlich aus der ganzen Welt Beobachtungen über Epidemien veröffentlicht worden. Schweiz: Feer, 1903 in Basel; Stoos, 1904; Glanzmann, 1918 und 1924. Frankreich: Chenisse, 1950. Amerika: Shaw, 1905. Italien: Brusa, 1924. Schweden: Siwe, 1929. Polen: Mayzner, 1930. Türkei: Hilmi, 1930. Spanien: Lozano, 1934. China: Judd, 1934. Japan: Maki und Takahashi, 1933. Uruguay: Charlone, 1936. Costa Rica: Grillo, 1937. Neuere Arbeiten: Werner, 1957 und Plückthurn, 1963.

III. Erreger

In Analogie zu andern exanthematischen Infektionskrankheiten wurde sehr bald vermutet, daß der Erreger auch dieser Erkrankung ein Virus sei, zumal bakterielle Untersuchungen zu keinem positiven Ergebnis geführt hatten. Verschiedene Versuche, die Krankheit auf Laboratoriumstiere wie Kaninchen (LAWTON und SMITH), Mäuse, Hamster und Meerschweinchen (CHARGIN u. Mitarb.) oder auf Affen zu übertragen, sind bisher erfolglos geblieben. TACCONE gelang es 1928, die Krankheit auf gesunde Kinder zu übertragen, doch sind einige seiner Resultate heute recht schwierig zu interpretieren.

Die Züchtung und Isolierung des Erregers hat als erster NASSI, 1946 versucht, indem er Blut und Nasopharyngealsekret von Kindern mit Erythema infectiosum auf die Choroallantois-Membran von Hühnerembryonen überimpfte. Er erhielt dabei einen Erreger, der durch Rekonvaleszentenserum neutralisiert werden konnte. 1957 gelang es dann WERNER u. Mitarb., anläßlich einer Schulepidemie von Erythema infectiosum in Pennsylvanien, aus Stuhlproben und Rachenspülflüssigkeit von Patienten in Gewebskulturen von Affennierenzellen ein cytopathogenes Agens zu isolieren. Die Veränderungen in den Gewebskulturzellen bestanden in Auftreten von vielkernigen Riesenzellen mit kernständigen, acidophilen, einschlußähnlichen Körperchen. Ferner konnten diese Autoren mit Hilfe eines aus der Zellkultur isolierten Antigens im Serum von Rekonvaleszenten sowie auch von gesunden Kontaktpersonen einen Anstieg von komplementbindenden Antikörpern nachweisen. Eine neu auftretende Epidemie gab dann HENLE die Gelegenheit, diese Befunde zu bestätigen und WERNER konnte mit 1 von 12 Nasopharyngealproben, die er auf menschliche Amnionzellkulturen übertrug, einen identischen cytopathogenen Effekt erhalten. Auffallend ist dabei die Ähnlichkeit mit den vom Masernvirus hervorgerufenen Veränderungen in der Gewebskultur. 1958 berichteten WILCOX u. Mitarb. über ähnliche Ergebnisse. Dagegen konnten andere Autoren wie WENNER, der mit verschiedenen Zellkulturen arbeitete, CROMBLETT und HEEREN sowie GREENWALD und BASHE diese Befunde nicht bestätigen. Somit wird es noch weiterer Untersuchungen bedürfen, um zu einer eindeutigen Charakterisierung des Erregers zu gelangen.

IV. Pathologisch-anatomische Befunde

Diese beschränken sich auf vereinzelt durchgeführte Hautbiopsien (HOFFMANN, CHAGRIN u. Mitarb., RUBERTI), die jedoch histologisch nur unspezifische Veränderungen im Sinne einer mäßigen Epithelzellproliferation, perivasculären Infiltration von Venen und Capillaren und mäßigen Ödembildung ergaben.

V. Epidemiologie

Die Krankheit tritt in *kleinen Epidemien* mit unregelmäßigen Zeitintervallen auf und befällt vor allem Kindern in Schulen, Waisenhäusern, Heimen und Internaten, seltener auch in Spitalabteilungen (SIWE). Daneben können auch mehrere Geschwister in der gleichen Familie betroffen werden. Die Gesamtzahl der Erkrankungen während solcher Epidemien ist meist schwierig abzuschätzen, da zahlreiche Patienten infolge der geringen klinischen Beschwerden dem Arzt gar nicht zu Gesicht kommen.

Die *Morbidität* ist nach Angaben fast aller Autoren relativ gering. So erkrankten beispielsweise während einer Epidemie von den 5000 von HERRICK genau beobachteten Schüler nur deren 22. GREENWALD und BASHE berichten, daß anläßlich einer größeren Epidemie mit 158 Krankheitsfällen ein Drittel der Kinder unter 12 Jahren an Erythema infectiosum erkrankt sind, während lediglich 12,5 % der gesamten exponierten Bevölkerung die Krankheit manifest durchgemacht haben. Ausnahmsweise kann aber eine Epidemie auch mit einer hohen Morbidität einhergehen, wie dies bei dem von CHAGRIN u. Mitarb. beobachteten Ausbruch in einem New Yorker Waisenhaus der Fall war. 80 der 137 Kinder waren an Erythema infectiosum erkrankt.

Eine *Geschlechtsdisposition* besteht nicht. Hingegen ist die *altersmäßige* Verteilung recht typisch. Es werden hauptsächlich Kinder im Schulalter betroffen. Jüngere Kinder erkranken seltener, Säuglinge nur ausnahmsweise. Auch Erwachsene sind ab und zu befallen. So war einer der ersten beobachteten Fälle von TSCHAMER eine 35jährige Frau, welche 3 ihrer 5 Kinder infizierte. GLANZMANN beschrieb eine junge Mutter, die an Erythema infectiosum erkrankt war und die Krankheit auf ihr 5 Monate altes Kind übertrug.

Die Epidemien sind an keine bestimmte *Jahreszeit* gebunden, doch scheint die Erkrankung während des Winters und vor allem im Frühling gehäuft aufzutreten. Zwischen den Epidemien sind auch vereinzelt *sporadische* Fälle beobachtet worden, wobei die Entscheidung, ob es sich nicht doch um eine abortive Epidemie gehandelt hat, schwierig ist.

Die *Art der Übertragung* ist noch unklar. Wahrscheinlich dürfte die direkte Ansteckung durch Tröpfcheninfektion die Hauptrolle spielen. Auf Grund der positiven Virusisolierungsversuche aus Stuhlproben scheint auch die Übertragung durch Schmierinfektion möglich zu sein. Die Ansteckung durch gesunde Kontaktpersonen hingegen ist unwahrscheinlich (CHAGRIN u. Mitarb., BOULARD und PIERRE).

Die *Inkubationszeit* dauert im allgemeinen 6—14 Tage, mit einem Maximum von 17 Tagen (TOBLER).

Die Krankheit hinterläßt eine *spezifische Immunität*. Kreuzimmunität mit anderen Krankheiten wurde nie beobachtet, was schon die ersten Autoren in ihrer Meinung bestärkte, daß es sich beim Erythema infectiosum um eine selbständige Erkrankung handeln müsse. Zweiterkrankungen sind nur ganz vereinzelt beobachtet worden (TOBLER, MAYZNER). Einzig CHAGRIN u. Mitarb. berichten über zahlreiche, ein- bis mehrmalig auftretende Rückfälle.

VI. Klinisches Bild

1. Symptomatologie

Die Krankheit beginnt in der großen Mehrzahl der Fälle unvermittelt mit dem Exanthem. Typische *Prodromalzeichen* fehlen. Vereinzelt werden unbestimmte Beschwerden wie Mattigkeit, Kopfschmerzen, Appetitlosigkeit, selten Schnupfen, Conjunctivitis und Lichtscheu angegeben, die dem Ausschlag kurze Zeit vorausgehen können. HEISLER und SEPP fanden als einzige Autoren Lymphdrüsenschwellungen am Kieferwinkel und in der Hals- und Nackengegend.

Das Hauptsymptom der Erkrankung ist das *Exanthem*. Es beginnt fast regelmäßig im *Gesicht*, zunächst schießen auf den Wangen rote, kleine, leicht erhabene Fleckchen auf, welche meist innerhalb weniger Stunden durch rasche Ausbreitung zu einem großflächigen *Wangenerythem* konfluieren. Dabei werden von den Patienten am Orte des Ausschlages Brennen und Hitzegefühl angegeben. Das Gesicht sieht oftmals leicht gedunsen aus. Der Ausschlag ist an der Nasolabialfalte und am unteren Orbitalrand scharf und öfters wallartig gegen die unveränderte Haut abgesetzt, während er medial über die Nasenwurzel auf die Gegenseite zieht. Gegen lateral und gegen die Ohren hin ist die Abgrenzung undeutlich und verliert sich in kleinere isolierte Flecken. Dadurch entsteht die typische Schmetterlingsfigur (BERBERICH), die welsche Familien in Bern veranlaßt hatte, die Krankheit als „le papillon" zu bezeichnen (STOSS). Ähnlich dem Scharlach bleiben Lippen, knorpelige Nase und Kinn ausgespart, so daß ein *blasses*, gleichschenkliges *Munddreieck* entsteht, dessen Basis das Kinn bildet und dessen Spitze auf dem Nasenrücken liegt. Auch die Haut des behaarten Kopfes bleibt charakteristischerweise frei. Die befallenen Hautpartien sind meist erhaben, von vermehrter Konsistenz, und fühlen sich oftmals heiß und gespannt an. Ein wenig ausgeprägtes Exanthem wird mitunter von der Mutter fälschlicherweise als blühendes Aussehen des Kindes oder aber als Schamröte (infectious blushing) gedeutet. Andere vergleichen das Wangenerythem mit einem Gesicht, das eben geohrfeigt wurde.

Beim Abblassen des intensiv rotgefärbten Exanthems beginnt sich von den Wangen her ein auffallend cyanotisch-livider Farbton abzuzeichnen, und die Grenzen werden meistens undeutlich. Charakteristisch für diese Krankheit ist die Tatsache, daß schon geringe äußere Reize (Wärme, Sonne, Erregung) den abblassenden Ausschlag wieder zur vollen Blüte bringen können. Das Gesicht ist beim Erythema infectiosum fast immer befallen und kann ausnahmsweise die einzige Lokalisation des Ausschlages bleiben.

In der Regel geht aber das Exanthem nach 1—3 Tagen auf die Extremitäten über. Als weiteres Charakteristikum der Krankheit gilt der *bevorzugte Befall der Streckseiten der Extremitäten*. Der Ausschlag beginnt meist in der Schultergegend und am Oberarm, um sich dann allmählich proximal über Vorderarm bis zu den Grundphalagen der Finger zu erstrecken. Von der Streckseite her kann er, wenn gleich in schwächerem Ausmaße, auch auf die Beugeseite übergreifen.

In ähnlicher Weise werden die Beine befallen, vor allem an Außen- und Vorderseite. Die Kniegegend bleibt verschont, und die Unterschenkel sind in geringerem Maße befallen. Handflächen und Fußsohlen bleiben frei. Während eine weitere Prädilektionsstelle die *Glutealgegend* darstellt, ist das Exanthem am Stamm weit seltener anzutreffen und lange nicht so ausgeprägt wie im Gesicht, an den Extremitäten und den Nates. Es tritt in der Regel später auf und kann mitunter ganz fehlen.

Wie im Gesicht, so tritt auch an den anderen Lokalisationen der Ausschlag zunächst als kleine, hellrote, stecknadelkopfgroße, *makulo-papulöse Efflorescenzen* in Erscheinung, welche sich in der Folge rasch ausbreiten und zu unregelmäßig konfigurierten, größeren und kleineren Flecken konfluieren. Zu diesem Zeitpunkt sieht das Exanthem demjenigen der Masern nicht unähnlich.

Im weiteren Verlauf blassen die Exanthemflächen vom Zentrum her ab, wobei sie ihr tiefes Rot verlieren und allmählich einen blau-violetten, manchmal etwas gelben Farbton annehmen. Die Ränder der Flecken sind stets leuchtend rot gefärbt und in ständiger Wandlung begriffen. Dadurch kommt es zur Entwicklung von ring- oder kranzförmigen, *girlandenähnlichen und netzartigen Zeichnungen*; andere Autoren sprechen von „landkartenartigen" oder schlangenähnlichen Gebilden (TRAMMER, FEILCHENFELD, BERBERICH), die dem Exanthem das für die Krankheit charakteristische Aussehen verleihen. Diese *Figurenbildung* ist wiederum an den Streckseiten der Extremitäten, besonders an den Armen, am deutlichsten.

Die *Ausprägung, Intensität und Lokalisation* des Exanthems ist sehr *variabel* und individuell verschieden. Auch ist als besonderes Merkmal die Unbeständigkeit des Ausschlages hervorzuheben, indem dieser nach zeitweiligem Abblassen spontan oder nach äußeren Reizen wiederum aufflackern kann. Daher ist die Dauer des Exanthems verschieden. In der Regel verschwindet es nach 6—10 Tagen (TOBLER), kann aber von 3—21 Tagen variieren (GLANZMANN). Es hinterläßt üblicherweise keinerlei Schuppung. Nach Abblassen des Exanthems sind vereinzelt feine Marmorierungen der Haut beschrieben worden.

Das *Allgemeinbefinden* ist *kaum beeinträchtigt*. Die Patienten sind meist vollständig fieberfrei. Gelegentlich können kurzdauernde Temperaturerhöhungen bis 38° C bestehen (GREENWALD und BASHE). Hohes Fieber wurde nur vereinzelt beobachtet. Nicht selten wird ein mehr oder weniger starker Juckreiz angegeben. Als Begleitsymptome sind gelegentlich Conjunctivitis, Rhinitis oder Bronchitis beschrieben worden. Auch können ausnahmsweise leichte Lymphdrüsenschwellungen auftreten. Gelegentlich klagen die Patienten, bei längerer Dauer des Exanthems, über leichte rheumatoide Schmerzen in Hand-, Ellbogen- und Kniegelenken (GLANZMANN). Verschiedentlich wurde auch ein Schleimhautbefall beobachtet (POSPISCHILL, HEIMAN, GLANZMANN, SEPP), der sich in Form eines kleinfleckigen Enanthems, oder in Form von petechialen Blutungen am Gaumen äußert.

2. Komplikationen

Ernsthafte Komplikationen kommen beim Erythema infectiosum nicht vor.

3. Blutbefunde

Die hämatologischen Befunde sind bei dieser Krankheit uncharakteristisch. Zeitweise kann eine mäßige Leukocytose vorliegen (GLANZMANN); gelegentlich wurde ein geringfügiges Ansteigen der Eosinophilen beobachtet (BRUSA, LAWTON und SMITH, GLANZMANN, BOULARD und PIERRE), ein Befund, der aber keineswegs konstant ist (HERRICK, CHAGRIN u. Mitarb.) und somit kein ausreichend diagnostisches Zeichen darstellt.

4. Diagnose und Differentialdiagnose

Das Vollbild der Erkrankung bereitet diagnostisch wenig Schwierigkeiten, vor allem wenn es im Rahmen einer Epidemie auftritt. Als besondere Merkmale sind zu nennen: Der plötzliche Beginn bei fehlenden Prodromalzeichen, die typische Lokalisation des Exanthems im Gesicht, wo es, auf den Wangen beginnend, zur schmetterlingsförmigen Figur anwächst, die Ausbreitung vorzugsweise auf die Streckseite der Extremitäten, wobei der Ausschlag ein polymorphes, stets sich wandelndes, ring- oder girlandenförmiges Aussehen annimmt, das Abblassen und Wiederaufflackern des Exanthems und schließlich das wenig gestörte Allgemeinbefinden. In gewissen Stadien der Krankheit kann der Ausschlag Ähnlichkeit mit andern akuten exanthematösen Erkrankungen haben, doch läßt sich meistens eine Abgrenzung eindeutig durchführen.

Röteln: Das Röteln-Exanthem breitet sich rasch vom Gesicht ausgehend gleichmäßig über den ganzen Körper aus und zeigt nicht die typischen Prädilektionsorte des Exanthema infectiosum. Auch sind die Efflorescenzen kleinfleckig und neigen wenig zur Konfluenz. Schließlich geht die Rubeola mit Lymphdrüsenschwellungen, sowie mit typischem Blutbefund einher.

Masern: Die Masern zeigen das typische Prodromalstadium, Koplik'sche Flecken, sowie Enanthem. Die Verteilung des Exanthems ist bei Masern gänzlich verschieden. Kreis- und girlandenförmige Figuren fehlen. Der Allgemeinzustand ist bedeutend schwerer gestört. Auch bei mitigierter Masern erlaubt die Lokalisation des Exanthems die Abgrenzung gegenüber dem Erythema infectiosum.

Scharlach: Der Ausschlag des Scharlachs läßt sich wiederum durch seine Lokalisation, Ausbreitung und Morphologie, sowie durch das Vorhandensein anderer Symptome eindeutig vom Erythema infectiosum unterscheiden. Beiden gemeinsam ist hingegen das blasse Munddreieck, welches zeitweise im Anfangsstadium zu Verwechslungen führen könnte.

Erythema exsudativum multiforme: Die Morphologie dieses Ausschlages kann unter Umständen derjenigen des Erythema infectiosum ähnlich sein. Auch die Lokalisation im Gesicht und an den Extremitäten kann zu Verwechslungen Anlaß geben. Doch beginnt das Erythema exsudativum multiforme in der Regel an Händen und Füßen, um sich zentripetal auszubreiten, die Efflorescenzen sind kleinfleckig und konfluieren nur selten zu großen Erythemen. Häufig findet man typische Bläschenbildung. Der Allgemeinzustand des Patienten ist dabei bedeutend schwerer gestört.

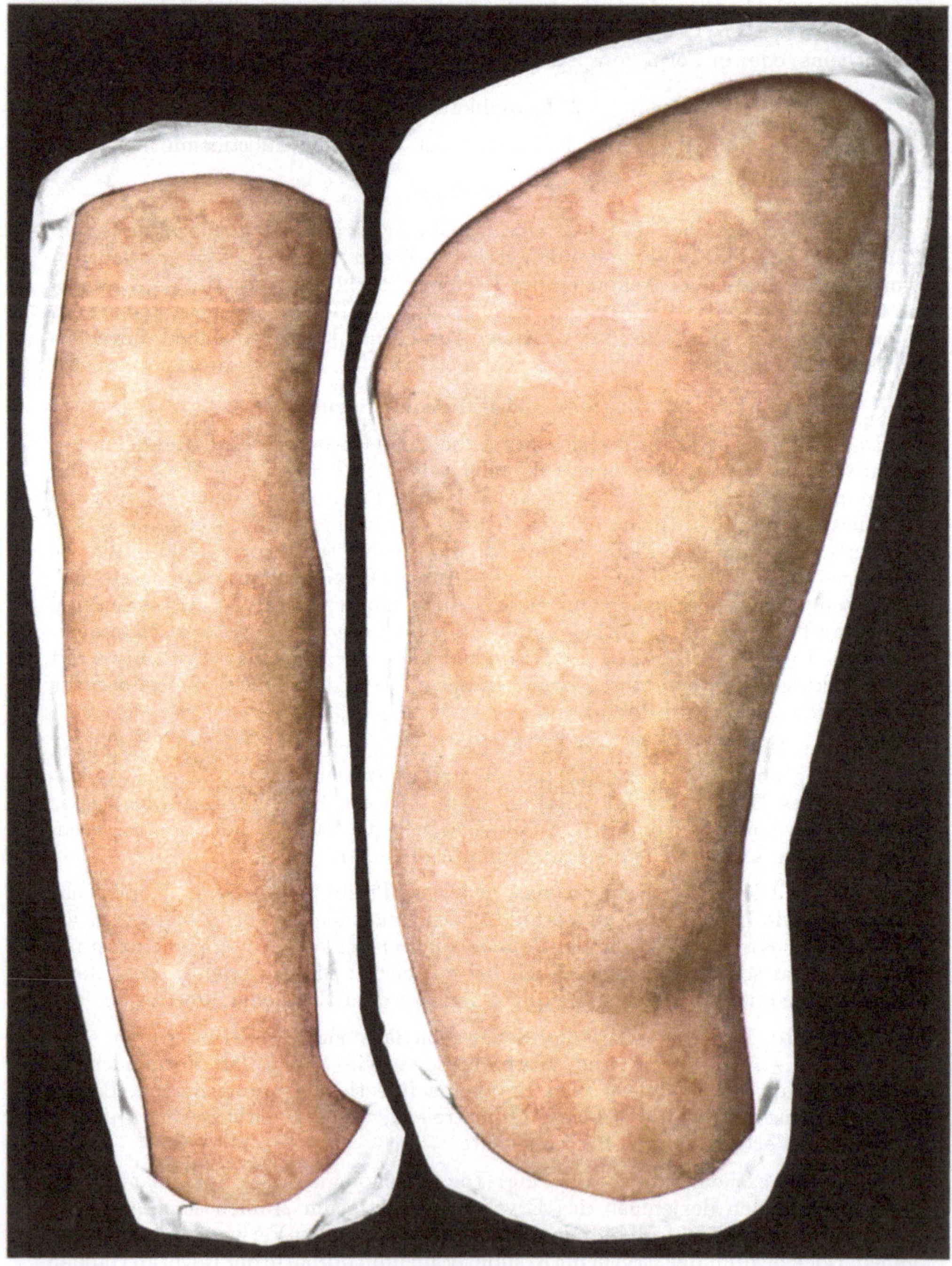

Abb. 1. Erythema infectiosum, 3½ Jahre alt. Vorderarm und Oberschenkel am 3. und 4. Tage der Krankheit. Ungewöhnlich starkes Exanthem (Aus TOBLER: Ergebn. inn. Med. 15)

Toxisch-allergisches Exanthem: Dieses Exanthem läßt die typische Lokalisation des Erythema infectiosum im Gesicht und den Streckseiten der Extremitäten vermissen. Meist ist der ganze Körper, somit auch der Stamm, befallen, wobei der Ausschlag mitunter die grobfleckige Morphologie des Erythema infectiosum annehmen kann. Die Anamnese, das Fehlen einer Epidemie sowie der Verlauf führen meistens zur richtigen Diagnose.

Begleitexantheme bei anderen Viruserkrankungen: Die gelegentlich auftretenden Exantheme bei zahlreichen in neuerer Zeit charakterisierten Viruserkrankungen wie Echovirus- und Coxsackieinfektionen sind meist flüchtig, feinfleckig, die Lokalisation hauptsächlich im Gesicht und am Stamm, selten auf den Extremitäten und lassen sich daher mühelos vom Erythema infectiosum unterscheiden.

Prognose

Der Verlauf des Erythema infectiosum ist gutartig und die Prognose absolut günstig.

5. Therapie

Eine eigentliche Behandlung bedarf diese Krankheit nicht. Vielleicht sind einige Tage Bettruhe angezeigt. Dem zeitweise auftretenden Juckreiz kann mit symptomatischen Maßnahmen begegnet werden.

Literatur

Berberich, E.: Eine Epidemie von akutem Erythem bei Kindern (Erythema infectiosum acutum). Diss. Gießen 1899. — **Boulard, P.,** et **R. Pierre:** Le mégalérythème épidémique (Erythema infectiosum ou 5e maladie). A propos d'une grande épidémie régionale. Sem. Hôp. (Paris) **29,** 4059 (1953). — **Brusa, P.:** Note cliniche ed ematologiche durante una epidemia di eritema infectiosum. Riv. Clin. pediat. **22,** 289 (1924). — **Chagrin, L., N. Sobel,** and **H. Goldstein:** Erythema infectiosum. Report of an extensive epidemic. Arch. Derm. Syph. (Chic.). **47,** 467 (1943). — **Charlone, R.:** Arch. Pediat. Urug. **7,** 240 (1936). Zit. bei Werner, G. H.: Erythema infectiosum. Klin. Wschr. **36,** 49 (1958). — **Cheinisse, L.:** Une cinquième maladie éruptive: le mégalérythème épidémique. Sem. méd. (Paris) **205,** 25 (1905). — **Cramblett, H. G.,** and **R. H. Heeren:** Failure to isolate a virus from specimens of children with erythema infectiosum. Amer. J. Dis. Child. **100,** 580 (1960). — **Escherich, Th.:** Erythema infectiosum, ein neues akutes Exanthem. Mschr. Kinderheilk. **3,** 285 (1904). — **Feer, E.:** Zit. n. E. Glanzmann: Erythema infectiosum. In: Handbuch der inneren Medizin, 4. Aufl., Bd. I, Teil 1. Berlin-Heidelberg-New York: Springer 1952. — **Feilchenfeld, L.:** Erythema simplex marginatum. Dtsch. med. Wschr. **28,** 596 (1902). — **Glanzmann, E.:** Erythema infectiosum. In: Handbuch der inneren Medizin. 4. Aufl., Bd. I, Teil 1. Berlin-Heidelberg-New York: Springer 1952. — **Greenwald, P.,** and **W. J. Bashe:** An epidemic of erythema infectiosum. Amer. J. Dis. Child. **107,** 30 (1964). — **Grillo, R. A.:** Rev. méd. San José **5,** 73 (1937). Zit. bei G. H. Werner: Erythema infectiosum. Klin. Wschr. **36,** 49 (1958). — **Gumplowicz, L.:** Casuistisches und Historisches über Röteln. Jb. Kinderheilk. **32,** 266 (1891). — **Heimann, G.:** Bericht über die XV. Sitzung der Vereinigung niederrheinisch-westfälischer Kinderärzte. Jb. Kinderheilk. **59,** 252 (1904). — **Heisler, A.:** Erythema infectiosum. Münch. med. Wschr. **56,** 1684 (1914). — **Henle:** Zit. bei G. H. Werner: Erythema infectiosum. Klin. Wschr. **36,** 49 (1958). — **Herrick, T. P.:** Erythema infectiosum. Amer. J. Dis. Child. **31,** 486 (1926). — **Hilmi, J.:** Megalerytheme. Mschr. Kinderheilk. **50,** 340 (1931). — **Hoffmann, E.:** Erythema infectiosum (Großflecken oder Ringelröteln). Dtsch. med. Wschr. **42,** 777 (1916). — **Judd, F. H.:** An epidemic of erythema infectiosum. Chin. med. J. **48,** 62 (1934). — **Lawton, A. L.,** and **R. E. Smith:** Erythema infectiosum. A clinical study of an epidemic in Bradford, Conn. Arch. intern. Med. **47,** 28 (1931). — **Lozano, A. R.:** Erythema infectiosum. Acta pediát. esp. **23,** 307 (1934). — **Maki, T.,** u. **K. Takahashi:** Forschungen auf dem Gebiete des in diesem Jahre herrschenden Erythema infectiosum. J. orient. Med. **19,** 56 (1933). — **Mayzner, M.:** Erythema infectiosum auf Grundlage einer Epidemie in einer geschlossenen Anstalt. Warszaw. Czas. lek **7,** 737 (1930). — **Nassi, L.:** Tentativi di dimostrazione e di coltivazione del virus della quinta malattia. Riv. Clin. pediat. **44,** 449 (1946). — **Plachte, H.:** Das Megalerythema epidemicum. Berl. klin. Wschr. **41,** 223 (1904). — **Plueckthurn, H.:** Erythema infectiosum. In: Handbuch der Kinderheilk., Bd. V. Berlin-Heidelberg-New York:

Springer 1963. — **Pospischill, D.**: Ein neues, als selbständig erkanntes akutes Erythem. Wien. klin. Wschr. **1904**, S. 181 u. 701. — **Ruberti, A.**: Aspetti isto-patologici dei frequenti prototipi di esantema osservati in una epidemia di quinta malattia. Athena (Roma) **23**, 131 (1957). — **Sepp, Th.**: Klinische Beobachtungen über das Erythema infectiosum. Diss. München 1909. — **Shaw, H.L.K.**: Erythema infectiosum. Amer. J. med. Sci. **129**, 16 (1905). — **Siwe, St. A.**: Klinische Beobachtungen während einer nosocomialen Endemie von Erythema infectiosum. Mschr. Kinderheilk. **45**, 152 (1929). — **Sticker, G.**: Die neue Kinderseuche in der Umgebung von Gießen (Erythema infectiosum). Z. prakt. Ärzte **8**, 353 (1899). — **Stoos, M.**: Erythema infectiosum (Megalerythem). In: Handbuch der Kinderheilkunde, 3. Aufl., Bd. II. Leipzig: Vogel 1923. — **Taccone, G.**: Sulla «quinta malattia». Nuova epidemia osservata a Milano. Pediat. Arch. **3**, 77 (1928). — **Tobeitz, A.**: Zur Polymorphie und Differentialdiagnose der Rubeola. Arch. Kinderheilk. **25**, 17 (1898). — **Tobler, L.**: Erythema infectiosum. Ergebn. inn. Med. Kinderheilk. **14**, 70 (1915). — **Trammer, J.**: Scarlatinois. Wien. klin. Wschr. **1901**, 610. — **Tschamer, A.**: Über örtliche Röteln. Jb. Kinderheilk. **29**, 372 (1889). — **Wenner, H.A.**, and **Te Youg Lou**: Virus diseases associated with cutaneous eruptions. Progr. med. Virol. **5**, 219 (1963). — **Werner, G.H.**, **P.S. Brachman**, **A. Ketler**, **J. Scully**, and **G. Rake**: A new viral agent associated with erythema infectiosum. Ann. N.Y. Acad. Sci. **67**, 338 (1957). — **Werner, G.H.**: Erythema infectiosum. Klin. Wschr. **36**, 49 (1958). — **Wilcox, K.R.**, and **A.S. Evans**: Erythema infectiosum. Report of an outbreak in Marshfield, Wisconsin, Wis. med. J. **57**, 107 (1958).

Exanthema subitum

Von E. Gugler und E. Rossi, Bern

Mit 3 Abbildungen

Synonyma: Lateinisch: Roseola infantum, Exanthema subitum. Deutsch: Dreitagefieber-Exanthem. Französisch: Roséole du nourrisson, Sixième maladie. Englisch: Exanthema subitum, Roseola infantum. Italienisch: Esantema critica, Esantema subitaria, Sesta malattia.

I. Definition

Das Exanthema subitum ist eine akute Infektionskrankheit, welche fast ausschließlich Säuglinge und Kleinkinder im 2. Lebensjahr befällt. Sie beginnt mit einem 3 Tage dauernden Fieber, welchem nach Abfall ein meist flüchtiges, feinfleckiges, rubeoliformes Exanthem folgt. Das Auftreten des Ausschlages ist von einer charakteristischen Veränderung des Blutbildes mit Leukopenie, Neutropenie und relativer Lymphocytose begleitet.

II. Geschichte

Die Krankheit wurde erstmals 1910 von Zahorsky in den Vereinigten Staaten beschrieben und als „Roseola infantilis", bzw. später als „Roseola infantum" bezeichnet. Der Autor nahm schon damals eine Virusätiologie an. 1921 machten Veeder und Hempelmann auf das typische Blutbild mit der Leukopenie und der relativen Lymphocytose aufmerksam. Sie prägten auch den neuen und treffenden Ausdruck „Exanthema subitum". Die ersten Fälle in Europa wurden aus Ungarn von von Bokay mitgeteilt. In den folgenden Jahren hat sich dann Glanzmann besonders intensiv mit diesem neuen Krankheitsbild, welches er das „kritische Dreitagefieber-Exanthem des kleinen Kindes" nannte, beschäftigt.

Glanzmann vertrat dabei die Ansicht, daß es sich bei dieser Erkrankung um ein selbständiges Krankheitsbild handle, obwohl diese Tatsache vorerst noch von verschiedenen Autoren in Frage gestellt wurde. So glaubten Willy und Abb in diesem Exanthem, infolge höherer Frequenz bei Grippeepidemien, eine besondere Manifestationsart des Grippevirus zu sehen. Glanzmann gelang es aber, durch vergleichende Blutbilduntersuchungen die Selbständigkeit dieser Krankheit endgültig unter Beweis zu stellen. Bald erschienen weitere umfassende Arbeiten. So konnten Farber und Dickey schon 1927 500 in der Literatur mitgeteilte Fälle auffinden. Aus der Praxis berichtete Rosenbusch über 224 eigene Fälle. Es folgten Arbeiten von Bogdanowicz und Szczepanska, Brunner, Plueckthurn, Windorfer und Juretic, denen ein großes Krankengut zugrunde lag.

III. Erreger

Die Ätiologie des Exanthema subitum ist heute noch nicht geklärt. Schon Zahorsky, welcher als erster die Krankheit beschrieben hat, vermutete eine Virusätiologie. Doch blieben alle Bemühungen um einen Nachweis zunächst erfolglos (Breese, Berenberg u. Mitarb.). Kempe u. Mitarb. gelang es 1950 erstmals, die Krankheit durch intravenöse Injektion bakterienfreien Serums von einem Patienten am 3. Fiebertag auf einen gesunden Säugling zu übertragen. Dieser erkrankte nach einer Inkubationszeit von 9 Tagen mit den typischen Symptomen. Auch auf Affen ließ sich die Krankheit durch intranasale Applikation von keim-

54*

freiem Rachenspülwasser und durch Seruminjektionen erfolgreich übertragen. Gleichzeitig und unabhängig davon gelangten HELLSTROEM und VAHLQUIST zu denselben Ergebnissen. Die Krankheit ließ sich experimentell von Mensch zu Mensch übertragen, wobei sich nach 6—9 Tagen das typische Krankheitsbild mit Fieber, Exanthem und Blutbildveränderungen einstellte.

NEVA und ENDERS isolierten 1954 aus dem Stuhl eines an Exanthema subitum erkrankten Kindes in menschlichen Gewebekulturen ein cytopathogenes Agens und konnten auch im Rekonvaleszentenserum neutralisierende und komplementbindende Antikörper gegen dieses Agens nachweisen. ROWE u. Mitarb. wiesen, ebenfalls im Stuhl erkrankter Kinder, Adenovirus-Typ 3 nach. Mit Hilfe von elektronenmikroskopischen Untersuchungen fanden REAGAN u. Mitarb. im Blut von Affen, welche intradermal mit Blut von Kindern mit Exanthema subitum inoculiert worden waren, Inklusionen, die sie als das Dreitage-Virus ansahen. Schließlich berichten NAGAYAMA u. Mitarb. über Züchtungsversuche, die sie in Kulturen von fötalem menschlichem Gewebe vorgenommen haben. Bei 9 von 10 Kindern gelang ihnen der Nachweis von Adenovirus-Typ 3 im Stuhl. Bei 5 Kindern erfolgte ein vierfacher Titeranstieg von komplementbindenden Antikörpern in der Rekonvaleszenz. Obwohl heute an der Virusätiologie dieser Krankheit kaum mehr gezweifelt werden kann, sind die Züchtungsversuche des Virus noch wenig überzeugend und bedürfen weiterer Forschungsarbeiten.

IV. Epidemiologie

Das Exanthema subitum ist eine häufige Krankheit, wahrscheinlich noch häufiger, als angenommen wird, da sie vielfach verkannt oder gar nicht diagnostiziert wird. Auffallend ist die *Altersdisposition*, erkranken doch fast nur *Säuglinge und Kleinkinder im 2. Lebensjahr*, wobei am häufigsten Kinder im 6.—12. Monat betroffen sind (Abb. 1). Vereinzelt können schon Kinder im 1. Lebensmonat erkranken. Erkrankungen nach dem 2. Lebensjahr kommen vor, bilden jedoch die Ausnahme. So waren in unserem klinischen Krankengut von 70 Kindern mit Exanthema subitum nur 6 älter als 2 Jahre. Diese eigenartige Altersverteilung legt die Vermutung nahe, daß das Virus in der Bevölkerung sehr verbreitet ist und ubiquitär vorkommt. Die Infektion der Kinder erfolgt daher offenbar sehr frühzeitig, bereits im Säuglings- oder Kleinkindesalter. Dabei ist anzunehmen, daß der größte Teil der Infektion entweder stumm, rudimentär oder inapparent verläuft und daß nur ein Teil der infizierten Kinder die Krankheit manifest durchmacht. Für ROSENBUSCH erkrankten 55 % der Kinder, während BREESE

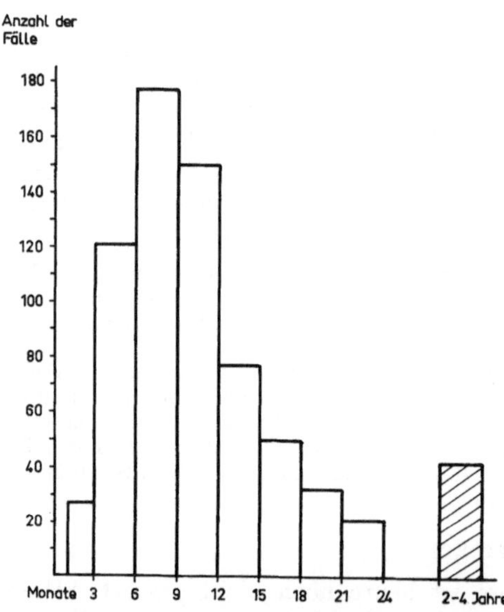

Abb. 1. Altersverteilung von 697 Fällen mit Exanthema subitum. Zusammenstellung aus BRUNNER (172 Fälle), WINDORFER (212 Fälle) und JURETIC (243), sowie 70 eigene Fälle

eine Erkrankungsrate von 30 % annimmt. Ältere Kinder und Erwachsene haben deshalb eine dauernde Immunität erworben und erkranken nicht mehr. Die Seltenheit des Exanthema subitum im 1. und 2. Lebensmonat ist wahrscheinlich auf die

Schutzwirkung der diaplacentär von der Mutter auf das Kind übertragenen Antikörper zurückzuführen.

Die Krankheit tritt fast immer *sporadisch* auf. Nur vereinzelt sind kleinere Epidemien beschrieben worden (CUSHING, BARENBERG und GREENSPAN, RYDEN und REIS), wobei die Befallsquote eher gering war.

Auffallend ist ferner die bemerkenswerte Tatsache, daß die direkte Ansteckung gesunder Kinder durch manifest erkrankte praktisch nicht vorkommt. Daher gehören Geschwistererkrankungen (GLANZMANN, WESTCOTT) und Ansteckungen in Spitalabteilungen (WINDORFER) zu den Seltenheiten. Hingegen können in ein und derselben Familie mehrere Kinder im kritischen Alter die Krankheit nacheinander durchmachen (PICK und SPARLING, JURETIC), was auf eine familiäre Disposition schließen läßt.

Häufig wird das erste Kind befallen, doch dürften hier psychologische Momente mitspielen, da erfahrungsgemäß die Erstgeborenen besser beobachtet werden als die späteren Geschwister und bei Erkrankung häufiger in ärztliche Behandlung gebracht werden. Der *Übertragungsmodus* ist nicht klar. Kontakt- und Tröpfcheninfektion spielen dabei wohl die Hauptrolle. Die in neuerer Zeit erfolgte Isolierung von fraglich pathogenetisch bedeutsamen Viren aus dem Stuhl läßt auch die Frage nach der Schmierinfektion aufkommen. Da selbst vollständig isolierte Säuglinge an Exanthema subitum erkranken können, muß angenommen werden, daß auch gesunde Zwischenträger die Krankheit weiterverbreiten (BARENBERG und GREENSPAN, WINDORFER).

Eine *Geschlechtsdisposition* besteht nicht. Knaben und Mädchen werden in gleichem Maße befallen. Auch ist keine sichere Abhängigkeit zu den Jahreszeiten nachweisbar (JURETIC), obwohl verschiedene Autoren (GLANZMANN, BARENBERG und ROSENBUSCH) eine Anhäufung von Erkrankungen im Frühling festgestellt haben.

Die *Inkubationszeit*, welche bei kleineren Epidemien beobachtet wurde, schwankt zwischen 3 und 15 Tagen (CUSHING, BARENBERG u. Mitarb.). REIS gibt als längste Inkubationszeit 7 Tage an, während WINDORFER bei Spitalansteckungen eine solche von 3—8 Tagen mitteilt. Diese Inkubationsdauer stimmt recht gut mit den von GLANZMANN bei Geschwistererkrankungen angegebenen Zeiten von 3—7 Tagen überein, und stehen zudem mit den experimentellen Übertragungsversuchen von KEMPE u. Mitarb. sowie von HELLSTROEM und VAHLQUIST in Einklang.

Die Krankheit hinterläßt eine dauernde *Immunität*.

Sichere Fälle von Zweiterkrankungen sind bisher nie beobachtet worden.

V. Klinisches Bild

Der klinische Verlauf der Krankheit ist in den allermeisten Fällen recht charakteristisch. Ohne Prodromi, aus voller Gesundheit heraus, erkranken die Kinder mit hohem *Fieber*, das meist 39—40° C erreicht. Hyperpyretische Werte von 41° und mehr sind selten. Das Fieber bleibt dann für die Dauer von 3 Tagen bestehen, nur ausnahmsweise dauert es 1 oder 2 Tage. Etwas häufiger kann sich die febrile Phase über 4 oder 5 Tage erstrecken. Der *Fiebertypus* ist verschieden. Normalerweise besteht ein remittierendes Fieber oder eine Continua. Häufig kann aber der Fiebertyp wegen antipyretischer Maßnahmen nicht sicher beurteilt werden. Am 4. oder 5. Tag sinkt das Fieber, etwas häufiger lytisch wie kritisch, ab (BARENBERG und GREENSPAN, BRUNNER). Während des Fiebers ist der *Allgemeinzustand* in der Regel recht wenig beeinträchtigt, worauf schon früh in der Literatur hingewiesen worden ist. Daneben können aber unbestimmte Beschwerden wie Unruhe, Mudrigkeit, häufiges unmotiviertes Weinen oder Wimmern, Nahrungsverweigerung und Apathie vorkommen. Nicht selten sind auch *katarrhalische Erscheinungen*, meist leichterer Art, vorhanden. So können Rhinitis, Pharyngo-Tracheitis oder auch Tonsillitiden beobachtet werden, gelegentlich ist eine Otitis media catarrhalis feststellbar. Bronchitiden und Pneumonien gehören nicht eigentlich zum klinischen Bild. Daneben sind Begleiterscheinungen von der Seite des Magen-Darmtraktus nicht ungewöhnlich. So ging die Krankheit in unserem Patientengut bei 20 % der Kinder mit Erbrechen einher. Auch Durchfälle leichter bis schwerer Art können vorkommen.

Die schwersten und gefürchtesten Begleiterscheinungen sind *zentralnervöser Natur*. Sie führen bei Beginn der Erkrankung mit dem Fieberanstieg, oder auch am 2. oder 3. Fiebertag, zu tonisch-clonischen *Krampfanfällen*, die meist einmalig verlaufen, sich aber auch mehrmals wiederholen können. Die Dauer dieser „Fieberkrämpfe" kann einige Minuten, aber auch über eine halbe Stunde betragen, was häufig zur Klinikeinweisung führt. Nach dem Anfall können sich manchmal schlaffe Paresen, meist Hemiparesen sowie Facialislähmungen einstellen, die sich aber in den allermeisten Fällen, schon nach Stunden oder Tagen, restlos zurückbilden. Die Lumbalpunktion ergibt in diesen Fällen in der Regel einen klaren, häufig unter erhöhtem Druck stehenden Liquor. Die Zellzahl ist stets normal, eine Pleocytose gehört zu den Ausnahmen. Der Liquoreiweißgehalt ist normal, die Glycorrachie hingegen kann zeitweise leicht erhöht sein. Elektroencephalographische Untersuchungen, die bei solchen Kindern gelegentlich ausgeführt wurden, ergaben in der Regel ein normales, altersentsprechendes Kurvenbild. Die Beteiligung des zentralen Nervensystems kann sich auch ohne Krämpfe, lediglich durch das Auftreten eines mehr oder weniger ausgeprägten Meningismus äußern. Dabei ist als Ausdruck einer Permerbilitätsstörung im Sinne eines Meningealhydrops die vorgewölbte und gespannte Fontanelle ein wertvolles Zeichen, auf das vor kurzem OSKI wiederum hingewiesen hat. Diese Kinder gelangen dann häufig als Meningitisverdacht zur Kliniksaufnahme. Auch hier ist der Liquorbefund unauffällig.

Die Häufigkeit, mit welcher Krampfanfälle und Meningismus im Verlaufe des Exanthema subitum auftreten, wird verschieden angegeben. Sie hängt verständlicherweise davon ab, ob eine Statistik aus der Klinik oder aus der Praxis hervorgeht. Besonders wertvolle Hinweise auf die Frequenz zentralnervöser Erscheinungen gibt uns die Zusammenstellung von BRUNNER, welche in Zusammenarbeit mit praktizierenden Kinderärzten Erfahrungen über 172 Fälle gesammelt hat. Nach ihren Angaben waren lediglich bei 4 % der Patienten Krampfanfälle aufgetreten und Meningismus in nur 2,9 %. Somit sind diese zentralnervösen Begleiterscheinungen als selten zu betrachten. In der Klinik werden Krämpfe naturgemäß viel häufiger gesehen. PLUECKTHURN gibt solche bei 13,5 % seiner Patienten mit Exanthema subitum an, WINDORFER erlebte bei 25 % seiner 212 Patienten einen oder mehrere Krampfanfälle. BARENBERG und GREENSPAN sahen bei einem Drittel ihrer Kinder mit Roseola infantum derartige Anfälle, und in unserem eigenen Krankengut von 70 Kindern haben 43 % Krampfanfälle gezeigt.

Die *Lymphdrüsen* sind in ungefähr der Hälfte der Fälle leicht bis mäßig vergrößert, wobei vor allem die nuchalen, occipitalen und cervicalen Stationen betroffen sind. Die *Milz* ist im allgemeinen nicht vergrößert.

Das *Exanthem* tritt in der Regel am 4. oder 5. Krankheitstag auf, und zwar entweder mit der Entfieberung oder kurze Zeit nachher (Abb. 2). In seltenen Fällen kann es erst 1—2 Tage später in Erscheinung treten. Der Ausschlag beginnt mit feinen, ca. 2—5 mm großen, zart rosafarbenen Flecken, welche meist einzeln stehen oder zu kleineren bis größeren Erythemflächen konfluieren. Dabei nimmt er ein rubeoliformes Aussehen an. Das Exanthem beginnt häufig am Stamm,

vor allem an den seitlichen Abschnitten des Abdomens und auf dem Rücken,
von wo es sich rasch auf den Hals, das Gesicht und seltener auch auf die Extremitäten ausbreitet. Im Gesicht sind die Flecken eher spärlich, meist auf beiden Seiten
der Nasenflügel und auf den Wangen, sowie auch auf der behaarten Kopfhaut zu finden. Der maculöse Charakter herrscht vor, nur selten können leicht papulöse Flecken auftreten. Bei stärkerer Ausprägung können die Efflorescenzen zu einem masern-ähnlichen Ausschlag konfluieren. Die Dauer des Ausschlages ist sehr verschieden, sie schwankt zwischen wenigen Stunden und 1—2 Tagen. Das Exanthem hinterläßt weder Schuppung noch Pigmentierung der Haut und kann unter Umständen so flüchtig sein, daß es sich der Beobachtung entzieht. Diese Tatsache hat verschiedene Autoren zur Annahme berechtigt, daß auch abortive
Verlaufsformen ohne Exanthem vorkommen müssen (GLANZMANN, WINDORFER).

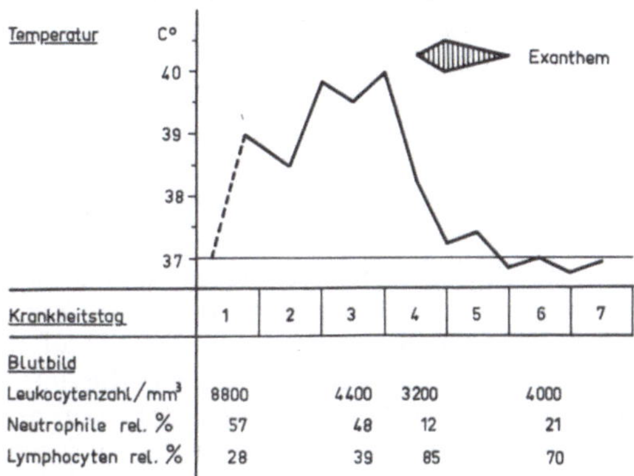

Blutbild				
Leukocytenzahl/mm^3	8800	4400	3200	4000
Neutrophile rel. %	57	48	12	21
Lymphocyten rel. %	28	39	85	70

Abb. 2. Exanthema subitum. Typischer Fieberverlauf, Auftreten
des Exanthems bei Entfieberung. Leukopenie mit Neutropenie
und relativer Lymphocytose am 4. Krankheitstag

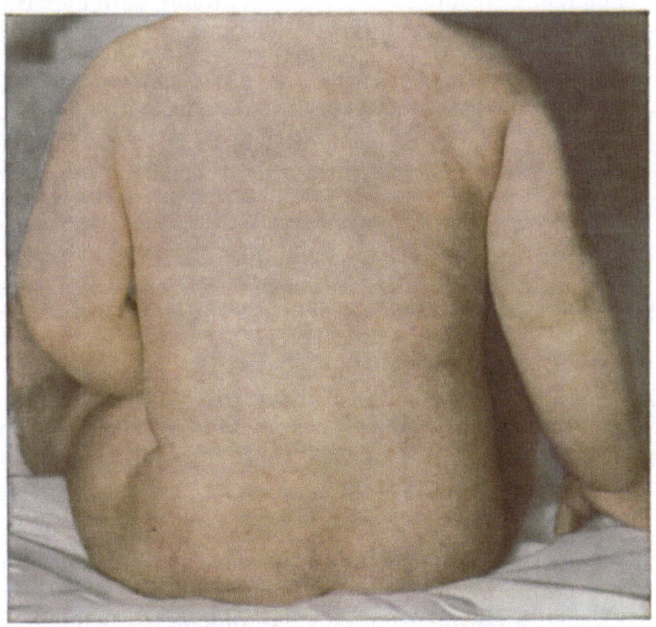

Abb. 3. Dreitagefieber-Exanthem. Exanthema subitum
(aus Tabulae exanthematicae, F. HOFFMANN-LA ROCHE, Basel)

Mit dem Erscheinen des Exanthems bessert sich das Befinden der Kinder
schlagartig. Sie sind bald munter, essen wieder und erholen sich in der kurzen
Rekonvaleszenzzeit sehr rasch.

Komplikationen: Komplikationen im Verlaufe des Exanthema subitum sind sehr selten und beschränken sich ausschließlich auf das zentrale Nervensystem. Abgesehen von Meningismus und Krampfanfällen sind meningitische und meningo-encephalitische Zustände beschrieben worden (WALLFIELD, SZCZEPANSKA, DEL MUNDO u. Mitarb.). Daneben sind von zahlreichen Autoren immer wieder post-paroxysmale Hemiparesen oder Facialislähmungen mitgeteilt worden (ROSEN-BLUM, GLANZMANN, WINDORFER, BERENBERGER u. Mitarb.), welche sich fast immer nach 1—2 Tagen zurückgebildet haben. Vereinzelt können sich solche Paresen aber auch erst nach Wochen und gar Monaten zurückbilden (WINDORFER, GLANZMANN), oder als Restzustand sogar bestehen bleiben (POSSON). So beschrieben BURSTINE und PAINE 6 Kinder, welche nach Exanthema subitum eine dauernde Encephalopathie mit spastischer Hemiplegie, teilweise kombiniert mit Anfallsleiden, pathologischen Hirnstromkurven und PEG-Veränderungen aufwiesen. Die Genese dieser cerebralen Schäden ist noch unklar. Nach Ansicht der Autoren spielt wahrscheinlich auch die ungewöhnlich lange Krampfdauer von über 2 Std eine Rolle. Die zentralnervösen Manifestationen des Exanthema subitum haben daher verschiedene Autoren veranlaßt, dem Erreger auch eine neurotrope Wirkung zuzuschreiben, wobei die Krampfanfälle der präexanthematischen Phase als Ausdruck einer spezifischen Wirkung des Erregers auf das ZNS angesehen werden (POSSON, ROSENBLUM, DEL MUNDO, WINDORFER).

Laboratoriums-Untersuchung

Schon früh wurde erkannt, daß die Krankheit mit ganz *typischen Blutbildveränderungen* einhergeht. Während des Fieberstadiums besteht vorwiegend eine Leukopenie mit Neutrophilie und Linksverschiebung bei relativer Lymphopenie (SAAL), wobei nicht selten auch normale Leukocytenwerte oder gar eine leichte Leukocytose vorkommen. Im *Zeitpunkt des Fieberabfalles und Auftretens des Exanthems* am 4. Tag kommt es zur typischen Veränderung, welche durch einen ausgesprochenen *Neutrophilensturz* gekennzeichnet ist. Das Blutbild ist dann charakterisiert durch eine *Leukopenie* mit ausgesprochener *Neutropenie* und einer relativen *Lymphocytose*, welche 70—98 % betragen kann. Die Monocyten können zahlenmäßig normal oder aber vermehrt sein. Plasmazellvermehrungen sind dagegen selten. In etwa der Hälfte der Fälle sind die Eosinophilen vermindert. Nach 7—14 Tagen normalisiert sich das Blutbild wieder, indem vorerst die segmentkernigen Granulocyten erscheinen, und die Lymphocytose allmählich abnimmt.

WEICKER konnte während der Fieberphase bei Kindern mit Exanthema subitum im Knochenmark ein- bis zweikernige Riesenzellen beobachten, welche die Größe von Megacaryoblasten erreichten und in Analogie zu anderen Viruserkrankungen als spezifisches Reaktionsprodukt auf das Exanthema subitum-Virus betrachtet wurden.

Diagnose

Während der ersten Krankheitsphase kann die Diagnose höchstens vermutet werden, vor allem dann, wenn der Allgemeinzustand des Patienten, trotz des hohen Fiebers, wenig beeinträchtigt ist und objektive Befunde fehlen. Sind katarrhalische Nebenerscheinungen vorhanden, wird zunächst eine Pharyngitis oder eine Otitis media angenommen. Erbrechen und Durchfälle lassen infektiöse Gastroenteritiden vermuten. Die vorgewölbte Fontanelle, Meningismus und Krämpfe müssen die Vermutung auf eine Meningitis aufkommen lassen. Daher sollte das Exanthema subitum stets differentialdiagnostisch bei allen akuten hochfebrilen Zuständen des Säuglings und Kleinkindes bis zum 3. Lebensjahr in Erwägung gezogen werden. Im Zeitpunkt des Fieberabfalles und nach Auftreten des Ausschlages bietet die Diagnose keine Schwierigkeiten mehr. Das Alter des Patienten, der Verlauf und die Dauer des Fiebers, das Auftreten des Exanthems nach Fieberabfall, die typische Lokalisation und schließlich die charakteristischen Blutbildveränderungen sind Kriterien, die jegliche Verwechslung mit andern exanthematischen Erkrankungen verunmöglichen. Die Hauptursache der verschiedenen Fehldeutungen der Krankheit besteht sicher darin, daß diese für Praxis und Kinderheilkunde wesentliche Infektionskrankheit immer noch zu wenig bekannt ist und nicht genügend beachtet wird.

Prognose

Wenn man von den seltenen cerebralen Komplikationen mit vereinzelten Restzuständen absieht, ist die Prognose gut. Todesfälle sind keine bekannt. Bei Krampfanfällen empfiehlt es sich, analog zu Fieberkrämpfen anderer Genese, die Kinder in der Folge unter genauer ärztlicher Kontrolle zu behalten.

Therapie

Eine kausale Therapie ist nicht möglich. Antibiotica sind während des Fiebers wirkungslos, dagegen sind Antipyretica und Sedativa sowie physikalische Maßnahmen (kalte Umschläge, Eiseinlauf, absteigendes Bad) bei Fieber über 39° angezeigt. Krampfanfälle sollen mit Hilfe einer spezifischen Therapie so rasch als möglich beendet werden. Zu diesem Zwecke haben sich Chloralhydrat 1 gr/m^2 als Klysma, Luminal 200 mg/m^2 i. m. oder Amytal intravenös 100—200 mg/m^2 in unserer Klinik recht gut bewährt.

Literatur

Abb, M.: Ist das Exanthema subitum eine selbständige Krankheit? Z. Kinderheilk. **55**, 339 (1933). — **Barenberg, L. H.**, and **L. Greenspan**: Exanthema subitum (Roseola infantum). Amer. J. Dis. Child. **58**, 983 (1939). — **Berenberg, W.**, **S. Wright**, and **C. A. Janeway**: Roseola infantum (Exanthema subitum). New Engl. J. Med. **241**, 253 (1949). — **Bogdanovics, J.**, u. **H. Szczepanska**: Exanthema subitum. Pédiatrie **12**, 381 (1957). — **Bokay, J. v.**: Das Exanthema subitum. Wien. klin. Wschr. **32**, 570 (1923). — **Breese, B. B.**, jr.: Roseola infantum (exanthema subitum). N.Y. State J. Med. **41**, 1854 (1941). **Brunner, N.**: 172 Fälle von Exanthema subitum aus Praxis und Klinik. Helv. paediat. Acta **4**, 408 (1959). — **Burnstine, R. C.**, and **R. S. Paine**: Residual encephalopathy following roseola infantum. Amer. J. Dis. Child **98**, 144 (1959). — **Cushing, H. B.**: An epidemic of roseola infantum. Canad. med. Ass. J. **17**, 905 (1927). — **Faber, H. K.**, and **L. B. Dickey**: The symptomatology of exanthema subitum. Arch. Pediat. **44**, 491 (1927). — **Glanzmann, E.**: Das kritische Dreitagefieber-Exanthem der kleinen Kinder. Schweiz. med. Wschr. **54**, 589 (1924). ~ Das kritische Dreitagefieber-Exanthem der kleinen Kinder. Ergebn. inn. Med. Kinderheilk. **29**, 65 (1926). ~ Das kritische Dreitagefieber-Exanthem der kleinen Kinder (Exanthema subitum). In: Handbuch der Inneren Medizin, 1. Bd., I. Teil, S. 260 (1952). — **Hellstroem, B.**, and **B. Vahlquist**: Experimental inoculation of roseola infantum. Acta paediat. **40**, 189 (1951). — **Juretic, M.**: Exanthema subitum. A review of 243 cases. Helv. paediat. Acta **18**, 90 (1963). — **Kempe, C. H.**, **E. B. Shaw**, **J. R. Jackson**, and **H. K. Silver**: Studies on the etiology of exanthema subitum (Roseola infantum). J. Pediat. **37**, 561 (1950). — **Mundo, F. del**, **L. S. Cordero**, and **S. Rodriguez**: Pre-eruptive Roseola encephalitis. J. Philipp. med. Ass. **31**, 622 (1955). — **Nagayama, T.**, **K. Hayakawa**, **M. Oshige**, and **H. Oki**: Studies on the relations between Exanthema subitum and adenovirus. Acta. med. Univ. Kagoshima. **3**, 44 (1960). — **Neva, F. E.**, and **J. F. Enders**: Isolation of a cytopathogenic agent from an infant with a disease in certain respects resembling roseola infantum. J. Immunol. **72**, 315 (1954). — **Oski, F. A.**: Roseola infantum. Another cause of bulging fontanel. Amer. J. Dis. Child. **101**, 376 (1961). — **Pick, W.**, and **H. J. Sparling, jr.**: An observation on the communicability of Roseola infantum. J. Pediat. **46**, 219 (1955). — **Plueckthun, H.**: Exanthema subitum. In: Handbuch der Kinderheilkunde, Bd. V, S. 71. Berlin-Heidelberg-New York: Springer 1963. — **Posson, D. D.**: Exanthema subitum (Roseola infantum) complicated by prolonged convulsions and hemiplegia. J. Pediat. **35**, 235 (1949). — **Reagan, R. L.**, **S. C. Chary**, **S. E. Moolten**, **E. Clark**, and **A. L. Brueckner**: Electron microscopic studies of the roseola infantum (exanthema subitum) virus. Tex. Rep. Biol. Med. **13**, 929 (1955). — **Reis, N.D.**: Roseola infantum. An isolated outbreak. Lancet **1956** I, 830. — **Rosenblum, J.**; Roseola infantum (Exanthema subitum) complicated by hemiplegia. Amer. J. Dis. Child. **69**, 234 (1945). — **Rosenbusch, H.**: Zur Frage des Exanthema subitum. Schweiz. med. Wschr. **69**, 1173 (1939). — **Rowe, W.P., R.J. Huebner, J.W. Hartley, T.G. Ward, and R.H. Parrot**: Studies of the Adenoidal-Pharyngeal-Conjunctival (APC) group of viruses. Amer. J. Hyg. **61**, 197 (1955). — **Rydén, H.**: A small nosocomial epidemic of Exanthema subitum. Acta paediat. (Uppsala) **17**, 498 (1935). — **Saal, Ch.**: Das Blutbild bei Exanthema subitum mit besonderer Berücksichtigung der ersten Phase. Helv. paediat. Acta **5**, 291 (1950). — **Szczepanska, H.**: Neurological complications in the course of roseola infantum. Pédiatrie **15**, 269 (1960). — **Veeder, B.S., and T.C. Hempelmann**: Febrile exanthem occurring in childhood. J. Amer. med. Ass. **77**, 1787 (1921). — **Wallfield, M.J.**: Exanthema subitum with encephalitic onset. J. Pediat. **5**, 800 (1934). — **Weicker, H.**: Eine monozytäre Riesenzelle im Knochenmark im Prodromalstadium des Exanthema subitum. Ärztl. Wschr. **8**, 481 (1953). — **Westcott, Th.**: Pseudo-Rubella. J. Amer. med. Ass. **77**, 1365 (1921). — **Willi, H.**: Exanthema subitum und Influenza. Schweiz. med. Wschr. **59**, 953 (1929). — **Windorfer, A.**: Das Dreitagefieber-Exanthem der kleinen Kinder. Exanthema subitum. Dtsch. med. Wschr. **79**, 1201 (1954). — **Windorfer, A., u. B. Kornhuber**: Zur Klinik und Epidemiologie des Exanthema subitum. Dtsch. med. Wschr. **89**, 105 (1964). — **Zahorsky, J.**: Roseola infantilis. Pediatrics **22**, 60 (1910). ~ Roseola infantum. J. Amer. med. Ass. **61**, 1446 (1913).

Katzenkratzkrankheit

(maladie des griffes de chat,
cat scratch disease, non bacterial regional lymphadenitis)

Von O. GSELL, Basel

Mit 6 Abbildungen

I. Definition

Die „Katzenkratzkrankheit" oder „maladie des griffes de chat", oder „cat scratch disease" ist eine seit 1950 bekannte Krankheitseinheit, die durch eine nicht bakterielle, regionäre, oft abscedierende Lymphadenitis mit zugehörigem meist cutanem Primäraffekt und durch benignen Verlauf charakterisiert ist. Die sporadisch und in kleinen Epidemien auftretende Krankheit, deren virussuspekter Erreger noch nicht isoliert wurde, wird nicht von Mensch zu Mensch übertragen, sondern mehrheitlich durch Katzen, die selbst, ohne krank zu sein, als Virusträger zu bewerten sind, wobei die Infektion durch Kratz-, gelegentlich durch Bißwunden oder evtl. indirekt durch infizierte Gegenstände erfolgt, so daß von einer *Zoonose* gesprochen werden kann. Aus den erkrankten Lymphdrüsen bzw. dem Eiter kann ein Antigen gewonnen werden, das für einen spezifischen Kutantest diagnostisch Verwendung findet.

Die *Benennung* der Krankheit ist seit ihrer Entdeckung 1950 nicht einheitlich gewesen und erst heute beginnt sich eine Einigung auf die oben erwähnten Namen durchzusetzen. DEBRÉ nannte sie in seiner ersten Mitteilung „maladie des griffes de chat", und diese Bezeichnung setzte sich auch in anderen Sprachen durch als „Katzenkratzkrankheit", als „cat scratch disease". MOLLARET u. seine Mitarb. bezeichneten sie anfangs als „Adénopathie régionale subaiguë", später nach dem besonderen histologischen Befund als „Lymphoréticulose bénigne d'inoculation". Weitere Namen siehe GSELL.

Vom Committee on Standard Nomenclature of Disease and Operations wird dem Namen Katzenkratzkrankheit (K.K.K.) die Bezeichnung „non bacterial regional lymphadenitis" in Klammer zugefügt.

II. Geschichte

Die Maladie des griffes de chat wurde zum erstenmal in Paris zu Beginn des Jahres 1950 von DEBRÉ, LAMY, JAMMET, COSTIL und MOZZICONACCI und bald darauf von MOLLARET, REILLY, BASTIN und TOURNIER beschrieben.

Die eigentliche Erforschung der Krankheit geht zurück in das Jahr 1932, als der Bakteriologe LEE FOSHAY in Cincinnati bei seinen Studien über Tularämie bei einem Physiker und dessen Frau eine eigentümliche Erkrankung bemerkte. Beide waren am Zeigefinger von einer Katze gekratzt worden. Es hatte sich an der Stelle eine sog. Ringform-Infektion entwickelt. Nach wenigen Tagen war die Stelle gerötet und infiltriert. 2 Wochen später waren die regionalen Achseldrüsen geschwollen und schmerzhaft. Es bestand leichtes Fieber. Als die Lymphknoten excidiert wurden, enthielten sie sterilen Eiter. Die serologischen Bemühungen, um in diesen beiden Fällen eine Tularämie festzustellen, blieben negativ. Für sich nannte FOSHAY die Krankheit „cat fever". FOSHAY publizierte seine Arbeit nicht.

1945 stellte HANGER in New York, der sich beim Gärtnern eine Paronychie zugezogen hatte, mit ROSE zusammen aus dem sterilen Eiter seiner Verletzungswunde nach den Prinzipien des Frei-Testes ein Antigen her und spritzte es sich (0,1 cm³) und später auch Patienten ein, welche bei Foshay in Behandlung standen. Es erfolgte in allen Fällen eine intensive tuberkulinähnliche Papelbildung. Die Kontrollreaktionen waren negativ. Auch darüber wurde nichts publiziert und ebensowenig die Besonderheit des Leidens erkannt.

Erst 1950 hat Debré an Hand von 12 Fällen die Krankheitseinheit klar abgegrenzt und ihre Bedeutung als Zoonose in ihrem wesentlichen Zusammenhang mit einer Katzenkratzläsion erkannt. Mollaret bereicherte das klinische Bild, hob die histologische Besonderheit hervor und hat durch serologische Untersuchungen und Übertragungsversuche auf Affe und Mensch die Kenntnisse wesentlich gefördert. Die von ihm angenommene Spezifität der anatomischen Veränderung wie auch eine Virusisolierung konnten aber nicht bestätigt werden, und die ätiologische Klärung liegt für die Zukunft noch zur Entdeckung frei (Details der Geschichte, siehe Gsell und Gsell).

III. Ätiologie

Erreger: Die Ätiologie der Katzenkratzkrankheit ist bis heute noch nicht sichergestellt. Ein Virus konnte durch Übertragung von Drüsenmaterial und Eiter weder im Tierexperiment noch in Gewebskultur oder im Hühnerei gewonnen werden. Alle Studien mit den heute möglichen virologischen, bakteriellen, mycologischen Techniken, führten zu keinem Erfolg (siehe Armstrong, Warwick).

Auch die *Katzenuntersuchungen* verliefen bis jetzt ganz negativ.

Mollaret hat noch speziell bei Katzen von Erkrankten auf Zeichen von kontagiöser Katzenpneumonie mit dem Erreger von Baker gesucht, auch dies ohne Erfolg. Katzen zeigten auch nie eine positive Intradermoreaktion, keinen Virus im Stuhl und keine positive serologische Reaktion mit dem Lymphogranumtest. Gifford fand bei intranasaler Oculation vom Lymphknotenmaterial menschlicher Katzenkratzkrankheit auf Mäuse keine „Mäusepneumonitis", wie sie das Bakersche Virus macht (siehe auch Blake). Versuche, menschlichen Drüseneiter auf Katzen zu übertragen, führten ebenfalls zu keinem Ergebnis (Armstrong).

All diese Versuche führten zum Schluß, daß die *Katzen nicht* von der Infektion befallen sind, sondern nur als *Überträger* des Erregers in Frage kommen. Da die Krallen und die Zähne der Katzen beim Beutefang vor allem mit Vögeln und kleinen Nagern in Berührung kommen, hat Mollaret die Hypothese ausgesprochen, daß Vögel das Reservoir des K.K.K.-Erregers bilden. Übertragungsversuche mit Eiter menschlicher Lymphknoten auf verschiedenste Tiere führten zu keinem Ergebnis. Daniels resumiert die in den USA und Frankreich gemachten Untersuchungen wie folgt: Der Eiter wurde in das Gehirn, Peritoneum, Haut, Mundschleimhaut, Conjunctiven und Venen einer großen Varietät von Vögeln und Tieren, inkl. Katzen injiziert, ohne daß eine Übertragung der Krankheit gelang.

Die experimentelle *Krankheitsübertragung auf Affen* wurde 1951 von Mollaret et al. vorgenommen. Seine drei Affenexperimente, die im Schrifttum öfters als positives Ergebnis einer Erregerübertragung zitiert werden, halten einer kritischen Prüfung nicht stand. Die Nachkontrollen fielen negativ aus. Auch die *experimentelle Krankheitsübertragung von Mensch zu Mensch*, von Mollaret et al. versucht in vier Experimenten, gaben keinen sicheren Beweis.

Ebenso ist der *morphologische Erregernachweis* bis jetzt *nicht geglückt*. Der Befund von intracytoplasmatischen Einschlußkörperchen in Lymphknoten konnten von Debré, Daniels, Kalter, Hedinger u. a. nicht bestätigt werden, ebenso wenig wie die Erregerisolierung von Petzetakis (1936) (Details siehe Gsell).

Die *Frage des Erregers* der Katzenkratzkrankheit ist demnach heute noch nicht *geklärt.* Die experimentellen, klinischen und epidemiologischen Studien lassen nur mehr die Vermutung aussprechen, daß es sich um eine Virusart handle. Die Annahme, es handle sich um ein Virus der Psittakose-Lymphogranuloma venereum-

Gruppe, welcher dem Erreger der Katzenpneumonie von BAKER nahesteht, ist eine bis jetzt nicht belegte Hypothese. Auch die Hypothese der Zugehörigkeit zu atypischen Mykobakterien, geäußert von BOYD und CRAIG (1961) (Isolierung von säurefesten Organismen aus Lymphknoten von 8 Fällen, 2 davon aber mit negativem Hauttest) wurde von CARITHERS nicht bestätigt (bei 20 Fällen und 20 Kontrollen gleich häufige Reaktion auf Antigene von atypischen Mykobakterien). Ebensowenig ist eine Beziehung zur Herpesvirusgruppe, vermutet von TURNER et al., bestätigt worden. (Diese Autoren haben aus dem Eiter von 3 Fällen und von der Klaue einer Katze ein Virus gezüchtet, das Ähnlichkeiten zu Herpes-Virus-1 in Hämagglutination und im Wachstum auf Hühnerembryo Allantois-Flüssigkeit aufwies). Weitere Untersuchungen sind notwendig.

IV. Pathologische Anatomie

Schon die ersten Untersuchungen von MOLLARET und von DEBRÉ, beraten durch OBERLING, machten auf die anatomischen Besonderheiten aufmerksam.

Der *histologische Befund* des selten untersuchten Primäraffektes zeigt eine umschriebene, exulcerierende Dermatitis mit ausgesprochener Entzündung im Corium bei weitgehend unversehrter Subcutis. Die Infiltrate setzen sich in den epithelnahen Abschnitten aus Lymphocyten und Leukocyten, in den tieferen

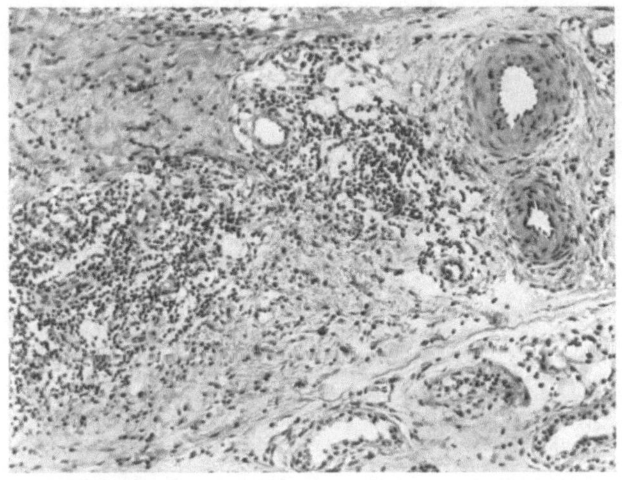

Abb. 1. Cutaner Primäraffekt am rechten Daumenballen. Frühstadium. Ausgedehnte Infiltrate aus Plasmazellen. Lymphocyten und eosinophile Leukocyten in den tiefen Coriumabschnitten. Entzündliche Veränderungen der Venenwandungen bei unversehrten Arterien. (M.B. 2033/51) 90mal, H. E., Paraffin (nach HEDINGER)

Schichten auch aus Plasmazellen in perivasculärer Anordnung zusammen. Im Frühstadium findet sich eine ausgesprochene Eosinophile, im späteren Stadium sind die Eosinophilen weniger zahlreich, die Histiocyten sind dagegen stärker gewuchert und zu tuberkuloiden, aber vascularisierten Granulomen mit Riesenzellen von Fremdkörper- und Langhanstyp gruppiert (s. Abb. 1) (HEDINGER). Der Befund ist nicht spezifisch.

Eine Lymphangitis fehlt bei der Katzenkratzkrankheit. Die histologische *Lymphknotenveränderung* ist zwar typisch, aber auch nicht spezifisch. Es handelt sich um eine *granulomatöse*, tuberkuloide und herdförmig abscedierende *Lymphadenitis* von subakutem Verlauf (HEDINGER, WHINSHIP, KALTER, DANIELS, ROULET, RANDERATH, NAJIDOL). Die *Granulome* (s. Abb. 2) bauen sich aus *Epitheloidzellen* auf, ähnlich den Tuberkeln, sind nicht vascularisiert (s. Abb. 3), lassen häufig eine Radiärstruktur vermissen und schließen hin und wieder *Riesen-zellen* ein, die z. T. dem Fremdkörper- z. T. dem Langhans-Typus gleichen (s. Abb. 4). Sie sind von lymphatischem Zwischengewebe umgeben, dessen Grundstruktur meist erhalten bleibt. Leichte Durchsetzung mit Plasmazellen, polynucleären Neutrophilen und Eosinophilen liegt vor, welche in der Nähe der Granulome etwas dichter ist.

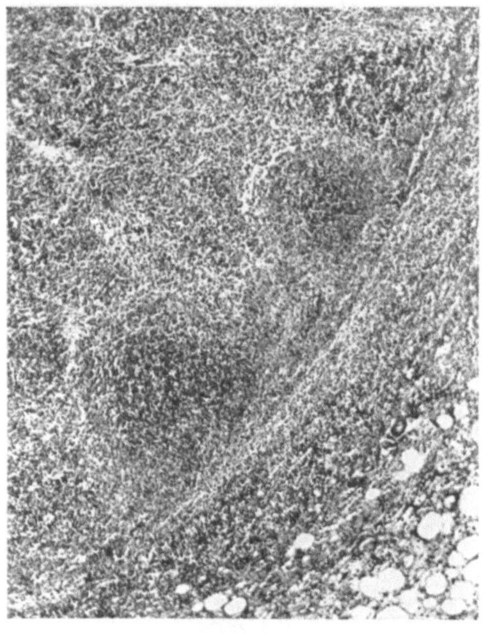

Abb. 2

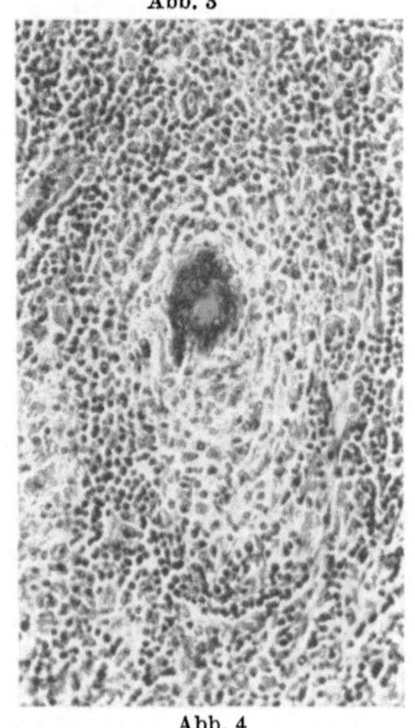

Abb. 3

Abb. 2. Inguinaler Lymphknoten mit randständigen Granulomen. Übergreifen der Entzündung auf Kapsel und umgebendes Binde- und Fettgewebe. (M.B. 9579/50) 60mal, H. E., in Paraffin (nach HEDINGER)

Abb. 3. Gefäßloses Epitheloidzellgranulom aus einem Hals-Lymph-knoten. (M. B. 7661/50) 180mal, H. E., Paraffin (nach HEDINGER)

Abb. 4. Ähnliches Granulom mit Riesenzelle aus einem Inguinal-lymphknoten. (M.B. 6919/50) 180mal, H.E., Paraffin (nach HEDINGER)

Abb. 4

Kapsel und umgebendes Binde- und Fettgewebe werden immer in den Ent-zündungsprozeß einbezogen. Die Kapsel bildet aber eine gewisse Schranke, indem außerhalb Neutrophile, Eosinophile und Plasmazellen ganz in den Vordergrund treten und ein deutliches Ödem sich findet.

Im *fortgeschrittenen Stadium* geht das Zentrum in *Nekrose* über. Die Nekrosen bilden schließlich ausgedehnte Felder, können den Lymphknoten vernichten, wobei auch die Kapsel nicht verschont bleibt und der Prozeß sich in das Nachbargewebe fortsetzt. Bemerkenswert ist dabei das *Fehlen von Fibrin* (wie bei der Tularämie). Ob intracelluläre Einschlußkörperchen vorkommen ist umstritten und wird von den meisten Histologen abgelehnt. *Zeichen von Organisation* setzen frühzeitig ein. Ungefähr 1 Monat nach der Erkrankung finden sich Gefäße und Fibrocyten in den Nekrosemassen. Eine eigentliche Fibrose fehlt. Ausgeheilte Fälle wurden noch nicht untersucht. Betont sei, daß die reticuläre Hyperplasie meist hinter der entzündlichen Infiltration zurücktritt. Im *Vordergrund* steht die *Granulomatose*, so daß die Bezeichnung Lymphoreticulose das Wesentlichste der Veränderung nicht trifft.

V. Epidemiologie

a) Ansteckung

Bei der Katzenkratzkrankheit handelt es sich nach den epidemiologischen Erhebungen um eine *Zoonose,* und zwar um eine menschliche Infektion vorwiegend *durch Katzen.* Die verschiedenen Untersucher bemerkten aber gleich, daß Verletzungen durch Katzen nicht bei allen Kranken nachweisbar waren. Während MOLLARET in 60% Katzenkontakt feststellte, war dies in der Zusammenstellung von DEBRÉ und JOB (1954) bei 390 Fällen in 83%, bei WORTH in 92%, bei KALTER unter 283 Fällen 98%, bei GSELL, GUTTMANN, DAESCHNER in 100% der Fall. Je genauer die Nachforschungen sind, um so größer erscheint der Prozentsatz eines intensiven Katzenkontaktes zu sein.

Die Besonderheit der Katzenkratzkrankheit als *Zoonose* liegt darin, daß wohl ein unbestrittener, wenn auch nicht in 100% nachweisbarer Kontakt mit Katzen besteht und eine Inoculation des Erregers meist durch Kratzer und Bisse angenommen werden kann, daß aber die *Katzen selbst nicht krank* sind.

Übertragung von Mensch zu Mensch ist bis jetzt *nicht bewiesen. Conjugale Erkrankungen* könnten den Verdacht auf venerische humane Übertragung wecken.

Im Fall von DUPERRAT hatten beide Ehegatten inguinale Adenopathien, so daß der Autor an Übertragung durch Geschlechtsverkehr dachte. Kratzeffekte durch gemeinsame Katze liegen näher. Bei dem Ehepaar, das HOFSTETTER beschreibt, war die inguinale Drüsenentzündung des ersterkrankten Ehegatten sicher von einer Infektion nach Katzenkratzer an den Beinen entstanden. Bei der Gattin mit allgemeiner Lymphdrüsenvergrößerung, vor allem aber mit Dolenz axillär, konnte keine Eintrittspforte gefunden werden. Infektion durch Katzenkontakt liegt aber näher als durch hypothetische genitale humane Übertragung, was auch für einen Fall von MOLLARET mit angeblicher Infektion durch Coitus, der ohne weitere Details angeführt ist, gilt.

b) Art des Auftretens

Die Katzenkratzkrankheit tritt *im allgemeinen vereinzelt* auf, hin und wieder in *kleineren Epidemien,* so als *Familien- und Haushaltserkrankung.*

Wir fanden 1954 31 Familienepidemien mitgeteilt. Bemerkenswert ist, daß in diesen epidemischen Herden die Infektion fast gleichzeitig erfolgte oder dann auf wenige Wochen verteilt war. Daß die Krankheit bei den einzelnen *Familienmitgliedern verschieden lokalisiert* auftritt, hängt mit den wechselnden Kratzlokalisationen zusammen. *Anfälligkeit und Krankheitsintensität* sind in ein und derselben Familie verschieden groß. Die Mitteilungen über Familienepidemien machen es wahrscheinlich, daß die *Katze nur für kurze Zeit Träger* des Erregers ist.

c) Geographische Verbreitung, Alters- und Geschlechtsverteilung

Die Katzenkratzkrankheit ist *über die ganze Welt verbreitet*. Seit den ersten Beschreibungen in Frankreich im Jahre 1950 ist die Krankheit in den verschiedenen Kontinenten und fast allen Ländern nachgewiesen worden. Überall waren die klinischen und biologischen Merkmale die gleichen. Dabei kommt die Krankheit im ganzen häufiger auf dem Lande als in der Stadt vor.

In *Europa* erfolgten Meldungen *Frankreich* seit 1945, in der *Schweiz* seit Herbst 1950. Nach recht ausgedehnten Beobachtungen 1951/52 wurden seither hier nur noch einzelne Fälle gesehen. In *Deutschland* liegen Meldungen ab 1953 vor. Man gewinnt den Eindruck, daß die Krankheit von Frankreich in die Schweiz und von dort nach Süddeutschland sich ausbreitete und ab 1956 wieder seltener geworden ist. Einzelne Fälle sind aus allen Staaten Europas mit Ausnahme von Skandinavien mitgeteilt worden. In der Bundesrepublik fanden BREHM und JÜNGST bis 1965 22 sichere Fälle publiziert, im Vergleich mit anderen Ländern eine geringe Zahl. In *Amerika* werden dauernd Fälle in den USA gemeldet, so daß die Krankheit endemisch zu sein scheint, besonders an der Ostküste. Auch aus Südamerika, Afrika, Asien, Ozeanien sind Beobachtungen publiziert worden (Literatur siehe GSELL, O. und GSELL, M.). Die *Häufung* der Beobachtungen 1950—1954 scheint einem tatsächlichen Seuchenzug durch die ganze Welt entsprochen zu haben.

Die *Geschlechtsverteilung* läßt keine *Bevorzugung* eines Geschlechts erkennen. Der vermehrte Katzenkontakt der Frauen läßt von vornherein mehr weibliche Erkrankungen erwarten. Die *Altersverteilung* zeigt Vorkommen in *jeder Altersstufe*. *Kinder* sind aber *wesentlich häufiger* befallen als ältere Leute, was schon durch den engeren Kontakt, der zwischen Kindern und Katzen besteht, und durch die vermehrten Kratzeffekte bei den wenig bekleideten Kindern erklärt werden kann. Die meisten Patienten von DANIELS waren unter 20 Jahre alt, ein Drittel davon unter 10 Jahren.

Die *Häufigkeit* der Erkrankung ist als *nicht sehr groß* zu bezeichnen. 1950 bis 1957 sind etwa 800 Fälle beschrieben worden, natürlich längst nicht alle, wenn schon die ersten Beobachtungen in den meisten Ländern bei dieser neuen Krankheit gemeldet wurden. Sicher ist die Krankheit nicht so häufig, daß eine amtliche Meldung sich aufdrängen würde. *Zweimalige* Erkrankungen sind nicht mitgeteilt worden. *Inapparente Infektionen* scheinen vorzukommen, indem im Rahmen von Familienepidemien Individuen mit positiver Cutanprobe gefunden wurden (WEGMANN), doch sind sie vereinzelt und selten. WARWICK hat Hauttestungen bei Kontrollpersonen ausgeführt mit dem Cutantest, den er Hanger-Rose-Test nennt und der ihm bei Erkrankten in 100 % positive Resultate gab. Er fand bei 579 Kontrollen in 4 % positive Reaktionen, bei Familienmitgliedern bis 10 %, bei Veterinären 23—26 % (WARWICK und GOOD).

Das *jahreszeitliche Vorkommen* fällt nach den Erhebungen von WARWICK in Nordamerika zu 82 % auf die Monate September bis Februar, so daß eine Erkrankung der kalten Jahreszeit vorliegt.

VI. Klinisches Bild

Die Inkubation, d. h. die Zeit zwischen der Infektion bzw. der Inoculation und dem Manifestwerden der Krankheit ist nicht leicht zu bestimmen. Die Inkubationszeit bis zum Primäraffekt wird von DANIELS mit 3—14 Tagen angegeben. Die klinische Inkubation bis zum Auftreten der Lymphadenitis schwankt zwischen *15 Tagen bis 6 Wochen.* DANIELS und MACMURRAY, die sie in 4 Fällen mit 18 bis 21 Tage bestimmen konnten, geben 7—21 Tage an. DEBRÉ meldet durchschnittlich 3 Wochen, KAPLAN 14 Tage bis 1 Monat, CAMPBELL sah in einem Fall eine Inkubationszeit von 61 Tagen. Bei den Patienten von WORTH konnten 12 die Daten von Inkulation in der Beziehung zum Auftreten der Lymphadenitis angeben: sechsmal innerhalb 19—28 Tage, sechmal vorher ab 7. Tag oder nachher bis zum 42. Tage. Im allgemeinen kann man sagen, daß die Primärläsion wenige Tage nach dem Kratzeffekt einsetzt, die Lymphadenitis *durchschnittlich 10 bis 30 Tage* später.

Die *Inoculation* ist bei der ärztlichen Untersuchung nur noch bei einem Teil der Fälle faßbar. (Kratzer oder Biß einer Katze.) Das *klinische Bild* der Katzenkratzkrankheit ist charakterisiert durch eine akut auftretende, meist regionär begrenzte *Lymphadenitis*, die oft abscediert. Man kann unterscheiden:

1. den Primäraffekt,
2. die regionäre Lymphadenitis mit allgemeinen Infektionssymptomen,
3. die Komplikationen und besonderen Formen.

1. Der Primäreffekt

Die meist cutane Primärläsion ist ein kleines Knötchen bzw. eine Papel mit Rötung der unmittelbaren Umgebung, manchmal ein kleines Geschwür oder eine Pustel mit Schorf, gelegentlich ähnlich einem kleinen Furunkel. Ein solcher Primäraffekt wird oft übersehen oder als Insektenstich nicht weiter beachtet. DEBRÉ konnte ihn bei 242 Beobachtungen 126mal feststellen. DANIELS und MACMURRAY sahen in 80 von 160 Fällen = in 50% einen faßbaren Hautinfekt. Der Aspekt kann ähnlich einer Kokkeninfektion sein, kann auch den Eindruck einer Paronychie machen, wie es HANGER, DANIELS, DEBRÉ beobachteten. Der primäre Infekt tritt im allgemeinen vereinzelt auf. DANIELS und MACMURRAY haben einzelne Fälle von multiplen Primäraffektionen zu Gesicht bekommen.

Die *Dauer* des Primäraffektes ist verschieden. Er kann über mehrere Wochen anhalten, kann auch nach einigen Tagen abklingen und zu Beginn der Lymphadenitis neu sichtbar werden, oder überhaupt erst dann sich zeigen. Das Wiederaufflackern des Primäraffektes beim Erscheinen der Adenopathie spricht nach manchen Autoren für Katzenkratzkrankheit. Auch kann der Cutantest mit Antigen den Primäraffekt wieder reaktivieren.

Die *Lokalisation* ist vielfältig. Die häufigsten Stellen sind die für Katzenkratzer zugänglichen Hautpartien, nämlich in absteigender Häufigkeitsfolge Hände, Vorderarm, Gesicht und Hals, Füße und Unterschenkel, endlich Rumpf. Selten kann die Primärläsion an den Schleimhäuten einer Körperöffnung lokalisiert sein, so an den Lippen, im Mund, an der Conjunctiva noch fraglich, an der Vagina und im Intestinum, an all diesen Orten stets schwierig in der ätiologischen Differenzierung.

Der *Ausgang* der Primärläsion ist gewöhnlich gutartig und zeigt in der Mehrzahl der Fälle eine vollständige Abheilung ohne Zurücklassung von Residuen, ohne sichtbare Narben. Einzelne torpide Primärläsionen, die sogar das klinische Bild beherrschen, wenn die Lymphadenitis zurücktritt, sind beschrieben. Sie werden als schlecht heilende Hautwunden oder als auf Lues verdächtige Ulcera oft verkannt. HEDINGER, WEGMANN und WORTMANN haben 5 solche für den Dermatologen wichtige Beobachtungen publiziert.

Daß sich die ganze Krankheit auf die Primärläsion beschränkt ohne Ausbildung einer Lymphadenitis, ist theoretisch möglich. Dabei wird es aber meist gar nicht zur Diagnose einer K.K.K. kommen und solche Affektionen bleiben inaperzept.

2. Die Lymphadenitis

Die Lymphadenitis mit allgemeinen Infektsymptomen bildet die eigentliche Katzenkratzkrankheit. Sie ist *regional,* fast immer *polyglandulär* und meist *unilateral.* Meist sind ein Hauptganglion und 2 oder 3 kleinere Lymphknoten erkrankt. Nicht selten fällt auf, daß die den Primäraffekt am nächsten liegenden Lymphknoten nicht oder nur wenig erkrankten, die entferntere 2. oder 3. Lymphknotenstation dagegen intensiv, und daß dann dort die Vereiterung auftritt. So kann z. B. die Papel am Handgelenk sitzen und eine Schwellung der supraclaviculären Lymphknoten auftreten, während die cubitalen und axillären Drüsen nicht erkranken. Eine primäre *Generalisation* der Lymphdrüsenentzündung liegt nicht vor.

Die *Lokalisation* der Lymphadenitis entspricht den Kratzgelegenheiten mit Maximum an der oberen Extremität.

Von den 248 Beobachtungen Debrés waren 46 % in der Achsel, 29 % an Hals und Gesicht, 20 % in der Leistengegend lokalisiert. Daniels gibt folgende Zahlen seiner 172 Fälle: 112 an den oberen Extremitäten (etwa 70 %), 34 an Hals und Nacken (20 %), 26 an den unteren Extremitäten (etwa 15 %).

Im klinischen Bild können *2 Formen* unterschieden werden:

a) die *banale Lymphadenitis.* Hier tritt das entzündliche Moment zurück. Der Lymphknoten ist derb, verschieblich, scharf begrenzt, wenig oder nicht dolent. In der Umgebung sind oft weitere vergrößerte Drüsen zu fühlen, wie „Nüsse in einem Sack". Ein solches Konglomerat kann während Wochen bestehen, ohne Zeichen von Einschmelzung und sich schließlich spontan zurückbilden.

b) *Die abscedierende Lymphadenitis.* Die Konsistenz der Drüsen ist mehr weich, die Palpation meist schmerzhaft. Infolge von Periadenitis werden Abgrenzbarkeit und Verschieblichkeit weniger gut. Spontan erfolgt oft Durchbruch durch die schließlich bläulich verfärbte, glänzende Haut und führt zu Fistelbildung wie bei tuberkulösen Prozessen. Bei der Punktion entleert sich „*steriler*" *Eiter* von gelbgrüner Farbe, rahmiger oder dünnflüssiger Beschaffenheit, von variabler Menge zwischen 1—15 cm³ im Durchschnitt. Bakteriologisch finden sich keine Keime. Bei spontanem Durchbruch schließt sich die entstandene Fistel meist in kurzer Zeit ohne Narben zu hinterlassen.

Die *Größe* der Lymphdrüsen kann recht verschieden sein (Kirsch- bis Orangengröße).

Über die *Dauer* der Lymphknotenschwellung geben Worth und Daniels von Fällen, die nicht operativ behandelt wurden, noch folgende Daten an: Es heilten von 52 Beobachtungen 6 in 2 Wochen, 18 in 4 Wochen, 28 in 6 Wochen. Die restlichen 10 wiesen Schwellungen zwischen 7 Wochen und 6 Monaten auf.

Allgemeine Infektionssymptome sind in der Mehrzahl der Katzenkratzkrankheit gering, doch kommen auch schwere Störungen vor. Die Hauptsymptome der Krankheit außer der entzündlichen Schwellung der Lymphdrüsen sind: Fieber, Müdigkeit, Kopfweh, wozu gelegentlich ein Hautausschlag kommt. Es besteht auch keine eindeutige Parallele zwischen dem Grad der Lymphdrüsenentzündung und der Allgemeinreaktion.

Das *Fieber* ist in bezug auf Höhe und Dauer unterschiedlich. Es kann mit Schüttelfrost einsetzen, bis 40° erreichen, von Kopfweh, Übelkeit und Schwäche begleitet sein. Es kann aber auch allmählich einsetzen, nur subfebril bleiben. Die Dauer wechselt zwischen wenigen Tagen, gelegentlich einer Woche, selten einige Wochen.

Kopfweh, Müdigkeit, Übelsein gehen meist parallel mit dem Fieber. Je nach der Lokalisation der Inoculation können Schmerzen und Schwellungen an verschiedenen Stellen sich finden. Die nur vereinzelt auftretenden Veränderungen an inneren Organen werden besonders unter den einzelnen Formen der Krankheit aufgeführt. Meist wird das Allgemeinbefinden rasch wieder gut, und die lokale Lymphknotenentzündung bleibt alleiniges, länger dauerndes Krankheitssymptom.

Hautexantheme können gelegentlich auftreten, sowohl Rash von wenigen Stunden Dauer, stärkere Scharlach-, Masern-, oder erythemartige *Exantheme* von 1—2tägiger Dauer wie auch *Erythema nodosum* (Daniels et al., Garai,

CREYX). In der Gesamtliteratur werden Exantheme in 5% gemeldet (DEBRÉ). Arthralgien, Fieber können die Eruption des Erythema nodosum begleiten, auch gleichzeitige Splenomegalie (JOUNG, SPAULDING und HENNESSY).

Die *Blutbildveränderungen* sind je nach Krankheitsphase und Verlauf verschieden. Bei Beginn der Krankheit fand GSELL eine *neutrophile Leukopenie* vor, evtl. bereits verbunden mit deutlicher Lymphocytose. Eine lymphocytäre Reaktion kann bei nicht abscedierenden Fällen vorhanden sein. Wenn Abscesse auftreten, kann es zu neutrophiler Leukocytose kommen. Leichte Eosinopilie kann vorkommen (2—9%). Hervorzuheben ist, daß die *lymphocytäre Reaktion* recht intensiv sein kann, sogar in abscedierenden Fällen.

Die Katzenkratzkrankheit scheint ganz allgemein die Blutbildveränderungen der lymphotropen Viruskrankheiten aufzuweisen mit Neigung zum Auftreten jugendlicher lymphocytärer Zellen im Ablauf der Erkrankung. Im *Sternalpunktat* fand McGOVERN in einem Fall myeloide Hyperplasie mit Anstieg der Eosinophilen bis zu 15%, während diese im Blut nur 2% betrug. USTERI stellte bei mehreren Kontrollen des Knochenmarks keine besonderen Veränderungen fest. Die *Blutkörperchensenkung* ist entsprechend dem Infekt meist leicht beschleunigt. Bei Abscedierung fanden wir Einstundenzahlen zwischen 35—65.

3. Besondere Formen und Komplikationen

Je nach der Lokalisation der Inoculationsstelle können besondere klinische Formen entstehen. Es können aber auch auf hämatogenem Weg Organlokalisationen auftreten, die man als Komplikation bezeichnen kann (Kasuistik der Details siehe GSELL).

a) Pseudo-venerische Form

Bei inguinaler Lymphadenitis können Krankheitsbilder entstehen, welche der Lymphogranulomatose von NICOLAS-FAVRE der Erwachsenen ähnlich sind, immerhin ohne die anorectale Entzündung. Dabei fällt der Freitest stets negativ aus.

b) Bucco-pharyngeale bzw. angiöse Form

Sie ist selten. Wir fanden im Schrifttum 9 derartige Fälle. Bei der anginösen Form findet sich eine einseitige Tonsillitis, eine Angina mit Fieber, bei der sich nach mehreren Tagen cervicale Lymphadenitiden entwickeln, die im Gegensatz zu banalen Infekten meist einschmelzen und keimfreien Eiter aufweisen. Bei der buccalen Form kann sich eine kleine lokale Ulceration mit Induration der Umgebung finden. Die ätiologische Deutung ist stets schwierig und nur durch positive Intradermoreaktion möglich.

c) Oculäre Form

Wir unterscheiden mit USTERI zwei Untergruppen, nämlich: *die pseudo-oculo-glanduläre Form* mit Primäraffekt in der Lidhaut. Hierbei ist die Conjunctiva nicht infiziert. Bis jetzt sind 4 solche Fälle publiziert, davon drei mit einer Kratzverletzung am Lid.

Die oculo-glanduläre Form ist häufiger. DEBRÉ und JOB konnten 18 Fälle zusammenstellen. Hier wird die Conjunctivalxschleimhaut infiziert, und die einseitig Conjunctivitis, sei es oculär oder palpebral, steht im Vordergrund. Dazu tritt fast immer eine Adenitis, sei es präauriculär oder subangelo-maxillär. Das Krankheitsbild entspricht dem Parinaudschen Syndrom, kann auch mit Tularämie verwechselt werden (Literatur siehe GSELL, ROSENTHAL und BLOCK).

d) Thorakale Form

Während eine Hilusschwellung als Zeichen einer fortgeleiteten oder respiratorischen Infektion problematisch, wenn auch theoretisch möglich ist und von

55*

KALTER in zwei Fällen angegeben wird, bleibt die Existenz von einem durch Katzenkratzkrankheit bedingten *Lungeninfiltrat* noch umstritten. USTERI nannte sie *pulmonale Form.*

Der Fall von USTERI mit Oberfeldinfiltrat, das gleichzeitig mit beidseitiger Hilusvergrößerung über mehrere Monate bestand und dann ausheilte, ist aber sehr problematisch.

CHARBONNEAU sah einen Fall mit zahlreichen bilateralen, cervicalen Lymphknoten, leichtem Fieber und Dyspnoe. Röntgenologisch fand sich ein ausgedehnter mediastinaler Schatten. Kratzspuren und eine stark positive Intradermoreaktion führten zur Diagnose Katzenkratzkrankheit. Der Patient von TURIAF und JEANJEAN zeigte eine über 4 Monate sich entwickelnde atypische Pneumonie mit Hilusvergrößerung und starker axillärer Lymphadenitis. Die Intradermoreaktion auf K.K.K. war positiv, im Serum der Test auf Ornithose. Enger Katzenkontakt war vorhanden. Der Fall von MEYER und FRÉOUR ist mit flüchtiger hilärer Vergrößerung und positiver Intradermoreaktion zu ungewiß (siehe auch Fall von SHELDON und SMELLIE). Thoracale Schmerzen, die ein Tietze-Syndrom vortäuschen, sind auch gesehen worden (ECKHARDT und LEVINE).

e) *Meningo-encephale Form*

Diese Form bzw. Komplikation ist wesentlicher, da die bisherigen Mitteilungen das Vorkommen von *Encephalitis* und *Myelitis* bei der Katzenkratzkrankheit eindeutig beweisen (siehe BROOKSALER, 1964).

Unter den 12 von WEINSTEIN zusammengefaßten Beobachtungen zeigten 10 das eindeutige *Bild einer akuten Virusencephalitis*, z. T. mit Myelitis, z. T. mit seröser Meningitis.

Im allgemeinen traten die nervösen Symptome sehr plötzlich und ohne jede Vorzeichen auf. Die vorausgehenden oder gleichzeitigen Lymphadenitiden cervicaler, axillärer oder inguinaler Lokalisation zeigten keine Besonderheit. Alle Patienten hatten Beziehung zu Katzen. Die Introdermoreaktionen waren in allen Fällen positiv, die Komplementbindungsreaktion in 2 von 5 Fällen. Das Alter der Patienten lag zwischen 5 und 48 Jahren. Die Lumbalpunktion zeigte in 5 von 10 Fällen mäßige Eiweißvermehrung wechselnden Zellbefund, ohne Veränderung des Zuckers und des Chlors. Der Augenhintergrund war normal.

Die Heilung verlief in allen Fällen spontan und ohne jede Residuen.

f) *Inapparente oder subklinische Form*

Da Cutanreaktionen bei Personen in der Umgebung von Erkrankten (WEGMANN), vereinzelt bei Testung einer Berufsgruppe (Tierärzte, siehe GIFFORD) positiv ausfielen, kann auf das Vorkommen inapparenter Infektionen geschlossen werden. Es ist aber nicht auszuschließen, daß ein Teil der mit der Intradermoreaktion positiv reagierenden Personen doch früher einmal eine richtige Krankheit durchgemacht haben. Wenn man demnach inapparente oder subklinische Formen als vorkommend, aber schwer beweisbar bezeichnen kann, so scheint auf alle Fälle ihre Zahl nach den epidemiologischen Erfahrungen nicht häufig zu sein (s. auch S. 864).

g) *Fragliche Komplikationen*

Eine *Mesenteriale Form*, welche 1951 von USTERI, WEGMANN und HEDINGER angenommen wurde aufgrund histologischer Granulombefunde an mesenterialen Lymphknoten, ist heute als Komplikation der K.K.K. *abzulehnen*. Es handelt sich hier um intestinale Infektion durch Pasteurella pseudotuberculosis.

MASSHOFF und DÖLLE haben 1953 eine „Abscedierende reticuläre Lymphadenitis mesenterialis" beschrieben, die sie in 41 Fällen jugendlicher Patienten von 2—23 Jahren laparotomiert unter dem Bild einer akuten Appendicitis fanden. Die Appendices waren nicht verändert, die Mesenterialdrüsen, vor allem im Ileocoekalwinkel vergrößert. Die Lymphknoten zeigten infiltrierte Reticulumzellknötchen mit zentraler Nekrose um leukocytäre Infiltrate und tuberkuloide Randsinuspartien. Erreger waren zuerst nicht faßbar. Später fanden KNAPP und MASSHOFF *Pasteurella pseudotuberculosis.*

Die Studien von KNAPP (Zusammenfassung 1959) und MASSHOFF (1962) haben eindeutig gezeigt, daß die Pseudotuberkulose und die Katzenkratzkrankheit zwei verschiedene Krankheiten sind (siehe spezielles Kapitel).

Thrombopenische Purpura wurde in einem Fall von BELBER et al. im Ablauf einer Katzenkratzkrankheit mitgeteilt. Es scheint diese Thrombopenie aber nicht in direkter Beziehung zur Infektion mit K.K.K. zu sein, sondern geht wahrscheinlich auf eine Überempfindlichkeitsreaktion nach Zahnextraktion und Medikamenten-Verabfolgung zurück. Ebenso ist der Fall von BILLO und WOLFF mit Purpura 1 Monat nach Krankheitsbeginn und nach dreiwöchiger Chloramphenicolbehandlung auf die Therapie, nicht auf das Grundleiden zu beziehen.

Thyreoiditis als Komplikation glaubten SHUMWAY und DAVIS in einem Fall annehmen zu können. Es handelt sich aber in ihrer Beobachtung nach unserer Ansicht gar *nicht* um eine Katzenkratzkrankheit, sondern um eine banale Entzündung im Zusammenhang mit Kratzeffekten von Katzen.

Ein *Lymphödem* des linken Beins, aufgetreten 7 Monate nach febriler K.K.K. beobachteten FILLER et al. Bei dem $6^{1}/_{2}$ jährigen Mädchen war durch Biopsie die geschwollene Leistendrüse seinerzeit operiert worden. Das Lymphödem ist auf den operativen Eingriff, nicht auf die K.K.-Infektion als solche zu beziehen.

Osteolytische Läsion wird von COLLIPP und KOUCH gemeldet.

h) subacut-chronische und evtl. letale Formen (s. unten)

4. Prognose und Verlauf

Die Katzenkratzkrankheit ist *gutartig*, meist mit Heilung innerhalb 3—4 Wochen, bei Lymphknotenvereiterung in 1—2 Monaten und nur selten mit chronischem Verlauf über mehrere Monate bis 1 bzw. 2 Jahre. Durchschnittlich rechnet DEBRÉ mit einer Dauer von ungefähr 3 Wochen, DANIELS mit 6 Wochen. Die Heilung erfolgt spontan ohne jede Behandlung, beschleunigt durch Absceßentleerung. Auch die Fisteln heilen schnell und ohne größere Narben.

Es gibt vereinzelte subacut bis chronisch verlaufende Erkrankungen. (DEBRÉ einmal 6 Monate, einmal 2 Jahre, BOUSSE 9 Monate, ZWISSLER 9 resp. 12 Monate, ROSOF 18 Monate, alle ausheilend). Ob cyclisch mit periodischem Fieber über Jahre verlaufende Fälle (MOLLARET) hierher gehören, ist nicht wahrscheinlich.

Letale Formen, die eindeutig der Katzenkratzkrankheit zuzuschreiben wären, sind *nicht bekannt*.

Die von GRÄFF unter dem Titel „Tod durch Katzenkratzkrankheit" (Felinose) veröffentlichte Beobachtung ist unseres Erachtens eine andersartige septische Infektion, die mit der Maladie des griffes de chat in keiner Beziehung steht.

Ferner erwähnt DEBRÉ einen Todesfall eines 10 jährigen Kindes, das mit seiner Katze zu schlafen pflegte, vereiterte submaxilläre Drüsen, dann Krämpfe und komatöse Zustände aufwies und ad exitum kam. Eine Sektion fehlt. Eine Cutanreaktion wurde nicht gemacht, so daß auch dieser Fall nicht zu verwerten ist. Vorerst liegen keine beweisenden Fälle von tödlichem Verlauf vor. REID sah in Neuseeland eine Encephalitis mit Tod nach 2 Jahren, dann mit granulomatösen Veränderungen in den Lymphknoten (Zusammenhang fraglich).

5. Speziell diagnostische Teste

Spezifische Teste sind der Intradermaltest mit Eiter oder Drüsenextrakt der Katzenkratzkrankheit, *hinweisende*, aber nicht spezifische *Teste* die Komplementbindungsreaktion mit Lygranum CF und die histologische Untersuchung bei Lymphknotenbiopsie.

1) Der *Intradermaltest* oder die *Cutanreaktion* auf Katzenkratzkrankheit ist heute nach allen Erfahrungen von *spezifischem diagnostischem Wert*. Er entspricht dem Tuberculin-Test, indem ein Antigen eingespritzt und am 3.—4. Tag die Reaktion in Form einer rosaroten Papel kontrolliert wird. Herstellung des Testmaterials siehe DAESCHNER, DANIELS, DEBRÉ, KALTER, KUNZ, WARWICK.

DAESCHNER et al. und DANIELS et al. haben folgende Methode angegeben:

Der Eiter aus dem Lymphknoten eines an K.K.K. erkrankten Patienten wird unter streng aseptischen Bedingungen direkt in ein steriles Gefäß mit 2—3 cm³ physiologischer Kochsalzlösung abgesaugt, gründlich geschüttelt. Es wird NaCl-Lösung beigefügt, bis das Exsudat eine Verdünnung 1:5 erfahren hat. Ein Anticoagulans ist nicht notwendig. An den 2 folgenden Tagen wird die verdünnte Lösung für eine Stunde erhitzt bis zu 56—60°. Die erhaltene Lösung wird durch bakterielle Kulturen auf Sterilität kontrolliert und dann an Personen mit durchgemachter K.K.K. getestet.

Der *Hauttest* wird intracutan mit 0,1 cm^3 des Antigens ausgeführt. Bei positiver Reaktion sieht man nach 48—72 Std an der Injektionsstelle ein verhärtetes, gerötetes Infiltrat von 5—10 mm Durchmesser, umgeben von einer geröteten Zone von durchschnittlich 30—40 mm, zentral gelegentlich mit einem Bläschen. Manchmal tritt nur allein eine Papel auf.

Der Hauttest aktiviert manchmal den Primäraffekt, kann mit Temperatursteigerungen einhergehen und evtl. auch die Adenopathien größer werden lassen, was aber nach unseren Erfahrungen selten zutrifft. Die *Hautreaktionen* sind bei ein und demselben Patienten, wenn sie mit verschiedenen Antigenen ausgeführt werden, *nicht gleich intensiv*. Auch mit dem gleichen Antigen ist die Größe der Papel bei den einzelnen Personen verschieden.

Prolongierte Reaktionen können in einzelnen Fällen vorkommen. Auch excessive, wohl *hyperergische Reaktionen* wurden gesehen (GIFFORD).

Fälle mit negativem Hauttest mit üblichen Antigen, die erst mit einem zweiten Antigen, frisch präpariert von Drüsen solcher negativen Testfälle reagierten, sahen MOLLARET et al., 1956 siebenmal und nannten sie Typ B. Zwei dieser Erkrankungen wiesen über mehrere Jahre cyclisch febrile Perioden mit Muskelschmerzen und Drüsenschwellungen auf. Antibiotica waren ohne Effekt. Außer durch GIARDANO, der einen Fall mit elf Fieberperioden beschrieb, sind keine weiteren Mitteilungen solcher Fälle bekannt gegeben worden.

Histologisch hat RANDERATH excidierte Intracutanteste untersucht. Bei drei mit einwandfreiem antigen geimpften Fällen war ein riesenzellhaltiges Granulationsgewebe mit zentraler Nekrose festzustellen. Zwei nach 12 bzw. 15$^1/_2$ Wochen noch nicht geheilte Teste zeigten ein Knötchen enthaltendes, entzündliches Granulationsgewebe, das den Veränderungen entsprach, welche beim Primäraffekt beschrieben sind.

Eingehende *Zahlen* mit Testung von 250 Personen mit der Verdachtsdiagnose auf K.K.K. übermittelte KALTER. 210 Reaktionen waren positiv (84 %), 15 zweifelhaft (6 %), 25 negativ (10 %). Von den negativ reagierenden Personen hatten 18 eine bakterielle Lymphadenitis, die chemotherapeutisch zu beeinflussen war, die 7 restlichen Patienten litten, wie sich später herausstellte, an Neoplasmen. Von den 210 positiven Reagenten waren 205 = 98 % *von Katzen gekratzt* worden *oder* standen in intensivem *Katzenkontakt*. Nur 5 (2 %) waren sich keiner Beziehung zu Katzen bewußt. WARWICK und GOOD fanden bei Familien-Kontaktfällen eine positive Hautreaktion in 25 %, bei Personen ohne jeden Kontakt mit Katzenkratzkrankheit in 4 %.

2) *Die Komplementbindungsreaktion* wurde von MOLLARET in Analogie zum Lymphogranuloma inguinale-Test eingeführt. Es wird dazu das käufliche Antigen Lygranum CF Squibb verwendet.

Nach MOLLARET gelten Titer von 1:10 als positiv, Titer von 1:60 als sehr starke Reaktion. KALTER hat ebenfalls Titer von 1:10 und mehr als positiv bezeichnet. In allen Fällen sollen Kontrollen mit unspezifischen Antigenen hergestellt werden. Positive Reaktionen zeigen vor allem Kranke mit vereiterten Drüsen, eindeutig meist 2 Monate nach Beginn der Drüsenentzündung. Nach Abklingen der Erscheinungen wird die Reaktion angeblich bald wieder negativ.

ARMSTRONG et al. haben mit dem von MOLLARET und von KALTER gebrauchten *Lymphogran. CF-Antigen*, das auch bei Trachom, Psittakose, Lymphogranuloma inguinale und atypischer Pneumonie positive Reaktion gibt, 40 Sera von K.K.K.-Kranken mit positiven Intracutantesten kontrolliert.

Während oder nach der Attacke gaben von den 12 Personen bis 24 Jahre 1 mal eine positive Komplementbindungsreaktion (8,3 %), von 23 Personen zwischen 32—73 Jahre dagegen 7 positive KBR (30,4 %). 5 mit unbekanntem Alter waren negativ. Bei 41 Kontrollpersonen ohne K.K.K. erhielt ARMSTRONG 8 positive Reaktionen (11,2 %) und zwar bei Jugendlichen bis 25 Jahren 5 %, bei Personen über 32 Jahre 19,3 %, wobei eine dieser positiv reagierenden Personen Psittacose gehabt hatte. Die Autoren glauben, daß diese Komplementbindungsreaktion bei älteren Personen nicht spezifisch ist, und daß die *Reaktion in der jetzigen Form*, besonders wenn sie nicht deutliche Variation im Ablauf der Erkrankung zeigt, *keinen diagnostischen Wert* hat.

Immerhin hat die Mollaretsche Komplementbindungsreaktion, wie WEGMANN betont, ganz wesentlich zum tieferen Verständnis der K.K.K. beigetragen. Sie stellte eine Antigengemeinschaft mit dem Lymphogranuloma inguinale zur Diskussion, die aber vorerst Hypothese geblieben ist. Ob dieser Methode aber als Gruppenreaktion eine Bedeutung zukommt, ist wegen der Einwände von ARMSTRONG weiter zu überprüfen. Hämagglutination-inhibierende Antikörper, die BLATTNER feststellte, sind diagnostisch noch nicht verwendbar.

3) *Die morphologische Untersuchung des Drüsenpunktats* mit histologischer Technik führt nur in seltenen Fällen weiter und ist für K.K.K. nicht spezifisch. Es finden sich alle gewöhnlich in einem Drüsenpunktat vorkommenden Zellen, so große Reticulumzellen, lymphoide Zellen, Plasmablasten, Endothelien, Makrophagen. Da auch Riesenzellen gefunden werden, kann von einem großzelligen bunten Lymphogramm (BETKE) gesprochen werden. MEYER und MOESCHLIN betonen, daß eine sichere Diagnose nur durch gleichzeitige histologische Examination möglich ist.

4) Die *Drüsenbiopsie* mit histologischer Lymphdrüsenuntersuchung gibt zwar keine spezifischen Resultate, zeigt aber charakteristische Befunde, welche die Diagnose der Katzenkratzkrankheit bei gleichzeitigem Ausschließen anderer Ätiologie, vor allem von Tuberkulose und von Lymphogranulom HODGKIN, gestatten (s. S. 861). Die *Biopsie* ist in allen zweifelhaften Fällen zu *empfehlen*, nur sollte der Kliniker den Histologen über den Verdacht auf Katzenkratzkrankheit orientieren, da sonst allzugern eine Tuberkulose (fehl-)diagnostiziert wird.

6. Therapie

Allgemeine Maßnahmen wie Isolierung, Quarantäne, sind nicht notwendig, da keine Übertragung von Mensch zu Mensch besteht. Bettruhe ist in Fällen mit stärkerem Fieber angezeigt. Trotzdem die Infektion eine Tendenz zu spontaner Rückbildung zeigt, kann die Abheilung durch verschiedene Maßnahmen begünstigt werden. Vor allem drängen sich diese bei Abscedierung auf. Am wichtigsten sind Chemotherapie, Punktion und operative Drüsenausräumung. Von den verschiedenen Maßnahmen seien erwähnt:

Antibiotica werden heute mehrheitlich zur frühzeitigen Anwendung empfohlen. Ihre Wirksamkeit kann nicht in vitro getestet werden, so daß man auf klinische Erfahrungen angewiesen ist. Die verschiedenen Breitbandantibiotica

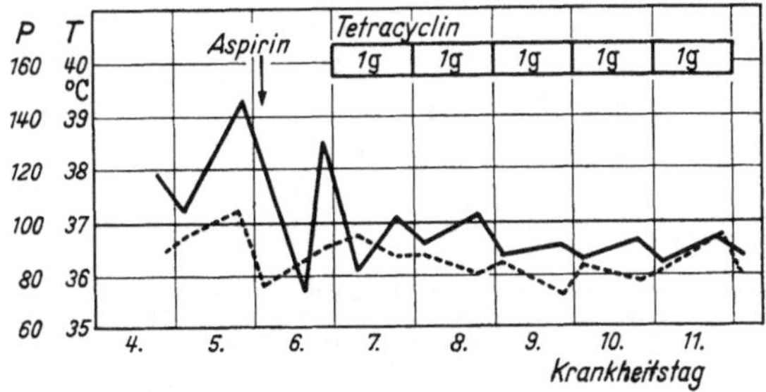

Abb. 5. Fieberkurve bei Katzenkratzkrankheit, behandelt mit Tetracyclin

sind heute das günstigste Therapeuticum und werden über mehrere Tage in Form eines Stoßes zur Anwendung empfohlen. Sulfonamide, Penicillin und Streptomycin werden im allgemeinen als nicht wirksam abgelehnt.

Aureomycin wird von DEBRÉ (während 3—10 Tagen 50 mg pro kg Körpergewicht), von LAMY (50—75 mg pro kg Körpergewicht), von WEGMANN empfohlen, Terramycin von MOLLARET, der auch Chloromycetin als wirksam ansieht. Letzteres wird angeraten von DANIELS, von LANGE, Erythromycin von GENNES et al. und von MARCERON et al. Wir brauchen heute gleich wie McMurray Tetracyclin, und zwar in Form einer Stoßtherapie von $1^{1}/_{2}$—2 g täglich während 4—5 Tagen.

Abb. 5 zeigt eine prompte und endgültige Entfieberung auf Achromycin bei typischer abscedierender Lymphadenitis eines 20jährigen Mädchens (Therapiebeginn am 8. Krankheitstag, Entfieberung innerhalb 2 Tagen, anschließend bei gutem Allgemeinzustand Drüsenexcision, Ausheilung). Mollaret sah keine sichere Wirksamkeit der Antibiotica bei bereits vereiterter Drüse, andere Autoren glauben, daß die Antibiotica die einmal vorhandene Eiterung besser abgrenzen und die toxischen Auswirkungen beheben können. Es gibt sicher Fälle ohne Antibioticaeffekt, z. B. führt Debre drei solche Beispiele an. Auch wenn wir die Breitbandantibiotica in stoßweiser Anwendung als günstig bezeichnen, müssen wir uns bewußt bleiben, daß der strikte Beweis für die Wirksamkeit eines Therapeuticums bei der Katzenkratzkrankheit noch nicht erbracht ist.

Eine Therapie mit *Corticosteroiden* kann bei hartnäckigen, nicht richtig zur Heilung gelangenden Lymphadenitiden in Betracht gezogen werden (Gsell, Eckhardt und Levin).

Die *Lymphdrüsenpunktion* ist bei Feststellung von Fluktuation, bei Verdacht auf Perforation indiziert. Durch Eiterentleerung, am besten mit dicker Nadel, kann die Heilung beschleunigt werden. Genügt eine einmalige Punktion nicht, so ist zu wiederholten Punktionen zu raten oder dann Ergänzung durch Drainage und Exstirpation gerade zur Vermeidung der Fistelbildung, also operatives Vorgehen zu empfehlen. Man sollte die Exstirpation, wenn es geht, vor der Vereiterung multipler Drüsen vornehmen, da bei der Spätoperation eine länger dauernde eitrige Sekretion und eine unregelmäßige Narbe entstehen kann. Small und Steiffen sahen mit Excision in sechs Fällen raschen Erfolg.

Bei protrahiertem Verlauf, bei subchronischen Formen kann eine Röntgenbestrahlung der Lymphknoten günstig wirken. Zwissler wandte 3—4 Antientzündungsdosen in zweitägigem Abstand an. Praktisch kommt diese Therapie bei der gutartigen Erkrankung nur in Ausnahmefällen in Betracht. Eine Immunotherapie ist noch nicht entwickelt. Mit wiederholten Cutantesten können die Abwehrmechanismen gestärkt werden. Mitteilungen über diese von Mollerat angeregte Therapie liegen nicht vor.

7. Differentialdiagnose

Die Differentialdiagnose ist bei Kenntnis des Krankheitsbildes im allgemeinen nicht schwierig (s. Abb. 6). Es kommen *in erster* Linie *drei Krankheiten* in Betracht:

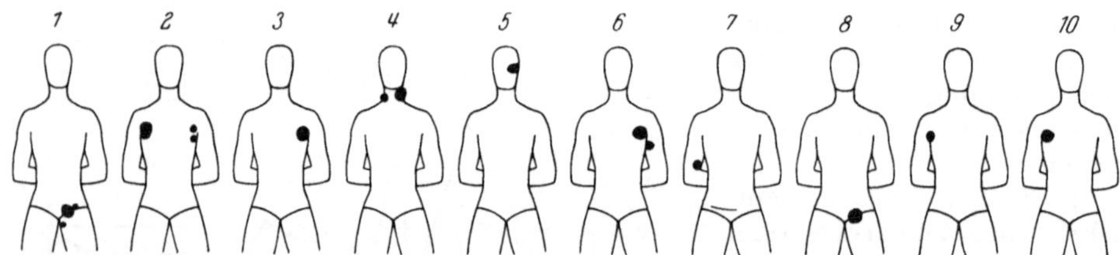

Abb. 6. Lokalisation, Tierkontakt und Einweisungsdiagnose unserer 10 ersten Fälle von Katzenkratzkrankheit. Einweisungsdiagnose oder anfänglicher Verdacht der Fälle: 1) Lymphogranuloma inguinale, 2) Leukämie, 3) Kokkeninfektion mit Absceß, 4) Otitis, Drüsenfieber, 5) Scrophulose, 6) Lymphogranulom Hodkin, 7) Tuberkulose, 8) Lymphogranulom Hodkin, 9) Tuberkulose, dann „neue Krankheit", 10) Tuberkulose, dann „lymphotrope Viruskrankheit"

1) *Gewöhnliche bakterielle Lymphadenitis.* Sie unterscheidet sich durch ihren Verlauf, durch stärkere Allgemeinerscheinungen, verändertes Blutbild. Der Eiter ist nicht steril. Es gibt natürlich ähnliche entzündliche Adenopathien durch Kokken, vor allem bei antibiotischer nicht genügend wirksamer Behandlung, bei welcher der Erreger nicht mehr oder nur schwierig feststellbar ist.

2) *Tuberkulöse Lymphdrüsenentzündung*, bei welcher meist die Entwicklung und auch die Vereiterung langsamer vor sich geht. Es finden sich hier oft langwierige Fisteln, und es bleiben Narben zurück.

Ausschlaggebend ist der Befund von Tuberkelbacillen, direkt, kulturell oder im Tierversuch. Da aber gerade ein vorerst scheinbar steriler Eiter bei Tuberkulose oft gefunden wird, ist es begreiflich, daß ohne Kenntnis der Katzenkratzkrankheit nicht wenige solcher Lymphadenitiden früher und auch heute noch als Tuberkulose diagnostiziert wurden und auch wohl zu unrecht manche Kur verordnet wurde.

3) *Lymphogranulomatosis* HODGKIN kann einen ähnlichen Aspekt bieten. Auch hier finden sich Fieber und anfangs geringe Entzündungserscheinungen. Die Feststellung eines Primäraffektes, die Intradermoreaktion auf K.K.K., das Blutbild können die Diagnose sichern.

Weitere Krankheiten, die infektiöse „spezifische" Granulome (ROULET) bilden, wie auch Tumoren kommen nur *bei bestimmter Lokalisation* der Drüse in Frage, so

4) *Lymphogranuloma inguinale* (NICOLAS-FAVRE,) sofern es sich bei der Katzenkratzkrankheit um die inguinale Form handelt.

Die beiden Affektionen ähneln sich in bezug auf die Form des Primäraffektes, auf Inkubationszeit, Art des Befalls der regionären Lymphknoten, ebenso in bezug auf den geweblichen Aufbau der Lymphadenitis. Dagegen unterscheidet sich das Lymphogranuloma inguinale von der K.K.K. durch seine schwereren Allgemeinerscheinungen, durch die anorectale Entzündung, durch den langwierigen Verlauf, die seltene Spontanheilung, das Auftreten als venerische Erkrankung, seine Seltenheit im Kindesalter, durch den positiven Freitest, der bei der K.K.K. immer negativ ausfällt.

5) *Toxoplasmose* unter dem Bild der *Lymphadenitis subacuta nuchalis et cervicalis* „PIRINGER-KUSCHINSKA", sofern eine cervicale Form der Katzenkratzkrankheit vorliegt. Die Toxoplasmoseteste, die Histologie, der Erregernachweis, der Kontakt mit anderen Tieren als Katzen, sind hier wichtig. Bei Toxoplasmose sind die hasel- bis walnußgroßen Drüsen gewöhnlich indolent. Nekrose und Fistelbildung kommen nicht vor, die bedeckende Haut ist normal. Auch sind die Drüsenschwellungen oft universell, bestehen bis 6 Monate und mehr, können aber einige Wochen mit Fieber einhergehen.

6) *Morbus.* BOECK kann in einem gewissen Stadium Ähnlichkeit zur K.K.K. aufweisen. Negativer Tuberkulintest, Histologie, viel protrahierterer Verlauf, Beteiligung von Hilusdrüsen und Lungen ermöglichen eine Differenzierung.

7) *BCG-Lymphadenitis*, nicht selten abscedierend, zeigt wohl ähnliches Bild, ist aber durch die Kenntnis der artifiziellen Impfung im Stromgebiet der Drüsen leicht abzugrenzen, histologisch dagegen sehr schwer zu trennen.

8) *Brucellosen* können Lymphknotenschwellungen und gleichartiges histologisches Bild machen, immerhin nur selten. Fehlen von Abscedierung, Verlauf, recidivierende Fieber, Lymphocytose, Leukopenie, serologische Teste erlauben meist rasch eine Differenzierung.

9) *Mononucleosis infectiosa* kommt namentlich bei cervicalem und bei anginösen Formen in Differentialdiagnose vor. Stärkeres Fieber, beidseitige Angina, multipler Drüsenbefall, Blutbild und Paul-Bunnel-Reaktion lassen das Pfeiffersche Drüsenbild erkennen.

10) *Lues.* Sowohl Primäraffekt mit Drüsen, wie Lues II mit Lymphknotenschwellung und Exanthem können selten einmal in Differentialdiagnose kommen und sind durch Spirochätennachweis, durch Serologie, durch Auftreten als venerische Affektion gut zu unterscheiden.

11) *Mycosen* mit Lymphadenitis werden dann in Betracht gezogen, wenn ein starker Katzenbiß vorliegt wie im Fall von CONKWHRIGHT. Man findet hier Pilze oder Pilzfäden in den Drüsen bzw. im Eiter und kann diese kulturell nachweisen. Histologisch kann die Unterscheidung nicht leicht sein, z. B. von Sporotrichosis (GUTTMANN).

12) *Brill-Symmerssches großfolliculäres Lymphom* kann in Form einer lokalisierten Adenopathie ohne Allgemeinerscheinungen auftreten, weist dann aber eine andere Entwicklung auf mit Befall weiterer Drüsen, Splenomegalie, besonderem histologischem Befund und malignem Verlauf.

13) *Maligne Tumoren* überhaupt kommen vor allem bei ungewöhnlicher Lokalisation, wie sie Katzenkratzlymphadenitis gelegentlich zeigt, in Differentialdiagnose. So wurden kleine Knoten unter dem Pectoralis oder unter dem Trapecius als Carcinom angesehen. Eine vereiterte Drüse unter dem Musculus sternocleidomastoideus wurde als Chondrosarkom des Sternoclaviculargelenkes diagnostiziert, ein Knoten in der Mittellinie des Halses als Infektion des thyreoglossalen Cystenganges (DANIELS und McMURRAY). Die Histologie entscheidet hier rasch.

Endlich kommt eine Gruppe von Krankheiten in Frage, weil sie *ebenfalls durch Katzen übertragen* werden:

14) *Tularämie*, die Infektion durch Pasteurella tularense, diese wird meist von Hasen oder Kaninchen auf den Menschen übertragen, in einzelnen Fällen aber auch durch Katzen (CHAMBERS). In USA hielt man Fälle von Katzenkratzkrankheit erst für eine ulceroglanduläre Tularämie. Namentlich die epitrochleare und die axilläre Form der Katzenkratzkrankheit kann der Tularämie ähnlich sehen. Bei letzterer sind die Hautveränderungen stärker, das Allgemeinbefinden mehr mitgenommen, der Primäraffekt zeigt sich als eitriges Geschwür. Gesichert wird die Diagnose durch eine Cutanprobe mit Tularin und durch serologische Teste.

15) *Pasteurellosen anderer Art* können durch Katzen übertragen werden (siehe LENORMANT). Hier bestehen oft Eiterungen am Primäraffekt und starke Lymphangitiden, was bei der Katzenkratzkrankheit nicht gesehen wird. In Gegenden, wo Pasteurellosen vorkommen, ist jede regionale Adenopathie mit Primäraffekt auf Pasteurella-Infektion verdächtig, besonders auf Pasteurella multiseptica (ANDRÉ et al.) und vor allem aber die intestinale Lymphadenitis (KNAPP, MASSHOFF). Serologische Teste auf Pasteurella pseudotuberculosa sind dann angezeigt (s. Bd. II)

16) *Sodoku.* Die Rattenbißkrankheit kann auch einmal durch Katzen übertragen werden (MOLLARET). Im allgemeinen ist der Primäraffekt viel größer, eitert nicht. Es besteht dazu eine ausgesprochene Lymphangitis, und es kommt zu schweren Fieberstößen, oft mit Anämie und Exanthemen. Die Diagnose des Sodoku beruht auf dem Nachweis des Spirillum morsis muri im Blut, im Gewebs- oder im Drüsensaft.

Daß in Einzelfällen von Katzenkratzkrankheit erst eine *Thrombophlebitis* angenommen wurde, daß auch eine incarcerierte *Hernie inguinalis* bei schmerzhafter Drüsenentzündung als Fehldiagnose vorkam, wie dies WEGMANN meldete, sei noch ergänzend zugefügt.

8. Beziehung zu Unfall und Beruf

Die Katzenkratzlymphadenitis als Krankheit mit traumatischer Entstehung im Anschluß an Kratzer oder Biß von Katzen, Verletzung durch Dornen oder erregertragende Gegenstände kann versicherungstechnisch als *Unfall* angesehen werden.

SCHUERMANN betont, daß zur Unfallanerkennung der Katzenkratzkrankheit die Drüsenschwellung durch positiven Ausfall der Antigenreaktion eindeutig charakterisiert, daß Lymphadenitiden anderer Genese ausgeschlossen und der Infektionsvorgang kontrollierbar sein müssen.

Erfordernisse zur Unfallanerkennung der Katzenkratzkrankheit sind nach GSELL:

1. *Vorhandensein einer Wunde*, d. h. Nachweis einer Verletzung, sei es durch Kratzer, durch andere Verletzungen, gleichzeitig mit Katzenkontakt oder ent-

standen durch Material, bei dem vorherige Infektion durch Katzen, evtl. Vögel angenommen werden kann.

2. *Entsprechende Inkubationszeit* zwischen Wunde und Entstehung der Lymphadenitis, durchschnittlich 10—20 Tage, maximal 6 Wochen.

3. *Typische Lymphadenitis*, evtl. mit Abscedierung, und wenn möglich mit histologischer Kontrolle.

4. *Positiver Intracutantest* mit dem Antigen der Katzenkratzkrankheit.

5. *Gutartiger Verlauf* mit Ausgang in Heilung.

Als *Berufskrankheit* kann die Katzenkratzkrankheit bei Tierärzten, Metzgern, bei Personen in der Lebensmittelindustrie auftreten. CREYX et al. melden eine berufliche Infektion durch Stich einer Kabeljaugräte bei einer Person auf dem Fischmarkt, GRUPPER bei einem Kürschner, spezialisiert in der Wildbalgbearbeitung, mit klinischem Bild eines pseudoerysipeloiden Lymphödems des Gesichtes. Von GIFFORD wurden 28 Tierärzte in San Francisco durch Intradermoreaktion getestet. 7 Personen, d. h. in 25 % dieser Berufsklasse, zeigten positives Resultat, wobei nur eine an einer typischen Lymphadenitis litt. 5 aus der Gruppe der positiven und 6 von den negativen Reagenten gaben an, früher an Lymphadenopathie gelitten zu haben, welche retrospectiv als Katzenkratzkrankheit in Frage kam. Die Tierärzte selbst hatten von diesem Krankheitsbild keine Kenntnis.

Literatur

1. Zusammenfassende Darstellungen mit Bibliographie

Debré, R., et **J.C. Job**: La maladie des griffes de chat. Acta paediat. **43**, suppl. 96, 1—86 (1954). — **Gsell, O.**, u. **M. Gsell**: Die Katzenkratzkrankheit. Ergebn. inn. Med. Kinderheilk. **8**, 76—122 (1957). — **Prier, J.E.**: Cat-scratch fever. Ann. N.Y. Acad. Sci. **70**, 650—666 (1958).

2. Einzelarbeiten

André, R., et **B. Dreyfuss**: Adénopathies subaigues par griffures de chat Pasterellos. Bull. Soc. méd. Hôp. Paris **68**, 157—166 (1952). — **Armstrong, C., W.B. Daniels, F.G. MacMurray**, and **H.C. Turner**: Complement fixation in cat scratch disease employing Lygranum C.F. as antigen. J. Amer. med. Ass. **161**, 149 (1956).

Baker, J.A.: A Virus causing pneumonia in cats and producing elementary bodies. J. Exp. Med. **79**, 159 (1954). — **Belber, J.B., A.E. Davis**, and **E.H. Epstein** (Californien): Thrombocytopenic purpura associated with cat-scratch disease (response of cat-scratch disease to steroid hormones). Arch. intern. Med. **94/2**, 321—325 (1954). — **Betke, K.**: Zur Klinik und Cytodiagnostik chron. Lymphknotenerkrankungen: Die Viruskratzlymphadenitis, benigne Inoculations-Lymphoreticulose. Klin. Wschr. **1952**, 583—588. — **Blake, F.G., M.E. Howard**, and **H. Tatlock**: Feline Virus pneumonia and its possible relation to some cases of primar atypical pneumonia in man. Yale J. Biol. Med. **15**, 139—166 (1942). — **Billo, O.E.**, and **J.A. Wolff**: Thrombocytopenic purpura due to cat-scratch disease. Case reports of three brothers, who were continuously exposed to eleven farm cats. J. Amer. med. Ass. **174**, 1824 (1960). — **Blattner, R.J.**: Cat scratch-fever. J. Pèdiat. **39**, 123—124 (1951). ~ The etiology of cat scratch fever. J. Pediat. **56**, 839 (1960). — **Bousser, J.**: La maladie de griffe de chat. Quelques pages méd. **6**, no. 35 (Oct. 1950). — **Boyd, G.L.**, and **G. Craig**: Etiology of cat-scratch fever. J. Pediat. **59**, 313 (1961). — **Brem, G.**, u. **B.-K. Jüngst**: Zur Klinik und Epidemiologie der sog. Katzenkratzkrankheit. Dtsch. med. Wschr. **90**, 1331—1334 (1965). — **Brooksaler, F.**: Cat scratch disease with encephalopathy. Amer. J. Dis. Child. **107**, 185 (1964).

Campbell, W.N., and **T.G. Anderson** (Philadelphia): Cat scratch disease. Penn. med. J. **56/3**, 138—190 (1953). — **Carithers, H.A.**: Experience and reason-briefly recorded. Unclassified mycobacteria in the etiology of cat-scratch fever: a skin test evaluation. Pediatrics **31**, 1039 (1963). — **Charbonneau, H.**: Quatre cas de maladie des griffes de chat à Montreal. Un. méd. Can. **81/2**, 123—128 (1952). — **Collipp, P.J.**, and **R. Kouch**: Cat scratch disease associated with an osteolytic lesion. New Engl. J. Med. **260**, 278 (1959). — **Conkwright, D.D., jr.**: A case of sporotrichosis, confused as cat scratch fever. Amer. Practit. **10**, 1751 (1959). — **Creyx, M., J. Leng-Levy, J. David-Chausse, A. Serre**, and **R. Geindre**: Benign inoculation lymphoreticulosis caused by a prick with a bone of codfish (occupational disease). J. Méd. Bordeaux **1955**, 229/5.

Daeschner, C. W., G. W. Salmon, and **F. M. Heys**: Cat-scratch fever. J. Pediatr. **43,** 371—384 (1953). — **Daniels, W. B.,** and **F. G. MacMurray**: Cat scratch disease. Arch. intern. Med. **88,** 736—751 (1951). ~ Cat scratch disease, non bacterial regional lymphadenitis. A report of 60 cases. Ann. intern. Med. **37/4,** 697—713 (1952). ~ **Cat scratch disease.** A Report of 160 cases. J. Amer. med. Ass. **154,** 1247—1259 (1954). — **Debré, R.**: Die Katzenkratzkrankheit. Med. Klin. **1954,** 945—950. ~ La maladie des griffes de chat. Moderne Probleme der Pädiatrie, Bd. I. Basel: Karger 1954 (Festschrift Freudenberg). — **Debré, R., L. Lamy, M. Jammet, L. Costil,** et **P. Mozziconacci**: La maladie des griffes de chat. Sém. Hôp. Paris **1950,** 1895—1904. ~ La maladie des griffes de chat. Bull. Soc. méd. Hôp. Paris **66,** 76 (1950). — **Debré, R.,** et **J. C. Job**: La maladie des griffes de chat. Acta paediat. (Uppsala) **43,** suppl. **96,** 1—86 (1954). — **Dupperat, B.**: Forme pseudo-vénérienne de la maladie des griffes de chat. Bull. Soc. méd. Hôp. Paris **67,** 848—850 (1951).

Eckhardt, W. F. jr., and **A. J. Levine**: Corticosteroid therapy of cat scratch disease. Arch. intern. Med. **109,** 463 (1962).

Filler, R. M., H. Shwachman, and **E. A. Edwards**: Lymphedema after cat scratch fever. New Engl. J. Med. **270,** 244 (1964). — **Foshay, L.**: Referate in: What's New (Labor. Abbot), Nr. 166, März 1952. ~ Cat scratch fever. Lancet **1952** I, 673.

Garai, O. F.: Cat scratch fever. A case in England. Lancet **1952** I, 646. — **Gennes, L., H. de Bricaire, R. Tourneur, J. C. Weill-Fage,** et **P. Aubert**: Sur quatre observations d'infections traitées par l'Erythromycine. Bull. Soc. méd. Hôp. Paris **69,** 377—384 (1953). — **Gifford, H.**: Skin-test reactions to cat scratch disease among veterinarians. Arch. intern. Med. **I, 95,** 828 to 832 (1955). — **Giordano, G.,** et **G. Nigro**: Aspects cliniques et immunologiques singuliers chez un malade atteint de lymphoréticulose bénigne d'inoculation à virus B. Presse Med. **64,** 2219 (1956). — **Gräff, S.**: Tod an Katzenkratzkrankheit. Mschr. Kinderheilk. **102,** 232—237 (1954). — **Grupper, Ch.**: Lymphoedème pseudo érisypélateux récidivant de la face. Bull. de Derm. et Syph. **62,** 15 (1955; ref. Presse Med. **1955** I, 346. — **Gsell, O.**: Neue Infektionskrankheiten. Medizinische **1952,** Nr. 26. — **Gsell, O., R. Forster** u. **E. Klaus**: Viruskratz-Lymphadenitis. Schweiz. med. Wschr. **1951,** 699—702. — **Gsell, O.,** u. **M. Gsell** s. oben. — **Guttman, P. H.**: Pathologie of cat scratch disease. Calif. Med. **82,** 35 (1955).

Hanger, F. M. (Mündl. Mitteilung): s. W. B. Daniels u. F. G. MacMurray, 1951; R. Debré u. J. C. Job, 1954. — **Hedinger, Ch.**: Die histologischen Veränderungen bei der sog. Katzenkratzkrankheit. Virchows Arch. **322,** 159—174 (1952). ~ Zur Histopathologie der sog. Katzenkratzkrankheit, einer benignen Viruslymphadenitis. Schweiz. Z. Path. **15,** 622—628 (1952). — **Hedinger, Ch., C. Usteri, T. Wegmann** u. **F. Wortmann**: Der cutane Primäreffekt der sog. Katzenkratzkrankheit, einer benignen Viruslymphadenitis. Dermatologica (Basel) **104,** 101 bis 107 (1952). — **Hofstetter, J. R.,** et **J. P. Girard**: Deux cas atypiques de lymphoréticulose benigne d'inoculation chez des conjoints. Praxis (Bern) **45,** 265 (1956).

Kalter, S. S., J. E. Prier, and **J. T. Prior**: Recent studies on the diagnosis of cat scratch fever. Ann. Int. Med. **42,** 562—573 (1955). — **Knapp, W.**: Pasteurella pseudotuberculosis unter besond. Berücksichtigung ihrer humanmed. Bedeutung. Ergebn. Mikrobiol. **32,** 196 (1959). — **Kunz, L. J.**: Nonbacterial regional Lymphadenitis (C.C.T.) Stability of the intradermal test antigen. New Engl. J. Med. **265,** 591 (1961).

Lange, H. L.: Cat scratch fever. A Report of three cases. J. Pediat. **39,** 431—434 (1951).

MacGovern, J. J., L. J. Kunz, and **F. M. Blodgett**: Nonbacterial regional lymphadenitis (cat scratch fever). An evaluation of the diagnostic intradermal test. New Engl. J. Med. **252,** 166 to 172 (1955). — **MacMurray, F. G.,** in: "Current Therapy 1956". Philadelphia: B. Saunders. — **Marceron, L., J. Ragu,** et **H. Gillet**: Lymphoréticulose bénigne. Soc. Méd. Paris, ref. Presse méd. **1955,** 1427. — **Masshoff, V.**: Eine neuartige Form der mesenterialen Lymphadenitis. Dtsch. med. Wschr. **1953,** 532. ~ Die Pseudotuberkulose der Menschen. Dtsch. med. Wschr. **87,** 915 (1962). — **Masshoff, V.,** u. **W. Dölle**: Abscedierende retikuläre Lymphadenitis des Mesenteriums. Virchows Arch. **323,** 664 (1953). — **Meyer, A.,** et **R. Fréour**: Adénopathies médiastinales transitoires coexistant avec une réaction positive à l'antigène de la lymphoréticulose bénigne d'inoculation. Soc. franç. Path. Resp. **1954,** 1⁰ janvier. — **Meyer, P.,** u. **S. Moeschlin**: Das Lymphdrüsenpunktat der Katzenkratzkrankheit. Schweiz. med. Wschr. **88,** 1058 u. 1070 (1958). — **Mollaret, P.**: Bull. Soc. méd. Hôp. Paris (Discussion de Debré) **66,** 78 (1950). ~ La lymphoréticulose bénigne d'inoculation. Helv. med. Acta **19,** 316 (1952). ~ Eine neue lymphatische Erkrankung und ein neuer Virus: Die gutartige Impflymphoreticulosis. Wien. klin. Wschr. **1952,** 497—501. — **Mollaret, P., J. Reilly, R. Bastin,** et **P. Tournier**: Sur une adénopathie régionale subaiguë et spontanément curable avec intradermoréaction et lésions ganglionnaires particulières. Bull. Soc. méd. Hôp. Paris **66,** 424—440 (1950). ~ La découverte du virus de la lymphoréticulose bénigne d'inoculation; 1. Caractérisation sérologique et imunologique. Presse méd. **1951,** 681—682; 2. La découverte du virus de la lymphoréticulose bénigne

d'inoculation. — Inoculation expérimentale au singe et colorations. Presse méd. **1951**, 701—704.
— L'adénopathie régionale subaiguë lymphoplasmodiale (ex-type B de la lymphoréticulose bénigne d'inoculation). Presse méd. **64**, 2149 (1956).

Naji, A.F., F. Carbonell, and H.J. Barker: Cat scratch disease. A report of three new cases, review of the literature, and classification of the pathologic changes in the lymph nodes during various stages of the disease. Amer. J. clin. Path. **38**, 513 (1962).

Petzetakis, M.: Der neurolymphophile Virus. Versuche an Affen, Kaninchen, Meerschweinchen, Spermophilus, Katze, Hund, weißer Ratte und Maus. Zbl. Bakt., I. Abt. Orig. **139**, 397—404 (1937).

Randerath, E.: Beiträge zur Morphologie der sog. Viruslymphadenitis und zu deren Differenzierung. Verh. dtsch. path. Ges. **38**, 116 (1954). — **Reid, J.D.**: Regional non-bacterial lymphadenitis. N.Z. med. J. **55**, 361 (1956). — **Rosenthal, J.W., and T. Block**: Cat-scratch disease — another cause of Parinaud's oculoglandular syndrome. J. La med. Soc. **113**, 72 (1961). — **Rosof, B.M.**: Cat-scratch disease as a cause of lymphadenopathy of long duration. J. Amer. med. Ass. **178**, 328 (1961). — **Roulet, F.C.**: Die infektiösen „spezifischen" Granulome. Handb. allg. Path. VII, I. Teil, S. 445. Springer 1956.

Sheldon, G.C., and H. Smellie: Cat scratch disease with pneumonia. Brit. med. J. II, 446 (1957). — **Shumway, M., and P.L. Davis**: Cat scratch thyrioditis treated with thyrotropic hormone. J. clin. Endocr. 14/7, 742 (1954). — **Spaulding, W.B., and J.N. Hennessy**: Cat scratch disease. A study of 83 cases. Amer. J. Med. **28**, 504 (1960).

Turiaf, J., et Y. Jeanjean: Pneumopathie hilifuge au cours d'une lymphoréticulose bénigne d'inoculation. Presse méd. **1954**, 197. — **Turner, W., N.J. Bigley, M.C. Dodd, and G. Anderson**: Hemagglutinating virus isolated ... Amer. J. Dis. Child. **100**, 236 (1960).

Usteri, C., u. Chr. Hedinger: Über die «maladie des griffes de chat». Schweiz. med. Wschr. **1951**, 221—223. — **Usteri, C., T. Wegmann u. Chr. Hedinger**: Über atypische Formen der sog. Katzenkratzkrankheit, einer benignen Virus-Lymphadenitis. Schweiz. med. Wschr. **1952**, 1287—1290.

Warwick, W.J.: Cat scratch disease (a review). Lab. Animal Care **14**, 420 (1964). — **Warwick, W.J., and R.A. Good**: Cat-scratch disease in Minnesota. I. Evidence for its epidemic occurence. II. The family epidemics. III. Evaluation of the intradermal skin test to cat-scratch disease antigen. Amer. J. Dis. Child. **100**, 1236 (1960). — **Wegmann, T., C. Usteri u. Chr. Hedinger**: Die sog. Katzenkratzkrankheit, eine benigne Viruslymphadenitis. Schweiz. med. Wschr. **1951**, 853—858. — **Weinstein, L., and R.H. Meade**: The neurological manifestations of cat scratch disease. Amer. J. med. Sci. **229**, 500—505 (1955). — **Winship, T.**: Pathologic changes in so-called cat scratch-fever. Amer. J. clin. path. **23**, 1012 (1953). — **Worth, D.B., u. F.C. Mac-Murray**: Cat scratch disease. Nonbacterial regional lymphadenitis. Arch. int. Med. **88**, 736 (1951).

Zwissler, Th.: Über immunologische und histologische Diagnostik sowie besondere klinische Verlaufsformen der Katzenkratzkrankheit. Z. klin. Med. **154**, 227 (1956).

Virus-Dysenterie

Von Hobart A. Reimann, Philadelphia

Mit 2 Abbildungen

I. Definition

Die Virus-Dysenterie ist eine milde, akute Infektion mit bekannten und wahrscheinlich einigen unbekannten Viren, die sporadisch, epidemisch oder pandemisch auftritt. Sie verläuft mit profusen, wäßrigen Durchfällen, Nausea, Erbrechen, Kopfschmerzen, Schwindel und gelegentlicher Beteiligung der Atemwege oder des Nervensystems.

II. Geschichte

Den Epidemien milder Diarrhoe wurde bis jetzt nicht viel Aufmerksamkeit geschenkt. Die Mehrzahl der Betroffenen begibt sich nicht in ärztliche Behandlung, weil sie sich nicht dermaßen krank fühlt. Auch braucht die Erkrankung dem Gesundheitsamt nicht gemeldet zu werden. Ein Krankheitsausbruch wird gewöhnlich auf eine Nahrungsmittelvergiftung oder auf verunreinigtes Wasser zurückgeführt oder für eine bacilläre Ruhr gehalten. Dies alles wird noch verwirrter durch die häufige Beteiligung der oberen Luftwege und dem gelegentlichen Auftreten von Durchfall oder Erbrechen während epidemischer Virusinfektionen des Respirationstraktes.

Von 1921—1944 wurde die Erkrankung als *akute Gastroenteritis* bezeichnet: *Epidemische Nausea mit Erbrechen und Durchfall*; Darmgrippe; Winterkrankheit; *Sommerdiarrhoe*; oder mit verschiedenen Beinamen, teils witziger Art, belegt oder mit Ortsnamen versehen, je nachdem, wo sie auftrat. Da wenig oder überhaupt kein Fieber besteht und geringe histologische Zeichen einer enteralen Entzündung nachzuweisen sind, erscheint der Name Gastroenteritis ungerechtfertigt.

Im Jahre 1945 wurde von Reimann bewiesen, daß filtrierte Teilchen die Ursache sind, nachdem Freiwillige durch Inhalation von filtrierten, bakterienfreien Aerosolen aus Pharynxsekret und Stuhl von Patienten infiziert werden konnten *(40)*. Gordon *(18)* und Tateno *(45)* haben später Freiwillige oral infiziert. Die Beobachtungen konnten von Buckland *(9)*, Kojima *(31)* und Kasel *(28)* bestätigt werden. Der Name *Virus Dysenterie* (dys, δυς = schlecht; — enterie εντερον = Darm) ist somit gerechtfertigt *(23)*. Sobald ein spezifisches Virus als auslösende Ursache identifiziert wird, braucht man die *Bezeichnung nach dem Erreger*, z. B. *ECHO-Virus Typ 2-Dysenterie* oder *Coxsackie-Virus Typ 3-Dysenterie*.

III. Ätiologie

Nicht immer kann ein Virus isoliert werden. Es bleibt auch ungewiß, ob die meisten Epidemien von den jetzt bekannten Enteroviren verursacht werden. In mehreren von Altmann angeführten epidemiologischen Untersuchungen wurden aber Enteroviren nur selten isoliert *(4)*. Mehrere Entero- und Adenoviren, die der Virusdysenterie zur Last gelegt werden, kommen schon normalerweise bei sonst gesunden Personen vor. Eine begründete Beziehung zur Erkrankung muß serologisch durch den Anstieg des spezifischen Antikörpertiters im Blut nach der Genesung bewiesen werden. Die bisherigen Erhebungen zeigen, daß *zahlreiche Viren* das *Dysenterie-Krankheitsbild* bedingen können. Folgende Studien seien erwähnt:

Freiwillige wurden intranasal mit *REO-Viren* (*28*) beimpft und durch die Einnahme von ECHO 11 (*9*) und anderen *ECHO-Viren* (*45*) infiziert. Bei der Diarrhoe der Kinder wurden ECHO-18-Viren im Stuhl gefunden und spezifische Antikörper erschienen im Blut. ECHO-11-Virus wurde aus Blut und Stuhl Erwachsener isoliert (*32*). ECHO 14 war die Ursache von Durchfall in einem Kinderheim. Der Virus wurde im Stuhl von 3 erkrankten Kindern gefunden und im Stuhl von 10 aus 20 nichtinfizierten Kindern des gleichen Heimes. Antikörper erschienen im Blut der erkrankten und der gesunden Träger (*32*). Bei der Untersuchung einer Bevölkerungsgruppe mit Diarrhoe konnten ECHO-Viren sechsmal häufiger bei Erkrankten als bei Gesunden (*38*) nachgewiesen werden. Ähnliche Befunde werden aus Schottland mitgeteilt (*43*).

Bei Kindern wurde als Ursache einer Diarrhoe *Adenovirus 3* (*29*) und 7 (*17*), *Coxsackie* B2 (*32*) und B3 (*14*) nachgewiesen. Coxsackie-Virus der Gruppe B, Typ 3, 4 und 5 wurden bei 9 Kindern mit Diarrhoe isoliert, aber ohne Beweis einer ursächlichen Beziehung (*11*). Es wurden auch *nichtklassifizierte* Viren gefunden (*2, 3, 16, 18, 20, 26, 37, 47, 48*). In den Stühlen der erkrankten Personen fanden sich auch mannigfache pathogene Bakterien und Protozoen (*47*), wie nicht anders zu erwarten war.

Während einigen *Epidemien* von Virusdysenterie traten in verschiedener Häufigkeit bei der Bevölkerung auch *Symptome der Atemwege* auf (*10, 35, 39, 42*), wie wenn ein Virus sowohl Durchfall als auch Katarrh verursacht hätte. Ferner kommen Durchfall und Erbrechen gelegentlich bei primärer Infektion der Atemwege mit *Influenza-Virus* und mit *Adenovirus* Typ 3 (*12, 29*) und Typ 7 (*15, 27, 44*) vor. Bei *Entero- und Respiroviren Infektionen* können Veränderungen an Gehirn und Hirnhäuten auftreten. Die Viren sind polytrop und wirken auf verschiedene Körperteile ein.

IV. Pathogenese und Pathologie

Es besteht die übliche Meinung, die Viren verursachen eine primäre Entzündung der Magen-Darm-Schleimhäute. Bei der Sigmoidoskopie sieht man aber nur eine *ödematös geschwollene Mucosa*. Histologische Schnitte von Biopsien (*41*) und Autopsien (*7*) zeigen epitheliale *Hyperplasie und Desquamation*, Anschoppung der Gefäße, Ödem, erweiterte Drüsen, punktförmige Hämorrhagien und spärliche Infiltrationen mit Plasmazellen und Neutrophilen (Abb. 1). Die *geringe Entzündung* mag z. T. eine Folge der mechanischen Reizung bei Diarrhoe sein. Vielleicht regt das zentrale Nervensystem einen autonomen Mechanismus an, die Schleimhautpermeabilität zu erhöhen und die Drüsensekretion zu steigern mit folgendem Flüssigkeitsverlust durch Erbrechen und Durchfall. Eine Virämie (*30*) und ein Enterovirus im Liquor wurde bei Affen nachgewiesen, die beimpft waren und entzündliche Veränderungen des Gehirns aufwiesen (*33*).

Häufigkeit

Die Krankheit ist *eine der häufigsten milden Störungen*. In einigen Teilen der Welt ist sie die häufigere Ursache von Durchfall als Bakterien oder Protozoen und übertrifft gelegentlich an Häufigkeit epidemisch auftretende Virusinfektionen des Respirationstraktes. Die Zahl der Fälle ist höher als angegeben, gehen doch viele nicht zum Arzt, während andere latent erkrankt sind und unentdeckt bleiben. Ferner werden Epidemien meist nicht einmal bemerkt, da die Mehrzahl der Kranken ihrer Arbeit nachgeht ohne Diagnose und ohne statistisch verzeichnet zu werden. Geht man der Angelegenheit wirklich nach, entfallen 15 % aller Krankheitsfälle in Familien auf eine Virusdysenterie mit einer Anfallrate von 1,2 pro Person und Jahr (s. Abb. 2). Die Häufigkeit steigt *im Kleinkindesalter* bis 4 Jahre an und nimmt dann ab (*24*).

Während einer Epidemie schwankte die Häufigkeit des Befalles in den verschiedenen Gebäuden und Abteilungen einer geschlossenen Anstalt zwischen 0 und 80 % und die Mortalität zwischen 0,57 % und 4,7 % bei senilen oder schwächlichen Insassen (*7*). Die Häufigkeit bei erwachsenen Studenten variierte zwischen 0 und 25 % in den verschiedenen Klassenzimmern entsprechend der Anwesenheit infizierender Streuer und dem engen Kontakt (*39* und *42*). Die Infektion entstand entweder in den Heimen oder wurde ihnen zugetragen und steckte ganze Familiengruppen an (*1, 8, 39*). Epidemien mit Nausea und Erbrechen ohne Diarrhoe kommen vor (*5, 6, 21, 36, 46*). VON HARNACK beschreibt sie auf Seite 888.

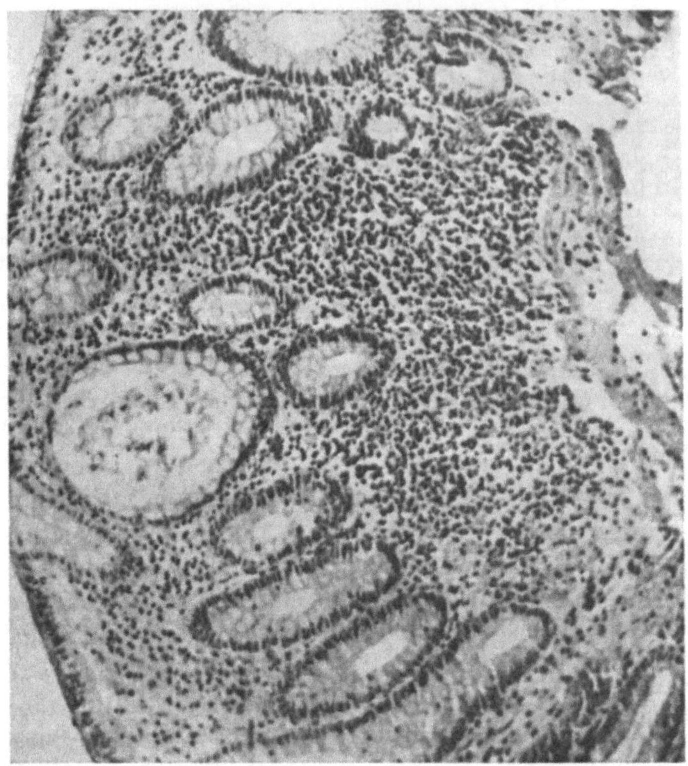

Abb. 1. Rektummucosa. Erweiterte Drüsen, durch Ödem im Binde- und Stützgewebe auseinander gedrängt. Infiltration mit Plasmazellen und vereinzelten Neutrophilen. Die Gefäße in Mucosa und Submucosa sind angeschoppt (*41*)

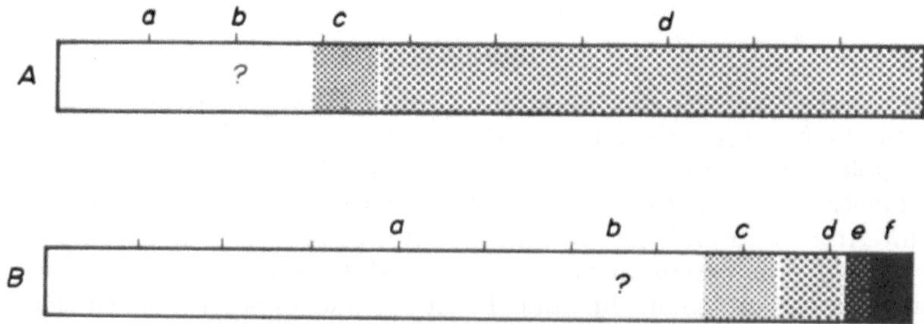

Abb. 2. Virus-Dysenterie. Spektrum der Schwere der Erkrankung bei 2 Epidemien. A. a) keine Infektion 28%; b) latente Infektion, % unbekannt; c) Nausea und Koliken 8%; d) Diarrhoe, Erbrechen, Fieber 64% (INGALLS, *25*). B. a) Keine Infektion 76%; b) latente Infektion, % unbekannt; c), d), e) krank 19%; f) letal 4,7% (BRITTEN, *7*)

V. Epidemiologie

Verunreinigtes Wasser und Nahrungsmittel wurden als Ursache der Infektion angeschuldigt, aber Beweise mehren sich, daß *Kranke* mit Virusdysenterie *oder* gesunde *Virusträger* den Virus verbreiten, sei es aerogen, sei es faecal-oral. Epidemien können jederzeit auftreten, vorzugsweise jedoch im Herbst und Winter bei

Menschenansammlungen mit engerem Kontakt. Die hohe Zahl von Virusdysenterie in Familien, Heimen und bei Anstaltsinsassen, gleichzeitig aber nur wenige oder keine Fälle in ähnlichen Gruppen anderswo in denselben Gebäulichkeiten, weist auf eine Übertragung durch Kontakt hin. Ein technischer Angestellter erkrankte 48 Std nach ECHO-Virus Exposition (*19*) in einem Laboratorium (*10*). Krankheitsausbrüche innerhalb kleiner Gruppen sind gelegentlich explosiv und kurzdauernd, dauern aber einmal verbreitet oft mehrere Wochen an. Epidemien haben unnötige Inspektionen von Restaurants, Wasser- und Nahrungsmittelversorgung bei der Suche nach Trägern pathogener Darmbakterien veranlaßt, aber auch unnötige Antibioticatherapie.

Der *Respirationstrakt* scheint eine der Eintrittspforten zu sein. Die Viren können auch *peroral direkt* die Darmmucosa erreichen. Durch die Spülung in den Toiletten können fein verteilte Faecespartikel Aerosolcharakter annehmen und die Infektion auf dem Luftwege begünstigen. Spritzer während des Stuhlganges verbreiten Faeces über das Gesäß und führen bei ungenügender Reinigung der Hände zur faeco-oralen oder Hand-zu-Mund Übertragung. Das große Ausmaß *faecaler Kontamination* der Umgebung kann augenscheinlich gemacht werden durch Anfärben des Stuhles mit oraler Einnahme von Farbstoffen.

Eine Virusdysenterie kann aber auch die Vermehrung pathogener Bakterien begünstigen. Kurzdauernde Erkrankungen mit Shigella Sonnei wurden beschrieben (*6*, *17*, *34*, *41*), die nach wochenlangen Epidemien von Virusdysenterie auftraten.

VI. Klinisches Bild

Die *Inkubationszeit* dauert 1—5 Tage. Kopfweh, Unwohlsein, Reizbarkeit, Anorexie, Flatulenz, Unbehagen im Abdomen und hie und da Zeichen einer Erkältung können der *eigentlichen Krankheit* vorangehen. Plötzlich wird der Drang zu Stuhlgang oder zum Erbrechen zwingend, gefolgt von *Koliken* und *profusen wässerigen Durchfällen*. Die *Stärke der Erkrankung variiert* während einer Epidemie von milden, afebrilen vorübergehenden Erscheinungen während einigen Stunden oder Tagen bis zu schweren Attacken mit Erbrechen, Dehydration, Fieber, Schwindel, heftigem Kopfweh, Schmerzen in der Orbita und anderen nervösen Störungen.

Pro Tag können 10—40 wässerige Stühle auftreten mit Koliken, Tenesmen, Bauchkollern, Blähungen, Druckschmerz, Prostration, welche eine Bettlägerigkeit von mehreren Tagen oder Wochen bedingen. Frösteln, Schwitzen, Fieber bis 40°, Sehstörungen, Paraesthesien, Pharyngitis, Husten und Nasenverstopfungen sind weitere Erscheinungen. Der Gewichtsverlust kann 5 kg pro Tag betragen. Erbrechen und Schwitzen vermehrt den Verlust von Flüssigkeit. Bei Kindern ist eine Dehydration schwerwiegend.

Die *Besserung* tritt gewöhnlich *rasch* wieder ein ohne weitere Folgen. *Rezidive* können auftreten. *Letale Fälle* sind *selten* und betreffen vorwiegend Kinder, schwächliche oder ältere Personen (*2*). Die Leukocytenzahl ist selten verändert. Eine Dehydration verursacht eine Hypovolämie, Oligurie und Fieber, bei stärkerem Ausmaß einen schockähnlichen Zustand.

Die *Stühle* sind wässerig, nicht purulent und selten mit Blut vermengt. Aus den Faeces kann der Virus gezüchtet werden und die entsprechende spezifische immunologische Blutreaktion tritt während der Rekonvaleszenz auf.

Diagnose

Das Auftreten mehrerer Fälle akuter milder Durchfälle in einer Gemeinschaft während ein bis mehreren Wochen, ohne daß eine Infektion durch Wasser oder Nahrungsmittel eruiert werden kann, läßt eine Virusdysenterie vermuten. In

Einzelfällen kann eine Verwechslung mit bacillärer, Salmonellen- oder Amoebenruhr vorkommen oder mit Durchfall wegen eines Abführmittels. Pathogene Kokken oder Stäbchen oder Toxine in Nahrungsmittel oder Wasser verursachen plötzliche Durchfälle, die auf einzelne Familien beschränkt bleiben, wobei die meisten Personen innert Stunden erkranken, ohne daß weitere Fälle auftreten.

Eine mikroskopische und kulturelle *Untersuchung der Stühle* auf Shigellen, Salmonellen, Staphylokokken, Entamoeba histolytica oder andere Krankheitserreger sollte ausgeführt werden. Virologische Untersuchungen brauchen Zeit und die Resultate werden erst bekannt, wenn die Krankheit vorbei ist, außer man wende das Verfahren der Immunofluorescenz an. Wird während einer Epidemie bei *einem* Patienten der Beweis erbracht, daß ein Virus die auslösende Ursache der Erkrankung ist, so liegt es nahe, bei den anderen eine ähnliche Infektion zu vermuten. Die *Isolierung* eines Virus *aus dem Blut* sichert die Diagnose. Ein aus dem Stuhl gezüchteter Virus ist vielleicht nicht krankheitsauslösend, außer es erscheinen später *spezifische Antikörper* im Blut.

Bei der *Rektoskopie* erscheint die Mucosa ödematös und gerötet ohne Ulceration, Blut oder Eiter. Wenn als erste Zeichen plötzliche abdominelle Schmerzen auftreten, könnte ein chirurgisch anzugehendes akutes Abdomen vermutet werden. Zeichen einer Beteiligung des Respirationstraktes oder von Gehirn und Meningen können die korrekte Diagnose erschweren.

Prophylaxe

Es gibt keine Vaccine und keine Medikamente zur Verhütung der Erkrankung. Wegen der kurzen Inkubationszeit verhindert die Isolierung von Erkrankten oder das Vermeiden eines Kontaktes selten eine Epidemie. Die Erkrankung hinterläßt eine vorübergehende Immunität (*19*). Der gleiche Virus oder andere Viren können später erneute ähnliche Erscheinungen hervorrufen.

Behandlung

Eine leichte Erkrankung braucht keine Behandlung. *Bettruhe* bringt die größte Erleichterung. Anorexie, Nausea oder Erbrechen beschränkt die Nahrungsaufnahme, ist aber während 1—2 Tagen bei Erwachsenen völlig unbedeutend. Eine Teepause und vorsichtiger Beginn mit Diät (Moro-Diät, Reis) sind für leichtere Fälle genügend. Der sofortige *Ausgleich der Dehydration* ist vor allem bei Säuglingen und Kleinkindern notwendig. Wenn es möglich ist, kann die Flüssigkeit per os gegeben werden. Eine i. v. Infusion mit isotonischer Natriumchlorid-Lösung oder 5%iger Glucose ist aber bei schwereren Störungen die beste Maßnahme, um das spezifische Gewicht des Blutes ungefähr auf normal 1,056 (Plasma 1,026) zu halten. Warme Umschläge auf das Abdomen wirken lindernd. Das Fieber wird am besten durch die Rehydrierung behandelt, dann mit kühlen Abwaschungen oder einer Eisblase auf dem Kopf. Konstipierende Mittel wie Kaolin helfen selten. Besser sind Kohlepräparate, Arobon. Tinctura opii camphorata (Paregorische Lösung) 4 ml stündlich mehrmals vermindert die Koliken. Codein, 15—30 mg lindert die Schmerzen. Aspirin vermehrt oft das Schwitzen und verursacht weiteren Wasserverlust.

Literatur

1. ABRAMSON, H., and H.T. FUERST: An Outbreak of Nausea, Vomiting and Diarrhea on a Maternity Service; Transmitted to a Child Caring Institution and to Private Homes. Pediat. **1948 II**, 677—684. — **2.** ABRAHAM, A.S., and F.S. CHEEVER: Isolation of Three Unclassified Enteroviruses from Patients Suffering from Dysentery. Proc. Soc. exp. Biol. N.Y. **113**, 300 to 305 (1963). — **3.** ADAMS, W.R., and L.M. KRAFT: Epizootic Diarrhea of Infant Mice. Identi-

fication of the Causative Agent. Science **141**, 359—360 (1963). — **4.** ALTMAN, R.: Clinical Aspects of Enterovirus Infection. Postgrad. Med. **35**, 451—463 (1964). — **5.** ASH, I.: Large Epidemic of Vomiting Associated with Meningism and Exanthem. Brit. med. J. **1958 I**, 316 to 317. — **6.** BARNARD, H.F.: Epidemic Diarrhea and Vomiting. Brit. med. J. **1945 II**, 666. — **7.** BRITTEN, S.A. et al.: Epidemic Diarrhea of Unknown Cause. Report of Outbreaks in Three Massachusetts State Hospitals. New Engl. J. Med. **244**, 749—753 (1951). — **8.** BROWN, G., G.J. CRAWFORD, and L. STENT: Outbreak of Epidemic Diarrhea and Vomiting in a General Hospital and Surrounding District. Brit. med. J. **1945 II**, 524—526. — **9.** BUCKLAND, F.E. et al.: Experimental Infection of Human Volunteers with the U-Virus. A Strain of ECHO Virus Type 11. J. Hyg. (Lond.) **57**, 274—284 (1959). — **10.** CRAMBLETT, H.G. et al.: ECHO Virus Infections. Clinical and Laboratory Studies. Arch. intern. Med. **110**, 574—579 (1962). — **11.** CRAMBLETT, H.G. et al.: Coxsackie Virus Infection. J. Pediat. **64**, 406—414 (1964). — **12.** DUNCAN, I.B.R., and J.G.P. HUTCHISON: Type-3 Adenovirus Infection with Gastrointestinal Symptoms. Lancet **1961 I**, 530. — **13.** EICHENWALD, H.F. et al.: Epidemic Diarrhea in Premature and Older Infants Caused by ECHO Virus Type 18. J. Amer. med. Ass. **166**, 1563—1566 (1958). — **14.** FELICI, A. et al.: Contribution to the Study of Diseases Caused by the Coxsackie Group B Viruses in Italy. III. Role of Coxsackie B Virus, Type 3 in Summer Diarrheal Infections in Infants and Children. Arch. ges. Virusforsch. **11**, 592—598 (1962). — **15.** FORSELL, P. et al.: Adenoviral Epidemic. Ann. Paediat. Fenn. **8**, 35 (1963). Zit. n. JANSSON, E. et al.: Adenoviral Epidemic. Ann. Paediat. Fenn. **8**, 24 (1963). — **16.** FUKUMI, H. et al.: An Indication as to Identify Between the Infectious Diarrhea of Japan and the Afebrile Infectious Nonbacterial Gastroenteritis by Human Volunteer Experiments. Jap. J. med. Sci. Biol. **10**, 1—17 (1957). — **17.** GARDNER, P.S., C.B. MCGREGOR, and K. DICK: Association Between Diarrhea and Adenovirus Type 7. Brit. med. J. **1960 I**, 91—93. — **18.** GORDON, I. et al.: Gastroenteritis in Man Due to a Filtrable Agent. N.Y. State J. Med. **49**, 1918—1920 (1949). — **19.** GORDON, I., P.R. PATTERSON, and E. WHITNEY: Immunity in Volunteers, Recovered from Nonbacterial Gastroenteritis. J. clin. Invest. **35**, 200—205 (1956). — **20.** GORDON, I.: Nonamebic, Nonbacillary, Diarrheal Disorders. Amer. J. trop. Med. **4**, 739—755 (1955). — **21.** GRAY, J.D.: Epidemic Nausea and Vomiting. Brit. med. J. **1939 I**, 209—211. — **22.** HEGGIE, A.D. et al.: An Outbreak of Summer Febrile Disease Caused by Coxsackie B2 Virus. Amer. J. publ. Hlth **50**, 1342—1348 (1960). — **23.** HIGGINS, A.P.: The Case for Viral Diarrheal Disease, Editorial. Amer. J. Med. **21**, 157—160 (1956). — **24.** HODGES, R.G. et al.: A Study of Illness in a Group of Cleveland Families. Amer. J. Hyg. **64**, 349—356 (1956). — **25.** INGALLS, T.H., and S.A. BRITTEN: Epidemic Diarrhea in a School for Boys. J. Amer. med. Ass. **146**, 710—712, 1951. — **26.** JORDAN, W.S., I. GORDON, and W.R. DORRANCE: Transmission of Acute Nonbacterial Gastroenteritis to Volunteers. Evidence for Two Different Etiologic Agents. J. exp. Med. **98**, 461—466 (1953). — **27.** KAPSENBERG, J.G.: An Epidemic of Adenovirus 7 Among Children. Ned. T. Geneesk. **106**, 65 (1962). — **28.** KASEL, J.A., L. ROSEN, and H.E. EVANS: Infection of Human Volunteers with a Reovirus of Bovine Origin. Proc. Soc. exp. Biol. (N.Y.) **112**, 979—981 (1963). — **29.** KJELLEN, L., B. ZETTERBERG, and A. SVEDMYR: An Epidemic Among Swedish Children Caused by Adenovirus Type 3. Acta Paediat. **46**, 561—568 (1957). — **30.** KLEIN, J.O., A.M. LERNER, and M. FINLAND: Acute Gastroenteritis Associated with ECHO Virus, Type 11. Amer. J. med. Sci. **240**, 749—753 (1960). — **31.** KOJIMA, S. et al.: Studies on the Causative Agents of the Infectious Diarrhoea. Records of the Experiments on Human Volunteers. Jap. med. J. **1948 I**, 467—471. — **32.** LEPINE, P. et al.: Type 14 ECHO Virus and Infantile Gastroenteritis. Lancet **1960 II**, 1199. — **33.** LOU, T.Y., and H.A. WENNER: Experimental Infection with Enteroviruses. IV. Pathogenicity of ECHO Virus, Type 9 for Cynemolgus Monkeys. Arch. ges. Virusforsch. **12**, 241—249 (1962). — **34.** MARTIN, L., and M.M. WILSON: Sonne Dysentery and Nonspecific Gastroenteritis in a Hospital. Lancet **1947 I**, 553—555. — **35.** MCCORKLE, L.P. et al.: A Study of Illness in a Group of Cleveland Families. Amer. J. Hyg. **64**, 357—367 (1960). — **36.** MILLER, R., and M. RAVEN: Epidemic Nausea and Vomiting. Brit. med. J. **1936 I**, 1242—1244. — **37.** RAMOS-ALVAREZ, M.: Cytopathogenic Enteric Viruses Associated with Undifferentiated Diarrheal Syndromes of Early Childhood. Amer. J. Dis. Child. **93**, 44—45 (1957). — **38.** RAMOS-ALVAREZ, M., and A.B. SABIN: Enteropathogenic Viruses and Bacteria. Role in Summer Diarrheal Disease of Infancy and Early Childhood. J. Amer. med. Ass. **167**, 147—156 (1958). — **39.** REIMANN, H.A., J.H. HODGES, and A.H. PRICE: Epidemic Diarrhea, Nausea and Vomiting of Unknown Cause. J. Amer. med. Ass. **127**, 1—5 (1945). (References to publications up to 1944). — **40.** REIMANN, H.A., A.H. PRICE, and J.H. HODGES: The Cause of Epidemic Diarrhea, Nausea and Vomiting (Viral Dysentery?). Proc. Soc. exp. Biol. (N.Y.) **59**, 8—9 (1945). — **41.** REIMANN, H.A.: Viral and Bacillary Dysentery. A Dual Epidemic. J. Amer. med. Ass. **149**, 1619—1623 (1952). — **42.** REIMANN, H.A.: Viral Dysentery. Amer. J. med. Sci. **246**, 404—409 (1963). — **43.** SOMMERVILLE, R.G.: Enteroviruses and Diarrhea in Young Persons. Lancet **1958 II**, 1347—1349. — **44.** STERNER, G. et al.: Acute Respiratory Illness and Gastroenteritis in Association with Adenovirus Type

7 Infections. Acta Paediat. **50**, 457—461 (1961). — **45.** TATENO, I. et al.: On an ECHO-like Agent Constantly Recoverable from Volunteers Given Niigata Strain of Acute Epidemic Gastroenteritis. Jap. J. exp. Med. **26**, 125—138 (1956). — **46.** HARNACK, G.-A. VAN: Epidemic Vomiting. Dtsch. med. Wschr. **80**, 639 (1955). — **47.** YOUNG, V.M. et al.: Studies of Infectious Agents in Infant Diarrhea. Amer. J. trop. Med. Hyg. **11**, 380—388 (1962). — **48.** ZHDANOV, V.M., V.I. HAVRYLOV, and N.P. MAZHENKOVA: Concerning Etiology of Viral Gastroenteritis. Microbiol., Epidemiol. Immunol. **6**, 78—85 (1955) (in Russ).

Epidemischer Schwindel (Vertigo epidemica)

Von Gustav-Adolf von Harnack, Düsseldorf

I. Unter der Bezeichnung ,,Epidemischer Schwindel" (*epidemic vertigo*) wurde eine Krankheit beschrieben, welche plötzlich einsetzt, durch das Auftreten von Drehschwindel und Erbrechen charakterisiert ist, von Nystagmus und Augenmuskelparesen begleitet sein kann und spontan ausheilt. Synonyma sind: ,,*Vertigo epidemica*" (Dalsgaard-Nielsen), ,,*Labyrinthitis acuta*" (Burrowes) und ,,*Neurolabyrinthitis epidemica*" (Meulengracht). Da das ätiologische Agens bisher nicht nachgewiesen wurde, muß offen bleiben, ob es sich um eine ätiologisch einheitliche Erkrankung handelt; für diese Annahme spricht die Übereinstimmung im Krankheitsbild bei verschiedenen Epidemien. Allerdings bleibt eine gewisse Unsicherheit bei der Einordnung einiger der beschriebenen Fälle bestehen, insbesondere wenn weitere neurologische Ausfälle hinzukommen, der Verlauf langdauernd ist oder die Infektiosität nicht nachgewiesen werden kann (Kornhuber und Waldecker).

II. Geschichte: Über eine größere Reihe von Beobachtungen wurde 1951/52 berichtet, insbesondere nachdem durch einen Hinweis im Lancet die Aufmerksamkeit auf die Erkrankung gelenkt worden war. Die erwähnten rund 150 Fälle lagen z. T. schon Jahre zurück. Diese Berichte kamen fast ausschließlich aus England. Spätere Veröffentlichungen stammten aus Dänemark. Pedersen hatte Nachrichten über rund 400 Erkrankte aus 25 Epidemien. Hirschmann berichtete 1963 über Fälle aus Süddeutschland.

III. Als **Erreger** wird ein Virus vermutet, der Nachweis wurde nur vereinzelt versucht und gelang bisher nicht. Sämtliche Untersuchungen, die von Pedersen angestellt wurden, hatten ein negatives Ergebnis. Als Erreger des Epidemischen Schwindels konnten folgende Virusgruppen ausgeschlossen werden: ECHO, Coxsackie, Poliomyelitis, Ornithose, St. Louis, Eastern Equine Encephalomyelitis, Western Equine Encephalomyelitis, Russische Frühsommer Encephalitis und Lymphocytäre Choriomeningitis. Williams fand bei 5 von 13 Fällen Coxsackie B2-Antikörper, doch nicht das Virus selbst.

IV. Pathologisch-anatomische Befunde liegen bisher nicht vor, da die Erkrankung einen gutartigen Verlauf nimmt.

V. Pathogenese: Die ersten Autoren nannten die Erkrankung ,,akute Labyrinthitis", weil sie annahmen, die Symptome seien auf eine Affektion des Vorhofbogengangsapparates zurückzuführen. Da nur der Schwindel das obligate Symptom der Erkrankung ist und da auch Augenmuskelparesen und sonstige neurologische·Störungen hinzutreten können, ist auch eine lokalisierte Encephalitis oder eine Entzündung des zweiten Vestibularneurons pathogenetisch denkbar. Aus epidemiologischen Gründen vermutet Pedersen das Vorliegen einer *Encephalitis*. Er sah Infektionsketten von zahlreichen Vertigo epidemica-Fällen mit einzelnen Encephalitisfällen, die zu Hemiparesen, Abducenslähmungen und vorübergehender Bewußtseinseinschränkung führten. Schließlich könnte (wie bei den sporadisch auftretenden isolierten Augenmuskellähmungen) ein Herdgeschehen diskutiert werden, doch spricht das Vorkommen von Gruppenerkrankungen dagegen.

VI. Epidemiologie: Mehrere Autoren berichten über kleinere Epidemien, jedoch wurde selten mehr als ein Fall in einer Familie beobachtet. Offenbar ist entweder die Infektiosität gering oder es erkranken manifest nur sehr wenige der Infizierten, so daß die meisten Fälle sporadisch auftreten. Befallen werden meist Menschen des mittleren Alters, doch finden sich auch Kinder unter den Erkrankten (WILLIAMS). Frauen und Männer scheinen in etwa gleicher Häufigkeit betroffen zu sein. Die Inkubationszeit ist bisher nicht zu bestimmen. In einem Fall betrug das Erkrankungsintervall bei Kontaktpersonen 2 Tage (BURROWES), in anderen 12—14 (PEDERSEN) und 28 Tage (ROGERS).

Symptomatologie: Die Erkrankung setzt meist mit dramatischer Plötzlichkeit ein: Mitten in der gewohnten Tätigkeit, beim morgendlichen Aufstehen oder bei einer zufälligen Kopfdrehung, wird der Patient von einem so heftigen *Drehschwindel* gepackt, daß er schwankt und taumelt. Geht oder steht er, so droht er zu Boden zu fallen („as though hit by a hurricane" (STEWARD)). Der Erkrankungsbeginn wird durch keinerlei Vorboten angekündigt.

Erbrechen tritt sogleich oder nach einiger Zeit hinzu. Es ist nach wenigen Minuten vorüber oder kann Stunden anhalten und in Attacken wiederkehren. Sehr rasch merkt der Patient, daß absolute körperliche Ruhe und Augenschluß den Schwindel und das Erbrechen verschwinden lassen. Er strebt daher auf dem schnellsten Wege ins Bett. Kalter Schweiß steht ihm auf der Stirn. In einer Reihe von Fällen war ein *Nystagmus* beobachtet worden (BURROWES, WORSTER-DROUGHT). Er wurde als rotatorisch, z. T. auch als horizontal oder gemischt rotatorisch-horizontal beschrieben. In einzelnen Ausbrüchen schienen *Augenmuskelparesen* ein charakteristisches Symptom zu sein (DALSGAARD-NIELSEN, LEISHMAN). Die Patienten klagten über Doppeltsehen oder hatten weite, reaktionslose Pupillen. Obwohl das Innenohr am Krankheitsgeschehen beteiligt ist, fanden sich nie nennenswerte Hörstörungen, nur über *Ohrensausen* klagten einige Patienten. Fieber gehört nicht zum Krankheitsbild. Einzelne Epidemien wurden durch Infekte der oberen Luftwege eingeleitet, in anderen kam es in der Hälfte der Fälle zu initialen Diarrhoen (PEDERSEN).

Gelegentlich sind die Symptome schon nach einem Tage geschwunden; gewöhnlich sind die Patienten aber erst nach 5—10 Tagen soweit wieder hergestellt, daß sie arbeitsfähig sind. Eine leichte Benommenheit, gelegentlich Schwindelgefühl bei raschen Kopfbewegungen, leichtes Ohrensausen oder Neigung zu depressiver Verstimmung können aber noch über Wochen und Monate, gelegentlich Jahre bestehen bleiben, ehe sie endgültig schwinden.

Komplikationen wurden fast nie beobachtet. PEDERSEN schildert den Übergang in eine Demenz bei einem 2jährigen Mädchen, das im Rahmen einer sonst typischen Familienerkrankung Krampfanfälle erlitt. Bioptisch zeigte sich eine Degeneration des Hirngewebes.

Die *Diagnose* stützt sich auf die charakteristische Symptomkombination und den plötzlichen Beginn. Zu Anfang kann differential-diagnostisch ein akuter Gefäßverschluß (z. B. der Arteria cerebellaris inf. post.) nicht sicher ausgeschlossen werden. Der Verdacht schwindet nach Ablauf einiger Tage, wenn sich alle Symptome zurückbilden. Auch eine Multiple Sklerose ist nach Art des Verlaufes auszuschließen. Das Fehlen von Nackensteife und das normale Lumbalpunktat erlauben die Abgrenzung gegenüber einer Meningoencephalitis. Schwierig ist im Beginn die Differentialdiagnose gegenüber dem *Menièrschen Symptomenkomplex*, der ebenfalls durch Schwindel, Erbrechen und Ohrensausen charakterisiert ist und in frühen Stadien die später kennzeichnende progrediente Innenohrschwerhörigkeit oft vermissen läßt. An das *„Epidemische Erbrechen"* lassen Übelkeit und Erbrechen denken, doch ist ein Drehschwindel ungewöhnlich; dagegen bestehen häufiger sonstige Symptome von seiten des Magendarmtrakts.

Über eine eigenartige *Epidemie* von fünfwöchiger Dauer wurde aus England 1964 berichtet (POLLOCK und MORRISON CLAYTON). Nach einigen sporadischen Fällen erkrankten an einer Mädchenschule an einem Tage 35 Schülerinnen plötzlich an einem *kollapsartigen Zustand*. Die Erkrankung breitete sich auf zwei weitere Schulen aus und in einem Viertel der Fälle kam es auch zur Erkrankung weiterer Familienmitglieder. Zum Krankheitsbild gehörten heftige Stirnkopfschmerzen, Nausea, Schüttelfrost und Schwächegefühl. Erbrechen und Durchfall traten nur vereinzelt auf. Die Krankheit dauerte im Durchschnitt 3 Tage, sehr häufig kam es zum Rückfall. Eine Vergiftung oder eine bakterielle Genese konnten ausgeschlossen werden, eine Virusätiologie wurde vermutet, der Nachweis gelang jedoch nicht. Von der „Vertigo epidemica" unterscheidet sich die beschriebene Epidemie durch das Vorherrschen des Kollapses. Fast alle Kinder waren kollabiert und unfähig zu stehen, z. T. sogar zu sitzen.

Von DIX und HALLPIKE wurde als „*Vestibuläre Neuronitis*" ein Krankheitsbild beschrieben, das in vielen Zügen dem Epidemischen Schwindel gleicht, aber nicht infektiös ist. Die Abgrenzung kann im Einzelfall schwierig sein (HARRISON und MEHMKE). Sehr häufig setzt die Erkrankung plötzlich ein; es kann bei einer Schwindelattacke bleiben, oder das Leiden zieht sich jahrelang hin, hat aber immer eine gute Prognose. Im Gegensatz zum Menièrschen Symptomenkomplex ist die Cochlea nie mit befallen. Die kalorischen Labyrinthuntersuchungen fallen immer pathologisch aus. Am Beginn der Erkrankung steht häufig ein grippaler Infekt. Herdsanierungen, z. B. eitriger Sinusitiden, chronischer Tonsillitiden scheinen die Heilung zu beschleunigen (DIX und HALLPIKE).

Eine wirksame *Therapie* ist nicht bekannt, die Behandlung beschränkt sich daher auf symptomatische Maßnahmen.

Literatur

Annotation: An unusual epidemic. Lancet **1952** I, 299—300. — **Burrowes, W.L.**: Acute labyrinthitis. Brit. med. J. **1952** II, 1182—1183. — **Dalsgaard-Nielsen, T.**: Further clinical studies on epidemic vertigo, "névraxite vertigineuse". Acta psychiat. (Kbh.) **28**, 263 (1953). — **Dix, M.R.**, and **C.S. Hallpike**: The pathology, symptomatology and diagnosis of certain common disorders of the vestibular system. Proc. roy. Soc. Med. **45**, 341 (1952). — **Harrison, M.S.**: "Epidemic vertigo" — "vestibular neuronitis", a clinical study. Brain **85**, 613 (1962). — **Hirschmann, J.**: Leitsymptom Schwindel im Zusammenhang mit infektiösen Erkrankungen. Dtsch. Z. Nervenheilk. **185**, 331 (1963). — **Kornhuber, H.**, u. **S. Waldecker**: Infektiöse, akute, isolierte, periphere Vestibularisstörungen. Arch. Ohr.-, Nas.- u. Kehlk.-Heilk. **173**, 340 (1958). — **Leishman, A.W.D.**: "Epidemic vertigo" with occulomotor complication. Lancet **1955** I, 228. — **Mehmke, S.**: Zur Klinik der Neuronitis vestibularis. Z. Laryng. Rhinol. **42**, 679 (1963). — **Meulengracht, E.**: Thiouracil and vertigo epidemica. Brit. med. J. **1950** II, 1493. — **Pedersen, E.**: Epidemic vertigo. Clinical picture, epidemiology and relation to encephalitis. Brain **82**, 566 (1959). — **Pollock, G.T.**, and **T. Morrison Clayton**: "Epidemic collapse": A mysterious outbreak in three Coventry schools. Brit. med. J. **1964** II, 1625. — **Rogers, S.C.**: Epidemic vertigo. Brit. med. J. **1951** I, 1391. ~ Letter to the editor. Lancet **1952** I, 372. — **Steward, M.**: Correspondence. Brit. med. J. **1951** II, 1032. — **Williams, S.**: Epidemic vertigo in children. Med. J. Aust. **1963** II, 660. — **Worster-Drought, C.**: Letter to the editor. Lancet **1952** I, 371.

Epidemisches Erbrechen

Von Gustav-Adolf von Harnack, Düsseldorf

I. Definition: „Epidemisches Erbrechen" ist eine virusbedingte Erkrankung, welche mit plötzlich einsetzendem Erbrechen und Übelkeit einhergeht, in einem Teil der Fälle zu Durchfall führen kann und durch eine absolut gute Prognose ausgezeichnet ist.

Im angloamerikanischen Schrifttum finden sich die Bezeichnungen „epidemic vomiting" (Picard, Webster), „vomiting disease" (Waring), „winter vomiting disease" (Zahorsky), und andere, im dänischen Schrifttum die Bezeichnung „Nausea epidemica" (Rischel, Henningsen). Es handelt sich offenbar um eine einheitliche Krankheit, wenn auch der Erreger bisher nicht gefunden und damit die ätiologische Einheit nicht bewiesen ist. Von virusbedingten Gastroenteritiden mit dem Hauptsymptom Diarrhoe können kleinere Epidemien gelegentlich nicht scharf abgegrenzt werden (z. B. Sprockhoff); beim Epidemischen Erbrechen ist Durchfall im allgemeinen nur ein passageres Begleitsymptom.

II. Geschichte: Einzelne Berichte über Epidemisches Erbrechen stammen aus der Zeit des Ersten Weltkrieges und den zwanziger Jahren, größere Epidemien wurden vor allem seit den dreißiger Jahren beobachtet. Die Erkrankung ist bekannt in den USA (Metcalf, Picard, Zahorsky, Greenthal, Reimann, Hodges und Price u. a.); Kanada (Boone); Großbritannien (Miller und Raven, Gray, Smith und Davies, Bradley, Brown, Crawford und Stent, Webster u. a.) und Dänemark (Rischel, Henningsen). Die ersten Fälle aus dem deutschsprachigen Raum wurden 1955 mitgeteilt (von Harnack), weitere Beobachtungen folgten: in Deutschland selbst (Hummel, Borck, Geyer); Österreich (Braun, Wiesner) und in der Schweiz (Wissler und Wesselink). Die Gesamtzahl der Erkrankten in sämtlichen beschriebenen Epidemien beträgt rund 1900, weitere 1300 Patienten wurden summarisch erwähnt (Watson). Mündliche Mitteilungen aus mehreren Städten Deutschlands lassen erkennen, daß nur ein Bruchteil der beobachteten Fälle veröffentlicht wurde.

III. Erreger: Von fast allen Autoren wurde ein Virus als Erreger des Epidemischen Erbrechens vermutet, aber alle Versuche, es im Blut, Stuhl oder Nasenspülwasser nachzuweisen, schlugen bisher fehl (u. a. Reimann u. Mitarb., von Harnack, Wiesner, Borck). Reimann, Price und Hodges konnten jedoch die Krankheit auf Freiwillige übertragen, indem sie vernebelte bakterienfreie Ultrafiltrate von Nasopharyngealspülwasser oder Stuhl einatmen ließen. Die Übertragung auf Laboratoriumstiere gelang nicht.

In fast allen Epidemien wurde intensiv nach bakteriellen Erregern gefahndet, doch niemals ließen sich Keime der Typhus-Paratyphus-Ruhr-Gruppe oder Erreger der akuten Nahrungsmittelvergiftung nachweisen.

IV. Pathologisch-anatomische Befunde liegen nicht vor, da die Krankheit nie zum Tode führt.

V. Pathogenetisch wird von einem Teil der Untersucher ein enterotropes Virus vermutet. Hierfür könnte vor allem das Vorkommen von Durchfällen sprechen. Andere Autoren nehmen ein neurotropes Virus an mit Befall des Zentralnervensystems. Das explosive Erbrechen (z. T. ohne Nausea) wird von ihnen als zentralbedingt gedeutet.

VI. Epidemiologie: Befallen werden Personen jeden Alters vom ersten Lebensjahr (Picard) bis zum neunten Lebensjahrzehnt (Bradley, Brown, Crawford und

STENT). Bevorzugt erkranken Schulkinder und junge Erwachsene. Allerdings sind für die Epidemien gerade dieser Altersgruppen die Massierungen in Schulen, Internaten und Kasernen verantwortlich zu machen. Der *Kontagionsindex* beträgt bei den Schulkindern in den einzelnen Epidemien 10—55 %, während er beim Lehrpersonal oder anderen Erwachsenen im allgemeinen niedriger ist, doch kann gelegentlich auch bei engem Kontakt mehr als die Hälfte der exponierten Erwachsenen erkranken (BORCK). Über die Häufigkeit der Krankheit in der Bevölkerung eines Stadtteils unterrichtet eine Haus-zu-Haus-Befragung von HENNINGSEN, der von 423 Einwohnern einer dänischen Stadt im Dezember 1935 innerhalb von $2^1/_2$ Wochen 40 % befallen fand.

In allen Jahreszeiten wurden Erkrankungen beobachtet. Angloamerikanische und britische Autoren berichteten über eine Bevorzugung der kühleren Jahreszeit („winter vomiting disease"), vor allem aber der Spätherbst schien das Erkrankungsmaximum zu bringen. 10 der 11 Heimepidemien, welche im deutschen Sprachraum 1954—1963 beobachtet wurden, spielten sich in den Monaten Januar bis Mai ab, nur eine brach im August aus.

Wenn die Krankheit aus dem Kindergarten zu Haus eingeschleppt wurde, ließ sich die *Inkubationszeit* genauer abgrenzen (VON HARNACK). Sie betrug in der Mehrzahl der Fälle 2—3 Tage, minimal 36 Std, maximal 5 Tage. Von einzelnen Autoren wird die obere Grenze mit 7 Tagen angegeben. Da ein Teil der Erkrankungen offenbar inapparent verläuft und auch Gesunde unter Umständen als Überträger in Frage kommen, stellen 7 Tage möglicherweise zwei bis drei aufeinander folgende Inkubationen dar. Die Dauer der Durchseuchung betrug in den Heimen 6—25 Tage. Sie schien weniger von der Personenzahl als von der Intensität des Kontaktes untereinander abhängig zu sein. Bei größeren Wohngemeinschaften dauerten die Epidemien bis zu 2 Monaten (BORCK). Das Epidemische Erbrechen scheint keine anhaltende Immunität zu hinterlassen. Mehrfach wurde auf wiederholte Erkrankungen in aufeinander folgenden Jahren hingewiesen.

Symptomatologie: Die Erkrankung beginnt meist *abrupt* und ohne Vorboten. Der Patient fährt aus dem Schlaf auf und muß sofort heftig *erbrechen*, noch ehe er das Bett verlassen hat. Oder er wird mitten am Tage von heftiger Übelkeit überfallen, die sich bis zum Erbrechen steigert. Der Brechreiz ist von großer Heftigkeit, doch ist die Zahl der Brechattacken meist nicht groß. Häufig bleibt es beim einmaligen Erbrechen. Mit 74—92 % ist es das am häufigsten verzeichnete Krankheitssymptom in allen beschriebenen Epidemien; es steht daher im Mittelpunkt des Krankheitsgeschehens. Wo Erbrechen fehlt, besteht zumindest heftige *Übelkeit*. Bei Kindern wird nur vereinzelt ein Übergang in unstillbares Erbrechen und Azidose beobachtet. — Die Krankheit kann sich aber auch *allmählich* entwickeln. Eine leichte Übelkeit kann sich steigern, Kopfschmerzen und zunehmendes Schwächegefühl können sich einstellen und erst nach Stunden kommt es zu heftigem Erbrechen. BORCK gibt den Prozentsatz solcher Verläufe mit 12 % an (unter 297 Fällen).

Andere Symptome treten in wechselnder Kombination hinzu: *Anorexie* wird nie vermißt, doch überdauert sie Erbrechen und Übelkeit kaum jemals. In etwa der Hälfte der Fälle wird über *Leibschmerzen* geklagt, meist im Epigastrium oder in der Nabelgegend, bei gleichzeitig bestehendem Durchfall auch unterhalb des Nabels. Die Schmerzen sind nie kolikartig, häufig besteht nur ein Schweregefühl im Epigastrium. *Kopfschmerzen*, bei etwa einem Drittel der Erkrankten, werden in die Stirn, aber auch in den Hinterkopf lokalisiert. *Frösteln* oder flüchtige Hitzeempfindungen und *Schwindel* (selten bis zur Ohnmachtsanwandlung) können hinzukommen. Katarrhalische Erscheinungen der oberen Luftwege fehlen ganz oder sind nur vereinzelt nachweisbar. Die Temperatur übersteigt 38° nur selten.

Sehr unterschiedlich ist der Prozentsatz der *Durchfallskranken* in den einzelnen Epidemien. Gelegentlich wurden Durchfälle ganz vermißt (MILLER und RAVEN), in anderen Epidemien hatten 85—92% der Patienten eine Diarrhoe (REIMANN, HODGES und PRICE, SMITH und DAVIES). Im allgemeinen hat etwa ein Drittel der Erkrankten Durchfall (RISCHEL, GRAY, BRADLEY, WEBSTER, VON HARNACK). Die Zahl der Entleerungen ist meist nicht groß. Der Stuhl ist von weicher bis wäßriger Konsistenz, gelegentlich auffallend hell. Schleim wird nur selten, Blut nie gefunden.

Die Zunge der Kranken ist feucht, z. T. weißlich belegt mit diffus verteilten hyperämischen Papillen. Eine leichte Rachenrötung mit Granulierung und Auflockerung der Schleimhaut wurde von einzelnen Untersuchern beobachtet. Im übrigen finden sich bei der ärztlichen Untersuchung keine wesentlichen krankhaften Befunde, insbesondere keine pathologische Resistenz im Abdomen, keine Vergrößerung der Milz.

Charakteristisch für den Ablauf der Erkrankung ist die überraschend *prompte Erholung* der Patienten nach den anfänglich oft heftigen Krankheitserscheinungen. Der kurze, stürmische Verlauf ist einem „sommerlichen Platzregen" vergleichbar (WISSLER und WESSELINK). Schon nach wenigen Stunden können alle Krankheitserscheinungen abklingen, meist sind nach 2 Tagen alle Symptome geschwunden bis auf eine gewisse Blässe. Gelegentlich können Mattigkeit, Schwindelgefühl und Abgeschlagenheit — insbesondere bei Erwachsenen — noch über 1 Woche andauern, doch war dann die Erkrankung folgenlos ausgeheilt. In weniger als einem Zehntel der Fälle kommt es nach 5—20 Tagen zu einem kurzdauerndem *Rückfall*. Die Prognose ist absolut günstig, Todesfälle sind nie beschrieben worden.

Die *Diagnose* des Epidemischen Erbrechens ist nur aus dem epidemiologischen Zusammenhang mit Sicherheit zu stellen, bei sporadischen Fällen ist sie kaum möglich; zu vieldeutig ist das Symptom Erbrechen. Meist wird zunächst ein Diätfehler oder eine Gastroenteritis angenommen. Bei epidemischem Vorkommen muß in erster Linie eine akute *Nahrungsmittelvergiftung* ausgeschlossen werden.

Der Verdacht wird immer dann geäußert, wenn in einer Wohngemeinschaft oder einem Heim eine größere Anzahl von Personen auf einmal erkrankt, und es wird eine bakteriologische Untersuchung der aufgenommenen Nahrung eingeleitet. Beim Vorliegen eines Epidemischen Erbrechens folgen aber schubweise weitere Erkrankungen im Abstand von wenigen Tagen. Es stellt sich dann meist heraus, daß auch solche Personen beim ersten Schub mit erkrankt waren, die nicht an der gemeinsamen Mahlzeit teilgenommen hatten. Der weitere Verlauf läßt dann das Vorliegen einer Kontaktinfektion von Mensch zu Mensch deutlich erkennen. Das Epidemische Erbrechen verdient daher vor allem aus seuchenhygienischen Gründen Beachtung. Zahlreiche gesundheitspolizeiliche Maßnahmen sind erforderlich, wenn die Diagnose „akute Lebensmittelvergiftung" vermutet wird. Sie können vermieden werden, wenn das Krankheitsbild richtig gedeutet wird; eine Beunruhigung der betroffenen Bevölkerung läßt sich dadurch vermeiden.

Gegen eine *Ruhr* oder eine *Gastroenteritis paratyphosa* spricht das Fehlen von Durchfall bei der Mehrzahl der Betroffenen. Auch höheres Fieber und blutigschleimige Entleerungen werden vermißt.

Für eine *Leptospirosis grippotyphosa* ist ebenfalls Fieber charakteristisch. Sie tritt bevorzugt in den Sommermonaten auf und ist meist von Rückenschmerzen, Exanthemen, Milzschwellung oder meningitischen Symptomen begleitet. Die *Myalgia epidemica* (Bornholmsche Krankheit) ähnelt in vielem dem Epidemischen Erbrechen: Die Erkrankung setzt plötzlich ein, gelegentlich mit Erbrechen; es bestehen Kopf- und Leibschmerzen, auch Durchfälle; die Krankheit dauert nur wenige Tage, Rezidive sind möglich. Allerdings sind die Temperaturen meist stärker erhöht und die starken Schmerzen im vorderen unteren Teil des Thorax stehen im Vordergrund des Geschehens.

Dominieren die Leibschmerzen, kann das Bild einer beginnenden *Appendicitis* vorgetäuscht werden. In Epidemiezeiten steigt die Rate der Appendektomien erfahrungsgemäß steil an. Erfahrene Krankenschwestern berichten, nur die Tatsache der bereits durchgeführten Appendektomie habe sie davor bewahrt, bei sich selbst eine akute Appendicitis anzunehmen (BORCK). Auch eine anikterische *Hepatitis* kann unter dem gleichen Bilde verlaufen.

Von den ersten Beschreibern der Erkrankung wurde die Vermutung geäußert, daß es sich um eine gastrointestinale Form der *Grippe* („Darmgrippe") handeln könne. Diese Annahme kann man fallen lassen, da die Ätiologie der Grippe aufgeklärt ist und man nun den einzelnen Erregern bestimmte klinische Syndrome zuordnen kann. Eine Symptomkombination, wie sie beim Epidemischen Erbrechen vorkommt, ist bei keiner der in den letzten Jahrzehnten beobachteten Grippeepidemien beschrieben worden.

Gelegentlich wurden *psychogene* „*Epidemien*" von Erbrechen vor allem bei jungen Mädchen beschrieben. Daß für die Genese des Epidemischen Erbrechens nicht psychogene Mechanismen verantwortlich sind, geht schon aus der Tatsache hervor, daß auch die Klassenlehrer und später Familienangehörige miterkranken können.

Die *Therapie* kann sich auf symptomatische Maßnahmen beschränken.

Literatur

Boone, F.H.: Intestinal Grip (so called). Canad. med. Ass. J. **19**, 63 (1928). (Zit. n. H.A. Reimann u. Mitarb.) — **Borck, W.F.**: Epidemisches Erbrechen in Hamburg. Bericht über eine Anstaltsepidemie mit ca. 300 Erkrankungen. Med. Klin. **55**, 221 (1960). — **Bradley, W.H.**: Epidemic Nausea and Vomiting. Brit. med. J. **1943** I, 309. — **Braun, R.N.**: Epidemisches Erbrechen. Wien. med. Wschr. **106**, 185 (1956). — **Brown, G., G.J. Crawford,** and **L. Stent**: Outbreak of epidemic diarrhea and vomiting in a general hospital and surrounding district. Brit. med. J. **1945** II, 524. — **Geyer, E.**: „Hysterisches"? oder „Epidemisches"? Erbrechen. Dtsch. Gesundh.-Wes. **18**, 2093 (1963). — **Gray, J.D.**: Epidemic Nausea and Vomiting. Brit. med. J. **1939** I, 209. — **Greenthal, R.M.**: Epidemic vomiting and diarrhea. J. Pediat. **9**, 87—90 (1936). — **Harnack, G.-A. v.**: Epidemisches Erbrechen. Dtsch. med. Wschr. **80**, 639 (1955). ~ Die Epidemiologie des Epidemischen Erbrechens (Bericht über 191 Fälle). Mschr. Kinderheilk. **104**, 26 (1956). — **Henningsen, E.J.**: „Nausea epidemica". Ugeskr. Laeg. **98**, 45 (1936), Ref. Zbl. inn. Med. **85**, 273 (1936). — **Hummel, H.**: „Epidemisches Erbrechen" in einem Kinderheim. Dtsch. Gesundh.-Wes. **14**, 831 (1959). — **Metcalf, C.R.**: Acidosis with Auto-Intoxication in Infants and Children. Amer. J. Dis. Child. **9**, 28 (1915). — **Miller, R.,** and **M. Raven**: Epidemic Nausea and Vomiting. Brit. med. J. **1936** I, 1242. — **Picard, M.S.**: Epidemic Vomiting in children. New Orleans med. surg. J. **77**, 159—161 (1924). Zit. n. Zbl. ges. Kinderheilk. **18**, 157 (1925). — **Reimann, H.A., A.H. Price,** and **J.H. Hodges**: Negative Results in Studies on Epidemic Diarrhea, Nausea and Vomiting of Unknown Cause. Proc. Soc. exp. Biol. (N.Y.) **55**, 233 (1944). ~ Epidemic Diarrhea, Nausea and Vomiting of Unknown Cause. J. Amer. med. Ass. **127**, 1 (1945). — **Rischel, A.**: „Epidemic Nausea"? Ugeskr. Laeg. **97**, 1285 (1935). (Zit. n. W.H. Bradley.) — **Smith, A.H.D.,** and **D.J. Davies**: An Outbreak of Acute Gastroenteritis among troops in a large training area. Brit. med. J. **1941** I, 554. — **Sprockhoff, O.**: Epidemisches Erbrechen mit Durchfall. Hippokrates (Stuttg.) **27**, 618 (1956). — **Waring, J.I.**: The Vomiting Disease. Amer. J. Dis. Child. **64**, 482 (1942). — **Watson, G.I.**: Epidemic winter vomiting. J. Coll. gen. Practit. (Research Newsletter) **8**, 80 (1955). — **Webster, R.C.**: A large outbreak of epidemic vomiting. Med. Offr. **90**, 39 (1953). — **Wiesner, E.**: Epidemisches Erbrechen. Wien. klin. Wschr. **68**, 393 (1956). — **Wissler, H.,** u. **H. Wesselink**: Über Epidemisches Erbrechen. Praxis **45**, 609 (1956). — **Zahorsky, J.**: Hyperemesis hiemis or the winter vomiting disease. Arch. Pediat. **46**, 391—395 (1929).

Encephalomyelitis myalgica benigna

Von O. GSELL, Basel

Mit 3 Abbildungen

I. Als *Encephalomyelitis myalgica benigna* wird eine klinisch gut umschriebene Krankheitseinheit bezeichnet, bei der nach anfänglich scheinbar leichtem Infekt das Vollbild einer Erkrankung des Zentralnervensystems und der Muskeln mit vorübergehenden Paresen entsteht, so daß dann eine poliomyelitis-ähnliche Krankheit vorliegt. Durch das Fehlen einer Mitbeteiligung des motorischen unteren Neuroms, durch Zeichen kombinierter sensitiver und motorischer sowie encephaler Veränderungen, durch eine anschließende, meist hartnäckige neurovegetative Störung, durch den schließlich stets gutartigen Verlauf, endlich durch den negativen mikrobiellen Befund auf die verschiedenen Enteroviren, läßt sich diese in kleineren Epidemien, aber auch sporadisch auftretende Erkrankung von der Poliomyelitis eindeutig abtrennen. Die anatomischen Läsionen sind gleich wie die Ätiologie nicht geklärt. Nach dem Gesamtbild wird ein virusartiger Erreger vermutet.

II. Geschichte

JÖRGEN SIGURDSSON hat mit vier Mitarbeitern 1950 erstmals in Island die Besonderheiten dieser Infektionskrankheit abgegrenzt und sie als besondere Einheit beschrieben.

Im Winter 1948/49 trat in *Island* eine Epidemie einer das Nervensystem befallenden Erkrankung auf. Es konnten innerhalb 3 Monaten im Distrikt *Akureyri* mit 9700 Bewohnern 488 Fälle registriert werden, wobei in der Stadt Akureyri selbst 6,7% der Einwohner befallen wurden. Die infektiöse Krankheit verlief trotz 129 Fällen mit Paresen ohne schweren Dauerschaden und vor allem ohne Letalität. Sie ließ sich neurologisch eindeutig von der Poliomyelitis abgrenzen. Die mikrobiellen Untersuchungen auf einen Erreger verliefen negativ. Bald folgten weitere Mitteilungen solcher initial an eine Poliomyelitis erinnernde Affektionen und auch Hinweise auf schon früher beobachtete, aber noch nicht eindeutig von der Poliomyelitis-virusinfektion abgetrennte Herde mit diesem Krankheitsbild.

PELLEW (1951) machte auf eine Epidemie in Adelaide (Australien 1949—1951) aufmerksam, FOG (1953) auf einen Herd in Dänemark und DEISHER (1956) in Alaska. SUMNER (1956) beschrieb einen kleinen Herd in Berlin im Jahre 1954. In England wurden seit 1952 mehrere Epidemien gesehen, so von MACRAE und GALPINE (1954) bei Krankenschwestern in Coventry 1953 und von ACHESON (1954) im Middlesex Hospital London, 1952. Die bedeutsamste Epidemie ereignete sich 1955 unter dem Krankenhauspersonal des Royal Free Hospital London (publiziert durch den Medical Staff, 1957), von dem die ersten Fälle durch RAMSEY und O'SULLIVAN, 1956 und ein Nachzüglerherd von GEFFEN und CRACY veröffentlicht wurden. Über einen Herd in New York 1954 berichteten WHITE und BURTCH, HILL über einen Herd bei Krankenschwestern in Durban, Südafrika (1955). 1957 wurden zwei virologisch und serologisch sehr gut untersuchte Epidemien in USA unter der Bezeichnung „epidemische Neuromyasthenie" beschrieben, die eine von SHELOKOV, HABEL u. Mitarb. bei Lehrschwestern eines psychiatrischen Krankenhauses bei Washington D. C., die andere durch POSKANZER u. Mitarb. im Dorf Punta Gorda in Florida. Diese Autoren machten auf eine frühere Epidemie in Los Angeles, 1934 unter dem Personal des County Hospital aufmerksam (WILLIAM).

Retrospektiv konnten in der Schweiz drei solche, früher als abortive Poliomyelitis beschriebene Epidemien als zur Encephalomyelitis myalgica gehörend aufgedeckt werden (GSELL, 1958), so die Epidemie Frohburg unter dem Krankenhauspersonal St. Gallen (1937), eine Militärepidemie in Degersheim (1939), sowie eine von STAHEL beschriebene Militärepidemie Erstfeld (1938). Auch 1958—1964 sind weitere epidemische und sporadische Erkrankungen aus allen Gebieten der Welt mitgeteilt worden (s. S. 895).

Die *Namengebung* dieser gleichartigen Epidemien war verschieden, so *Disease simulating or resembling poliomyelitis, Iceland disease, Akureyri disease* (nach der isländischen Ortschaft, aus der die erste allgemein bekannt gewordene Beschreibung herstammt), *Vegetative* (epidemic), *Neuritis* (Fog), dann *benigne myalgische Encephalitis*, welche Bezeichnung sich am meisten durchsetzte (Editorial, Lancet 1957/II, 1208). Die 1957 aus USA empfohlene Bezeichnung *epidemische Neuromyasthenie* läßt außer acht, daß das Zentralnervensystem primär befallen ist und daß der Name Myasthenie für ein konstitutionelles Leiden mit ganz charakteristischen Zeichen bereits vergeben ist. Da die Benignität sich wohl auf das Fehlen von Todesfällen bezieht, aber nicht für alle neurologischen Komplikationen zutrifft, hat Gsell 1958 die Bezeichnung *Encephalomyelitis myalgica epidemica* vorgeschlagen. Da die Erkrankung aber auch immer wieder sporadische Fälle zeigt und schließlich noch nie einen Ausgang mit Invalidität beobachtet worden ist, kann nach einem Überblick von nun 30 Jahren über die möglichen Varianten dieser Erkrankung die Benennung „*Encephalomyelitis myalgica benigna*" als die *günstigste Bezeichnung* gewählt werden.

III. Ätiologie

Nach dem klinischen Symptom wird ein virusartiges Agens vermutet. Der *Erreger* ist *unbekannt*. Die verschiedensten Bemühungen zur Isolierung eines Mikroorganismus glückten bis dahin nicht. Schon bei der ersten Epidemie in Akureyri waren im Stuhl weder Poliomyelitis-, noch Coxsackie-Viren zu finden und auch Affenversuche verliefen negativ, gleichwie Übertragungen von Blut, Liquor, Stuhlaufschwemmungen auf die üblichen Laboratoriumstiere. Ebenso waren die serologischen Komplementbindungsteste auf spezifische Antikörper für equine Encephalomyelitis Ost und West, für St. Louis-Encephalitis, Rabies, japanische Encephalitis W, Choriomeningitis, Q-Fieber negativ, in späteren Epidemien auch für Louping Ill und ebenso die Inhibitions- und Agglutinationsteste auf Influenza-Virus. Mit modernster Technik haben die Gruppen von Shelokow, Habel u. Mitarb. in Bethesda 1957 und diejenige von Poskanzer u. Mitarb. in Atlanta kein positives Resultat erhalten. Die von Shelokow in einem beträchtlichen Prozentsatz der Erkrankten im Stuhl gefundenen Bethesda-Balerup-Stämme der Paracoli-Erreger mit entsprechendem Antikörpernachweis wurden nurmehr als eine Begleiterscheinung, als „fellow travellers" des unbekannten Erregers angesehen. Auch die in den Londoner Epidemien gemachten mikrobiologischen Untersuchungen gelangten zu keinem Ergebnis. Die negativen Resultate sprechen immerhin in der Richtung, daß hier eine Krankheitseinheit vorliegt, die nicht durch einen der üblichen Erreger verursacht ist und deren Sonderstellung bis zur endgültigen Klärung berechtigt erscheint.

Über die *pathologische Anatomie* liegen infolge Fehlens von Todesfällen im akuten Stadium der Erkrankung keine Beobachtungen vor. Spätautopsien, die aber nicht weiterführten, konnten zweimal im Royal Free Hospital ausgeführt werden:

Eine Patientin starb einige Monate nach der myalgischen Encephalomyelitis an einem Ovarialcarcinom mit Metastasen und Septicämie. Mikroskopisch fand sich am Zentralnervensystem kein abnormer Befund. Der andere Fall betraf einen Suicid 7 Monate nach Erkrankung an myalgischer Encephalitis mit gleichzeitiger multipler Sklerose. Die Autopsie zeigte die Läsionen der multiplen Sklerose und zusätzlich im Hypothalamus intensive perivasculäre Entzündung, was aber wegen der multiplen Sklerose nicht weiter verwertet werden kann. Bei einem Fall mit gleichzeitigen Lymphknotenschwellungen wurde 2 Wochen nach Krankheitsbeginn eine Drüsenexcision vorgenommen mit dem Befund aktiver Hyperplasie unspezifischer Art.

Auch in bezug auf die *Pathogenese* läßt das heute vorliegende Material keine weiteren Schlüsse zu.

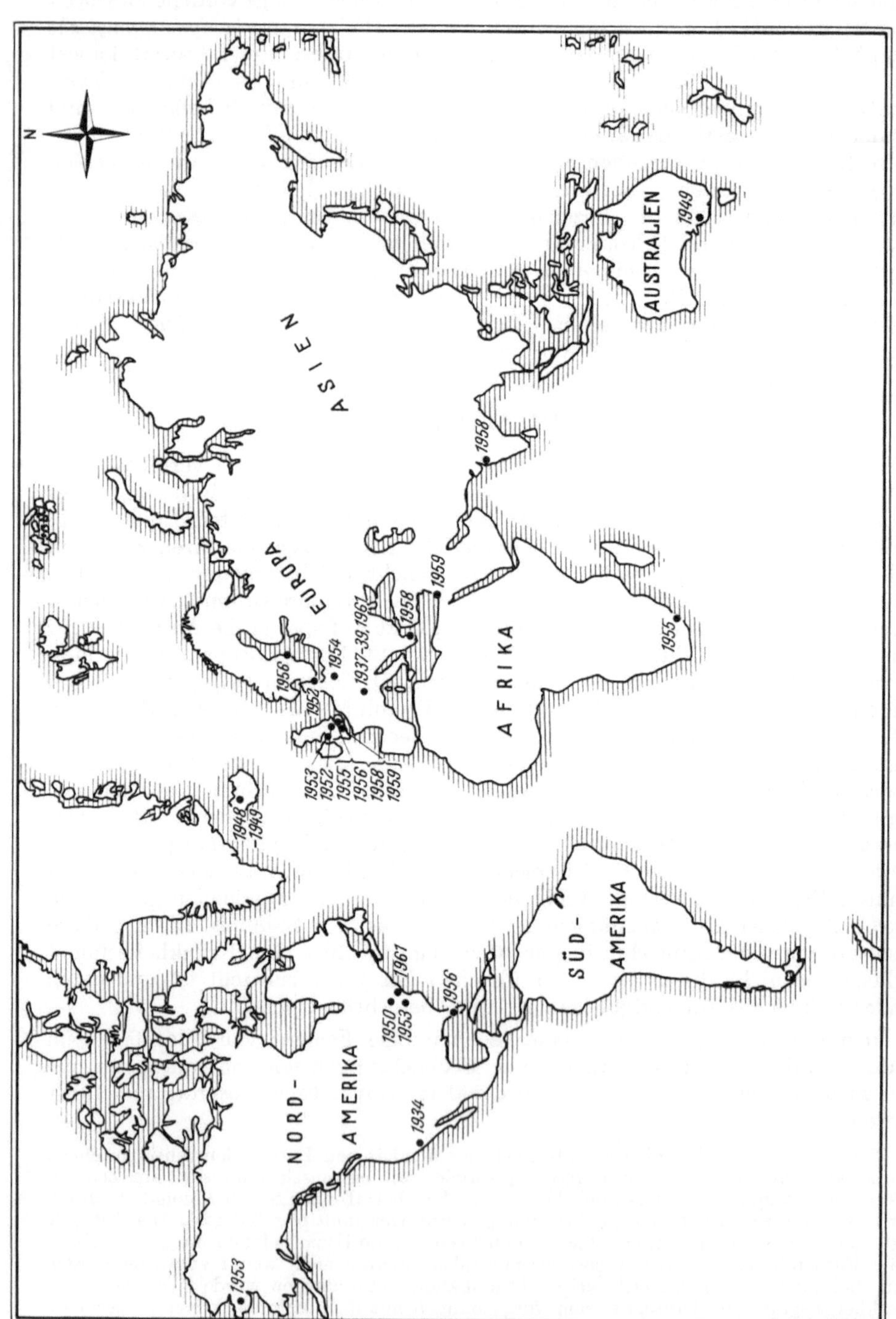

Abb. 1. Weltkarte der Epidemieherde von Encephalomyelitis myalgica benigna

IV. Epidemiologie

Bei der myalgischen Encephalomyelitis handelt es sich um eine *weltweite Krankheit*, die seit ihrer Erstbeschreibung 1934 schon in allen Erdteilen gesehen wurde. Epidemische Herde fanden sich vor allem 1948—1958. Die Abb. 1 zeigt auf der Weltkarte die verschiedenen Herde, wobei die von ACHESON bis 1956 eingetragenen epidemischen Ausbrüche von uns bis 1963 ergänzt worden sind.

Zu den bis 1956 erwähnten Beobachtungen (s. S. 892), sind hinzugekommen: 1956 Stockholm 4 Fälle bei Krankenhauspersonal und 3 Fälle in der Wohnung einer dieser Erkrankten (HOOCK), in Athen 1958 27 Fälle in einer Schwesternschule (DAIKOS u. Mitarb.), in Indien 1958 ein sporadischer Fall (WAPIA u. Mitarb.), in Israel 1959 5 Fälle (BORNSTEIN u. Mitarb.) und in einer Mädchenschule 140 Fälle (KLAJMAN u. Mitarb.), in England 1958/1959 2 Fälle in London (PRICE) und in Newcastle upon Tine 48 Fälle (HOPE POOL u. Mitarb.), in der Schweiz 1 sporadischer Fall 1961 (GSELL), 1961 26 Fälle in einem Nonnenkloster mit 69 Frauen auf dem Land im Staat New York (ALBRECHT et al.). Einzelne weitere Krankheitsherde, die aber die Kriterien der hier besprochenen Einheiten nicht genügend erfüllen, sind früher schon von ACHESON diskutiert und abgelehnt worden. Sie können hier nicht einbezogen werden.

Eine epidemiologische *Besonderheit* dieser Krankheit ist der *häufige Befall von Krankenhauspersonal*, vor allem von Schwestern. 7 von 14 epidemischen Herden, die ACHESON 1956 beschrieb, waren unter den Mitgliedern von Spitälern erfolgt. Auch die seither mitgeheilten Herde in der Schweiz, in Stockholm und in Athen betreffen Krankenpflegepersonen, im erstgenannten Herd Frohburg auch mit Erkrankung von Spitalpatienten, was sonst meist nicht der Fall war. Weitere Epidemien sind aufgetreten in militärischen Einheiten (s. Abb. 2), in Schulen,

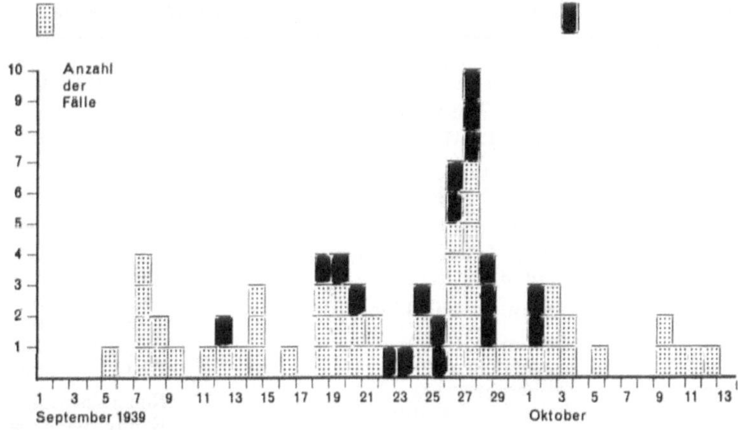

Abb. 2. Militärepidemie Degersheim (GSELL, 1949). 73 Erkrankungen in einer militärischen Einheit von 800 Personen innert 6 Wochen, damals als Poliomyelitis bewertet, keine Dauerschäden, keine Todesfälle, 19 typische benigne encephalomyelitische Erkrankungen

in einem Kloster und in kleineren Wohngemeinschaften. Dabei ist der Kontagionsindex recht beträchtlich, wesentlich größer als bei der Poliomyelitis, hoch in Schwesternschulen in England 18—20 %, bei dem Medizinalpersonal der Dorfepidemie in Kalifornien (POSKANZER et al.) 40 %, bei Klosterschwestern in 38 %. In der Gesamtbevölkerung einer Kleinstadt, wie in Akureyri, ist der Befall niedriger um 6 %.

Die *Ausbreitung* scheint durch gewöhnlichen Kontakt zu erfolgen. Übertragungen durch Nahrungsmittel oder Wasser ließen sich mehrfach ausschließen. Ein Vektor (Insekt), der bei der weltweiten Ausbreitung in Betracht gezogen werden könnte, war bis dahin nicht zu finden.

Jahreszeitlich ist die Mehrzahl der Epidemien eine Sommer- bis Herbsterkrankung, in der nördlichen Hemisphäre zwischen April und September, in der südlichen zwischen Februar und August. Es kommen auch Ausnahmen vor.

Was das *Alter* anbetrifft, finden sich die meisten Erkrankungen bei *jungen Erwachsenen*. Es liegt keine ausgesprochene Kinderkrankheit vor, wenn auch einzelne Kinder gleich wie Betagte erkranken können. Im abgeschlossenen Kloster waren von den unter 30jährigen 57 %, von den über 30jährigen nur 2 von 27 d. h. 7 % der Nonnen betroffen.

Im *Geschlechtsbefall* gilt das weibliche Geschlecht als mehr betroffen, was vor allem für Krankenhäuser zutrifft. Es ist dies aber nicht verwunderlich, da dort die Frauen stets überwiegen. Es wurden auch Herde mit vorwiegendem Befall des männlichen Geschlechtes mitgeteilt, so bei Militärpersonen in Berlin, in Degersheim (Schweiz).

Die *Inkubationszeit* wird durchschnittlich auf 1 Woche berechnet, frühestens 4 Tage. Gelegentlich mußten aber auch 14 Tage bis 3 Wochen angenommen werden. Interessant ist, daß mehrfach die Herde gleichzeitig oder nach Poliomyelitisepidemien oder bei Personal, das Poliomyelitiskranke zu pflegen hatte, auftraten; in einem Teil der Epidemien war das aber bestimmt nicht der Fall.

Isoliert auftretende Fälle dieser Krankheit sind aus den verschiedensten Gegenden beschrieben worden (Beispiel s. Tab. 1). Sie sind wohl häufiger als gemeldet, vom Arzt oft nicht diagnostiziert und als leichte Poliomyelitis oder sonstige Enteroviruserkrankungen bewertet. Daß bis vor kurzem (d. h. solange

Tabelle 1. *Encephalomyelitis myalgica benigna (5 Monate Dauer, GSELL 1963)*

5. 5.	akut febrile Erkrankung heftige Cephalgie & Myalgien leicht febril 1 Woche	O. F. 38 j
12. 5.	Pseudoparesen, Ataxie, L 2900, Stabk. 30 %, Ly 35 %	
19. 5.	Liquor: Druck 180, Eiweiß 24 mg %, Zellen 33/3. Leuko 4150, Lympho 35 %	Serologie: Komplb. Reaktion Adenovirus neg
25. 5.	akuter Infekt abgeklungen	Coxsackiev. neg Q-Fever neg
Juni	Protrahierte Rekonvaleszenz Muskeldolenzen ↑ Gehbeschwerden Vegetative Symptome	Ornithose neg WaR neg Neutralisation: Echovirus neg
20. 6.	Senkung 3 mm, neurol. o. B.	Agglutination:
Juli	Rasche Erschöpfbarkeit	Leptospiren neg
Aug.	Pseudoneurasthenie	
9. 9.	Senkung 3/7, Hypotonie Besserung ↓	
1. 10.	Voll arbeitsfähig	

nicht der heute leicht mögliche Enterovirusnachweis im Stuhl ausgeführt werden konnte) manche kleinere Epidemie unter der Bezeichnung „Poliomyelitis" gingen, ist begreiflich. Sobald in einem solchen Herd keine Todesfälle und keine Dauerparesen, keine Fälle mit bleibender Invalidität auftreten, ist an die Möglichkeit einer Encephalomyelitis myalgica benigna zu denken, stets dann zuletzt eine Coxsackie- oder eine ECHO-Virus-Erkrankung auszuschließen.

V. Klinisches Bild

Im klinischen Bild sind *drei Stadien* vorhanden, die ineinander übergehen und von denen in leichten Fällen nur das erste Stadium vorhanden sein kann. Der Beginn ist mehrheitlich plötzlich.

Das *erste Stadium* einer *leichten Allgemeininfektion* ist uncharakteristisch, grippe-ähnlich. Es zeigt sich an durch Fieber, das aber meist nur gering ist, oft nur subfebril oder in einzelnen Fällen überhaupt fehlt, durch Kopfweh, das sehr heftig sein kann, durch Nausea, Schwindel und allgemeinem Unwohlsein (s. Tab. 2). In einzelnen Epidemien treten gastrointestinale Symptome wie Durchfall, bei anderen Katarrherscheinungen der Luftwege bis zur Bildung von Lungeninfiltraten auf, in wieder anderen Beteiligung des reticuloendothelialen Systems

Tabelle 2. *Initiale Symptome in 200 Fällen*

	%		%
Kopfweh	77	Rückenschmerzen	32
Pharyngitis	63,5	Depression	19
Unwohlsein	62	Bauchweh	14,5
Müdigkeit	51	Erbrechen	12
Schwindel	47	Diplopie	9
Gliederschmerzen	46,5	Tinnitus	4
Nausea	40,5	Diarhoe	4
Nackensteifigkeit	32,5		

Brit. med. J. II, 896, 1957

mit Lymphdrüsen- und Milzschwellung. Über diese Komplikationen wird besonders berichtet (s. S. 899). Die anfängliche Diagnose geht deshalb in der Richtung akuter viraler Infekt, Grippe, Enteritis.

Das *zweite Stadium* der Zentralnervensystemserkrankung zeigt sich bald sofort, bald erst nach 3—5 Tagen an, und zwar mit Ausbildung von *Muskelschwächen* und ausgesprochenen Muskelschmerzen, oft mit Parästhesien, begleitet oft von Nacken- und Rückensteifigkeit. Es liegt jetzt eine *poliomyelitisähnliche Krankheit* vor; die Mitbeteiligung der Rücken- und Nackenmuskeln läßt leicht an einen Meningismus oder an eine Meningitis serosa denken. An diesen Diagnosen werden aber gleich Zweifel entstehen, wenn der Liquor keine oder nur geringe pathologische Veränderungen aufweist.

Die *Paresen* sind nun nicht vollkommene schlaffe Lähmungen, sondern *Muskelschwächen* verschiedener Intensität mit meist gesteigerten oder normalen, selten abgeschwächten, aber nie aufgehobenen Sehnenreflexen. Sie sind stets von sensorischen Störungen begleitet, von Myalgien, Muskeldruckschmerzen, Parästhesien mit Sensitivitätsverlust. Die *Myalgien* sind in schweren Fällen so stark, daß Narkotika benötigt werden. Bei der Palpation sind die befallenen Muskeln auffallend dolent. Lokalisation und Intensität des Muskelbefalls wechseln manchmal von Tag zu Tag, so daß an die Myalgia epidemica durch Coxsackievirus gedacht wird. Es treten fragliche Hemiparesen auf, aber auch Monoparesen, Paraparesen. Erst die genauere Prüfung zeigt, daß die Muskelschwächen oft mehr durch Schmerzhemmung als durch eigentliche Lähmung bedingt sind. Muskelspasmen und auch Muskelzuckungen werden manchmal bemerkt, vor allem aber eine Muskelermüdbarkeit bei Anstrengung. Dazu kann eine Beteiligung der *Hirnnerven* kommen mit Diplopie, Augenmuskellähmungen, Nystagmus, öfters Facialisparesen, vereinzelt Tinnitus, Vertigo, Innenohrschwerhörigkeit, selten bulbäre Mitbeteiligung wie Schluckbeschwerden, wobei aber in den mitgeteilten Fällen bis dahin nur dreimal kurzdauernde künstliche Atmung notwendig wurde.

Miktionsstörungen können vorkommen, so Urinretention (in 12% der Epidemie in Los Angeles), Inkontinenz oder Miktionsschmerzen.

Die Hirnnervenbeteiligung ist in den einzelnen Epidemien sehr verschieden häufig. Im Royal Free Hospital London trat diese in 46% der 148 Fälle mit Erkrankung des Zentralnervensystems auf, in andern Epidemien, wie z. B. in Athen, fehlten diese Nervenerkrankungen gänzlich. Objektive Zeichen einer Erkrankung des Zentralnervensystems sind in den einzelnen Herden sehr verschieden häufig. Sie waren in der Epidemie des Royal Free Hospitals London in Dreiviertel der Fälle zu finden, in Los Angeles in 80%, in der Epidemie Degersheim in 26%. Hier war die Erkrankung in 54 von 73 Fällen nicht über das erste Stadium vorgedrungen. In Punta Gorda, Florida war dagegen die Paralysisrate nur 10%.

Die wichtigsten *Laboratoriumsuntersuchungen* sind Liquor-Kontrollen und Elektromyogramme:

Der *Liquor cerebrospinalis* zeigt normalen oder nur wenig veränderten Befund: nicht erhöhten Druck und mehrheitlich normale Zellzahl.

Von 194 Punktionen aus 11 Herden, die ACHESON zusammengestellt hat, waren in 92,8% die Zellen weniger als 5. Für die restlichen 14 Fälle betrug die Zellzahl 6—66, und zwar waren es Lymphocyten. In 27 sporadischen Fällen fand dieser Autor die Zellzahl 25mal normal. GSELL fand in der Epidemie Degersheim mit 19 Fällen, welche neurologische Veränderungen aufwiesen, 13mal Zellen unter 4, 3mal zwischen 7 und 9 und je einmal 18 resp. 25. Die 2 stärker erhöhten Zellwerte waren bei einer zweiten Punktion festgestellt worden, nachdem die erste Punktion infolge artificieller Blutbeimengung noch höhere, aber nicht verwertbare Zellzahlen gezeigt hatte. In der Epidemie Frohburg mit 17 Fällen wurden nur einmal 8 Zellen pro cmm, sonst stets Zellzahlen zwischen 1 und 2 festgestellt. Die Liquoruntersuchungen bei abortiven Erkrankungen, die nur das erste Stadium aufwiesen, waren sämtliche normal. Auch der Eiweißgehalt war meist nicht erhöht und die Kolloid-Reaktionen negativ oder nur schwach positiv. ACHESON zählte in 182 Fällen nur 4mal Eiweißgehalt zwischen 50—80 mg%, 5mal 40 mg%; sonst waren die Eiweißzahlen unter 32 mg%. In der Epidemie Frohburg waren die Eiweißwerte maximal bis 40 mg% und leichte, noch nicht sicher pathologische Goldsolzacken vorhanden. Erreger im Liquor konnten durch die verschiedensten Autoren nie gezüchtet werden.

Im *Elektromyogramm* sind deutliche Veränderungen an den befallenen Muskeln vorhanden (Übersicht siehe ACHESON, RICHARDSON, ferner DAIKOS et al., RAMSEY und O'SULLIVAN).

Es finden sich initial verlängerte polycyclische Potentiale, sog. Fasciculation-Potential. Die Zahl der Potentiale der motorischen Einheiten ist beträchtlich vermindert. Es fehlen aber Zeichen von Degeneration der Nervenfasern. Die „Strength-deviation" Kurven der befallenen Muskeln sind normal. Auch in sporadischen Fällen wurde eine Verminderung der Zahl der motorischen Einheitspotentiale und der Gruppierung der polyphasischen, abnorm breiten Potentiale gefunden (GALPINE und BRADY). RICHARDSON fand in 26 von 28 Fällen mit E.M.G. „myelopathische" Veränderungen mit Anzeichen für Läsion der motorischen Einheit in oder über Rückenmarkbasis mit zusätzlichen Symptomen sog. verminderter Interferenzschwingungen.

Die Muskelschwächen und auch die sensiblen Störungen, manchmal mit Hemianästhesie, manchmal mit Hypästhesie, dann auch wieder mit Hyperästhesie und verschieden intensiven Schmerzen, können rasch abklingen, aber auch protrahiert verlaufen. Öfters sind deutliche *Rückfälle* nachweisbar. Eigentliche Meningitis fehlt, das Lasègue-Symptom ist negativ, pathologische Reflexe fehlen (selten einmal pos. Babinski) auch Muskelhärten entwickeln sich nicht. Die abklingenden Muskelsymptome sind aber auch im dritten Stadium noch zu finden.

Das *dritte Stadium* der *neurovegetativen und diencephalen Störungen* verläuft auffallend *protrahiert*. Es schließt sich meist nach 1 Woche an den akuten Zustand an und erscheint als verlängerte Rekonvaleszenz, bei der stets Zweifel entstehen, ob es sich um organbedingte Auswirkungen oder um funktionell neurotische Symptome handelt. Die Diagnose lautet jetzt oft: Neurasthenie, Neurose oder auch direkt Hysterie. Ermüdbarkeit, nicht nur der Muskeln, sondern des ganzen Organismus, neuralgiforme Schmerzen, Schlafstörungen, und vor allem verschieden intensive psychische Veränderungen liegen vor. Im Vordergrund ist meist eine Neigung zu *Depression*, zu *Asthenie* mit Verschlimmerung bei exogener Überlastung oder auch bei Einwirkung veränderter klimatischer Einflüsse. Hier könnte man manchmal, wie dies die amerikanischen Autoren taten, von Neuromyasthenie sprechen. Die Patienten sind abnorm reizbar, klagen über Konzentrationsschwierigkeiten, Gedächtnisschwäche, vor allem auch über Angstzustände. Die bei der Spitalentlassung nach Abklingen der akuten Symptome vorgesehene Wiederaufnahme der Arbeit ist mit bestem Willen nicht zu erreichen. Erst langsam im Verlauf von 1—2 Monaten, meist erst nach mindestens 6 Wochen, kann die normale Arbeit wieder aufgenommen werden. Es gibt aber nicht wenige Fälle, die 3—4 Monate einen ausgesprochenen Zustand neurovegetativer Dystonie aufweisen, vereinzelte sogar noch länger.

Elektroencephalogramme werden wiederholt wegen der encephalen Symptome vorgenommen. Mehrheitlich waren die Befunde normal. Immerhin sind doch auch Abnormitäten gesehen worden, so Niederwellenrhythmus (RAMSEY und O'SULLIVAN), paroxysmale oder kontinuierliche Niederwellenaktivität in den verschiedenen Ableitungen (DAIKOS et al.). Die Veränderungen sind unspezifisch.

Von den weiteren *Laboratoriumsuntersuchungen*, die nicht schon erwähnt wurden, seien angeführt:

Im *Blutbild* zeigen die Leukocyten erniedrigte oder normale Werte. Eine genaue Studie in der ersten Epidemie im Royal Free Hospital London bei 400 Fällen mit Blutstatus ergab die Hälfte initial eine relative Lymphocytose, d. h. eine Neutropenie, gelegentlich abnorme Lymphocyten, aber nie im Ausmaß der Mononucleosis infectiosa. Das weiße Blutbild entspricht im ganzen demjenigen der Virusinfektionen. Anämie fehlt.

Die Blutsenkung ist normal oder leicht erhöht.

Eine erhöhte *Kreatinurie* fanden WHITE und BURTCH (in 12 von 13 Fällen über 100 mg täglich, in 8 davon über 200 mg). Sie betonen auch, daß ein positiver Paul Bunnell-Test selten und wahrscheinlich auf eine diesbezügliche Infektion zurückzuführen sei. ALBRECHT et al. bestätigen ebenfalls an 6 Fällen die im dritten Spätstadium untersucht wurden, eine auffallende erhöhte Kreatinurie und zwar während der Rückfälle. Der Kreatin/Kreatinin-Index, der normalerweise im Urin unter 6% ist, betrug in den klinischen Rolapsen 17—145%. Es spricht dies für eine Störung im Muskelstoffwechsel.

Als *Begleitsymptome* der encephalomyalgischen Erkrankungen wurden in einzelnen Epidemien gehäuft gefunden:

Gastroenteritis mit Durchfall, Erbrechen und Übelkeit, später mit Flatulenz und Neigung zu Diarrhoe.

Respiratorische Symptome mit Auftreten von Katarrh der Luftwege, manchmal Bronchitis und auch in einem Herd *Lungeninfiltrate*. So fanden wir in der Epidemie Frohburg, St. Gallen 1937 unter 17 Fällen 5mal röntgenologisch Lungeninfiltrate (s. Abb. 3) bei nur leichten Katarrherscheinungen, unscharfe Schattenherde mit zugehöriger Hilusschwellung, die sich komplikationslos und rasch zurückbildeten.

Lympho-reticuläre Symptome mit Schwellung der Lymphknoten in der Art generalisierter *Adenopathie*, auch mit Milz- und Lebervergrößerung. In der Royal Free Hospital Epidemie 1955 waren von den Lymphknoten namentlich die hinteren cervicalen Drüsen vergrößert, in einem Zehntel der Fälle die Leber vergrößert und geschwollen, die Milz dagegen nicht sicher palpabel. Auch hier gingen diese Erscheinungen bald wieder zurück.

Leichte Gelenkschwellungen wurden in der Epidemie in Athen 1958 gemeldet (3 Fälle mit Gelenkschwellungen und Erguß).

Stomatitis aphtosa wurde in einem anderen Herd bemerkt.

Als *Spätfolgen* sind keine dauernden organischen Läsionen bekannt. Vegetative und neurotische Störungen können natürlich längere Zeit noch anhalten. Auch die Paresen sind nach 3 Monaten noch in 12 % vorhanden. SIGURDSSON, SIGUR-

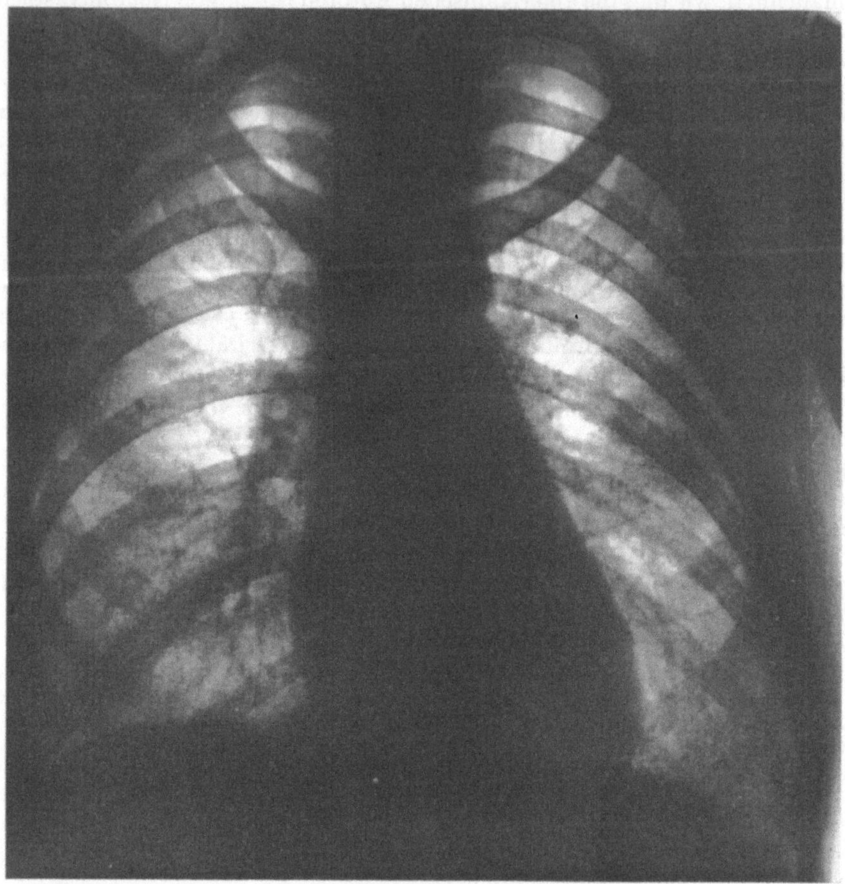

Abb. 3. Lungeninfiltrat bei Encephalomyelitis myalgica epid. Infiltrat im linken Mittelfeld außen am 7. Krankheitstag. Bereits am 2. Fiebertag Husten, Knisterrasseln rechts basal, dort röntgenologisch leichte Verschleierung, jetzt bereits Rückbildung. Meningitische Symptome ab 2. Tag. Unkomplizierter Krankheitsverlauf

JONSSON und SIGURDSSON meldeten bei Nachuntersuchungen von 39 Patienten der Epidemie von Akureyri nach 6 Jahren in 22 Fällen Spätstörungen.

Die meisten ihrer Angaben waren aber nicht objektivierbar, so Nervosität und Ermüdbarkeit (28 von 39), Muskelschmerzen und Druckempfindlichkeit, Hypalgesien, Gedächtnisverlust, Schlaflosigkeit. Zeichen von Paresen werden als ungewöhnlich gemeldet, sind aber trotzdem in ihrer Statistik mit 9 Fällen aufgeführt und Muskelatrophie 6mal, beide leider ohne Bemerkung, um was es sich dabei gehandelt hat. Es heißt immerhin, daß alle Personen in ihrem früheren Beruf tätig geblieben sind.

GALPINE und BRADY melden einen Rückfall nach 3 Jahren, DEISHER Relapse bis zu $2^{1}/_{2}$ Jahren (unter 175 Fällen in Alaska nach 2 Jahren 110mal leichte Ermüdbarkeit, 57mal Muskelschwäche, davon 16mal Muskelparesen). Von allen anderen Autoren liegen keine Berichte über Folgeerscheinungen nach mehr als 1 Jahr vor, so daß bestimmt die Benennung „benigna" für die Encephalitis myalgica zutrifft.

Differentialdiagnose. Bei diesem poliomyelitisähnlichen Krankheitsbild ist begreiflicherweise im Vollstadium und in der Rekonvaleszenz die Abgrenzung gegenüber der epidemischen *Poliomyelitis* wesentlich, dabei oft nicht leicht.

Gegen Encephalomyelitis myalgica ep. sprechen richtig schlaffe Paresen ohne Muskeldruckempfindlichkeit, Zeichen organischer Läsion des Vorderhorns, ausgesprochener pathologischer Liquorbefund, Fehlen sensibler Störungen, in der Epidemie auftretende schwere tödliche Fälle und Zurückbleiben von Lähmungen mit Muskelatrophie, endlich positive virologische Stuhlbefunde, positive serologische Antikörperteste. All diese Symptome beweisen eine Poliomyelitis epidemica. Daß keine Meningitis serosa vorliegt, läßt sich aus dem Liquorbefund schließen. Da aber geringe Zellvermehrungen auch bei der myalgischen Encephalomyelitis vorkommen, ist noch besonders die Nacken- und Rückensteifigkeit zu untersuchen, die hier nicht meningeal bedingt ist.

Unter den Infektionen, die poliomyelitisähnlich verlaufen können, sind die *Coxsackieviruserkrankungen* auszuschließen (Myalgie ohne lokale Muskelveränderungen, ohne Muskelschwächen, Entscheidung eventuell erst durch Virusnachweis und Komplementbindung möglich), dann *ECHO-Viruskrankheiten*, diese ohne Myalgien, öfters mit enteritischen und meningitischen Symptomen. Daß es sich nicht um ein Wiedererscheinen der Encephalitis lethargica handelt, haben nicht nur das Fehlen einer Mortalität, sondern auch das nachträgliche Ausbleiben von postencephalitischem Parkinsonismus in all diesen Herden gezeigt. Die verschiedenen *Encephalitiden* durch Arboviren haben ein viel schwereres febriles Initialstadium, verlaufen in nicht wenigen Fällen ernst, ja oft tödlich, zeigen pathologischen Liquor und weisen keine Verbreitung durch persönlichen Kontakt auf, sind auch keine „Internatsepidemien". Insektenstiche wurden nie gefunden. Überhaupt liegt kein besonderer Kontakt mit Tieren bei der Encephalomyelitis myalgica vor.

Gegen *Mononucleosis infectiosa* sind Fälle mit Drüsenschwellungen manchmal nicht leicht abzugrenzen, vor allem, da diese Infektion wie Encephalomyelitiden und andere Zentralnervensystemerkrankungen macht. Sie zeigt aber die bekannten typischen Blutbildveränderungen und die Paul Bunnell-Agglutination, welche bei der myalgischen epidemischen Encephalomyelitis fehlen. In dem späteren Verlauf des dritten Stadiums ist eine Differenzierung gegenüber Psychosen, dann gegenüber *Neurosen und Hysterie* nicht leicht. Man hat sogar eine Massen-Hysterie bei einzelnen Herden mit vorwiegend Frauenerkrankungen in Betracht gezogen. Der negative Liquorbefund, die vielen schwer überprüfbaren sensitiven Phänomene, konstant wechselnde Erscheinungen von Tag zu Tag, das neurasthenische Bild wurden dafür bewertet. Bei Männern denkt man eher an Aktualneurosen, an Versicherungsneurosen, an Flucht in die Krankheit bei protrahiertem Verlauf. Hier ist die genaue neurologische und epidemiologische Abklärung wichtig, die Kontrolle der befallenen Muskeln durch das Elektromyogramm. Das Vorliegen echter Depression, postinfektiöser Labilität des vegetativen Nervensystems bei einem anfänglich leicht febrilen myalgisch-paretischen Stadium weisen in der Richtung von Folgeerscheinungen einer Infektionskrankheit. In sporadischen Fällen kann die Diagnose oft nur mit Wahrscheinlichkeit gestellt werden und bleibt eine *Diagnosis per exclusivionem*, verlangt all die erwähnten positiven elektrischen und negativen mikrobiologischen Resultate.

Die *Prognose* ist gut. Nur muß man wissen, daß der Verlauf protrahiert sein kann mit Störungen über manche Monate. Todesfälle, Dauerinvalidität sind nicht bekannt. Auf die seltenen Spätfolgen, die in ihrer Bedeutung umstritten sind, ist bereits eingegangen worden (s. S. 900). Ob tatsächlich organische Läsionen zurückbleiben, ist theoretisch nicht abzulehnen, wurden aber praktisch bis dahin nicht erhärtet.

Die *Therapie* ist symptomatisch. Die üblichen Maßnahmen bei Infekten sind anzuraten, vor allem aber Bettruhe, die sich namentlich wegen der Rückfallgefahr bei Überanstrengung als günstig erwiesen hat. Die Schmerzbekämpfung steht bei den myalgisch-neuralgischen Störungen des 1. und 2. Stadiums im Vordergrund. Salicylate, Pyramidon- und Phenylbutozon-Abkömmlinge, die verschiedenen Analgetica, werden geschätzt, selten sind Narkotika notwendig. Physikalische Therapie wirkt günstig, so feuchte Wärme, Packungen, günstige Lagerung. Muskelrelaxantien (z. B. Meprobamat) werden empfohlen. Im 3. Stadium der encephalen und neurovegetativen Störungen und in der Rekonvaleszenz sind die verschiedenen das vegetative System entspannenden Kombinationsmittel günstig. Im Anschluß an die Krankenhauszeit sind Erholungskuren, nicht zu kurz bemessen, angezeigt; bei stärkeren Störungen mindestens 4—6 Wochen. Es hat sich auch eine gestufte Arbeitsaufnahme als empfehlenswert erwiesen. Psychische Ermunterung mit Hinweis auf die gute Dauerprognose ist oft notwendig.

Daß die Gesamtbewertung der Encephalomyelitis myalgica benigna heute trotz beträchtlichem Schrifttum, das hier fast vollständig im Literaturverzeichnis aufgeführt ist (eingehende Übersicht bis 1958 von ACHESON), wissenschaftlich noch unbefriedigend ist, ist bei einer Krankheitseinheit ohne pathologisch-anatomische Bewertung, ohne positive mikrobiellen und serologischen Teste ohne Specificum bei den Laboratoriumsuntersuchungen begreiflich. Eingehende Untersuchungen neuer Epidemien mittels immer verbessernden Testmethoden sind für die Zukunft zu fordern.

Literatur

Acheson, E.D.: Encephalomyelitis associated with poliomyelitis virus: an outbreak in a nurses' home. Lancet **1954 II**, 1044. ~ The clinical syndrome variously called benign myalgic encephalomyelitis, Iceland disease and epidemic neuro-myasthenia. Amer. J. Med. **26**, 569 (1959). — **Albrecht, R.M., V.L. Oliver**, and **E.C. Poskanzer**: Epidemic neuro-myasthenia, outbreak in a convent in New York State. J. Amer. med. Ass. **187**, 904 (1964). — **Bhatia, B.B.**: J. Indian med. Ass. **31**, 327 (1958). — **Bond, J.O.**: Letter. Lancet **1956 II**, 257. — **Bornstein, B.**: Benigne myalgic encephalitis. Psychiat. et Neurol. (Basel) **139**, 132 (1960). — **Daikos, G.K., S. Garzonis, A. Paleologue, G.A. Bousvaros**, and **N. Papadoyannakis**: Benign myalgic encephalomyelitis. An outbreak in a nurses' school in Athens. Lancet **1959 I**, 693—696. — **Deisher, J.B.**: Benign myalgic encephalomyelitis (Iceland disease) in Alaska. Northw. Med. (Seattle) **56**, 1451 (1957). — **Fog, T.**: Neuritis vegetativa epidemica. Ugeskr. Laeg. **115**, 1244—1250 (1953). — **Galpine, J.F.**, and **C. Brady**: Benign myalgic encephalomyelitis. Lancet **1957 I**, 757. — **Geffen, D.**, and **S.M. Tracy**: Outbreak of acute infective encephalomyelitis in a residential home for nurses in 1956. Brit.med. J. **1957 II**, 904. — **Gilliam, A.G.**: Epidemiological study of an epidemic diagnosed as poliomyelitis occurring among the personnel of the Los Angeles County General Hospital during the summer of 1934. Publ. Hlth Bull. (Wash.), U.S. Treasure Dept. No. 240, 1938. — **Gsell, O.**: Abortive Poliomyelitis (Epidemie Frohburg). Leipzig: Georg Thieme 1938. ~ Abortive Poliomyelitis (Epidemie Degersheim). Helv. med. Acta **16**, 169—183 (1949). ~ Encephalomyelitis myalgica epidemica. Schweiz. med. Wschr. **88**, 488—491 (1958). ~ Encephalomyelitis myalgica benigna, epidemische Pseudoneurasthenie. Schweiz. med. Wschr. **93**, 197—200 (1963). — **Hill, R.C.J.**: Memorandum on outbreak amongst nurses at Adington Hospital, Durban. S. Afr. Med. J. **29**, 344 (1955). — **Hook, O.**: Islandssjuka. Nord. med. T. **7**, 373 (1956). — **Hope Pool, J., J.N. Walton, E.G. Brewis, P.R. Uldall, A.E. Wright**, and **P.S. Gardner**: Benign myalgic encephalomyelitis in Newcastle upon Tyne. Lancet **1961 I**, 733. — **Klajman, A.**: Harefuah **58**, 314 (1960). — **Macrae, A.D.**, and **J.F. Galpine**: Illness resembling poliomyelitis in nurses. Lancet **1954 II**, 350—352. — **Pellew, R.A.A.**: Clinical description of disease resembling poliomyelitis. Med. J. Aust. **1951 I**, 944—964 (1951) and **1955 II**, 480. — **Poskanzer, D.C., D.A. Henderson, E.C. Kunkle, S.S. Kalter, W.B. Clement**, and **J.O. Bond**: Epidemic neuro-myasthenia. An outbreak in Punta Gorda, Florida. New Engl. J. Med. **257**, 356—364 (1957). — **Ramsay, A.M.**, and **E. Sullivan**: Encephalomyelitis simulating poliomyelitis. Lancet **1956 I**, 761—764. — **Richardson, A.T.**: Some aspects of the Royal Free Hospital epidemic. Ann. phys. Med. **3**, 81 (1956). — **Royal Free Hospital,**

the medical staff: An outbreak of encephalomyelitis in the Royal Free Hospital group, London, 1955. Brit. med. J. **1957 II**, 895. — **Shelokov, A., K. Habel, E. Verder,** and **W. Welsh**: Epidemic neuro-myasthenia. An outbreak of poliomyelitis-like illness in student nurses. New Engl. J. Med. **257**, 345—355 (1957). — **Sigurdsson, B., J. Sigurjonsson, J. Sigrudsson, J. Throbelsson,** and **K.R. Gudmundsson**: Disease epidemic in Iceland simulating poliomyelitis. Amer. J. Hyg. **52**, 222—238 (1950). — **Sigurdsson, B.,** and **K.R. Gudmundsson**: Clinical findings six years after outbreak of Akureyri disease. Lancet **1956 I**, 766. — **Stahel, H.**: Die Poliomyelitisepidemie Erstfeld. Schweiz. med. Wschr. **68**, 86—91 (1938). — **Sumner, D.W.**: Further outbreak of disease resembling poliomyelitis. Lancet **1956 I**, 764—766. — **White, D.N.,** and **R.B. Burtch**: Iceland disease, a new infection simulating acute anterior poliomyelitis. Neurology **4**, 506—516 (1954).

Encephalitis lethargica (von Economo)

Von F. Lüthy, Zürich

I. Einleitung

Die Encephalitis lethargica stellt ein ausgezeichnetes Beispiel dar für das Kommen und Gehen von Epidemien. Die Encephalitisepidemie von 1916/17—1928 ist zu Ende und bis heute nie mehr aufgetaucht; ob sie schon früher existierte, ist unbekannt, ob sie nicht mehr als Epidemie, sondern in Einzelfällen sich noch länger hielt, ist kontrovers.

II. Geschichte

Der Entdecker der Krankheit ist zweifellos Constantin von Economo. Er beschrieb die kleine Epidemie von 7 Fällen im Winter 1916/17 in Wien. Davon verliefen 2 tödlich und wurden autopsiert. 6 weitere ambulante Fälle werden erwähnt und kurz beschrieben; diese letzteren sind wohl nicht alle lethargische Encephalitiden gewesen. Erschöpfend konnte damals die Krankheit noch nicht abgehandelt werden, denn der genius epidemicus wandelte sich etwas ab in den folgenden Jahren. Ebensowenig konnte die Nachkrankheit, der postencephalitische Parkinsonismus, schon aufgezeigt werden; immerhin spricht die Tatsache für den scharfen klinischen Blick des Wiener Autors, daß er die Extrapyramidalstarre an einem ambulanten Falle hervorhob.

Die erste Spur der Entdeckung der Encephalitis lethargica taucht in einer Voranzeige des Vortrages von Doz. Dr. v. Economo im Verein für Psychiatrie und Neurologie in Wien auf, die von der Wiener klinischen Wochenschrift am 12. 4. 1917 abgedruckt wurde; sie kündigt den Vortrag vom 17. 4. 1917 an, unter dem Titel: Über gehäuftes Auftreten von Encephalitis (Nona).

Dann folgt der Vortrag in extenso: Encephalitis lethargica, von Priv.-Doz. C. v. Economo. Aus der Psychiatrischen Klinik in Wien (Vorstand: Prof. Dr. Wagner von Jauregg), in der Wiener klinischen Wochenschrift 13, Nr. 19, vom 10. 5. 1917, S. 581—585.

Schließlich veröffentlicht die Wiener klinische Wochenschrift am 28. 11. 1917, S. 1536, den Bericht über die Sitzung des Vereins für Psychiatrie und Neurologie vom 17. 4. 1917. Der Vortrag wird nicht wiederholt, dafür aber die interessante Diskussion wiedergegeben.

v. Economo hat über die Krankheit später öfters publiziert; eine Monographie erschien im Jahre 1929.

Am 27. 4. 1917 erschien eine Publikation von Cruchet, Moutier und Calmette über 40 Encephalitisfälle unter den Truppen an der (französischen) Ostfront. Die Fälle wurden teilweise schon 1915 beobachtet. Die Krankheit wurde als Encephalomyelitis diffusa beschrieben. Es war ein sehr heterogenes Material, wie es sich später herausstellte, jedoch enthält es Fälle von Encephalitis lethargica. In einer Publikation von 1923 beschreiben van Boeckel, Bessemans und Nélis Fälle derselben Krankheit, die sie 1916 in Belgien beobachteten. Retrospective Fälle aus der gleichen Zeit kamen in Prag, in Ungarn, in Rumänien unter die Augen der Ärzte. Die scharfe Abgrenzung der Krankheitseinheit und die vorzügliche Charakterisierung rechtfertigt das Eponym von Economo. Es ist natürlich auch die bequemste und widerspruchslose, dazu noch am besten in der ganzen Welt bekannte Benennung der Krankheit. Eine Zeitlang überwog der Zuname „epidemica". Heute ist eine Encephalitis mit diesem Adjektiv natürlich völlig ungenügend gegen die vielen ansteckenden Encephalitiden abgegrenzt, die unterdessen bekannt geworden sind. Mit dem Beiwort „lethargica“ erreicht man eine genügende Festlegung, wenn auch das Gewicht damit etwas einseitig auf der Schlafsucht liegt.

Die Bemühungen, in den Zeugnissen früherer Jahrhunderte Spuren unserer Krankheit zu entdecken, haben schon mit v. Economo selbst eingesetzt. Er erwähnte, daß man in seiner Kindheit in Triest, seiner Heimat, 1890 von einer ansteckenden Gehirnkrankheit, der *Nona*, viel gesprochen habe; v. Economo war damals 14 Jahre alt. Er hat später die Nona ohne weiteres als Encephalitis lethargica aufgefaßt.

Bemüht man sich aber, über die *italienische Nona* näheres zu erfahren, so wird man enttäuscht. Schon v. Economo erwähnt, daß die Krankheit eher in den Tageszeitungen als in der wissenschaftlichen Literatur besprochen wurde. Zwischen 1890 und 1895 publizieren zwar eine ganze Reihe von Autoren Nona-Fälle, aber sehr wenige Italiener. Ich finde nur einen Fall von Bozzolo. Der Autor beschreibt 2 Fälle von Teenagern, die unter leichtem Fieber während der Dauer von 20 respektive 11 Tagen am 29. 12. 1898, resp. 6. 1. 1899 in der Turiner Klinik hospitalisiert wurden und eine regelrechte Schlafsucht aufwiesen, der eine mit Augenmuskellähmungen, der andere nur mit Pupillenträgheit. Völlige Heilung beider bei Austritt. Kein Anhalt für Influenza, trotz des Titels der Arbeit. Hier ist die Diagnose Encephalitis lethargica direkt wahrscheinlich. Longuet schreibt, in der Provinz Mantua seien „die Leute“ innert einigen Tagen, ja Stunden in einem Zustand von Lethargie oder Delirium gestorben, kaum war die gleichzeitige (1889/90) Grippeepidemie im Abflauen begriffen. Diese Angabe scheint aus einer Zeitung zu stammen; es wird nicht gesagt aus welcher. Mauthner baute seine bekannte Schlaftheorie auf der Nona auf, ohne einen Fall gesehen zu haben. Er verließ sich auf die „Maladie de Gayet“; dieser Autor referierte über einen Fall, wo eine partielle Lähmung des Nervus oculomotorius mit Anfällen von tiefem langem Schlaf verbunden war. Der Patient starb nach 5 Monaten, von einer Autopsie ist nicht die Rede. Auch Blanc wird zitiert, der 1886 über die Kombination von Augenmuskellähmungen mit Schlafzuständen bei der afrikanischen Schlafkrankheit doktorierte. Mauthner fragte zur Stütze seiner These eine Anzahl italienischer Ärzte an, ob die Nona mit Augenmuskellähmungen einhergegangen sei: niemand gab auch nur eine Antwort. Die Nona entzog und entzieht sich beharrlich einem Zugriff in ihrem Ursprungsland.

Dagegen erschienen Publikationen über sie in Bulgarien (Tranjen), in Deutschland (Braun, Uhthoff, Ebstein, Müller), Österreich (Hammerschlag, Priester, Hallager), Frankreich (Longuet, Gilles de Grandmont), England (Barrett, Young), USA (Sharp). Gestorben sind nur die drei Patienten von Tranjen. Davon wurde einer autopsiert, offenbar nur makroskopisch, Resultat: „atypische Meningitis“. Von den anderen Nonafällen fiebern die einen, die meisten anderen nicht. Augenmuskellähmungen wies nur der Fall von Gilles de Grandmont auf. Die Autoren sind sich offenbar darüber einig, daß es sich um Schlafzustände handelt, bei welchen die Patienten weckbar sind, Nahrung zu sich nehmen, ihre Bedürfnisse verrichten, dann wieder einschlafen. Dies ist auch der Berührungspunkt mit der Encephalitis lethargica, dagegen führen andere Daten wieder von ihr weg: kein regelmäßiges Fieber, keine Epidemien (mit Ausnahme der Mikro-Epidemie von Tranjen) und nirgends eine Spur von Parkinsonismus in den Katamnesen, obschon die große Mehrzahl der Fälle entweder „gebessert“ oder ganz geheilt wurde.

Die mysteriöse Zeitungsnotiz taucht noch einmal in der Arbeit von Ebstein (1891) auf, der zwei eigene Fälle beschreibt. Der erste Fall aus dem Jahre 1891 geriet ins Koma, aber nicht in den lethargischen Schlaf, der zweite von 1888 schlief 5 Jahre lang, hatte vorher schon zwei Schlafschübe. Mit der Encephalitis lethargica hat dieser Fall ebensowenig zu tun.

Aber die Tatsache allein, daß um 1890 ein italienisch klingender Krankheitsname auftaucht, der krankhafte Schlafzustände bezeichnet und der unverweilt eine ganze Reihe von Publikationen aus fast ganz Europa und sogar aus USA auslöst, sollte doch etwas zu bedeuten haben. Wenden wir uns also wiederum an die oberitalienischen Ärzte; diejenigen, welche von 1918—1920 oder später die Epidemie in ihren Gebieten beschrieben, sollten doch die Nona kennen, sei es aus eigener Anschauung, oder, wie v. Economo, als theoretische Erinnerung an das Hintertreppengeflüster in den Tagesblättern (Sabatini, Fornara, Pergher), um so eher, als v. Economo selbst 1920 im Policlinico im Zuge einer ausführlichen Beschreibung auch die Nona-Geschichte anführte. Aber auch hier herrscht tiefes Schweigen oder höchstens sekundäre Erwähnung der v. Economoschen Notiz.

Eine Besonderheit ist noch der Erwähnung wert: Sowohl 1890 wie 1918–20–24 war die Grippeepidemie mit der Lethargica resp. Nona-„Epidemie“ zeitlich verknüft. Die Grippe überzog 1889—1890 ausgedehnt Europa. Sie führte in Einzelfällen zu schweren cerebralen Erscheinungen. Nun wußte aber schon v. ECONOMO, daß a) die Lethargica *vor* der Grippeepidemie 1918 auftrat und b) daß die Grippeencephalitis (LEICHTENSTERN-STRÜMPELL) im wesentlichen auf thrombotischhämorrhagischen Prozessen beruhte, während v. ECONOMO bei seinen ersten Fällen schon die echte Encephalitis auch histologisch bewiesen hatte. Schließlich trug zu einer Vermengung beider Krankheiten noch bei, daß der Lethargica in der Mehrzahl der Fälle ein katarrhalisches Stadium vorausging.

Von einer Identifizierung der Nona mit der Encephalitis lethargica sind wir somit weiter entfernt als je. Kategorisch ablehnen kann man den Zusammenhang allerdings nicht.

Wenn schon die Nona sich als unfaßbares Schemen erweist, so steht es noch viel schlechter mit den übrigen Krankheiten, die (noch in der letzten Auflage) als frühere Lethargica-Epidemien gelten sollen. Die Publikation von CROOKSHANK (1919) ist zwar von jeher als unkritisch beurteilt worden; der Verfasser zählt so ziemlich alles zur Encephalitis lethargica, was seit dem Mittelalter als prozeßhafte Gehirnkrankheit mit akutem Verlauf publiziert wurde, so auch ausdrücklich die Wernickesche Polioencephalitis hämorrhagica, die Influenzaencephalitis (STRÜMPELL-LEICHTENSTERN), die Poliomyelitis u. a.

Ernsthafter und von v. ECONOMO als identisch mit der Encephalitis lethargica anerkannt, ist die Chorea electrica von DUBINI in Erwägung zu ziehen. Sie trat epidemisch in Oberitalien auf, in den Jahren 1837 und 1846, bestand u. a. in choreatischen Zuckungen und führte in den meisten Fällen zum Tode. Eine Abgrenzung gegen die Meningitis konnte damals noch nicht vorgenommen werden, so daß Spekulationen darüber müßig sind.

Lebensmittelvergiftungen in früheren Zeiten hat man in den ersten Jahren etwa als Encephalitisepidemien agnoszieren wollen, so Ergotismus oder Botulismus. Umgekehrt sind in England die ersten Encephalitisfälle als Botulismus gedeutet worden (HALL im April 1918, der aber schon im Oktober 1918 diese Diagnose entkräftete und die richtige stellte).

1712 hat CAMERARIUS (Kamerer) in Tübingen eine epidemische Schlafsucht beschrieben. v. ECONOMO akzeptierte sie vorerst als Encephalitis lethargica, nachher bezeichnete er sie als zweifelhaft, weil CAMERARIUS nur vom Hörensagen berichtete. Noch frühere Fälle sind dunkel.

III. Epidemiologie

Als ansteckende Seuche kann die Krankheit erst seit Winter 1916/17, fußend auf den Beobachtungen von v. ECONOMO, gewertet werden. Sicher traten schon früher, *seit Winter 1915/16*, Einzelfälle auf gemäß den sehr wertvollen seit 1918 veröffentlichten Arbeiten von CRUCHET u. Mitarb. Retrospectiv sind auch rumänische (URECHIA, 1915), schweizerische (BING und STAEHELIN, 1922, aus dem Jahre 1917) Encephalitis lethargica-Fälle gesehen worden. Ein genau von A. VOGT (1915) publizierter und mit dem Namen Poliomesencephalitis acuta belegter Einzelfall aus dem Monat Dezember 1911 sieht bestechend aus; es fehlt nur die Katamnese.

Im Sommer 1916 schweigen die Dokumente. In den Sommern 1917—1919 trifft man auf Einzelfälle. Jedoch war in den Kriegsjahren nicht damit zu rechnen, daß die v. Economosche Entdeckung rasch in der Welt bekannt geworden wäre, nicht einmal in den damaligen Zentralmächten. In wesentlich verstärkter Welle folgt ein Seuchezug im Frühjahr 1918, der im März Frankreich (NETTER, 1920) und im April England erreicht. Im Herbst 1918 manifestieren sich vermehrte Erkrankungen in Deutschland und der Schweiz; Portugal und Griechenland werden befallen, schließlich ganz Europa. Eine Gesetzmäßigkeit der Wanderung ist in Europa nicht ersichtlich. Dagegen wird in USA deutlich, daß die Encephalitis die atlantische Küste 1918 erreicht und dann von von Ost nach West wandert. Die größte Intensität erreichte die Seuche im Winter 1919/20. Besonders im

Januar 1920 kam es vielerorts zu einer eigentlichen Explosion. Dann aber flaute sie langsam ab. Eine größere Epidemie wird noch 1924 aus England gemeldet.

Das epidemische Auftreten war *1925 zu Ende*. Ob und wie lange noch sporadisch akute Fälle vorkamen, ist kontrovers. BERGOUIGNAN und LOISEAU verlegen den Schlußpunkt ins Jahr 1925. So „kurzschlüssig" sind aber nur wenige Autoren. Jedenfalls war das gefürchtete Leiden wenige Jahre nach 1925 zur großen Seltenheit geworden. Die Zahlen der Gesundheitsämter in vielen Ländern sind nicht beweisend; so gut sich die Ärzte 1919 und 1920 die Diagnose erst angewöhnen, so gut mußten sie sie sich später wieder abgewöhnen. Das Kriterium, das lange Zeit für unumstößlich galt, war der postencephalitische Parkinsonismus. Kritisch verwendet, ist diese Erscheinung noch am brauchbarsten; man muß aber die jetzt schon lange Reihe der übrigen Parkinsonsyndrome ausschließen können. Ferner folgt bekanntlich nicht notwendigerweise ein Parkinsonismus auf die Lethargica. Einer strengen Kritik halten die seither veröffentlichten Fälle nicht stand.

Morbidität: Die Zahl der Erkrankungen während der Hauptepidemie berechnet NETTER für Frankreich auf mindestens 10000 Fälle, in Italien wurden bis April 1920 3900 Fälle mit 1013 Todesfällen gemeldet, in der Schweiz im Jahre 1920 984 Erkrankungen oder 2,5 Fälle auf 10000 Einwohner (regionäres Maximum im Kanton Baselland mit 5,5 Fällen auf 10000 Einwohner). In England wurden im Jahre 1918 230, 1919 541, 1920 890 und 1921 1470 Fälle gemeldet, also im Maximum 0,4 auf 10000 Einwohner.

In Deutschland ist die Anzeigepflicht erst spät eingeführt worden. Für Preußen findet DEICHER für 1919—1924 11317 Fälle. STERN 1928 gibt bei sehr vorsichtiger Schätzung die Zahl der Fälle in ganz Deutschland bis 1928 mit 60000 an.

Die Morbidität ist wohl ziemlich verschieden. STERN berechnet auf die Provinz Hannover nicht viel unter 1:1000.

In Wirklichkeit ist die Zahl der Fälle sicher überall größer gewesen, da selbstverständlich nicht alle leichteren Fälle gemeldet wurden, und zwar offenbar in verschiedenen Ländern verschieden häufig, worauf vielleicht auch die verschieden hohe Letalität der gemeldeten Fälle hinweist (in der Schweiz 29,4 %, in England 48,3 %).

Beziehungen zur Influenza- bzw. Grippepandemie: Diese Beziehungen sind oben schon gestreift worden. Ein nahes zeitliches Zusammenfallen beider Epidemien hat zu Spekulationen über einen inneren Zusammenhang geführt. Diese Ansicht ist heute nicht mehr haltbar. Daß die Encephalitis als regionale Epidemie 1—2 Jahre vor der Influenzaepidemie erschien, wurde schon betont. Später wurden eine ganze Reihe von Individuen gleichzeitig von beiden Erkrankungen ergriffen; das lag natürlich an der überwältigenden Häufigkeit der Grippe. Es sind aber auch Encephalitisfälle gesehen worden, während weit und breit keine Influenza zu finden war.

Ein gewisser pathogenetischer Synergismus zwischen beiden Infektionskrankheiten ist möglich; mehr auszusagen erlauben die Tatsachen nicht.

IV. Ätiologie

Der mutmaßlich einheitliche Erreger der Encephalitis wurde *nicht identifiziert*. Vorerst wurde eine große Zahl Mikroorganismen beschrieben; auch v. ECONOMO legte sich vorerst auf einen Diplostreptococcus fest, der von WIESNER aufgebracht worden war. Die Irrwege, welche die Forschung beschritt, besonders auch derjenige, der durch die Spontanencephalitis des Kaninchens, verursacht durch das Encephalitozoon cuniculi, gebahnt wurde, sind in der 3. Auflage dieses Handbuches (s. S. 670 f.) nachzulesen, als Warnungstafel für Experimentatoren. Auch die Vermutung, das Virus des Herpes simplex sei das verantwortliche Agens (LEVADITI, 1920; DOERR, 1921), hat sich nicht bewahrheitet (PETTE, 1942; HAMMON, 1949; SABIN, 1949). Zu dieser Erkrenntnis hat auch die Umgrenzung der eigentlichen Herpesencephalitis bei Tier und Mensch beigetragen.

Man tröstet sich heute damit, man würde wohl bei den Fortschritten der Virologie jetzt das Virus der Encephalitis lethargica bald in Händen haben, wenn a) die Krankheit wieder auftauchte, b) wenn sie eben durch ein Virus verursacht werde.

Unterdessen darf, mit aller gebotenen Vorsicht, die Krankheit als ein ausgezeichnetes Testobjekt für den Wandel der Epidemien aufgefaßt werden. Nicht nur änderte sie einigermaßen ihren Charakter (s. unten), sondern sie tauchte wie aus dem Nichts auf und verschwand wieder ins Nichts. Für die Entstehung der Encephalitis bietet sich die Theorie der Mutation an (OTTO NAEGELI), für das Verschwinden die Hypothese, daß die Menschheit durch stille Feiung immun geworden ist.

Infektiosität: Sie ist *gering.* Für Zwischenträger (Gegenstände, Lebensmittel, Wasser, Haustiere, Insekten) bestehen keine Anhaltspunkte. Für Übertragung von Kranken auf die Umgebung werden schon mehr Beispiele gegeben, insbesondere durch NETTER. Auch Ärzte werden auffallend selten befallen (SCHALTENBRAND gibt ein Beispiel). In der überwiegenden Mehrzahl der Fälle läßt sich ein Zusammenhang unter den einzelnen Erkrankten nicht nachweisen. Auch Übertragungen von nichtisolierten Encephalitiskranken im Spital auf andere Patienten kommen kaum vor. In einem Distrikt oder einer Stadt wohnen die Kranken weit auseinander. Häuser oder Straßen mit gehäuften Infektionen konnte NETTER in Paris nicht auffinden.

Anderseits ist eine ganze Reihe von Übertragungen durch gesunde Individuen, die in Berührung mit Encephalitispatienten gestanden haben, bekannt. Dies führt zur Annahme von *Virusträgern,* sei es, daß diese Personen eine Encephalitis durchgemacht haben, sei es, daß die Epidemie zu weit verbreiteten inapperzepten Erkrankungen geführt hatte (ähnlich wie bei der Poliomyelitis), vielleicht auch unter Formen, die gar nicht mehr an Encephalitis denken lassen. DOPTER hat 1921 diesen Gedanken weiter verfolgt; er nimmt an, daß das Virus seinen Sitz in den Schleimhäuten der Luftwege wähle und von dort nur ausnahmsweise ins Gehirn metastasiere. Diese Auffassung wird gestützt durch das katarrhalische Prodromalstadium (s. oben), das allerdings lange nicht obligat vorkam. Es ist jedenfalls beinahe sicher, daß der postencephalitische Parkinsonismus auch bei Individuen auftritt, die eine akute Phase der Gehirnentzündung nicht durchgemacht haben oder sich keinesfalls daran erinnern können.

Inkubationszeit: Sie war nie sicher bestimmbar, am wahrscheinlichsten sind es ungefähr 10 Tage..

Alters- und Geschlechtsdisposition: Die Mehrzahl der Kranken steht im jüngeren Alter. Auch Kinder werden häufig betroffen, sogar Neugeborene, aber Greise nicht verschont. Für den Verlauf der Krankheit lassen sich keine bestimmten Unterschiede der einzelnen Altersklassen erkennen. Das kindliche Gehirn scheint vor allen Dingen mit auffallender Schlaflosigkeit zu reagieren.

Das männliche Geschlecht wird häufiger befallen, dagegen wird von vielen Autoren schwererer Verlauf und größere Letalität bei Frauen angegeben. Die Gravidität erhöht die Disposition zur Erkrankung nicht, dagegen beinflußt sie den Verlauf ungünstig.

Konstitution: Eine konstitutionelle Disposition scheint in der Hinsicht gegeben zu sein, daß unter den an Encephalitis Erkrankten neuropathische Individuen sich besonders häufig finden oder solche mit neuropathischer Belastung (etwa $1/4$ der Fälle). Die Krankheit ist von uns nicht selten bei sehr intelligenten und z. T. hervorragend begabten Individuen mit allerdings labilem Nervensystem beobachtet worden. Inwieweit die seelischen Erschütterungen der Kriegs- und Nachkriegsjahre der Encephalitis den Boden geebnet haben, muß dahingestellt bleiben.

Daß die Veranlagung des Individuums für den *Verlauf* und wohl auch für die spezifische Form der Encephalitis richtunggebend sein kann, geht schon daraus hervor, daß verschiedene Nervensysteme auf dieselbe toxische oder infektiös-toxische Schädigung gleicher Art sehr verschieden reagieren, wie dies ja am deutlichsten gegenüber der Einwirkung von Alkohol und der Narkotica bekannt ist.

Rasse und Bevölkerungsschicht: Die größere Morbidität der unteren Volksschichten oder der Juden, wie sie PECORI für Rom beschreibt (347 Fälle), stimmt für unsere Gegenden nicht. Vielleicht mag für die Form und den Verlauf der Encephalitis auch eine gewisse Rassendisposition maßgebend sein, indem in südlichen Ländern die myoklone Form anscheinend häufiger vorkommt als weiter nördlich. Doch besteht auch hierin durchaus keine Gesetzmäßigkeit. Hunger und Unterernährung spielen für das Zustandekommen der Erkrankung keine Rolle.

Einfluß der Jahreszeit: Aus den einzelnen Seuchenzügen läßt sich deutlich erkennen, daß die Epidemie jeweils, wie schon zu Anfang in Wien, in der kalten Jahreszeit einsetzte; das Maximum wurde im frühen Frühling erreicht. Im Laufe des Sommers flaute die Epidemie ab. Dieses Verhalten steht im schroffen Gegensatz zu demjenigen der Poliomyelitis.

So betrug die Häufigkeit der Fälle in den einzelnen Monaten des Jahres 1920 für die Schweiz:

Jan.	Febr.	März	April	Mai	Juni	Juli	Aug.	Sept.	Okt.	Nov.	Dez.
88	440	348	78	25	11	12	6	8	4	7	7

Ein analoger jahreszeitlicher Verlauf zeigt die Statistik anderer Länder der nördlichen Halbkugel.

Änderungen des genius epidemicus: In den ersten Beobachtungen von v. ECONOMO fehlten die myoklonischen Formen; Fieber, Schlafsucht und Augenmuskellähmungen (Economosche Trias) bestimmten das Bild. Später kamen oft noch andere Symptome dazu, insbesondere die Myoclonien, die gelegentlich weit vorherrschten.

So berichtet NETTER (1920)

im November	4 lethargische Formen,	0 myoclonische
im Dezember	18 lethargische Formen,	1 myoclonische
im Januar	12 lethargische Formen,	4 myoclonische
im Februar	4 lethargische Formen,	18 myoclonische
im März	1 lethargische Form,	5 myoclonische

Die letzte schwere Epidemie in England 1924 wies ganz vorwiegend Myoclonien und andere Hyperkinesien auf.

V. Pathologische Anatomie des akuten Stadiums

Wir verweisen auf den Nervenband Handbuch der inneren Medizin, 4. Aufl. 1953 V/3, S. 838 und auf L. VAN BOGAERT, Handbuch der speziellen pathologischen Anatomie und Histologie, *XIII*, Nervensystem 2. Tl. A, S. 313 (1958), Springer-Verlag.

Makroskopisch ist kaum etwas zu sehen. Die Meningen sind ausnahmsweise hyperämisch oder milchig getrübt oder leicht hämorrhagisch. In der Gehirnsubstanz kommt es, allerdings selten, zu Flohstichblutungen im Hypothalamus, im Mesencephalon und im Boden des 3. Ventrikels. Kleine hämorrhagische Streifen sind am Boden des 4. Ventrikels schon gesehen worden. Das Ependym ist manchmal hyperämisch.

Mikroskopisch erscheint das Bild der Entzündung mit Untergang der Ganglienzellen, Gliazellvermehrung und perivasculären Infiltraten. Alles ist unspezifisch und nur die Lokalisation einigermaßen charakteristisch.

Die *Ganglienzellen* werden nicht so brutal zerstört wie bei der Poliomyelitis; es bleiben auch immer noch intakte übrig. In der Substantia nigra kann allerdings der größte Teil der Ganglienzellen verschwunden sein. Auch die schwarzen Coeruleuszellen sind sehr hinfällig. In anderen Gebieten, die dicht infiltriert sind, bleiben oft die Ganglienzellen ausgespart. Natürlich kommt es oft zur Neuronophagie. Unspezifische Ganglienzellveränderungen finden sich oft ganz unabhängig von den Infiltraten.

Die *Markscheiden* sind sehr resistent, auch die Axone. Gelegentlich blaßt das Mark etwas ab. Desintegrationssubstanzen sind spärlich.

Die *Neuroglia* reagiert kräftig. Sie bildet Gliarosetten und Gliarasen, auch außerhalb der Ganglienzellveränderungen. Nach SCHOLZ ist anzunehmen, daß die Gliazellhyperplasie nicht nur von der Ersatzfunktion herrührt, sondern auch vom Krankheitsprozeß unmittelbar befallen wird.

Die *perivasculären Infiltrate* sind reichlich, bestehen ganz vorwiegend aus Lymphocyten und Reticulumzellen und unterscheiden sich von denjenigen der Poliomyelitis durch die Seltenheit der Polynucleären.

Die *Hämorrhagien* drängen sich nicht auf, nur in Einzelfällen oder in gewissen Epidemien tritt Blut in größeren Mengen auf.

Die *Lokalisation* ist nun allerdings, wenn auch nicht pathognomonisch, so doch spezifisch. Erstens ist die *graue Substanz bevorzugt*. Es ist also eine Polioencephalitis. Zweitens liegen die *Läsionen im Zwischenhirn, Mittelhirn, Pons und Medulla oblongata*. Innerhalb dieser Gebilde findet aber eine weitere Differenzierung statt: Am stärksten zerstört wird die *Substantia nigra*, nicht viel weniger der *Locus coeruleus*. Erheblich befallen erweisen sich Boden und basale Seitenteile des 3. Ventrikels, Tuberkerne, weiter caudal die ganze aquäduktnahe Partie und insbesondere die Augenmuskelkerne. Die übrigen Hirnnervenkerne am Boden des 4. Ventrikels, besonders der Vagus, sind zwar konstant, aber weniger schwer lädiert. Ebenso leiden die Kleinhirnkerne. Bedeutend weniger attraktiv erweisen sich das Corpus Luysii, der rote Kern, ferner das Corpus mamillare. Im Thalamus sind nur die ventromedialen Kerne und das Pulvinar gefährdet. Frei bleibt die Großhirnrinde, das Striatum und das Pallidum, der Brückenfuß, der Bulbusfuß mit den Oliven, das Kleinhirn mit Ausnahme der schon erwähnten Kleinhirnkerne, das Ammonshorn. Im Opticus kommen nicht selten Infiltrate und Gliaknötchen vor, trotzdem seine Funktion kaum je leidet.

Das *Rückenmark* erweist sich in einer ganzen Anzahl von Fällen lädiert, am meisten das *Halsmark*. In einigen Präparaten ist das Vorderhorn besonders beteiligt, aber auch das Hinterhorn und die Wurzeln machen hie und da mit. Ausnahmsweise ist die weiße Substanz stärker geschädigt als die graue. Diese medulläre Lokalisation fand ihre Entsprechung in der Klinik in Form von peripheren, vorwiegend motorischen Läsionen (s. unten). Die Rückenmarksbefunde interessieren auch wegen des Singultus epidemicus (s. unten). Diese „paraencephalitische Krankheit" hat nur sehr selten zum Tode geführt, und die Autopsien sind dementsprechend große Raritäten. Ein Fall stammt von v. ECONOMO, ein zweiter von CLERC u. Mitarb. Im letzteren Fall lagen die Entzündungen betont in C 3 und C 4, so daß der Singultus lokalisatorisch erklärt werden kann (C 4 ist das Zwerchfellsegment).

Eine leichte Meningitis, besonders an der Basis, fehlt anatomisch selten.

Es soll auch rein periphere (polyneuritische) Läsionen durch den Erreger der Encephalitis lethargica ohne Parkinsonismus geben. VAN BOGAERT ist nicht überzeugt.

Die *übrigen Organe* zeigen auffallend wenig Veränderungen. Pneumonien oder auch nur nennenswerte Bronchitiden sind selten, wenn nicht etwa eine Kombination mit Grippe vorliegt (vgl. S. 907). Das Herz zeigt keine krankhaften Befunde. Die Leber ist bisweilen geringgradig verfettet, aber nach unseren Erfahrungen weniger als bei anderen Infektionskrankheiten. Die Milz ist gar nicht oder wenig vergrößert (Höchstgewicht in unseren unkomplizierten Fällen 205 g). Bei einigen Sektionen wurde Stauung der Organe, einigemal auch Blutungen in den Pleuren, im Epikard, in der Schleimhaut des Magens, des Nierenbeckens oder der Harnblase notiert.

VI. Pathologische Anatomie des chronischen Stadiums

Schon v. ECONOMO erkannte 1919 die Möglichkeit einer chronischen Entwicklung, und er bewies sie durch eine Autopsie im Jahre 1920, in welcher neben akuten Herden auch ältere narbige Veränderungen zu Tage traten. Es ist das Verdienst von TRÉTIAKOFF (im Laboratorium von BERTRAND), die Degeneration der Nigra, sowohl bei der Parkinsonschen Krankheit wie beim postencephalitischen Parkinsonismus erstmals beschrieben zu haben.

Die entzündlichen Anzeichen treten bei den chronischen Fällen und bei den Folgezuständen der Encephalitis mehr und mehr zurück. Schon 6 Monate nach der akuten Phase können sie fehlen. In den späteren Stadien interferiert die „sekundäre" oder „symptomatische" Entzündung mit der primären. Damit ist gemeint, daß auch beim Abbau von Gehirnsubstanz auf nicht entzündlicher Basis sich adventitielle Infiltrate von Lymphocyten und Reticulumzellen bilden. Solche Infiltrate können über manche Jahre liegen bleiben, auch dann, wenn keine Abbauprozesse mehr stattfinden (VAN BOGAERT).

Makroskopisch ist die Blässe der Nigra meistens schon sichtbar. Daneben kommt es nicht selten zur Verkleinerung des ganzen Gehirnes.

Mikroskopisch verläuft der *Abbau der Nigra* im Prinzip wie bei der Paralysis agitans. Die schwarzen großen Ganglienzellen sind entweder ganz verschwunden oder zu kernlosen Klumpen degradiert. Gelegentlich ist noch eine Zelle völlig erhalten. Das Melaninpigment liegt in etwas unregelmäßigen Granula entweder frei im Gewebe oder es wurde von rundlichen Gliazellen aufgenommen. Es ist dann schon morphologisch etwas verändert. Auf welche Weise sich der weitere Abbau vollzieht, ist unbekannt. Die Narbe ist stark von Gliafibrillen durchsetzt. In $^1/_3$ der Fälle (VON BRAUNMÜHL) finden sich perivasculäre Lymphocyteninfiltrate.

Die Entdeckung der *Alzheimerschen Fibrillenveränderung* erstmals durch FENYES (1931) bedeutete eine große Überraschung. Sie wurde besonders durch HALLERVORDEN (1934) ausgebaut und später oft bestätigt. Diese Zellen liegen in der Nigra und im Coeruleus, aber auch weniger zahlreich in vielen Gebieten des Hirnstammes, ferner im Ammonshorn, in der Inselrinde und in der übrigen Großhirnrinde. Sie gelten gemäß von BRAUNMÜHL als Signale der Umwandlung des Sol- zum Gelzustand in den Ganglienzellen.

Der *postencephalitische Parkinsonismus*, diese höchst merkwürdige Folgeerscheinung der Encephalitis lethargica, der kaum eine Analogie in der ganzen Lehre von den Infektionskrankheiten gegenübergestellt werden kann, ist im wesentlichen unerklärt geblieben.

Am einfachsten wäre er durch die Erregerpersistenz mit fortschreitender Entzündung chronischer Art motiviert gewesen, etwa nach dem Muster der Lues. Die pathologische Anatomie spricht nicht dafür, aber auch nicht unbedingt dagegen. Das Argument, daß sich aus dem Zustand nie eine Ansteckung ergibt, ja daß die Encephalitis lethargica verschwunden ist, die Opfer des postencephalitischen Parkinsonismus aber z. T. noch leben, ist auch nicht ganz stichhaltig: Aus dem Primäraffekt, sicher einer akuten Entzündung, entwickelt sich nach manchen Jahren eine Tabes, eine rein degenerative Läsion, mit Erregerpersistenz, aber ohne Infektiosität.

Die heute am häufigsten akzeptierte Theorie hält sich an die so oft schon bemühte Hypothese vom „Aufbrauch" (EDINGER) oder dem „abiotrophischen Prozeß" (GOWERS). Die infektiösen Toxine (oder vielleicht der Streß?) schädigten die empfänglichen Ganglienzellen vorerst nur insoweit, als sie einen langsam fortschreitenden, aber vorzeitigen Alterungsprozeß in Gang setzten. Ein Schönheitsfehler besteht darin, daß die normale Alterung weder zu Parkinson noch zur senilen Demenz mit ihren Alzheimerschen Fibrillenveränderungen führt. Wenn man vollends die Paralysis agitans als eine Heredodegeneration auffaßt (MJÖNES), so verliert die genannte Hypothese weiter an Überzeugungskraft.

Zur *Differentialdiagnose zwischen Paralysis agitans und postencephalitischem Parkinsonismus* kann die pathologische Anatomie einiges beitragen. Im allgemeinen sind die Veränderungen beim letzteren eingreifender. Bei der Paralysis agitans findet man immer die F. H. Lewyschen Einschlußkörper (metachromatisch gefärbte sphärische Körper im Plasma von Zellen, zuweilen auch frei im Gewebe), beim postencephalitischen Parkinsonismus fehlen sie (GREENFIELD und BOSANQUET, 1953; BETHLEM und DEN HARTOG JAGER, 1960).

Weitere wesentliche differentialdiagnostische Momente liegen in klinischen Tatsachen: In den ersten Jahren nach der akuten Encephalitis können bei postencephalitischem Parkinson Recidive der akuten Form auftauchen, z. B. erneute Augenmuskellähmungen mit Fieber u. a. Das gibt es bei der Paralysis agitans nicht. Solche Fälle kamen auch ad exitum; einen hat v. ECONOMO autopsiert und frische neben ältere Herden gefunden. In den späteren Jahren allerdings verschwanden die Rückfälle vollständig.

Ferner gab und gibt es jetzt noch nicht selten Fälle, deren Leiden, anders als bei den echten Parkinsonkranken, nicht weiter fortschritt.

Ich (LÜTHY) untersuchte vor vielen Jahren einen Spitalangestellten, den ich fast täglich sehe; er hat seine Encephalitis während der Epidemie durchgemacht und verrichtet jetzt noch, nach 35 Jahren, mit dem gleichen Maskengesicht wie damals, unentwegt seine tägliche körperliche Arbeit.

KLAUE (im Laboratorium von SPATZ) hat die Ansicht vertreten, daß die Paralysis agitans nichts anderes sei als ebenfalls eine Encephalitisfolge; nur verlaufe bei diesen Patienten die akute Krankheit inapperzept. Das bedeutet, daß sich ständig in großen Mengen Encephalitiden ereignen (natürlich in größerer Zahl als den späteren Parkinsonpatienten entspricht, denn die überlebenden Encephalitispatienten wurden ja nicht alle zu Parkinsonisten). Man hat auch schon argumentiert, jede gewöhnliche Erkältungskrankheit könne metastatisch die Encephalitis erzeugen, die später die Parkinsonsche Krankheit zur Folge habe. Alle diese unbewiesenen Voraussetzungen haben die meisten Autoren zur Ablehnung der Klaueschen Hypothese bestimmt.

Die klinische Differentialdiagnose zwischen Paralysis agitans und postencephalitischem Parkinsonismus wird weiter unten (s. S. 111) abgehandelt.

Symtomatologie

(unter weitgehender Verwertung der Beobachtungen von LÖFFLER in den früheren Auflagen dieses Handbuches).

Als v. ECONOMO die Krankheit beschrieb, glaubte er, daß sie immer akut abläuft, und zwar in der Regel mit den drei Hauptsymptomen von Fieber, Schlafsucht und Lähmung von Hirnnerven, besonders von Augenmuskelnerven. Erst später hat man das chronische Stadium und die zahlreichen atypischen Fälle kennengelernt. Es hat sich gezeigt, daß in den meisten Fällen nach scheinbarer Abheilung des akuten Stadiums eine chronisch progressive Krankheit entsteht, die zu schwerem Siechtum führen kann. In zahlreichen Fällen beginnt die Krankheit scheinbar chronisch mit den Symptomen des Spätstadiums, aber auch dann läßt sich recht oft nachweisen, daß doch früher eine Erkrankung durchgemacht wurde, die man nachträglich als akutes Stadium auffassen muß. Von den Symptomen der verschiedenen Stadien brauchen die neurologischen mit Rücksicht auf die Darstellung im Nervenband dieses Handbuches nur kurz behandelt zu werden.

A. Symptome des akuten Stadiums: Die *v. Economosche Trias* (Fieber, Schlafsucht und Hirnnervenlähmung) bildet immer noch das wichtigste Charakteristikum des akuten Stadiums. Sie ist aber nicht in allen Fällen vorhanden. Dafür kennen wir eine Reihe von anderen Symptomen, die neben Schlafsucht und Hirnnervenstörungen oder an ihrer Stelle auftreten.

1. *Fieber:* Das Fieber setzt selten plötzlich mit einem Schüttelfrost ein, häufiger steigt die Temperatur im Laufe eines oder mehrerer Tage staffelförmig in die Höhe.

In der Mehrzahl der Fälle wird 39° erreicht oder überschritten. Die Temperatur kann aber auch niedriger bleiben. Unter 41 Fällen mit genau bekanntem Temperaturverlauf hatten wir einen mit Höchsttemperatur von 36,9°, 7 mit 37,0 bis 37,9°, 9 mit 38,0—38,9°, 19 mit 39,0—39,9°, 5 mit 40° oder mehr.

Die Dauer des Fiebers ist verschieden. Meistens bleibt es etwa 1 Woche oder etwas länger hoch, um dann mehr oder weniger rasch abzusinken. Nicht selten bleibt die Temperatur noch einige Zeit, selbst bis über 1 Monat lang oder noch länger subfebril oder zeigt immer von neuem wieder einzelne Erhebungen. Eine über 1 Monat dauernde Temperatursteigerung sahen wir in 6 von 41 Fällen.

Das Fieber kann aber auch nur wenige Tage anhalten. In 15 von unseren Fällen wurde die Temperatur von 38° nur an 1—5 Tagen erreicht, in 3 Fällen stieg sie überhaupt nur an 1 Tag auf 37,1, 37,2 und 37,5°. In tödlichen Fällen steigt das Fieber gegen das Ende oft sehr hoch; wir haben eine Steigerung bis 42,2° gesehen. Doch gibt es auch tödliche Fälle, bei denen das Fieber gering bleibt und mehrere Tage vor dem Tode wieder absinken kann.

2. *Schlafsucht:* Das typische Symptom der Erkrankung ist die *Lethargie*, die kaum bei einer anderen Krankheit in dieser Form beobachtet wird. Die Kranken empfinden eine unüberwindliche Schlafsucht, schlafen den ganzen Tag, schlafen beim Sprechen und beim Essen ein, können aber verhältnismäßig leicht geweckt werden. Auch durch die Bedürfnisse der Miktion und Defäkation werden sie geweckt, so daß sie selten unter sich gehen lassen. Nur in sehr schweren Fällen geht die Schlafsucht in ein richtiges Koma über.

Die Schlafsucht kann Tag und Nacht andauern, nicht selten besteht sie aber nur bei Tage, während die Patienten nachts unruhig sind und delirieren. Bisweilen tritt überhaupt keine Schlafsucht, sondern nur Schlaflosigkeit auf.

Die Dauer der Lethargie schwankt zwischen wenigen Tagen oder selbst Stunden bis zu Wochen und Monaten. In den meisten Fällen entwickelt sich die Schlafsucht erst nach einigen Tagen allgemeinen Unwohlseins und nach dem Auftreten von Augenmuskellähmungen. Nicht selten bildet sie aber das erste Symptom oder folgt der Augenmuskellähmung erst später nach.

3. *Hirnnervenlähmungen:* Zu dem Fieber gesellt sich gewöhnlich noch vor der Lethargie die Lähmung einzelner Hirnnerven, namentlich *Augenmuskelnerven*. Es kann auch vorkommen, daß das Doppelsehen das erste ist, was dem Kranken auffällt. Cords, auf dessen Sammelreferat verwiesen sei, schätzt die Beteiligung der Augen auf 85—90% der Gesamtfälle, doch haben sie andere Autoren etwas seltener beobachtet. Freilich werden leichte Störungen, namentlich der Pupilleninnervation, nur bei sehr genauer Untersuchung erkannt.

Charakteristisch ist die Dissoziation der Lähmungserscheinungen; am häufigsten ist die ein- oder doppelseitige Ptosis, dann kommen Lähmungen einzelner Recti, auch Abducenslähmungen. Auch Blickparesen nach oben und unten sind nicht selten, etwas seltener Konvergenzlähmungen. Recht häufig, aber leicht zu übersehen, ist Störung der Akkommodation. Auch Pupillenstörungen sind bei genauer Untersuchung nicht selten, und zwar finden sich sowohl reflektorische Starre als auch leichtere Veränderungen, Anisokorie usw.

Die übrigen Hirnnerven sind sehr viel seltener gelähmt. Am häufigsten ist die ein- oder doppelseitige Facialislähmung (in unserem Material etwa 4%), die, wie die Augenmuskellähmungen, meistens rasch vorübergeht, aber auch dauernd bleiben kann. Wenig häufig kommt es durch Erkrankung der Nervenkerne in der Medulla oblongata zum Bild der Bulbärparalyse.

4. *Hyperkinesien:* Besonders während der Epidemiewelle des Winters 1919 bis 1920 sind hyperkinetische Störungen recht häufig beobachtet worden, so daß sie als typisches Merkmal der Encephalitis epidemica betrachtet werden müssen und selbst beim Fehlen von Lethargie und Augenmuskellähmungen die Diagnose leicht machen. Wir unterscheiden:

a) *Choreatische Bewegungen,* meistens weniger intensiv, kürzer dauernd und weniger ausgebreitet als bei Chorea minor, mit Übergängen zu einfacher Jaktation und vermehrtem Bewegungsdrang. b) *Myoklonische* („galvanoide") Zuckungen, bisweilen rhythmisch, bisweilen ganz ungeordnet, oft nur an einer einzelnen Stelle. Es kommen auch rudimentäre Fälle vor, in denen myoklonische Zuckungen sozusagen das einzige Symptom darstellen (über Singultus epidemicus vgl. den Anhang). c) Seltener sind vorübergehende *tonische,* tetanieähnliche Krämpfe.

5. *Tonusstörungen:* Mehrere Autoren, vor allem STERN, betonen, daß *Hypotonie* in der großen Mehrzahl der Fälle im Frühstadium vorkommt, aber häufig übersehen wird. Mit dieser Hypotonie hängt die *Schwäche* zusammen, über die die Patienten recht häufig klagen. Diese Hypotonie und Asthenie kann das fieberhafte Stadium längere Zeit überdauern. Andererseits kommen auch schon im Frühstadium *Hypertonien* vor, die entweder wieder verschwinden oder in Parkinsonismus übergehen. Zu den Tonusstörungen sind auch die *kataleptischen* Zustände zu rechnen, die sich bisweilen bis zur ausgesprochenen Flexibilitas cerea steigern.

6. *Schmerzen:* Schmerzen sind eines der häufigsten Symptome, namentlich im Beginn der Erkrankung, so daß man das erste Stadium der Erkrankung auch schon das neuralgische genannt hat. Wir müssen aber zweierlei Arten von Schmerzen unterscheiden:

a) *Zentrale Schmerzen.* Am häufigsten ist mehr oder weniger diffuser Kopfschmerz (in unserem Material etwas in der Hälfte der Fälle); dann kommen Schmerzen im Nacken, im Rücken, auf der Brust und in den Extremitäten, die ebenso heftig sind wie die Schmerzen bei der Grippe. Auch Bauchschmerzen sind nicht selten.

b) *Neuralgische Schmerzen.* Ausgesprochene Neuralgien im Gebiet des Trigeminus, der Arme und der Beine usw. sind recht häufig. Sie können äußerst heftig werden.

Ein Patient unserer Beobachtung suchte wegen heftiger Hodenneuralgien die chirurgische Klinik auf, mit dem Wunsch, sich den Hoden entfernen zu lassen, fiel aber dort nach kurzer Zeit in tiefe Lethargie.

Zu erwähnen ist noch, daß nicht selten durch die Bauchschmerzen eine Appendicitis vorgetäuscht wird. Zwei Fälle, die mit dieser Diagnose auf die chirurgische Klinik kamen, wurden uns von dieser überwiesen.

Die Schmerzen verschwinden meistens noch während das Fieber andauert, können aber selbst das lethargische Stadium und das Fieber überdauern und noch jahrelang bestehen bleiben.

7. *Andere cerebrale Symptome:* Im Gegensatz zu Encephalitis anderer Ätiologie sind Läsionen der *Pyramidenbahnen* selten, äußern sich aber gelegentlich doch in

vorübergehenden Lähmungen oder im Auftreten eines rasch wieder verschwindenden Babinskischen Reflexes.

Wieweit der *Schwindel*, über den viele Patienten im Beginn der Erkrankung klagen, und das nicht so seltene Taumeln beim Gehen auf *Kleinhirn*- oder Labyrinthaffektion zurückzuführen sind, sei hier nicht erörtert. Zweifellos kommen bisweilen Kleinhirnsymptome vor, die schon zur Diagnose eines Kleinhirntumors und zur Operation geführt haben (NAEF, 1919). Auch das häufige (und diagnostisch wichtige!) Auftreten von *Nystagmus* ist zu erwähnen.

Die Beteiligung der *Hirnrinde* zeigt sich in seltenen Fällen im Auftreten von Jacksonscher Epilepsie. Noch seltener sind gnostisch-apraktische Störungen. *Neuritis optica* ist selten. Doch kommt sogar Stauungspapille vor.

8. Spinale Symptome: Obschon die anatomische Untersuchung recht häufig Entzündungsherde im Rückenmark aufdeckt, sind spinale Symptome verhältnismäßig selten. Am häufigsten ist vorübergehendes Verschwinden der Patellar- und Achillessehnenreflexe. Aber auch Lähmungen und Sensibilitätsstörungen können als Teilerscheinung einer mehr oder weniger schweren lethargischen oder hyperkinetischen Erkrankung gefunden werden. Selbst tabische Symptomenkomplexe sind beschrieben worden.

In der Basler Klinik kamen 2 Fälle von typischer Landryscher Paralyse zum Exitus, bei denen die Sektion eine Encephalitis epidemica ergab. Hier kamen z. Z. der Encephalitisepidemie noch 5 andere Fälle von Landryscher Paralyse zur Beobachtung, bei denen, weil sie ausheilten, die Zugehörigkeit zur epidemischen Encephalitis nicht nachgewiesen ist.

9. *Meningeale Symptome:* Die Beteiligung der Meningen wird durch die Ergebnisse der *Liquoruntersuchung* in manchen Fällen bewiesen, während diese in anderen Fällen ein vollständig normales Resultat ergeben kann. Die Angaben der Literatur über die Häufigkeit der Liquorveränderungen sind recht verschieden. Wir fanden sie in zwei Drittel der untersuchten Fälle.

Der Druck ist meistens normal, kann aber auch erhöht sein. Die Flüssigkeit ist fast immer klar, ein Gerinnsel bildet sich nicht, Xanthochromie haben wir einmal gefunden. Globulinvermehrung wird von verschiedenen Untersuchern verschieden häufig angegeben, von den meisten als auffallend selten.

Zellvermehrung (meistens Lymphocyten) fanden wir wie die meisten Beobachter in etwas mehr als der Hälfte unserer untersuchten Fälle. Selten erreicht sie hohe Grade, nur einmal fanden wir 3000 Zellen im ml, viermal 100—300. Die Wa. R. wurde in seltenen Fällen vorübergehend positiv gefunden. Die Kolloidreaktionen fallen bisweilen ganz normal aus, häufiger ist eine Goldsolreaktion im Sinne der Lues. Zuckervermehrung ist das regelmäßigste Symptom. Nach ESKUCHEN sind in einem Drittel der Fälle alle vier Reaktionen (Pleocytose, Globulinvermehrung, Glucorhachie und Goldsolreaktion) positiv, in mehr als 90 % mindestens eine derselben.

Die Liquorveränderungen entstehen allmählich, erreichen in der 2.—3. Woche ihren Höhepunkt und nehmen dann wieder ab.

Die *klinischen* Zeichen der Meningealbeteiligung sind in der Regel gering und beschränken sich auf leichte Nackenstarre im Beginn der Krankheit bei manchen Fällen. Doch können sie auch stärker hervortreten, so daß das ausgesprochene Bild einer Meningitis entsteht. Diese meningeale Form ist aber recht selten.

10. *Psychische Symptome:* Delirien sind recht häufig und können, wie schon erwähnt, mit Schlafsucht abwechseln. Sie können ihr auch vorausgehen oder sie überdauern oder ohne sie auftreten.

Apathie, Depression oder Euphorie, Wahnideen, manische Zustände und andere psychische Störungen können vorkommen; doch fehlt in vielen Fällen jedes Zeichen einer psychischen Alteration.

11. Zirkulationsapparat: In schweren Fällen ist es die toxische Zirkulationsstörung, die (abgesehen von den Bulbärlähmungen) die Lebensgefahr darstellt und den Tod herbeiführt. Aber im Vergleich zu anderen Infektionskrankheiten sind die Symptome von seiten des Kreis-

laufs verhältnismäßig gering. Herzerweiterung konnten wir nie feststellen, systolische Geräusche auf der Höhe des Fiebers nur ein- oder zweimal; einige Male fielen dumpfe oder unreine Herztöne auf. In einem tödlichen Fall fanden wir Überleitungsstörungen; in einem anderen, ebenfalls tödlichen, fiel Wechsel von Blässe und Rötung der Haut auf. Der Puls entspricht oft der Höhe des Fiebers; doch fanden wir mehrere Male auffallend geringe Pulsfrequenz (90 bei 39,9°), aber auch auffallend frequenten Puls (104 bei 37,6°, 120 bei 36,8°). Auch anfallsweise Tachykardien kommen vor.

Der *Blutdruck* ist nach BARRÉ und REYS während des Fiebers fast immer vermindert, was aber mit unseren Erfahrungen nicht übereinstimmt. Wir fanden im Gegenteil mehrere Male während des Fiebers eine leichte Erhöhung (z. B. 140 mm nach RIVA-ROCCI, nach der Entfieberung 100).

12. Blut: Während Hämoglobin und rote Blutkörperchen keine nennenswerte Veränderung zu zeigen pflegen, ergibt die Untersuchung der Leukocyten wechselnde Resultate. Normale Leukocytenwerte werden ebenso oft gefunden wie erhöhte und verminderte. Sowohl bei Leukocytose als auch bei Leukopenie kann der Prozentgehalt der Lymphocyten vermehrt oder vermindert sein. Wir fanden häufiger relative Lymphocytose (bis 47%) als Lymphopenie (bis unter 5%). Nach Analogie mit anderen Infektionskrankheiten wäre anzunehmen, daß zuerst eine neutrophile Leukocytose, später eine relative Lymphocytose auftritt. Wir sahen aber auch Fälle, in denen die Lymphocytose in Lymphopenie überging, ohne daß ein neuer Schub der Krankheit nachweisbar gewesen wäre. Unsere Erfahrungen stimmen mit den Angaben der Literatur in dieser Beziehung überein. Die eosinophilen Zellen sinken meist nur geringfügig ab, die Monocyten folgen im ganzen den Schwankungen der polynucleären Neutrophilen. In seltenen Fällen haben wir Myelocyten, Myeloblasten und Plasmazellen gesehen.

Von sonstigen Veränderungen sind abnorm leichte Gerinnbarkeit, schokoladeähnliche Verfärbung des Blutes beschrieben, ferner Vermehrung des Harnstoffes und Reststickstoffes, des Indicans, des Kochsalzes und des Gefrierpunktes (UMBER, FALTA). Hyperglykämie wird von einzelnen Autoren behauptet, von anderen bestritten.

13. Respirationsapparat: Im Beginn besteht oft eine unspezifische Rötung des Mundes und Rachens, oft mit Conjunctivitis (vgl. S. 906). In den Fällen, in denen die Encephalitis mit einer Grippe kombiniert ist, können natürlich die Bronchial- und Lungenkomplikationen dieser Krankheit auftreten und sogar das Krankheitsbild beherrschen. Bei unkomplizierter Encephalitis sind aber die Respirationsorgane im Vergleich zu anderen Infektionskrankheiten auffallend wenig beteiligt. Wir fanden nur in einem Fünftel der Fälle Bronchitis, die mit Ausnahme eines einzigen Falles nur ganz geringfügig war. In einem Fall vom Typus der Bulbärparalyse wurde bei der Sektion eine Bronchopneumonie gefunden, bei der es nicht sicher war, ob sie als Grippepneumonie aufzufassen sei.

Nicht selten kommen zentrale Atemstörungen vor. Stimmbandlähmungen und -krämpfe und Anfälle von Tachypnoe sind auch im Frühstadium beschrieben.

14. *Verdauungsorgane:* Ziemlich häufig (in einem Viertel unserer Fälle) tritt im Beginn der Erkrankung Erbrechen auf. In anderen Fällen besteht Übelkeit oder Appetitlosigkeit. Auch Druck im Magen, Druckempfindlichkeit im Abdomen, Leibschmerzen kommen vor, doch spielen alle diese Symptome eine geringe Rolle und gehen rasch vorüber.

Ein regelmäßiges Symptom ist dagegen die *Obstipation,* die wenigstens in den ersten Tagen der Krankheit vorhanden zu sein pflegt. Einmal haben wir auffallenden Meteorismus notiert, ein anderes Mal trat eine ziemlich ausgedehnte Darmblutung im Beginn der Erkrankung auf. Daß die Encephalitis unter dem Bilde einer akuten Appendicitis beginnen kann, wurde bereits erwähnt.

Die *Leber* zeigt weder eine Veränderung der Größe noch der Funktion. Der Befund von Urobilin und Urobilinogen ist seltener als bei anderen Fieberkrankheiten. Selten wird Ikterus erwähnt. In einem Fall fanden wir Gallenfarbstoff im Harn ohne sichtbaren Ikterus.

Die *Milz* ist selten vergrößert (in 70 eigenen Fällen nur zweimal fühlbar, einmal nur perkussorisch vergrößert).

15. *Urogenitalsystem:* Recht häufig ist hartnäckige Urinretention, die das Katheterisieren notwendig macht (in einem Zehntel unserer Fälle).

Der Urin ist häufig entsprechend dem Fieber konzentriert, aber im Verhältnis zu anderen Infektionskrankheiten meistens in geringem Grade. Spuren von Eiweiß fanden wir in der Hälfte unserer Fälle, Cylinder nur dreimal, außerdem einzelne rote Blutkörperchen. In einem einzigen Falle, der tödlich endigte, fanden wir $14^1/_2$‰ Eiweiß mit vielen Cylindern. Urobilin und Urobilinogen konnten wir in den meisten Fällen in Spuren nachweisen, aber nur in wenigen Fällen in nennenswerten Mengen. Die Diazoreaktion ist immer negativ. Glucosurie wird beschrieben, wir fanden nur in einem Fall 0,2% Zucker und nur an einem einzigen Tage.

In seltenen Fällen beginnt die Krankheit mit Nierenkolik, so daß die Diagnose auf Nephrolithiasis gestellt wurde. In einem Fall stellte sich kurz nach Beginn der Harnretention eine Cystitis ein, so daß die Diagnose auf Pyelitis acuta gestellt wurde, bis nach einigen Tagen die immer deutlicher werdende Schlafsucht zur richtigen Diagnose führte.

In einigen Fällen konnten wir vorzeitiges Eintreten der Menses beobachten.

16. Haut: Recht häufig fällt im Beginn der Erkrankung, selbst bei Fehlen von Fieber, auffallend starkes Schwitzen auf. Herpes, scarlatiniforme, urticarielle und andere Exantheme sind beschrieben, namenlich bei einzelnen Epidemien mit Vorwiegen der hyperkinetischen Form, sind aber im ganzen recht selten.

17. Stoffwechsel und Organe mit innerer Sekretion: Als infektiöse Stoffwechselschädigung ist die rasche Abmagerung, die man oft schon nach wenigen Fiebertagen beobachten kann, aufzufassen. Das Chvosteksche Phänomen haben wir zweimal gesehen. In einem Falle trat außerdem in der ersten Zeit der Erkrankung ein typischer Anfall von Tetanie auf.

B. Verlauf und Ausgang des akuten Stadiums: Über die Inkubation vgl. S. 908.

Prodromale Erscheinungen sind oft vorhanden und bestehen in allgemeiner Müdigkeit und unbestimmten Beschwerden, seltener in katarrhalischen Erscheinungen (vgl. S. 906). Sie dauern oft nur einige Stunden, bisweilen Tage oder selbst einige Wochen und gehen mehr oder weniger plötzlich in die Symptome des akuten Stadiums über.

Das *akute Stadium* selbst kann in verschiedener Weise beginnen und verlaufen.

1. In der *Mehrzahl der Fälle* beginnt die Krankheit mit Fieber, das nur selten mit Schüttelfrost einsetzt, sondern meistens allmählich zunimmt, und an das sich neurologische Symptome anschließen. Heftige Schmerzen im Kopf, Nacken und Rücken oder in einzelnen Nervenbezirken bestehen meistens von Anfang an und nehmen zu, bis die Höhe des Fiebers erreicht ist. Dann treten oft Delirien auf, die Kranken beginnen doppelt zu sehen, und choreatische und myoklonische Zuckungen können auftreten. Dieses Stadium geht in das lethargische über, und wenn nicht der Tod eintritt, so können die Lethargie und andere cerebrale Symptome noch einige Tage weiter bestehen, während die Temperatur sinkt. Allmählich gehen alle Erscheinungen zurück, und 2—3 Wochen nach Beginn des Fiebers oder auch etwas später, beginnt die Rekonvaleszenz, die oft durch langsames Zurückgehen einzelner Symptome gestört ist.

Je nach dem Vorwiegen des Fiebers oder einzelner neurologischer Symptome gestaltet sich das Krankheitsbild verschieden. Bisweilen stehen die Fiebererscheinungen durchaus im Vordergrund, und die cerebralen Lokalsymptome beschränken sich auf einzelne Augenmuskellähmungen, Pupillenstörungen, myoklonische Zuckungen einzelner Muskeln oder dgl.

Dieser Verlauf findet sich nach STERN, mit dem unsere eigenen Erfahrungen übereinstimmen, in etwa drei Viertel der im akuten Stadium diagnostizierten Fälle.

2. *Stürmischer Beginn* mit Schüttelfrost und bald einsetzenden Cerebralsymptomen, Delirien, oft auch Koma, ist seltener. In diesen Fällen beobachtet man besonders häufig choreatische und myoklonische Zuckungen. Viele Fälle endigen mit dem Tod, bisweilen sogar in weniger als 24 Std. Diese perakuten Fälle können unter dem Bild der Landryschen Paralyse verlaufen. Der Tod erfolgt im Koma in Lungenödem, Herz- oder Atemlähmung. Wenn nach mehrtägigem hohem Fieber mit schweren Cerebralsymptomen die Temperatur anfängt herunterzugehen, kann noch Heilung eintreten, doch erst nach vielen Wochen.

3. Noch seltener beginnt die Krankheit mit *cerebralen Herdsymptomen ohne Temperatursteigerung*. Diese Fälle verlaufen meistens subakut. Die Krankheit beginnt mit unmotivierter Schlafsucht, Neuralgien, Augenmuskellähmungen oder dgl., und einige Tage später entwickeln sich, bisweilen unter allmählich einsetzendem, hoch werdendem Fieber, die übrigen Symptome einer mehr oder weniger

starken typischen Encephalitis. Es kann auch vorkommen, daß das Fieber überhaupt fehlt, oder daß geringe Temperatursteigerungen übersehen werden und der Patient die Krankheit ambulant übersteht.

Beispiel: 32jähriger Grenzwächter fühlt sich Weihnachten 1919 unwohl, müde, wird allmählich schläfrig. Nach 2 Wochen Doppelbilder; schläft während der Arbeit oft ein, versieht aber seinen Dienst weiter. Nach weiteren 3 Wochen verschwinden die Doppelbilder. Im Frühjahr 1920 vollständiges Wohlbefinden. Herbst 1920 Zittern und Schwäche in den Beinen, deprimierte Stimmung. Allmählich Besserung; vom Frühjahr 1921 an fühlt sich Patient so wohl und leistungsfähig wie früher, aber die Untersuchung ergibt heute noch deutliche mimische Starre und Verlangsamung der Bewegungen, was weder dem Patienten noch seiner Frau aufgefallen war, obschon der Vergleich mit einer früheren Photographie die Veränderung des Gesichts in die Augen springen läßt.

Selten ist der Beginn mit einer hyperkinetischen Initialpsychose. Die beschriebenen Fälle von apoplektiformem Beginn sind selten.

4. Während die bisher erwähnten Verlaufsarten typische Krankheitsbilder darstellen und in der Regel die Diagnose leicht stellen lassen, gibt es auch *atypische Erkrankungen*, bei denen die Diagnose schwierig ist oder erst nachträglich gestellt werden kann.

a) Das akute Stadium verläuft unter unbestimmten *grippeähnlichen* Erscheinungen.

In der Anamnese von Kranken mit chronischer Encephalitis fehlt oft der Hinweis auf eine sichere akute Encephalitis, dagegen erhält man Angaben, daß sich das Leiden mehr oder weniger direkt an eine „Grippe" angeschlossen habe. Wenn man eine Krankengeschichte dieser „Grippe" findet, so kann man oft konstatieren, daß es sich um eine fieberhafte Krankheit ohne Lokalsymptome gehandelt hat, vielleicht mit auffallenden Delirien, Kopfschmerzen, Neuralgien oder mit leichter, rasch vorübergehender Psychose. In anderen Fällen fehlt jede Andeutung einer besonderen Beteiligung des Nervensystems, oder das Fieber war nur gering. Man kann sogar die Angabe bekommen, daß die Krankheit ambulant durchgemacht wurde.

Nach STERN, mit dem sich unsere eigenen Erfahrungen decken, erhält man dieseAngabe in etwa einem Viertel aller Fälle von chronischer Encephalitis. Wie groß der Prozentsatz ist, bezogen auf die akute Encephalitis, kann man nicht sagen, weil wir nicht wissen, wie viele von ihnen ausheilen.

b) Eine atypische Form stellen die *oligosymptomatischen* Erkrankungen dar, bei denen sich das Leiden auf vorübergehendes Doppeltsehen, eine isolierte Facialislähmung, eine heftige Neuralgie oder vorübergehende umschriebene Myoklonie beschränkt. In seltenen Fällen kann diese rudimentäre Erkrankung dadurch als Encephalitis erkannt werden, daß sich später ein Parkinsonismus entwickelt, in anderen dadurch, daß sie in Epidemiezeiten auftreten.

Ein 59jähriger Herr, der bei der Sitzung einer Sanitätsbehörde einer Besprechung über die Schlafkrankheit beigewohnt hatte, suchte nachher einen von uns auf, weil er den Eindruck bekommen hatte, er habe selbst vor einigen Tagen die Schlafkrankheit durchgemacht. An einem Sonntagnachmittag hatte er sich so müde gefühlt, daß er den ganzen Nachmittag schlief. Am Montag sah er die Personen auf der Straße doppelt und ging deshalb zum Augenarzt, der eine Augenmuskellähmung fand. Nach 1 Woche war nichts Krankhaftes mehr nachzuweisen.

Je nachdem einzelne Partien des Zentralnervensystems isoliert oder vorwiegend befallen sind, kann man im akuten Stadium folgende Formen unterscheiden, deren Häufigkeit nach unserem, in der 2. Auflage ausführlicher mitgeteilten Material das Folgende ist:

1. Mesencephale Formen (Lethargie oder Hirnnervenlähmung, meistens beides
   zusammen . . . . 60—65%
2. Hyperkinetische (myoklonisch-choreatische) Formen mit oder ohne Lethargie
   und Hirnnervenlähmung 25%
3. Andere (bulbäre, coricale, spinale und meningitische) Lokalisationen . . . 10%
4. Rudimentäre Formen. . . . . 3—5%

STERN gibt ähnliche Zahlen an, nur weniger atypische Lokalisationen. Die Zahlenverhältnisse sind aber je nach dem Charakter der Epidemie örtlich und zeitlich verschieden. In den letzten Jahren sind die myoklonischen und choreatischen Formen wieder stark zurückgetreten und die rudimentären Formen anscheinend häufiger geworden.

Der *Ausgang* des akuten Stadiums ist verschieden:

a) *Tod:* Von den Fällen, die wir im akuten Stadium beobachtet haben, endete fast ein Viertel tödlich. Die Statistik des Schweizer Gesundheitsamtes ergab für das Jahr 1920 eine Mortalität von 24,9, die englische Sammelstatistik (PARSONS, 1922) 48,3 %. Alle diese Zahlen sind wohl zu hoch, weil leichtere Fälle nicht erfaßt wurden. In den letzten Jahren der Epidemie nahmen die schweren, tödlich endigenden Fälle offenbar überall ab. Der Tod erfolgt am häufigsten 1—2 Wochen nach Beginn des Fiebers, kann aber auch schon in weniger als 24 Std oder aber erst nach mehreren Wochen eintreten. Besonders gefährdet sind Patienten mit plötzlich eintretendem hohem Fieber, mit starker Bewußtseinstrübung und mit hyperkinetischen Symptomen.

β) *Heilung:* Wenn man von den rudimentären Formen absieht, die meistens nach wenigen Tagen restlos ausheilen, so ist eine vollkommene und dauernde Heilung recht selten. BING und STAEHELIN (1922) haben seinerzeit nach mehr als einjähriger Beobachtung Heilung in einem Viertel der Fälle gefunden, aber ein Teil dieser Fälle ist später doch noch an mehr oder weniger schwerem Parkinsonismus erkrankt. Von den ausgesprochenen Fällen akuter Encephalitis heilen wohl kaum mehr als 10 % wirklich restlos aus. HOLT (1937) fand nach längstens 16 Jahren noch 11,5 % Geheilte, SAUTER (1934) in Zürich nach längstens 13 Jahren ca. 7 % ,wobei aber alle noch einzelne neurologische Abweichungen verrieten.

γ) *Heilung mit Defekt:* Einzelne neurologische Symptome, wie Pupillenstörungen, Augenmuskel- und Blicklähmungen, leichte amyostatische, schon während des akuten Stadiums aufgetretene Störungen bleiben bisweilen dauernd bestehen und müssen als Narbensymptome aufgefaßt werden. Auch Zustände, die ähnlich wie Syringomyelie der Friedreichsche Krankheit aussehen, sind beschrieben. Oft handelt es sich freilich nicht um die Folgen einer mit Defekt ausgeheilten Entzündung, sondern nachträglich stellt sich doch noch ein progressiver Parkinsonismus ein. Häufiger beobachtet man vegetative Störungen als reines Narbensymptom, namentlich Fettsucht mit Rückbildung der Genitalfunktionen, Diabetes insipidus, bisweilen auch komplizierte pluriglanduläre Symptomenkomplexe.

δ) *Rezidive:* In verhältnismäßig seltenen Fällen tritt nach scheinbarer Heilung ein Rezidiv auf, das sich auch wiederholen kann. Meistens schließt sich ein progressiver amyostatischer Symptomenkomplex an.

ε) *Direkter Übergang in Parkinsonismus:* Amyostatische Symptome, die schon während des akuten Stadiums bemerkbar waren, bleiben auch in der Rekonvaleszenz bestehen und nehmen nach kürzerer oder längerer Zeit zu.

ζ) *Übergang in ein pseudoneurasthenisches Stadium:* Alle cerebralen Lokalsymptome verschwinden wieder, und der objektive Befund wird vollkommen negativ, aber der Patient bleibt leicht ermüdbar, erregbar und klagt über alle möglichen Beschwerden, die den Eindruck der Neurasthenie machen. Nach Monaten oder nach Jahren treten meistens doch noch amyostatische Symptome auf, und nun kann sich allmählich das Bild eines schweren Parkinsonismus entwickeln. Dieser Ausgang ist der häufigste.

η) *Spätparkinsonismus:* Die Entwicklung eines Parkinsonismus erst nach Jahren nach dem Ablauf des akuten Stadiums war eine der größten Überraschungen, die die Encephalitisepidemie brachte. Später hat sich allerdings gezeigt, daß das Intervall nicht immer wirklich symptomlos ist, sondern durch mehr oder weniger starke pseudoneurasthenische Erscheinungen ausgefüllt wird. Nach STERN lassen sich bei 60 % des Spätparkinsonismus pseudoneurasthenische Symptome nachweisen. Der Spätparkinsonismus kann selbst nach rudimentären Formen auftreten. Oft zeichnet er sich durch besonders rasch progredienten Verlauf aus.

Das Intervall kann viele Jahre dauern. Bis heute ist kein früherer Encephalitiker vor dem Spätparkinsonismus sicher. Allerdings zählt der Ausbruch des letzteren im jetzigen Zeitpunkt zu den großen Seltenheiten.

C. Symptome des Spätstadiums: Sie können sich direkt im Anschluß an das akute Stadium entwickeln, aber auch nach einem wirklich oder scheinbar symptomlosen Intervall, nach dem „pseudoneurasthenischen" Stadium auftreten. Seltener (nach STERN in etwa 5% der chronischen Fälle) beginnt das Leiden chronisch, ohne daß sich ein akutes Stadium anamnestisch nachweisen läßt.

1. *Der amyostatische Symptomenkomplex. Der Parkinsonismus:* Weitaus am häufigsten, nach unseren Erfahrungen in mehr als der Hälfte der nicht akut zum Tode führenden Fälle, entwickelt sich ein Krankheitsbild, das *mit der Paralysis agitans*, auch *mit der Wilsonschen Krankheit*, mehr oder weniger große *Ähnlichkeit* hat und das bisher als Folge einer akuten Encephalitis unbekannt war.

Auf die Einzelheiten dieses Symptomenkomplexes und auf die Erklärung aus der Lokalisation der Krankheitsprozesse kann hier nicht eingegangen werden, da diese Dinge im Band „Nervenkrankheiten" ausführlich besprochen werden. Hier sind nur die wichtigsten Symptome zu erwähnen.

Die auffallendsten Erscheinungen sind *Bewegungsarmut, Bewegungsverlangsamung, Tremor, Hypertonie* und *Rigor* der Muskulatur, maskenartig starres Gesicht und die vornübergebeugte Körperhaltung. In den fortgeschrittenen Fällen liegen oder sitzen die Patienten tagelang regungslos da, antworten auf Fragen kaum und dann nur langsam, mit monotoner Stimme, oder geben unverständliche Laute von sich. Jede Bewegung, auch das Essen (wenn sie nicht gefüttert werden müssen), scheint ihnen die größte Mühe zu verursachen, oft bleiben sie mitten in einer Bewegung plötzlich stecken. Nicht selten sind kataleptische Zustände.

Bisweilen können scheinbar gelähmte Patienten einzelne Bewegungen überraschend gut ausführen, auf Kommando hin wird Militärschritt stramm ausgeführt, ein gereizter Patient springt plötzlich aus dem Bett usw. Mitbewegungen fehlen, z. B. das Mitgehen der Arme beim Marschieren. Charakteristisch ist die Schwierigkeit der automatischen Bewegungen, und bei vielen Patienten fällt es auf, daß sie beim Gehen, beim Kauen usw. plötzlich innehalten und sich bewußt zur Fortsetzung der Bewegung zwingen müssen. Wird passiv ein Glied im Gelenk bewegt, z. B. der Unterarm im Ellbogen oder das Handgelenk, so fühlt man eine ruckartige rhythmische Hemmung (Zahnradphänomen). Mikrographie, Palilalie, Versiegen der Sprache bis zum völligen Mutismus sind zu erwähnen.

Zum amyostatischen Syndrom gehört der *Tremor*, der in ungefähr der Hälfte der Fälle beobachtet wird, allerdings meist nicht so typisch wie bei der Paralysis agitans. Es ist ein verhältnismäßig grobschlägiges und entsprechend wenig frequentes Zittern, das in Ruhe und bei Haltefunktionen, aber weniger bei der Ausführung von aktiven Bewegungen auftritt. Diese Differenzierung ist aber nicht absolut; in schwereren oder fortgeschrittenen Fällen verwischen sich die Differenzen. Tremor kann als einziges Restsymptom nach Heilung des akuten Stadiums zurückbleiben.

2. *Hyperkinetische Symptome:* Choreatische, athetotische, myoklonische und ticartige unwillkürliche Spontanbewegungen werden bei ausgesprochenem oder rudimentärem Parkinsonismus, aber auch gelegentlich isoliert beobachtet. Am häufigsten kommen die *Schauanfälle* oder *Blickkrämpfe* vor. Plötzlich wird der Patient wie von einer unsichtbaren Macht zwangsmäßig veranlaßt, die Augen und häufig auch gleichzeitig den Kopf in eine bestimmte Richtung zu wenden, am meisten nach oben oder nach oben-seitwärts, und diese Stellung über längere Zeit, zuweilen stundenlang innezuhalten. Vor diesen Anfällen sind die Patienten oft tagelang zänkisch oder deprimiert. Einige unterliegen unmittelbar vorher unangenehmen oder furchterregenden Gefühlen. Diese Krisen tauchen mit ganz ver-

schiedener Frequenz auf; selten täglich, meist mit mehreren Tagen oder Wochen Abstand.

Während des Anfalles können die Kranken die Blickrichtung nicht verändern oder dann nur momentan. Zuweilen erfolgt auch ein unwillkürlicher Augenschluß. Auch der Kopf kann in Extension geraten. Während der Krise sind die Conjunctiven hyperämisch und das Gesicht gerötet, meist besteht Tachycardie. Rigor, Tremor, Bradykinesie, Speichelfluß sind oft verstärkt. Die Patienten stoßen unartikulierte Laute aus, sie brummen, grunzen, murmeln oder schreien. Andere wiederholen ständig dieselben Worte. Wenige verhalten sich ganz ruhig. Viele beschreiben den Zustand als qualvoll oder schrecklich; die meisten werden von Angst befallen. Die Patienten können während der Krise nicht selbst essen, aber kauen und schlucken, wenn man ihnen die Speisen eingibt. Als Manifestierungsfaktoren werden beobachtet: Aufregungen, aber auch Müdigkeit, Kinobesuche. Vom Krankengut von OUNAGULUCHI (67 Patienten) wiesen 30 % Blickkrämpfe auf. Sie können viele Jahre nach der akuten Phase erscheinen und nie mehr verschwinden.

Diese Anfälle sind sehr charakteristisch für den postencephalitischen Parkinson, aber nicht pathognomonisch. Wenn auch recht selten, so kommen sie doch auch bei der Paralysis agitans vor. Ferner hat man sie bei der Phenothiazinmedikation gesehen.

Schweißkrisen: Die Parkinsonpatienten, besonders die postencephalitischen, schwitzen leichter als Normale, außerdem kommt es zu krisenartigem Schweißausbruch. Schweiß- und Blickkrisen können sich bei der gleichen Person einstellen, zusammen oder zu verschiedenen Zeiten. Auch die übrigen vegetativen Dysregulationen können gleichzeitig auftreten.

Schließlich unterliegt auch die Atmung einer Reihe von krisenartigen Regulationsstörungen, z. B. Polypnoe, Bradypnoe, zwangweises Husten. Während der Epidemie haben sie PIERRE MARIE und G. LÉVY eingehend beschrieben. Sie sind aber sehr selten geworden; OUNAGULUCHI führt in seinem Krankengut nur noch einen Fall auf.

Die *zwangsartigen Zungen-, Lippen- und Facialiskrämpfe* sind auch kaum mehr aufzufinden.

Am häufigsten hat man gesehen, wie die Zunge blitzartig zum Munde herausgestoßen wurde, oft nachdem sie sich vorher nach oben oder nach den Seiten gerollt hatte. Ebenso rasch wurde sie wieder eingezogen. Solche Bewegungsattacken konnten sich rasch hintereinander wiederholen, oder auch nur selten einmal auftreten. Oft wurden sie von unartikulierten Lauten begleitet. Diese, zusammen mit schnüffelnden, leckenden, kauenden Bewegungen hat man mit dem Ausdruck „orale Iterativbewegungen" unter einen Hut gebracht. Spastischer Torticollis, Torsionsdystonie, Blinzelkrämpfe, Gähn- und Schlingkrämpfe gehören weiter dazu.

Eine echte *Narkolepsie* kann sich einstellen, isoliert oder zusammen mit Parkinsonismus. Dieses Vorkommen ist für das Verständnis der Pathogenese und der Lokalisation der Narkolepsie aufschlußreich.

3. *Schmerzen:* Auch im chronischen Stadium kommen sowohl hartnäckige Neuralgien als auch solche Schmerzen vor, die durch ihre Lokalisation (bisweilen eine ganze Körperhälfte), wie durch den Mangel anderer peripherischer Symptome ihren zentralen Ursprung beweisen. Auch Ameisenkribbeln und andere Paraesthesien sind nicht selten. Isolierte Neuralgien können als einziges Restsymptom jahrelang bestehen.

4. *Andere organisch-neurologische Symptome:* Während das Fehlen von Lähmungen und Paresen und von Reflexstörungen, die durch Pyramidenläsion bedingt sind, die Regel ist, bleiben in *seltenen Fällen* (auch ohne Parkinsonismus) *Ausfallerscheinungen* zurück, die auf Zerstörungen im Gebiet der Pyramidenbahnen oder anderen Stellen des Zentralnervensystems beruhen. Noch während der Epidemie kamen nicht ganz selten peripher bedingte *Muskelatrophien* und entsprechende Schwächezustände zur Ausbildung, die besonders im französischen Schrifttum Beachtung fanden und dort unter „formes basses" geführt wurden.

Ein Teil dieser Affektionen bildete sich wieder zurück, ein Teil blieb unverändert bestehen und ein Teil unterlag einer Progression. Schließlich traten auch fortschreitende *Amyotrophien* mit längeren oder sehr langen Latenzzeiten in Erscheinung, sie waren meist, aber nicht immer mit Parkinsonismus gekoppelt (WIMMER und NEEL). Bei einigen dieser Fälle kamen noch mehr oder weniger deutliche Pyramidenzeichen dazu, so daß sich die Frage der Amyotrophischen Lateralsklerose stellte.

GREENFIELD und MATTHEWS gaben einen autopsierten Fall bekannt, der sich über 26 Jahre entwickelte, Parkinsonismus mit Blickkrämpfen aufwies, schließlich schweren Muskelatrophien am ganzen Körper unterlag und an Atemlähmungen starb. Autoptisch zeigte sich das gewöhnliche Bild des Parkinsonismus, dazu Degenerationen und Untergang der Vorderhornganglienzellen, aber keine Strangdegenerationen. Bei einem zweiten, sehr ähnlichen Fall traten auch Pyramidenzeichen auf (keine Autopsie). SCHALTENBRAND zieht die Parallele zur fortschreitenden Verschlechterung, die man hie und da bei alten Poliomyelitikern findet und schließt auf einen analogen Mechanismus. Der Untergang von motorischen Ganglienzellen auf Grund einer infektiösen, aber vorerst latenten Schädigung, ist also weder auf die extrapyramidalen Systeme noch auf die Encephalitis lethargica beschränkt.

Diese Fälle beleuchten auch die Pathogenese der Myoklonien bei der Encephalitis lethargica: Man kann vermuten, daß die Vorderhornganglienzellen leicht angegriffen werden, aber nicht, oder noch nicht untergehen. In der Tat liest man häufig, daß Myoklonien während der akuten Episode zu verzeichnen waren.

5. *Nervös-psychische Störungen:* Neurasthenische Symptome kommen nicht nur im „pseudoneurasthenischen" Stadium vor, sondern auch bei Parkinsonismus, ebenso hysteriforme Störungen. Bei leichtem amyostatischen Zuständen kann das Krankheitsbild dadurch beherrscht werden.

Besonders häufig sind *Schlafstörungen*, namentlich Schlaflosigkeit, aber auch vermehrtes Schlafbedürfnis, oft kombiniert, so daß die Patienten tagsüber von Schläfrigkeit geplagt werden und doch nachts keine Ruhe finden. Besonders ausgeprägt ist die nächtliche Schlaflosigkeit, mit oder ohne Schlafsucht am Tag, bei *Kindern* (PFAUNDLER, HOFSTADT, 1920; RÜTIMEYER u. a.). Oft ist sie mit starker motorischer Unruhe verbunden. Sie ist schon im akuten Stadium sehr ausgesprochen, kann aber noch lange weiterdauern und dann das einzige Symptom darstellen. Bisweilen treten mit der Zeit amyostatische Symptome oder psychische Störungen hervor, bisweilen kann aber Heilung eintreten.

Psychische Veränderungen sind, wie sich immer mehr herausstellt, mit dem amyostatischen Symptomenkomplex fast immer verbunden, aber meistens geringfügig; sie können aber auch schwere Formen annehmen.

Freilich trügt der erste Eindruck, den die scheinbar psychisch gehemmten, verblödeten oder melancholischen Kranken machen. Bei der Unterhaltung, namentlich mit gebildeten Kranken, merkt man aber oft, daß die Hemmung nur durch die motorische Störung bedingt ist, daß die scheinbare Interesselosigkeit durch die Schwierigkeit bedingt ist, die das Bewegen der Augen beim Lesen, das Bewegen des Kopfes beim Hinblicken verursacht usw. Wenn die Kranken für die geringste Bewegung eine große Willensenergie aufwenden müssen, so werden sie schließlich müde und verzichten auf alle Bewegungen. Die depressive Stimmung ist gerade wegen der geistigen Klarheit dem trostlosen Zustand angemessen, und die Aufraffung aller Energie zu einem Selbstmordversuch ist die natürliche Folge der Einsicht in die Situation. Selbstmordversuche und Selbstmorde sind bei Parkinsonismus nach Encephalitis viel häufiger als bei Paralysis agitans. Auch gelegentliche Wutausbrüche von amyostatischen Kranken in Krankensälen sind psychologisch recht verständlich.

Recht oft ist aber neben der rein neuromuskulären Hemmung die Entschlußfähigkeit und das Wollen gehemmt. Diese Störung kann höhere Grade erreichen, es kommen aber auch psychomotorische Reizungen, Zwangszustände, Automatismen, Brüllkrämpfe usw. vor. Dazu gesellen sich oft Störungen des Affektlebens, Stupor, Euphorie, Verlust des Taktgefühls, selbst amente und schizophrenieähnliche Symptome. Die Intelligenz wird dagegen in der Regel nicht beeinträchtigt.

Eine besondere Färbung nehmen die psychischen Störungen bei *Kindern* und *Jugendlichen* an. Im Vordergrund stehen Affektanomalien, namentlich eine läppische Euphorie. Psychomotorische Drangzustände werden beobachtet. Das Triebleben kann schwer affiziert werden, unsoziale Tendenzen, bis zu kriminellen Handlungen, hervortreten. Die Intelligenz bleibt meistens zurück, aber eigentliche Demenz kommt nur zustande, wenn die akute Encephalitis im Säuglingsalter durchgemacht wurde. Die Störungen können sich bei geringfügigen oder selbst fehlenden myastatischen Symptomen entwickeln. In leichteren Fällen ist Besserung und sogar Heilung möglich.

6. Liquor cerebrospinalis: Auch im chronischen Stadium findet man oft Liquorveränderungen. Während andere Autoren zu widersprechenden Resultaten kommen, fand ESKUCHEN bei systematischen Untersuchungen an Patienten mit stationären Restsymptomen oder mit chronischem Verlauf in keinem einzigen Fall einen ganz normalen Liquor. In $^3/_4$—$^4/_5$ war die Globulinvermehrung (besonders nach PANDY), wenn auch schwach, so doch deutlich, in $^2/_3$ bestand Zuckervermehrung, etwas seltener eine Goldsolreaktion im Sinne der Lues, am seltensten Pleocytose. Alle vier Reaktionen waren nur einmal gleichzeitig positiv. Prognostische Schlüsse ließen sich daraus nicht ziehen.

7. *Vegetativ-nervöse und endokrine Störungen:* Vasomotorische Störungen, Cyanose und Kälte der Extremitäten, Fehlen des Pilomotorenreflexes, Gedunsenheit des Gesichtes, plötzliche Rötung, Hitzegefühl kommen vor. Die Schweißsekretion ist oft gesteigert.

Ein regelmäßies Symptom bei Parkinsonismus ist der Speichelfluß, der meistens auf Schädigung des autonomen Nervensystems zurückgeführt wird.

In manchen Fällen ist aber die Salivation sicher nur die Folge des erschwerten Schluckens und des Offenbleibens des Mundes. Wir konnten in einer Stunde von Gesunden, die den Mund offen hielten und den Speichel herauslaufen ließen, genau so viel Speichel gewinnen wie von den Kranken, und seine chemische Zusammensetzung war genau die gleiche. Auch Pilocarpin hatte genau den gleichen Einfluß. Doch sind auch Fälle mit Überempfindlichkeit gegen Pilocarpin und sogar mit Hyposekretion beschrieben (BING).

Ein Patient, bei dem keine Zeichen von Parkinsonismus entdeckt werden konnten, klagte über Speichelfluß, der einige Zeit nach dem Abflauen des Fiebers aufgetreten, später aber wieder verschwunden war.

Einer Sekretionsstörung, und zwar einer Hypersekretion unterliegen die Talgdrüsen. Die Haut ist abnorm fett, namentlich im Gesicht (*Salbengesicht*).

Als Störungen endokriner Funktionen sehen wir Herabsetzung der *Genitalfunktion*. Impotenz ist häufig, seltener Aufhören der Menses. In einzelnen Fällen entwickelt sich am Anschluß an eine akute Encephalitis mit oder ohne amyostatische Symptome eine *Dystrophia adiposogenitalis*, die wohl nicht auf eine Lokalisation der Krankheit im drüsigen Anteil der Hypophyse, sondern auf einen Ausfall vegetativer Zentren im Gehirn zurückzuführen ist, ebenso wie die bisweilen beobachtete Polyurie. Auch frühzeitige Geschlechtsreife bei Knaben ist beschrieben. In mehreren Fällen wird Steigerung der Libido erwähnt.

8. *Verdauungsorgane und Stoffwechsel:* Nahrungsaufnahme und Verdauung sind durch die Erschwerung des Kauens und Schluckens, den Mangel an Bewegung usw. oft gestört. Obstipation ist häufig. Mit der Zeit kommt es immer zu einer hochgradigen Abmagerung.

Zahlreiche Untersuchungen sind angestellt worden, um Veränderungen des Stoffwechsels nachzuweisen. Es ist selbstverständlich, daß eine Krankheit, die Temperatursteigerungen verursacht, auch zu Stoffwechselstörungen führt, wie wir sie im Fieber zu sehen gewöhnt sind. Auch Symptome eines gestörten Gleichgewichtes im vegetativen Nervensystem, Veränderungen des Blutzuckers, die Ionenverschiebungen im Blut, positive Widalsche hämoklastische Krise können nicht überraschen. Irgendeine Regelmäßigkeit solcher Symptome konnte aber nicht festgestellt werden, ebensowenig regelmäßige Veränderungen irgendeines Stoffwechselvorganges, der auf eine Beteiligung eines bestimmten Organs, wie der Leber, an dem Krankheitsprozeß hinweist.

9. Blut: Eigentümlicherweise finden sich auch im chronischen Zustand recht häufig Veränderungen des Blutes, und zwar der Leukocyten.

STERN fand in der Mehrzahl der Fälle eine meist leichte, bisweilen erhebliche Leukocytose (bis 16500 bei unkomplizierten Fällen), häufig eine relative Lymphocytose, seltener Lymphopenie, erhöhte Werte der Monocyten und Veränderungen in der Zahl der Eosinophilen, die oft stark vermehrt (bis $18^1/_2\%$), seltener vermindert waren. Bisweilen wurde eine Vermehrung der stabkernigen Neutrophilen und Linksverschiebung der Arnethschen Formel gefunden.

Auffallend ist der scheinbar spontane Wechsel aller Werte beim gleichen Kranken. Wir können diese Resultate bestätigen, nur fanden wie mehrmals Leukopenie (4100—5300) und viel öfters relative *Lymphopenie* (bis unter 5%) als Lymphocytose. In einem Fall sahen wir vorübergehend Polycythämie.

Die *Senkungsgeschwindigkeit* der roten Blutkörperchen ist im allgemeinen normal, abgesehen von akuten Schüben. Im ersten halben Jahr der Erkrankung soll häufig eine gewisse Beschleunigung, später oft eine gewisse Verlangsamung bestehen.

10. *Zirkulations- und Respirationsorgane:* Der Puls ist meistens normal, häufig aber auch auffallend frequent, in der Ruhe 90—100. Anfallsweise Tachykardien sind beschrieben. Den Blutdruck fanden wir meistens niedrig, aber noch in normalen Grenzen. Die Respirationsorgane sind nicht verändert, dagegen kommen bei amyostatischen Kranken mancherlei nervöse Störungen der Atmung vor, wie bereits erwähnt wurde.

11. *Fieber:* Temperatursteigerungen haben bei amyostatischen Kranken schon lange Beachtung gefunden, weil sie die Fortdauer des infektiösen Prozesses zu beweisen schienen. Ausgesprochenes Fieber kommt aber nur bei eigentlichen Rezidiven vor, die wie eine frische Krankheit verlaufen, aber ziemlich selten sind. Sonst steigt die Temperatur selten bis 38°. In 7 von 19 Fällen mit langer Krankenhausbeobachtung sahen wir Steigerungen über 37° (bei axillärer Messung), entweder vereinzelt oder alle paar Tage oder periodenweise mehrere Tage hintereinander, ohne daß sie auf eine interkurrente Krankheit zurückgeführt werden konnten.

D. Verlauf und Prognose des chronischen Stadiums: Daß manche Symptome des chronischen Stadiums schon während der akuten Encephalitis nachzuweisen sind und als Narbensymptome unverändert weiter bestehen, sich auch später bessern können, wurde schon erwähnt, ebenso daß das „pseudoneurasthenische" Stadium jahrelang weiterbestehen, aber auch zurückgehen und ausheilen kann. In den anderen Fällen entwickeln sich die Symptome des chronischen Stadiums allmählich, entweder direkt im Anschluß an die akute Erkrankung oder erst später nach einem freien oder pseudoneurasthenischen Intervall, das nur wenige Wochen oder Monate oder viele Jahre betragen kann. Endlich läßt sich in einem Teil der Fälle (nach STERN, mit dem unsere Erfahrungen übereinstimmen, in etwa 5%) keine vorhergehende akute Erkrankung nachweisen.

Wenn sich das chronische Stadium *direkt* an das akute anschließt, so sieht man, daß einzelne Symptome wie Steifigkeit oder Zittern schon während der fieberhaften Erkrankung auftreten und nach vorübergehender Besserung, bisweilen auch nach monate- oder jahrelangem Stillstand sich allmählich verschlimmern. Neue Muskelgruppen werden ergriffen, neue Störungen kommen hinzu und im Laufe von Monaten oder Jahren wird der Höhepunkt der Störungen erreicht.

Wenn ein freies oder pseudoneurasthenisches *Intervall* vorausgegangen ist, so zeigt sich gewöhnlich allmählich eine gewisse Steifigkeit und Ermüdbarkeit, und es dauert oft recht lange, bis die Krankheit richtig erkannt wird. Die weitere Entwicklung ist auch hier meistens langsam und ziemlich gleichmäßig, seltener schubweise.

Erheblich seltener ist das Auftreten richtiger *Rezidive* der akuten Krankheit, an die sich jedesmal eine Verschlimmerung anschließt.

Die Krankheit kann jederzeit zum *Stillstand* kommen. In der Mehrzahl der Fälle entwickelt sich ein mehr oder weniger ausgesprochener Parkinsonismus. In den meisten Fällen ist der definitiv erreichte Zustand so schwer, daß vollkommene Invalidität eintritt. Ein großer Teil der Kranken wird hilflos und pflegebedürftig, und es hängt von der Sorgfalt der Pflege ab, wie lange sie in diesem traurigen Zustand am Leben erhalten werden können. Viele Patienten können sich selbständig bewegen und sind nur für einzelne Hilfen beim Ankleiden und Essen auf andere angewiesen. Ein kleinerer Teil (nach STERN 20%, nach unserer Erfahrung eher mehr) bewahrt einen mehr oder weniger großen Rest von Erwerbsfähigkeit.

Erheblich besser ist natürlich die Erwerbsfähigkeit mit *rudimentärem* Parkinsonismus oder mit einzelnen anderen *Narbensymptomen*. Zum Tode führt die chronische Encephalitis an sich nur, wenn ein akutes Rezidiv hinzutritt. Dagegen sind die kachektischen Patienten gegen andere Krankheiten, wie Pneumonien, wenig widerstandsfähig. Auch Decubitus kann zu tödlicher Infektion führen. Verhältnismäßig häufig ist der Tod durch Selbstmord, und zwar ohne wesentliche geistige Störungen, als Reaktion auf den dem Patienten bewußten traurigen Zustand.

Komplikationen

Die Encephalitis epidemica zeichnet sich dadurch aus, daß die krankhaften Störungen fast ausschließlich auf das Nervensystem beschränkt bleiben, deshalb kommen Komplikationen kaum vor.

Diagnose

Die Diagnose der *akuten* Encephalitis lethargica ist leicht, wenn Erkrankungen mit Fieber, Lethargie und Augenmuskellähmungen oder Hyperkinesien gehäuft auftreten. Auch atypische Fälle kann man zu Epidemiezeiten leicht erkennen. Schwieriger wird die Diagnose sporadischer Fälle, namentlich wenn die Economosche Tria nicht ausgebildet ist. Eine genaue Untersuchung des Nervensystems kann dann oft zum Ziele führen. Namentlich ist es wichtig, auf leichte Paresen der Augenmuskeln, Pupillenstörungen und Akkomodationslähmungen zu fahnden. Der Nachweis einer, wenn auch noch so geringfügigen Augenmuskellähmung macht eine fieberhafte Erkrankung der Encephalitis lethargica dringend verdächtig, ebenso der Nachweis choreatischer oder myoklonischer Zuckungen, selbst wenn sie noch so rudimentär ausgebildet sind. Wichtig ist auch das Ergebnis der *Lumbalpunktion.* Obschon die Veränderungen nichts Spezifisches an sich haben, so kann unter Umständen der Nachweis einer Lymphocytose oder einer Glucorrhachie dadurch, daß er eine Infektion des zentralen Nervensystems beweist, auf die richtige Fährte führen, ganz abgesehen von der Differentialdiagnose gegenüber epidemischer oder tuberkulöser Meningitis.

Die Diagnose durch Übertragung des Virus auf Versuchstiere gelang nicht. Die neuen Virusnachweismethoden konnten mangels Krankheitsfällen nicht angewandt werden.

Das Auftreten von Parkinsonismus nach einer unklaren, cerebralen, wahrscheinlich infektiösen Krankheit galt während vielen Jahren als genügender, wenn auch erst nachträglicher Beweis für die Encephalitis lethargica. Heute sind wir nicht mehr so sicher. Nach der Encephalitis B (Japonica) hat man Parkinsonismus beobachtet. Anderseits kommen, wenn auch sehr spärlich, Einzelfälle vor, die der Encephalitis lethargica sehr nahestehen.

Im Fall von MUMENTHALER und WUNDERLI stellte sich bei dem 19jährigen Mädchen 1956 einige Tage nach einer Angina unter subfebrilen Temperaturen und Drüsenschwellungen eine Ataxie, dann psychische Verlangsamung und kurz darauf eine Veränderung der Sprache wie beim Parkinsonismus ein; dann kam es zu einer Schlafperiode von 48 Std, während welcher die Patientin geweckt werden konnte, 14 Tage nach Beginn schwere Acinesie, Blick nach oben; psychisch völlig geordnet. Tachykardie, Temperatur zwischen 38 und 39°. In der Lumbalpunktion 11/3, später 17/3 Zellen. Es kam zu Schluckstörungen. In der 3. Woche nicht mehr ansprechbar, dann Besserung, nur stieg die Senkungsreaktion auf 60. Glykosurie. Die Serum- und Stuhluntersuchung auf die bekannten Viren blieb negativ. Unterdessen bildete sich ein schweres Parkinsonsyndrom aus mit einer peripheren motorischen Lähmung am linken Unterschenkel und einem vollständigen akinetischen Mutismus. Die Patientin lebte 4 Jahre nach der akuten Phase ungebessert immer noch. Die Diagnose einer Encephalitis lethargica

ist, wie man sieht, nicht eindeutig, läßt sich aber auch nicht restlos ablehnen. Die Autoren
berichten noch über einen Fall von transitorischem Mutismus mit hochgradigem acinetisch-
hypertonischem Syndrom nach *Perphenacinmedikation*, das nach Absetzen des Medikamentes
in einigen Tagen gänzlich verschwand.

Differentialdiagnose

Bei der akuten Encephalitis lethargica kommt in erster Linie die *Influenzaencephalitis* in Betracht, die schon während der Pandemie von 1889 beschrieben
wurde und auch jetzt noch gelegentlich beobachtet wird (vgl. STERN). Sie unterscheidet sich anatomisch von unserer Krankheit durch das Auftreten lokalisierter,
meist scharf begrenzter Herde, bisweilen mit Absceßbildung und ihre Vorliebe
für die Lokalisation in der Großhirnrinde, klinisch durch die Häufigkeit von
Hirnrindensymptomen (Epilepsie, Lähmungen) oder anderen isolierten Herdsymptomen.

Daß es schwierig, bisweilen sogar unmöglich ist, die Encephalitis lethargica
von der einfachen *Grippe* zu trennen, wurde schon erwähnt. Wenn bei Grippe
schwere Neuralgien oder auffallende Schlafstörungen auftreten, ist der Verdacht
einer Encephalitis lethargica berechtigt. Erlaubt ist die Diagnose erst, wenn
charakteristische Herdläsionen wie Augenmuskellähmungen, myoklonische Zuk-
kungen oder dgl. (selbst nur in geringem Maße) nachzuweisen sind. Es muß
dringend davor gewarnt werden, jede Grippe oder grippeähnliche Erkrankung, die
mit etwas Schlafsucht, Aufregung oder motorischer Unruhe verbunden ist, als
Encephalitis lethargica, „Schlafkrankheit" oder „Kopfgrippe" zu bezeichnen.
Zur Diagnose der Encephalitis lethargica gehören Symptome, die nicht nur als
Folge einer allgemeinen Intoxikation bei jeder Infektionskrankheit vorkommen
können.

Schwieriger, ja unmöglich kann die Differentialdiagnose gegenüber der encephalitischen Form der Heine-Medinschen Krankheit sein, um so mehr, als von
den drei Kardinalsymptomen des Frühstadiums der Heine-Medinschen Krankheit zwei, nämlich die Neigung zum Schwitzen und die spontanen Zuckungen,
auch bei der Encephalitis lethargica vorkommen können, während die allgemeine
Hyperaesthesie hier fehlt. Neurologisch und in Beziehung auf den Fieberverlauf
können beide Krankheiten genau gleich aussehen. Während einer Epidemie wird
die Diagnose leicht sein. Bei sporadischen Fällen oder beim gleichzeitigen Vorkommen von Fällen beider Krankheiten wird man oft im Zweifel sein. Hier kann
nur die Serodiagnose oder der Nachweis des Poliomyelitisvirus zum Ziele führen.

Weitere abzugrenzende Krankheitseinheiten sind: Akuter Schub einer *Sclerosis
multiplex* mit Augenmuskellähmungen, *Polioencephalosis haemorrhagica superior
Wernicke* in mitigierten Formen, doch wird das Koma oder Subkoma der Wer-
nickeschen Krankheit von der Schlafsucht der Encephalitis auf die Länge immer
zu unterscheiden sein. Die gute Ansprechbarkeit des ersteren Leidens auf Aneurin
gibt ex juvantibus einen Fingerzweig. Mit *Botulismus* wurden die ersten Fälle
in England 1918 verwechselt. Die *Myasthenie* wird man leicht ausschließen können,
an die *Chorea minor* muß man auch in Epidemiezeiten denken, ebenso an die
Schwangerschaftschorea und die *senile Chorea*.

Beim *Spätstadium* steht differentialdiagnostisch die *Paralysis agitans* im Vordergrund. Eines der wertvollsten Kriterien, nämlich die mangelnde Progression,
gilt nur für eine beschränkte Auswahl von Postencephalitikern, es sind aber
gerade diese Fälle, die jetzt, 1965, noch am Leben sind und den Arzt beschäftigen.
Es gibt aber auch Parkinsonkranke, die über Jahre stationär bleiben. Wenn die
Postencephalitiker altern, gleichen sie sich der Paralysis agitans immer mehr an.
Eines der differential-diagnostischen Kriterien, der aufrechte Gang, wurde schon

früher als nicht schlüssig betrachtet, geht mit dem Alter auch verloren. Die Jugend eines Parkinsonkranken spricht jetzt natürlich nicht mehr für einen Folgezustand einer Lethargica.

Pro memoria ist auch der Parkinsonismus nach Gebrauch gewisser Psychopharmaca anzuführen.

BERGOUIGNAN und LOISEAU erklären, man könne aus der Symptomatologie allein eine Encephalitis lethargica überhaupt nicht diagnostizieren, weil auch gewisse Medikamente einen parkinsonistischen Zustand produzieren können. Jedoch wird eine Differentialdiagnose sich kaum je auf ein Einzelsymptom oder -syndrom stützen können. Man hat selten so pathognomonische Zeichen wie z. B. den Kayser-Fleischerschen Ring oder das Pringle Disease zur Hand. Gewisse Randsymptome oder die Kombination derselben galten als recht charakteristisch für den Parkinsonismus postencephaliticus: In erster Linie die Krisen, und unter ihnen die häufigste, die Blickkrämpfe, dann die Schweiß- und Atemkrisen und die Zungenkrämpfe. Daß jede dieser Anfallsarten zuweilen auch bei andern Ätiologien auftreten kann, ist bekannt. Die oralen Iterativbewegungen finden sich bei *Decerebrationen*, ferner bei gewissen *Schizophrenien* wieder, manche der sonstigen Hyperkinesen bei vielen *Heredodegenerationen*. Dann sind die *Hysterien* zu erstaunlichen Leistungen in dieser Hinsicht fähig, nur imitieren sie wohl nie das Gesamtbild eines Encephalitisgeschädigten.

Von der Seite der Schlafstörungen sind speziell folgende Zustände gelegentlich in Betracht zu ziehen: Die *Narkolepsie*, das *Pickwick-Syndrom* und die *Kleine-Levinsche Krankheit*. Die Narkolepsie weist kurzdauernde (10—15 min) Schlafanfälle auf, so kurz schläft der Encephalitiker nicht. Der Pickwick-Mann schläft ähnlich wie der Narkoleptiker kurzfristig ein, leidet daneben an Fettsucht. Der Schlaf beim Kleine-Levin-Syndrom dauert Tage bis Wochen bis Monate und gleicht sehr demjenigen bei der Encephalitis lethargica. Die Gemütsverstimmung und die Bulimie grenzen die Krankheit ab, außerdem die Wiederholung der Schlafzustände, so daß nur der erste zur Verkennung Anlaß geben kann. Jedoch mahnen uns diese neuerdings entdeckten lethargischen Bilder an die Unsicherheit der Deutung historischer Schlafereien.

Therapie

Wie sich heute die Behandlung gestaltete, wenn man wieder Fälle in größerer Zahl zu behandeln hätte, können wir nicht wissen.

Antibiotica und Sulfokörper, Neuroplegica, Tranquiliser sind erst nach dem Erlöschen der Epidemie entdeckt worden. Wir übernehmen aus der 4. Auflage die Angaben über die meist angewandten Maßnahmen: 1. injizierte man intramusculär 20—80 ccm *Rekonvaleszentenserum* eventuell wiederholt. Das Serum verschiedener Spender fand man verschieden wirksam, so daß man öfters den Spender wechselte. 2. *Urotropin* intravenös oder per os war ein beliebtes Mittel.

Die Behandlung der chronischen Formen ist heute noch aktuell. Sie weicht aber von derjenigen der Paralysis agitans nicht ab (siehe im Nervenband).

Man sucht also vorerst unter der Schar der Antiparkinsonmittel das geeignetste heraus. Artane, Akineton, Pagitane, Orphenadrin (Disipal), Aturban, Kemadrin sind die gebräuchlichsten. Die Reaktion der Patienten ist individuell sehr verschieden. Immer beginnt man mit kleinen Dosen und steigt sehr langsam, bis man sich eingependelt hat. Die Mittel kann man auch zur Diagnose ex juvantibus gebrauchen, ein Umstand, der ihre Wirksamkeit beweist. Viele Patienten brauchen sie nur dazu, in Gesellschaft nicht aufzufallen. Die jüngeren Individuen vertragen viel höhere Mengen als die älteren. Heute sind aber die Postencephalitiker alles schon alte Leute, so daß der medikamentösen Wirkung leider enge Grenzen gesetzt sind. Atropin, Scopolamin, Parpanit haben ausgespielt.

Eine unangenehme Nebenwirkung außer den banalen: Trockenheit der Mund- und Rachenschleimhaut, Accommodationsschwäche, Magenschmerzen, Schwindel sind bei Arteriosklerotikern *nächtliche Delirien* und *Halluzinationen*; sie reagieren sofort auf Entzug des Mittels.

Die sog. *stereotaktischen Operationen* sind beim Postencephalitiker natürlich ebenso wirksam wie bei der Paralysis agitans und die Indikationen die gleichen. Sie können hier nicht auseinandergesetzt werden, ihre Besprechung gehört in den Nervenband.

Bis heute kann man den fortschreitenden Prozeß nicht aufhalten. Operation und Medikamente wirken nur symptomatisch. Wertvolle Adjuvantien stellen die tatkräftige, optimistische Führung der Kranken dar, die Vermeidung starker körperlicher und seelischer Belastung, aber möglichst lange Belassung in Beruf oder sonstiger geeigneter Beschäftigung in Verbindung mit leichterer angepaßter Gymnastik.

Anhang

Der Singultus epidemicus

Im Jahre 1919 hat zuerst v. ECONOMO in Wien Fälle von Singultus beobachtet und in Zusammenhang mit der Encephalitis lethargica gebracht. Im Jahre 1920 traten solche kleinere Epidemien auch anderswo, in Deutschland, in Frankreich, in der Schweiz usw. auf. Die Fälle häuften sich besonders Ende 1920 und im ersten Vierteljahr 1921 während eines neuen Anschwellens der Encephalitisepidemie. In den Monaten Januar und Februar 1921 wurden in der Schweiz 63 Fälle gemeldet, die aber sicher nur einen kleinen Bruchteil der wirklich vorgekommenen Erkrankungen darstellen. Seither sind kleinere Epidemien und vereinzelte Fälle an vielen Orten wiederholt aufgetreten, besonders während Encephalitisepidemien, z. B. in England 1924 (MacNalty). Die Krankheit wird deshalb als Singultus epidemicus (Hoquet épidémique, epidemic hiccough oder hiccup) bezeichnet. Die Krankheit scheint nur männliche Individuen, namentlich im Alter von 20 bis 55 Jahren zu befallen.

Symptomatologie: Nach einigen Stunden oder Tagen allgemeinen Unwohlseins, bisweilen verbunden mit leichter Temperatursteigerung und katarrhalischen Symptomen, oder aus voller Gesundheit heraus beginnt mehr oder weniger plötzlich ein Singultus aufzutreten, der sich meistens rhythmisch wiederholt. Stunden- und tagelang wiederholt er sich, meistens in Zwischenräumen von 1—4 sec.

Der Singultus zeigt recht häufig Abweichungen von dem Typus, den wir von nervösem, gastrischem oder durch andere Ursache bedingten Schluckauf her kennen. Wenn man genauer beobachtet, kann man bisweilen erkennen, daß die Bauchdecken nicht eine plötzliche Vorwölbung, sondern eine Einziehung zeigen. Der gewöhnliche Singultus besteht nur in einer plötzlichen Kontraktion des Zwerchfelles, die mit Stimmritzenverengerung verbunden ist und dadurch das schluchzende Geräusch erzeugt. Dabei werden die Bauchdecken entsprechend der Zwerchfellkontraktion passiv vorgewölbt. Ihre Einziehung in manchen Fällen von Singultus epidemicus beweist, daß sie sich ebenfalls an dem Krampf beteiligen. Auch Zuckungen anderer Muskeln, im Nacken, im Rücken und an den Extremitäten können vorkommen, so daß die Patienten bei jedem Singultusstoß sich ruckartig beugen oder strecken, Arme oder Beine anziehen. Auch ein auf eine Zwerchfellhälfte beschränkter Singultus ist beschrieben.

Während bisweilen mit dem Singultus die ganze Symptomatologie erschöpft ist, sind in vielen Fällen auch noch *andere Störungen* vorhanden. Nicht selten sind Temperatursteigerungen, selbst über 38°, noch häufiger sind Magenbeschwerden, Appetitlosigkeit, belegte Zunge und Meteorismus. Dieser Meteorismus wird von einzelnen Autoren als regelmäßiges Symptom betrachtet.

Das Allgemeinbefinden ist in verschiedenem Grade gestört. Es gibt Patienten, die ihre Arbeit fortsetzen und sich nur bei ihrer Umgebung wegen ihrer lächerlichen Krankheit entschuldigen zu müssen glauben. Meistens belästigt aber der Singultus die Kranken bei der Arbeit und beim Essen und stört ihren Schlaf. Wenn es ihnen allerdings gelingt, trotzdem einzuschlafen, so verschwindet der Singultus im Schlaf fast ausnahmslos. Es ist begreiflich, daß manche Menschen durch ihr Leiden in eine unangenehme Stimmung versetzt und deprimiert werden. Es kommen aber auch psychische Veränderungen vor, die durch die einfache Belästigung nicht mehr erklärt werden können, z. B. motorische Unruhe, Aufregungszustände und schwere psychische Depressionen.

Der krankhafte Zustand kann schon nach einigen Stunden verschwinden, meistens dauert er etwa 3—4 Tage, selten bis zu 1 Woche. Dann sind die Erkrankten so gesund wie vorher. In einzelnen Fällen ist es aber auch vorgekommen, daß nach 2—3 Wochen Wohlbefinden eine typische Encephalitis lethargica aufgetreten ist. In einem von DUCAMP, CARRIEU, BLOQUIER DE CLARET und TZÉLÉPOGLOU mitgeteilten Falle verlief der Singultus mit myoklonischen Zuckungen des ganzen Körpers und führte zum Tode.

Pathologische Anatomie: Reine Fälle von Singultus epidemicus sind begreiflicherweise bisher nicht zur Sektion gekommen, sondern nur solche, die, wie der oben erwähnte myoklonische Fall, mit anderen, an Encephalitis erinnernden Symptomen verbunden waren, oder die in typische Encephalitis lethargica übergingen. Es wurden die gleichen Veränderungen wie bei dieser Krankheit gefunden, nur teilweise mit atypischer Lokalisation (vorwiegend im Halsmark, Freibleiben der Substantia nigra usw.).

Ätiologie und Pathogenese: Es herrscht keine vollständige Einigkeit darüber, ob der Singultus epidemicus als eine *rudimentäre Form der Encephalitis lethargica oder* als eine *besondere Krankheit* aufzufassen ist.

Meist stellt man sich vor, daß das abgeschwächte Encephalitisvirus oder der modifizierte Grippeerreger eine besondere Affinität zu gewissen Stellen im Halsmark oder in der Medulla oblongata habe und daß der Singultus durch eine Reizung des Phrenicuszentrums zustande komme. Es gibt aber auch Autoren (P. BLUM), die gar kein neurotropes Virus annehmen, sondern die Krankheit als Infektion des Verdauungskanals betrachten, von dem aus der Singultus ausgelöst werde. Eine Stütze dieser Annahme bildet das häufige Vorkommen von Verdauungsstörungen beim Singultus epidemicus, das aber auch als Folge der Einwirkung der Zwerchfellkrämpfe auf den Inhalt des Abdomens erklärt werden kann. Es wird auch darauf hingewiesen, daß Epidemien von Singultus schon früher beobachtet, aber als Hysterie erklärt worden seien, so daß erst die Epidemien der letzten Jahre eine andere Erklärung nahegelegt hätten, weil unsere Betrachtungsweise infolge der Encephalitis lethargica anders eingestellt sei.

Gegen die Identität mit der Encephalitis lethargica wird angeführt, daß der Singultus viel infektiöser sei als diese (plötzliches Auftreten vieler Fälle unter Angestellten eines Geschäftes, in Pensionaten und Familien ist beschrieben), daß die bei der Encephalitis fehlenden Verdauungsstörungen hier hervortreten und daß die Singultusepidemien sich mit den Encephalitisepidemien zeitlich und örtlich nur teilweise decken.

Für die Identität wird geltend gemacht, daß der Singultus epidemicus eben doch z. Z. der Encephalitisepidemie so häufig auftrat, daß er allgemeines Aufsehen erregte.

Wenn die Wellen der Singultusepidemie mit denen der Encephalitis nicht übereinstimmen, so ist das nicht befremdlich, weil die Encephalitis selbst zu verschiedenen Zeiten einen verschiedenen Charakter gezeigt hat. Die Häufung der Singultusfälle fällt in die Zeit, in der die Myoklonien im Krankheitsbild der Encephalitis hervorzutreten begannen. An vielen Orten wurden auch z. Z. der Singultusepidemie andere rudimentäre Formen von Encephalitis in auffallender Menge beobachtet (z. B. auch in Basel), ferner stellte der Singultus ein z. Z. jener Epidemie besonders häufiges Symptom der Encephalitis lethargica dar. Auf der anderen Seite sehen wir bei Fällen von Singultus epidemicus Zuckungen in anderen Muskelgebieten, und es besteht ein lückenloser Übergang vom reinen Singultus epidemicus bis zur myoklonischen Form der Encephalitis lethargica. Entscheidend für die Identität scheinen uns aber die Fälle, in denen der Singultus epidemicus in eine typische Encephalitis übergegangen ist, besonders aber die Obduktionsbefunde dieser Fälle und der Übergangsformen.

Prognose: Die Krankheit heilt fast immer in längstens 1 Woche ohne Residuen ab. Reiner Singultus scheint nie in Parkinsonismus überzugehen. Die Fälle, in denen im Anschluß an einen Singultus eine Encephalitis auftritt, sind äußerst selten.

Diagnose: Wenn gehäufte Fälle auftreten, ist die Diagnose ohne weiteres zu stellen. Schwieriger wird diese bei den ersten Fällen einer Epidemie oder bei sporadischen Fällen. Hier ist genau auf Zuckungen der Bauchmuskeln oder anderer Körperteile synchron mit dem Singultus zu achten, die Temperatur zu messen und eine genaue Anamnese aufzunehmen. Der Nachweis von prodromalen Symptomen spricht für einen epidemischen Singultus und läßt einen nervösen Singultus ausschließen. Dagegen kann die Differentialdiagnose gegenüber einem Singultus infolge Magenkatarrhs oder einer anderen Affektion des Abdomens schwierig werden. Deshalb ist in jedem Falle eine genaue Untersuchung vorzunehmen, damit nicht etwa ein Carcinom der Kardia, ein subphrenischer Absceß oder sonst eine wichtige Krankheit übersehen wird.

Therapie: Die Aufgabe der Behandlung besteht darin, das quälende Symptom des Singultus mindestens zeitweise zu beseitigen oder zu mildern. Die Mittel, die wir gewöhnlich gegen den Singultus anwenden, greifen teilweise den Nervus phrenicus oder sein Zentrum direkt an, teilweise wirken sie reflektorisch. Durch peripherische Reizung wirken die bekannten Hausmittelchen auf den Reflex, wie Luftschlucken, Anhalten des Atems, Einnehmen von einigen Tropfen Essig auf einem Stück Zucker, flaches Liegen, Druck oder Klopfen auf die Wirbelsäule, Zusammendrücken der Arme oder Beine, festes Anziehen der Knie an den Bauch usw. Sie können gelegentlich auch bei Singultus epidemicus die Krämpfe unterdrücken oder wenigstens mildern und z. B. das Einschlafen erleichtern. Etwas besseren Erfolg hat kräftiger Druck auf die Augäpfel oder auf den Halsvagus oder Einführen einer Schlundsonde. Von direkten Einwirkungen auf den Phrenicus wird Kompression des Nervs direkt oberhalb der Clavicula am äußeren Rand des Sternocleidomastoideus empfohlen.

Heute würde man medikamentös Antispastica oder Neuroleptica vom Typus des Chlorpromazins anwenden.

Literatur

A. Zusammenfassende Arbeiten

Achard, Ch.: L'encéphalite léthargique. Baillière Paris 1921. — **Bergouignan, M.,** et **P. Loiseau:** Encéphalite épidémique: Maladie d'Economo-Cruchet. Encyclopédie médico-chirurgicale, Système nerveux, Encéphale 18048 C^{10}, p. 1 (1964). — **Bodechtel, G.:** Differentialdiagnose neurologischer Krankheitsbilder. Stuttgart: Georg Thieme 1958. — **Boeckel, L. Van, A. Bessemans,** et **Nélis:** L'encéphalite épidémique. Bruxelles 1923. — **Bogaert, L. Van:** Encéphalite léthargique, Type A (Maladie d'Economo). In: Handb. spez. path. Anat. u. Histol. **13,** Nervensystem, 2. Teil/A, S. 313. Berlin-Heidelberg-New York: Springer 1958. — **Cords, R.:** Die Augensymptome bei der Encephalitis epidemica. Zbl. ges. Ophthal. **5,** Sammelreferat p. 225 (1921). — **Cords, R.,** u. **J. Blank:** Okuläre Restsymptome nach Encephalitis epidemica. Klin. Mbl. Augenheilk. **72,** 394 (1924). — **Cruchet, R.:** Encéphalite épidémique. Paris: Doin 1928. — **Economo, Constantin v.:** Encephalitis lethargica. Berlin u. Wien: Urban & Schwarzenberg 1929. ~ Epidemic Encephalitis. Report of a survey by the Matheson Commission. New York: Columbia University Press 1929, 1932 and 1939. — **Goldstein, K.:** Encephalitis epidemica. In: Handb. der inn. Med., 2. Aufl., Bd. V/1, S. 202f. Berlin: Springer 1925. — **Gottstein, W.:** Die Encephalitis lethargica. Ergebn. Hyg. Bakt. **5,** 394 (1922). — **Kaneko, R.,** u. **Y. Aoki:** Über die Encephalitis epidemica in Japan. Ergebn. inn. Med. Kinderheilk. **34,** 342 (1928). — **Lange, J.:** Encephalitis epidemica (Economosche Krankheit). In: Handb. d. inn. Med., 3. Aufl.,

Bd. V/1, S. 523f. Berlin: Springer 1939. — Levaditi, C.: Les ectodermoses neurotropes. Paris: Masson & Co. 1922. ~ L'herpès et le zona. Paris: Masson & Co. 1926. — Löffler, W., u. F. Lüthy: Encephalitis (Selbständige Formen). In: Handb. d. inn. Med., 4. Aufl., Bd. 1, Teil 1, S. 474. Berlin-Heidelberg-New York: Springer 1952. — Löffler, W., u. R. Staehelin: Encephalitis epidemica (lethargica). Mit einem Anhang: Singultus epidemicus. In: Handb. d. inn. Med., 3. Aufl., Bd. 1, S. 669f. Berlin: Springer 1934. — May, E.: Encéphalite léthargique. Nouveau traité de méd. (G. H. Roger, F. Widal et P. J. Teissier, eds.), Bd. 4. Paris 1922. — Möller, F.: On postinfectious nervous involvement. Acta med. scand. Suppl. 232 (1949). — Nonne, M.: Encephalitis lethargica. Verh. dtsch. Ges. inn. Med. 1923, 45. — Ounaguluchi, G.: Parkinsonism. London 1964. — Pette, H.: Die akut-entzündlichen Erkrankungen des Nervensystems. Leipzig: Georg Thieme 1942. — Reinhart, A.: Die endemische Enzephalitis. Ergebn. inn. Med. Kinderheilk. 22, 245 (1922). (Literatur). — Reys, L.: L'Encéphalite léthargique. Paris: Maloine 1922. — Roger, H.: Soc. méd. Hôp. Paris 1920. (Zit. n. W. Löffler u. R. Staehelin). — Schaltenbrand, G.: Epidemische Encephalitis. In: Die Nervenkrankheiten. Stuttgart: Georg Thieme 1951. — Spatz, H.: Encephalitis. In: Handb. Geisteskrankheiten, Bd. XI. Berlin: Springer 1930. — Staehelin, R., u. W. Löffler: Encephalitis epidemica s. lethargica. Anhang: Singultus epidemicus. In: Handb. d. inn. Med., 2. Aufl., Bd. I/1, S. 506f. Berlin: Springer 1925. — Stern, F.: Die epidemische Encephalitis, 2. Aufl. Berlin: Springer 1928. ~ Epidemische Encephalitis (Economosche Krankheit). In: Handb. d. Neurologie, Bd. XIII (O. Bumke u. O. Foerster, Hgg.). Berlin: Springer 1936.

B. Einzelarbeiten

Barré, J. A., et L. Reys: La forme labyrinthique de l'encéphalite épidémique. Son intérêt actuel. Paris Médical XXXIX, 261 (1922). ~ Le syndrome parkinsonien post-encephalitique. Bull. méd. (Paris) 35, 351 (1921). ~ L'encephalite épidémique à Strasbourg. Sa forme labyrinthique. Bull. méd. (Paris), 35, 356 (1921). — Barrett, A. E.: Prolonged somnolence after Influenza. Brit. med. J. 1890 I, 1067. — Bergouignan, M., et P. Loiseau: Encéphalite épidémique. Maladie d'Economocruchet. Encyclopédie médico-chirurgicale. Système nerveux. Encéphale 17048 C 10, p. 1 (1964). — Bethlem, J., u. W. A. den Hartog Jager: 1960, zit. nach J. G. Greenfield: Neuropathology, 2. Aufl. 1963. — Bing, R., u. R. Staehelin: Katamnestische Erhebungen zur Prognose der verschiedenen Formen von Encephalitis epidemica. Schweiz. med. Wschr. 52, 142 (1922). — Blanc, E.: Thèse de Paris, 1886. — Blum, P.: Zit. nach W. Löffler u. R. Staehelin, 3. Aufl. 1934. — Bozzolo, C.: Polioencefaliti emorragiche acute da influenza. Riv. crit. Clin. Med. 1, 69 (1900). — Braun: Was ist Nona? Dtsch. med. Wschr. 16, 275 (1890). — Braunmühl, A. v.: Zit. nach L. van Bogaert: Handb. spez. path. Anat. Hist. 13, 2. Teil, Bandteil A, S. 336. Berlin-Göttingen-Heidelberg: Springer 1958.

Camerarius: Ephemer. Acad. Leopold. 1715, 135. — Clerc, A., Ch. Foix, et M. de Rochettes: Sur un cas de hoquet épidémique avec autopsie. Bull. Soc. méd. Hôp. Paris 45, 522 (1921). — Crookshank, F. G.: A note on the history of epidemic encephalomyelitis. Proc. roy. Soc. Med. 12, 1 (1919). — Cruchet, R., F. Moutier, et A. Calmettes: Quarante cas d'encéphalomyélite subaigue. Bull. Soc. méd. Hôp. Paris 41, 614 (1917).

Deicher, H.: Über das Auftreten der epidemischen Encephalitis in Preußen in den Jahren 1919—1924. Veröffentl. a. d. Geb. d. Med.-Verwalt. 23, 731 (1926). — Doerr, R., u. A. Schnabel: Das Virus des Herpes febrilis und seine Beziehung zum Virus der Encephalitis epidemica. Z. ges. Hyg. 94, 29 (1921). — Dopter, C.: Contagiousness. of encephalitis. Paris méd. 11, 458 (1921). — Dubini, A.: Primi cenni sulla corea elettrica. Ann. universali di Med. ital. (Milano) 117, 5 (1846). — Ducamp, Carrier, Bloquier de Claret, et Tzélépoglou: Epidemic hiccup. Bull. Acad. Méd. (Paris) 86, 249 (1921).

Ebstein, W.: Einige Bemerkungen über die Nona. Berl. klin. Wschr. 28, 1005 (1891). — Economo, C. v.: Encephalitis lethargica. Wien. klin. Wschr. 13, 581 (1917). ~ Neue Beiträge zur Encephalitis lethargica. Originalartikel. Neurol. Zbl. 36, 866 (1917). ~ Encephalitis lethargica. Jb. Psychiat. Neurol. 38, 253 (1917). ~ L'encefalite letargica. Il. Policlinico 27, 1 (1920). ~ Considérations sur l'épidemiologie de l'encéphalite léthargique et sur ses différentes formes. Schweiz. Arch. Neurol. Psychiat. 6, 276 (1920). — Eskuchen, K.: Der Liquor cerebrospinalis bei Encephalitis epidemica. Z. Neurol. 76, 568 (1922).

Fényes, J.: Alzheimer'sche Fibrillenveränderungen im Hirnstamm einer 28jährigen Postencephalitikerin. Arch. Psychiat. Nervenkrankh. 96, 700 (1932). — Fornara, L. e P. Fornara: L'encefalite letargica. Il Policlinico 27, 19 (1920).

Grandmont, G. de: Berlin au point de vue de l'hygiène et de la médecine. Bull. mém. Soc. méd. prat. (Paris) LXXXII, 1151 (1890). — Greenfield, J. G., and F. D. Bosanquet: The brainstem lesions in parkinsonism. J. Neurol. Psychiat. 16, 213 (1953). Zit. nach J. G. Greenfield, Neuropathology, 2nd ed., 1963. — Greenfield, J. G., and W. B. Matthews: Postencephalitic Parkinsonism with Amyotrophy. J. Neurol. Neurosurg. Psychiat. 17, 50 (1954).

Hall, A.I.: Epidemic encephalitis. Brit. med. J. **1918 II**, 461. — **Hallager, F.**: Et Tilfälde af „Nona"? Neurol. Zbl. **10**, 474 (1891). — **Hallervorden, J.**: Paralysis agitans. In: Handb. spez. path. Anat. Hist. **13**, 1. Teil, Bandteil A, S. 900. Berlin-Göttingen-Heidelberg: Springer 1957. — **Hammerschlag, G.**: Ein Fall von Nona. Wien. med. Presse, **31**, 750 (1890). — **Hammon, W.M.**: The Etiology, Epidemiology und Diagnosis of Virus Encephalitis. IV. Congr. neurol. internat. **1**, 95 (1949). — **Hofstadt, F.**: Über eine eigenartige Form von Schlafstörung im Kindesalter als Spätschaden nach Encephalitis epidemica. Münch. med. Wschr. **1920 II**, 1400. — **Holt, W.**: Epidemic Encephalitis. Arch. Neurol. (Chic.) **38**, 1135 (1937).

Klaue, R.: Parkinson'sche Krankheit (Paralysis agitans) und postencephalitischer Parkinsonismus. Arch. Psychiat. Nervenkrankh. **111**, 251 (1940).

Levaditi, C. et P. Harvier: Recherches sur le virus de l'encéphalite léthargique. C.R. Soc. Biol. (Paris) **83**, 385 (1920). — **Longuet, R.**: La nona. Sem. méd. (Paris) **12**, 275 (1892).

MacNalty, A.S.: Epidemic Hiccup. Lancet **1929 II**, 217, 62. — **Marie, P., et G. Lévy**: Zit. nach G. Lévy: Les manifestations tardives de l'encéphalite épidémique. Paris: Doin 1925. — **Mauthner, L.**: Pathologie und Physiologie des Schlafes. Wien. klin. Wschr. **1890**, 445 und Sem. méd. (Paris) **1890**, 202. — **Mjönes, H.**: Paralysis agitans. Acta psychiat. (Kbh.) Suppl. 1949. — **Müller, Fr.**: Über cerebrale Störungen nach Influenza. Berl. klin. Wschr. **27**, 847 (1890). Zit. nach R. Longuet. — **Mumenthaler, M., u. J. Wunderli**: Über Sprachverlust nach Encephalitis. Arch. Psychiat. Nervenkrankh. **200**, 294 (1960).

Naef, E.: Klinisches über die epidemische Encephalitis. Münch. med. Wschr. **1919**, 1019. — **Naegeli, O.**: Allgemeine Konstitutionslehre, 2. Aufl. Berlin-Göttingen-Heidelberg: Springer 1934. — **Netter, A.**: 40 Arbeiten von 1918—1921. Zit. nach Ch. Achard.

Parsons, A.C., A.S. MacNalty, and J.R. Perdrau: Report on Encephalitis lethargica. Reports on public Health and med. Subjects, No. 11, London 1922. — **Pecori**: L'encefalite a Roma. Ann. Igiene **1921 I.** — **Pergher, L.**: La comparsa della encefalite letargica epidemica non suppurativo nel Trentino. Policlinico **27**, 17 (1920). — **Pette, H.**: Die akut entzündlichen Erkrankungen des Nervensystems. Leipzig: G. Thieme 1942. — **Pfaundler, M.**: Demonstration. Münch. med. Wschr. **67**, 885 (1920). — **Priester, I.**: Ein Fall von Nona (?) nach Influenza. Wien. klin. Wschr. **7**, 1159 (1891).

Rütimeyer, W.: Über postencephalitische Schlafstörungen. Schweiz. med. Wschr. **1921**, 7.

Sabatini, G.: Sull encefalite epidemica. Policlinico **27**, 97 (1920). — **Sabin, A.B.**: Viral Infections of the Human Nervous System. IV. Congr. neurol. internat. **1**, 85 (1949). — **Sauter, E.**: Zum Schicksal der Encephalitiker. Schweiz. med. Wschr. **1934**, 464. — **Scholz, W.**: Über herdförmige protoplasmatische Gliawucherungen von syncytialem Charakter mit einem Ausblick auf ihre Bedeutung für den Verlauf des pathologisch-anatomischen Prozesses bei der Encephalitis epidemica. Z. ges. Neurol. Psychiat. **86**, 33 (1923). — **Sharp, L.N.**: A case of somnolence. Med. Rec. (N.Y.) **37**, 683 (1890).

Tranjen: Die sogenannte „Nona". Berlin. klin. Wschr. **27**, 496 (1890). — **Trétiakoff, C.**: Contribution à l'étude de l'anatomie pathologique du locus niger de Soemmering avec quelques déductions relatives à la pathogénèse des troubles du tonus musculaire de la maladie de Parkinson. Thèse de Paris, 1919.

Uhthoff, W.: Zit. nach R. Longuet. — **Urechia, C.I.**: Dix cas d'encéphalite avec autopsie. Arch. intern. Neurol. **2**, 65 (1921).

Vogt, A.: Eine akute Form der Ophthalmoplegie. Schweiz. Rundschau Med. **15**, 182 (1915).

Wimmer, A., et A.V. Neel: Les amyotrophies systématisées dans l'encéphalite épidémique chronique. Acta psychiat. (Kbh.) **3**, 319 (1928).

Young, W.H.F.: Influenza (?) Catalepsy. Brit. med. J. **1890 II**, 1177.

III. Krankheiten durch die Psittakose-Lymphogran. inguinale-Trachomgruppe

Die Psittakose-Lymphogranuloma inguinale-Gruppe

Einleitung

Von H. Lippelt, Hamburg

Die Pathogenität für den Menschen ist nur auf wenige Vertreter der Psittakose-Lymphogranuloma inguinale-Gruppe (*PLT-Gruppe*) beschränkt. Es sind dies die Erreger der Ornithose, des Lymphogranuloma inguinale, des Trachoms und der Einschlußkörperchenconjunctivitis. Die Zahl der Viren, die man in dieser *Gruppe der* „*großen Viren*" (250—450 mμ Durchmesser) aufgrund gemeinsamer Eigenschaften zusammengefaßt hat, ist sehr groß. *Außer* den für den *Menschen* genannten Viren führen sie *vorwiegend bei Tieren* zu unterschiedlich verlaufenden Infektionskrankheiten. Zu ihnen gehören die Erreger der Kälberenteritis, des Schafabortes, der Rinderencephalomyelitis, der Mäuse- und Katzenpneumonie. Hiermit sind nur die wichtigsten Vertreter der PLT-Gruppe angeführt.

Die Diskussion über die *Klassifizierung* der PLT-Gruppe ist bis jetzt nicht abgeschlossen. Alle Vertreter der Gruppe sind durch viele Gemeinsamkeiten ausgezeichnet. Sie benötigen für ihre Multiplikation die lebenden Zellen. Sie sind im Dottersack des bebrüteten Hühnereies züchtbar (z. T. auch in Gewebekulturen). Bei der Färbung reagieren die Einschlußkörperchen basophil. Erhebliche antigenetische Strukturgemeinschaften konnten durch serologische Methoden nachgewiesen werden. Bei Immunitäts- und Neutralisationstesten zeigten sich deutliche Überlappungen. Die gesamte Gruppe ist empfindlich gegenüber Sulfonamiden und Antibiotica. Trotz dieser Empfindlichkeit und der basophilen Reaktion der Einschlußkörperchen, ist die kompromißlose Bindung an die lebende Zelle für die Multiplikation Veranlassung, die PLT-Gruppe zu den Viren zu rechnen. Die endgültige Klassifizierung der PLT-Gruppe könnte durch elektronenoptische Feststellungen getroffen werden, ob es während des Vermehrungscyclus zu einer Zweiteilung kommt.

Vorschläge, die PLT-Gruppe zu den Rickettsien zu rechnen oder sie in die neue Gruppe der Neorickettsien einzuordnen, werden nicht mehr ernsthaft diskutiert.

Ornithose (Psittakose)

Von H. Lippelt und W. Mohr, Hamburg

Mit 7 Abbildungen

I. Definition

Unter natürlichen Verhältnissen ist die Ornithose (Psittakose) eine *Endozootie*. Es ist eine bei den verschiedensten Vogelarten weltweit auftretende Infektionskrankheit, die auf den Menschen durch Staub-, Tröpfchen- und Schmierinfektion übertragen werden kann. Die mit den Ex- und Sekreten der Vögel ausgeschiedenen

Viruspartikelchen haften am Gefieder oder am Käfig und lösen sich beim Flügelschlagen ab. So ist für die menschliche Infektion der *aerogene Infektionsweg* durch den aufgewirbelten Staub *der häufigste.* Auch Bißverletzungen können bei der Übertragung eine Rolle spielen. Personen, die aus Liebhaberei oder Beruf mit Vögeln zu tun haben, sind besonders gefährdet. Das *beherrschende klinische Bild* der Ornithose beim Menschen ist die *Pneumonie.* Abortiv verlaufende Formen und inapparente Erkrankungen kommen sowohl beim Menschen wie auch bei den Vögeln vor. Die früher gefürchtete Letalität ist durch die therapeutischen Möglichkeiten mit Breitbandantibiotica entscheidend verringert. Nach der Erkrankung verbleibt eine zeitlich begrenzte Immunität.

Das neue Bundesseuchengesetz hat den ursprünglichen Begriff der Psittakose durch den *Überbegriff Ornithose* ersetzt und erweitert. Es berücksichtigt damit die epidemiologische Situation, daß das Virus bei den verschiedensten Vogelarten angetroffen worden ist und insbesondere auch beim Hausgeflügel vorkommt. Der im Gesetz erhaltene Unterbegriff Psittakose bezieht sich auf die menschlichen Krankheitsformen, die durch verseuchte Papageien oder Sittiche verursacht sind.

II. Geschichte

In der Familie eines Vogelliebhabers wurde 1879 zuerst durch RITTER in der Schweiz eine Psittakose-Gruppenerkrankung beschrieben. Sie verlief unter den Zeichen einer typhösen Pneumonie. Der ursächliche Zusammenhang zwischen Papageien und menschlichen Erkrankungen wurde 1892 in Paris geäußert. Den Namen Psittakose prägte MORANGE im Jahre 1895. In den folgenden Jahrzehnten kam es in verschiedenen Teilen Europas zu kleineren oder größeren Epidemien. Die 1929 von Argentinien ausgehende Verschleppung der Psittakose über die ganze Welt mit einer Letalität von 21% war Veranlassung, eine intensive Erforschung der Krankheit zu beginnen. BEDSON und PESCH stellten 1930 die Filtrierbarkeit des Erregers fest.

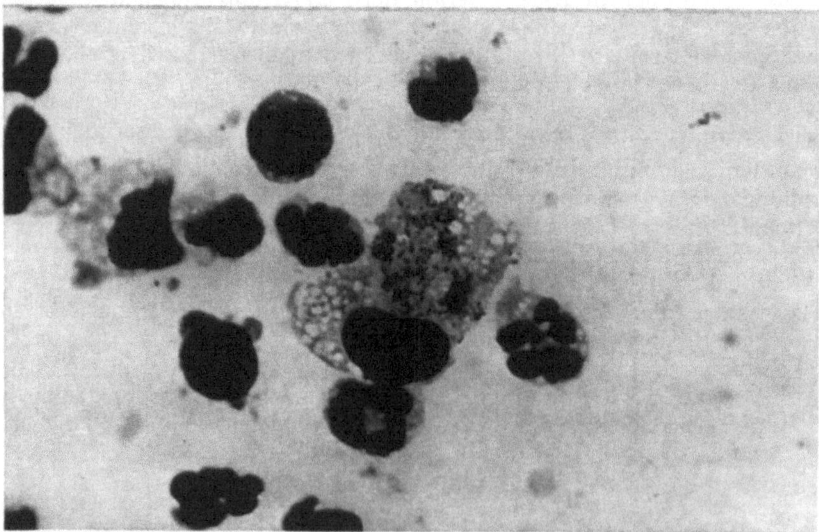

Abb. 1. Elemente des Ornithose-Erregers im Peritonealexsudat einer infizierten Maus (Tropeninstitut Hamburg)

LEWINTHAL gelang 1930 die färberische Darstellung des Virus als sphärisches Körperchen. MIYAGAWA konnte neben BURNETT 1935 als erster das Virus im Dottersack des Hühnerembryos züchten. 1941 wurde ein Gewebekulturverfahren beschrieben und bereits 1945 konnte HILLEMANN im Neutralisationstest die Differenzierung verwandter Antigene ermöglichen.

Bei der Bearbeitung epidemiologischer Zusammenhänge trat schon bald der Verdacht auf, daß das Virus nicht nur bei den Papageienvögeln vorhanden sein könnte. Die in Nordeuropa auf den Faröern alljährlich auftretenden Pneumonien wurden 1930 mit der Ornithose in

Zusammenhang gebracht. Der befallene Personenkreis beschäftigt sich vorwiegend mit jungen Sturmvögeln. In einer 1959 erfolgten Zusammenstellung konnte K.F. MEYER mitteilen, daß 98 Vogelarten aus 9 Ordnungen und 20 Familien als Ornithoseträger bekannt sind. Wichtig ist die Erkenntnis, daß nicht nur die wild lebenden Vögel befallen sind, sondern auch das Hausgeflügel (Enten, Hühner, Tauben, Puten usw.).

Die neuen Kenntnisse über die Virusträger waren Veranlassung, den Namen Ornithose zu prägen, als dem der Psittakose übergeordneten Begriff. Diesem Vorschlag hat sich die Weltgesundheits-Organisation 1959 angeschlossen.

III. Erreger

Bei dem Studium der Eigenschaften des Ornithosevirus konnte BEDSON 1930 durch Filtrationsversuche den Viruscharakter des Erregers beweisen. Mißglückte Züchtungsversuche auf künstlichen Nährböden stützten diese Auffassung, so daß die vor der Jahrhundertwende aufgestellte Behauptung, daß der Erreger der Ornithose zur Gruppe der Bakterien gehört, nicht mehr aufrecht erhalten werden konnte. Diese Ansicht wurde auch nicht erschüttert, als 1930 nahezu gleichzeitig von LEWINTHAL in Deutschland, COLLES in England und LILLIE in den USA der Erreger färberisch dargestellt wurde. Er war im Lichtmikroskop noch gut sichtbar und hatte eine lichtoptische Größe von 280—380 mμ. Inzwischen durchgeführte elektronenoptische Messungen haben diese *Größenordnung mit 350—500 mμ* bestätigt.

Lichtoptisch erkennt man runde, ovoide und kokkoide Gebilde, die einzeln, paarweise oder in Haufenform im Cytoplasma liegen. Der Erreger besitzt einen erheblichen *Pleomorphismus*, der als Ausdruck eines komplizierten Entwicklungscyclus gedeutet wird. Die am Ende dieser Entwicklung stehenden Elementarkörperchen stellen das infektiöse Agens dar und dringen in die Zellen ein. Nach Auflösung dieser Körperchen entsteht nach wenigen Stunden ein homogenes Initialkörperchen, das an Größe zunimmt, um sich zu einem *Einschlußkörperchen* zu formieren. In der Grundsubstanz dieser Einschlußkörperchen bilden sich kleine Granula, die die Wirtszellen durchdringen, sich vergrößern und schließlich am Ende ihres Cyclus die neuen Elementarkörperchen darstellen. Diese zerstören die Zelle und können neue Zellen infizieren.

Dieser Entwicklungscyclus vollzieht sich nur in lebenden Zellen; auf künstlichen Nährböden erfolgt kein Wachstum. Als zweckmäßigstes *Nährmedium* hat sich die Eikultur von 8 Tagen vorbebrüteten Hühnern erwiesen. Zur Anzüchtung des Virus eignet sich besonders die Dottersackmembran, für spätere Passagen nach Adaption auch die Chorioallantoismembran. Neben der Beimpfung auf Hühnerembryonen gelingen die Virusübertragungen besonders auf die weiße Maus.

Gegenüber *physikalischen und chemischen Einflüssen* ist das Ornithosevirus recht empfindlich. Von den üblichen Desinfektionsmitteln tötet 0,1%iges Formalin oder 0,5%iges Phenol das Virus innerhalb 24 Std. ab. Äther neutralisiert das Virus bereits nach 30 min. Auch gegenüber UV-Licht hat das Virus keine besondere Resistenz. Austrocknung bewirkt einen schnellen Titerverlust. Dagegen kann man das Virus bei einer Temperatur von —70°C 2 Jahre lang aktiv erhalten und in lyophilisiertem Zustand bei —70°C ist die Stabilität des Virus auf lange Zeit gesichert.

Das Ornithosevirus, wie auch die anderen Vertreter der PLT-Gruppe sind *empfindlich gegenüber Sulfonamiden und Antibiotica*. Der Einfluß der Sulfonamide, des Penicillins wie auch des Streptomycins ist allerdings gering und wird wesentlich übertroffen durch Tetracycline, die den Vermehrungscyclus des Virus verhindern. Daher sind die Tetracycline auch für die Therapie am wichtigsten. Man muß allerdings trotz rascher therapeutischer Wirkung bei ausreichenden Dosierungen doch mit verbleibenden Virusträgern rechnen.

Bei der Beurteilung der *Morphologie* des Virus lassen sich über die Größenverhältnisse der Elementarkörperchen exakte Angaben machen. Lichtoptisch und elektronenoptisch ist die Größe um 350 mμ ermittelt. Schwierigkeiten entstehen bei der morphologischen Beurteilung des Virus aufgrund eines sehr komplizierten *Entwicklungscyclus*.

Nach Eindringen in die Wirtszelle bleibt das Virus eine Zeit unsichtbar. Die Veränderungen des Virus in der Zelle während der Zeit zwischen dem Verschwinden des Viruskörperchens und dem Auftreten des Initialkörperchens sind nicht einwandfrei geklärt. Die Vermehrung beginnt nach 4 Std mit dem Auftreten der Virus-DNS im Cytoplasma. Diese Initialkörperchen nehmen an Größe zu und sind in eine Matrix eingebettet. Sie sind erheblich größer als die Elementarkörperchen und erreichen 800 mμ. Sie vermögen sich aktiv zu vermehren, haben nur eine geringe Infektiosität und können wiederum neue Zellen infizieren. Als Endphase dieses Vermehrungscyclus bilden sich dann intensiv dunkel-violett färbbare Elementarkörperchen. Damit kommt es auch wieder zu einem steilen Anstieg der Infektiosität. 30—54 Std nach Cyclusbeginn führt der gesamte Vorgang zur Bildung der Bläschen und schließlich zur Zerstörung der hypertrophierten Zelle. Die nun freigesetzten Elementarkörperchen können in empfindlichen Zellen einen neuen Cyclus auslösen. Dieser Entwicklungsgang des Ornithosevirus über die Bildung von Untereinheiten stellt das Kriterium für ein echtes Virus dar. Die immer wieder diskutierte Vermehrung des Virus durch eine Zweiteilung ist bis heute nicht bewiesen.

Für den *Erregernachweis* stehen zwei Methoden zur Verfügung, das bebrütete Hühnerei und die Maus. Erstisolierungen mit Hilfe der Gewebekultur sind möglich, aber weniger erfolgreich. Bei der *Eikultur* wird 8 Tage vorbebrüteten Eiern das mit Streptomycin vorbehandelte Untersuchungsmaterial in den Dottersack geimpft. Nach 3tägiger weiterer Bebrütung müssen die Elementarkörperchen *mikroskopisch* im Dottersack nachgewiesen werden, da sich makroskopische Veränderungen am Dottersack nicht zeigen. Für den Nachweis des Ornithoseerregers mit Hilfe eines Tierversuches eignen sich am besten *Mäuse*. Sie sind sehr empfänglich und erkranken nach intraperitonealer Verimpfung des Materials nach 1—3 Tagen an einer Viraemie. Bei der Sektion der Versuchstiere ist die Leber und Milz geschwollen. Beide zeigen einen charakteristischen weißen Belag. Bei der mikroskopischen Untersuchung dieses fibrinösen Exsudats findet man die Elementarkörperchen in typischer Form. Der direkte lichtmikroskopische wie auch elektronenmikroskopische Nachweis von Elementarkörperchen im Untersuchungsmaterial ist schwierig und den Kulturverfahren unterlegen. Wieweit sich die in der letzten Zeit entwickelte Methode des direkten Nachweises mit markierten Antikörpern in der Praxis bewährt, läßt sich zur Zeit nicht übersehen.

Die besondere Bedeutung der Virusisolierung durch Kulturverfahren oder Tierversuche liegt in der Beurteilung epidemiologischer Fragen. Für den Kliniker wird der Erregernachweis immer noch zu viel Zeit beanspruchen, um die therapeutischen Maßnahmen im Beginn der Erkrankung entscheidend beeinflussen zu können. Außerdem spricht ein negatives Ergebnis eines Isolierungsversuches nicht gegen das Vorliegen einer Ornithose. Nur der positive Befund sichert die Diagnose.

Zur Aufklärung epidemiologischer Zusammenhänge, zur Diagnostik menschlicher Infektionen und zum Nachweis von Infektionsquellen bei den Tieren eignet sich besonders der *Antikörpernachweis*, der mit Hilfe der *Komplementbindungs-Reaktion* durchgeführt wird. Sie spielt praktisch eine besondere Rolle, da die Durchführung dieser Reaktion in den meisten Laboratorien mit käuflichen Antigenen möglich ist. Das Antigen wird aus dem Dottersack, der Allantoisflüssigkeit bebrüteter Hühnereier oder aus der Gewebekultur gewonnen. Bei menschlichen Erkrankungen sollte die erste Blutentnahme zum Nachweis der Antikörper mit Hilfe der Komplementbindungs-Reaktion so früh wie möglich erfolgen. Selbst am ersten Krankheitstag, an dem ein Antikörper noch nicht zu erwarten ist, scheint eine serologische Untersuchung sinnvoll, da die Untersuchung der zweiten Blutprobe nach 10 Tagen durch den Titeranstieg gegenüber der Ausgangsuntersuchung die Diagnose sichern kann. Eine *vierfache Titersteigerung* ist der serologische Beweis

für das Vorliegen einer Ornithoseinfektion. Je nach der individuellen Antikörper-
bildungsbereitschaft liegen die Titer zwischen 1:100 und 1:1000. Der höchste
Titer wird in der Regel zwischen dem 20. und 30. Krankheitstag erreicht. Auch
wenn frühzeitig mit einer Antibioticatherapie begonnen wurde, ist mit einem serologischen Titer zu rechnen, der allerdings die Höhe unbehandelter Fälle nicht erreicht. Nach 2—3 Monaten fallen die Titer leicht ab und halten sich dann über
viele Monate noch in einer Resttiterhöhe von 1:32 bis 1:200. Dieser anamnestische
Titer kann auf eine latent oder unerkannt durchgemachte Ornithoseinfektion hinweisen. Das Ornithosevirus hat aber mit den anderen Mitgliedern der PLT-Gruppe
gemeinsame Antigene. So ist die Komplementbindungs-Reaktion nur gruppen-
spezifisch und nicht typenspezifisch. Damit wird der Wert der Komplementbindungs-Reaktion für die Diagnostik menschlicher Ornithoseerkrankungen nicht
eingeschränkt.

Hämagglutinations-Hemmungsteste, Mikroagglutinationen und Hautteste
spielen für den Nachweis des Ornithosevirus nur eine untergeordnete Rolle.

Die antigenetische Zusammensetzung und die Frage einer *Toxinbildung* bei den Ornithoseviren sind nicht voll geklärt. Man kennt ein hitzestabiles gruppenspezifisches *Antigen*,
das allen Erregern der PLT-Gruppe gemeinsam ist. Dieses hitzestabile Antigen wird zur
Durchführung der Komplementbindungs-Reaktion und des erwähnten Hämagglutinations-
Hemmungstestes benutzt. Das zweite Antigen ist hitzelabil bis zu Temperaturen von 60° C.
Es enthält die stammspezifische Komponente und kann durch proteolytische Fermente abge-
baut werden. Die Ornithoseviren bilden ein Hämagglutinin, das aus zwei verschiedenen
chemischen Fraktionen besteht (Nucleoprotein und Phosphorlipoid).

An die Elementarkörperchen gebunden ist ein *Endotoxin*, das von diesen bisher nicht zu
trennen ist. Mäuse werden innerhalb 16 Std nach intravenöser Applikation dieses Toxins
getötet. Welche Rollen diese Toxine bei menschlichen Erkrankungen spielen, ist bisher nicht
abgeklärt. Ein Hinweis ist nur dadurch gegeben, daß durch Hyperimmunisierung gewonnene
hochtitrige Antiseren sowohl Virus als auch Toxin neutralisieren.

IV. Pathologisch-anatomische Befunde

Für die Kenntnis der pathologisch-anatomischen Abläufe sind neben den Ergebnissen der bei menschlichen Todesfällen durchgeführten Sektionen, die im Tierexperiment gewonnenen Erkenntnisse von erheblicher Bedeutung. McGAVRAN
u. Mitarb. untersuchten den Ablauf der Psittakose-Infektion an Rhesus-Affen, die
mit einer geringen Dosis von Psittakose-Virus als Aerosol infiziert waren.

Von den 24 infizierten *Affen* starben 7 an Psittakose. Die Serienuntersuchungen dieser
Fälle zeigten, daß bei diesem Infektionsweg die Erkrankung zunächst die Bronchiolen befällt.
Es entwickelt sich dann eine *lobuläre Pneumonie*. Die größte Ausdehnung der entzündlichen
Reaktion ist zwischen dem 14. und 16. Tag festzustellen, etwa gleichzeitig mit dem Beginn der
Lösung der pneumonischen Infiltrate. Diese ist am Ende der 5. Woche etwa vollendet. Bei dem
pneumonischen Prozeß kommt es zu einer Quellung der Alveolar-Epithelien. Diese Epithelien
werden dann später abgestoßen, so daß die Alveolar-Lichtung weitgehend durch sie ausgefüllt wird. In den phagocytierenden Zellen finden sich dann intracelluläre Elementarkörperchen. Die leukocytäre Infiltration ist gering. Die gleichen Beobachtungen konnte SCHEIDEGGER
bei der Untersuchung von *Truthühnern* machen; auch bei der Infektion dieser Tiere wurden,
ebenso wie bei der Rhesus-Affen-Infektion, Herde in der Leber gefunden. Bei den Rhesus-
Affen waren es mononucleäre Granulome, bei den Truthühnern Nekroseherde mit dem Nachweis von Elementarkörperchen in den Sternzellen der Leber. Außerdem wurden Myokarditis
und degenerative Vorgänge in den Nieren mit Blutungen und Capillarthromben beobachtet.

Beim Menschen findet sich das Bild einer *konfluierenden Pneumonie*, ähnlich
dem einer Grippe-Pneumonie und von dieser ohne entsprechende differentialdiagnostische Methoden nicht zu unterscheiden (BRUGSCH). Auch die Pleura kann
an dem Entzündungsprozeß beteiligt sein, schließlich auch kleine Blutungen und
fibrinöse Auflagerungen aufweisen. Ähnliche Befunde sind auch an den anderen
serösen Häuten, wie Perikard und Peritoneum, zu erheben. Das Bild an der Lunge
entspricht im allgemeinen, wie SIEGMUND und OBERNDORFER schreiben, dem Bild
einer lobulären, desquamativen Pneumonie.

Besonders charakteristische Gewebsveränderungen, die etwa nur bei der Ornithose zu finden wären, gibt es aber nicht.

In den tödlich verlaufenden Fällen finden sich fast stets *Schädigungen des Kreislaufapparates*. Es kommt zu einer Dilatation des Herzens, das Mykoard zeigt trübe Schwellung oder braune Atrophie. Ziemlich häufig stellen sich Thrombosen in den Beinvenen ein (HAAGEN, SCHEIDEGGER u. a.). In Milz und Leber werden auch bei den menschlichen Fällen herdförmige Nekrosen mit lymphocytären Infiltraten beobachtet (BRUGSCH). Die entzündlichen *Veränderungen am Zentralnervensystem* sind nicht typisch. Es werden multiple Erweichungsherde im Claustrum sowie Hirnödem, subdurale Blutungen und kleine hämorrhagische Infiltrationen um die Blutgefäße herum beschrieben. Bei diesen handelt es sich wohl in erster Linie um Blutextravasate infolge toxischer Schädigungen des Gefäßsystems, die zu einer vermehrten Durchlässigkeit der Wandung geführt haben. Infolge dieser *Gefäßwandveränderungen* besteht eine gewisse Neigung zu Blutungen, die ihren Ausdruck in Nasen-, Magen- und Darmschleimhautblutungen findet.

Die Milz ist gewöhnlich vergrößert, weich, zerfließend und hyperämisch. Veränderungen an den Nieren sind selten. Zwar haben PROUTY und JORDAN einmal thromboembolische Gefäßverschlüsse in der Niere gefunden und SPRUNT stellte am Nierengewebe eine trübe Schwellung bei an Psittakose Verstorbenen fest, doch gehören diese Befunde wohl zu den Seltenheiten, ebenso wie die von YORO u. Mitarb. beobachtete Nephrose bei Ornithose.

V. Pathogenese

Die menschliche Infektion steht, wie in der „Epidemiologie" noch zu besprechen sein wird, mit der Ausbreitung dieser Virusinfektion im Tierreich in enger Beziehung. Sie erfolgt meist aerogen, d. h. durch die *Inhalation* aufgewirbelten, virushaltigen Staubes oder auch virushaltiger Tröpfchen.

Im Ablauf der Infektion kommt es nach dem Eindringen des Erregers in die Lungen-Alveolarepithelien zu einer vorübergehenden Einschwemmung in die Blutbahn. Zu diesem Zeitpunkt läßt sich dann der *Erreger* auch *im Blut* nachweisen. Ein solcher Nachweis ist allerdings nur in der ersten Krankheitswoche erfolgversprechend. Eine Ansiedelung in andere Organe wird im allgemeinen nur selten beobachtet.

VI. Epidemiologie

Obwohl der Ornithoseerreger in über 90 verschiedenen Vogelarten, darunter auch beim Hausgeflügel, nachgewiesen worden ist, spielen menschliche Infektionen von anderen als Papageienvögeln ausgehend eine geringe Rolle. Diese Ornithose verläuft meistens leichter als eine Psittakose und gefährdet besonders Personen, die mit der Züchtung, Pflege und dem Schlachten von Hausgeflügel zu tun haben. Daher sind die in den letzten Jahren entstandenen großen Geflügelfarmen und Geflügelschlachtstätten epidemiologisch bedeutsam geworden. Beim Auftreten ungewöhnlicher pneumonischer Krankheitsbilder sollte man an das Vorliegen einer Ornithose-Psittakose denken, für die Kinder, Jugendliche und Erwachsene gleich anfällig sind. Unsere früher einmal geäußerte Auffassung, daß Kinder weniger anfällig seien, glauben wir dahingehend revidieren zu müssen, daß auch für die Kinder und Jugendlichen eher die verminderte Exposition als Ursache einer geringeren Erkrankungshäufigkeit heranzuziehen ist, als eine natürliche Resistenz (MÜLLER und MANNWEILER).

Daß es bei Kindern bei extremer Exposition auch zu schweren Erkrankungen kommen kann, während die weniger stark exponierten Erwachsenen nur leicht erkranken, haben wir bei einer Gruppenerkrankung sehr eindrucksvoll beobachten können.

Selbstverständlich werden schwächliche Personen und auch ältere, bei denen Vorerkrankungen noch bestehen, von der Infektion stärker in Mitleidenschaft gezogen als jüngere. Insofern ist den Ausführungen von WIRTH, McLACHLAN, HEGGLIN und HAAGEN zuzustimmen; aber nicht in dem Sinne, daß der ältere Mensch überhaupt für diese Infektion anfälliger sei.

Neben anderen Autoren hat KUKOWKA in letzter Zeit darauf hingewiesen, daß vorzugsweise *Erwachsene in Vogelhandlungen* tätig sind, in Hühner-, Enten- und Putenfarmen arbeiten oder in Geflügelschlächtereien, und daß es auch vielfach Rentner sind, die gerade in diesen Betrieben eine zusätzliche, leichte Beschäftigung finden (JACOB).

Die höheren Erkrankungszahlen unter Frauen sind sicher nur milieubedingt. Auf aerogenem Wege infiziert sich der Mensch vorwiegend durch Aufnehmen des Virus über die Schleimhäute des Respirationstraktes. Vogelhandlungen und Vogelzuchten, Geflügelfarmen und Geflügelschlachthöfe sind in besonders hohem Maße Ausgangspunkt menschlicher Erkrankungen. Oft genügt schon ein kurzfristiger Aufenthalt in einem Raum, in dem sich virusausscheidende Vögel befinden.

Zu menschlichen Erkrankungen kann es auch auf indirektem Wege durch Umgang mit Federn, Einatmen von Federmüll usw. kommen. Die in den Wintermonaten in Mitteleuropa immer wieder beobachteten Saisongipfel hängen nicht mit Klima oder Feuchtigkeit zusammen. Die Schwankungen können einmal durch die in den Wintermonaten häufigeren Infektionen der Respirationsorgane erklärt werden und durch die Sitte, um die Weihnachtszeit Wellensittiche zu verschenken (in Hamburg wurden um Weihnachten 1963 mehr als 12000 Wellensittiche verkauft). Übertragungen der Ornithose von Mensch zu Mensch sind wiederholt beobachtet worden. Sie sind aber nicht häufig. So haben wir im Laufe der letzten 15 Jahre unter einer größeren Anzahl von Ornithose-Psittakose-Fällen keine feststellen können. Auch unter unserem Pflegepersonal trat kein Krankheitsfall auf.

Die Infektionskette reißt gewöhnlich nach der ersten Mensch-zu-Mensch-Übertragung ab und ist nach Einführung der Antibiotica in die Therapie immer seltener geworden. Zu größeren Epidemien ist es in der letzten Zeit nur auf Geflügelschlachthöfen gekommen. Die Masse aller menschlichen Erkrankungen sind Einzelfälle (70 %). Auf die großen Infektionsmöglichkeiten bei Arbeiten mit dem Ornithosevirus weisen zahlreiche *Laboratoriumsinfektionen* hin. Intranasale Infektionsversuche bei Laboratoriumstieren wie Zentrifugationsvorgänge mit virushaltigem Material erfordern besondere Vorsichtsmaßnahmen.

Ornithose-verseuchte *Tauben* auf den Plätzen der Großstädte sind eine Gefährdung für die Öffentlichkeit. Durch direkten Kontakt geben die Vögel ihre Infektion auf die besonders empfängliche Nachkommenschaft ab. Auch Übertragungen durch das Ei sind nachgewiesen worden. Ebenso konnte aus verschiedenen Ektoparasiten von Vögeln das Ornithosevirus isoliert werden.

Immunisierungsversuche an Tieren mit abgetöteten und lebenden Viren sprechen für eine Immunität. Auch menschliche *Zweiterkrankungen* sind sehr *selten* beobachtet worden. Menschen können aber nach überstandener Infektion Virusausscheider bleiben. Im Sputum dieser Virusträger konnte das Virus noch nach mehreren Jahren nachgewiesen werden.

Seit 1934 bestehen gesetzliche Bestimmungen, die eine *Meldepflicht der Psittakose* vorschreiben. Dabei wurde die Ornithose nicht aufgeführt und bei den Meldungen auch nicht erfaßt. Erst mit dem Bundesseuchengesetz von *1961* wird man der neuen epidemiologischen Situation gerecht. *Alle Ornithoseformen* sind bei Verdacht, Erkrankung und Todesfall meldepflichtig. Die Statistik unterscheidet zwischen Ornithose und Psittakose. Die Tab. 1 bringt eine Gesamtübersicht über die gemeldeten Ornithose/Psittakose-Erkrankungen seit 1950. Die niedrigen Meldezahlen von 1950—1953 entsprechen sicher nicht der epidemiologischen Situation und sind durch äußere Umstände zu erklären.

Tabelle 1. *Gesamtübersicht der gemeldeten Ornithose/Psittakose-Erkrankungen im Bundesgebiet*

Jahr	Erkrankungs-fälle
1950	17
1951	2
1952	14
1953	68
1954	94
1955	135
1956	141
1957	272
1958	164
1959	284
1960	199
1961	210
1962	217
1963	322
1964	201
1965	230

Bei dem Nachweis des Erregers aus erkrankten Vögeln hat sich der Mäuseversuch besonders bewährt. Die Isolierung erfolgt am besten aus den Organen der getöteten Vögel. Der Erregernachweis im Kot, Urin oder Kloakeninhalt erkrankter Vögel ist durch die Schwankungen in der Ausscheidung wie durch die Gefahr bakterieller Verunreinigungen weniger aussichtsreich. Die Ergebnisse der *Isolierungsversuche aus Tiermaterial* im Tropeninstitut Hamburg (Prof. WEYER) ist in Tab. 2 zusammengestellt, für die Zeit vom 1. Januar 1950 bis zum 31. Dezember 1965.

Die Differenz in der Anzahl der untersuchten Vögel und der Zahl der Tierversuche ist dadurch zu erklären, daß Vögel gleicher Herkunft wiederholt in einem Tierversuch gemeinsam geprüft wurden. Daraus ergibt sich allerdings auch, daß die Zahl von 936 positiven Tierversuchen auf eine höhere Zahl infizierter Vögel rückschließen läßt. Die Gesamtzahlen erbringen rd. 6000 Tierversuche mit über 1000 positiven Befunden.

Tabelle 2. *Tierversuche bei Verdacht auf Ornithose/Psittakose im Hamburger Tropeninstitut in der Zeit vom 1. 1. 1950 — 31. 12. 1965* (Prof. Dr. WEYER, Tropeninstitut Hamburg)

Untersuchungs-material	Anzahl	Zahl der Tierversuche	davon positiv (%)
Papageienvögel (überwiegend Wellensittiche) .	11170	4948	936 (18,9)
Tauben	1128	623	142 (24,2)
Hühner	21	21	
Puten	1	1	
Gänse	2	2	
Andere Vögel	588	224	15 (6,7)
Kot von Papageien und Wellensittichen		143	41 (2,8)
Summe	12910	5962	1097 (13,2)

VII. Klinisches Bild

Die *Inkubationszeit* liegt für Ornithose wie auch Psittakose zwischen 7 und 14 Tagen. Einige Autoren beobachteten als kürzeste Inkubationszeit 4—6 Tage. BESTA und VALENTI geben 6—10 Tage als durchschnittliche Inkubationszeit an. Vereinzelt werden auch Inkubationszeiten von 17 und 18 Tagen (SCHMID, 1957), ja sogar von 3—4 Wochen bis zu 3 Monaten beschrieben (MÜSSE-MEYER).

Die Dauer der Inkubationszeit hängt von der Intensität der Infektion, der Virulenz des Erregers und der Resistenz des einzelnen Individuums ab. So sind z. B. Schwangere besonders anfällig, wie die Beobachtungen seinerzeit bei der Faröer-Krankheit auch gezeigt hat (RASMUSSEN). Bei ihnen erfolgte der Ausbruch der Krankheit rascher und ist der Verlauf schwerer. Ein Unterschied in der Länge der Inkubationszeit bei den von Wellensittichen oder Papageienvögeln ausgehenden Erkrankungen, und den Ornithose-Fällen ausgehend von Tauben, Enten, Pirolen oder anderen Vögeln wird im allgemeinen im Schrifttum nicht mitgeteilt. Auch bei unseren eigenen Beobachtungen haben wir einen solchen nicht feststellen können.

In Zusammensicht aller im Schrifttum mitgeteilten Beobachtungen dürfte für die Mehrzahl der Ornithose- und Psittakose-Fälle die Inkubationszeit zwischen

11 und 14 Tagen liegen, und nur in besonders gelagerten Fällen eine Infektion schon zu einem früheren Zeitpunkt oder erst einem späteren zum Ausbruch kommen.

Die *Prodromalerscheinungen* sind verhältnismäßig uncharakteristisch und vieldeutig. Kopfschmerzen, ziehende Glieder- und Kreuzschmerzen, allgemeines Unwohlsein, Appetitlosigkeit, leichter Brechreiz, gelegentlich Durchfälle sind die wenig charakteristischen Initialsymptome. Die Temperatur steigt meist langsam an und zeigt darin Ähnlichkeit mit dem Fieberverlauf bei Typhus abdominalis. Diese wenig ausgeprägten Früherscheinungen sind bei Einzelerkrankungen schwer zu deuten, nur bei kleineren Gruppenerkrankungen oder Epidemien bieten sie schon gewisse Hinweise. Die Lokalisation des Kopfschmerzes in die Stirngegend wurde von ADAMI schon frühzeitig als besonders charakteristisches Symptom angegeben. Dieses Symptom wird auch im neueren Schrifttum immer wieder bestätigt.

Als weiteres Prodromalsymptom wird in einigen Fällen eine allgemeine Überempfindlichkeit der Kopfhaut beschrieben. Gar nicht selten stellen sich in den ersten Tagen auch gewisse psychische Störungen ein, wie Verstimmung und Unruhe. Zu den seltener beobachteten Prodromi gehören starkes Durstgefühl, Trockenheit der Zunge und des Pharynx; diese kann sich bis zur Heiserkeit steigern. Auch Rhinitis und Nasenbluten, sowie eine leichte Angina werden als Früherscheinungen beschrieben.

Während im älteren Schrifttum noch keine Abgrenzung in verschiedene *Verlaufsformen* vorgenommen wurde, hat sich im Laufe der letzten Jahre doch mehr und mehr herausgestellt, daß sich zwei bzw. drei Formen, die allerdings fließende Übergänge zeigen können, unterscheiden lassen. Die erste Anregung zu dieser Unterscheidung ging von ANDERSSON und KJERULF-JENSEN aus.

I. *Grippeähnliche Form*, auch als „Influenzaähnlich" bezeichnet (HEGGLIN u. a.);

II. *Typhöse Form:* In diese Gruppe ist ein größerer Teil der mittelschwer verlaufenden Fälle nach Ansicht von HEGGLIN einzureihen;

III. *Pneumonieähnliche Form*, auch als Viruspneumonie-Form, bronchopneumonische Form oder Pneumonitis bezeichnet.

Vereinzelt wird auch von einer intestinalen Verlaufsform gesprochen und schließlich von einer encephalitischen bzw. auch encephalo-meningitischen oder encephalomyelitischen Form. Doch sind diese Verlaufsformen glücklicherweise selten. Zwischen den oben genannten drei Gruppen gibt es fließende Übergänge, und eine ganz scharfe Abgrenzung ist bei den meisten Fällen nicht möglich.

Die *Dauer* der Psittakose-Ornithose-Erkrankung wird recht unterschiedlich angegeben. Für leichte Infektionen rechnet man 10—14 Tage, im Durchschnitt aber doch 3—4 Wochen für die mittelschweren Fälle. Bei schwereren Erkrankungen wird der Verlauf sich oft auch über 5—7 Wochen erstrecken. Verschiedene Autoren beschreiben auch noch längere Verlaufszeiten mit 1, 2 und mehr Rezidiven. So sprechen STURM, SCHMID u. a. vom Übergang der akuten Erkrankung in ein chronisches Stadium. Die schweren Krankheitsbilder können sich allerdings — worauf HEGLER schon hinweist — über 12—15 Wochen hinziehen. Ein markanter Unterschied zwischen Psittakose und Ornithose besteht auf Grund der meisten Mitteilungen im neueren Schrifttum nicht.

Die *Rezidive* treten nach 8 oder 14 fieberfreien Tagen plötzlich wieder auf. Die Rezidivhäufigkeit wird von den einzelnen Autoren unterschiedlich angegeben. GNEUSS und KOITZSCHE sahen unter 70 Fällen 36 Rezidive (= 51%), davon 22 mit einem Rückfall, 10 mit 2 Rückfällen und 4 mit 3 Rückfällen. SCHWARTZE weist auf die Möglichkeit von Zweiterkrankungen bzw. Rezidiven hin, bei denen sich dann allerdings — seiner Beobachtung nach — die röntgenologisch nachweisbaren

Veränderungen jeweils in einen anderen Lungenbezirk manifestieren. Zu Rezidiven soll es nach einigen Autoren auch bei ausreichender Antibiotica-Behandlung kommen können, während andere der Auffassung sind, daß solche nur nach verzettelter Therapie auftreten.

Im Laufe der Jahre haben wir bei den Ornithose-Psittakose-Erkrankungen nur zweimal Rezidive beobachtet. Einmal handelte es sich um eine absolut ungenügende Behandlung mit insgesamt nur 1,0 g Aureomycin in kleinsten Einzeldosen; der zweite Fall betraf einen älteren Mann, der gleichzeitig an einer Emphysembronchitis litt. Im letzteren Fall kam es im Ablauf von 2 Jahren zu 4 Fieberschüben, zweimal wurde dabei ein Titeranstieg beobachtet, die anderen Male wurde der Titer nicht kontrolliert. Die Höhe des Anstiegs sprach gegen einen nur anamnestischen Titer. Solche Rezidive scheinen unserer Auffassung nach aber nur unter ganz besonderen Umständen aufzutreten, wie sie im Vorhergehenden dargestellt wurden. Sie gehören sicher nicht zu den üblichen Abläufen der Infektion.

Das *Fieber* steigt bei dieser Viruserkrankung allmählich an, wie es ähnlich auch beim Typhus abdominalis der Fall ist. Dieser Anstieg kann sich stufenförmig über einige Tage hinziehen, gelegentlich mit leichtem Frösteln, meist ohne Schüttelfrost. Nach einer Woche etwa ist eine gewisse Continua erreicht, die dann während 1—2 Wochen gehalten wird. Mit dem Einsetzen der Continua verschlimmert sich

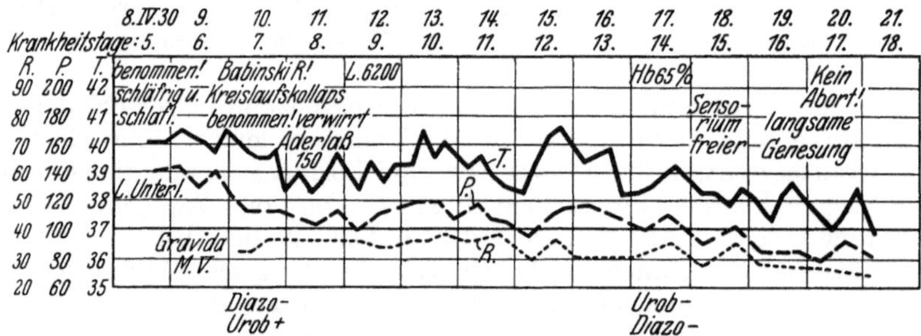

Abb. 2. Fieberkurve einer Psittakose-Erkrankung (Nach HEGLER)

das Krankheitsbild, es kann zu Benommenheit kommen, selbst zum Delirium. In dieser Phase sind die Patienten sehr hinfällig und klagen über große Schwäche. Nicht alle Fälle gehen mit hohen Temperaturen einher, einige zeigen auch nur sub-

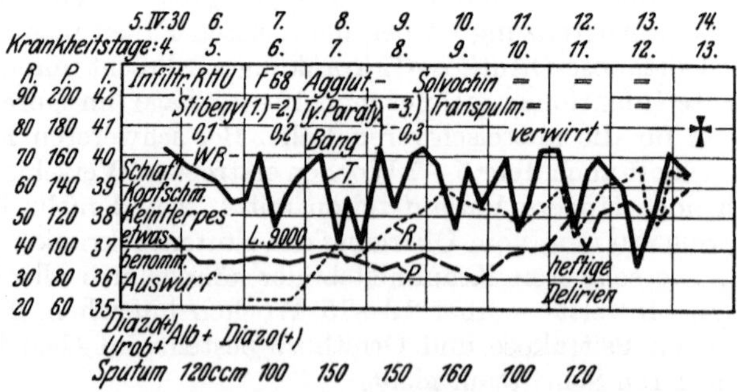

Abb. 3. Kurve einer tödlich verlaufenden Infektion (Nach HEGLER)

febrile oder nur leicht erhöhte Temperaturen zwischen 38 und 38,5°. Verschiedentlich wird beschrieben — und konnten wir auch beobachten — daß die Fiebererscheinungen das einzig schwere Symptom waren, und daß pulmonale Erscheinungen auch in der 2. Krankheitswoche nur ganz gering waren oder gar fehlen konnten.

Die Erkrankung ist in erster Linie eine *pneumotrope Infektion*, und so manifestiert sie sich auch beim Menschen in erster Linie an der Lunge. Als frühestes Symptom, das auf eine Beteiligung der Luftwege hinweist, ist das Trockenheits- und Rauhigkeitsgefühl im Rachen und in der Luftröhre zu erwähnen, dem sich zunächst nur ein leichter Hustenreiz zugesellt. Frühzeitig stellt sich auch schon ein wechselnd heftiger Brustschmerz — wohl Pleuraschmerz — ein, der beim Tiefatmen, Niesen, Husten, Gähnen oder sonstigen stärkeren Bewegungen und Ausdehnungen des Brustkorbes sehr heftig in Erscheinung tritt. Der Auskultations- und Perkussionsbefund ist zu diesem Zeitpunkt noch recht gering. Auch in der 2. Woche bei schon ausgeprägterem Röntgenbefund kann er noch fehlen bzw. so gering sein, daß man ihn nur über bestimmten, eng umschriebenen Bezirken erheben kann. Jetzt macht sich aber eine Steigerung der Atemfrequenz bemerkbar, sowie eine Zunahme des Hustenreizes.

Im *Röntgenbild* zeigt sich im Anfang der 2. Woche in vielen Fällen ein Infiltrat, das sich dann langsam über weitere Abschnitte der Lunge ausbreiten kann und oft auch die andere Seite befällt. Die gewisse Diskrepanz zwischen Röntgenbefund und physikalischem Befund sollte stets verdächtig auf eine Viruspneumonie, insbesondere eine Ornithose-Psittakose, sein.

Wenn man früher glaubte, zu jeder Ornithose-Erkrankung müsse ein röntgenologisch faßbarer Befund gehören, so haben die Beobachtungen der letzten Jahre gezeigt, daß auch solche Befunde fehlen können, wenn auch verschiedene Autoren darauf hinweisen, daß man, wenn zum richtigen Zeitpunkt die Röntgenuntersuchung durchgeführt würde, in 90 % der Fälle auch Veränderungen in Form von mehr oder weniger ausgeprägten Verschattungen nachweisen könnte.

Trotz weiteren Fortschreitens des Krankheitsprozesses kann in manchen Fällen der *Auskultationsbefund* relativ gering bleiben. Neben bronchialem Atemgeräusch wird ein verschärftes und verlängertes Inspirium und Exspirium gehört, daneben klein- bis mittelblasige, meist klingende Rasselgeräusche. Der Perkussionsbefund ist unergiebig, massive Dämpfungen kommen bei der unkomplizierten Ornithose-Psittakose nur selten vor.

Der *Auswurf*, anfangs sehr gering, wird später schleimig, oft sehr zäh und kann sich auch eitrig verändern, vor allem wenn eine bakterielle Sekundärinfektion hinzukommt. Selten wird er rostfarbig oder gar blutig. Aus dem Auswurf läßt sich in der ersten Zeit der Erkrankung der Virusnachweis führen. Im späteren Stadium wird das Sputum meist sekundär infiziert sein, so daß man den Nachweis des Ornithose-Erregers kaum mehr führen kann. — Zu Bluthusten kommt es selten. Bei der Lösung des Infiltrates kann sich die Auswurfmenge erhöhen, sie bleibt aber in jedem Fall deutlich geringer als bei bakteriellen Lungeninfektionen.

Eine subjektive, stark empfundene Dyspnoe ist selten. Auch die Entwicklung einer stärkeren Cyanose, wie bei Grippe-Pneumonie oder Segmentpneumonie bakterieller Genese, findet sich nicht.

Das von HEGLER seinerzeit als charakteristisch für die Psittakose beschriebene Röntgenbild des *Dreieck-Infiltrates* mit der zum Hilus weisenden Spitze läßt sich wohl in einer Reihe von Fällen nachweisen, wie Untersuchungen der verschiedensten Autoren gezeigt haben; aber der Röntgenbefund muß nicht so aussehen, sondern im Anfang kann sich sehr häufig auch lediglich eine vermehrte Streifenzeichnung finden mit Hilusverdichtung, ohne daß massivere Infiltrate zu erkennen sind.

Gegenüber der Tuberkulose kann die Abgrenzung vom Röntgenologischen her manchmal Schwierigkeiten bereiten, da Auftreibungen der Hili, vermehrte fächerförmige Streifenzeichnung vom Hilus ausgehend, sowie Atelektasen auch hier beobachtet werden. Zur Entwicklung von Cavernen kommt es praktisch kaum. Nur selten treten im Gebiet eines Ornithose-Infiltrates zentrale Einschmelzungen auf. Eine gewisse Bevorzugung der Unterfelder, aber auch des rechten Mittellappens ist festzustellen, doch finden sich auch oft Herde in den Oberfeldern (s. Abb. 4). Die Spitzenfelder bleiben fast stets frei. Die Herde sitzen meist einseitig, aber auch schwerste, doppelseitige pneumonische Bilder mit ausgedehnten, oft sogar wechselnden Infiltraten wurden von SEIBERT, JORDAN und DINGLE festgestellt.

Sehr sorgfältige, röntgenologische Verlaufsstudien führten GLAWATZ und UTH-GENANNT an 20 Ornithose-Fällen durch. Sie zeigten, daß röntgenologisch die Erkrankung in die Gruppe der primär atypischen Pneumonien einzuordnen ist, und daß die Bilder außerordentlich bunt und wechselnd sein können. Diese Beobachtungen — wie auch unsere eigenen — ferner die von ANDERSSON und KJERULF-JENSEN zeigen, daß neben massiven Infiltraten auch nur geringgradige röntgenologische Veränderungen bei dieser Erkrankung beobachtet werden. Allerdings scheint die Mitteilung von JANSSON aus Finnland, daß nur in 48 % der Erkrankungen das Bild einer atypischen Pneumonie im Röntgenogramm zu finden sei, doch nicht ganz zutreffend. Die teilweise nur geringgradigen und flüchtigen Infiltrate werden sicher bei nicht laufender Röntgenkontrolle nicht immer erfaßt.

Weiche, in den Randzonen zerfließende *Infiltrate*, mattglasartig, oder auch nur vermehrte streifige Zeichnung, wie sie bei interstitiellen Infiltraten gefunden wird, charakterisieren sicher einen Teil der Ornithose-Röntgenveränderungen der Lunge. Dem gegenüber stehen die von HEGLER beschriebenen massiveren Befunde, denen häufig eine pleuritische Komponente sich zugesellt mit mehr oder minder ausgeprägtem Erguß. Ein nur für die Psittakose-Ornithose typisches Röntgenbild gibt es aber nicht.

Die von GERNEZ-RIEUX beschriebenen *bronchoskopischen Bilder* sprechen von akuten Entzündungserscheinungen mit einer Verdickung und Schwellung der Bronchialwand, sowie dadurch bedingter Einengung des Lumens in den betroffenen Gebieten. Die Bronchographie zeigt im späteren Stadium der Krankheit spastische Kontraktionen und cylindrische Erweiterungen. Ähnliche Befunde teilt auch SCHWARZ mit, der bronchoskopische und bronchographische Untersuchungen durchführte.

Herz- und Kreislaufstörungen werden schon im älteren Schrifttum beschrieben. Es handelt sich fast immer um toxische Schädigungen des Herzmuskels, als deren Ausdruck schon in der ersten Woche eine Pulsbeschleunigung auftritt. Der Blutdruck sinkt schon frühzeitig ab. Gleichzeitig damit verändert sich die Qualität des Pulses, er wird weich und dikrot.

Über *Myokarditiden* im Ablauf einer Ornithose wird im neueren Schrifttum verschiedentlich berichtet (SIGG, BEHR u. a.). Die von BEHR bei Enten-Ornithosen beobachteten Myokarditiden verliefen alle relativ gutartig. — Endocarditische Prozesse wurden kaum gesehen. Auch Perikarditiden sind relativ selten. Zwischen dem 10. und 14. Tag kann es zu einer Kreislaufkrise kommen, besonders dann, wenn die Temperatur abfällt. Eine jähe Steigerung der Pulsfrequenz kann dann zur Cyanose führen und den Beginn eines Lungenödems nach sich ziehen. Im Zuge eines solchen akuten Herzversagens kommt es zu Klappeninsuffizienzerscheinungen mit hörbaren Klappengeräuschen. Besonders ältere Menschen sind durch diese vorwiegend toxisch bedingten Kreislaufstörungen schwer gefährdet.

Im *Elektrokardiogramm* läßt sich diese Schädigung durch Veränderungen im ST-Stück nachweisen. Eine mehr oder minder ausgeprägte Senkung des ST-Stückes und Abflachung von T werden von den verschiedensten Autoren beschrieben. Bei einigen unserer Fälle beobachteten wir Extrasystolen, aber nur einmal konnten wir bei den laufend durchgeführten EKG-Kontrollen den Nachweis einer schwereren Erregungsrückbildungsstörung führen, doch kam es auch in diesem Fall in verhältnismäßig kurzer Zeit zu einer restitutio ad integrum.

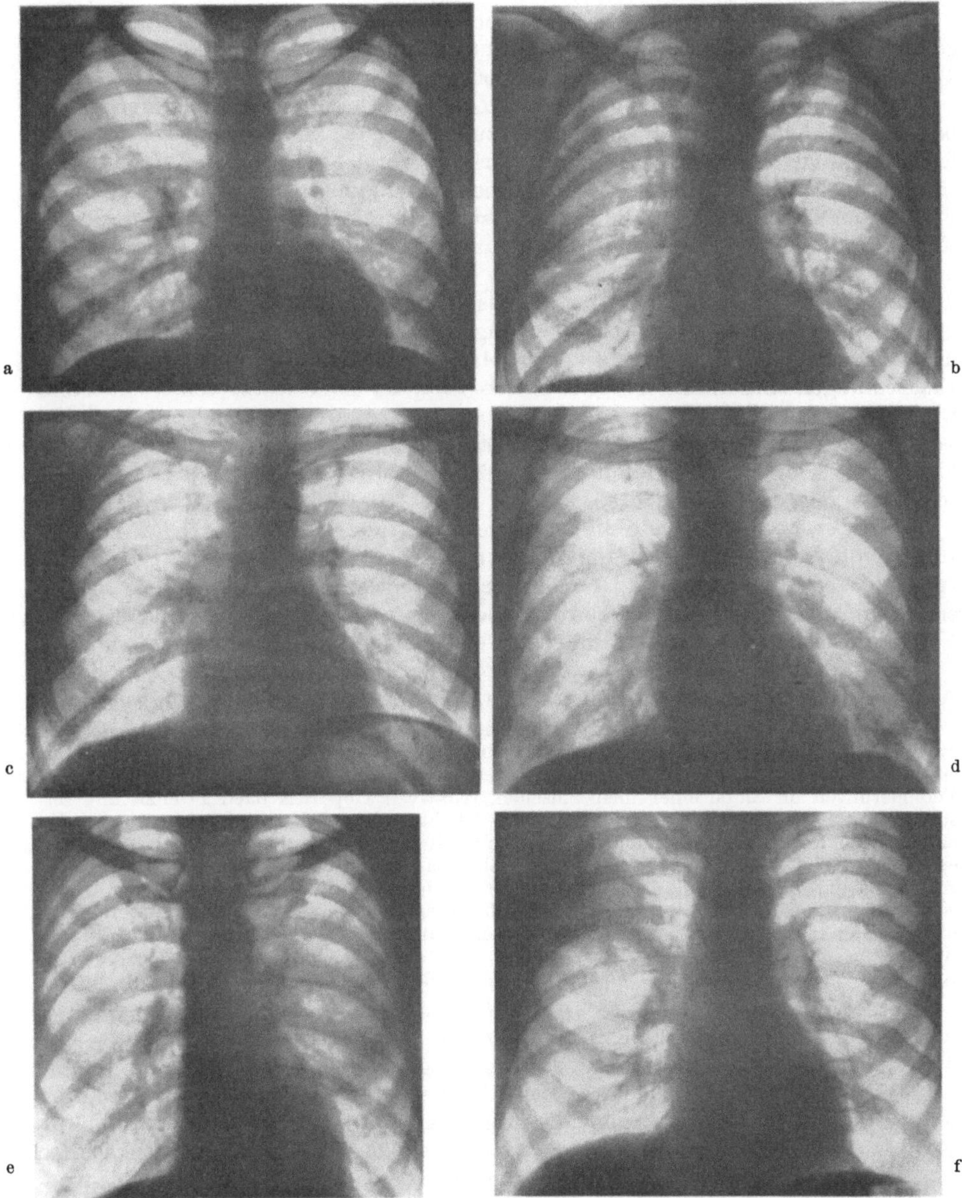

Abb. 4

a) 40jährige Frau: Psittakose, grippeartige Verlaufsform, 8. Krankheitstag. Ganz zarte, schleierige Trübung im
ventralen Oberfeld rechts, Hilus rechts verdichtet
b) 40jähriger Mann: Psittakose, pneumonische Verlaufsform, 25. Krankheitstag, vor Beginn antibiotischer
Behandlung. Transparente, homogene Trübung im rechten lateralen Oberfeld. Geringe Hilusbeteiligung
c) 48jähriger Mann: Psittakose, leichte grippeartige Verlaufsform, 7. Krankheitstag. Perihiläre, inhomogene,
streifige Trübung rechts
d) 59jähriger Mann: Psittakose, grippeartige Verlaufsform, 26. Krankheitstag, vor Beginn der antibiotischen
Behandlung. Streifig bis netzförmig angeordnete, unscharf begrenzte Trübungen im rechten dorsalen Oberfeld
sowie in beiden dorsalen Unterfeldern
e) 53jähriger Mann: Psittakose, leichte grippeartige Verlaufsform, 8. Krankheitstag. Großflächige, inhomogene,
transparente Trübung mit miliaren Verdichtungen im linken Mittelfeld. Geringe Hilusvergrößerung
f) 53jähriger Mann: Psittakose, mittelschwere pneumonische Verlaufsform, 6. Krankheitstag. Handtellergroße,
homogene, relativ dichte Verschattung im rechten dorsalen Oberfeld. Hilusvergrößerung. Zustand nach Serien-
fraktur der hinteren Rippen links

Immerhin stellt die Kreislauf- und Herzbelastung bei dieser Erkrankung eine gefürchtete Komplikation dar, und BRUGSCH glaubt sogar, daß 20—40% der Todesfälle bei Ornithose auf ein Herz-Kreislaufversagen zu beziehen sind.

Erscheinungen von Seiten des *Magen-Darmkanals* werden in den ersten Tagen beobachtet in Form von Brechreiz bis zum Erbrechen, weißlich belegter, aber feuchter Zunge, die an den Rändern stärker gerötet ist, manchmal auch rissig-trocken und weißlich belegt sein kann, wie beim Typhus abdominalis. In einigen Fällen kommt es zu Durchfall, häufiger ist Obstipation, die während der ganzen Erkrankung anhält. Gleichzeitig damit macht sich auch ein oft quälender Meteorismus bemerkbar (HEGLER). Vereinzelt kommt auch ein typhusartiger Dünndarmkatarrh zur Beobachtung, bei dem es erbsensuppenartige Stuhlentleerungen gibt, allerdings nur selten Blutbeimengungen; ausgesprochene Colitiden kommen nicht zur Beobachtung, ebensowenig Magengeschwüre. — Solche intestinalen Erscheinungen sind aber höchstens in 10—12% der Fälle festzustellen; meistens wird, wenn stärkere Darmerscheinungen beobachtet werden, nach anderen Ursachen der intestinalen Störungen zu fahnden sein, da man — worauf WOHLRAB hinweist — gelegentlich Salmonellen-Infektionen mit einer Ornithose vergesellschaftet findet.

Die *Leber* erscheint, wie die histologischen Befunde zum Teil zeigen, von der Infektion in bestimmtem Umfang angegriffen, jedoch kommt es nicht regelmäßig zu einer Vergrößerung oder Druckschmerzhaftigkeit. Die in schweren, tödlich endenden Fällen gefundenen Lebernekrosen sind wohl nur in solchen schwersten Verläufen zu finden, nicht aber in leicht verlaufenden und mittelschweren Fällen.

Das Auftreten eines *Ikterus* wird von HEGLER in einzelnen Fällen erwähnt. Auch im neueren Schrifttum finden sich vereinzelt derartige Mitteilungen.

So sahen YOW u. Mitarb. unter 24 Ornithose-Fällen, die von Truthühnern ausgingen, zweimal eine Hepatomegalie mit Ikterus und veränderten Serumlabilitätsproben im Sinne einer Hepatitis. Einer dieser Fälle verstarb. Die histologische Untersuchung der Leber ergab Veränderungen im Sinne einer unspezifischen, reaktiven Hepatitis nach POPPER mit verstreuten interlobären, herdförmigen Nekrosen. Ob hier nicht 2 Virusinfektionen nebeneinander bestanden haben — nämlich einmal die Ornithose und zum anderen eine Hepatitis epidemica — bleibt offen. — Unter unseren Fällen sahen wir fünfmal eine leichte Lebervergrößerung und dreimal eine ausgesprochene Druck- und Klopfschmerzhaftigkeit der Lebergegend, niemals einen Ikterus, auch die Serumlabilitätsproben zeigten keinen auf eine Hepatitis hinweisenden Befund. — Ebenso finden sich in den zusammenfassenden Berichten von JANSSON, ANDERSSON und KJERULF-JENSEN, HEGGLIN, MEYTHALER, GLAWATZ und UTHGENANNT, KUKOWKA u. a. keine Mitteilungen über das Auftreten einer Hepatitis oder eines Ikterus.

Im Beginn der Erkrankung ist die *Milz* im allgemeinen nicht vergrößert, doch kommt es im Laufe der 2. Krankheitswoche zu einer leichten Schwellung und Tastbarkeit der Milz, die aber nie so ausgeprägt ist wie etwa die Milzschwellung beim Typhus oder gar bei der Malaria. Ob die unterschiedliche Beurteilung der Milzschwellung bei den einzelnen Autoren auf eine Virulenzschwankung des Erregers bzw. einen Unterschied in der Schwere der Infektion bezogen werden muß, ist schwer zu entscheiden. Bei der seinerzeit von uns beobachteten Gruppenerkrankung von 30 Fällen haben wir nur zweimal deutlich palpable und auch röntgenologisch zu erfassende Milzvergrößerungen feststellen können, während McLACHLAN u. Mitarb. bei allen 10 beobachteten Fällen eine Milzvergrößerung fanden. Unsere Beobachtungen stimmen mit denen von HEGGLIN, MELZER und KUKOWKA überein, die auch nicht regelmäßig eine Milzvergrößerung fanden. Die Konsistenz der Milz ist dabei nicht so weich wie bei einer septischen Milz.

Von Seiten der *Nieren und Harnwege* sind die Erscheinungen im allgemeinen relativ gering. Schwerere Veränderungen sind außerordentlich selten, wenn auch im Einzelfall — wie PROUTY u. JORDAN berichten — thrombo-embolische Gefäßverschlüsse in der Niere einmal auftreten können. In den leichteren und mittelschweren Fällen kommt es allerdings fast regelmäßig zu einer febrilen Albuminurie. Im Sediment-Befund ist gleichzeitig eine leichte Mikrohämaturie festzustellen, die sich, ebenso wie die Albuminurie, mit Abklingen der Krankheitserscheinungen sehr bald wieder zurückbildet.

Wenn SPRUNT Nierenveränderungen im Sinne einer trüben Schwellung feststellte, und YORO u. Mitarb. eine akute toxische Nephrose bei Ornithose beobachteten, so dürfte das ebenso eine Ausnahme sein wie die thrombo-embolischen Prozesse. Weder unter der Gruppenerkrankung der 30 Fälle, noch bei den sonst von uns beobachteten, sporadischen Einzelfällen haben wir derartige Schäden gesehen. Die bei uns beobachteten Eiweißausscheidungen waren alle unter $1^0/_{00}$. Die Diazo-Probe war immer negativ, obwohl andere Autoren gelegentlich einen positiven Ausfall dieser Reaktion sahen. Häufiger allerdings war eine vermehrte Urobilinogenausscheidung festzustellen. Mehr oder minder ähnliche Beobachtungen machten MELZER, JOHN, KUKOWKA u. a.

Man wird also bei der Mehrzahl der Fälle – darin stimmen wir mit HEGGLIN überein – keine ernsthafte Nierenkomplikation zu befürchten haben.

Die *Generationsorgane* werden auch außerordentlich selten von der Ornithose in Mitleidenschaft gezogen. Zwar sind vereinzelt Orchitiden und Epididymitiden beschrieben worden, doch stellen diese Befunde Ausnahmen dar, ebenso wie das vereinzelte Auftreten von Fehlgeburten bei dem Ornithose-Befall einer Schwangeren.

In letzter Zeit haben CECH, DRASNAR, STRAUSS und SKVRNOVÁ über *Schwangerschaftsstörungen* durch Ornithose berichtet. Sie glauben beobachtet zu haben, daß es im 4. Monat häufig zum Abort kommt. Von besonderem Interesse ist die Tatsache, daß sie unter 191 infertilen Frauen 32mal einen hohen und 43mal einen schwachen Ornithose-Titer fanden. Bei 144 dieser Frauen war 114mal eine Schwangerschaft eingetreten, jedoch wurden nur in 8% lebende Kinder geboren. 32 dieser als vorher infertil bezeichneten Frauen, die einen positiven Ornithose-Titer zeigten, wurden während der Schwangerschaft einer Aureomycin-Kur unterworfen; von diesen entbanden 96% normale Kinder. Diese Befunde müßten allerdings nochmals an einem größeren Personenkreis überprüft werden.

Auch Veränderungen an den anderen endokrinen Organen werden kaum beobachtet.

Muskel-, Knochen- und Gelenkapparate weisen im allgemeinen auch keine Störungen auf. Über rheumatoide Schmerzen hinausgehende Beschwerden sind kaum beschrieben. Vor allem aber sind keine Myositiden, Osteomyelitiden oder Arthritiden im Zusammenhang mit dieser Infektion mitgeteilt worden.

Das Auftreten von *Hautveränderungen* ist nur ganz vereinzelt festzustellen in Form eines verhältnismäßig variablen Exanthems, das z. T. an Typhusroseolen erinnert (HEGGLIN) und in der 3.—4. Woche unter kleieförmiger Schuppung verschwindet. Gelegentlich kommt es auch zu urticariellen Erscheinungen (MELZER, JÜNEMANN). — In einer Reihe von Fällen entwickelt sich ein Herpes labialis, nach einzelnen Autoren sogar in 5–7 % der Fälle. Dieser Herpes tritt schon sehr frühzeitig in Erscheinung; bedrohliche Lokalisationen, wie etwa ein Herpes corneae, hat man dabei allerdings nicht beobachtet.

Die *Blutsenkungsgeschwindigkeit* ist im Anfang der Erkrankung noch niedrig, steigt dann aber zu recht hohen Werten auf dem Höhepunkt der Krankheit an und fällt nach der Entfieberung nur sehr langsam ab. Ob Schwere des Krankheitsbildes mit Höhe der Blutsenkung immer parallel geht, läßt sich generell sicher nicht sagen. Allerdings hatten wir bei unseren Beobachtungen den Eindruck, daß die leichten grippeartigen Verläufe auch nur verhältnismäßig niedrige Blutsenkungsgeschwindigkeitswerte aufwiesen, während die schweren typhösen und pneumonischen Krankheitsbilder Werte zwischen 85 und 100 mm nach der 1. Stunde über längere Zeit zeigten.

Die *Leukocytenzahlen* sind zum Beginn der Infektion meist normal oder zeigen eine gewisse *Leukopenie*. Eine leichte Linksverschiebung, die im weiteren Verlauf stärker hervortritt, kommt hinzu, sowie eine Verminderung der Eosinophilen; ein völliges Fehlen, wie beim Typhus abdominalis, ist aber selten. Allerdings weisen einzelne Autoren — wie HEGGLIN u. JÜNEMANN — auf eine zeitweilige Aneosinophilie hin. In der 2. Krankheitswoche kommt es zu einem Sturz der Lymphocyten (HEGGLIN, BUHR, MOHR). Eine toxische Granulierung der Segmentkernigen ist meist nicht festzustellen.

Die Linksverschiebung ist nicht immer so ausgeprägt, wie FAVOUR es beschreibt (65–95 % Stabkernige); immerhin sahen auch wir Werte von maximal 35 % Stabkernigen. Ein Anstieg der Leukocytenzahlen ist auf eine beginnende Komplikation verdächtig. — Im älteren Schrifttum wird darauf hingewiesen, daß auch agranulocytäre Reaktionen vorkommen können.

Die *Serumlabilitätsproben* sind im Anfangsstadium meist wenig verändert, im weiteren Verlauf zeigt sich vor allem das Weltmannband immer sehr stark nach links verschoben und die Cadmiumsulfatreaktion ist deutlich positiv. Bilirubin-Erhöhungen im Serum gehören nicht zum unkomplizierten Ablauf einer Ornithose, ebenso wenig wie eine positive Takata-Reaktion. Der Thymoltrübungstest kann auch leicht positiv ausfallen. In der *Elektrophorese* beobachteten wir, ähnlich wie KUKOWKA, eine deutliche Erhöhung der Alpha 2- und Beta-Globuline bei verhältnismäßig niedrigen Gamma-Globulinen in der akuten Krankheitsphase. Im späteren Verlauf war dann aber eine deutliche Verschiebung mit einer Erhöhung der Gamma-Globuline zu beobachten. Die Messung der *Enzym-Aktivitäten* zeigte bei unseren 30 Fällen in der SGPT und SGOT, sowie der LDH keine sicheren Abweichungen von der Norm. Nur in zwei Fällen haben wir die Bestimmung der SDH durchgeführt und fanden beide Male erhöhte Werte von 1,7 bzw. 2,1 E. Wahrscheinlich wird man nur mit dieser Methode in der Lage sein, die verstreuten herdförmigen, kleinen Prozesse bei der Psittakose-Ornithose zu erfassen. Und auch hier dürfte wahrscheinlich das Ergebnis nur in schweren Fällen positiv sein, in denen ausgedehntere Nekroseherde sich entwickelt haben (siehe pathol. Anatomie!). Auf den positiven Ausfall der Reaktion auf C-reaktives Protein weist SCHWARZ hin. Verschiebungen in der *Blut-Chemie* sind sonst nicht beobachtet worden oder haben, soweit Untersuchungen durchgeführt wurden, keine wesentlichen Abweichungen von der Norm ergeben.

Die Erscheinungen von Seiten des *Nervensystems* sind vielgestaltig. Sie werden pathol.-anatomisch durch cerebrale Gefäßstauungen, Purpura-Blutungen, Hirn- und Meningeal-Ödeme verursacht (LILLIE). Daneben wurden auch herdförmige Gliazellwucherungen, Entmarkungsherde und lymphocytäre Infiltrate beobachtet (POLAYES u. LEDERER, HEGLER, JACOB). Verschiedentlich fand sich aber auch trotz klinischer Symptome keine sichtbare Veränderung am Hirn (HEGLER u. OBERNDÖRFER). Die Pathogenese der zentralnervösen Befunde ist noch nicht ganz geklärt, insbesondere nicht, ob es zum Eindringen des Erregers in das Nervensystem kommt.

Das klinische Bild wird oft von Bewußtseinsstörungen in verschiedenen Ausmaßen geprägt. So stehen abwechselnd Somnolenz, Stupor, psychomotorische Unruhe, Apathie und manische oder depressive Phasen im Vordergrund des Bildes. In schweren Fällen kann es sogar zu einem Koma kommen. Die Häufigkeit des Auftretens solcher exogenen Psychosen läßt sich nicht sicher angeben, In schweren Krankheitsfällen sind sie gewöhnlich mit der Verschlechterung des Zustandes zu beobachten.

Neurologisch fanden sich besonders während der schweren Epidemie der 30er Jahre Reflexstörungen, Pupillenstörungen, Augenmuskel- und Facialis-Paresen, Sprach- und Schluckstörungen, Muskelunruhe sowie Gesichtszuckungen und zuletzt Hemiplegien (HEGLER, FISCHER, HELSBY, GRUNEWALD u. MEYER, RUSSEL, DOMART u. Mitarb., WARENBOURG u. Mitarb.). Als Anfangssymptome der zentralnervösen Störungen werden häufig Schwindel, Schlaflosigkeit, Schwäche und Schwerbesinnlichkeit geklagt. JACOB beobachtete bei seinem Fall schon in der 2. Woche, ausgeprägter noch in der 3. Woche, Pyramidenzeichen, meningitische Reizerscheinungen und Paraphasien. — Die Liquorzellzahl ist meist normal oder geringgradig erhöht (ADAMY, JACOB). Die

Eiweißwerte liegen ebenfalls im Normbereich. WARENBOURG et al. beobachtete leichte lymphocytäre Reaktionen im Liquor.

Bei unseren 30 Fällen der Gruppenerkrankung 1959/60 beobachteten wir viermal Somnolenz und psychomotorische Unruhe, bei 2 Patienten Meningismus und einmal eine sehr ausgeprägte Klopf- und Druckempfindlichkeit des ganzen Kopfes. Als Begleitsymptom war außerdem starker Tremor der Lippen und Zittern bzw. Abweichen der Zunge beim Herausstrecken festzustellen. — Auffallend war, daß in der Rekonvaleszenz auch zwei der leicht verlaufenden Erkrankungen noch über lang dauernde, anfallsweise auftretende, heftige Kopfschmerzen klagten. Bei der Liquor-Untersuchung unserer Fälle mit zentralnervösen Störungen waren keine Abweichungen von der Norm festzustellen.

Außer gelegentlich auftretenden Pupillenstörungen (HEGLER) und Augenmuskellähmungen, sind nur ganz vereinzelt *Sehstörungen* beschrieben worden.

Von Interesse sind aber in diesem Zusammenhang die Mitteilungen von SCHUBERT (1961), der über die Untersuchung und Nachuntersuchung bis zu 1 Jahr nach der Erkrankung von 29 Ornithose-Kranken berichtet, die sich beim Töten und Rupfen von Geflügel infiziert hatten. In fast allen diesen Fällen fanden sich Linsen- und Glaskörpertrübungen, und in einem Fall wurde eine über 1 Woche dauernde Ceratitis superficialis beobachtet. Da die Fälle vor der Erkrankung nicht untersucht worden waren, ist die Frage, wie weit die beobachteten Veränderungen in unmittelbaren, ätiologischen Zusammenhang mit der Ornithose zu bringen sind, noch offen. Weitere Untersuchungen in dieser Richtung sind wünschenswert. Unter unseren 30 Fällen, sowie unter den später beobachteten sporadischen Fällen haben wir niemals solche Veränderungen gesehen.

Vestibularis-Störungen und *Schwerhörigkeit* wurden schon frühzeitig im Zusammenhang mit der Ornithose vereinzelt beschrieben. Im allgemeinen allerdings wird bei den neueren Untersuchungen betont, daß diese Störungen passagerer Natur seinen und sich nach Abklingen der Krankheit in der Rekonvaleszenz langsam zurückbildeten. Von Dauerschäden ist hier bisher nichts mitgeteilt worden.

Unter den *Komplikationen,* die im Ablauf einer Psittakose-Ornithose-Erkrankung auftreten können, sind von Seiten der Lunge vor allem die Entwicklung einer *Pleuritis* zu erwähnen, sowie die Entstehung einer bakteriellen Superinfektion mit anschließendem *Empyem.* Diese Gefahr ist aber heute bei der Art der Therapie weitgehend gebannt. — Kreislaufkomplikationen auf infektiös-toxischer Grundlage sind nicht selten und besonders bei älteren Personen zu befürchten. *Thrombosen und Thromboembolien* werden auch bei dieser Infektionskrankheit beobachtet, wenn auch vielleicht nicht in einem solchen Umfang wie bei manchen anderen Infektionskrankheiten.

Daß die Ornithose-Psittakose die allgemeine Resistenz herabsetzt und dadurch den Organismus auch anfälliger für andere Infektionen macht, wurde im Vorhergehenden schon erwähnt.

Diagnostische Hilfsmittel

Die Sicherung des klinischen Verdachts auf eine menschliche Ornithose-Erkrankung erfolgt durch den Erreger- oder durch den Antikörpernachweis. Für die *Isolierung* eignet sich am besten das Sputum des Patienten (vor Beginn der Antibioticatherapie). Während der virämischen Phase kann aber auch der Erreger im Blut nachgewiesen werden oder auch im Erbrochenen. Untersuchungen von Organmaterial bei tödlich verlaufenden Erkrankungen (insbesondere Lungengewebe) lassen den Erregernachweis zu. Die größten Aussichten auf einen positiven Erregernachweis sind in den ersten Krankheitstagen gegeben. Nach Ablauf der ersten Krankheitswoche verringern sich die Aussichten ganz entscheidend.

Der Isolierungsversuch erfolgt besser mit Hilfe der weißen Maus als mit Eikulturen. Zur Ausschaltung bakterieller Keime wird das Ausgangsmaterial mit Antibiotica versehen und als Suspension intraperitoneal auf mehrere Mäuse übertragen. Nur ausnahmsweise müssen die Tierversuche durch Sekundärinfektionen der Mäuse vorzeitig abgebrochen werden, da die Bauchhöhle der Maus einen vorzüglichen Filter für bakterielle Begleitkeime bildet. Bei positiver Isolierung findet man in der Maus vom 3.—5. Tag ein fadenziehendes Peritonealexsudat, eine

Vergrößerung von Milz und Leber, die auch mit fibrinösen Belägen behaftet sind. Im Ausstrich des Exsudats und der Beläge findet man Elementarkörperchen, deren Diagnose keine Schwierigkeiten bereitet.

Die Isolierung des Ornithosevirus kann auch im Dottersack des bebrüteten Hühnereies oder in der Gewebekultur erfolgen. Nach Vorbehandlung mit Streptomycin wird das zu inoculierende Material in der üblichen Methodik auf Ei- oder Gewebekultur gebracht.

Die Isolierungsergebnisse aus menschlichem Untersuchungsmaterial sind in der Tab. 3 zusammengestellt.

Es ergibt sich aus der Tabelle, daß die Aussichten einer erfolgreichen Isolierung besonders aus dem Sputum und aus dem Sektionsmaterial gegeben sind.

Für die Sicherung der klinischen Diagnose spielt die *Komplementbindungs-Reaktion* durch den Nachweis der Antikörper praktisch eine besondere Rolle. Man sollte sie gleich am Krankheitsbeginn veranlassen, um durch den Titeranstieg bei einer Zweituntersuchung die Diagnose sichern zu können. Die zweite Blutentnahme erfolgt zweckmäßig 10 Tage nach der ersten Blutentnahme.

Die Tab. 4 gibt einen Überblick über die im Hamburger Tropeninstitut durchgeführten Komplementbindungs-Reaktionen mit menschlichen Seren bei Ornithoseverdacht. Eine vierfache Titersteigerung bestätigt die klinische Diagnose. Ein Titer von 1:50 und höher lenkt den Verdacht auf das Vorliegen einer Ornithoseinfektion. Man muß aber berücksichtigen, daß eine latent durchgemachte Ornithose noch jahrelang einen Resttiter hinterlassen kann. Dieser Resttiter könnte zu Fehldiagnosen führen; außerdem sei darauf hingewiesen, daß mit Hilfe der Komplementbindungs-Reaktion nur eine Gruppendiagnose betrieben werden kann, die sich auf Grund der antigenetischen Gemeinsamkeiten ebenfalls auf die anderen Viren der PLT-Gruppe bezieht. Trotzdem hat aber die Komplementbindungs-Reaktion in der Sicherstellung der Ornithosediagnose einen besonderen Wert.

Die Spezifität der serologischen Ornithoseergebnisse wird auch dadurch nicht eingeschränkt, daß immer wieder positive Wassermansche Reaktionen bei Lungeninfiltraten beobachtet werden. Diese WaR.-positiven pseudoluischen Lungeninfiltrate sind ätiologisch Ornithoseinfektionen. Mit der positiven Wassermanschen Reaktion werden Autoantikörper nachgewiesen, die durch Einwirkung des Virus auf die Körperzellen entstehen.

Tabelle 3. *Ornithose-Isolierungen aus menschlichem Untersuchungsmaterial* (Prof. Dr. WEYER, Tropeninstitut Hamburg).

Menschliches Untersuchungsmaterial	Zahl der Tierversuche	davon positiv (%)
Sputum	485	54 (11,1)
Blut	52	
Rachenspülwasser	10	
Bronchialsekret	3	
Pleuraexsudat	6	
Liquor	3	
Sektionsmaterial (Lunge, Milz, Lymphknoten) ..	66	5 (7,6)

Tabelle 4. *Komplementbindungsreaktionen mit menschlichen Seren bei Ornithoseverdacht.*

Zeitraum	Zahl der Untersuchungen	davon positiv (%)
1954	769 +	160 (20,8)
1955	978 +	133 (13,6)
1956	1109	256 (23,1)
1957	1448	369 (25,5)
1958	856	105 (12,3)
1959	1408	265 (18,8)
1960	1681	205 (12,2)
1961	1182	106 (8,96)
1962	1027	137 (13,2)
1963	995	159 (15,9)
1964	900	104 (11,5)
1965	1204	102 (8,5)

+ ohne Wiederholungsuntersuchungen

Diagnose und Differentialdiagnose

In vielen Fällen ist die Diagnose aus den Anfangssymptomen nicht leicht zu stellen. Vor allen Dingen ist die Abgrenzung gegenüber *Typhus abdominalis,*

Paratyphus und auch *Fleckfieber* in der Anfangsphase schwierig. Hier läßt uns auch – wie oben ausgeführt – die Serologie noch im Stich.

Die Erhebung einer genauen Vorgeschichte, die Durchführung einer Rachen-Spülwasser-Kultur oder Sputum-Kultur, zusammen mit einem Tierversuch, können, wenn auch nicht schnell, weiterhelfen. Gegenüber bakteriellen Infektionen der Lunge ist vor allem die Diskrepanz zwischen Röntgenbefund und Auskultationsbefund erwähnenswert; ferner die normalen oder leicht leukopenischen Leukocytenwerte, die Bradykardie sowie das Aussehen des Sputums. — Gegenüber der Grippe-Pneumonie ist das Fehlen katarrhalischer Symptome im Rachen und der Trachea wichtig.

Gegenüber dem *Q-Fieber* ist die Abgrenzung wohl mit am schwierigsten, da hier in der Anfangszeit außerordentlich viele ähnliche Symptome bestehen, nur daß das Q-Fieber im ganzen leichter verläuft, doch finden wir auch bei diesem eine Leukopenie und die Diskrepanz zwischen Röntgen- und Auskultationsbefund.

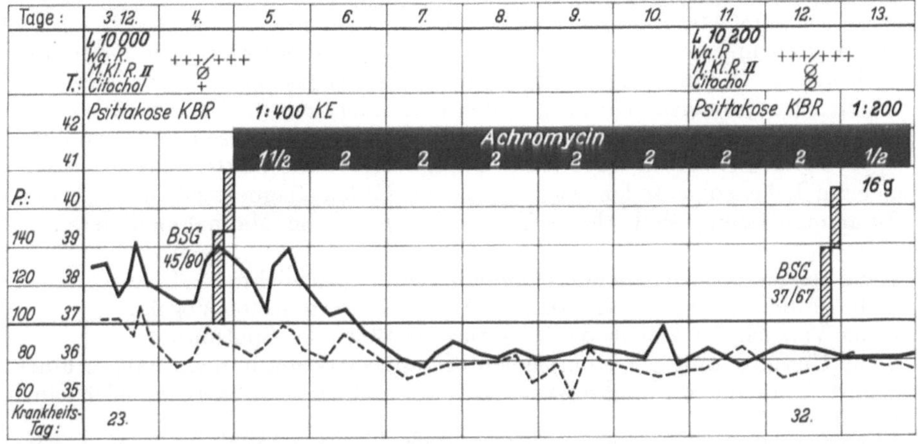

Abb. 5. Fieberkurve einer Psittakose-Erkrankung, 40jähriger Mann, pneumonische Verlaufsform, Aufnahme am 25. Krankheitstag, unbehandelt (Röntgenbefund s. Abb. 4b).

Bei der Abgrenzung gegenüber *anderen bronchopneumonischen Prozessen* ist die außerordentlich starke psychische Alteration bei der Psittakose-Ornithose als in dieser Richtung weisendes Symptom zu werten.

Vor allem aber gibt die Mitteilung des Patienten oder seiner Angehörigen, daß sich in der Umgebung des Erkrankten Papageienvögel oder Wellensittiche befinden und diese gar erkrankten oder verendeten, einen wichtigen Hinweis. — Manches Mal ist aber der Kontakt mit virushaltigem Staub außerordentlich schwer zu ermitteln. So, wenn die Infektion beim Besuch einer Tierhandlung erfolgte, um Zierfische zu kaufen oder Spezialfutter für andere Tiere. Auch bedurfte es z. B. intensiver Befragung, um von einem Seemann zu erfahren, daß er in Brasilien Ziervögel an Bord geschmuggelt habe, die dann auf der Überfahrt erkrankten und eingingen. 14 Tage nach dem Eingehen der Tiere kam es dann zum Ausbruch der Ornithose bei ihm selber.

In einem anderen Fall erfolgte die Einweisung in die Klinik unter der Diagnose „Fleckfieber oder Wolhynisches Fieber“, da von dem Patienten diese beiden Erkrankungen während des Krieges durchgemacht wurden und die Anfangssymptomatik ähnlich war. Hier ergab sich, daß er in der fraglichen Inkubationszeit die Inspektion eines von Tauben besiedelten Gemäuers durchzuführen hatte und intensive Berührung mit Exkreten und Gefiederstaub der Tauben gehabt hatte. – Auf Beispiele ähnlicher Art weisen auch MUMME u. a. hin.

TERSKIKH hat einen *Hauttest* entwickelt, um leichte oder atypische Fälle von Ornithose diagnostizieren zu können.

Zur Durchführung dieses Testes werden 0,1 ml eines spezifischen Antigens in die Haut der Beugeseite des Unterarms, streng intracutan, injiziert. Die Ablesung erfolgt nach 18 und 24 Std. Bei positivem Test kommt es zu einer Hautquaddel mit Rötung und Schmerzhaftigkeit, die noch 36—40 Std nach der Injektion deutlich bleibt und sich erst nach 48 Std zurückbildet. Der Test wird nach Auffassung des Autors vom 2. oder 3. Tag an schon positiv, sicher aber am

4. Tag. Er bleibt 6 Monate nach Überstehen der Krankheit noch positiv. Es ist anzunehmen, daß diese gewebsgebundene Allergie noch länger bestehen bleibt. Ausgedehntere Nachuntersuchungen sind bisher noch nicht vorgenommen worden, so daß über den Wert dieser Methode noch nichts Abschließendes zu sagen ist.

Neben den oben erwähnten Erkrankungen wird in manchen Fällen die Abgrenzung gegenüber einer Meningitis, einer Encephalitis, sowie einer Miliartuberkulose oder einer Leptospirose notwendig sein.

Gegenüber der *Meningitis* unterscheidet sich die Ornithose mit meningealen Reizerscheinungen durch den völlig normalen Liquorbefund. Dieser stellt auch gegenüber der Encephalitis ein wichtiges differentialdiagnostisches Beweismaterial dar. Abgesehen davon ist der sich entwickelnde Röntgenbefund ein weiteres Moment, das für eine Ornithose und gegen die beiden anderen Diagnosen spricht.

Schwierig kann die Abgrenzung gegenüber der *Miliar-Tbc* sein, da die Lungen-Röntgenbefunde hier wie da in der allerersten Phase uncharakteristisch und schwer deutbar sein können. Hier werden serologische Untersuchung, Kultur und Tierversuch, sowie genaue Verlaufsbeobachtung weiterhelfen.

Die Abgrenzung gegenüber einer *Leptospirose* kann Schwierigkeiten bereiten, da auch hier u. U. einige Zeit vergeht, bis die serologischen Proben Ausschläge zeigen. Hier ist die eingehende Vorgeschichte, die nicht nur die Krankheit, sondern die gesamten Lebensumstände und Umweltbedingungen erfassen sollte, von ausschlaggebender Bedeutung. Die Aufdeckung von Tierkontakten oder sonstigen besonderen Lebensumständen wird in solchen Fällen diagnostisch weiterführen.

Zusammenfassend sind als wichtigste diagnostische Maßnahmen herauszustellen:

1. die genaue und eingehende Erhebung der Vorgeschichte;
2. die Untersuchung des als Ansteckungsquelle vermuteten Vogels;
3. der Versuch der Isolierung des Virus aus Blut oder Sputum;
4. die Untersuchung der Komplementbindungsreaktion in mehrmaliger Folge, d. h. am 1. Untersuchungstag sowie am 10., 18. und 25. Krankheitstag (siehe auch oben S. 950).

Auf die Bedeutung sog. anamnestischer Titer und ihr Verhalten (eventuelles Ansteigen) wurde schon weiter oben eingegangen.

Immunität

Nach den Erfahrungen der letzten Jahre scheint die Krankheit eine lebenslängliche Immunität zu hinterlassen. Das gilt auch bei Überstehen sog. stummer Infektionen, wie wir sie vielfach durch den Nachweis eines hohen Titers bei Taubenzüchtern und Geflügelzüchtern (FRITZSCHE, Montreal u. a.) haben nachweisen können.

Wie lange der Genesende Virusträger sein kann, ist heute noch nicht exakt nachgewiesen worden. Ob es Menschen gibt, die dauernd Virusträger bleiben, ist ebenso wenig bekannt.

Immerhin haben MEYER und EDDIE bei von Psittakose Genesenden den Erreger im Sputum noch nach 8 Jahren nachweisen können. Ob diese Virusträger durch Antibiotica von dem Virus befreit werden können, steht dahin. Jedenfalls scheint es nach den tierexperimentellen Untersuchungen so zu sein, daß virustragende Tiere durch entsprechende Antibiotica-Behandlung virusfrei gemacht werden können (WEYER u. a.).

Prognose

Auch heute noch ist die Prognose einer schweren Erkrankung an Ornithose-Psittakose mit Vorsicht zu stellen. Allerdings ist die Mortalität seit den Mitteilungen von HEGLER u. a. erheblich gesunken. Damals lag sie zwischen 20 und 40%, und auch PFAFFENBERG und FORTNER, sowie HAAGEN sprachen 1935/36 bei einer Gruppenerkrankung noch von 20%. *Heute* liegt die *Letalität*, wie ANDERS auf Grund statistischer Erhebungen in der Bundesrepublik mitteilt, bei

3,5 % für das Jahr 1960 mit 7 Todesfällen auf 197 Erkrankungen. Für die Jahre 1951—1957 liegt sie noch tiefer, nämlich bei etwa 1,8 % (bei 716 Fällen 7 Todesfälle). Dies deckt sich mit den Angaben anderer Autoren, die auf einen Prozentsatz von 1,2—1,7 kommen.

Bei unserer Gruppenerkrankung von 30 Fällen hatten wir keinen Todesfall, und auch von den später beobachteten sporadisch aufgetretenen Krankheitsfällen starb keiner. Dies liegt aber wohl nicht so sehr daran, daß die Erkrankung leichter geworden ist, sondern wahrscheinlich an den drei folgenden Faktoren:
1. Die diagnostischen Möglichkeiten haben sich ganz erheblich verbessert.
2. Dadurch werden in viel größerem Umfang auch die leichten Fälle erfaßt, die sich zu HEGLERs Zeiten noch der Diagnostik entzogen.
3. Auch die Behandlungsmöglichkeit hat sich erheblich verbessert durch die Einführung der Antibiotica.

Die Ornithose aber als ausgesprochen leichte Erkrankung zu bezeichnen, wie es BABUDIERI u. Mitarb. tun, erscheint uns nicht gerechtfertigt. Denn immerhin weist die große amerikanische Statistik, die MEYER und EDDIE aufgestellt haben, eine Schwankung der Sterblichkeit zwischen 0,5 und 5 % auf. Das stimmt in etwa überein mit den von anderer Seite angegebenen Werten von 4—6 % Mortalität. Ein wesentlicher Unterschied zwischen der Psittakose — also der von Papageienvögeln und Wellensittichen ausgehenden Infektion — und der Ornithose, ausgehend von Tauben, Enten, Puten und Hühnern, scheint nach unserer Erfahrung nicht zu bestehen. Allerdings glauben einige Autoren — wie z. B. KUKOWKA — daß die Enten-Ornithose im großen und ganzen eine leicht verlaufende Erkrankung sei. Klarheit über diese Zusammenhänge wird aber erst der Überblick über einen längeren Zeitraum geben, da z. B. erst seit 1963 das Bundesseuchengesetz in Deutschland in Kraft ist, das auch die Enten-Ornithose sowie die von anderen Vögeln ausgehende Ornithose erfaßt und nicht nur die eigentliche Psittakose.

Prophylaxe

Veranlaßt durch die schwere, mit einer hohen Mortalitätsquote belastete Gruppenerkrankung 1930/31 wurde die Bekämpfung der Psittakose für Deutschland damals durch das Gesetz vom 3. 8. 1934 und die dazugehörigen Ausführungsverordnungen vom 4. 8. 1934, sowie 13. 12. 1937 und 4. 11. 1938 geregelt. Dieses Gesetz wurde mit etwas verändertem Wortlaut in das Bundesseuchengesetz von 1961, das 1963 in Kraft trat, übernommen; jetzt nur insofern erweitert, als auch die Ornithose mit einbezogen wurde. Nach diesen Richtlinien ist der *Papageienund Wellensittichhandel* nach wie vor noch unter *Kontrolle* gestellt. Kranke und verdächtige Tiere sind zu isolieren, dann zu behandeln oder zu töten. In den letzten Jahren haben eine Lockerung der Einfuhrbestimmungen und die Behandlungsmöglichkeiten der erkrankten Vögel neue Probleme und Aufgaben mit sich gebracht.
In den USA ist man in der Zwischenzeit von den Gesundheitsbehörden aus dazu übergegangen, eine *prophylaktische Behandlung von Vögeln* zu empfehlen. Wenn man sich jetzt diese Gedanken aus den USA auch in Europa zu eigen macht, sollte man die Kontrolle der Geflügelfarmen und Schlachthöfe nicht versäumen, denn in den USA spielen heute schon die vom Hausgeflügel ausgehenden Ornithose-Erkrankungen eine besondere Rolle (27,2 % menschlicher Infektionen wurden auf Infektionen durch Puten zurückgeführt, 6,2 % auf Hühner, 2,4 % auf Tauben und 1,7 % auf Enten).

Auf die Bedeutung von Vorbeugungsmaßnahmen in den Geflügelzüchtereien weniger als vor allem in den Geflügelschlächtereien weist WOLFF (1962) schon hin und empfiehlt neben einer bestimmten Vorbehandlung der Tiere das Tragen von Kolloidfiltermasken. Es ist seiner Auffassung nach vor allem darauf zu achten, daß es in der Raumluft zu keiner Erregeranreicherung kommt.

Eine der Hauptquellen für Psittakose-Erkrankungen in Deutschland ist die unkontrollierte Einfuhr von Sittichen aus den angrenzenden Ländern. Diese Gefahr besteht, wie die Beobachtungen der letzten Jahre gezeigt haben, noch fort und so hat das Einfuhrverbot immer noch seinen Sinn. Die Beobachtung der von Tauben ausgehenden Infektionen rechtfertigt auch den Hinweis, in dieser Richtung wachsam zu sein und einem *Überhandnehmen der Tauben-Population* in unseren Städten *vorzubeugen*, da hierin doch ein gewisses Gefahrenmoment liegt.

In diesem Zusammenhang sind unsere Untersuchungen, zusammen mit MAY und HAEHN, von Interesse. Bei 139 untersuchten Taubenzüchtern wurde 59mal eine positive Komplement-bindungsreaktion für Psittakose-Ornithose gefunden. 11mal lagen die Titerwerte bei 1 : 128 und höher, 40mal zwischen 1 : 16 und 1 : 64. Die Anamnese der Taubenzüchter ließ nur in einem kleinen Teil der positiv reagierenden Fälle eine als Ornithose-Infektion zu deutende Erkrankung der Atemwege erkennen. Daß sicher häufiger als gedacht in ländlichen Kreisen ein Übergang tierischer Infektionen auf den Menschen vorkommt, dafür schien uns auch eine zusammen mit RAABE und LIPPELT gemachte Beobachtung zu sprechen. Unter einem ländlichen Personenkreis beobachtete RAABE das gehäufte Auftreten von atypischen Pneumonien; die leider erst nach Ablauf dieser Gruppenerkrankung — also z. T. 4—5 Wochen nach dem Überstehen der akuten Infektion — angestellten Komplementbindungsreaktionen zeigten in einer Reihe von Fällen einen mehr oder minder ausgeprägten positiven Ausschlag für Psittakose, so daß es gerechtfertigt erschien, hier das Überstehen einer Ornithose anzunehmen. Ähnliche Beobachtungen machten BUHR, MELZER, GERNEZ-RIEUX u. a.

Sicher kommt es in einer weit größeren Anzahl von Fällen zu Ornithose-Infektionen als wir heute wissen, nur daß bei entsprechender Widerstandskraft und schwacher Virulenz des Erregers diese Infektionen unbemerkt oder sehr leicht und dann als „grippaler Infekt" diagnostiziert verlaufen.

Wenn also auch im ganzen die Gefährlichkeit der Ornithose-Psittakose-Erkrankung nicht mehr so groß ist, wie man noch 1930 annahm, und die Prognose im ganzen günstiger zu stellen ist, so darf diese Krankheit — wie schwer verlaufene Laboratoriumsinfektionen gezeigt haben — doch nicht bagatellisiert werden. Der Personenkreis, der mit den Erregern arbeitet, muß über die Gefahren informiert werden, und auch das Pflegepersonal solcher Kranken muß alle bei Infektionskrankheiten wichtigen Schutzmaßnahmen ergreifen.

Therapie

Die Therapie der vorantibiotischen Aera wurde mit verschiedensten Mitteln — so auch den Sulfonamiden — versucht, ohne daß damit entsprechende Erfolge

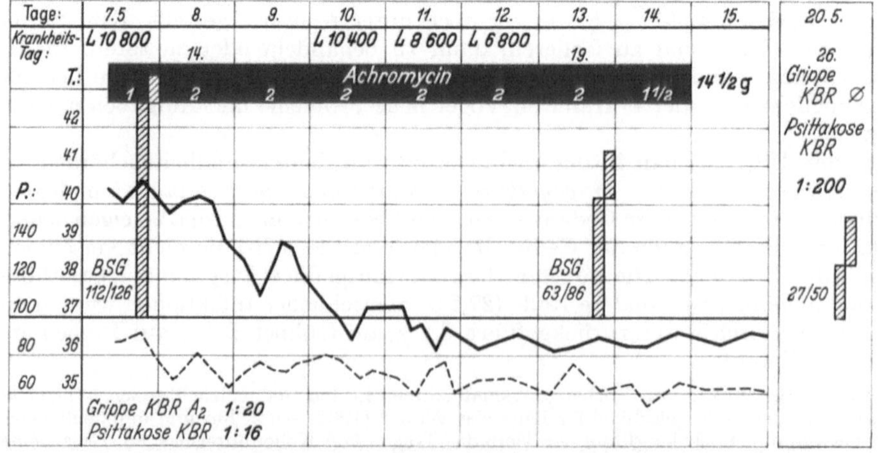

Abb. 6. Fieberkurve einer Psittakose-Erkrankung, 54jährige Frau, Aufnahme am 10. Krankheitstag, Infektion in der eigenen Vogelhandlung, pneumonische Verlaufsform mit Infiltrat im rechten Unterfeld

erzielt werden konnten. — Penicillin und Streptomycin zeigten sich auch praktisch als wirkungslos. Nach den ersten Erfahrungen erschien das *Aureomycin* das Mittel der Wahl. In den letzten Jahren haben dann *Achromycin* und *Hostacyclin* sowie *Chloromycetin* sich ebenfalls gut bewährt (BUHR, FÜRST, HEGGLIN, JANSSON, JOHN, KÜHNLEIN, MELZER, MUMME, PELTZER und MOHR, WIRTH, u. a.).

Die Dosierungsangaben schwanken. Ein Schema, das sich uns im ganzen gut bewährt hat, sieht vor:

2 g Achromycin oder Chloromycetin täglich in 4 Einzeldosen zu 0,5 g, in 6stündigen Abständen gegeben, bis zu einer Gesamtdosis von 16—20 g. Bei zu kurzer Therapie und zu niedriger Dosis kann es zu Rückfällen kommen.

Die Entfieberung tritt in der Mehrzahl der Fälle schon nach 24—48 Std ein. Nur in 6 unserer 30 Fälle der Gruppenerkrankung trat sie erst nach 72 Std auf.

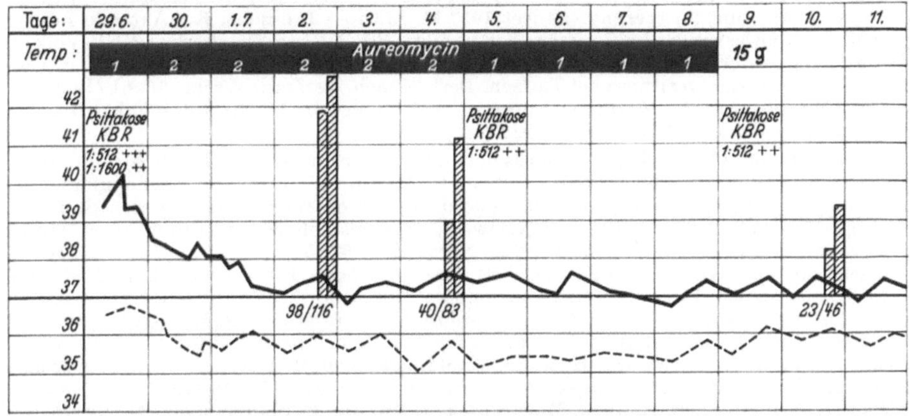

Abb. 7. Fieberkurve einer Psittakose-Erkrankung, 28jährige Frau unter Typhusverdacht eingewiesen am 16. Krankheitstag. Röntgenologisch Infiltrat im rechten Mittelfeld. 12 Tage vor Krankheitsbeginn war ein erst kurz zuvor gekaufter Wellensittich verstorben

Daß bei älteren Menschen eine sorgfältige Überwachung des Kreislaufes auch gerade in der Phase der Entfieberung notwendig wird, ist selbstverständlich. Die Gabe von Herz-Glykosiden, insbesondere Strophantin, kann erforderlich werden. Im Hinblick auf die hypotone Blutdrucklage hat sich uns auch die Gabe von Effortil, Novadral, Cardiazol oder ähnlichem bewährt.

Bei der raschen Wirkung der Breitband-Antibiotica erübrigen sich heute meist andere Maßnahmen, die früher bei der rein symptomatischen Therapie notwendig waren.

Literatur

Alestig, K., K. Bakos, J. Barr, and **L. Heller:** An ornithosis epidemic in Ovebro. Acta med. scand. **174,** 441 (1962). — **Anders, W.:** Zur Epidemiologie der Ornithose/Psittakose. Bundesgesundheitsblatt **5,** 316 (1962). — **Andersson, E.,** and **K. Kjerulf-Jensen:** Ornithosis. Ugeskr. Laeg. **1957,** 1171.

Babudieri, B., e **R. Cerri:** Osservazione di casi umani di ornitosi a Genova. R.C. Ist. sup. Sanità **19,** 59 (1956). ~ Casi di ornitosi a Genova. Minerva med. **1957 I,** 487. — **Behr, W.:** Beitrag zur Epidemiologie und Klinik der Ornithose. Dtsch. Gesundh.-Wes. **15,** 1611 (1960). — **Benstz, W.:** Klinisch-immunbiologische Beobachtungen bei einer Ornithose-Epidemie unter besonderer Berücksichtigung der Aureomycinwirkung. Medizinische **1955,** 1186. — **Besta, B.,** e **S. Valenti:** La psittakosi-ornitosi. Clin. Tbc. **1957,** 327. — **Bieling, R.,** u. **O. Gsell:** Die Viruskrankheiten des Menschen, 5. Aufl., S. 215. Leipzig: Barth 1962. — **Blank, H.,** and **G. Rake:** Viral and Rickettsial Diseases, p. 212. Boston/Toronto: Little, Brown & Co. 1955. — **Brand, G.,** u. **H. Lippelt:** Zur Herstellung von Antigenen für die Ornithose(Psittakose)-Komplementbindungsreaktion. Z. ges. Hyg. **140,** 173—179 (1954). — **Brand, G.:** Unspezifisch positive WaR bei Ornithose. Dtsch. med. Wschr. **80**, 60 (1955). — **Bundesgesundheitsamt**: Enten-Ornithose und ihre Epidemiologie. Bundesgesundheitsblatt **5**, 277 (1962). ~ Ornithose bei Arbeitern einer Geflügelkonservenfabrik. Bundesgesundheitsblatt **6**, 407 (1963).

Câruntu, F.: Über einen Fall von Ornithose mit Pleuraschädigungen. Med. interna (Buc.) **12**, 1537 (1960 [rumänisch]). — **Cech, J., J. Drasnar, J. Strauss** u. **K. Skvrnová**: Die Diagnostik und Therapie latenter Ornithose-Infektionen bei infertilen Frauen. Arch. Gynäk. **194**, 239 (1960). — **Constantinescu, C., V. Petrescu-Coman, F. Paun, V. Mares, N. Draganescu, A. Vitner, L. Vatasescu, M. Mitrasan, N. Chivulescu, A. Niculescu, i D. Tarchila**: Pneumopatii acute cu Pararickettsii lasugari. Pediatria (Buc.) **12**, 225 (1963).

Dean, D.J.: Psittacosis in man and birds. Publ. Hlth. Rep. (Wash.) **79**, 101 (1964).

Eggers, H.J.: Die Virusarten der Psittacosis-Lymphogranuloma-venereum-Gruppe und ihre Bedeutung für neurologische und psychiatrische Krankheitserscheinungen beim Menschen. Fortschr. Neurol. Psychiat. **26**, 220 (1958).

Fischer, K.R.: Etwas über den Stand der Psittakosis in Westdeutschland — diesmal in anderer Schau. Medizinische **1955**, 1038. — **French, E.L.**, and **F. Martin**: Psittakosis with relaps following Aureomycin therapy. Lancet **1957 II**, 1321. — **Fritzsche, K.**: Aktuelle Fragen der Ornithose. Jahreskongr. 1960 für ärztl. Fortbild., Bd. XVI, S. 75. Berlin: VEB Volk u. Gesundheit 1961. — **Fritzsche, K., H. Lippelt** u. **F. Weyer**: Beiträge zur Epidemiologie, Diagnose und Therapie der Ornithose bei Tauben. Berl. Münch. tierärztl. Wschr. **69**, 61 (1956). — **Fürst, W., W. Kovac** u. **H. Moritsch**: Enten als Virusreservoir für Ornithose-Erkrankungen des Menschen. Wien. klin. Wschr. **1957**, 223.

Gardborg, O., and **Ch. Lerche**: Ornithosis in children. Nord. Med. **55**, 592 (1956). — **Gernez-Rieux, Ch., C. Voisin, J. Leblois, P. Ramon**, et **G. Martin**: L'ornithose bronchopulmonaire. Etude clinique, radiologique et bronchologique de 41 cas observés dans la région du Nord. Sem. Hôp. Paris **34**, 2397 (1958). — **Gjerlow, J.**: Stevens-Johnson syndrome in a case of ornithosis contracted by contact in hospital. Nord. Med. **67**, 349 (1962). — **Glawatz, K.**, u. **H. Uthgenannt**: Das Krankheitsbild der Psittakose-Ornithose. Dtsch. Arch. klin. Med. **206'** 140 (1960). — **Gönnert, R.**: Die Bronchopneumonie, eine neue Viruskrankheit der Maus. Zbl. Bakt., I. Abt. Orig. **147**, 161—174 (1941). — **Gordon, F., W. Andrew**, and **J. Wagner**: Development of resistance to Penicillin and Chlortetracycline in psittacosis virus. Virology **4**, 156 (1957). — **Goto, T., H. Nakamura, H. Naito, K. Shimano**, and **M. Matumoto**: Psittacosis as a cause of middle lobe syndrome. Report of two cases. Dis. Chest **41**, 346 (1962). — **Goto, T., H. Shioda, H. Nakamura, H. Naito, S. Matsushima, J. Murano, K. Shimano**, and **M. Matumoto**: Psittacosis in Japan. Clinical observations of 42 serologically diagnosed human cases. Jap. J. exp. Med. **31**, 249 (1961). — **Goudemand, M., C. Voisin**, et **C. Marchandise**: Anémie hémolytique aiguë au cours d'une ornithose. Nouv. Rev. franç. Hémat. **2**, 143 (1962). — **Gsell, O.**: Klinische Kennzeichen der Viruskrankheiten. Schweiz. med. Wschr. **90**, 1402 (1960).

Haas, R.: In: Lehrbuch der Medizinischen Mikrobiologie und Infektionskrankheiten. Hrsg. von H. Reploh u. H.J. Otte. Stuttgart: Fischer 1961. — **Händel, F.**, u. **E. Kühnlein**: Epidemiologische und klinische Beobachtungen anläßlich einer Psittakoseepidemie. Med. Klin. **48**, 1469 (1953). — **Hamke, H.**, u. **Ch. Risse**: Eine neue Psittakoseepidemie und wirksame Psittakosebehandlung. Klin. Wschr. **28**, 422 (1950). — **Harding, H.B.**: The epidemiology of sporadic Urban ornithosis. Amer. J. clin. Path. **38**, 230 (1962). — **Haußmann, H.G., R. Siegert, W. Ungar** u. **H. Ruof**: Beiträge zur Psittakose-(Ornithose)-Infektion des Menschen. Arch. Hyg. (Berl.) **140**, 52 (1956). — **Hegglin, R**: Psittakose. In: Handbuch der inneren Medizin, 4. Aufl. Bd. 4, 2, 1215. Heidelberg: Springer 1956 (s. dort auch weiteres Schrifttum). ~ Die Ornithose. Schweiz. med. Wschr. **1958**, 64. — **Hegler, C.**: Psittakose. In: Handbuch der inneren Medizin, 1934. ~ Psittakose. Dtsch. med. Wschr. **1930**, 148—150. — **Henneberg, G.**, u. **H. Jordanski**: Haemagglutinations-Hemmtest (HAH) zur Diagnose der Ornithose-Psittakose. Zbl. Bakt., I. Abt., Orig., **197**, 432 (1965). — **Hofmann, H.**, u. **H. Schmidt**: Über den Infektablauf bei Ornithose. Dtsch. Gesundh.-Wes. **19**, 1017 (1964). — **Hughes, D.L.**: J. comp. Path. **57**, 67 (1947).

Jackson, G.L.: Eosinophilic granuloma. Localized mediastinal involvment associated with elevated psittacosis titer. J. Amer. med. Ass. **178**, 663 (1961). — **Jacob, H.**: Die Anteilnahme des Zentralnervensystems bei Viruskrankheiten des Menschen. Verh. dtsch. Ges. Path. 38. Tagg. 1954. ~ Ornithose-Enzephalopathie(-enzephalitis). Fortschr. Neurol. Psychiat. **24**, 497 (1956). — **Jansson, E.**: Ornithosis in Helsinki and some other localities in Finnland. A serological and clinical study. Ann. Med. exp. Fenn. **38**, suppl. 4, 1 (1960). — **Justin-Besancon, L.**: Ornithosis with pulmonary and encephalic manifestations. Sem. Hôp. Paris **40**, 154 (1964).

Kazantsev, A.P.: Ornithosis in children. Pediatriya **43**, 41 (1964) [russisch]. — **Kemmerer, G., H.G. Haussmann, G. Schoop** u. **E. Kauker**: Zur Klinik und Epidemiologie der durch Tauben übertragenen menschlichen Ornithose. Dtsch. med. Wschr. **81**, 930 (1956). — **Kikuth, W.**: In: Die Infektionskrankheiten des Menschen und ihre Erreger. Hrsg. von A. Grumbach u. W.

Kikuth. Stuttgart: Georg Thieme 1958. — **Köhler, H., G. Henneberg** u. **F. C. Lange**: Über die Ornithose verwilderter Haustauben in Westberlin. Bundesgesundheitsblatt **3**, 378 (1960). — **Kukowka, A.**: Aktualität der Ornithosen. Z. ges. inn. Med. **16**, 257 (1961). — **Kukowka, A., H. Stephan** u. **W. Krebs**: Entenfarm als Ausgangspunkt von Ornithose-Erkrankungen bei Menschen. Dtsch. Gesundh.-Wes. **15**, 2477 (1960). — **Krausler, J.**, u. **H. Moritsch**: Neuerliches Auftreten von Psittakoseerkrankungen in Österreich. Wien. klin. Wschr. **67**, 459 (1955). — **Kühnlein, E.**: Zur Klinik der Psittakose. Medizinische Nr. **38**, 1271 (1954).

Leopold, P. G.: Berufliche Infektionen auf Schlachthöfen unter besonderer Berücksichtigung der Brucellose, Leptospirose und Ornithose. Mh. Vet.-Med. **18**, 912 (1963). — **Lippelt, H.**: Ornithose (Psittakose). In: Virus- und Rickettsieninfektionen des Menschen, S. 805. Hrsg. von R. Haas u. O. Vivell. München: Lehmann 1965. ~ Zur Bedeutung der Ornithose. Medizinische **44**, 1467—1469 (1954). — **Lippelt, H.**, u. **G. Brand**: Untersuchungen über den unspezifischen Wassermann-Antikörper bei Ornithose. Arch. ges. Virusforsch. **6**, 65 (1955). ~ Die Komplementbindungsreaktion in der Diagnostik der Ornithose. Dtsch. med. Wschr. **80**, 110—114 (1955).

McGavran, M. H., C. W. Beard, R. F. Berendt, and **R. M. Nakamura**: The Pathogenesis of Psittacosis. Amer. J. Path. **40**, 653 (1962). — **Melzer, H.**: Zur Epidemiologie und Klinik der Ornithose. Dtsch. med. Wschr. **84**, 664 (1959). — **Meyer, K. F.**: Antimicrobial therapy and prophylactic immunization in the control of psittacosis or bedsonia infection in show birds. Schweiz. med. Wschr. **92**, 1632 (1962). — **Meyer, L. F.**: Some general remarks and new observations on psittacosis and ornithosis. Bull. Org. mond. Bull. Wld Hlth Org. **20**, 101—119 (1959). — **Meyer, P. G.**, u. **J. Genewein**: Klinischer Beitrag zum Problem der Ornithose. Helv. med. Acta **24**, 427 (1957). — **Meythaler, F.**, u. **D. Betz**: Die Viruspneumonie des Menschen, S. 66. Vorträge a. d. prakt. Med. Stuttgart: Enke 1952. — **Meythaler, F.**, u. **H. Fischer**: Klinik der atypischen Pneumonien. Ärztl. Prax. **5**, Nr. 29/30 (1953). ~ Zur Klinik und Röntgendiagnostik der Viruspneumonien. Med. Klin. **48**, 1259 (1953). — **Meythaler, F.**, u. **K. E. Schmid**: Atypische Pneumonie infolge virusbedingter Lungeninfektionen. Verh. dtsch. Ges. inn. Med. **54**. Kongr. Karlsruhe 1948. — **Mien, J., C. Oană, J. Manta, E. Joan, G. Ciucureanu, V. Mihul, C. Vîntu, J. Grădinaru, J. Josefsohn, S. Mînăscurta, P. Mosank, i G. Cotac**: Epidemie der ornitoză intr-o localitate rurală. Viaţa med. **10**, 457 (1963). — **Mílek, E.**, u. **H. Grantová**: Der heutige Stand von Ornithose und Psittakose in der Tschechoslowakei. Med. Klin. **60**, 1533 (1965). — **Mohr, W.**: Untersuchungen und Beobachtungen zur Verbreitung und Klinik der Ornithose (Psittakose) in Deutschland. Z. ges. inn. Med. **9**, 1005 (1954). ~ Ornithose-Psittakose. Landarzt **37**, 1431 (1961). ~ Psittacosis. In: Handbuch der inneren Medizin, 4. Aufl., Bd. I/1, S. 788 (1952) (siehe dort auch frühere Literatur, S. 824). ~ Psittakose-Ornithose vom Standpunkt des Klinikers. Arch. exp. Vet.-Med. **18**, 135 (1964). ~ Infektionskrankheiten einschl. Tropenkrankheiten (Kap. Ornithose-Psittakose). In: Therapie innerer Erkrankungen. Hrsg. von Kleinsorge. Jena: VEB Fischer 1965. — **Moritsch, H.**: Virologische Untersuchungen über den Einfluß von Penicillin und Cortison auf die experimentelle Infektion der Maus mit Psittakosis-Virus. Wien. klin. Wschr. 1956, 80. — **Müller, F.**, u. **E. Mannweiler**: Zur Klinik und Serologie der Ornithose im Kindesalter. Neue öst. Z. Kinderheilk. **3**, 209 (1958). — **Mumme, C.**: Zur Epidemiologie und Klinik der Ornithose. Verh. dtsch. Ges. inn. Med. **61**. Kongr. 1955.

Nicolau, S. S., N. Cajal, A. Schachter, et al.: Relations between ornithosis and Hodgkin's disease. Arch. ges. Virusforsch. **13**, 326 (1963) [französisch].

Ortel, S.: Zur Epidemiologie der Ornithose. Münch. med. Wschr. **105**, 1105 (1963). — **Otto, H.**: Über Ornithose-Pneumonien bei Geflügelrupferinnen. Übertragung durch Hühner. Z. ges. inn. Med. **16**, 377 (1961).

Pap, Z., et al.: On a case of polyneuritis and nerve paralysis due to human ornithosis. Z. ges. inn. Med. **18**, 1079 (1963). — **Parnas, J., W. Szmuness** u. **H. Cymmerman**: Untersuchungsergebnisse über Ornithose. Zbl. Bakt., I. Abt. Orig. **183**, 141 (1961). — **Peltzer, F.**, u. **W. Mohr**: Beobachtungen bei der Ornithose-Psittakose-Epidemie 1959/1960. Med. Klin. **56**, 1903 (1961). — **Prouty, R. L.**, and **W. S. Jordan jr.**: A family epidemic of psittacosis with occurrence of a fatal case. Arch. intern. Med. **98**, 365 (1956).

Reinwein, H., u. **G. Walther**: Zur Klinik und Epidemiologie der Psittakose und Ornithose. Internist **2**, 314 (1961). — **Refvem, O.**: Positive Ornithose-Komplementbindungsreaktion bei Sarkoidose. Vorl. Mitt. T. norske Laegeforen **82**, 208 u. 216 (1962).

Schachter, J., M. G. Barnes, J. P. Jones, jr., E. P. Engleman, and **K. F. Meyer**: Isolation of Bedsoniae from the Joints of Patients with Reiter's Syndrome. Proc. Soc. exp. Biol. (N.Y.) **122**, 283—285 (1966). — **Seibert, R. H., W. S. Jordan jr.**, and **J. H. Dingle**: Clinical variations in the diagnosis of psittacosis. New Engl. J. Med. **254**, 925 (1956). — **Siegmund, I.**: Die zunehmende klinische und epidemiologische Bedeutung der Ornithose in der D.D.R. Z. ges. inn. Med. **15**, 622 (1960). — **Sigg, R. H.**: Ornithose mit seltener, unfallbedingter Infektion. Schweiz. med. Wschr. **91**, 85 (1961). — **Scheid, W.**: Die neueren Methoden der Virusdiagnostik in der Neurologie. Nervenarzt **27**, 49 (1956). — **Scheidegger, S.**: Ornithose. Path. et Microbiol. (Basel)

24, 239 (1961). — **Schmid, H. J.**: Beitrag zur Kenntnis der Psittakose. Helv. med. Acta **24**, 248 (1957). ∼ Ornithose with a picture of hepatitis. Gastroenterologia **98**, 15 (1962). — **Schmidt, H.**: Beobachtungen anläßlich einer Gruppenerkrankung an Ornithose. Z. ges. Hyg. **9**, 383 (1963). — **Schubert, E.**: Vorläufige Mitteilung über Ergebnisse ophthalmologischer Untersuchungen an 29 Ornithose-Kranken. Klin. Mbl. Augenheilk. **138**, 394 (1961). — **Schwartze, A. M.**: Beitrag zur Immunität des Menschen bei durch Enten übertragener Ornithose. Zbl. Bakt., I. Abt. Orig. **184**, 390—392 (1962). — **Schwarz, G.**: Das C-reaktive Protein in der Beurteilung chronischer Rheuma-Bronchopneumonien bei Ornithose. Röntgenologische Betrachtung. J. Radiol. **38**, 580 (1957). — **Strobel, W.**: Beitrag zum Krankheitsbild der Ornithose im Kindesalter. Dtsch. med. Wschr. **79**, 176 (1954).

Terskikh, I. I.: Early intradermal diagnosis of ornithosis. Acta virol. **1**, 211 (1957). — **Terskikh, I. I., V. I. Chervonsky, M. P. Kareva, R. V. Dormidontov, A. J. Gromyko, N. M. Obukhouskaya, A. J. Kozliakova, and E. B. Tazulakhova**: A natural and secondary ornithosis focus in Zavidovsky district (Kalinin region). Vop. Virus. **7**, 93 (1962). — **Trüb, C. L. P.**: Wiederauftreten der Papageienkrankheit (Psittakosis). Münch. med. Wschr. **92**, Nr. 17/18 (1950). — **Trüb, C. L. P., u. J. Posch**: Zur Epidemiologie der Ornithose-Psittakose im Land Nordrhein-Westfalen von 1950—1960. Arch. Hyg. (Berl.) **146**, 607 (1963).

Urbach, H., u. G. Schabinski: Zur Epidemiologie der Psittakose-Ornithose des Menschen und Diagnostik der Infektion mit mikrobiologischen Methoden. Z. ärztl. Fortbild. **55**, 1119 (1961).

Volkert, M., and P. Møller Christensen: Studies on Ornithosis in Denmark. Acta path. microbiol. scand. **35**, 584 (1954).

Weisse, K.: Die atypischen Pneumonien im Kindesalter. Klin. Wschr. **33**, 193 (1955). — **Weyer, F.**: Zur Lage der Psittakose und Ornithose in Deutschland. Münch. med. Wschr. **101**, 851 (1959). ∼ Überlegungen zur Bekämpfung und Epidemiologie der Ornithose (Psittakose) in Deutschland auf der Grundlage von diagnostischen Tierversuchen. In: Gesundheitswesen und Desinfektion, Bd. II. Uelzen: Dr. Blume & Co. 1965. — **Wilkens, G. L., J. van Baar, and R. Gispen**: Encephalomyelitis in a case of ornithosis. Ned. T. Geneesk. **1958**, 809.

Lymphogranuloma inguinale

Von C. E. Sonck, Turku (Finnland)

Mit 9 Abbildungen

I. Allgemeines

Die sog. vierte Geschlechtskrankheit, *Lymphogranuloma inguinale,* die *Nicolas-Favresche Krankheit,* der *Klimatische oder Tropische Bubo,* ist eine ursprünglich in den Tropen heimische, hauptsächlich durch Geschlechtsverkehr übertragene Erkrankung, die durch Seefahrer nach so gut wie allen Teilen der Welt verbreitet wurde.

In den 20er und 30er Jahren dieses Jahrhunderts war sie auch in den Hafenstädten Europas keine Seltenheit. In gewissen Gegenden, besonders in Rumänien, Finnland und Berlin, kam die Erkrankung auch endemisch vor, und ihre schweren Spätmanifestationen, besonders die stenosierenden Proktitiden der Frauen, wurden damals, vor der Einführung der Sulfonamide, in den chirurgischen Abteilungen der Krankenhäuser zu einem Crux medicorum. Seit 1939 ist die Erkrankung aus unseren Breiten so gut wie verschwunden und hat ihre soziale Bedeutung verloren. Nur sporadische Fälle, von Seeleuten eingeführt, werden gelegentlich gesehen. Die Infektion läßt sich mit Sulfonamiden erfolgreich behandeln.

Synonyma

Frühstadium: Bubo strumosus, Klimatische Bubonen, Lymphogranulomatose inguinale subaiguë, Lymphogranulomatosis inguinalis, Lymphogranuloma inguinale, Lymphogranuloma venereum, Lymphopathia venerea, Poradenitis, Maladie de Nicolas-Favre.

Spätstadium: Ulcus chronicum vulvae (elephantiasticum), Ulcus chronicum penis, Proctitis et Strictura recti, Elephantiasis genito-ano-rectalis, Syndroma genito-ano-rectale („Jersilds Syndrom"), Esthiomene vulvae et recti.

II. Geschichte

1. Frühstadium

Schon Galenos und Celsus haben Bubonen erwähnt. Das typische Bild der strumösen Bubonen finden wir erst in John Hunters „A treatise on the venereal disease" (1786) und noch klarer dargestellt bei William Wallace (1838) sowie besonders bei Klotz (1890). Im Jahre 1904 wird die Erkrankung von Blair ausdrücklich als venerisch erklärt, aber erst nach der weit bekannten Arbeit von Durand, Nicolas und Favre (1913) wird sie endgültig als eine selbständige Erkrankung infektiöser Art anerkannt. Mit der von Frei (1925) angegebenen Hautprobe konnte die Identität von Lymphogranuloma inguinale und klimatischen Bubonen in Kreuzversuchen eindeutig bestätigt werden. Hellerström und Wassén (1929/30) ist es erstmalig gelungen, die Krankheit durch intracerebrale Impfung auf Affen zu übertragen und eine in Serien fortpflanzbare abakterielle Meningo-encephalitis hervorzurufen.

Weitere, sehr bedeutungsvolle Tierversuche zur Klärung der Ätiologie sind u. a. auch von Levaditi mit seinen Mitarbeitern Lépine, Ravaut und Schoen sowie besonders auch von FINDLAY ausgeführt worden. Von morphologischen Untersuchungen über Zelleinschlüsse bei Lymphogranuloma inguinale seien diejenigen von LETULLE und NATTAN-LARRIER, 1910; GAMNA, 1923; GAY-PRIETO, 1927; FINDLAY, 1933 und MIYAGAWA u. Mitarb., 1935 erwähnt. Schließlich haben RAKE mit seinen Mitarbeitern GRACE, JONES, McKEE und SCHAFFER, 1940—1942 mit Erfolg den Dottersack des bebrüteten Hühnereis zur Isolierung des Lymphogranuloma inguinale-Agens gebraucht und hierdurch eine Methode von großer praktischer Bedeutung für das Studium des Lymphogranuloma inguinale geschaffen.

2. Spätmanifestationen

Die narbige Rectumstriktur ist bereits 1761 von MORGAGNI beobachtet worden. Eine genauere Beschreibung derselben, nebst hämorrhoidalen Excrescenzen und Analfisteln, finden wir schon in einer Arbeit von THOMAS COPELAND (1811). Eine erfolgreiche iliakale Colostomie — die Kranke überlebte mit 17 Jahren — wurde wegen schwerer Rectumstriktur von dem schottischen Arzt R. MARTLAND (1824) ausgeführt. Die ersten Mitteilungen über Elephantiasis vulvae („hypertrophie particulière de la vulve") stammen von DESRUELLES (1844) und HUGUIER (1848). HUGUIER hat schon damals auch Proliferationen am Anus, Übergreifen des Prozesses auf Rectum, sowie Verengung der Scheide und der Harnröhre erwähnt. Ähnliche Krankheitsbilder wurden später von FOURNIER (1873) als eine Form von Syphilis, sog. Syphilôme anorectal angesehen. Die chronischen Genitalgeschwüre wurden von MAZZA (1895) als „ulcera cronica delle prostitute" und von KOCH (1896) als als *Ulcus vulvae (simplex) chronicum elephantiasticum* bezeichnet. Einen sehr wichtigen prädisponierenden Faktor sieht KOCH in der infolge der Lymphknoteneiterung entstehenden Stauung. JERSILD (1920) hat besondere Aufmerksamkeit dem gleichzeitigen Vorliegen von genitalen und rektalen Manifestationen geschenkt. Bei dieser *„Elephantiasis genito-ano-rectalis* (auch *Syndroma genito-ano-rectale* oder *Jersild-Syndrom* genannt) sind Stauungserscheinungen nach JERSILD nicht nur in den inguinalen, sondern wahrscheinlich auch in den tiefliegenden Lymphgefäßen des kleinen Beckens vorhanden. Es blieb FREI und KOPPEL (1928) vorbehalten, mittels der Intrakutanprobe diese Krankheitsbilder als Spätmanifestationen des Lymphogranuloma inguinale zu erkennen.

III. Erreger (Ätiologie)

Definition

Der Platz des Erregers im System der Mikroorganismen scheint immer noch etwas schwebend zu sein. Er wird zu der Psittacosis-Lymphogranuloma-Trachoma-gruppe gezählt, die in die Familie der *Chlamydozoaceae* eingeordnet wird. Diese Organismen stehen zwischen den echten Viren einerseits, den Rickettsien und gramnegativen Bakterien anderseits. Die engen Beziehungen zwischen dem Lymphogranuloma inguinale-Erreger und den verschiedenen Erregern der Psittacosis-gruppe zeigen sich in Ähnlichkeiten des Entwicklungscyclus und im Vorkommen von einem gemeinsamen Gruppen-Antigen. Der Lymphogranuloma inguinale-Erreger unterscheidet sich aber von den Psittacosis-Erregern durch seine Sulfonamidempfindlichkeit, seine andersartige Pathogenität und seine spezifischen Endotoxine.

Von GORDON und QUAN (1962) wurde ferner hervorgehoben, daß die Chlamydiaceen sich auch nach einigen charakteristischen Merkmalen ihrer Einschlußkörperchen in zwei voneinander abweichende Untergruppen aufteilen lassen. Die *erste Gruppe* ist durch eine kompakte (rigide) Morphologie der „inclusion bodies" und das Vorhandensein einer Karbohydraten-Matrix (Polysacchariden) in denselben gekennzeichnet. Hierher gehören: Trachoma, Lymphogranuloma inguinale, Einschlußblennorrhoe, Mäusepneumonitis und Hamsterpneumonitis. Die Einschlußkörperchen der *zweiten Gruppe* zeigen dagegen eine diffuse Morphologie und das Fehlen von Polysacchariden. Zu dieser Gruppe gehören die meisten Psittacosis-Stämme, die Pneumonitiden der Menschen und Katzen etc. Die Erreger der ersten Untergruppe sind eben alle gegen Sulfonamide sehr empfindlich, diejenigen der zweiten Untergruppe dagegen sulfonamidresistent. Nach dieser Einteilung sollte der Lymphogranuloma inguinale-Erreger wiederum mit den Erregern des Trachoms, der Einschlußblennorrhoe und der Mäusepneumonitis verwandt sein.

Nähere Bewertung der Taxonomie s. S. 933 und im Einleitungskapitel zu den Rickettsien.

Größe und Eigenschaften des Erregers

Das ätiologische Agens ist filtrierbar und passiert durch Chamberland L 2, L 3, Berkefeld V, N, sowie durch Kollodiumfilter mit Porengröße über 0,33 mμ. Seine Dimensionen werden verschieden angegeben: ein Durchmesser von 450 bis 500 mμ, bzw. nur 100—140 oder 150—200 mμ. Nach LEVADITI u. Mitarb. soll die Größe von der Virulenz abhängen. Je geringer die Größe, desto stärker die Virulenz. Im gefrorenen Zustand behält es seine Pathogenität bis 22 Tage (HELLER-STRÖM und WASSÉN), im Exsiccator sogar bis 3 Monate (FINDLAY u. Mitarb.). Nach LEVADITI u. Mitarb. geht es bei 60° C rasch zugrunde und ist gegen Aus-trocknung schon bei Zimmertemperatur empfindlich. Von einer Formaldehyd-lösung 1:1000 wird es inaktiviert, ebenso von einer längeren (über 30 min) UV-Bestrahlung.

Tierversuche

Von den *Affen* sind mehrere Arten der Genera *Callitrix, Cebus, Cercopithecus, Cynocephalus* und *Macacus* erfolgreich geimpft worden. Als besonders empfänglich, sowohl bei intracerebraler wie auch bei intraperitonealer Impfung hat sich die *weiße Maus* erwiesen. *Meerschweinchen* und *Ratten* sind dagegen weniger empfänglich. Die Lymphdrüsen des Meerschweinchens sind jedoch bei subcutaner Impfung erfolgreich zur Reinigung eines mischinfizierten Lympho-granuloma inguinale-Materials benutzt worden, indem das Virus aus den temporär geschwol-lenen Lymphknoten auf Affen oder Mäuse weiterverimpfbar ist. Bei jungen *Katzen* und *Hunden*, wie auch bei *Feldmaus* und *Hamster* sind positive, bei dem *Kaninchen* dagegen meistens negative Ergebnisse erhalten worden. Recht ungeeignet sind *Hühner, Kälber* und *Schafe*, in denen der Erreger jedoch eine zeitlang konservierbar sein dürfte. *Frösche* sollen ganz unempfänglich sein. Eine spontane Lymphogranuloma inguinale-Erkrankung ist bei Tieren nie beobachtet worden.

Kulturversuche

Der Erreger des Lymphogranuloma inguinale ist auch auf verschiedenen Nährböden ge-züchtet worden, z. B. in Tyrode-Lösung mit Zusatz von Blutserum, Nieren-, Leber- und Hodenstückchen nach MAITLAND; in Heparin-Blutplasma mit Milzextrakt, Preßsaft von Hühnerembryonen und Stückchen aus dem Hoden und den Lymphknoten von Meerschwein-chen; in verschiedenen explantierten Geweben von Mäuse-, Meerschweinchen- und Hühner-embryonen, ferner auch an der Chorion-Allantois von bebrüteten Hühnereiern und in der Gewebekultur nach dem roller-tube-Verfahren von GEY. Ein großer Fortschritt war es, wenn der von COX (1938) schon für Rickettsiakulturen angegebene Dottersack des Hühnereis von RAKE, McKEE und SCHAFFER (1940) auch zur Züchtung des Lymphogranoloma inguinale-Virus in Gebrauch genommen wurde.

Entwicklungscyclus

Schon 1938 wurden von FINDLAY, MACKENZIE und MacCALLUM bei intra-cerebral geimpften Mäusen Viruskorpuskeln verschiedener Größe beobachtet. Nach einer Inkubationszeit von mehreren Stunden im Anschluß an die Inoculation konnten zuerst etwas größere (400—700 mμ) Körperchen (*initial bodies*) ent-deckt werden, die an Größe zunahmen. Später konnten zahlreiche kleine sog. Elementarkörperchen (*elementary bodies*) gesehen werden, die wahrscheinlich aus den größeren Gebilden frei geworden waren. Dieser von FINDLAY u. Mitarb. ent-deckte Entwicklungscyclus des Lymphogranuloma inguinale-Erregers konnte später von anderen Forschern bestätigt werden. Sehr geeignet für das Studium des Entwicklungscyclus des Lymphogranuloms inguinale-Virus ist die direkte Verimpfung in den Dottersack (RAKE u. Mitarb.). Dieses wird in der Abb. 1 (nach einer Übersicht von E. R. SQUIBB & SONS, New York 1943) näher illustriert. Näheres über das Lymphogranuloma inguinale-Agens siehe bei HELLERSTRÖM.

IV. Pathologisch-anatomische Befunde

1a) *Primäraffekt*

Da das klinische Bild des Lymphogranuloma inguinale-Primäraffektes sehr wechselnd ist, kann auch die Histologie recht verschiedene Bilder zeigen. Diese

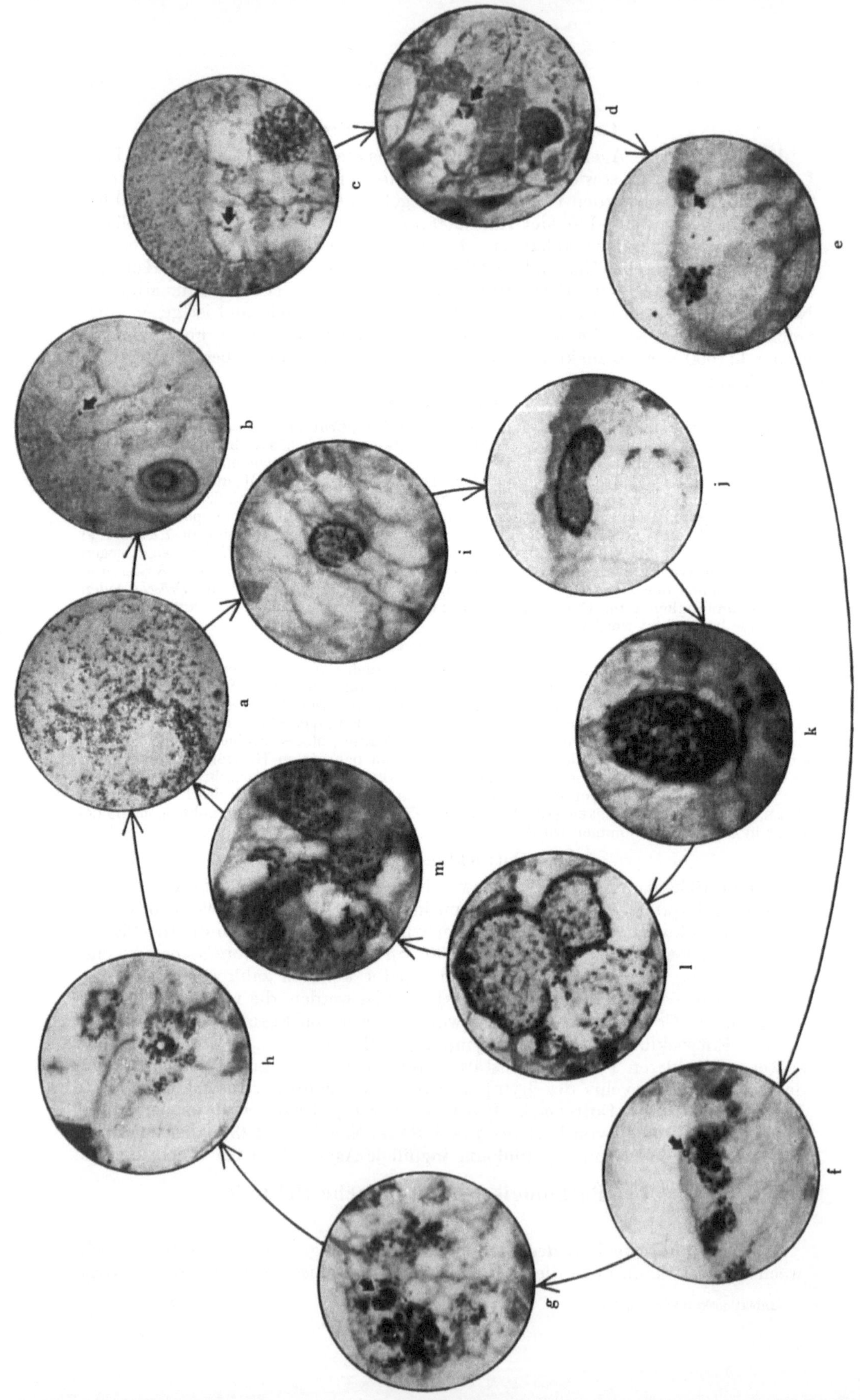

sind von FAVRE und PHYLACTOS (1922) genau beschrieben. FREI (1935) erwähnt den Formenreichtum der Zellen als kennzeichnend. *Meistens ist die histologische Struktur nicht charakteristisch genug um eine Diagnose zu erstatten.* Einigermaßen typisch ist wohl nur der knötchenförmige Primäraffekt mit einer geschwürig zerfallenen Vertiefung in der Mitte. Man sieht hier ein gefäßreiches Infiltrat mit Lymphocyten und sehr reichlich Plasmazellen. In der Tiefe kann es zur Bildung von kleinen, mitunter sternförmigen Abszeßhöhlen kommen mit polymorphonucleären Leukocyten und Detritus, umsäumt von Makrophagen und Epitheloidzellen (FAVRE). Auch Veränderungen der Gefäße mit Wucherung und Anschwellung des Endothels sind beobachtet worden. Plasmazellen waren nach einigen Autoren zuweilen nur in geringer Anzahl vorhanden. Als besonders auffallend findet FAVRE den Mangel an polymorphonucleären Leukocyten und die fehlende Unterminierung der Geschwürsränder. Dies kann auch bei der Differentialdiagnose beachtet werden. Beim Ulcus molle ist nämlich nach FAVRE dagegen „l'infiltrat cunéiforme sous-ulcéreux de polynucléaires" ein konstantes Merkmal.

Es sei noch hinzugefügt, daß WASSÉN (1935) einen durch experimentelle Impfung mit virulentem Lymphogranuloma inguinale-Virus (aus einer siebenten Mäusegehirnpassage) bei einem Paralytiker erzeugten Primäraffekt histologisch untersuchte und dabei ein entzündliches Granulationsgewebe, ziemlich reich an Leukocyten und Plasmazellen, gefunden hat. In drei Fällen, gesichert durch Viruszüchtung aus dem Buboeiter, wurde dasselbe, von den europäischen Forschern schon beschriebene Bild auch von den Amerikanern SHELDON und HEYMAN (1947) gesehen.

1b) Inguinalbubonen

Schon CULVERT (1888) und KLOTZ (1890) haben bei strumösen Bubonen *miliäre Eiterherde* in den erkrankten Lymphknoten gefunden und als charakteristisches Merkmal hervorgehoben. Der Reichtum an Plasmazellen wurde von

---

←

Abb. 1. *Entwicklungscyclus des Lymphogranuloma inguinale-Erregers.* (Nach E.R. SQUIBB & SONS, New York 1943; Lymphogranuloma venereum. A Monograph.) Der Erreger des Lymphogranuloma inguinale entwickelt sich im bebrüteten Hühnerembryo und bildet Plaques, aus welchen binnen 18—30 Std Elementarkörperchen frei werden (äußerer Cyclus). Später wird die Entwicklung im infizierten Gewebe durch rasche Vermehrung der Elementarkörperchen gekennzeichnet (innerer Cyclus).

a Elementarkörperchen. Ausstrich aus dem Dottersack des infizierten Embryos. Man sieht die kleinste sichtbare Form des Lymphogranuloma inguinale-Erregers

b Initialkörperchen. Elementarkörperchen dringen in die Dotterzelle ein und entwickeln sich in dieser; sie lassen Initialkörperchen entstehen, welche das erste sichtbare Zeichen der Infektion sind

c Paar von Initialkörperchen durch Spaltung entstanden

d Gruppe von durch weitere Teilung entstandenen Initialkörperchen in einem kleinen Bläschen. Man beachte die schwach gefärbte Grundsubstanz

e Größeres Bläschen mit größeren und zahlreicheren Körperchen. Die größten derselben sind wahrscheinlich Plaques, aus Kapselmaterial bestehend, welches von dem Lymphogranuloma inguinale-Erreger hervorgebracht wird und zwei oder mehr Körperchen enthält

f Wachstum von sowohl Bläschen wie Plaques, letztere z. T. mit Vacuolen. Manchmal tritt Vacuolenbildung auf, wahrscheinlich auf Ruptur der Plaques hindeutend; Elementarkörperchen sind wieder sichtbar

g Bläschen im Innern von Zellen, mit größeren Plaques und stärkerer Vacuolenbildung. Elementarkörperchen sind häufig

h Gruppe, den Zerfall von Plaques und das Freiwerden von Elementarkörperchen ersichtlich machend

i Kleines Bläschen, hauptsächlich Elementarkörperchen enthaltend. Wenn Elementarkörperchen in geschädigte Zellen eindringen, ist der Entwicklungscyclus ein anderer als der im äußeren Cyclus (a—h) dargestellt. Die Elementarkörperchen teilen sich als solche und bilden ein strotzend gefülltes Bläschen. Man beachte die Ansammlung von größeren Körperchen dicht an der Wandung

j Größenzunahme des Bläschens. Deutlich sichtbare Wandung

k Weiteres Wachstum des Bläschens, zur Erweiterung der Dotterzellen führend

l Übergreifen der Infektion auf benachbarte Dotterzellen

m Die Dotterzellen sind zum größten Teil mit Elementarkörperchen und einigen größeren Spermen angefüllt. Dies ist das Endstadium; die Zellen bersten leicht, wobei der Lymphogranuloma inguinale-Erreger im Dotter frei wird

Schnitte vom Dottersack des Hühnerembryos. Vergr. 1800fach. Färbung: Eosin-Methylenblau, mit Ausnahme von a (Giemsa) und h (Noble)

CASTELLANI (1903) als differential-diagnostisches Merkmal gegen Pestbubonen verwertet. Die Histopathologie der Bubonen ist später von WOOLLEY; DURAND, NICOLAS und FAVRE; MÜLLER und JUSTI; PHYLACTOS; FREI; HELLERSTRÖM und vielen anderen Forschern eingehend studiert worden. Kennzeichnend für das Drüsenkonglomerat ist meistens eine *ausgesprochene Periadenitis*. Die Schnittfläche ist graugelblich (BRAS u. Mitarb.) oder graurötlich bis weinrot oder blaurot (HELLERSTRÖM) und zeigt in den meisten Fällen schon makroskopisch sichtbare multiple Abscesse, die von dickem, viscösem Eiter gefüllt sind. Die Form der Abscesse ist oft unregelmäßig sternförmig.

Bei mikroskopischer Untersuchung sieht man nach den genannten Autoren im Anfangsstadium zuerst nur zerstreut liegende kleine Haufen von Epitheloidzellen, oft auch mit einzelnen Langhansschen Riesenzellen, aber keine Nekrosen. Bald entwickelt sich ein entzündliches polymorphes Granulationsgewebe mit Lymphocyten, Monocyten und zahlreichen Plasmazellen. Manchmal werden auch eosinophile Leukocyten gefunden. GAMNA findet im Anfangsstadium eine charakteristische Wucherung der Reticulumzellen. Die Entzündung verbreitet sich schließlich über den ganzen Knoten, die normale Struktur wird verwischt. Durch die starke Periadenitis können auch die Grenzen der einzelnen Lymphknoten verwischt sein. Allmählich vergrößern sich die Epitheloidzellinseln oder -knoten und das Zentrum derselben wird nekrotisch mit zerfallenen Kerntrümmern. Jetzt werden gelapptkernige Leukocyten und Makrophagen mobilisiert und es kommt zur Absceßbildung. Die oft zahlreichen Phagocyten mit phagocytierten Kernresten wie auch die palisadenartig angeordneten Epitheloidzellen am Rand dieser Abscesse sind schon von WOOLLEY (1907) beschrieben worden. Charakteristisch sind eben die „*sternförmigen*" *Absceßhöhlen*. Verkäsung gehört nicht zum Bilde des Lymphogranuloma inguinale. Diese Darstellung gibt auch LEVER. Nach SHELDON und HEYMAN entsteht die Nekrose durch Ischämie infolge der von den Granulomzellen bewirkten Kompression der Blutgefäße.

Diese Deutung der Histogenese mag vielleicht bei relativ langsam verlaufenden Infektionen (mit herabgesetzter Virulenz) zutreffend sein. Viel natürlicher finde ich die Darstellungen von FAVRE (1948—49) und SMITH und CUSTER (1950)[1]. Nach diesen Autoren sind *kleine Nekrosen bzw. winzige Mikroabscesse mit gelapptkernigen Leukocyten das Primäre*, d. h. das zuerst wahrzunehmende Zeichen der vom Virus bewirkten Schädigung des Lymphknotenparenchyms. Kurz nachher findet in der Umgebung eine schnelle Anhäufung von Plasmazellen und Lymphocyten statt. Die kleinen Suppurationsherde vergrößern sich und verschmelzen zu größeren sternförmigen Abscessen, die von entzündlichem Granulationsgewebe umsäumt sind. Später kommt es hier zur Bildung von Epitheloidzellen, die sich nur langsam vermehren, aber auch lange bestehen bleiben, um schließlich unter Mitwirkung von Fibroblasten eine zunehmende Fibrose zu bilden. Die polymorphonucleären Leukocyten zerfallen recht schnell und später sieht man in den Absceßhöhlen nur eine amorphe, gleichmäßige Masse („gommes lymphogranulomatosiques"). Außer den Riesenzellen vom Langhansschen Typus finden sich in dem Granulationsgewebe oft in großer Zahl auch kleinere Riesenzellen vom Sternbergschen Typus (bzw. Plasmazellen mit zwei oder mehreren Kernen), die dem Bilde eine gewisse Ähnlichkeit mit dem Hodgkinschen Granulom verleihen können. Die Blutgefäße zeigen Intimaproliferation, z. T. auch Obliterationen, die Lymphgefäße dagegen nicht (SMITH und CUSTER). Von FREI wurde eine Endovasculitis, von MÜLLER und JUSTI auch hyaline Thromben gefunden. Nach FAVRE spielen die Gefäßveränderungen jedoch keine größere Rolle.

---

[1] FAVRE hat 36, SMITH u. CUSTER 531 Lymphknoten histologisch untersucht.

Der *Bubonulus* zeigt histologisch im großen und ganzen dasselbe Bild wie die Lymphknoten (CAPPELLI, 1924; FROBOESE, 1933; D'AUNOY und v. HAAM, 1939). Die Histologie des erkrankten Lymphknotens ist somit recht charakteristisch, aber nicht pathognomonisch (vgl. Differentialdiagnose, S. 985).

2. Spätstadium

Aus histologischen Befunden bei Lymphogranuloma inguinale mit elephantiastisch veränderter Scrotalhaut zogen schon BARTHELS und BIBERSTEIN (1931) den wichtigen Schluß, daß es sich bei den genito-ano-rectalen Manifestationen nicht bloß um Stauungserscheinungen — wie damals nach den Darlegungen von KOCH und JERSILD allgemein angenommen wurde, — sondern um örtliche, durch den Lymphogranuloma inguinale-Erreger selbst hervorgerufene Entzündungsvorgänge handelt.

a) *Äußeres weibliches Genitale*

Die elephantiastisch veränderte Haut zeigt oft Acanthose und Papillomatose, in den Randabschnitten der chronischen Genitalgeschwüre ist auch Acanthose vorhanden. Das Bindegewebe ist z. T. ödematös geschwollen und zeigt sowohl diffuse wie perivasculäre Infiltrate von Lymphocyten, Histiocyten und zahlreichen Plasmazellen. In diesem entzündlichen Granulationsgewebe sieht man häufig auch tuberculoide Strukturen mit Epitheloidzellen und Riesenzellen. Die Gefäße können teilweise verschlossen sein, daneben sieht man auch neugebildete Blutgefäße. Die Lymphgefäße sind oft stark erweitert, ab und zu auch obliteriert oder thrombosiert. Meistens besteht eine starke Bindegewebswucherung.

b) *Äußeres männliches Genitale*

Die histologischen Befunde bei Elephantiasis des Penis und Scrotum sind denjenigen der Elephantiasis vulvae sehr ähnlich. (Näheres siehe BARTHELS und BIBERSTEIN).

Bei chronischen Penisgeschwüren findet man im Randgebiet Acanthose und Spongiose, in den oberen Teilen der Kutis eine diffuse Entzündung mit den verschiedensten Inflammationszellen, in den tieferen Schichten hauptsächlich perivasculäre Infiltrate, die ganz überwiegend von Plasmazellen bestehen. Endothelproliferationen und eine intensive Neubildung von Gefäßen gehören auch zum Bilde (NICOLAU, DE GREGORIO u. a.).

c) *Rectum*

Der histologische Befund bei entzündlichen Rectumstrikturen wird im allgemeinen als unspezifisch bezeichnet. Je nach den verschiedenen Stadien und Formen des Rectalleidens kann auch das histologische Bild sehr verschieden sein. Auf einem frühen Stadium findet man eine recht charakteristische granulomatöse Entzündung der Mastdarmwand und des perirectalen Gewebes mit auffallend reichlichen Plasmazellen, zuweilen auch mit Mikroabscessen. Die Rectumschleimhaut kann dabei noch gut erhalten sein, meistens wird sie jedoch mit angegriffen und von entzündlichem Granulationsgewebe ersetzt, das entweder unepithelisiert oder teilweise von metaplastischem Plattenepithel bedeckt sein kann. Durch die chronische Entzündung und starke Bindegewebsproliferation wird die Rectalwand in allen ihren Schichten gewaltig verdickt. Die Blutgefäße zeigen Endarteritis mit Intimaproliferation und Obliteration. In älteren Fällen macht sich eine zunehmende Sklerose bemerkbar, und die Grenzen der verschiedenen Schichten der Rectalwand werden immer mehr verwischt.

V. Epidemiologie

Verbreitung und Häufigkeit

In den tropischen und subtropischen Ländern ist die Erkrankung fortwährend häufig, in den temperierten Zonen dagegen recht selten. In den Jahren 1950 bis 1952 sah man (nach WHO) *jährlich* in Franz. Äquatorial-Afrika ca. 1000 Fälle, in Franz. West-Afrika etwa 1000—2000, in Kamerun ca. 700, in Madagaskar ca. 700, in Japan durchschnittlich ca. 350, in Jamaica ca. 800—1000 und in den USA 1200—1300 Fälle. In England und Wales dagegen wurden in den Jahren 1952 bis 1953 nur 69+76 Fälle und 1960/61/62 nur 102+98+96 Fälle einregistriert (KING, 1964). In Finnland wurden 1937 ca. 200 neue Fälle gesehen, aber schon im folgenden Jahr ging die Häufigkeitskurve ganz steil herab und aus den Jahren 1940—1942 sind mir nur etwa 10 Fälle pro Jahr bekannt, aus späteren Jahren nur sporadische Fälle. Heute bin ich schon mehr geneigt als früher diesen Frequenzsturz auf die Einführung von Sulfonamiden (Prontosil bei Angina; Uliron bei Gonorrhoe, seit März 1938 auch bei Lymphogranuloma inguinale) zurückzuführen. Das Lymphrogranuloma inguinale hat jedoch auch früher manchmal ein herdweises Auftreten mit starken örtlichen und zeitlichen Frequenzschwankungen gezeigt (HELLERSTRÖM).

Abhängigkeit von Geschlecht, Alter, Rasse und Jahreszeiten

Im *Frühstadium*, mit den Leistenbubonen, ist das Lymphogranuloma inguinale vorwiegend eine *Erkrankung der Männer*. Teils wird es, wie Geschlechtskrankheiten überhaupt, mehr von Männern als von Frauen acquiriert. Teils wird das Frühstadium außerdem bei den angesteckten Frauen manchmal vermißt, da die Leistenlymphknoten nicht bei allen Frauen an dem Krankheitsprozeß beteiligt sind. Dafür gestaltet sich das *Spätstadium*, mit seinen schweren chronischen Rectal- und Genitalmanifestationen, zu einem *Leiden der Frauen*. Bei den Frauen hat man mit Spätmanifestationen in etwa 30—50 % der Fälle zu rechnen, bei den Männern (mit Ausnahme der Päderasten) nur in etwa 1—2 % der Fälle. Die Geschlechterverteilung zeigt zahlenmäßig recht große Unterschiede in verschiedenen Statistiken. Wird nur das Frühstadium berücksichtigt, schwankt der Anteil der Frauen meistens zwischen 5 und 15 % der Fälle.

Von größeren Statistiken, wo auch die Späterscheinungen, wenigstens z. T. berücksichtigt sind, seien folgende angeführt: Auf *Jamaica* wurden in 12 Jahren (1945—1956), nach einer Gesamtstatistik aus den Vener Kliniken, 9108 Fälle von Lymphogranuloma inguinale registriert, davon 1677 (18,4 %) Frauen (GRANT u. Mitarb.). In dem indischen Krankengut von RAJAM und RANGIAH (1955) war der Anteil der weiblichen Kranken etwa 10 % (unter 9721 Kranken nur 990 Frauen). NICOLAU (1935) sah in Rumänien unter 1208 Kranken 243 Frauen (21 %), SONCK in einer Zusammenstellung (1925—1944) aus Finnland unter 1434 Kranken 448 Frauen (31 %), TOYAMA u. Mitarb. (1936) in Japan unter 737 Kranken 118 Frauen (16 %).

Das Lymphogranuloma iguinale ist eine *Krankheit des geschlechtsreifen Alters*. Die meisten Ansteckungen erfolgen im Alter von 20—40 Jahren, das Durchschnittsalter ist etwa 30. Als Extreme werden ein 11 jähriger und ein 90 jähriger angeführt. Von meinen Patienten war die älteste Frau bei der Ansteckung 67 Jahre alt und der älteste Mann über 70.

Infolge mangelnder Reinlichkeit und Vorsicht wurde die Erkrankung schon mehrmals auch als Kontaktinfektion auf Kinder übertragen. Die Zahl der erkrankten *Kinder* im Schrifttum dürfte wohl schon zwischen 40 und 50 sein. (Allein in Finnland habe ich neun Fälle gesehen). Die Ansteckung wurde viel häufiger bei Mädchen als bei Knaben beobachtet, und bei vielen Mädchen entwickelte sich auch eine schwere Rectumstriktur. Auch bei ein paar Knaben fand sich eine Infektion des Rectums, einer von ihnen (der tragische Fall von BANCIU und CARATZALI) war das Opfer eines Päderasten.

Die Bedeutung der *Rasse* für die Epidemiologie ist besonders in den USA erörtert worden. Nach offiziellen Rapporten erkranken in den USA oft zehnmal mehr Farbige als Weiße an Lymphogranuloma inguinale.

Tab. 1 sei hier (nach HELLERSTRÖM) zur Beleuchtung der Verhältnisse in USA angeführt:

Tabelle 1. *Lymphogranuloma inguinale-Fälle laut Meldung an die Gesundheitsbehörden während der Jahre 1945—1954.* Kontinentale Staaten der USA nach Rasse und Geschlecht geordnet (Form PHS-688 Office of Statistics 2/10/55 mws)

Jahr	Gesamt-zahl	Weiße Frauen		Farbige Frauen		Weiße Männer	Farbige Männer
1945	2631	85	1:1,7	879	1:1,7	145	1522
1946	2603	76	1:2,7	810	1:1,9	204	1513
1947	2688	48	1:3,9	588	1:3,2	188	1864
1948	2494	33	1:5,2	529	1:3,3	172	1760
1949	2170	26	1:8,1	532	1:2,6	211	1401
1950	1635	15	1:7,9	391	1:2,8	118	1111
1951	1332	29	1:3,2	360	1:2,4	92	851
1952	1235	15	1:5,9	324	1:2,5	89	807
1953	1103	19	1:3,7	299	1:2,4	71	714
1954	917	11	1:6,5	206	1:3,0	72	628
	18808	357		4918		1362	12171

In Brasilien hat MOTTA dagegen keine Prädilektion für die farbigen Rassen gefunden. Auf die Frage, ob es bei einer Rasse eine stärkere Disposition für das Lymphogranuloma inguinale als bei einer anderen Rasse gibt, konnte bisher noch keine endgültige Antwort gegeben werden.

Jahreszeitlich verteilen sich die Erkrankungen bei 810 männlichen Kranken in Finnland (nach dem Zeitpunkt der Ansteckung berechnet) ziemlich gleich über die verschiedenen Monate des Jahres, vielleicht mit einer geringen Anhäufung in den warmen Sommermonaten: Januar bis April 250 Fälle, Mai bis August 304 Fälle, September bis Dezember 256. In einer japanischen Statistik von TOYAMA u. Mitarb. (1936) ist der Unterschied zwischen der höchsten Frequenz im August und der niedrigsten im November sehr auffallend.

Ansteckungsfähigkeit

Die Ansteckung erfolgt am leichtesten im Beginn des Frühstadiums, besonders z. Z. des Primäraffektes. Beim Zurückgang der Lymphdrüsenentzündung nach erfolgtem Durchbruch der Absceßhöhlen soll das Risiko einer Übertragung zwar schon kleiner sein, besteht aber dennoch weiter. Es ist sogar möglich, daß der Erreger noch lange Zeit z. B. in der Urethralschleimhaut schmarotzen kann. Auch eine scheinbar unbedeutende Urethritis mit schleimiger Sekretion muß dabei als sehr verdächtig angesehen werden.

In einem von meinen Fällen übertrug ein Student die Erkrankung auf eine Krankenschwesterschülerin noch ein ganzes Jahr nach dem sein erkrankter Lymphknoten auf einem sehr frühen Stadium exstirpiert und per primam geheilt worden war. (Bei der Partnerin bestand nur diese einzige Infektionsgelegenheit).

Auch die Spätformen der Erkrankung sind ansteckungsfähig, wenn auch in geringerem Grade. Man hat ja tatsächlich mehrmals den Erreger auch aus den chronischen Genitalgeschwüren und den Rectalstrikturen kulturell nachweisen können. Zahlreiche Fälle sind bekannt, wo die Ansteckung noch nach mehrjährigem Bestand einer stenosierenden Proctitis auf den Partner überführt wurde.

Dieses geschah zuweilen auch erst nach einem mehrjährigen geschlechtlichen Zusammenleben, z. B. bei Ehegatten. Zuweilen hatten sich 5—6 Partner von einer einzigen, an Ulcus chronicum vulvae leidenden Frau infiziert. Die chronischen „einfachen", oft ganz indolenten Genitalgeschwüre der Prostituierten sind gar nicht so harmlos, als wie man sie oft früher angesehen hatte.

In den letzten 20 Jahren habe ich in Finnland nur drei einheimische Ansteckungen gesehen. Zwei Soldaten acquirierten die Erkrankung von ein und derselben Prostituierten mit chronischer Proctitis. Der dritte Mann erkrankte wie die beiden anderen mit Lymphogranuloma inguinale-Bubonen nach einem einzigen Coitus mit einer Frau, *die seit 15 Jahren* (!) an Ulcus chronicum vulvae und entzündlicher Rectumstrictur gelitten hatte und nie mit Sulfonamiden behandelt worden war.

Zuweilen sind bei der als Quelle der Ansteckung angegebenen Person, außer einer positiven Frei-Reaktion, keine klinischen Manifestationen der Erkrankung zu finden.

Bei uns waren solche ganz asymptomatische Fälle immer sehr selten. Ich kann mir daher nicht vorstellen, daß alle die sehr zahlreichen symptomfreien Personen, bei denen man in den letzten Jahren in den USA und auf Jamaica positive Komplementbindungsreaktionen gefunden hat, an asymptomatischem Lymphogranuloma inguinale erkrankt sind.

Immunität

Die überstandene Infektion hinterläßt wahrscheinlich eine *erworbene* Immunität. Reinfektionen — wenn überhaupt möglich — dürften jedenfalls äußerst selten sein. Unter zahlreichen Männern, die mit an chronischen Lymphogranuloma inguinale erkrankten Frauen verheiratet waren, habe ich keinen gesehen, der mehr als einmal an Lymphogranuloma inguinale erkrankte. Nach LEVADITI u. Mitarb. erscheinen im Blutserum der Lymphogranulomkranken schon ziemlich früh virulizide Stoffe, die das Virus neutralisieren. Diese sind später auch von FINDLAY; MIYAGAWA u. Mitarb.; WASSÉN u. a. nachgewiesen worden.

Das Vorkommen einer *angeborenen* Immunität einzelner Menschen gegenüber dem Lymphogranuloma inguinale ist bezweifelt worden. WASSÉN fand aber auch bei einigen seiner Kontrollsera eine virusneutralisierende Wirkung. (Weitere Untersuchungen zur Aufklärung dieser Fragen wären wünschenswert.) Jedenfalls zeigen sich bei verschiedenen Menschen sehr erhebliche Unterschiede in der *natürlichen Resistenz* gegen die Lymphogranuloma inguinale-Infektion.

Ich habe fünf Männer untersucht, die trotz regem Geschlechtsverkehr (ohne Condom) mit Frauen im aktiven Krankheitsstadium — Ulcera vulvae und Bubonen! — keine Symptome der Erkrankung beobachten konnten. Die Freische Intracutanprobe erwies sich bei den Frauen als positiv, bei den fünf Männern als vollkommen negativ. Vier von den Männern waren mit ihren Partnerinnen verheiratet.

Eine intracutane Autoinoculation oder Reinfektion gelingt beim Lymphogranuloma inguinale nicht. (Beim Ulcus molle gelingt sie bekanntlich mit Leichtigkeit.) Auf der Inoculationsstelle bildet sich beim Lymphogranuloma inguinale nur eine Frei-Reaktion. Durch die Infektion entsteht schon früh ein für Reinfektion refraktärer Immunitätszustand. Auch bei experimenteller Impfung von Versuchstieren, die die Infektion überlebt haben, kommt diese aktive Immunität deutlich zur Geltung. Eine Reinfektion wird verhindert.

Das Lymphogranuloma inguinale wurde zuweilen auch bei *Kindern* gesehen, hauptsächlich bei Mädchen, die wohl meistens von ihren kranken Müttern zufällig infiziert worden sind. Ich habe neun solche Mädchen aus Finnland untersucht, und es ist mir aufgefallen, daß sie alle *vor* der Erkrankung ihrer Mütter geboren waren. Mir sind ferner 70 Kinder aus Finnland bekannt, die von Lymphogranuloma inguinale-kranken Müttern — während der Erkrankung — geboren wurden. Bei keinen von diesen Kindern konnten Symptome der Erkrankung beobachtet werden, an 60 Kindern habe ich auch die Freische Intracutanprobe ausgeführt, sie war bei allen negativ. Eine *intrauterine Überführung* des Lymphogranuloma inguinale von

Mutter auf Kind ist *nie bewiesen* worden, und die von kranken Müttern geborenen Kinder haben meines Wissens auch später in keinem Fall das Lymphogranuloma inguinale aqviriert. Nach meiner Auffassung besitzen diese Kinder eine besondere angeborene Immunität. (Vielleicht eine „stumme Immunität" oder immunologische Toleranz, mit fehlender Antigen-Antikörperreaktion ?).

VI. Klinisches Bild

A. Lokalerscheinungen

1. Frühstadium

a) Inkubationszeit

Die sog. *erste Inkubationszeit* vom suspekten Coitus bis zum Auftreten der Primärläsion genau anzugeben ist oft sehr schwierig. Die Primärläsion ist meistens sehr unauffällig und wird leicht vermißt. Bei Mischinfektionen mit anderen Geschlechtskrankheiten ist das Bild auch schwer zu beurteilen. Außerdem sind die Angaben der Patienten oft unzuverlässig. Nach klinischen Beobachtungen in Japan (HASHIMOTO u. Mitarb., TOYAMA und OTA) beträgt die Inkubationszeit bis zum Auftreten des Primäraffektes in der Mehrzahl der Fälle nur etwa *1 Woche*, kann aber auch länger, sogar 4—5 Wochen sein. Die kleinen knötchenförmigen Primäraffekte, die WASSÉN nach experimenteller intracutaner Impfung von virulentem Mäusegehirn-Antigen in das Preputium bei sieben Frei-negativen Geisteskranken beobachten konnte, traten am 7.—10. Tag an der Inoculationsstelle auf.

Die ersten Zeichen einer beginnenden *Lymphadenitis* werden meistens etwa 2—3 Wochen nach dem Coitus wahrgenommen. Diese sog. *zweite Inkubationszeit* kann aber sehr verschieden sein, zuweilen kürzer als 1 Woche, oft länger als 1 Monat.

Tabelle 2. *Dauer bis zum Auftreten der Lymphadenitis* (nach TOYAMA und OTA):

<1 Woche	35 Fälle
1—2 Wochen	55 Fälle
2—3 Wochen	57 Fälle
3—4 Wochen	34 Fälle
4—7 Wochen	45 Fälle
>7 Wochen	20 Fälle

b) Primäraffekt

Da der Primäraffekt meistens sehr unauffällig, schmerzlos und flüchtig ist und oft auch ohne Narbe abheilt, entgeht er leicht der Beobachtung. Er ist von einigen Autoren sogar als ein seltenes Ereignis betrachtet worden, besonders bei Frauen. Im größeren, genauer beobachteten Krankengut sind Primäraffekte doch meistens in etwa 30—50 % der Fälle festgestellt worden. Nach meiner Erfahrung ist der Primäraffekt auch bei den Frauen keine Seltenheit. Unter 81 an Lymphogranuloma inguinale-Bubonen erkrankten Frauen fanden wir Primärläsionen bei 52, d. h. in 64 % der Fälle.

Als Prädilektionsstellen sind vor allem Sulcus coronarius, Glans penis und Praeputium beim Manne, sowie Introitus vaginae, Innenseite der kleinen Labien, Comissura posterior und Orificium urethrae bei der Frau.

Der Lymphogranuloma inguinale-Primäraffekt kann von sehr verschiedenem Aussehen sein. Schon KLOTZ (1890) hatte als Eingangspforte der Infektion kleine Erosionen, herpesähnliche Bläschen und zuweilen auch etwas mehr indurierte,

an Ulcus durum erinnernde Läsionen am Penis festgestellt. Nach MÜLLER und
JUSTI (1914) ist der Primäraffekt ein stecknadelkopfgroßes, halbkugelig vor-
springendes, gerötetes Knötchen, auf seiner Kuppe erodiert. Auch BORY (1921)
beschreibt sowohl follikuläre, erosive und herpetiforme, wie auch infiltrierte
syphiloide Primäraffekte bei Lymphogranuloma inguinale.

SÉZARY und DRAIN (1935) unterscheiden herpetiforme, chancrelliforme,
syphiloide und noduläre Typen. In seltenen Fällen sieht man nach SÉZARY und
DRAIN auch ein flächenhaftes, an chancre mixte erinnerndes Infiltrat (Type
étalé oder Chancre en nappe). Der noduläre Typus zeigt außerdem verschiedene
Variationen. Zuweilen ist er sehr klein und heilt ohne Narbe, zuweilen ist er etwas

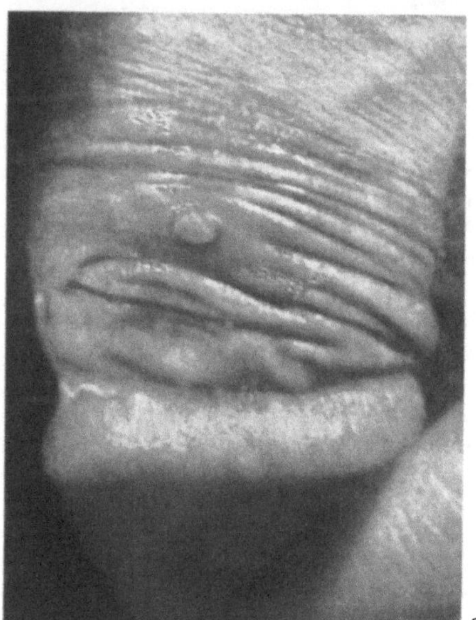 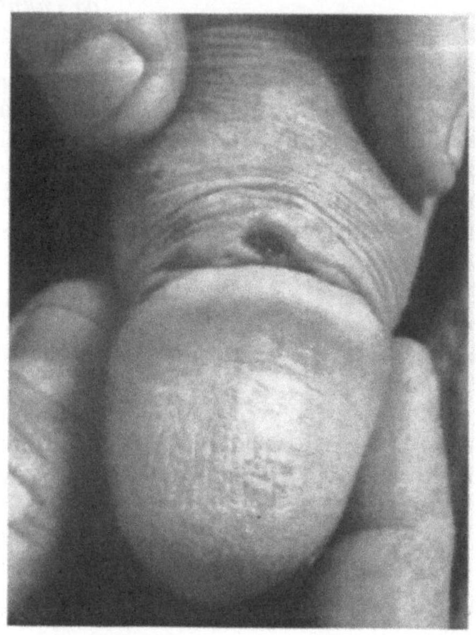

a   b

Abb. 2. Primäraffekt des Lymphogranuloma inguinale, a) papulöse Form, b) syphiloide Form
(nach E. DE GREGORIO und A. HIJAR, in: Rev. Argent. Derm. 22, 435 u. 437, 1938)

größer mit zentraler Ulceration bzw. tiefer Einziehung und recht erheblicher
Infiltration und hinterläßt eine deutliche Narbe. Nach HASHIMOTO, KINOSHITA
und KOYAMA (1937) zeigte sich in 57 Fällen eine kleine Erosion, in 4 Fällen ein
Herpes-Knötchen und in 40 Fällen ein mäßig derber, bis erbsengroßer Knoten
mit einer nadelspitzgroßen geschwürigen Vertiefung in der Mitte.

Zuweilen kann der Primäraffekt, sowohl bei Männern als bei Frauen, auch
intraurethral lokalisiert sein und zeigt sich dann eventuell als eine „unspezifische"
Urethritis, mit zäh-schleimiger, abakterieller Sekretion (Urethritis Waelsch).

Der Primäraffekt tritt meistens nur in Einzahl auf. Zuweilen sind zwei oder
mehrere auf einmal beobachtet worden, besonders bei den Frauen. Im allgemeinen
bleibt er nur kurze Zeit, etwa 5—15 Tage, bestehen. Das ist besonders der Fall
mit den oberflächlichen, ± herpetiformen Läsionen, die sich sehr schnell zurückbilden. Der follikuläre Typ kann aber gelegentlich auch länger, bis einige Monate,
persistieren.

Später eventuell hinzutretende neue Läsionen am Genitalorgan sind zuweilen
irrtümlich als Ausdruck einer Superinfektion gedeutet worden. Nach DE GREGORIO
ist bei diesen „pseudoulcères lymphogranulomateux" vielleicht eine retrograde
Verschleppung von Virus denkbar. SONCK (1944) hat solche Ulcerationen mehr-

mals auch bei im Krankenhaus liegenden Lymphogranuloma inguinale-Kranken auftreten sehen.

c) *Lymphgefäße*

Im Frühstadium sieht man ab und zu (nach FREI in etwa 4—5 % der Fälle) in den von der Primärläsion zu den regionären Lymphknoten führenden Lymphgefäßen eine Entzündung, die als ein derber, kaum druckempfindlicher, oft nur kurzer Strang palpabel ist. MAY (1960) behauptet, daß man bei Vorliegen einer *Lymphangitis* der Genitalien in praktisch 100 % der Fälle auf die Anwesenheit des poradenischen Virus schließen kann. Es kann zuweilen auch zu einer umschriebenen Entzündung der Lymphgefäße kommen, mit Ausbildung eines subcutan gelegenen Infiltrates, sog. *Bubonulus*. Dieser ist am Penisrücken bzw. in der Kranzfurche als eine mäßig harte, bis haselnußgroße Vorwölbung sichtbar. Nur ausnahmsweise ist er auch bei der Frau, an der Außenseite der großen Schamlippe, beobachtet worden. Wie die Bubonen können auch die Bubonuli erweichen und mit Hinterlassung von Fisteln durchbrechen.

Viel häufiger ist die Entzündung jener Lymphgefäße, welche die einzelnen Lymphknoten bzw. die Lymphknotengruppen miteinander verbinden. Sie lassen sich eventuell auch an der Basis des Bubo gut palpieren, wenn dieser mit der Muskelfascie noch nicht verwachsen ist (MELCZER). Schon KLOTZ (1890) hat sie bei seinen Operationen an den strumösen Bubonen als knorpelharte, geschlängelte, sehr dickwandige Gefäße entdeckt.

d) *Entzündung der Leisten- und Schenkellymphknoten*

Etwa 15—30 Tage nach der Infektion treten die ersten Symptome im Bereich der regionären Lymphknoten hervor. Es erkranken am häufigsten die oberflächlichen inguinalen Lymphknoten und von diesen vorzugsweise die der medialen

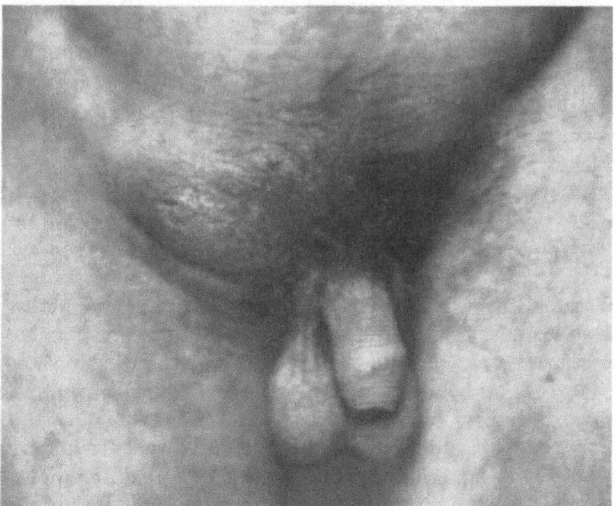

Abb. 3. Bubo inguinalis, ca. 2¹/₂ Monate nach der Ansteckung (SONCK, 1938)

Gruppe. Schon am Anfang sind meistens mehrere Knoten affiziert, oft jedoch so, daß unter denen einer besonders durch seine Größe auffällt. Die Knoten sind ziemlich hart, erbsen- bis haselnußgroß, frei verschiebbar, voneinander noch getrennt fühlbar und bei mäßigem Druck nur recht wenig empfindlich. Subjektiv sind oft leichte ziehende Schmerzen oder wenigstens eine gewisse Spannung vorhanden. Zuweilen wird auch über stärkere Schmerzen geklagt. Die Haut über den Lymphknoten ist von normaler Farbe, und die inguinalen Erscheinungen sind manchmal klinisch von einer luischen Lymphadenitis kaum zu unterscheiden. Schon in diesem Stadium („Période de début" nach DURAND, NICOLAS und FAVRE)

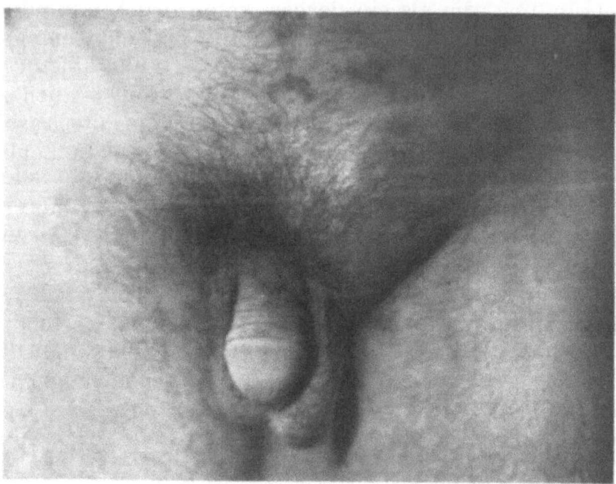

Abb. 4. Faustgroßer Leistenbubo, ca. 4 Monate nach der Ansteckung (SONCK, 1937)

macht sich meistens eine ausgesprochene Appetitlosigkeit bemerkbar, oft begleitet von leichtem Frösteln, nächtlichen Schweißausbrüchen, Gefühl von Schwäche und Kranksein. Auch die Temperatur ist schon leicht erhöht, gelegentlich sogar bis 38—39° C.

Im Lauf von 1—2 Wochen, manchmal schon innerhalb weniger Tage, kommt es unter zunehmenden *Allgemeinbeschwerden* und Temperaturanstieg zu einer *Periadenitis*, die Lymphknoten bilden ein hartes, kompaktes, etwa pflaumen- bis hühnerei- oder gänseeigroßes, empfindliches Paket.

Die darüberliegende Haut zeigt anfangs noch keine Rötung. In *leichteren* Fällen (*Forme indurée non suppurée* nach CHEVALLIER und BERNARD) bleibt der Prozeß nun 1—3 Wochen lang beinahe unverändert auf diesem Stadium stehen. Es kommt zu keiner Hautrötung, keiner Erweichung. Dafür bessert sich allmählich der Zustand, das Drüsenpaket wird kleiner, die Periadenitis läßt nach, man tastet eventuell einige Lymphknoten wieder separat voneinander, und nach einer Gesamtdauer von etwa 3 oder 4 Monaten sind alle Symptome verschwunden. Auch ganz *abortive Formen* mit kleinen, uncharakteristischen, voneinander gut abgrenzbaren Lymphknoten ohne Periadenitis und ohne Einschmelzung kommen ab und zu vor, werden aber leicht verkannt oder übersehen.

Meistens nimmt die Erkrankung jedoch einen etwas schwereren und hartnäckigeren Verlauf. Das zusammengebackene Drüsenpaket zeigt keine Tendenz zur Besserung, im Gegenteil nimmt die darüberliegende Haut während der folgenden 2—4 Wochen — zuweilen auch erst nach 8 Wochen, — allmählich eine livide blaurote Farbe an, meist nur auf einer umschriebenen Stelle, und man tastet in diesem Teil des periadenitischen Infiltrates eine beginnende *Fluktuation*, die während der folgenden Tage allmählich größer wird. In den meisten Fällen bleibt die Erweichung nur auf einen kleineren Teil des Bubos beschränkt. Sie kann beim bevorstehenden Durchbruch z. B. nur daumenend- bis taubeneigroß

$(2 \times 3$ cm, $2^{1}/_{2} \times 4$ cm) sein, manchmal etwas hervorgewölbt, und nach dem erfolgten Durchbruch oder nach der Punktion bleibt immer noch ein großes, hartes Infiltrat bestehen.

Nach dem *Durchbruch* bleibt eine in der Regel kleine, oft sogar nur punktförmige, eiternde *Fistelöffnung* eine Zeitlang bestehen. In manchen Fällen bleibt es bei diesem einzigen Durchbruch, das Paket verkleinert sich allmählich, die immer dünner gewordene Eiterung aus der Fistel hört auf, die Öffnung wird von einer kleinen Kruste gedeckt und schließt sich. Nach einem Krankheitsverlauf von 4—6 Monaten ist nur ein kleiner, indolenter, bohnen- bis mandelgroßer Restknoten tastbar, und der Kranke ist wieder voll arbeitsfähig. Oft kommt die Erkrankung aber mit diesem einen Durchbruch nicht zum Abschluß, es kommt successiv zu neuen Einschmelzungen, die wieder zu neuen Punktionen zwingen.

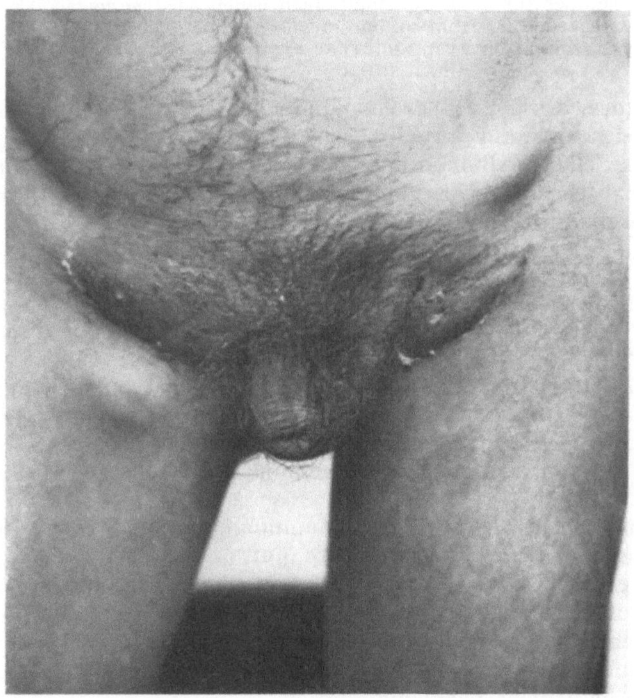

Abb. 5. Lymphogranuloma inguinale mit doppelseitiger regionaler Lymphknotenbeteiligung. Mehrere Abscesse, z. T. perforiert (Aus der Arbeit von A. HENSCHLER-GREIFELT und H. SCHUERMANN)

Charakteristisch für das Lymphogranuloma inguinale ist eben das *Vorhandensein mehrerer kleiner Abscesse*, die nicht zu größeren Absceßhöhlen konfluieren. Der Prozeß zieht sich in die Länge, es können 6—8 oder 10 Monate verstreichen. Die Zahl der Fistelöffnungen kann in solchen Fällen schließlich recht erheblich sein. (Ich habe in seltenen Fällen bis 15 in einer Falte gesehen.)

Im allgemeinen schließen sich die Fisteln auch ohne Behandlung spontan nach einigen Wochen oder Monaten. Als unbehandelt können sie zuweilen — bei uns nur in etwa 2 % der Fälle — auch eine längere Zeit hartnäckig bestehen bleiben.

Nach den Erfahrungen in Finnland ist ein spontaner Zurückgang der Bubonen ohne Einschmelzung und Durchbruch — wenn Sulfonamide bzw. Antibiotica nicht gegeben werden — nur in höchstens 25 % der Fälle zu erwarten (sowohl bei Männern als bei Frauen) und die mittlere Dauer der Leistendrüsenerkrankung ist etwa 5—6 Monate.

Die Häufigkeit der *bilateralen* Lokalisation der Leistenerkrankung ist auch in großen Statistiken sehr verschieden angegeben worden:

Nicolau: 8 % (1025 Fälle); Tucker: $20^1/_2$ % (750 Männer); Toyama u. Mitarb.: 35 % (722 Fälle); Costello und D'Avanzo: 40 % (344 Fälle); Sonck: 37 % (843 Männer) und $52^1/_2$ % (278 Frauen).

Nicht selten macht sich im Beginn der Drüsenerkrankung, nach der Entwicklung der Periadenitis, eine trügerische Tendenz zur Besserung bzw. Abheilung geltend, die von *Exacerbation* gefolgt ist.

Das schon pflaumen- oder hühnereigroße Paket zeigt keine Rötung, geht gut zurück, die Schmerzen klingen ab, so daß manchmal nur noch ein daumenend- oder fingerendgroßer, ziemlich indolenter Knoten vorhanden ist. Dann verschlimmert sich der Zustand, oft ganz unvermutet wieder. Die Lymphknoten werden wieder größer. Auch neue Knoten können erkranken. Die Blutkörperchensenkung, die sich schon verbessert hatte, zeigt wieder höhere Werte. Auch die Temperatur kann eventuell einen neuen Anstieg zeigen. Diese später auftretenden Exacerbationen sind wohl selten stürmisch, eher sogar recht aphlegmatisch, und der Suppurationsherd kann sehr klein sein. Die Erkrankung erstreckt sich aber oft über viele Monate.

An einen unerwarteten Rückschlag in den Heilungsvorgängen sind oft die zu frühe Wiederaufnahme schwerer Arbeit, körperliche Anstrengungen, Tanzen, Reiten und dgl. Schuld. Alkoholische Getränke scheinen, wie bei Gonorrhöe und bei den unspezifischen Urethritiden, auch einen ungünstigen Einfluß auf die Leistendrüsenentzündung zu haben.

Aber auch bei strenger Bettruhe nimmt die Infektion ab und zu einen viel Geduld erfordernden Verlauf, wie z. B. bei einem 30jährigen Mann, bei dem ich doppelseitige, gänseeigroße, iliacale Lymphknoteninfiltrate feststellte, die monatelang bestehen blieben und den Allgemeinzustand des Kranken sehr heruntersetzten. Die Suppuration aus inguinalen Fisteln sistierte in diesem Fall erst nach einigen Jahren.

Eine *totale Einschmelzung* der Bubonen wie bei Ulcus molle ist nur *ausnahmsweise* beobachtet worden. In solchen Fällen (,,à grande abscès", ,,Forme purulente à large foyer", ,,Forme suppureé massive") entwickelt sich der Prozeß oft schneller, zeigt eine gute Heilungstendenz, hinterläßt aber (wie Ulcus molle) eine größere Narbe.

Aus den medialen oberflächlichen Inguinalknoten, dem Hauptsitz der Erkrankung, greift der Prozeß gern auch auf die naheliegenden *subinguinalen* (,,femoralen") *Schenkellymphknoten* über, wobei gewissermaßen das Bild eines Doppelbubos zum Vorschein kommt. Das Ligamentum inguinale bleibt etwas tiefer wie in einer Furche liegen. Diese Furche ist zuweilen auch bei Ulcus molle und bei banalen, von pyogenen Kokken hervorgerufenen Infektionen gesehen worden und deshalb nicht pathognomonisch.

e) *Entzündung der iliacalen und anorectalen Lymphknoten*

Für das Lymphogranuloma inguinale recht kennzeichnend — wenn auch nicht pathognomonisch — ist, daß etwa *in der Hälfte,* nach einigen Statistiken sogar in $^2/_3$ *der Fälle* auch die zu beiden Seiten der Vasa iliaca gelegenen iliakalen Lymphknoten miterkrankt sind. In der Tiefe der Beckenhöhle, hinter dem Ramus ossis pubis, kann man sie besonders nach einer gründlichen Entleerung des Dickdarms gut abtasten. Auf die Beteiligung der iliacalen Lymphknoten haben schon im vorigen Jahrhundert Clerc (1869) und Ödmansson (1887) hingewiesen. Da die iliacalen Lymphknoten erst sekundär zu den Inguinalen befallen werden, sind die entzündlichen Erscheinungen derselben oft geringer. Gewöhnlich sind sie erst einige Tage nach dem Auftreten des inguinalen Drüsenpaketes als leicht druckempfindliche, harte, etwa fingerend- bis kastaniengroße Knoten tastbar, die sich fast stets nach dem Abklingen der Leistenentzündung spontan zurückbilden. Zuweilen sind auch hühnerei- bis apfelgroße Iliakalknotenkonglomerate beobachtet worden. Nur in seltenen Ausnahmefällen, und vielleicht wegen einer hinzugekommenen Mischinfektion, entstanden ernstere Komplikationen seitens des Hüftgelenkes oder anderer Nachbarorgane.

Die Erkrankung der tief gelegenen *anorectalen* Lymphknoten und Lymphgefäße ist bei der Frau häufiger und spielt in der Pathogenese der Spätmanifestation eine entscheidende Rolle (s. S. 980). Sie kann auch ohne Erkrankung der oberflächlichen Leistenlymphknoten erfolgen.

Anmerkung: Da man nicht mit Bestimmtheit sagen kann, wann die Erkrankung endgültig geheilt und der Erreger verschwunden ist, ist wohl eine Zeitlang (6 Monate oder länger) nach der klinischen Heilung der Bubonen Vorsicht geboten und Geschlechtsverkehr nur unter Verwendung von Condomen zu gestatten.

f) Chronische Leistenknotenentzündung

Wirklich chronische, mehrere Jahre fistulierende inguinale Lymphknotenentzündungen kommen nach meiner Erfahrung nur selten (in etwa 1—2 % der Fälle) vor. Ich habe solche nur bei einigen Männern und bei fünf Frauen ohne sonstige Spätmanifestationen gesehen.

Bei einer von diesen Frauen (SONCK, 1941, Fall Nr. 17) waren noch 3 Jahre nach dem Beginn der Leistendrüsenentzündung, außer zwölf abgeheilten Fistelnarben, noch zwei von livider Rötung umgebene Narben und eine immer noch eiternde Fistelöffnung mit Entleerung von dickem Eiter, sowie ein jüngst entstandener neuer Einschmelzungsherd mit umschriebener Rötung in der linken Inguinalfalte vorhanden. Aus dem Herd wurden 5 ccm Eiter entleert. Bei einer anderen Frau (Fall Nr. 18) waren in der rechten Inguinalfalte über 2 Jahre nach dem Krankheitsbeginn immer noch sechs eitrige, durch bleistift- bis kleinfingerdicke strangförmige Fistelgänge miteinander kommunizierende Fistelöffnungen vorhanden.

In seltenen Fällen kann sich die Erkrankung auch den Lymphspalten entlang in die umgebende Subcutis verbreiten und hier ein weitverzweigtes Netz von Fistelgängen bilden, das durch Kontrastmittelfüllung auch röntgenologisch nachgewiesen werden kann (z. B. NICOLAU, 1937; MIDANA, 1938).

2. Spätstadium

a) Zur Pathogenese der Späterscheinungen

Die Späterscheinungen im Mastdarm und im Genitalorgan sind nicht bloß als ein von Stauung verursachter „Folgezustand", sondern als ein vom Virus hervorgerufener chronischer Infektionsprozeß anzusehen (BARTHELS und BIBERSTEIN, 1931). Die Richtigkeit dieser Anschauung ist später durch den wiederholt gelungenen Nachweis des Erregers im Gewebe und durch die erfolgreiche Sulfonamidtherapie auch bei den Späterscheinungen erwiesen worden.

Daß die Späterscheinungen von Seiten des Genitalorgans und des Mastdarms ganz vorwiegend bei den *Frauen* vorkommen, beruht auf den Aufbau des weiblichen Beckenlymphsystems, in dem der Lymphabfluß von wichtigen Teilen der Geschlechtsorgane, vor allem Introitus vaginae, Fossa navicularis und Commissura posterior, nicht zu den Inguinalknoten, sondern direkt zu dem perirectalen Lymphsystem hingeleitet wird. Besonders wichtig sind die Beziehungen der hinteren Vaginalwand zum Rectum, mehrere Bahnen durchbrechen die Rectumfascie, gehen auf die Rectumwand über um sich in dem Anorectalknoten von *Gerota* zu sammeln oder direkt mit den Vasa lymph. haemorrh. super. in Verbindung zu treten (BRUHNS, BARTHELS).

Selbstverständlich kommt die Infektion des Rectums nicht ausschließlich den Lymphbahnen entlang zustande. Schon die Ansteckung durch Päderastie, die accidentellen Infektionen der Kinder durch verunreinigte Spülgeräte, sowie einige Tierversuche mit Impfung direkt in die Schleimhaut zeigen, daß die Infektion auch von der Schleimhaut aus erfolgen kann. Auch mit Fluor aus der Scheide oder durch ,,Spill over" beim Coitus (GRACE, 1943) kann eine Kontamination der Aftergegend geschehen. Die sehr häufige Induration des Septum rectovaginale läßt auch an die Möglichkeit einer Infektion per contiguitatem denken (ANNA-MUNTHODO, 1961).

b) Häufigkeit der Spätmanifestationen — Geschlechterverteilung

Über den Anteil der Spätmanifestationen an der Gesamtzahl von Lymphogranuloma inguinale-Fällen sind keine zuverlässigen Angaben erhältlich (s. auch S. 966).

LICHTENSTEIN sah 1934, innerhalb von 4 Monaten in New Orleans, unter 58 Rektumstrikturkranken (95% Neger) 57 Frauen und nur einen Mann. Im selben Jahr wurden auf dem Französischen Chirurgenkongreß in Paris folgende Statistiken für Rektummanifestationen angeführt: BENSAUDE und LAMBLING 75 ♀, 110 ♂ (Sodomie in 82%); HARTMANN 73 ♀, 61 ♂; RACHET und CACHERA 13 ♀, 17 ♂; SAVIGNAC 42 ♀, 63 ♂. Später hatte MATHEWSON JR. (1938) in San Francisco sogar 18 ♀, 60 ♂. Die Mehrzahl seiner männlichen Kranken gaben die Päderastie zu, alle außer 2 waren unverheiratet.

Wir sehen aus diesen Beispielen wie sehr die Statistik vom Milieu abhängig ist. In einem mehr ,,gewöhnlichen" Krankengut von Lymphogranuloma inguinale-Spätmanifestationen machen die weiblichen Kranken die überwiegende Mehrzahl

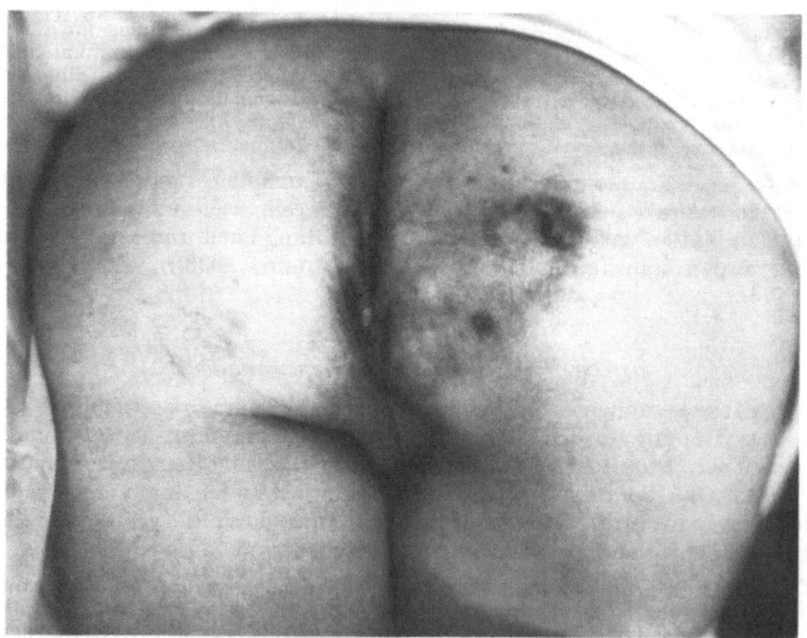

Abb. 6. Strictura recti. Periproctitis mit glutäalen Fisteln (SONCK, 1939)

aus. So z. B. in einem Krankengut aus New York (476 Fälle, 95,2% Neger) von WRIGHT, FREEMAN und BOLDEN 1946: 437 ♀, 42 ♂. Im allgemeinen sind Spätveränderungen bei Frauen in etwa 30—50%, bei Männern (ohne Päderastie) nur in 1—2% zu erwarten.

c) Klinisches Bild

Das Spätstadium erstreckt sich über Jahre und Jahrzehnte und das klinische Bild kann außerordentlich vielgestaltig sein. Hauptsitz der Erkrankung sind die

distalen Abschnitte des Rectums, die Analgegend und bei Frauen oft auch die
äußeren Geschlechtsorgane. Alle diese Stellen können sowohl isoliert als miteinander kombiniert befallen werden. Durch verschiedenartige, teils destruktive,
teils produktive Entzündungsvorgänge, wobei manchmal auch hinzutretende
Sekundärinfektionen mit den verschiedensten Erregern mitwirken können, kommt
es zu schweren, mehr oder weniger stenosierenden Entzündungen in der Mastdarmwand, Ausbildung von massiven periproctitischen Infiltraten, gern auch
Abscessen und Fistelbildungen, hahnenkammähnlichen Excrescenzen am Anus
und schweren chronischen Geschwüren in der Vulva, teils mit Mutilationen,
teils mit elephantiastischen Erscheinungen.

Die folgende Übersicht der wichtigsten Formen und Kombinationsmöglichkeiten wurde
von HENSCHLER-GREIFELT und SCHUERMANN (in Anlehnung an die Einteilung bei MELCZER)
aufgestellt:

Tabelle 3. Elephantiasis genito-ano-rectalis

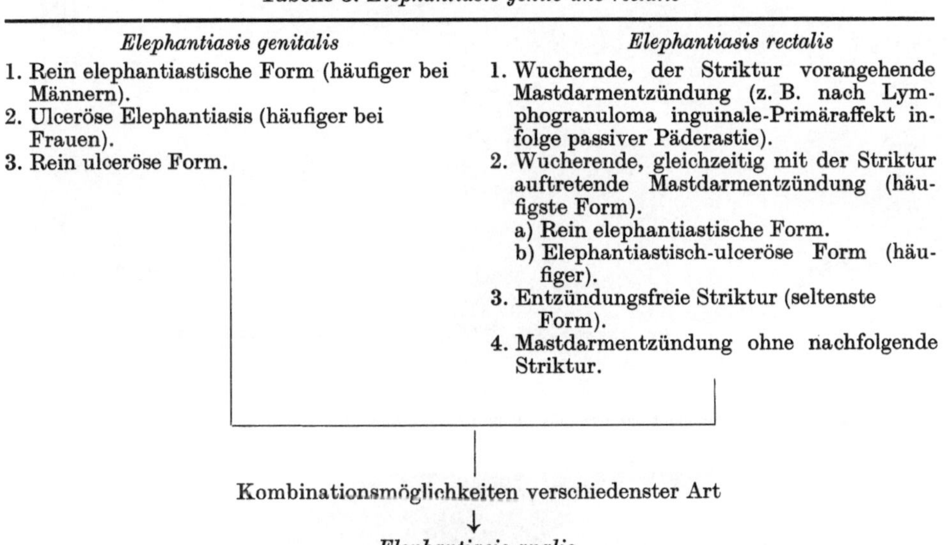

Elephantiasis genitalis	*Elephantiasis rectalis*

1. Rein elephantiastische Form (häufiger bei Männern).
2. Ulceröse Elephantiasis (häufiger bei Frauen).
3. Rein ulceröse Form.
	1. Wuchernde, der Striktur vorangehende Mastdarmentzündung (z. B. nach Lymphogranuloma inguinale-Primäraffekt infolge passiver Päderastie).
	2. Wucherende, gleichzeitig mit der Striktur auftretende Mastdarmentzündung (häufigste Form).
	  a) Rein elephantiastische Form.
	  b) Elephantiastisch-ulceröse Form (häufiger).
	3. Entzündungsfreie Striktur (seltenste Form).
	4. Mastdarmentzündung ohne nachfolgende Striktur.

Kombinationsmöglichkeiten verschiedenster Art
↓
Elephantiasis analis

1. Rein elephantiastische Form.
2. Elephantiastisch-ulceröse Form.

a) **Elephantiasis et Ulcus chronicum vulvae**: Die Genitalmanifestationen bei der
Frau können rein elephantiastisch, rein ulcerös oder ulcerös-elephantiastisch sein.
Die erstgenannte Form kommt wohl nur äußerst selten vor. Die ulceröse Form
ist recht häufig. Ich habe sie besonders bei Prostituierten gesehen (oft war dabei
auch Syphilis vorhanden). Am häufigsten sieht man die kombinierten Formen.
Besonders sind es die großen und kleinen Labien, ferner auch die Clitorisgegend,
die elephantiastisch geschwollen und zu dicken Wülsten und tumorartigen Bil-
dungen verwandelt sind.

Die Konsistenz kann teigig oder schließlich auch recht derb sein. Die Haut ist meistens
braunrot bis bräunlichviolett mißfarben, die Oberfläche glatt oder auch höckerig uneben,
verrukös oder papillomatös. Die Ulcerationen sind sehr chronisch, meistens unregelmäßig,
manchmal recht flach, in anderen Fällen dagegen mit Neigung zu tiefen Taschenbildungen
und Verstümmelungen. Sie kommen in wechselnder Anzahl vor, besonders in der Fossa
navicularis bzw. an der hinteren Commissur, an der Innenseite der kleinen Labien, an der
Urethralmündung usw. Die Labien können zuweilen, wenn stärker entzündet, auch prall
elastisch und sehr schmerzempfindlich sein. Diese torpiden Ulcerationen sind manchmal

bemerkenswert indolent, können aber auch sehr schmerzempfindlich sein. Die Geschwürsränder sind oft elephantiastisch verdickt, die Carunculae hymenales bilden plumpe Zipfel.
Auch die Bartholinischen Drüsen können befallen sein, zuweilen bilden sich tiefe Fistelgänge
in den großen Schamlippen und in der Umgebung.

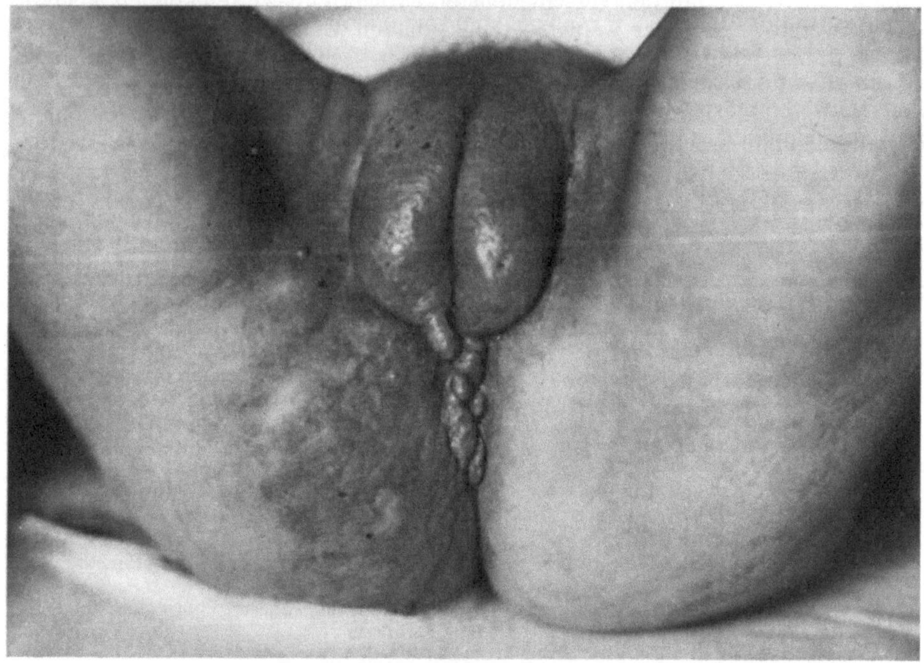

Abb. 7. Syndroma genito-ano-rectale mit breitem lympho-granulomatösem Hautinfiltrat

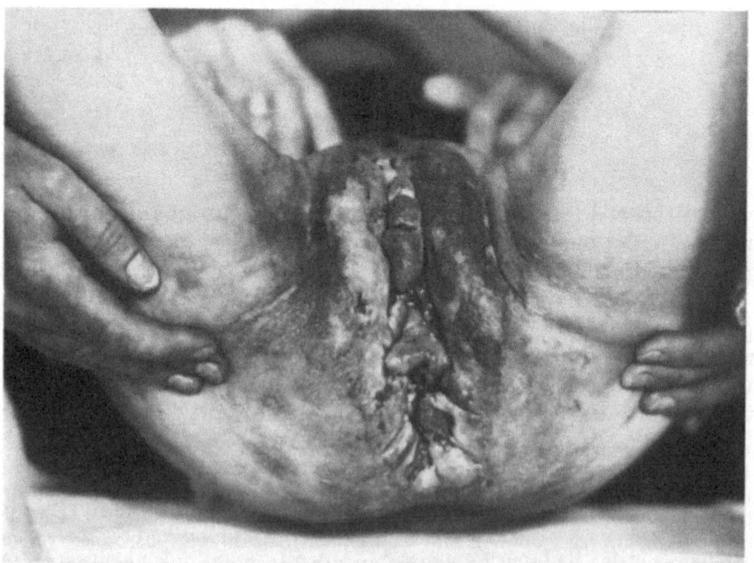

Abb. 8. Syndroma genito-ano-rectale bei einer 39jährigen Frau, ca. 15 Jahre nach der Ansteckung
(SONCK, 1940)

In den schwersten Fällen sind meistens auch der Mastdarm und die Aftergegend befallen, es besteht mit anderen Worten eine voll ausgebildete Elephantiasis genito-ano-rectalis.

In seltenen Fällen können auch die Ovarien, Tuben und Parametrien in Mitleidenschaft gezogen werden, der Douglassche Raum kann schwielig vernarbt
sein, auch die weibliche Urethra kann zum Sitz einer chronischen Entzündung
mit narbiger Umwandlung werden.

β) **Elephantiasis bei Männern; Ulcus chronicum penis:** Eine nach strumösen
Bubonen auftretende Elephantiasis der äußeren Geschlechtsteile des Mannes war
bereits im vorigen Jahrhundert bekannt. Durch den positiven Ausfall der Frei-
schen Intracutanprobe hat man in später beobachteten Fällen die Zugehörigkeit

derselben zum Lymphogranuloma
inguinale zeigen können. In Anbetracht der großen Zahl von bilateralen Lymphogranuloma inguinale-
Bubonen, oft mit gleichzeitiger Beteiligung auch der Iliakalknoten, sowie der großen Zahl der wegen In-
guinalbubonen ausgeführten chirurgischen Eingriffe, wie z. B. die Ausräumung aller erkrankten Inguinalknoten, muß die Elephantiasis penis
et scroti als ein verhältnismäßig
seltenes Ereignis angesehen werden.
Früher hat man das Auftreten der
Elephantiasis hauptsächlich als
Folge der chirurgischen Eingriffe betrachtet, später hat es sich gezeigt,
daß der Zustand auch bei Nichtope-
rierten — besonders nach langwierigen Eiterungen — auftreten kann.
Manchmal zeigen sich die ödema-
tösen Schwellungen schon vor dem
Abklingen des inguinalen Krankheitsprozesses, in anderen Fällen
dagegen erst nach vielen Jahren.

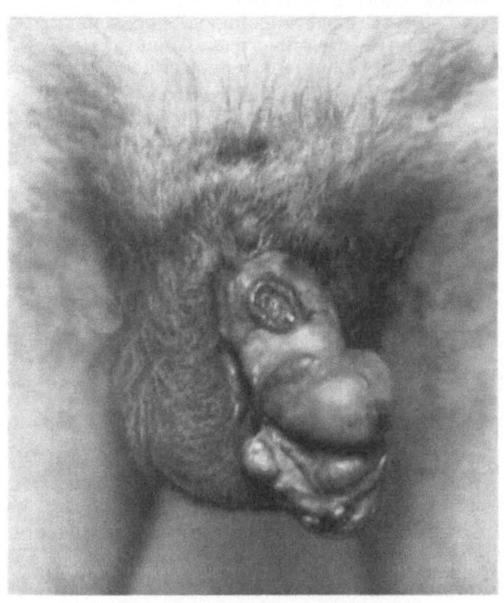

Abb. 9. Ulcus chronicum penis seit 3 Jahren bei einem 27jähri-
gen Kantor mit Harnröhrenfistel und Rectumstriktur
(Sammlung Prof. CEDERCREUTZ, 1933)

In der Mehrzahl der Fälle macht sich die Elephantiasis sowohl am Penis wie
am Scrotum geltend, diese brauchen aber keineswegs im gleichen Maße befallen
zu sein. Mit Filariosis vergleichbare Bilder sind bei Lymphogranuloma inguinale
nicht zustande gekommen, das Scrotum soll höchstens die Größe eines Klein-
kindkopfes erreicht haben. Am Penis sind es hauptsächlich die Haut und Subcutis,
besonders des Praeputiums, die gewaltig geschwollen sind und das bekannte Bild
des Glockenschwänger- oder Saxophonpenis erzeugen.

In TOULSONS Fall war die Länge des Penis 25 cm, der Umkreis 30 cm. Selbstverständlich
führt eine solche Verunstaltung zur Impotentia coeundi. Die Corpora cavernosa brauchen an
der Elephantiasis nicht teilzunehmen. Gelegentlich entstand eine Elephantiasis auch ohne
Bubonen in der Vorgeschichte.

Am Penisrücken, zuweilen auch seitlich, können tiefe, vom Sulcus bis zur Basis laufende,
jahrelang eiternde Fistelgänge auch ohne Elephantiasis entstehen, wahrscheinlich nach vorher
bestandenen Lymphangitiden (MIDANA, 1938; SONCK, 1941).

In seltenen Fällen entsteht auch bei Männern ein *Ulcus chronicum* am Geschlechtsorgan.
Solche wurden unabhängig von einander von CEDERCREUTZ (1934), DE GREGORIO (1935)
und NICOLAU und BANCIU (1932) beschrieben. In 2 Fällen von 4 sah CEDERCREUTZ schwere

62*

Verstümmelungen mit Entstehung von Urethralfisteln. DE GREGORIOS Patient heiratete später und übertrug die Erkrankung auf seine Frau. Ulcera penis als Spätmanifestationen des Lymphogranuloma inguinale sind später auch von anderen gesehen.

γ) **Anus und Rectum**: Bei Beteiligung des Rectums sieht man oft am Anus elephantiastische Erscheinungen in Form von ziemlich derben, entzündlichen *hahnenkammartigen Wucherungen* der Hautfalten verschiedener Größe und Form. Auch die umgebende Haut und Subcutis der Anal- und Perinealgegend kann weitgehend infiltriert und der Sitz von Abscessen und hartnäckigen, aus perirectalen Eiterherden herausgegangenen Fistelgängen sein.

Bild und Verlauf der Rectummanifestationen sind außerordentlich vielgestaltig. Zuweilen machen sich die ersten Erscheinungen schon wenige Monate oder gar Wochen nach der Ansteckung deutlich erkennbar durch den Abgang von Blut und eiterbemengtem Schleim, eventuell von einer zunehmenden Schmerzhaftigkeit und quälenden Tenesmen begleitet. In anderen Fällen können viele Monate oder sogar Jahre vergehen, ehe der Prozeß sich deutlicher kundgibt. Meistens kommt es aber schon ziemlich früh wegen des stenosierenden Charakters der Entzündung zu schweren Defäkationsbeschwerden und oft unerträglichen Schmerzen, die die Kranken zum Arzt zwingen.

In einem Teil der Fälle bleibt die Krankheit als eine *chronische Proktitis* der Rectumschleimhaut bestehen ohne daß es je zur Ausbildung einer Striktur kommt. Meistens kommt es jedoch schon verhältnismäßig früh zu einer *Verengerung* des Lumens. Diese ist meistens zirkulär und *trichterförmig* („funnel-shaped"), d. h. auf einer nur kurzen ($^1/_2$—$1^1/_2$ cm) Strecke stärker zusammengezogen. Dieser Strikturring befindet sich etwa 4—6 cm vom Anus, an der Grenze gegen die Ampulle, kann aber auch einen distaleren Sitz schon 2—3 cm innerhalb des Anus haben. Zuweilen findet man auch eine ausgesprochen diaphragmatische Striktur, die ausnahmsweise auch (wie die kongenitalen) nur halbmondförmig (falciform) — statt zirkulär — sein kann.

In schweren Fällen kommt es zur Ausbildung einer langgesteckten *tubulären Stenosierung*, die das ganze Rectum bis zur Grenze des Sigmoideums in Anspruch nimmt. Dieser Typus ist jedoch etwas weniger häufig als der trichterförmige. Im Röntgenbild nach Kontrasteinlauf sieht man in solchen Fällen den Mastdarm als ein dünnes, vielleicht nur bleistiftdickes Band aus dem dilatierten Sigmoideum hinablaufen.

MATHEWSON JR. sah eine circumskript-annuläre Striktur bei 11, eine typisch trichterförmige bei 18 und eine tubuläre bei 5 von seinen Kranken.

Die Erkrankung bleibt keineswegs in allen Fällen auf das Rectum beschränkt. ADAMS u. Mitarb. sahen in etwa einem Drittel der Fälle auch das *Colon sigmoideum*, oft dazu auch Colon descendes, miteinbegriffen. In 6 von ihren 62 chirurgisch behandelten Fällen erstreckte sich der Prozeß bis Flexura linealis und in 3 von diesen sogar bis Flexura hepatica.

Erkrankt waren nach WRIGHT u. Mitarb. (182 Fälle) nur untere Abschnitte des Rectums bei 138, ganz Rectum bei 30, auch Sigmoideum bei 8, weite Abschnitte auch oberhalb des Sigmoideum (mehrere Strikturen) bei 6 Kranken.
Das Vorkommen von Fisteln sei mit folgenden Zahlenangaben beleuchtet: *Perianale* Fisteln bei 26 von 144 Kranken (ANNAMUNTHODO), bei 18 von 58 (LICHTENSTEIN), bei 39 von 168 (BENSAUDE und LAMBLING), bei 58 von 476 (WRIGHT u. Mitarb.) und bei 38 von 231 Kranken (SONCK, unpubl.). *Rectovaginale* Fisteln bei 35 von 144 (ANNAMUNTHODO), bei 8 von 57 (LICHTENSTEIN), bei 34 von 476 (WRIGHT u. Mitarb.) und bei 30 von 231 Kranken (SONCK, unpubl.). ANNAMUNTHODO sah eine Rectovaginalfistel auch bei einem 12 jährigen Mädchen.

Bei *rectaler Palpation* findet man die Rectalwand entzündlich geschwollen und schmerzhaft, weniger nachgiebig, manchmal körnig uneben und rauh, manchmal mehr höckerig oder polypös infiltriert, mit Erosionen und Ulcerationen, später eventuell durch zunehmende Sklerose ganz hart und steif.

Bei der *Proctoskopie* sieht man eine entzündete, leicht blutende Schleimhaut, reichlich von Schleim und Eiter bedeckt. Stellenweise kann die Wand auch erodiert bzw. epithellos sein und durch eingesprengte leukoplakieähnliche Narben ein recht buntes Bild zeigen.

Es sei betont, daß weder die trichterförmige noch die tubuläre Stenose a priori als eine narbige Sklerose der Rectalwand betrachtet werden soll. Vielmehr scheint die Stenosierung im Beginn oft nur durch die massiven rectalen und perirectalen Infiltrate bedingt zu sein. Die Erfahrung von über Hundert behandelten Fällen hat mir gezeigt, daß die meisten Stenosen jünger als 5—6 Jahre (von der Anstekkung berechnet) bei einer fortgesetzten Sulfonamidtherapie restlos verschwinden.

B. Allgemeinerscheinungen

1. Fieber, Gewichtsabnahme etc.

Das Allgemeinbefinden der Patienten ist *im Frühstadium* der Erkrankung meistens deutlich beeinträchtigt. In der Mehrzahl der Fälle zeigen sich Temperatursteigerungen (besonders abends) bis 38°—38,5° C, oft sogar wochenlang, bis Einschmelzung und Durchbruch der Bubonen. Später können subfebrile Temperaturen noch monatelang bestehen bleiben. Wie schon erwähnt, kommen zuweilen auch foudroyante Verlaufsformen mit Temperaturen bis 40° C vor. Anderseits sieht man ab und zu auch ganz afebrile Fälle. In den meisten Fällen klagen die Patienten über eine hochgradige Appetitlosigkeit, oft auch über Müdigkeit und Schwäche.

Auch *im Spätstadium* kommen manchmal subfebrile Temperaturen vor, besonders bei hinzutretenden Sekundärinfektionen. Bei den schweren stenosierenden Proctitiden verschlechtert sich der Allgemeinzustand der Kranken schließlich in hohem Grade. Vor der Einführung der Sulfonamidtherapie kam es in Fällen, wo die Colostomie von den Kranken abgelehnt wurde, oder wo große Teile auch des Dickdarms miterkrankt waren, oft zu schwerer Anämie und Abmagerung und schließlich zu Exitus letalis infolge von Erschöpfung und Marasmus.

2. Haut, Augen und Gelenke

Im Verlauf der Erkrankung sind oft auch Begleitsymptome seitens der Haut, Gelenke und Augen, wahrscheinlich allergischer Art, beobachtet worden. Ab und zu nimmt die Erkrankung im Frühstadium einen recht *stürmischen Verlauf* mit hohem Fieber, polyarthritischen Gelenkerscheinungen, *Erythema nodosum oder multiforme* sowie Augenerscheinungen, wie phlyctenulärer *Conjunctivitis, Episcleritis* und dgl. Inwieweit diese Komplikationen ausschließlich dem Lymphogranuloma inguinale-Erreger zuzuschreiben sind oder z. T. durch Mitwirkung von z. B. Streptokokken zustandekommen, ist jedoch schwer zu entscheiden.

Im Spätstadium kommen in etwa 10—20% der Fälle *rezidivierende Gelenksymptome*, z. B. Hydrops genus, vor. Von allen im Verlauf des Lymphogranuloma inguinale auftretenden Hauterscheinungen sind die *Lichtausschläge* in Finnland die weitaus häufigsten gewesen.

Von 357 an Lymphogranuloma inguinale erkrankten Frauen haben 191 an dem lymphogranulomatösen Lichtausschlag gelitten. Im Spätstadium wurde er bei Frauen in 62% der Fälle, im subakuten Stadium bei Frauen in 30%, bei Männern jedoch nur in 12% der Fälle beobachtet (SONCK, 1952). Diese sehr interessante, von DE LA CUESTA ALMONACID in Spanien und von SONCK in Finnland beobachtete *Photosensibilisierung* hat nichts mit Arzneimitteln zu tun. Der Lichtausschlag tritt nämlich bei ganz unbehandelten Kranken auf, jedoch — wie es scheint — nicht früher als etwa 2 Monate nach der Ansteckung. Er entsteht wahrscheinlich auf photoallergischer Basis. Nach der Heilung der Infektion — z. B. nach gelungener Sulfabehandlung und nach einer Radikaloperation — bleiben die Lichtausschläge aus. Bei Negern sind sie nicht beobachtet worden. (Näheres über die Hauterscheinungen, siehe SONCK, im Handbuch der Haut- und Geschlechtskrankheiten Ergänzungswerk, Bd VI/1, 620—656.)

3. Blut

a) Blutbild

Im Frühstadium der Erkrankung, besonders z. Z. der Lymphknotenanschwellung und Absceßbildung, zeigt sich im Blutbild meistens eine zunehmende *Leukocytose* mäßigen Grades (um 8000—10000—12000) mit einer oft sehr ausgeprägten *Linksverschiebung*. Eine große japanische Statistik von TOYAMA u. Mitarb. (1936) erwähnt als Mittelwerte für die neutrophilen Leukocyten: im Stadium der Drüsenanschwellung 7,55% Jugendformen, 26,90% Stabkernige, 29,40% Gelapptkernige und im Stadium der Absceßbildung 5,70% Jugendformen, 22,10% Stabkernige, 35,45% Gelapptkernige. Bei dem Krankengut von HURWITZ lag die Linksverschiebung zwischen 15 und 30%. In meinem Krankengut aus Finnland war die Linksverschiebung viel bescheidener. Mit zunehmender Entzündung kommt es nach einigen Autoren auch zu einer Vermehrung der Lymphocyten und Monocyten. Die Zahl der Eosinophilen und Basophilen zeigen normale Werte. Ich habe bei meinen Patienten auch keine nennenswerte Monocytose feststellen können.

Auch im Spätstadium findet man manchmal eine mäßige Leukocytose (von 8000—10000 oder mehr) mit deutlicher Linksverschiebung. Bei Rectalblutungen entwickelt sich oft eine hypochrome Anämie, die auch höhere Grade erreichen kann.

b) Blutkörperchensenkungsgeschwindigkeit

Schon im Stadium der Lymphknotenanschwellung, wenige Wochen nach der Erkrankung, macht sich meistens eine Beschleunigung der Blutkörperchensenkungsgeschwindigkeit (BSG) deutlich erkennbar. Im Frühstadium hält sie sich oft in mäßigen Grenzen zwischen 20 und 60 mm, in etwas schwereren Fällen sieht man auch im Frühstadium manchmal Werte über 100 mm/1 Std. Im Spätstadium, mit chronischem Rectalleiden, ist die BSG in den meisten Fällen sehr stark beschleunigt und erreicht in beinahe der Hälfte der Fälle Werte über 100 mm in der 1. Std. In 16% meiner Fälle sah ich sogar Werte über 130 mm in der 1. Std, als Maximum 156 mm/1. Std. Nur in etwa 10% der Fälle blieben die Werte unter 40 mm. In einigen von diesen erreichte die BSG kaum 20 mm.

Bei Abheilen der Erkrankung wird die BSG wieder normal. (Bei Colostomierten können mäßig erhöhte Werte auch lange bestehen bleiben.)

c) Eiweißlabilitätsproben etc.

In der Mehrzahl der Fälle können schon im Frühstadium eine leichte *Hyperproteinämie* und besonders eine *Hyperglobulinämie* nachgewiesen werden. Diese Eiweißverschiebungen sind stärker ausgeprägt bei den chronischen Spätmanifestationen als im Stadium der Bubonen. Auch die Formolgel-Reaktion ist oft positiv, im Frühstadium in mehr als 50%, im Spätstadium in etwa 90% der Fälle.

Ab und zu sind vorübergehend beim Lymphogranuloma inguinale unspezifisch positive Luesseroreaktionen (positive Schwankungen) nachgewiesen worden. Es sei aber betont, daß Mischinfektionen mit anderen venerischen Erkrankungen — besonders auch mit Lues — recht oft beobachtet worden sind.

Diagnostische Hilfsmittel

1. Intracutanreaktion
(Frei-Reaktion)

a) Herstellung des Bubo-Antigens nach Frei

Von größter Wichtigkeit bei der Herstellung von Bubo-Antigenen ist die Tatsache, daß ein brauchbares Antigen keineswegs aus jedem Lymphogranuloma inguinale-Bubo erhältlich ist. Oft zeigt der aus einwandfreien lymphogranulomatösen Bubonen, eventuell auch in reichlichen Mengen erhaltene Eiter keine oder nur eine ganz schwache antigene Kraft, die für diagnostische Zwecke völlig unbrauchbar ist. In den Tropen sind die Bubonen oft wegen der häufigen Mischinfektionen für Antigenbereitung ungeeignet.

Zuweilen hat man sogar unter 10 Eiterproben nur ein vollwertiges Antigen gefunden (ADVIER). Das beste Frei-Antigen erhielt ich aus einer ganz atypischen, sehr indolenten und aphlegmatischen Lymphknoteneinschmelzung bei einem 51jährigen Mann, der selbst nur eine fragliche, oder ganz schwach positive Frei-Reaktion aufwies.

Nur tuberkulosefreie Personen mit klinisch typischem Lymphogranuloma inguinale ohne andere Geschlechtskrankheiten kommen als Spender in Frage. Ihre eigenen Intracutanreaktionen sollen mit Lymphogranuloma inguinale-Antigen positiv, mit Ulcus molle-Antigen negativ sein, und die in Frage kommenden Einschmelzungsherde der Bubonen müssen noch vollständig geschlossen sein.

Der mittels Rekordspritze und dicker Kanüle, nach sorgfältiger Hautdesinfektion, angesaugte Eiter soll möglichst bald verarbeitet, d. h. in einem sterilen Kölbchen und unter sterilen Kautelen mit 4 (bei sehr zäher Beschaffenheit auch 6—9) Teilen sterile physiologische Kochsalzlösung verdünnt und umgeschüttelt und dann 2 Std bei 60° C sowie am nächsten Tag nochmals 1 Std bei 60° C inaktiviert werden. Dieses Antigen wird in gut verschlossenen Ampullen eingefüllt und in einem gewöhnlichen Eisschrank aufbewahrt. Selbstverständlich sind sowohl mit dem frischen wie mit dem erwärmten Eiter Sterilitätsproben unter sowohl aeroben wie anaeroben Bedingungen erforderlich.

Nur keimfreie Antigene sind brauchbar. Die Keimfreiheit des Antigens soll auch später kontrolliert werden.

Die Haltbarkeit des Antigens im Eisschrank beträgt nach FREI etwa 9 Monate. Tatsächlich halten die Antigene oft viel länger. Ich habe sogar über 20 Jahre alte Antigene noch völlig brauchbar gefunden. Gegebenenfalls sind die Reaktionen mit diesen einst sehr guten Antigenen mit der Zeit jedoch deutlich schwächer als vorher ausgefallen.

b) Ausführung der Intracutanprobe

Von dem Antigen werden 0,1—0,2 ml mit einer dünnen Nadel (Nr. 17—18) *intracutan* gespritzt, am besten an der Beugeseite des Vorderarms, und die Reaktion nach 48 bzw. 72 Std abgelesen.

Der positive Ausfall der Hautprobe zeigt sich in einem deutlichen palpablen Infiltrat, deren Durchmesser beim vollwertigen Antigen mindestens 5—6 mm erreichen soll, und einer umgebenden, oft sehr lebhaften Rötung von etwa 15—30 mm $\varnothing$. Bei sehr stark positiven Reaktionen kann die Injektionsstelle eine bis 40 oder 50 mm breite Rötung zeigen, mit ödematöser Durchtränkung und ein etwa 20 mm messendes Infiltrat mit zentraler Nekrose, die erst allmählich unter Hinterlassung von einer weißlichen Narbe abheilt.

Es ist immer wünschenswert aus derselben Spritze auch Reaktionen bei ein paar an Lymphogranuloma inguinale nicht erkrankten Kontrollpersonen zu machen und beim Patienten selbst dazu noch eine negative Kontrolle mit z. B. Ulcus molle-Antigen oder physiol. Kochsalzlösung. Alle Reaktionsstellen müssen vor dem Ablesen sorgfältig vor dem Sonnenlicht geschützt bleiben.

Bei Lymphogranuloma inguinale-Kranken mit vollausgebildeter Allergie kann man die Reaktionsstärke durch wiederholte Frei-Proben nicht mehr steigern, eher sieht man das Gegenteil, was vielleicht als eine leichte Desensibilisierung zu deuten ist.

Bei Frei-negativen gesunden Kontrollpersonen ist es, wie Selbstversuche mehrerer Forscher zeugen, nie gelungen durch wiederholte intracutane Frei-Antigen-Injektionen eine Frei-Positivität herbeizuführen.

Von guten Bubo-Antigenen muß man eine große Selektivität verlangen können: nicht nur sollen die positiven Reaktionen genügend stark sein, auch die negativen Reaktionen sollen so negativ sein, daß man sogar Schwierigkeiten hat die Stichstelle überhaupt zu finden. Eine solche Selektivität kann man nie, weder von den Affen- und Mäusegehirn-Antigenen, noch von den Yolk Sac-Antigenen erwarten. Es treten immer gewisse unspezifische Nebenreaktionen auf, die die Bewertung der Probe erschweren, auch wenn man die nötigen Kontrollen benutzt.

Alle diejenigen Autoren, die Gelegenheit hatten sehr ausgiebig mit guten Frei-Antigenen zu arbeiten, sind über die beinahe 100%ige Zuverlässigkeit derselben überzeugt gewesen.

Über die besonders in dem amerikanischen Schrifttum erwähnten positiven Frei-Reaktionen bei Psittakose habe ich keine eigene Erfahrung.

Wegen der immer größeren Seltenheit des Lymphogranuloma inguinale in Europa sind Bubo-Antigene heute schwer erhältlich. Meistenteils ist man somit auf das käufliche Dottersackantigen *Lygranum S.T.* (*skin test*) angewiesen, hergestellt von der Firma E. R. Squibb & Sons. Bei der Ausführung der Probe ist eine gleichzeitige Kontrollreaktion mit *Lygranum S.T. Control* (normal chick embryo antigen) von größter Wichtigkeit.

2. Komplementbindungsreaktion

In den früheren Versuchen komplementbindende Substanzen im Blutserum der Lymphogranuloma inguinale-Kranken nachzuweisen hatte man kein einheitliches Antigen und die Ergebnisse waren oft negativ oder zweifelhaft. Etwas zuverlässigere Komplementbindungsreaktionen sind später mit dem aus Dottersackkulturen des bebrüteten Hühnereis bereiteten „*Lygranum antigen*" erhalten worden.*

Einige amerikanische Autoren glauben sogar dieser Lygranum-Komplementbindung einen diagnostischen Wert z. B. beim Aufspüren von „asymptomatischen Lymphogranuloma inguinale-Fällen" zumessen zu können. (Sie haben auch eine ganz erstaunliche Menge von solchen gefunden.) Von vielen Forschern ist aber eine schwerwiegende *Kritik gegen die Spezifität der Lygranum-Komplementbindungsreaktion* gerichtet worden. Z. B., in einer Gruppe von 91 Patienten mit negativer Frei-Reaktion und ohne irgendwelche Anzeichen von Geschlechtskrankheiten fanden Koch u. Mitarb. bei 87 (in 96%) eine positive Komplementbindungsreaktion. Überkreuzende Reaktionen kommen besonders bei Psittakose, Trachom, Einschlußblenorrhoe und Luftwegsinfektionen, aber auch bei Syphilis vor. Reyn (1951) fand keine Korrelation zwischen den Komplementbindungsreaktionen und den intracutanen Frei-Reaktionen. Titerwerte unter 1:40 sind jedenfalls mit Skepsis zu betrachten.

---

* *Lygranum C. F.* (complement fixation) Antigen (E. R. Squibb & Sons) und als Kontrolle *Lygranum C. F. Control* (Normal chick embryo antigen).

Diagnose und Differentialdiagnose

1. Frühstadium

Für den erfahrenen Kenner erweckt der knötchenförmige *Primäraffekt* allein schon den Verdacht eines Lymphogranuloma inguinale. Die anderen Formen dagegen sind mehr oder weniger uncharakteristisch und schwer zu bewerten. Im Anfang der *Lymphknotenentzündung* ist es auch nicht möglich nur mit Hilfe des klinischen Bildes das Lymphogranuloma inguinale von Entzündungen anderer Ätiologie (Lues, Tuberkulose, Tularämie, Katzenkratzkrankheit, banale Infektionen, Lymphogranulomatose Paltauf-Sternberg, Tumormetastasen etc.) zu unterscheiden. Die Intracutanprobe nach FREI gibt aber oft schon sehr früh einen positiven Ausschlag. In einigen Fällen entwickelt sich die Allergie zwar erst später, bei beginnender Suppuration der Bubonen. Die vollausgebildeten Fälle mit strumösen, partiell erweichten Bubonen, livider Hautrötung, eventuell auch mit vergrößerten Iliakalknoten, sind leicht zu erkennen.

Das *histologische Bild* der erkrankten Lymphknoten wurde von DURAND, NICOLAS und FAVRE (1913) und von vielen späteren Forschern als sehr charakteristisch und für diese Erkrankung sogar spezifisch gehalten. Dagegen hat HELLERSTRÖM (1929) ausdrücklich betont, daß eine Abgrenzung des Lymphogranuloma inguinale von einer beginnenden, wie auch von einer sekundärinfizierten fistulierenden *Lymphknotentuberkulose* allein auf Grund des histologischen Bildes nicht möglich sei. Auch die strumösen *Ulcus molle*-Bubonen und gewisse Fälle von *Syphilis* sind vom Lymphogranuloma inguinale histologisch kaum zu unterscheiden (HELLERSTRÖM). JUSTI sagt 1914, daß der histologische Befund des klimatischen Bubos „auf eine besondere Bakterienart hinweist, die in ihrer Wirkung auf das Drüsengewebe größte Ähnlichkeit mit dem *Diphtheriebacillus* hat“. Von späteren Forschern ist die Ähnlichkeit besonders mit der *Katzenkratzkrankheit* und gewissen *Mykosen* hervorgehoben worden. Heute sind wohl die meisten Forscher der Ansicht, daß die Histologie des erkrankten Lymphknotens bei Lymphogranuloma inguinale *zwar recht charakteristisch, aber nicht unbedingt pathognomonisch* ist.

2. Spätstadium

Die chronischen, als Späterscheinungen des Lymphogranuloma inguinale entstandenen *Genitalgeschwüre* der Frauen können sehr verschieden aussehen. Neben den venerischen Erkrankungen kommen hier noch *Tuberkulose, Carcinom* und *Ulcus vulvae acutum* in Betracht. Bei vollausgebildetem Syndroma genito-anorectale stößt die Diagnose wohl kaum auf Schwierigkeiten. Das histologische Bild zeigt zwar sehr reichlich Plasmazellen, ist aber nicht pathognomonisch, und das Vorkommen von tuberculoiden Strukturen hat schon manchmal zur Verwechslung mit Tuberkulose geführt.

In Gegenden wo auch *Granuloma venereum* neben Lymphogranuloma inguinale vorkommt, wird man bei der Differentialdiagnose der chronischen Genitalgeschwüre oft vor große Schwierigkeiten gestellt. Wichtig wäre natürlich die Donovan-Körperchen des Granuloma venereums nachweisen zu können. Diese findet man viel leichter in den nach Giemsa gefärbten Nativpräparaten aus dem Abstrich des Ulcus als in den histologischen Präparaten.

Die bei ulcerösen Entzündungsprozessen häufig vorkommenden korpuskulären Elemente bzw. Präcipitate im Cytoplasma der Histiocyten sind in HE-gefärbten histologischen Schnitten oft schwer von den Donovan-Körperchen zu unterscheiden. Um diese im Gewebe zu finden, soll man nach BRAS u. Mitarb. die Silberfärbung benutzen und die Präparate unmittelbar nach der Färbung untersuchen. Außer den Donovan-Körperchen des Granuloma venereum, sind keine spezifischen Züge in der Histologie der beiden Erkrankungen bekannt. Nach BRAS u. Mitarb. spricht ein mehr chronisches Bild mit überwiegend Plasmazellen und Vorhandensein von tuberculoiden Strukturen eher für Lymphogranuloma inguinale, Reichtum an polynucleären Leukocyten (zumal wenn Mikroabscessen) und das Fehlen von tuberculoiden Zügen dagegen mehr für das Granuloma venereum.

Die *Rectummanifestationen* sind klinisch oft sehr charakteristisch. Manchmal sind schon die Hahnenkammwucherungen am Anus recht verdächtig. (Diese werden sehr oft irrtümlich als banale „Hämorrhoiden“ diagnostisiert.) Im Beginn der Proctitis kommt differentialdiagnostisch die *Colitis ulcerosa* und die *Proctitis gonorrhoica* in Frage. Das Vorhandensein einer Rectumstriktur zusammen mit einer chronischen Proctitis sollte aber immer den Verdacht auf Lymphogranuloma inguinale erwecken.

Syphilis kommt ätiologisch *nicht in Frage*. Unter Tausenden und wieder Tausenden von Syphilitikern hat keiner eine stenosierende Proctitis aufweisen können, die ohne Mitwirkung des Lymphogranuloma inguinale-Erregers zustandegekommen wäre. Ich glaube an das Vorkommen von gonorrhoischen Rectumstrikturen auch nicht.

In seltenen Fällen kann dagegen eine *mykotische, tuberkulöse* oder *septische Infektion* zu fistulierenden perinealen und periproktitischen Prozessen führen: Blastomykose, Tuberculosis subcutanea fistulosa, Acne conglobata, Enterococcengranulom und dgl.

Von größter Wichtigkeit ist es bei infiltrativen Prozessen des Rectums immer auch das *Carcinom* vor Augen zu halten. Eine maligne Entartung kann zuweilen auch auf dem Boden einer alten lymphogranulomatösen Entzündung entstehen, sowohl in den Geschlechtsorganen wie im Rectum.

Therapie

1. Geschichtliches

Vor der Einführung der Sulfonamide waren Salicylate, Antimon- und Goldpräparate sowie intravenöse Antigeninjektionen neben Bettruhe und lokalen Wärmeapplikationen die gebräuchlichsten Behandlungsmaßnahmen. Der Behandlungserfolg war zuweilen recht befriedigend, meistens jedoch ungenügend. Es ist daher verständlich, daß beim Mangel eines wirksamen Medikamentes die schon 1890 von KLOTZ empfohlene *chirurgische Ausräumung* der erkrankten Drüsen im Frühstadium, mit nachfolgender strenger Bettruhe, von manchen Autoren lange als das beste Behandlungsverfahren angesehen wurde. Manche Autoren wollten konservativ vorgehen, andere dagegen begnügten sich auch mit einer Colostomie nicht, sondern befürworteten (wie ADAMS u. Mitarb. noch so spät wie 1948) eine totale Exstirpation der erkrankten Darmabschnitte. Die Entdeckung der *Sulfonamide* bedeutete einen Wendepunkt in der Behandlung des Lymphogranuloma inguinale.

2. Behandlung mit Sulfonamiden

Mit den verschiedensten Sulfonamidpräpareten, Prontosilum rubrum, Uliron, Sulfanilamid, Sulfapyridin, Sulfathiazol, Sulfadiazin, Sulfaguanidin usw. sind bei der Behandlung des Lymphogranuloma inguinale, sowohl im Früh- wie im Spätstadium, erstaunliche Behandlungserfolge erzielt worden, die bisher von keinen antibiotischen Mitteln übertroffen sind. *Die Sulfonamide sind nach wie vor die Mittel der Wahl bei der Behandlung des Lymphogranuloma inguinale.* Um eine nachhaltige Wirkung — besonders auch in den chronischen Fällen — zu erzielen, muß eine verlängerte Behandlung durchgeführt werden. Dies wird vielleicht auch mit verhältnismäßig niedrigen Tagesmengen erreicht, wenn man mehrere Wochen lange Behandlungskuren verabfolgt. Meistens hat man jedoch eine *kräftige Stoßtherapie* benützt, mit wiederholten Stößen, die durch Pausen von 6—7—10 Tagen voneinander getrennt waren. Es empfiehlt sich in chronischen Fällen wenigstens 6—7 Stöße zu verordnen.

Ein Stoß besteht z. B. aus dreimal 3 Tabl. Albucid täglich an 7 Tagen (NIMPFER); 4—5 Tabl. Uliron täglich an 5 Tagen, oder dreimal täglich 2 Tabl. Sulfapyridin an 7—10 Tagen (SONCK); fünfmal täglich 2—3 Tabl. Supronal an 5 Tagen (LÖHE). Fängt man die Behandlung mit Sulfathiazol an, kann man ab und zu (in etwa 10% der Fälle) ein Erythema nodosum hervorprovozieren.

3. Antibiotica

Penicillin und Streptomycin sind unwirksam. Chloramphenicol (Chloromycetin) wirkt schlechter und ist mehr toxisch als die Tetracycline. Auch die Wirkung von Erythromycin scheint recht unsicher zu sein. In Frage kamen bisher nur *Oxitetracyclin* (Terramycin) und *Chlortetracyclin* (Aureomycin), auch Ledermycin, 1—2 g täglich an 10—14 nacheinander folgenden Tagen. Wiederholung der Kur nach Ruhepausen von 7 Tagen. Terramycin zeigt geringere Nebenwirkungen und ist dem Aureomycin vorzuziehen (ERSKINE). In chronischen Fällen geben WRIGHT u. Mitarb. auch längere Behandlungskuren, 1 g Terramycin täglich 3—4 Wochen lang. Die Antibiotica haben aber *keine Vorteile vor den Sulfonamiden* gezeigt (ROBINSON, 1952; ALERGANT, 1957; GREAVES u. Mitarb., 1957; ERSKINE, 1958; KING, 1964). Schon wegen der teueren Preise, der größeren Toxicität und der ungünstigen Wirkung auf die Darmflora wäre es ganz verkehrt das Lymphogranuloma inguinale routinemäßig mit Antibiotica behandeln zu wollen. Eine besondere Bedeutung haben die Antibiotica bei begleitenden Sekundärinfektionen. In hartnäckigen Fällen empfiehlt sich ein Versuch mit kombinierter Behandlung, d. h. Antibiotica alternierend mit Sulfonamiden.

4. Chirurgische Behandlung

Mit chirurgischen Maßnahmen ist abzuwarten, bis es klar erwiesen ist, daß die konservative Behandlung nicht zum Ziel führt. Auch bei schweren Rectumstrikturen ziehe ich dabei eine einfache Colostomie der verstümmelnden Radikaloperation vor. Es ist, wenn auch selten, vorgekommen, daß es doch später möglich wurde, die Colostomie wieder glücklich zu schließen.

Literatur

A. Zusammenfassende Arbeiten

Die gesamte internationale Literatur bis Ende 1939 über Lymphogranuloma inguinale findet sich zusammengestellt in der großen Monographie (566 Seiten) von **Nikolaus Melczer**: Lymphogranuloma inguinale. Leipzig: Johann Ambrosius Barth 1942.

Eine zusammenfassende Übersicht der neueren Literatur findet sich im Handbuch der Haut- und Geschlechtskrankheiten (Jadassohn), Ergänzungswerk, Bd. VI/1, S. 426—689, Springer 1964, mit Beiträgen von **Hellerström** (426—495), **Melczer** (496—544), **Henschler-Greifelt** und **Schuermann** (545—619), **Sonck** (620—656) sowie **Löhe** und **Schmidt** (657—689).

Andere zusammenfassende Arbeiten oder Monographien:

Cerutti, P., e **E. Pavanati**: Linfogranulomatosi inguinale benigna. Malattia di Nicolas e Favre. Quarta malattia venerea, Poroadenite inguinale (375 S.). Torino: Minerva Medica 1938. — **Favre, M.**, et **S. Hellerström**: Epidémiologie, étiologie, prophylaxie de la lymphogranulomatose inguinale. Rev. Hyg. Méd. soc. **61**, 401—488 (1939). — **Gatellier, J.**, et **A. Weiss**: Pathogénie et traitement des rectites proliférantes et sténosantes. Ass. franç. Chir. 43e Congr. franç. Chir., Paris 1934. — **Gregorio, E. de**: Linfogranulomatosis inguinal subaguda (374 S.). Zaragoza: E. Berdejo Casañal 1944. — **Hellerström, S.**: A contribution to the knowledge of lymphogranuloma inguinale (224 p.). Acta derm.-venereol. (Stockh.), Suppl. 1 (1929). — **King, A.**: Recent advances in venereology, pp. 304—333. London: J. & A. Churchill Ltd. 1964. — **May, J.**: Poradenolinfitis. Enfermedad de Nicolas-Favre. Linfogranulomatosis venérea (422 S.). Rev. Urug. Derm. **5**, 17—18 (1940). — **Midana, A.**: La malattia di Nicolas e Favre. Parte clinica con particolare riguardo alle localizzazioni extraghiandolari (123 S.). Atti Soc. ital. Derm. Sif. **17 II**, 88 (1939). — **Rajam, R. V.**, and **P. N. Rangiah**: Lymphogranuloma venereum (70 S.) (Suppl. to Indian J. Derm. Venereol.). Bombay: Medical Digest 1955. — **Sigel, M. M.**: Lymphogranuloma venereum. The University of Miami Press. Miami (Fla.): Rose Printing Co. 1962. — **Sonck, C. E.**: Über die Photosensibilität bei Lymphogranuloma inguinale (499 S.). Acta derm.-venereol. (Stockh.), Suppl. **6** (1941). ~ Investigation of 124 children born of mothers infected with lymphogranuloma inguinale (61 S.). Acta derm.-venereol. (Stockh.) **29**, Suppl. 23 (1949b). ~

Erythema nodosum in connection with lymphogranuloma inguinale (51 S.). Acta derm.-venereol. (Stockh.) **31**, 517 (1951). — **Squibb, E.R. & Sons**: Lymphogranuloma venereum (32 S.). New York: E.R. Squibb & Sons 1943. — **Stannus, H.S.**: A sixth venereal disease. London: Baillière, Tindall & Cox 1933. — **Wassén, E.**: Studies of lymphogranuloma inguinale from etiological and immunological points of view (181 S.). Acta path. microbiol. scand., Suppl. 23 (1935).

B. Einzelarbeiten (nach 1949)

Alergant, C.D.: Lymphogranuloma inguinale in the male in Liverpool, England, 1947 to 1954. Brit. J. vener. Dis. **33**, 47 (1957). ~ Therapy of lymphogranuloma inguinale with 17,025. Brit. J. vener. Dis. **37**, 270 (1961). — **Annamunthodo, H.**: Rectal lymphogranuloma venereum in Jamaica. Ann. Roy. Coll. Surg. Engl. **29**, 141 (1961). ~ Intestinal Lymphogranuloma. In: Lymphogranuloma venereum (M. Sigel, edit.). Univ. of Miami Press 1962. — **Annamunthodo, H., and J. Marryatt**: Barium studies in intestinal lymphogranuloma venereum. Brit. J. Radiol. **34**, 53 (1961). — **Banov Jr., L.**: Structures of Lymphogranuloma venereum. Amer. J. Surg. **88**, 761 (1954). — **Beerman, H., and N.R. Ingraham**: Intradermal tests in the diagnosis of certain infectious diseases. Amer. J. med. Sci. **220**, 435 (1950). — **Coutts, W.E., F. Prats, R. Vargas-Zalazar, and L. Infante-Varas**: Venereal diseases campaign in Chile; organization and results. Brit. J. vener. Dis. **32**, 231 (1956). — **Dewald, W.**: Lymphogranuloma inguinale. Hautarzt **3**, 337 (1952). — **Erskine, D.**: Lymphogranuloma venereum; a review of 61 cases. Brit. J. vener. Dis. **34**, 163 (1958). — **Favre, M.**: Histogenèse et parasitologie du ganglion poradénique. Ann. Derm. Syph. (Paris) **9**, 249 (1949). — **Fløystrup, T., F. Reymann, and A. Reyn**: On the diagnosis of lymphogranuloma venereum by means of lygranum S.T. and lygranum C.F. Acta path. **27**, 94 (1950). — **Galbraith, H.-J.B., C.W. Graham-Stewart, and C.S. Nicol**: Lymphogranuloma venereum. Brit. med. J. **2**, 1402 (1957). — **Grace, A.W., L. Frank, and R.J. Wyse**: Effect of cortisone upon hypersensitivity due to lymphogranuloma venereum. Arch. Dermatol. **65**, 348 (1952). — **Greaves, A.B., M.R. Hilleman, S.R. Taggart, A.B. Bankhead, and M. Feld**: Chemotherapy in bubonic lymphogranuloma venereum: a clinical and serological evaluation. Bull. Wld Hlth Org. **16**, 277 (1957). — **Marmell, M., and A. Prigot**: An erythromycin triple sulfonamide combination in the treatment of early lymphogranuloma venereum. Antibiot. Med. **1**, 385 (1955). — **Reyn, A.**: Complement-fixation with lygranum antigen. Acta derm.-venereol. (Stockh.) **31**, 262 (1951). — **Smith, E.B., and R.Ph. Custer**: The histopathology of lymphogranuloma venereum. J. Urol. (Baltimore) **63**, 546 (1950).

Trachom[*]

Von Mohyi-Eldin Said, Alexandria (Ägypten)

Mit 11 Abbildungen

Der Ausdruck Trachom zur Bezeichnung des Bildes der granulösen Conjunctivitis leitet sich von dem griechischen Wort „trachys" (rauh) ab. Das Trachom ist eine Erkrankung, die unter einem großen Teil der Erdbevölkerung verbreitet ist. Fast 500 Millionen Menschen, das sind ungefähr $1/_6$ der Weltbevölkerung, werden von dieser Krankheit, die stets eine Ursache menschlichen Leidens gewesen ist, betroffen. Im Verein mit akuten Ophthalmien führt sie häufiger als jede andere Augenkrankheit zur Erblindung und Sehunfähigkeit.

Nach der von der W.H.O. aufgestellten Definition ist das Trachom eine für gewöhnlich chronisch verlaufende, spezifische Keratoconjunctivitis, die durch ein gegenwärtig als Chlamydia trachomatis bezeichnetes Virus hervorgerufen wird, durch Follikelbildung, papilläre Hyperplasie und Pannusbildung gekennzeichnet ist und in typischer Weise zur Narbenbildung führt (Gilks, 1961).

I. Geschichte

Aller Wahrscheinlichkeit nach nahm das Trachom unter den Nomadenrassen der Mongolei seinen Anfang. Von China aus verbreitete sich die Erkrankung, wahrscheinlich im Zuge der Mongoleninvasion, nach dem Mittleren Osten (MacCallan, 1936). Der Ebersche Papyrus blieb das älteste medizinische Dokument mit einer Beschreibung des Trachoms. In ihm wird erwähnt, daß sowohl das Trachom als auch andere Augenkrankheiten im Niltal um 1500 v. Chr. verbreitet waren.

Es wird angenommen, daß das Trachom während des Mittelalters von Ägypten und anderen Ländern des Mittleren Ostens durch die Kreuzritter nach Europa und durch die vordringenden Araber nach Nordafrika und Spanien eingeschleppt wurde. Muhammedanische Invasionen trugen die trachomatöse Infektion ostwärts nach Asien bis an die chinesische Küste. Während des Napoleonischen Feldzuges in Ägypten im Jahre 1798 zogen sich die Soldaten die Erkrankung zu, und nach der Rückkehr des Expeditionsheeres wurde die Aufmerksamkeit europäischer Forscher auf das Trachom gelenkt.

II. Erreger

Morax, der 1901 in Alexandrien arbeitete, unterschied als erster das Trachom von anderen Bindehautinfektionen, Prowazek und Halberstädter entdeckten und beschrieben die *Trachom-Einschlußkörperchen* im Jahre 1907 auf Java. Später begann ein Meinungsstreit zwischen den Vertretern der Rickettsientheorie und den Exponenten, die an eine Virusätiologie der Erkrankung glaubten. So sahen Busacca (1933), Cuenod und Nataf (1935) und wiederum Nataf (1952) die Einschlußkörperchen bei Trachom als rickettsienbedingt an, während Thygeson (1937) und Stewart (1939) ein Virus als Erreger annahmen. Noguchi (1928) isolierte und züchtete B. granulosus bei Trachompatienten und erzeugte durch Einimpfung dieses Bacillus in Affenaugen eine follikuläre Conjunctivitis. Er sah B. granulosus als Trachomerreger an.

Machiavello (1944) gelang es, die Trachom-Einschlußkörperchen im Dottersack des Hühnerembryos zu züchten. Er konnte die Erkrankung bei einem Frei-

---

[*] Übersetzt aus dem Englischen

willigen wieder erzeugen, aber unglücklicherweise ging sein gezüchteter Stamm verloren. Er kam zu dem Schluß, daß derartige Kulturen für die Virusätiologie der Erkrankung sprachen. Diese Schlußfolgerungen wurden durch PAGÉS (1949), POLEFF (1950) sowie durch STEWART und BADIR (1950) bestätigt. Schließlich demonstrierten MITSUI u. Mitarb. (1952) eine als Trachomvirus angesprochene Erscheinung durch elektronenmikroskopische Untersuchungen von Gewebsmaterial, das von Trachompatienten entnommen wurde und zahlreiche Einschlußkörperchen enthielt. Bei den nicht-trachomatösen Kontrollpatienten konnten keinerlei ähnliche Erscheinungen beobachtet werden. TANG u. Mitarb. (1957) züchteten das Virus im Dottersack unter Verwendung von Streptomycin zum Ausschluß einer Verunreinigung durch andere Mikroorganismen. Das Virus führte nach Inoculation in Rhesusaffenaugen zur Entwicklung einer Conjunctivitis mit Einschlußkörperchen. Dies wurde durch COLLIER bestätigt (DUKE ELDER, 1961).

So weiß man nun, daß die Krankheit durch ein Virus oder ein den Viren nahe verwandtes Agens hervorgerufen wird, das den Erregern der Psittakosis und des Lymphogranuloma venereum stark ähnlich sieht. Diese Erkenntnis eröffnet völlig neue Aussichten für eine mögliche Beherrschung der Erkrankung durch Impfmaßnahmen (WERNER et al., 1964).

Morphologie

Das Trachom wird durch ein großes Virus hervorgerufen. Die Größe der Elementarkörperchen beträgt 0,25 μ. Zusammen mit den Viren der Einschlußblenorrhoe und des Lymphogranuloma venereum bildet das Trachomvirus eine Übergangsgruppe zwischen Rickettsien und wirklichen Viren, die als *Chlamydozoen* bezeichnet werden. Zwischen den Viren des Trachoms und der Einschlußblenorrhoe (Schwimmbadconjunctivitis) wurden keine morphologischen oder serologischen Unterschiede gefunden. Es ist daher schwer zu sagen, ob beide gleichartig sind oder zwei Stämme desselben Virus darstellen. Deshalb wurde ein gemeinsamer Name für beide Virustypen in Erwägung gezogen und die Bezeichnung *Tric-Virus* (Tr- für Trachom und -ic für Einschluß, bzw. Inclusions-Conjunctivitis) anerkannt (DUKE ELDER, 1961). Es wurde die Auffassung vertreten, daß es ein Spektrum von Tric-Virusstämmen mit unterschiedlicher Pathogenität für das Sehorgan gibt, wobei das Trachom am einen Ende, die Einschlußconjunctivitis am anderen Ende der Reihe liegen und die Keratoconjunctivitis punctata eine Mittelstellung einnehmen soll (JONES, 1961).

Lebenscyclus

Der Lebenscyclus des Trachomvirus beträgt 48 Std und beginnt mit dem Eintritt des Elementarkörperchens in eine Epithelzelle. Das *Elementarkörperchen* schwillt an und bildet ein *Initialkörperchen*, aus dem durch Teilung mehrere *Einschlußkörperchen* entstehen. Bei weiteren Teilungen verringert sich die Größe der Teilchen wieder zu der eines Elementarkörperchens. Die Elementarkörperchen bilden zusammen mit der sie umgebenden Kohlehydratmatrix das Einschlußkörperchen (Abb. 1). Der Zellkern wird auf eine Seite verlagert und die Einschlußkörperchen legen sich ihm an. Hierauf birst die Zelle und die Elementarkörperchen werden zum Angriff auf andere gesunde Zellen frei (Abb. 2).

3 Tage nach der Infektion können Initialkörperchen in den Epithelzellen beobachtet werden. Ihre Größe schwankt zwischen 0,5 μ und 1,5 μ. Während der sehr seltenen akuten Krankheitsphase zeigen sich Einschlußkörperchen in großer

Zahl; in den chronischen Krankheitsphasen sowie bei Exacerbationen sind sie jedoch sehr selten und schwer zu finden. Zur Färbung ist frische Giemsalösung

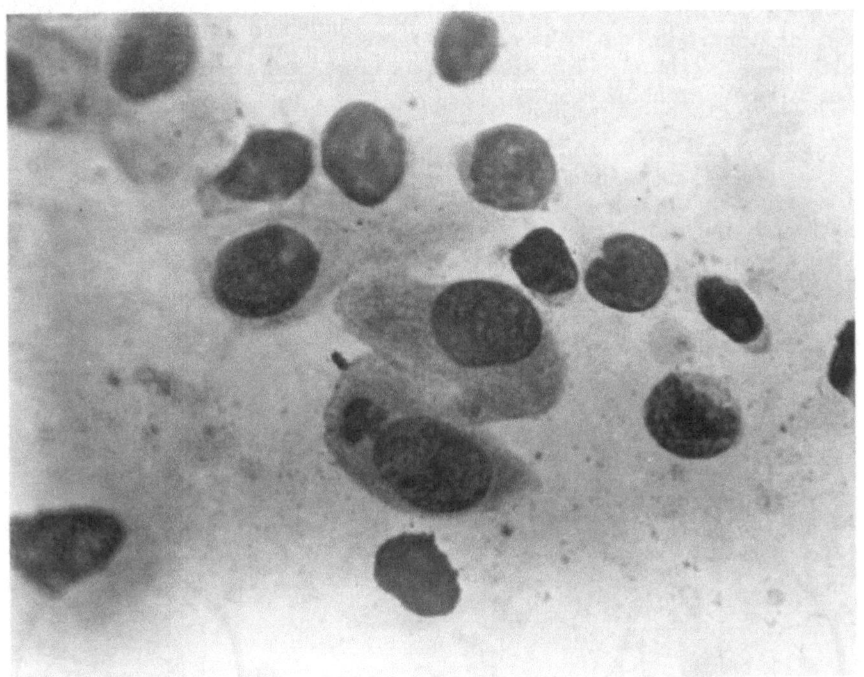

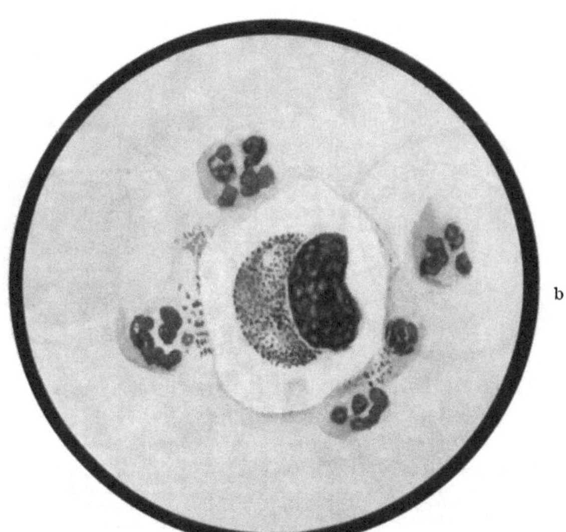

Abb. 1. Trachom-Einschlußkörperchen im Cytoplasma einer Bindehautepithelzelle mit degeneriertem Zellkern. Giemsa-Färbung. a) Mikrophotographie, b) Zeichnung

erforderlich. Bei der Giemsafärbung nehmen die Elementarkörperchen die rötlichblaue Farbe auf, während sich das Initialkörperchen blau färbt.

Kultureigenschaften

Der Trachomerreger wächst gut in den Dottersackzellen eines 6—8 Tage lang bebrüteten Hühnerembryos. Es ist ratsam, die Bindehautabrasionen mit Streptomycin zu behandeln, um bakterielle Verunreinigungen zu inaktivieren, die im Bindehautsack vorhanden sein können. Das Virus kann ebenfalls in menschlichen Zellen in vitro gezüchtet werden.

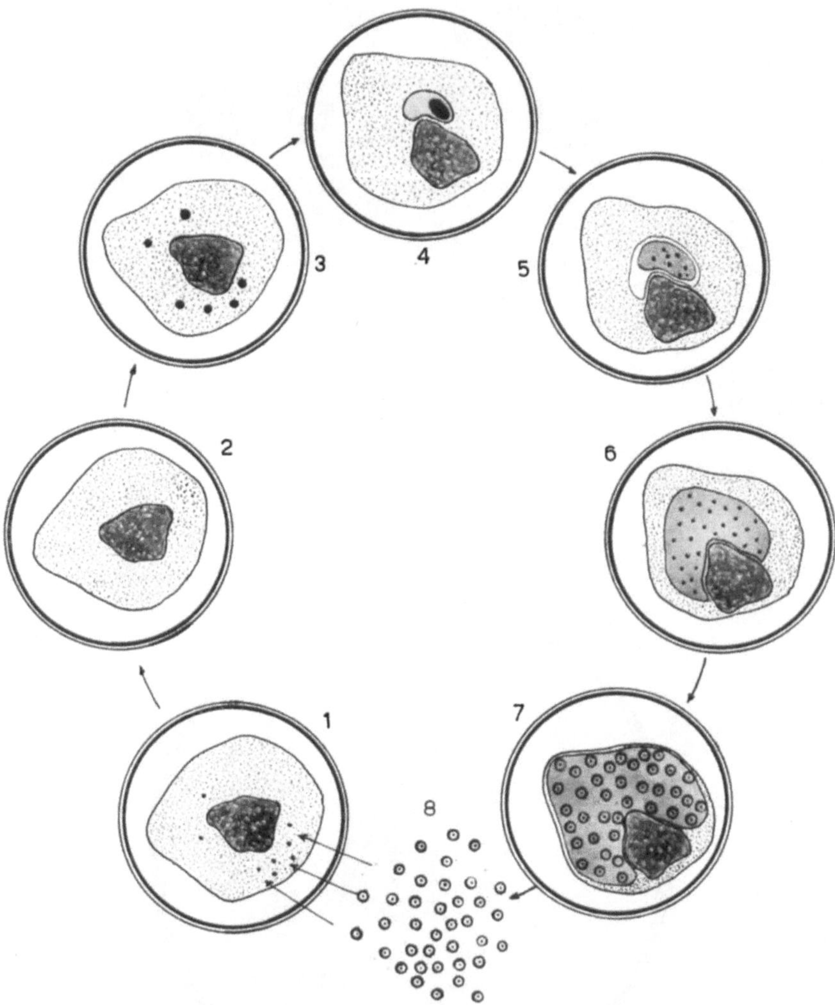

Abb. 2. Darstellung des Lebenscyclus des Trachomvirus in verschiedenen Entwicklungsstadien. 1. Elementarkörperchen beim Eintritt in eine Epithelzelle. 2.—6. Verschiedene Entwicklungsstadien eines Einschlußkörperchens im Cytoplasma einer Epithelzelle. 7. Ansammlung von Elementarkörperchen im Cytoplasma. 8. Elementarkörperchen, die nach Bersten der Zelle zur Reinfektion neuer Epithelzellen freigeworden sind

Toxische und antigene Eigenschaften

Das Virus ist streng epitheliotrop und obwohl es in neutrophilen Leukocyten vorhanden sein kann, gibt es keinen Anhalt für eine Vermehrung des Virus in diesen Zellen. Da das Virus hauptsächlich Schädigungen im subepithelialen Bereich hervorruft und alle Versuche einer Infektion subepithelialen Gewebes fehlgeschlagen sind, wurde zur Erklärung der charakteristischen nekrotisierenden Wirkung das Vorhandensein eines *löslichen Toxins* angenommen. Kürzlich fand man, daß die meisten Trachomstämme ein Toxin enthalten, dessen intravenöse Injektion bei Mäusen tödlich wirkt (COLLIER, 1961). Diese Toxinproduktion wurde zur serologischen Klassifikation des Erregers herangezogen. Dabei ergab sich eine Unterteilung in *zwei Gruppen* mit einem gewissen Überschneidungsbereich.

III. Epidemiologie

Ungefähr 500 Millionen Menschen aller Altersklassen auf der ganzen Welt sind von der Erkrankung betroffen. Das Trachom ist stark in unterentwickelten Gebieten verbreitet und im wesentlichen eine mit Armut und Übervölkerung einhergehende Erkrankung (Abb. 3). Der W.H.O. wurden 1960 in folgenden

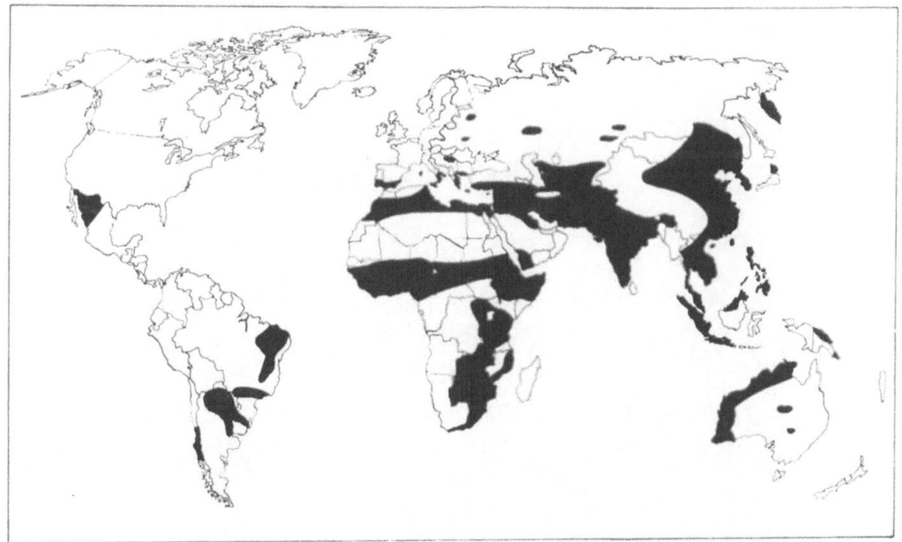

Abb. 3. Geographische Verteilung des Trachoms über die ganze Welt. Die dunkle Tönung kennzeichnet betroffene Gebiete, in denen die Infektionshäufigkeit, besonders unter Schulkindern und vorschulpflichtigen Kindern auf dem Lande, sehr hoch ist. Sie beträgt in Ägypten 70—90 %, in Tunesien 40 %, in Vietnam 30 %, in Indien 50 %, in China 50 % und in Lateinamerika 30—60 %

Staaten mehr als 10000 Fälle gemeldet: Tschad 12758, Marokko 187123, Sudan 365880, Iran 57534, Japan 45173, Jordanien 76148, Türkei 41762, Vietnam 44026, Ägypten fehlt.

Ägypten ist eines der Länder mit besonders gehäuftem Auftreten der Trachominfektion (ungefähr 70 % Häufigkeit in ländlichen Gebieten) und stellt so einen aktiven Erkrankungsschwerpunkt dar. Auch im übrigen Afrika ist das Trachom verbreitet, besonders im Norden (in Tunesien 40 %) und in den südlichen Gebieten.

In Asien findet sich eine starke Erkrankungshäufigkeit in China (50 %), Vietnam (30 %) sowie in Indien und im Irak (50 %). In gewissen Teilen Brasiliens, Argentiniens und Mexikos tritt die Krankheit ebenfalls sehr häufig auf.

Keine Rasse ist immun gegen Trachom, einige Rassen sind jedoch in höherem Maße als andere zu der Erkrankung disponiert. Juden und Araber werden im allgemeinen häufiger davon betroffen, während unter Negern die Krankheit selten auftritt.

Histopathologie

Ungefähr am 5. Tag nach der Infektion entwickeln sich die ersten pathologischen Veränderungen im Bindehautepithel. Die zylindrischen Epithelzellen flachen sich ab. Degeneration und Proliferation treten auf und führen zu Papillenbildungen (Abb. 4) und Epitheleinwucherungen (Abb. 5). Im subepithelialen Gewebe kommt es zu einer hauptsächlich lymphocytären, mononucleären Zellinfiltration. Die Anhäufung von Zellen führt zur Follicelbildung (Abb. 6). Es

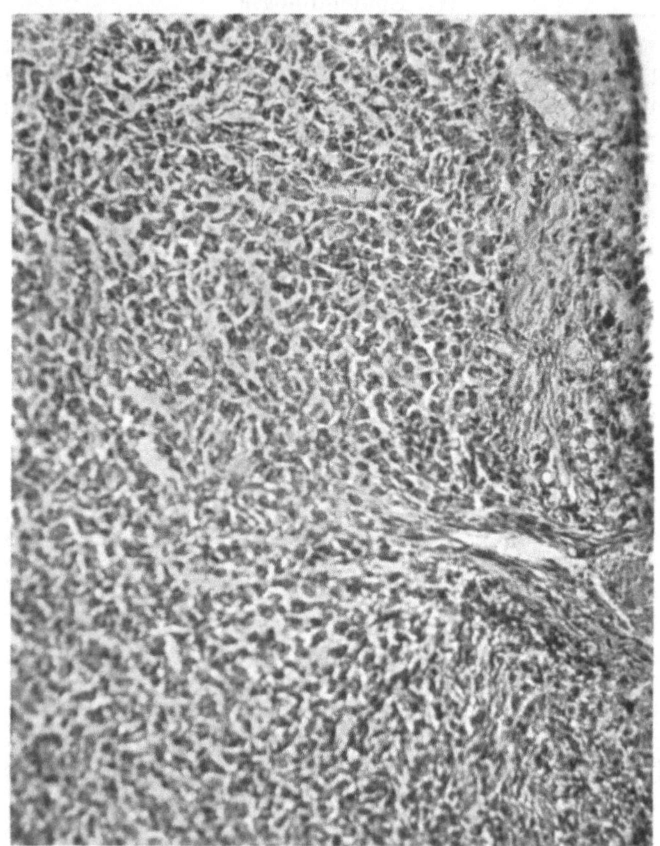

Abb. 4. Mikrophotographie mit diffuser mononucleärer Infiltration und Proliferation der Epithelzellen sowie Papillenbildung im Frühstadium

sind auch Papillenbildungen in der Lidplatte zu sehen, die aus einem Gefäßknäuel bestehen und von einem Kranz Lymphocyten und anderer Zellen umgeben sind. Der Verschluß der Spalten zwischen den Papillen führt zur Bildung kleiner Cysten, die abgeschuppte Epithelzellen, degenerierte Lymphocyten und Schleim enthalten und als posttrachomatöse Degenerationen bekannt sind. Calciumsalze können an der Oberfläche abgelagert werden und zu posttrachomatösen Verhärtungen führen.

Die für das Trachom charakteristische Vernarbung entsteht durch Hypertrophie des Bindegewebes aus der Adventitia der Blutgefäße. Dabei werden Narbeninseln gebildet, die besonders im Bereich des Sulcus subtarsalis liegen und dort die Arltsche Linie bilden. Die fibrösen Narben verschmelzen miteinander, wodurch das Bild eines geheilten Trachoms entsteht.

Trachom der Hornhaut

Die Hornhautbeteiligung erklärt sich nicht aus dem Übergreifen des trachomatösen Prozesses von der Conjunctiva tarsi und vom Fornix her; sie stellt vielmehr eine primäre Affektion dar. Oberhalb der Bowmanschen Membran findet sich im

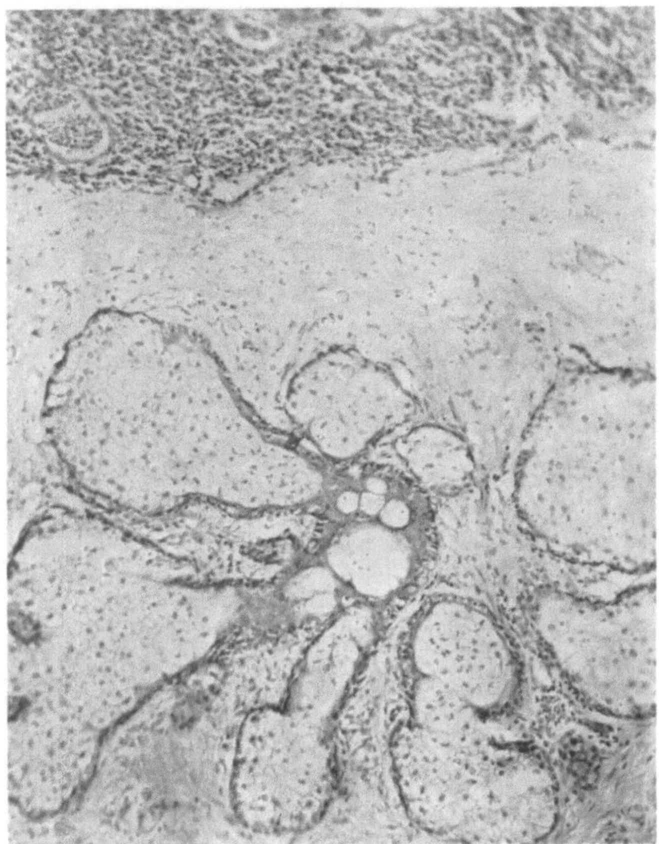

Abb. 5. Mikrophotographie mit Epitheleinwucherungen in Form von Pseudodrüsen

oberen Hornhautbereich eine mononucleäre Zellinfiltration mit Vascularisation, die zur Bildung des Pannus trachomatosus führt. Später wird die Bowmansche Membran zerstört und es kommt zur Zellinfiltration in die oberflächlichen Schichten der Substantia propria. Die Zellinfiltrate können sich zu kleinen Folliceln anhäufen und die Herbetschen Rosetten bilden, aus denen nach der Vernarbung die sog. Herbetschen Grübchen am Limbus entstehen.

IV. Klinisches Bild

Symptome

In der Regel beginnt das Trachom mit sehr leichten Symptomen, die kaum wahrnehmbar sind. Es kann sogar vorkommen, daß Früherkrankungen zufällig bei der Routineuntersuchung von Patienten entdeckt werden. Ein akuter Beginn ist selten und wird gewöhnlich nach unbeabsichtigter oder experimenteller Einimpfung eines hochvirulenten Stammes oder bei Superinfektion mit Koch-Weeks-Bacillen oder Gonokokken-Ophthalmie ausgelöst. Der Patient leidet unter Photophobie, Tränenfluß und unter Sandkorngefühl in den Augen. Die Infektion

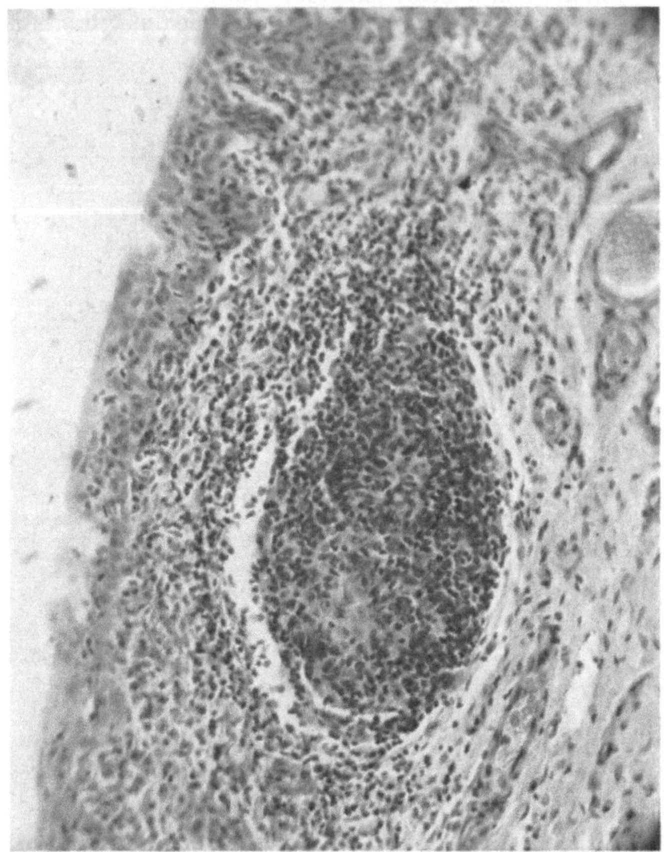

Abb. 6. Mikrophotographie eines Follikels, der vorwiegend aus Lymphocyten und Epitheloidzellen gebildet wird. Die Destruktion des darüberliegenden Epithels ist deutlich zu erkennen

erfolgt durch die Übertragung von Sekret von einem an aktivem Trachom Erkrankten auf ein nicht-trachomatöses Auge, wobei als Übertragungsmittel Fliegen, Finger, Handtücher etc. in Betracht kommen.

Es konnte festgestellt werden, daß das Sekret einer purulenten Augenentzündung ein Übertragungsmedium für das Trachomvirus darstellt. Nach jeder akuten Conjunctivitisepidemie zeigen viele Kinder Anzeichen einer Trachomfrüherkrankung. In Ägypten weist die Häufigkeitskurve akuter Augenentzündungen zwei scharfe Anstiege, einen Frühjahrs- und einen Herbstgipfel, auf, die genau mit den beiden Brutperioden der Hausfliegen zusammenfallen und auch mit den klimatischen Bedingungen (Temperatur und Luftfeuchtigkeit) in Zusammenhang stehen. Zu diesen Zeiten werden sowohl die Fliegenbrut als auch die Lebensfähigkeit pathogener Organismen durch das Klima begünstigt (Abb. 7), (MOHAMED, 1958).

Anzeichen

Mac Callan hat den Verlauf der Erkrankung in vier Stadien eingeteilt:

1. I. Trachomstadium

Dieses ist entweder durch das Vorhandensein kleiner Follikel (Abb. 8) oder durch eine generalisierte Zellinfiltration mit Pannusbildung gekennzeichnet. In diesem Stadium kann einerseits vollständige Heilung durch Resorption eintreten; andererseits kann es zum Übergang ins II.Trachomstadium oder zu einem direkten Übergang ins III. und IV. Trachomstadium kommen.

2. II. Trachomstadium

Dabei handelt es sich um ein weiteres, durch das Vorhandensein großer Follikel und Papillen charakterisiertes Stadium. Dieses wird wiederum unterteilt in

das Trachomstadium *IIa* mit bläschenartigen Follikeln, die weich sind und ausgepreßt werden können. Die Hornhautbeteiligung ist ausgeprägter als im I. Stadium; außerdem können Follikel am Limbus vorhanden sein.

Das Trachomstadium *IIb* ist durch papilläre Hypertrophie (Abb. 9) gekennzeichnet. Wenn diese Papillen mit den pflasterartigen Papillen des Frühjahrskatarrhs (Conjunctivitis vernalis) vergesellschaftet sind, spricht man vom Trachomstadium IIb$_2$. Bei Komplikation durch Gonokokkenconjunctivitis wird die Erkrankung als Trachomstadium *IIc* bezeichnet.

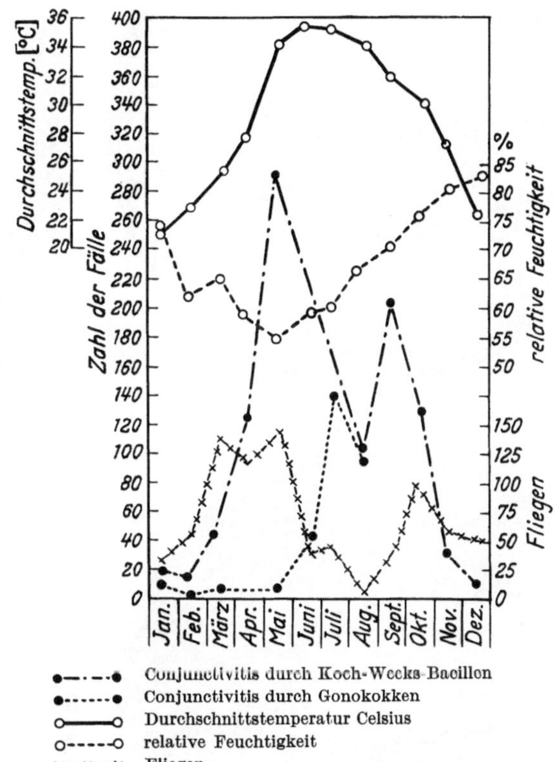

Conjunctivitis durch Koch-Weeks-Bacillen
Conjunctivitis durch Gonokokken
Durchschnittstemperatur Celsius
relative Feuchtigkeit
Fliegen

Abb. 7. Jahreszeitliche Häufigkeit akuter epidemischer Ophthalmien in Ägypten. Die Kurve zeigt das Zusammentreffen akuter Augeninfektionen (und des Trachoms) mit der Brutzeit der Fliegen

3. III. Trachomstadium

Darunter versteht man ein teilweise vernarbtes Trachom. Es kann mit posttraumatischen Degenerationen und Verhärtungen verbunden sein. In diesem Stadium können Komplikationen, wie z. B. Entropium, Trichiasis und S-förmige Lidränder, die durch Schrumpfung des fibrösen Gewebes entstanden sind, auftreten.

4. IV. Trachomstadium

Dabei handelt es sich um das Stadium des ausgeheilten Trachoms mit vollständiger Vernarbung der Bindehaut (Abb. 10). Das klinische Bild kann von minimaler Ablagerung fibrösen Gewebes in einem Fall bis zu dichter Narben-

gewebsbildung in einem anderen Fall reichen. Die erstgenannte Erscheinungs-
form, die von normaler gesunder Bindehaut durch Untersuchung an der Spalt-
lampe unterschieden werden kann, ist durch kleine Inselchen fibrösen Gewebes

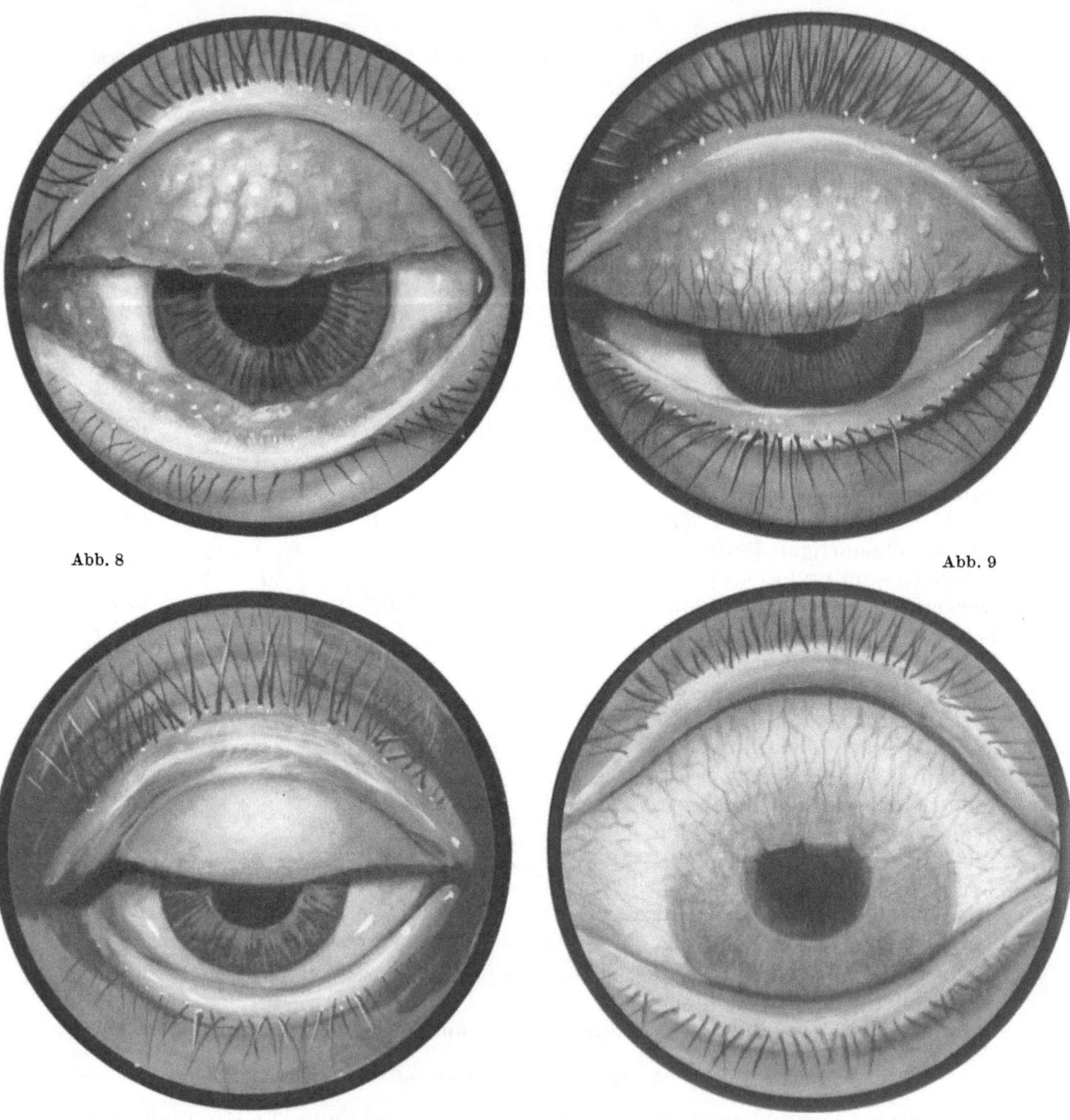

Abb. 8

Abb. 9

Abb. 10

Abb. 11

Abb. 8. I. Trachomstadium mit kleinen, unreifen, flachen Follikeln, die überall in der Conjunctiva tarsi verteilt sind
Abb. 9. II. Trachomstadium mit großen, erhabenen Follikeln und Papillenbildung auf der Conjunctiva palpebrae
Abb. 10. IV. Trachomstadium mit vollständiger Vernarbung der Conjunctiva tarsi, wodurch Bindehautgefäße
und Meibomsche Drüsen unsichtbar werden
Abb. 11. Aktiv fortschreitender trachomatöser Pannus

in der Conjunctiva palpebrae gekennzeichnet, die einen unregelmäßigen Verlauf
der Bindehautgefäße bewirken sowie zu Pannusbildung im oberen Hornhautbereich führen.

Pannusbildung

Der trachomatöse Hornhautpannus ist entweder progredient oder stationär. Im ersteren Falle ist er gewöhnlich dick und vascularisiert, wobei durch die zelluläre Infiltration eine trübe Zone vor dem vascularisierten Hornhautgebiet gebildet wird (Abb. 11). Je nach seiner Art und seinem klinischen Erscheinungsbild kann der Pannus auch eingeteilt werden in einen Pannus tenius bei dünner und membranöser Beschaffenheit, einen Pannus vasculosus bei stark gefäßhaltiger Struktur, einen Pannus carnosus bei dickem und fleischigem Aussehen und in einen Pannus siccus im Falle einer dichten Narbengewebsablagerung.

Neben dieser Standardeinteilung wurden auch andere Klassifikationen beschrieben, wie z. B. die Trachomklassifikation der W.H.O., die auf der 1959 in Tunesien abgehaltenen Trachomkonferenz beschlossen wurde und die russische Klassifikation. Diese unterscheiden sich jedoch geringfügig von der ursprünglichen Einteilung MacCallans.

Die von der *W.H.O.* akzeptierte *Trachomklassifikation* lautet wie folgt:

I. Stadium: Präfolliküläres Trachom, welches unterteilt wird in: Zweifelhaftes Trachom (Trachoma dubium). Sobald Hornhautpannus und Einschlußkörperchen auftreten, wird von wirklichem Trachom I (Trachoma verum I) gesprochen.

II. Stadium: Dieses beginnt mit dem Auftreten von Follikeln und endet mit dem Eintritt der Vernarbung. Es wird unterteilt in: Trachom II_1 mit kleinen unreifen Follikeln (I. Trachomstadium MacCallans).

Trachom $II/_2$ mit gut entwickelten, ausdrückbaren Follikeln. (Stadium IIa nach Mac Callan).

III. und IV. Trachomstadium entsprechen dem IV. Stadium MacCallans, jedoch sollte vor dem IV. Stadium dieser Klassifikation das Wort „ausgeheilt" stehen.

Die *russische Klassifikation* lautet:

Stadium   I: Mit Follikelbildung und Pannus.
Stadium II: Mit follikulärer Degeneration und Desintegration und beginnender Narbenbildung.
Stadium III: Stadium der Vernarbung.
Stadium IV: Mit vollständiger Vernarbung.

Diagnose

Die Diagnose gründet sich auf den Nachweis des trachomatösen Hornhautpannus sowie auf das Vorhandensein von Bläschen in der Conjunctiva palpebrae, die ihren Inhalt auf Druck entleeren. Der Pannus kann so dünn sein, daß er sich nur bei Spaltlampenuntersuchung darstellen läßt. Bei voll ausgeprägten Fällen ist die Diagnose einfach, da die Vernarbung der Conjunctiva palpebrae deutlich hervortritt und die Erweichung des Tarsus zur Ausbildung eines geschwungenen Lidrandes führt.

Epithelabrasionen können vorgenommen und nach Giemsa gefärbt werden, um die typischen Einschlußkörperchen zur Darstellung zu bringen. Bei leichten und chronischen Fällen sind die Einschlußkörperchen jedoch schwer zu finden. Sie sind, falls vorhanden, für die diagnostische Abgrenzung des Trachoms von der Einschlußconjunctivitis von Bedeutung.

Eine mikroskopische Untersuchung des aus den Follikeln exprimierten Materials kann für die Diagnose von Wert sein. Das für die Erkrankung typische cytologische Bild besteht aus schwach gefärbten Zellen mit entblößten Zellkernen und verstreuten Cytoplasmatrümmern.

Die *Kultur* auf dem wachsenden Hühnerembryo dient nur akademischen Zwecken. Von immunologischen Untersuchungen können in Zukunft weitere Aufschlüsse erwartet werden.

Die *Komplementbindungsreaktion bei Trachom* kommt neuerdings in Betracht. Konzentrierte, gereinigte Antigene von Trachom-Viren, die im Dottersack von

Hühnerembryonen gezüchtet wurden, zeigen einen hohen Komplementbindungstiter sowohl mit positivem Anti-Psittakosis-Serum von eindeutigen solchen Erkrankungen als auch mit Seren von Patienten, bei denen klinisch und mikroskopisch ein klassisches Trachom diagnostiziert wurde. Dieses Antigen ist ein hitzestabiles, gemeinsames Antigen der Psittakosis-LGV-Gruppe Viren (MURRAY u. a., 1959). Trachom-„spezifische" komplementbindende Antigene sind auch bereits von einigen Untersuchern hergestellt worden (L. R. WOOLRIDGE und J. Th. GREYSTONE, 1961). Antigene werden bei der serologischen Beurteilung von Trachom-Vaccine von großem Nutzen sein.

Differentialdiagnose

Die Kombination eines Pannus im oberen Hornhautbereich mit Follicel- oder Papillenbildung im Bereich der oberen Conjunctiva tarsi kann als pathognomonisch für Trachom angesehen werden. Die folgenden Erkrankungen sind jedoch davon abzugrenzen:

1. *Einschlußconjunctivitis* (Schwimmbadconjunctivitis), wobei die Follikel hauptsächlich in der Conjunctiva palpebrae liegen, die Hornhaut nie befallen wird, der Prozeß stets begrenzt bleibt und keine Vernarbung auftritt.

2. Die palpebrale Form des *Frühjahrskatarrhs* ist durch ihr charakteristisches Erscheinungsbild gekennzeichnet: pflastersteinartige Papillen, geringere Vaskularisation, fadenziehende Sekretion, Juckreiz sowie saisonbedingtes Auftreten. Die Diagnose kann durch den Nachweis eosinophiler Zellen im Bindehautabstrich bestätigt werden. Relativ häufig kann auch eine Mischform von Trachom und Frühjahreskatarrh (Trachom II b$_2$) vorliegen.

3. *Chronische follikuläre Conjunctivitis* (Waisenconjunctivitis), die besonders häufig in Institutionen und/oder Schulen auftritt. Die Follikel und Papillen liegen in den Übergangsfalten, besonders im unteren Fornix. Die Hornhaut wird dabei nie befallen.

4. *Adenoide Bindehauthypertrophie*, die mit einer Hypertrophie des lymphadenoiden Gewebes im Pharynx verbunden ist und hauptsächlich bei Kindern auftritt (Parinaudsches Syndrom). Sie betrifft meistens die untere Lidbindehaut, eine Keratitis wird nie beobachtet.

Komplikationen

1. *Entropium und Entropium mit Trichiasis* als Folge von Vernarbungsprozessen im Bereich der Conjunctiva palpebrae stellen die wichtigste und häufigste Komplikation dar.

2. Auch eine *Ptosis* kann sich infolge der Schwere des Oberlids und/oder auf Grund von Zellinfiltrationen im Müllerschen Muskel (glatte Muskelfasern im oberen Augenlid) entwickeln.

3. *Hinteres Symblepharon*, geschwungene Lidränder und Xerose stellen ebenfalls Folgen von Vernarbungsprozessen der Bindehaut dar. Das hintere Symblepharon kann bei intraocularen operativen Eingriffen hinderlich sein.

4. *Fibrose und Herbertsche Grübchen* im oberen Hornhautbereich können die Ausführung fistelbildender Glaukomoperationen ab externo behindern oder die Durchtrennung der oberflächlichen Hornhautlamellen bei Trepanationsoperationen erschweren.

5. Die *Hornhautvascularisation* ist eine häufige Blutungsursache nach Starschnitten und kann im weiteren Verlauf zur Entwicklung eines *Hyphämas* führen. Die Vascularisation kann ebenso ein Grund für Mißerfolge bei Keratoplastiken sein.

6. Trachomatöse *Hornhautgeschwüre* können am freien Rand des Pannus oder an seiner höchsten Stelle auftreten. Ihre Abheilung führt zu *Hornhautastigmatismus* und zu *Trübungen*, die wiederum eine Sehverschlechterung nach sich ziehen können.

7. Nach intraocularen Operationen kann es bei Trachompatienten zu Exacerbationen im Pannusbereich, zu oberflächlichen Hornhautgeschwüren und sogar zu *eitriger Keratitis* kommen (MUSALEKOVA, 1958).

8. Die Tränendrüsen können von Entzündungszellen infiltriert werden, außerdem kann eine *Dacryocystitis* das Trachom begleiten. In seltenen Fällen wurden auch Follikel im Tränensack gefunden.

Prophylaxe

Ein Großteil der neueren Forschungsarbeit ist auf die Entdeckung eines wirksamen *Impfstoffes gegen das Trachom* gerichtet, da auf diese Weise das Problem der ständigen Infektionsgefahr überwunden werden würde und dieses Verfahren bei nicht allzu großen Kosten weltweite Anwendung finden könnte.

Bisher wurde angenommen, daß der Impfbehandlung aus folgenden Gründen keine praktische Bedeutung zukommt:

1. Die Trachominfektion gibt dem Patienten keinerlei Immunitätsform gegen eine erneute Infektion.

3. Das Trachomvirus würde beim Wirt keine Antikörperbildung hervorrufen, da die Infektion auf die Augengewebe beschränkt ist.

3. Vom Antigen-Gesichtspunkt aus könnte es zwei verschiedene Trachomvirusformen geben, von denen jede durch die gegen den anderen Typ gerichteten Antikörper nicht beeinflußt wird.

Vor kurzem wurde jedoch ein Impfstoff aus einem virulenten Erregerstamm gewonnen, der auf dem Dottersack des wachsenden Hühnerembryos gezüchtet, durch Differentialzentrifugierung gereinigt und bei —70° aufbewahrt wird. Dieser Impfstoff gewährte im Tierversuch an Pavianen fast vollständigen Schutz gegen eine trachomatöse Bindehautinfektion, wenn er in Form zweier subcutaner und einer intravenösen Injektion in wöchentlichen Abständen verabreicht wurde. Dies ist nur ein Anfang und es muß noch viel getan werden, um die beste Anwendungsmethode für den Impfstoff und die Dauer der Immunität zu ermitteln. Man nimmt an, daß der langwierige Verlauf beim Trachom auf die Unmöglichkeit der Auslösung einer Antikörperbildung zurückzuführen ist; daher könnte eine Injektion des Impfstoffes den Heilungsprozeß beschleunigen (COLLIEN, 1961).

Behandlung

Vor dem Zeitalter der Antibiotica hatte die Behandlung den Zweck, eine vollständige Vernarbung der vom Trachom befallenen Bindehaut herbeizuführen. Dies wurde durch Einreibungen von Kupfersulfat, Silbernitrat und Chaulmoogra-Öl in die Lidbindehaut erreicht. Dieses Verfahren ist jedoch schmerzhaft und kann bei Blepharospasmus nicht durchgeführt werden. Außerdem erfordert es viel Zeit (Monate) und muß zur Erzielung einer vollständigen Heilung eventuell wiederholt werden. Heutzutage sollte diese alte und gewaltsame Behandlung verlassen werden, besonders seit wir wissen, daß Spontanheilungen ohne Narbenbildungen und ohne Behandlung möglich sind (MEYERHOF, 1937).

Nach der Entdeckung der Chemotherapeutica und der Antibiotica wurde es möglich, die Häufigkeit des Trachoms und seiner Komplikationen entweder durch direkte Einwirkung auf das Virus oder durch Ausschaltung der komplizierenden Sekundärinfektion zu vermindern. Aus diesem Grunde ist heute überall ein eindeutiger Rückgang der alten Komplikationen und der Folgezustände nach Trachom zu beobachten (KAMEL, 1949).

Massenbehandlungen in kleinen Gemeinden wurden in Japan, Polen, Südafrika, Jugoslawien und Nordafrika unternommen. In Ägypten wurde im Jahre 1957 in Zusammenarbeit mit der W.H.O. und der U.N.I.C.E.F. ein Versuchsprojekt zur Behandlung von Trachom und anderen übertragbaren Augenerkrankungen ins Leben gerufen. Es hatte die Behandlung von Schulkindern und vorschulpflichtigen Kindern durch *lokale Anwendung antibiotischer Augensalbe* (Terramycin) *und orale Verabreichung von Sulfathiazintabletten* zum Ziel. Verschiedene Untersucher haben in den einzelnen Ländern unterschiedliche Ergebnisse erzielt. Dies ist wahrscheinlich darauf zurückzuführen, daß Antibiotica und Sulfonamide verschiedener Herkunft in unterschiedlicher Weise über verschieden lange Zeiten angewandt wurden. Die Möglichkeit des Vorhandenseins vieler Trachomvirusstämme mit unterschiedlicher Empfindlichkeit auf Antibiotica sollte ebenso wie die individuelle und rassische Disposition in Betracht gezogen werden. Die Behandlung der Patienten erfordert mehrere Wochen. Eine derartige, die gesamte Gemeinde erfassende Kampagne ist aber für unterentwickelte Länder noch zu kostspielig und für eine arme und unwissende Bevölkerung zu schwierig. In solchen Gebieten mit niedrigem Lebensstandard wird das Kind wohl geheilt, aber durch angesteckte Personen seines Umgangskreises wiederum neuinfiziert.

Da sich das klinische Bild der Trachom-Erkrankung wegen begleitenden Erkrankungen von Land zu Land ändert (z. B. bakterielle Infekte im mittleren Osten mit Conjunctivitis mucopurulenta oder purulenta, ernährungsbedingte Erkrankungen in China und Südostasien, Xerosis oder allergische Erscheinungen wie Frühjahrskatarrh und einfache allergische Conjunctivitis), so ändert sich auch die *Art der Behandlung*. Allgemein mag folgendes gelten:

1. Die Prophylaxe hat vor allem zu versuchen, den Stand individueller und *allgemeiner Hygiene* zu heben (Familie, Schule, Institutionen usw.). Es geht dies Hand in Hand mit der Hebung des Lebensstandardes in den sich entwickelnden Ländern. Durch einfache hygienische Maßnahmen können 60 % der Trachomfälle zur Selbstheilung gebracht werden, wenn die begleitenden Erkrankungen richtig behandelt werden (sekundäre bakterielle Infektionen, allergische und ernährungsbedingte Erkrankungen).

2. Es ist einfacher das Trachom im *Frühstadium* zu behandeln (z. B. das akute Trachom in Japan) als in Spätstadien, wo schon fortgeschrittene Veränderungen aufgetreten sind.

3. Eine *Stoßbehandlung* während 7 Tagen (lokale Anwendung von Terramycin-Augensalbe, zweimal täglich, kombiniert mit peroralen Langzeitsulfonamiden), sollte *periodisch jeden Monat* gegeben werden, bis sich die Erscheinungen bessern (weniger Sekretion und Injektion).

4. Bestehen viele Follikel, so sollten diese mechanisch ausgedrückt werden (nachdem der Conjunctivalsack durch Stoßtherapie während 7 Tagen steril gemacht wurde). Der Conjunctivalsack wird durch wenige Instillationen eines Lokalanästhetikums unempfindlich gemacht (z. B. Novesin, 0,4 %). Bei empfindlichen Patienten kann eine Injektion von 2 %igem Novocain in den Fornix notwendig werden. Das Lid wird durch einen Lidheber evertiert und die Follikel werden zwischen den Blättern eines Expressors (so B. Graddys Forzeps) ausgequetscht. Der Bindehautsack wird mit warmer Natrium-Chlorid-Lösung ausgewaschen und eine antibiotische Augensalbe lokal appliziert. Anschließend folgt die übliche Behandlung (Breitspektrum-Antibioticum lokal und Langzeit-Sulfonamide peroral) bis zur Besserung.

5. Bei einzelnen gröberen Papillen empfiehlt es sich, die oberste Schicht fein abzukratzen und dann eine desquamierende Behandlung durch Touchieren der Papillen mit 1—2 %iger Silbernitratlösung einzuleiten. Dies wird mit einem feinen Wattebausch an einem Glasstäbchen und anschließender Spülung des Conjunctivalsackes alle 3 Tage wiederholt bis eine Besserung erzielt wird.

6. Sind die Papillen ausnahmsweise größer und sprechen sie auf die gewöhnliche Behandlung nicht an, sollte die operative Excision von Tarsus und Conjunctiva nach Heisrath erwogen werden. Solche schwere Fälle, die eine derart drastische Behandlung benötigen, sind außerordentlich selten geworden.

7. Bei begleitenden Hornhautaffektionen (aktive Pannusinfiltration oder Ulzera) sollte die entsprechende Keratitisbehandlung hinzukommen (Atropin, orale Langzeit-Sulfonamide, warme Umschläge etc.). Es ist zu bemerken, daß mechanische Behandlung der Lider (Auspressen der Follikel, Abkratzen der Papillen) bei Trachombefall der Cornea sehr sorgfältig ausgeführt werden sollte, da der Prozeß aufflammen kann.

Chirurgische Behandlung

Es sind Methoden, wie die mechanische Expression der Follikel und das Abschaben der Papillen, angewandt worden. Früher wurden diese Granulationen durch Galvanokauterisation, Kohlensäureschnee oder Diathermie behandelt. Diese gewaltsame Art der Behandlung wird jedoch jetzt nicht mehr empfohlen.

Entropium und Trichiasis-Entropium werden durch verschiedene chirurgische Verfahren korrigiert. Die geläufigste Operation besteht in einer Auswärtskehrung des Lides durch Entfernung eines keilförmigen Tarsusstreifens, wobei die Spitze der Keilexcision auf der conjunctivalen Seite liegt. Andere Operationen haben ebenfalls die Auswärtskehrung des wimperntragenden Gebietes durch Einsetzen einer Schleimhautplastik zum Ziel, wie z. B. die van Milligansche Operation, bei welcher die Plastik in Höhe der grauen Linie eingesetzt wird und die Webstersche Operation, bei welcher nur die Plastik in den Sulcus subtarsalis zu liegen kommt. Wenn nur wenige Wimpern auf der Hornhaut scheuern, können die Haarfollikel durch Elektrolyse (nascierenden Wasserstoff) oder mittels Diathermie (Wärme) zerstört werden.

Literatur

Collier, L. H.: Trachoma and Allied Infections. Trans. ophthal. Soc. U.K. **81**, 351 (1961). — **Casanovas, J.,** and **E. Mawas:** La Chirurgie Oculaire du Terrain Trachomateux. Rev. int. Trachome **38**, 1 (1961). — **Duke Elder, S.:** Trachoma and Allied Infections. Trans. ophthal. Soc. U.K. **81**, 343 (1961). — **Gaafar, H. H.:** Trachoma in India and Japan. Bull. ophthal. Soc. Egypt. **54**, 325 (1961). — **Gilks, M. J.:** Trachoma and Allied Infections. Trans. ophthal. Soc. U.K. **81**, 379 (1961). — **Gordon, F. B.:** Conference on the biology of the Trachoma agent. Ann. N.Y. Acad. Sci. **98**, 1—382 (1962). — **Halberstaedter, L.,** u. **S. Prowazek:** Zur Ätiologie des Trachoma. Dtsch. med. Wschr. **2**, 1285 (1907). — **Hanna, A. T.:** Epidemiology of Trachoma in Saudi Arabia. Theses submitted to Harvard University, 1959. — **Jones, B. R.:** Trachoma and Allied Infection. Trans. ophthal. Soc. U.K. **81**, 367 (1961). — **MacCallan, A. F.:** Trachoma. London: Butterworth & Co. 1936. — **Macchiavello, A.:** Summary in Tropical Disease Bull. **45**, 1112 (1948). — **Mitsui, Y., Y. TsuTsui,** and **C. Tanaka:** Electron microscopic Study of Clamydozoon Trachomatis. Brit. J. Ophthal. **36**, 582 (1952). — **Mohamed, I.:** Epidemiological Aspects of Acute Ophthalmias in Egypt. Acta of Afro-Asian Congress, 51, 1958. — **Mosabekova, U.:** The Peculiarities of Post Operative Period Following Surgical Interference into the eye ball of Trachoma patients. Acta of 1st Afro-Asian Congress, 81, 1958. — **Murray, E. S., S. D. Bell, Jr., A. T. Hanna, R. L. Nichols,** and **J. C. Snyder:** Isolation and Identification of strains of elementary bodies from Saoudi-Arabia and Egypt. Amer. J. trop. Med. Hyg. **9**, 116—124 (1959). — **Nataf, R.:** Le Trachome, Historique, Clinique, Recherches Experimentale et Etiologie Therapeutique Prophylaxis. Masson & Cie. Paris 1952. — **Poleff, L.:** Culture des corps du Trachome in Vitro et dans l'Oeuf incubé de Poule. Arch. Ophtal. **10**, 202

(1950). — **Stewart, F.H.**: The Aetiology of Trachoma. Brit. J. Ophthal. **23**, 373 (1939). — **Stewart, F.H.**, and **G. Badir**: Experiments on the Cultivation of Trachoma Virus in Chick Embryo. J. Path. Bact. **3**, 457 (1950). — **Tang, F.F., H.L. Chang, Y.K. Huang**, and **K.C. Wang**: Studies on the Aetiology of Trachoma with Special Reference to isolation of the virus in chick Embryo. Chinese. med. J. **75**, 429 (1957). — **Thygeson, Ph.**: Le Trachoma. Trachome Intern. Ophthal. Congress, 1937. — **Werner, G.H., L. Bachisis**, and **A. Contini**: Zeitschrift Scientific Med. Amer. **79**, Jan. 1964. — **W.H.O.** Expert Committee on Trachoma Technical Report Series 59, 1952. ~ Report of the Conference on Trachoma 26, 1960. — **Woolridge, R.L.**, and **J.T. Grayston**: Conference on the biology of the trachoma agent. The New York Academy of Sciences. May 1961. ~ Further studies with a Complement Fixation Test for Trachoma. Ann. N.Y. Acad. Sci. **98**/1, 314—328, 1962.

Einschluß-Conjunctivitis

(Paratrachom)

Von H. Rieger, Linz

Mit 1 Abbildung

I. Allgemeiner Teil, Geschichte

K. Stargardt war der erste Forscher, der in einem Falle von „leichter Blennorrhoea neonatorum ohne bakteriologischen Befund" 1908 Einschlüsse nachwies, wie sie v. Prowazek (1907) in den Epithelzellen der Bindehaut trachomkranker Javaner entdeckt hatte. Auch in einem Falle von „akutem Trachom", der sich durch die starke Mitbeteiligung der präauriculären Lymphdrüsen auszeichnete und der heute wohl als „Einschlußinfektion des Erwachsenen" — oder als „Paratrachoma adultorum (Lindner)" — bezeichnet würde, konnte Stargardt (1909) erstmals v. Prowazeksche Einschlüsse auffinden. Stargardt hatte in den befallenen Zellen dieses Kranken auch die beim Trachom zunächst von v. Prowazek und Halberstätter (1907) und kurze Zeit später von Greeff, Frosch und Clausen (1907) beschriebenen und von Herzog (1909) als „Elementarkörperchen" bezeichneten „feinsten roten Körperchen" gesehen, die schon v. Prowazek als „die eigentlichen Träger des Trachomvirus" aufgefaßt hatte.

Die Befunde Stargardts wurden sehr bald auch von anderen Untersuchern bestätigt: So stellten Schmeichler (1909), Halberstätter und v. Prowazek (1909), Lindner (1909), Wolfrum (1910) u. a. in zahlreichen Fällen von „*Einschlußblennorrhoe*" (Lindner) Einschlüsse fest, die von Trachomeinschlüssen morphologisch nicht zu unterscheiden waren.

Das gelegentliche Vorkommen mischinfizierter Fälle von Neugeborenenblennorrhoe — also von Fällen mit gleichzeitigem Vorhandensein sowohl von Gonokokken als auch von Einschlüssen — gab Anlaß zu vorübergehender Verwirrung (Heymann, 1909; Flemming, 1910), ja selbst zur Entwicklung abwegiger Vorstellungen durch an sich um die Erforschung der Morphologie der Trachomeinschlüsse verdienter Autoren: So verfocht Herzog (1909, 1910) hartnäckig die Vorstellung, daß die Einschlüsse durch Mutation aus Gonokokken entstünden und daß daher die „Elementarkörperchen" als „Mikrogonokokken" anzusehen wären.

Die erwähnten Einschlüsse sind nach vielfältiger Erfahrung bei der „*Einschluß-Conjunctivitis*" im allgemeinen wesentlich häufiger als beim „echten chronischen Seuchentrachom" (Lindner), wobei anzunehmen ist, daß der Erreger der Einschlußconjunctivitis einen gleichartigen Entwicklungsgang nimmt wie der des „echten" Trachoms. Ohne hier auf Fragen der Priorität bezüglich der einzelnen erhobenen morphologischen Befunde und deren Deutung näher eingehen zu können, würde sich dieser Cyclus nach den Vorstellungen Lindners folgendermaßen abspielen:

Im freien Sekret der Bindehaut befindliche, in der Größe zwischen 200 und 350 mμ schwankende, meist rundliche und sich nach Giemsa rot färbende „Elementarkörperchen", dringen in eine Epithelzelle ein, um sich hier innerhalb des Protoplasmas zu mehreren, kleinen, nunmehr basophilen „primären Initialkörpern" zu entwickeln. Der eine oder andere dieser Initialkörper nimmt an Größe rasch zu und rückt an den Zellkern heran. Diese im Trockenpräparate dem Zellkern gewissermaßen „kappenförmig" aufsitzenden Gebilde stellen nun — im Schnittpräparate gesehen — tatsächlich Hohlräume dar, deren Innenwandung anscheinend von basophilen Initialkörpern ausgekleidet ist, wohingegen der Hohlraum selbst immer mehr von Elementarkörperchen erfüllt wird. Kommt es unter Herandrängen des Zellkernes an die Zellwand mit dem Anwachsen des „Einschlusses" schließlich zum Platzen der Zellmembran, so ergießt sich die Masse der Elementarkörperchen in das freie Sekret. Außer diesen — nunmehr „freien" — Elementarkörperchen finden sich nun hier auch tönnchen- und hantelförmige nach Giemsa sich bipolar blaßblau färbende, Diplokokken ähnliche Gebilde, die LINDNER (1909) als „*freie Initialkörper*" bezeichnete und die sich in einer Art Teilungsvorgang befinden sollen. Mit dem abermaligen Eindringen der bisher freien Elementarkörperchen in bisher gesunde Epithelzellen und der neuerlichen Umwandlung in „primäre Initialkörper" beginnt der somit zweiphasige Entwicklungsgang des Virus der Einschluß-Conjunctivitis aufs neue. Dieser *Cyclus* nimmt nach THYGESON (1934) eine Zeitspanne von etwa 48 Std in Anspruch, was mit der Dauer des Entwicklungsganges des Virus der Psittakose (BEDSON, 1933) in Übereinstimmung steht, während für das Trachomvirus eine Zeit von etwa 10 Tagen angegeben wird (MACCHIAVELLO, 1944; POLEFF, 1954).

Zur Klärung des Verhältnisses zwischen der „Einschluß-Conjunctivitis" und dem „echten chronischen Seuchentrachom" wurde seit Jahrzehnten viel Mühe und Fleiß aufgewendet, ohne daß bisher eine sichere und endgültige Entscheidung hätte gefällt werden können.

Schon HALBERSTÄTTER und v. PROWAZEK hatten 1909 die Einschlüsse bei Trachom und Einschlußblennorrhoe für zwar morphologisch nicht unterscheidbar, biologisch aber für verschieden gehalten. Auf Grund klinischer Beobachtungen, histologischer Befunde und tierexperimenteller Erfahrungen sprachen sich auch HEYMANN (1911), HEGNER (1912), LÖHLEIN (1912) und BOTTERI (1912) gegen die Identität der Erreger der beiden Erkrankungen aus; letztgenannter Autor wies die — später von GEBB (1914), THYGESON (1934), TILDEN und GIFFORD (1936) sowie von JULIANELLE, HARRISON und LANGE (1938) bestätigte — Filtrierbarkeit des Virus der Einschlußblennorrhoe erstmals nach, was allerdings nur für die Phase der Elementarkörperchen zu gelten scheint.

Demgegenüber nahmen LINDNER (1909) und WOLFRUM (1909, 1910) die völlige Identität der beiden Erreger an. WOLFRUM war zu dieser Überzeugung insbesondere durch die gelungene Übertragung infektiösen Materials einer Einschlußblennorrhoe auf die Bindehaut zweier blinder Erwachsener gelangt, wobei sich ein dem Trachom gleichendes Zustandsbild entwickelt hatte. LINDNER war die Überimpfung einer Einschlußblennorrhoe auf die Bindehaut des Macacus Rhesus, LINDNER und FRITSCH (1909) auf die des Pavians geglückt. LINDNER und WOLFRUM sahen daher die Einschlußblennorrhoe als „das Trachom der Bindehaut des Neugeborenen" an.

Daß die Einschlußblennorrhoe des Neugeborenen tatsächlich einer bis dahin unbekannt gebliebenen „Geschlechtskrankheit" zugehört — LINDNER sprach von „*genitalem Trachom*" —, ergab sich schon aus dem Nachweis von Einschlüssen in den von der Urethralmündung der Mutter eines Säuglings mit Einschlußblennorrhoe gewonnenen Abstrichen (HALBERSTÄTTER und v. PROWAZEK, 1909), aus der Entdeckung von Einschlüssen bei der gonokokkenfreien Urethritis (LINDNER, 1910; FRITSCH, 1910), insbesondere aber aus der erfolgreichen Überimpfung vaginalen Materials und urethralen Sekretes auf die Bindehaut von Meerkatze und Pavian (LINDNER und HOFSTÄTTER, 1909; FRITSCH, 1910; FRITSCH, HOFSTÄTTER und LINDNER, 1910; HEYMANN, 1911 u. a.). Das Bestehen einer solchen — an sich harmlosen— einschlußbedingten „Geschlechtskrankheit" wurde später sowohl von nordamerikanischen (THYGESON u. Mitarb.), afrikanischen (NATAF, POLEFF u. a.) als auch von japanischen Trachomforschern (MITSUI, ISHIHARA u. Mitarb.) bestätigt. In neuerer Zeit haben sich auch englische Forscher mit dieser Frage beschäftigt; so u. a. JONES (1964) sowie DUNLOP, JONES und AL-HUSSAINI (1964).

Dennoch schien sich der Standpunkt LINDNERs der uneingeschränkten *Identität von Trachom und Einschluß-Conjunctivitis* im Laufe der weiteren Entwicklung als *unhaltbar* zu erweisen. Es zeigte sich nämlich, daß die Überimpfung des von der Einschlußblennorrhoe gewonnenen Materials auf die Bindehaut menschlicher Versuchspersonen wohl zu dem Bild des „akuten Trachoms", nicht aber zur Entwicklung von Pannus und Bindehautnarben führte, sondern vielmehr gutartig

verlief (Gebb, 1914 u. a.). Als sich auf Grund seiner Untersuchungen auch
Thygeson (1934) für die Verschiedenheit von Trachom auf der einen und Einschlußblennorrhoe sowie „Schwimmbad-Conjunctivitis" auf der anderen Seite
aussprach, zog Lindner (1935) die Folgerungen: Er trennte von dem „echten
chronischen Seuchentrachom" das „Paratrachom" ab, unter welcher Bezeichnung nunmehr die Einschlußblennorrhoe des Neugeborenen als „Paratrachoma
neonatorum" und die Einschlußinfektion des Erwachsenen, die z. T. als „Schwimmbad-Conjunctivitis" in Erscheinung tritt, als „Paratrachoma adultorum" zusammengefaßt werden. Das „Paratrachom" wird auf diese Weise als „eine ge-
milderte Form des Trachoms angesehen".

Wenn nun Mitsui u. Mitarb. (1939, 1940, 1949, 1962) auf Grund vielfältiger, alle Möglichkeiten ausschöpfender Übertragungsversuche auf den Menschen unentwegt für die völlige
Identität von Trachom und Paratrachom eintraten, konnte dies Lindner (1958) nicht mehr
bestimmen, zu diesem seinem alten Standpunkt zurückzukehren. Die — vielleicht nur schein-
baren — Widersprüche zwischen den Schlußfolgerungen der europäischen, nordamerikanischen,
afrikanischen und asiatischen Trachomforschern versucht er vielmehr mit dem Gedanken
Polleffs (1954) zu erklären, „daß es möglicherweise zwei oder mehrere Varietäten von
Trachomerregern in verschiedenen Ländern gibt, die sich wie z. B. diejenigen bei der Grippe,
durch ihre Virulenz unterscheiden". Derselben Meinung ist auch Bietti, demzufolge „das
japanische Trachom eine intermediäre Stellung zwischen der Einschlußblennorrhoe und dem
occidentalen Trachom einzunehmen scheint". Demgegenüber käme der zur Erklärung der
aufgezeigten Unstimmigkeiten gelegentlich herangezogenen angeblichen ungleichen Disposition verschiedener Völker und Stämme (Miraglia, 1958; Mitsui, u. a.) wesentlich geringere
Glaubhaftigkeit zu.

Besonders aufschlußreich erscheinen in dieser Hinsicht auch die Untersuchungsergebnisse
der englischen Forschergruppe Jones, Collier und Smith (1959), die in zwei Fällen sowohl
von der Einschluß-Cervicitis der Mutter als auch von der Einschluß-Conjunctivitis des neugeborenen Kindes das Paratrachom-Virus züchten und in einem dieser Fälle damit beim Pavian
eine schwere Einschluß-Conjunctivitis hervorrufen konnten. Das Virus glich morphologisch
und färberisch dem Virus des Trachoms und dem der anderen Glieder der Psittakose-Lympho-
granulom-Gruppe und hatte mit diesen auch das Komplementbindungsgruppenantigen
gemein. Eine Verunreinigung mit dem Trachomvirusstamm „Gambia" 16 oder 17 (Collier
und Sowa, 1958; Collier, 1959) konnte ausgeschlossen werden.

Nach dem oben Gesagten steht damit das Vorkommen einer *einschlußbedingten
Urethritis* beim Mann, einer *einschlußbedingten Cervicitis* bei der Frau und einer
mit dieser in ursächlichem Zusammenhange stehenden *einschlußbedingten Blennorrhoe beim Neugeborenen* im Sinne eines *Paratrachoms* fest, wobei dieses auch
das Auge des Erwachsenen befallen kann. Dieser Tatsache gegenüber scheinen
nun die Beobachtungen von Pagés, Paque und Dernoncourt (1952) insofern
neue Gesichtspunkte für das Verhältnis zwischen Trachom und Paratrachom
aufzuzeigen, als die Genannten bei rund der Hälfte der von ihnen untersuchten
trachomkranken Marokkanerinnen auch im Collum uteri typische Einschlüsse
auffanden. Wir möchten daher mit Rieger (1960) annehmen, daß Trachom und
Paratrachom, im Genus *Chlamydozoon* als *Chl. Trachomatis* und *Chl. oculogenitale*
bezeichnet, zwar zwei biologisch und serologisch verwandte, klinisch aber doch
verschiedene Krankheitskreise darstellen, die beide sowohl die Genitalschleim-
haut als auch die Augenbindehaut und die benachbarten Schleimhäute befallen
können.

Da demnach die beiden Erreger bis heute weder morphologisch oder physiko-
chemisch, noch in ihren antigenen Eigenschaften unterscheidbar sind, werden sie,
um ihre engen verwandtschaftlichen Beziehungen zum Ausdruck zu bringen, im
englischsprachigen Schrifttum in neuester Zeit (Jones, 1964) unter der Bezeichnung *Tric-Viren* zusammengefaßt (*Trachoma: Inclusion-Conjunctivitis*).

Abschließend sei noch auf die bemerkenswerte Tatsache verwiesen, daß mit dem Verschwinden des Trachoms aus Mitteleuropa nicht nur das Paratrachom, sondern auch die
Einschlußurethritis an *Häufigkeit* ganz *wesentlich abgenommen* hat. So war es Söltz-Söts (1961)

in Wien im Rahmen seiner Untersuchungen über die unspezifische Urethritis nicht möglich, unter insgesamt 280 einschlägigen Kranken einen Fall ausfindig zu machen, bei welchem als sichere Ursache v. Prowazeksche Einschlußkörperchen hätten nachgewiesen werden können. Nach BERTACCINI (1958) werden immerhin 3—4% der Fälle von Urethritis nongonorrhoica durch das „Chlamydozoon oculo-genitale" hervorgerufen.

II. Klinischer Teil

a) Paratrachoma neonatorum
(Einschlußblennorrhoe der Neugeborenen)

Die Infektion der Bindehaut des Neugeborenen erfolgt bei der Einschlußblennorrhoe offenbar während des Austrittes des Kopfes aus dem Uterus, da nach BRALEY (1938) fast ausschließlich nur die sog. „Flügel"-Zellen einer genau innerhalb des äußeren Muttermundes gelegenen Zone das Einschlußvirus beherbergen sollen. Bei Fortbestehen der mütterlichen Einschlußerkrankung können auch zwei Kinder einer solchen Frau eine Ansteckung erfahren, wenn dies auch nur ausnahmsweise der Fall sein dürfte (HAMBURGER, 1934; JULIANELLE und LANGE, 1938); umgekehrt muß sich nicht bei jedem Kinde einer einschlußpositiven Frau ein Paratrachom der Neugeborenen entwickeln (HOWARD, 1938; ISHIHARA, 1941). Das Credesche Verfahren verhütet den Ausbruch der Einschlußblennorrhoe nicht.

Nach einer *Inkubationszeit* von 5—10 Tagen tritt die *Krankheit akut oder subakut* unter einem durch entzündliches Lidödem, Bindehautinfiltration und starke Sekretion gekennzeichneten, der Gonoblennorrhoe mehr oder minder entsprechenden klinischen Bilde auf, um sich nach verhältnismäßig kurzer Zeit einem milderen Verlauf zuzuneigen. Die Bindehaut blutet bei der *Einschlußblennorrhoe* eher noch leichter als bei der Gonoblennorrhoe, so daß das Sekret hier zunächst noch hämorrhagischer erscheinen kann als das bald rein eiterige beim Tripper der Bindehaut. Die Einschlußblennorrhoe weist häufiger zarte Pseudomembranen auf als die Gonoblennorrhoe. Während das Paratrachom des Neugeborenen bei entsprechender Behandlung nach einigen Wochen ohne irgendwelche Verwicklungen abzuheilen pflegt, schließt sich im unbehandelten Zustande an das akute ein *chronisches Stadium* an, das viele Monate dauern kann; selbst dann kommt es zu *keiner Hornhautschädigung* wie sich in der Regel auch keine Bindehautnarben ausbilden. In solch langdauernden Fällen kann es jedoch zur Entwicklung von Follikeln kommen, während das typische Bild — vermöge der die ersten Lebensmonate auszeichnenden Unfähigkeit der Bindehaut lymphadenoides Gewebe zu entwickeln — durch das Fehlen von Follikeln gekennzeichnet ist. Die Einschlußblennorrhoe gilt mit Recht als eine *harmlose Erkrankung*; umso wichtiger ist es, sie durch den mikroskopischen Befund von der die Hornhaut gefährdenden Gonoblennorrhoe zu unterscheiden.

Die Ansteckung mit dem Einschlußvirus bleibt häufiger auf ein Auge beschränkt als die mit dem Gonokokkus; doch ist das gesunde Auge auch hier durch einen Uhrglasverband zu schützen. Die örtliche Behandlung besteht in wiederholten Spülungen mit leicht angewärmter rosaroter Kaliumpermangantlösung und nachfolgendem Eintropfen einer 5—10%igen Penicillinlösung; allgemein werden Sulfonamide gegeben. Silberbehandlung ist wirkungslos.

b) Paratrachoma adultorum
(Einschlußinfektion der Erwachsenen)

Die Infektion der Bindehaut des Erwachsenen mit dem Einschlußvirus führt nach einer *Inkubationszeit* von 7—14 Tagen zu dem Zustandsbilde des *„akuten Schwellungskatarrhes mit Follikeln"*. Dieser ist durch mäßige Sekretion, entzündliches Lidödem, enge Lidspalte, starke Hyperämie, Auflockerung, papilläre Hypertrophie und leichte Verdickung der Bindehaut mit zahlreichen Follikeln gekennzeichnet; gelegentlich vervollständigen zarte Pseudomembranen der Lidbindehaut das meist nur auf ein Auge beschränkte klinische Bild, das die Augapfelbindehaut und die Hornhaut in der Regel unbeteiligt läßt; nur selten findet sich eine Keratitis punctata superficialis. Die präauriculäre Lymphdrüse ist geschwollen und schmerzhaft. Mitunter bestehen gleichzeitig eine Rhinopharyngitis und ein Tubenkatarrh. *Einschlüsse* sind auch beim Paratrachoma adultorum meist *reichlich* vorhanden, sind aber manchmal nicht nur im Bindehautepithel, sondern auch im Schleimhautepithel des Nasenrachenraumes nachweisbar (AMERSBACH, 1929).

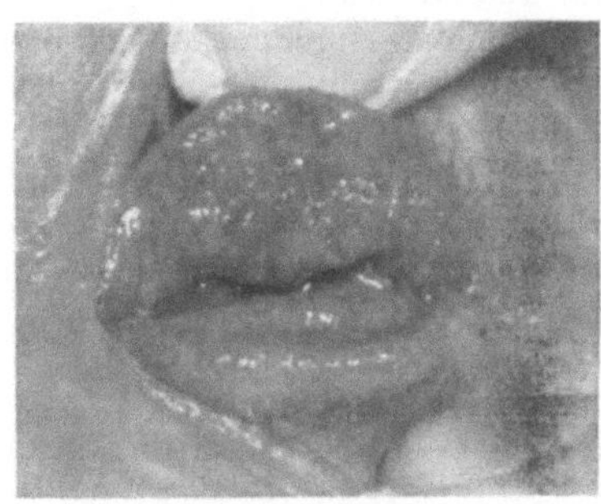

Abb. 1. Fall von Paratrachoma adultorum. Beobachtung der Univ. Augenklinik Graz (Suppl. Leiter: Dozent Dr. H. HOFMANN)

Unter örtlicher Behandlung mit Kupferstift und Sulfonamidsalben sowie Allgemeingaben von Sulfonamiden oder Antibioticis heilt die Erkrankung nach Wochen bis Monaten ohne irgendwelche Folgen (Pannus der Hornhaut, Narben der Bindehaut) zu hinterlassen ab. Silberbehandlung ist zwecklos. Durch seine *Gutartigkeit* unterscheidet sich demnach das Paratrachoma adultorum vom „echten" Trachom, vom dem es zu Beginn manchmal nicht ohne weiteres zu unterscheiden ist, da, wie bekannt, auch dieses „akut" einsetzen kann.

Die Einschlußinfektion des Erwachsenen betrifft fast ausschließlich *junge Männer*, die sich häufig an der eigenen unspezifischen, *einschlußpositiven Urethritis* infizieren (AUST, 1929), von deren Bestehen sie vielfach selbst keine Kenntnis haben. Die Gelegenheit zur Ansteckung des Auges bietet vor allem das Hallenschwimmbad, wobei die Übertragung vornehmlich durch feuchte Wäsche, gelegentlich aber auch durch das frisch infizierte Wasser selbst erfolgen dürfte (THYGESON und STONE, 1942), zumal die Unsitte, in das Badewasser zu urinieren, anscheinend weit verbreitet ist (BAHN, 1927). Das an sich schon seit langem bekannte klinische Bild war vielerorts in kleineren Endemien beobachtet und als „*Schwimmbadconjunctivitis*" bezeichnet worden (BECKER und MEYER, 1876; HUNTEMÜLLER und PADERSTEIN, 1913; COMBERG, 1920 u. 1925; ENGELKING, 1925; PADERSTEIN, 1925; ROHRSCHNEIDER, 1926; FODOR, 1927; AUST, 1929; CARRASCO, 1953 u. a.). Das Chlorieren des Badewassers schränkte das Auftreten und die Ausbreitung der Erkrankung wesentlich ein (SELIGMANN, 1922 u. a.). Daß sich eine an *Einschlußcervicitis* leidende Frau das eigene Auge ansteckt, kommt praktisch nicht vor.

Da im Schwimmbad auf „feuchtem Wege" außer dem Paratrachom auch andere infektiöse Conjunctivitiden übertragen werden können — wie etwa einschlußnegative Fälle von „akutem Schwellungskatarrh mit Follikeln", die dem durch Adeno-Virus bedingten Pharyngoconjunctival-Fieber zugehörige Bindehautentzündung (s. S. 324) u. a. —, ist der Begriff der „Schwimmbadconjunctivitis" um einer ätiologischen Diagnostik willen endgültig fallen zu lassen.

Die folgenden Ansteckungsmöglichkeiten seien noch erwähnt: In einzelnen Fällen erfolgte die Infektion der Bindehaut eines Erwachsenen gelegentlich der Untersuchung, Behandlung und Pflege eines Säuglings mit Einschlußblennorrhoe oder eines Erwachsenen mit Einschlußinfektion; oder aber es spritzte Gynäkologen und Geburtshelfern bei der Untersuchung und Behandlung von Frauen aus dem Genitalbereiche — offenbar einschlußhaltiges — Blut, Sekret oder Fruchtwasser ins Auge (MARCHESANI, 1936; THYGESON und MENGERT, 1936; THYGESON und

STONE, 1942). Die Übertragung des Paratrachoms von Auge zu Auge in neun Fällen durch das Tonometer stellt ein wohl einmaliges Vorkommnis dar (THYGESON und STONE).

Auch die Epidemiologie läßt somit das Paratrachom als venerische Affektion erkennen, wodurch sich einerseits das gelegentliche Zusammenvorkommen mit der Gonorrhoe, andererseits die größere Häufigkeit in Gebieten mit erhöhter geschlechtlicher Promiskuität erklärt (THYGESON und STONE). Der bedeutende zahlenmäßige Rückgang des Paratrachoms ist aus der vielfältigen und verbreiteten Verwendung der Sulfonamide zu verstehen.

Literatur

Aoki, H., M. Shimizu, K. Okamura, and **Y. Takano:** Studies on inoculated inclusion blennorrhea. Acta soc. ophthal. jap. **44,** 1939 (1940). — **Amersbach, K.:** Schwimmbadtubenkatarrh. Med. Klin. **1929 II,** 1758. — **Aust, O.:** Beiträge zur Trachomforschung. Albrecht v. Graefes Arch. Ophthal. **123,** 93 (1929).

Bahn, C.: Swimming bath conjunctivitis. New Orleans: M.A.S.J. **79,** 586 (1927). Zit. n. Ph. Thygeson und W. Stone (1942). — **Becker, N.,** u. **N. Meyer:** Conjunctivitis follicularis ohne Trachomsymptome (1876). Zit. n. L. Poleff. — **Bedson, S.P.:** Brit. J. exp. Path. **9,** 267 (1933). Zit. n. Ph. Thygeson (1934). — **Bertaccini, G.:** The present state of nongonococcal urethritis. Gazzetta sanitaria **7,** 25 (1958). — **Bietti, G.B.:** Zit. n. L. Poleff (1954). — **Botteri, A.:** Klinische, experimentelle und mikroskopische Studien über Trachom, Einschlußblennorrhoe und Frühjahrskatarrh. Klin. Mbl. Augenheilk. **50 I,** 653 (1912). — **Braley, A.E.:** Inclusion blennorrhea. Amer. J. Ophthal. **21,** 1203 (1938). ∼ Relation between virus of trachoma and inclusion blennorrhea. Arch. Ophthal. **22,** 393 (1939).

Carrasco, M.G.: Conjunctivitis de las piscinas (1953). Zbl. ges. Ophthal. **61,** 383 (1954). — **Collier, L.H.:** Observations on trachoma virus isolated in embryonate eggs. Rev. int. Trachome **36,** 57 (1959). — **Collier, L.H.,** and **J. Sowa:** Isolation of trachoma virus in embryonate eggs. Lancet **1958 I,** 993. — **Comberg, W.:** Über Badconjunctivitis. Z. Augenheilk. **44,** 13 (1920). ∼ Bemerkungen über die Einteilung der Einschlußkrankheiten mit besonderer Berücksichtigung klinisch verwandter Bindehautleiden. Z. Augenheilk. **56,** 109 (1925).

Dunlop, E.M.C., B.R. Jones and **M.K. Al-Hussaini:** Genital infection in association with tric virus infection of the eye. Brit. J. vener. Dis. **40,** 33 (1964).

Engelking, E.: Die Schwimmbadconjunctivitis in ihren Beziehungen zum Trachom, zur Einschlußblennorrhoe und zur Gonorrhoe. Klin. Mbl. Augenheilk. **74,** 622 (1925).

Flemming, N.: Untersuchungen über die sog. ,,Trachomkörperchen". Arch. Augenheilk. **66,** 63 (1910). — **Fodor, G.:** Das Verhältnis der Schwimmbadconjunctivitis zum Trachom. Zbl. ges. Ophthal. **18,** 601 (1927). — **Fritsch, H.:** Zur Ätiologie der gonokokkenfreien Urethritis. Wien. klin. Wschr. **23,** 341 (1910). — **Fritsch, H., R. Hofstätter** u. **K. Lindner:** Experimentelle Studien zur Trachomfrage. Albrecht v. Graefes Arch. Ophthal. **76,** 547 (1910).

Gebb, H.: Experimentelle Untersuchungen über die Beziehungen zwischen Einschlußblennorrhoe und Trachom. Z. Augenheilk. **31,** 475 (1914). — **Greeff, R., N. Frosch** u. **W. Clausen:** Untersuchungen über die Entstehung und die Entwicklung des Trachoms. Arch. Augenheilk. I: **58,** 58 (1907) u. II: **59,** 203 (1908). Zit. n. K. Stargardt. ∼ Über eigentümliche Doppelkörperchen (Parasiten?) in Trachomzellen. Dtsch. med. Wschr. **33,** 914 (1907).

Halberstädter, L., u. **St. v. Prowazek:** Über Chlamydozoenbefunde bei Blennorrhoea neonatorum non gonorrhoica. Berl. klin. Wschr. **41,** 1839 (1909). ∼ Über die Bedeutung der Chlamydozoen bei Trachom und Blennorrhoe. Berl. klin. Wschr. **47,** 661 (1910). — **Hamburger, F.A.:** Die Rolle des Einschlußvirus am Auge des Neugeborenen und am Genitale der Frau. Albrecht v. Graefes Arch. Ophthal. **133,** 90 (1934). — **Hegner, C.A.:** Über die Histologie der experimentell erzeugten Einschlußkonjunktivitis. Klin. Mbl. Augenheilk. **49/I,** 440 (1911). — **Herzog, H.:** Über die Natur des Trachomerregers und die bei seiner Entstehung zu beobachtende Erscheinung der Mutierung des Gonokokkus Neißer. Berlin u. Wien: Urban & Schwarzenberg 1910. Zit. n. B. Heymann. ∼ Über die Ätiologie des Trachoms. Ber. dtsch. ophthal. Ges. **36,** 214 (1910). ∼ Über die Natur des Trachomerregers. Dtsch. med. Wschr. **36,** 1076 (1910). Zit. n. B. Heymann. — **Heymann, B.:** Über die ,,Trachomkörperchen". Dtsch. med. Wschr. **35,** 1692 (1909). ∼ Über die Fundorte der Prowazekschen Körperchen. Berl. klin. Wschr. **47,** 663 (1910). ∼ Mikroskopische und experimentelle Studien über die Fundorte der v. Prowazek-Halberstädterschen Körperchen. Klin. Mbl. Augenheilk. **49/I,** 417 (1911). — **Howard, W.A.:** Inclusion blennorrhea. J. Pediat. **12,** 139 (1938). — **Huntemüller, N.,** u. **R. Paderstein:** Chlamydozoenbefunde bei Schwimmbadconjunctivitis. Dtsch. med. Wschr. **39,** 63 (1913).

Ishihara, S.: Etiology of trachoma and the relation between trachoma and inclusion blennorrhea. Tokio 1941 und Acta soc. ophthal. jap. **44,** 2002 (1940).

Jones, B. R.: Ocular syndromes of tric virus infection and their possible genital significance. Brit. J. vener. Dis. **40**, 3 (1964). — **Jones, B. R., L. H. Collier**, and **C. H. Smith**: Isolation of virus from inclusion blennorrhoea. Lancet **1959 I**, 902. — **Julianelle, L. A., R. W. Harrison**, and **A. C. Lange**: Studies on inclusion blennorrhea. Amer. J. Ophthal. **21**, 1230 (1938). — **Julianelle, L. A.**, and **A. C. Lange**: Studies on inclusion blennorrhea. Amer. J. Ophthal. **21**, 890 (1938).

Lindner, K.: Zur Trachomforschung. Z. Augenheilk. **22**, 547 (1909). ~ Übertragungsversuche von gonokokkenfreier Blennorrhoea neonatorum auf Affen. Wien. klin. Wschr. **22**, 1555 (1909). ~ Die freie Initialform der Prowazekschen Einschlüsse. Wien. klin. Wschr. **22**, 1697 (1909) und Albrecht v. Graefes Arch. Ophthal. **76**, 559 (1910). ~ Über den jetzigen Stand der Trachomforschung. Wien. klin. Wschr. **22**, 1742 (1909). ~ Zur Ätiologie der gonokokkenfreien Urethritis. Wien. klin. Wschr. **23**, 283 (1910). ~ Gonoblennorrhoe, Einschlußblennorrhoe und Trachom. Albrecht v. Graefes Arch. Ophthal. **78**, 245 (1911). ~ Über die Schwierigkeiten der Trachomforschung. Z. Augenheilk. **57**, 508 (1925). ~ Ist das Bacterium granulosis Noguchi der Erreger des Trachoms? Albrecht v. Graefes Arch. Ophthal. **122**, 391 (1929). ~ Infektionsversuche von Trachom mit Paratrachom des Neugeborenen (Einschlußblennorrhoe). Albrecht v. Graefes Arch. Ophthal. **133**, 479 (1935). ~ Trachom und Paratrachom. Wien. klin. Wschr. **48**, 1487 (1935)). ~ Trachoma. In: The eye and its diseases, p. 441. Philadelphia: C. Berens, W. B. Saunders Co. 1936. ~ Lehrbuch der Augenheilkunde. Wien-Innsbruck: Urban & Schwarzenberg 1952. ~ Ein halbes Jahrhundert Trachomforschung. Albrecht v. Graefes Arch. Ophthal. **160**, 321 (1958). — **Löhlein, W.**: Klinischer und experimenteller Beitrag zur Frage der Bedeutung der am Auge gefundenen Epitheleinschlüsse. Arch. Augenheilk. **70**, 392 (1912).

Macchiavello, A.: Revista Ecuatoriana de Hygiene (1944). Zit. n. L. Poleff (1954). — **Marchesani, O.**: Einschlußblennorrhoe (Paratrachom) des Erwachsenen. Z. Augenheilk. **88**, 164 (1936). — **Miraglia, T.**: Trachom und Rassenfaktor (1958). Zit. n. Zbl. ges. Ophthal. **77**, 64 (1959). — **Mitsui, Y.**: Studies on inoculated trachoma in newborn in comparison with inclusion blennorrhea. Acta soc. ophthal. jap. **43**, 2591 (1939). Zit. n. Zbl. ges. Ophthal. **47**, 205 (1942). ~ Etiology of trachoma. Amer. J. Ophthal. **32**, 1189 (1949). — **Mitsui, Y., K. Konishi, A. Nishimura, M. Kajima, O. Tamura**, and **K. Endo**: Experiments in human volunteers with trachoma and inclusion conjunctivitis agent. Brit. J. Ophthal. **46**, 651 (1962).

Nataf, R., M. L. Tarizzo, and **B. Nabli**: Etudes sur le trachom. Bull. Wld Hlth Org. **29**, 95 (1963). Zit. n. Zbl. ges. Ophthal. **90**, 124 (1964).

Okamura, K., and **Y. Mitsui**: Relation between trachoma and genital tract. Acta soc. ophthal. jap. **44**, 972 (1940). — **Okamura, K., Y. Takano**, and **Y. Mitsui**: Comparison of trachoma with inclusion blennorrhoea. Acta soc. ophthal. jap. **44**, 958 (1940). ~ Relation between inclusion blennorrhea and genital tract. Acta soc. ophthal. jap. **44**, 1986 (1940).

Paderstein, R.: Was ist Schwimmbadconjunctivitis? Klin. Mbl. Augenheilk. **74**, 634 (1925). — **Pages, R., N. Paque**, and **Y. Dernoncourt**: De la présence d'inclusions etc. Bull. WHO (1952). Zit. n. L. Poleff. — **Poleff, L.**: Die neuen Ergebnisse der experimentellen Trachomforschung. Zbl. ges. Ophthal. **61**, 1 (1954). — **Prowazek, St. v.**: Chlamydozoa. Arch. Protistenk. **10**, 335 (1907). Zit. n. K. Stargardt. — **Prowazek, St. v.**, u. **L. Halberstädter**: Über Zelleinschlüsse parasitärer Natur beim Trachom. Arb. dtsch. Ges.-Amt Berlin **26**, 1 (1907). Zit. n. K. Stargardt.

Rieger, H.: Erkrankungen der Bindehaut. In: Der Augenarzt (K. Velhagen, Hgg.), Bd. 3. Leipzig: Georg Thieme 1960. — **Rohrschneider, W.**: Statistisches zur Berliner Schwimmbadconjunctivitisendemie. Z. Augenheilk. **59**, 126 (1926). ~ Die Schwimmbadconjunctivitis und ihr endemisches Auftreten in Berlin. Klin. Mbl. Augenheilk. **76**, 619 (1926).

Schmeichler, L.: Aussprachebemerkung zu K. Lindner: Demonstration von Prowazekschen Einschlüssen. Z. Augenheilk. **22**, 271 (1909). ~ Über Chlamydozoenbefunde bei nicht gonorrhoischer Blennorrhoe der Neugeborenen. Berl. klin. Wschr. **46**, 2057 (1909). — **Seligmann, E.**: Zur Hygiene der Hallenschwimmbäder. Unter besonderer Berücksichtigung der Schwimmbadconjunctivitis. Z. Hyg. Infekt.-Kr. **98**, 22 (1922). — **Soeltz-Szöts, J.**: Zum Problem der unspezifischen Urethritis. Wien. med. Wschr. **111**, 705 (1961). — **Stargardt, K.**: Epithelzellen von akutem Trachom mit Prowazek-Halberstädterschen Körperchen. Ber. dtsch. ophthal. Ges. **35**, 329 (1908). ~ Über Epithelzellenveränderungen beim Trachom und anderen Conjunctivalerkrankungen. Albrecht v. Graefes Arch. Ophthal. **69**, 525 (1909).

Thygeson, Ph.: The etiology of inclusion blennorrhea. Amer. J. Ophthal. **17**, 1019 (1934). ~ The limbus and cornea in experimental and natural human trachoma and inclusion conjunctivitis. Ann. N. Y. Acad. Sci. **98**, 201 (1962). Zit. n. Zbl. ges. Ophthal. **92**, 110 (1964). — **Thygeson, Ph.**, and **W. L. Mengert**: The virus of inclusion conjunctivitis. Arch. Ophthal. **15**, 377 (1936). — **Thygeson, Ph.**, and **W. Stone**: Epidemiology of inclusion conjunctivitis. Arch. Ophthal. **27**, 91 (1942). — **Tilden, E. B.**, and **S. R. Gifford**: Filtration experiment with the virus of inclusion blennorrhea. Arch. Ophthal. **16**, 51 (1936).

Wolfrum, M.: Trachombefunde im Ausstrich und im Schnitt. Klin. Mbl. Augenheilk. **47**, II, 411 (1909). ~ Über Einschlußerkrankungen der menschlichen Bindehaut. Ber. dtsch. ophthal. Ges. **36**, 207 (1910).

IV. Krankheiten durch Coxiella

Q-Fieber

Von HANS LÖFFLER, Basel

Mit 7 Abbildungen

I. Definition

Das Q-Fieber ist eine durch Rickettsien verursachte Zoonose von weltweitem Vorkommen. Der Erreger, Coxiella burneti, hat ein — im Vergleich zu anderen Rickettsien — breites Wirtsspektrum unter Einbezug von Zecken, Beuteltieren, wild lebenden Nagern, Vögeln und Haustieren.

Die menschlichen Infektionen kommen in der Regel aerogen zustande, entweder auf Grund eines direkten Kontaktes mit Kühen, Ziegen, Schafen, oder indirekt durch erregerhaltigen Staub, seltener alimentär durch Milch. Der unter natürlichen Bedingungen infizierte Mensch ist nur ganz ausnahmsweise ansteckend. Menschliche Infektionen führen nur in etwa 50 % zu klinischen Erscheinungen. Das Q-Fieber des Menschen ist fast immer gutartig, die Letalität weit unter 1 %. Neben der plötzlich erscheinenden und 1—2 Wochen dauernden erhöhten Temperatur ist das eindrücklichste Symptom für den Arzt die sog. atypische Pneumonie, für den Patienten aber der Kopfschmerz. Im Gegensatz zu anderen Rickettsiosen fehlen Exanthem und Agglutinine gegen B. Proteus. Die Krankheit spricht auf Breitbandantibiotica sehr gut an.

Verschiedene, namentlich im Zusammenhang mit der „Naturgeschichte", bzw. der Phylogenie und Epidemiologie stehende Probleme sind noch in der Schwebe, so z. B. die Taxonomie der C. burneti, die ursprünglichen Wirte bzw. Reservoire, die Bedeutung der Zecken und der Vögel in der Infektionskette, der Ablauf des Vermehrungscyclus, die biochemische Aktivität, die mangelnde Ansteckungsfähigkeit des erkrankten Menschen, der Virulenzwechsel, die Erfassung geringer Immunitätsgrade, die Impfprophylaxe usw.

Wenn auch das Q-Fieber von DERRICK schon 1937 als klinische und ätiologische Einheit konzipiert wurde, so bleiben doch nach 30 Jahren so viele Punkte unerklärt, daß noch heute die seinerzeit wahrscheinlich als provisorisch gedachte Bezeichnung „(Q-) Query- oder Fragezeichen-Fieber" ihre Berechtigung und Aktualität nicht eingebüßt hat.

II. Geschichte

(inkl. *Taxonomie* und *Epidemiologie* I.)

Sir RAPHAEL CILENTO stand im August 1935 unter einem glücklichen Stern. Als er in seiner Eigenschaft als Generaldirektor des Gesundheitsamtes von Queensland von den Ärzten Dr. LEDGER, Dr. LITTLE und bald darauf von Dr. DELANAY und Dr. LYNCH auf das gehäufte Vorkommen einer fieberhaften Erkrankung unter dem Personal eines Schlachthauses in Brisbane aufmerksam gemacht wurde, beauftragte er Dr. E. M. DERRICK, den Chef seines Mikrobiologisch-Pathologischen Laboratoriums, mit der Abklärung. 2 Jahre später, am 21. August 1937, erschien im Medical Journal of Australia die Arbeit DERRICKs: „Q-fever, a new fever entity; clinical features, diagnosis and laboratory investigations".

An dieser beispielhaften Synthese klinischer und mikrobiologischer Untersuchungen erscheint uns heute vielleicht die Vollständigkeit der Beobachtungen am erstaunlichsten. Das Krankheitsbild war gekennzeichnet durch akuten Beginn, starke Kopfschmerzen, Fieber zwischen 39—40° C, profuse Schweiße, gutartigen Verlauf. Eine bakterielle Ätiologie wurde ausgeschlossen, desgleichen die Zugehörigkeit zu den Leptospirosen und den bekannten Rickettsiosen, letzteres wegen Fehlens eines Exanthems, von Proteus-Agglutininen und einer Skrotalreaktion der Meerschweinchen. Durch die Injektion von Patientenblut, aber auch von Urin in die Bauchhöhle des Meerschweinchens wurde eine vorübergehende fieberhafte Reaktion des Tieres hervorgerufen, die eine eindeutige spezifische Immunität hinterließ. Das infektiöse Agens ließ sich durch Blut oder Organsuspensionen von Meerschweinchen beliebig lang weiterpassieren; die Infektiosität von Leberemulsionen blieb bei +5° C während mindestens 20—47 Tagen erhalten. DERRICK erwähnte die Beschränkung seiner Fälle auf Arbeiter, die beruflich mit Schlacht- oder Milchvieh zu tun hatten; trotz klinischer Ähnlichkeit mit der Influenza war das epidemiologische Verhalten ganz anders, indem innert 2 Jahren, von 1933—1935, von 800 Schlachthausangestellten nur etwa 20 erkrankten. Die Bevorzugung des männlichen Geschlechts durch das Q-Fieber blieb nicht unbeachtet. Auch die Sulfonamidresistenz des Meerschweinchen-Q-Fiebers wurde von DERRICK bereits mitgeteilt.

Der Artikel von DERRICK war unmittelbar von einer ergänzenden Arbeit von BURNET und FREEMAN gefolgt; sie stellte das Resultat einer engen Zusammenarbeit des kleineren Laboratoriums in Brisbane mit dem größeren in Melbourne dar. Während im Meerschweinchen sowohl DERRICK als auch BURNET u. Mitarb. keinen Erreger sehen konnten, war BURNET mit einem anderen Versuchstier erfolgreich. Weiße Mäuse, die mit Lebersuspension infizierter Meerschweinchen oder Blut kranker Menschen intraperitoneal injiziert wurden, machten eine klinisch inapparente Infektion durch, zeigten aber eine vergrößerte blasse Milz. Die gefärbten Ausstriche der Pulpa, nicht aber der Keimzentren, ließen einzelne, unregelmäßig im Gewebe verteilte intracellulär gelegene, meist scharf begrenzte Mikrokolonien pleomorpher Stäbchen von weniger als 1 μ Länge und etwa 0,3 μ Dicke erkennen. Die gleichen Stäbchen fanden sich auch in den Kupfferschen Zellen der Leber. Peinlich genau wurde immunologisch die Identität der in den Mäusen nachweisbaren Mikroorganismen mit jenen des Meerschweinchen-, bzw. Menschen-Q-Fiebers geprüft. Das infektiöse Agens ließ sich durch Gradocal-Membranen von 0,7 μ mittlerem Porendurchmesser filtrieren, das Filtrat war allerdings in seiner Infektiosität erheblich reduziert.

Trotz einiger Bedenken reihten BURNET und FREEMAN den Erreger des Q-Fiebers unter die Rickettsien, vor allem wegen der Morphologie und der Unmöglichkeit, ihn auf bakteriologischen Medien zur Vermehrung zu bringen. Neben dem *Nachweis der Erreger* konnten BURNET und FREEMAN auch als erste die *Antikörper in vitro* nachweisen. Im Verlauf der Infektion stieg im Affen- und im Meerschweinchenblut der Gehalt an Agglutininen gegen die aus Mäusemilzen gewonnenen Rickettsien. Die Infektion von Affen bewirkte auch ein fieberhaftes Krankheitsbild, diejenige von Ratten verlief inapparent, während auf der Chorionallantois-Membran des Hühnerembryos der Erreger mindestens überleben konnte.

Die beiden Arbeitsgruppen von DERRICK und von BURNET bemühten sich schon früh gemeinsam um die Aufklärung der epidemiologischen Zusammenhänge des Q-Fiebers. Bereits im September 1938 berichtete BURNET über das Vorkommen der Infektion in einem kleinen Beuteltier (*Bandicoot*), wo er ein Reservoir vermutete und erwog gleichzeitig die mögliche Rolle von Arthropoden als Vektoren, so z. B. beim Zustandekommen einer in seinem Laboratorium unabsichtlich vorgekommenen *Infektion unter dem Personal*; die zuallererst geäußerte Vermutung, es könnte sich um die Mäusemilbe (Lyponissus bacoti) handeln, ließ sich allerdings nicht bestätigen (BURNET und FREEMAN, 1939; SMITH, BROWN und DERRICK).

Einen völlig anderen Ausgangspunkt als die australischen *Untersuchungen* hatten die *amerikanischen*, indem sie nicht den für die Erforschung der Infektionskrankheiten klassischen Weg von der Klinik ins Laboratorium nahmen, sondern im Rocky Mountain Laboratory, Hamilton, Montana, begannen und dann auf eigentümliche Weise den Anschluß an die Klinik fanden.

In beiden Ländern hatten die Untersuchungen *1935* begonnen. Die ersten australischen Arbeiten, auf welche die amerikanischen Arbeiten übrigens Bezug nahmen, waren 14 Monate früher erschienen; andererseits warteten die Amerikaner mit einer interessanten Rückblendung ins Jahr 1926 auf. NOGUCHI (Rockefeller Institute, New York) hatte im *Dermacentor andersoni*, der Waldzecke der Rocky Mountains, ein infektiöses Agens nachgewiesen, das in Meerschweinchen — sowohl durch Ansetzen der Zecken als auch durch Injektion von suspendierten Zeckendärmen ein fieberhaftes Krankheitsbild mit Milzvergrößerung hervorrief, bei dem Spotted fever ausgeschlossen wurde und das weitgehend demjenigen entsprach, welches DERRICK mit Q-Fieber-Rickettsien erzeugt hatte.

NOGUCHI erwähnte die mit zunehmender Verdünnung parallel gehende Verlängerung der Inkubationszeit. Die Übertragung der Infektion von Meerschweinchen auf Meerschweinchen durch Vermittlung von Blut, aber auch von Zecken war möglich; in einem Rhesus-Affen konnte Fieber erzeugt werden; das infektiöse Agens ließ sich durch bakteriendichte Berkefeld-N-Filter passieren und wurde von NOGUCHI als Virus bezeichnet. In einer Beziehung besteht ein Widerspruch zwischen dieser Arbeit von 1926 und den späteren Veröffentlichungen über den Erreger des Q-Fiebers; NOGUCHI gab nämlich an, er habe das Virus in einem — von ihm nicht näher definierten — verschiedene Kohlenhydrate enthaltenden Medium über 7 Passagen weiterzüchten können, räumte allerdings die Möglichkeit ein, daß der Infektionsstoff über die Passagen einfach mitgeschleppt und schließlich ausverdünnt wurde.

Am 30. Dezember 1938 erschienen unter dem Sammeltitel „A filterpassing infectious agent isolated from ticks" vier Artikel in den Public Health Reports. Die erste Arbeit von DAVIS und COX enthielt im wesentlichen nichts anderes als eine Wiederentdeckung und Bestätigung der 12 Jahre lang verschütteten Ergebnisse von NOGUCHI, mit dem graduellen Unterschied, daß im Tierversuch ein Teil der Meerschweinchen die Infektion nicht überlebte.

Die zweite Arbeit von PARKER — dem Direktor des Rocky Mountain Laboratory, der schon 1926 NOGUCHI die Zecken geliefert hatte — ergab eine wesentliche Ergänzung der Befunde von NOGUCHI, indem er nachwies, daß das infektiöse Agens, welches von Zeckenlarven mit Blut aufgenommen wurde, während des Nymphen- und des adulten Stadiums überleben und über die Eier auf die Nachkommenschaft weitergegeben werden konnte. Mit der dritten Arbeit von COX wurden die Kenntnisse über diesen für Meerschweinchen pathogenen Erreger erweitert; während BURNET und FREEMAN in Mäusen, nicht aber in Meerschweinchen intracellulär gelegene, pleomorphe Organismen sahen, konnte COX diesen an sich eher unerwarteten Befund dahingehend ergänzen, als er die Rickettsien auch in Meerschweinchen, zuerst im Peritonealexsudat, dann in der Milz und der Tunica demonstrierte. Die Möglichkeit der Züchtung des Erregers in vitro stellte er — im Gegensatz zu NOGUCHI — nachdrücklich in Abrede.

Man hat den bestimmten Eindruck, daß die Arbeiten von DAVIS, PARKER und COX primär völlig unabhängig von den australischen begonnen worden waren; auch der Zusammenhang mit NOGUCHI dürfte erst nachträglich wieder festgestellt worden sein. In der vierten Arbeit der ersten amerikanischen Serie, jener von DYER, wurde nun eine zwar solide, aber eigentümlich schmale Brücke über den Pazifik geschlagen.

Die näheren Umstände dieses Brückenschlages finden wir teilweise in der von Cox 1951 gehaltenen 3. Ricketts Award Lecture geschildert (Cox, 1952). DYER besuchte im Mai 1938 das Laboratorium in Montana und zwar in erster Linie, um die aus dem Felsengebirge nach Washington gelangte Kunde zu prüfen, wonach die von Cox inaugurierte Methode der Züchtung von Rickettsien im Dottersack (Cox, 1939) eine Ausbeute ergab, welche jene in verschiedensten Zellkulturen — wie sie auch Burnet (1938) versucht hatte — weit in den Schatten stellte (Cox, 1940). Primär hatte Cox diese Züchtungsmethode im Hinblick auf einen Impfstoff gegen Rocky Mountain Spotted Fever entwickelt und sich im 2. Weltkrieg dann mit der nach dieser Technik gewonnenen Fleckfiebervaccine größte Verdienste erworben; bei den ersten erfolgreichen Versuchen benützte er bemerkenswerterweise den *Erreger des* sog. *„Nine Mile"-Fiebers*, d. h. einen Organismus, der später einer der in den Laboratorien der ganzen Welt am häufigsten verwendeten Stämme des Q-Fieber-Erregers werden sollte. Dieses infektiöse Agens wurde aus 200 Stück Dermacentor andersoni gewonnen, die 1935 bei Nine Mile Creek in Montana gesammelt worden waren; mit Hilfe des Nine Mile-Stammes waren die bereits erwähnten drei ersten amerikanischen Arbeiten gemacht worden, zur vierten Arbeit kam es aber, weil Dyer 10 Tage nach Beendigung seines viertägigen Aufenthaltes im Laboratorium von Cox selber eine fieberhafte Krankheit bekam, die ihn während 14 Tagen zum Aussetzen der Arbeit zwang. Blut, das ihm am 8. Krankheitstag entnommen wurde, erzeugte in Meerschweinchen eine febrile Reaktion; das sog. *X-Virus* konnte auf diesem Tier weiter passiert werden. Blut, das er in der Rekonvaleszenz spendete, schützte die Meerschweinchen vor der Infektion. Nachträglich konnte Dyer im Tierversuch eine gekreuzte Immunität zwischen seinem X-Virus und dem Nine Mile-Virus von Cox feststellen.

Dyer hatte andererseits mit dem ihm von Burnet geschickten Erreger des Q-Fiebers gearbeitet, zuletzt 4 Wochen bevor er nach Montana fuhr, bzw. 6 Wochen vor Beginn seiner Erkrankung. Gegen eine Erkrankung Dyers an australischem Q-Fieber sprachen das 6wöchige Intervall, da Derrick eine längstmögliche Inkubation von 2 Wochen angab, und die nur beim X-Virus beobachtete Letalität der Meerschweinchen. Den australischen Stamm selber hatte Dyer verloren, aber fünf Tiere, die früher mit australischem Q-Fieber-Rickettsien infiziert worden waren, erwiesen sich immun gegen den bei ihm selber isolierten Erreger. Damit hatte Dyer nicht nur die *Identität des „X-Virus" mit dem „Nine Mile-Virus"* bewiesen — sondern — was bedeutungsvoller ist — die *Menschenpathogenität* dieser in den USA isolierten Rickettsien erkannt und deren sehr nahe Verwandtschaft mit der australischen Q-Fieber-Rickettsie. Der amerikanische Stamm zeigte gegenüber Versuchstieren eine größere Virulenz als der australische; die von Dyer beobachtete immunologische Einheitlichkeit dieser Rickettsienspecies konnte aber von ihm in späteren Untersuchungen vollauf bestätigt werden, desgleichen von Burnet und Freeman (1939), von Cox (1940) u. a.

An dieser Stelle sei ein Wort zur *Systematik und Nomenklatur* gesagt: Wie Dyer (1949) auf Grund einer persönlichen Information von Derrick und Burnet mitteilte, war die erste Bezeichnung der Krankheit *Schlachthausfieber (abattoir fever)*. Dieser Ausdruck wurde bald fallengelassen, und zwar weil die Entdecker das Publikum nicht ängstigen und die fleischverwertende Industrie nicht gegen sich aufbringen wollten und weil sich herausstellte, daß die Krankheit auch auf Farmbetrieben vorkam. Die neue klinische Einheit wurde von Derrick in seiner ersten Arbeit als *Q-Fever* bezeichnet. Da er diesen eigentümlichen Namen vorerst nicht weiter begründete, war es begreiflich, im „Q" eine Abkürzung von Queensland zu sehen; erst später stellte sich heraus, daß Derrick, weil er keinen geeigneten lateinischen oder griechischen Namen fand, Q für Query = Fragezeichen gesetzt hatte; ob diese Bezeichnung primär als provisorisch gedacht war oder nicht, sei dahingestellt. Jedenfalls machte niemand Derrick „seine" Krankheit streitig, wohl aber die Bezeichnung ihres Erregers.

Am 7. Januar 1939 schlug Derrick den Namen *„Rickettsia burneti"* vor. Am 6. Oktober 1939 brach Cox (1939) — wegen der, übrigens nicht von ihm zuerst beschriebenen Filtrierbarkeit durch bakterienundurchlässige Filter — den Namen *„Rickettsia diaporica"* in Vorschlag. Da die immunologische Zusammengehörigkeit des amerikanischen und australischen Stammes damals schon weitgehend gesichert war, ist das Vorgehen von Cox vielleicht damit zu erklären, daß er die Arbeit von Noguchi in Erinnerung rufen wollte, der höchst wahrscheinlich — wenn auch nicht bewiesenermaßen — schon 1926 diese Rickettsie in der Hand hatte.

1943 hat PHILIP in der Familie der Rickettsiaceen nur ein Genus (Rickettsia), aber drei Subgenera unterschieden:

1. *Rickettsia* (Beispiel einer Species: R. provazeki);
2. *Dermacentroxenus* (Beispiel einer Species: D. rickettsi);
3. *Coxiella* (Einzige Species: C. burneti).

In Bergey's Manual (1948) wurde von BENGTSON die Familie der Rickettsiaceen in drei Genera unterteilt:

1. *Rickettsia* (Beispiel einer Species: R. provazeki);
2. *Coxiella* (Einzige Species: C. burneti);
3. *Cowdria* (Beispiel einer Species: C. ruminantium).

Eine Abtrennung des Q-Fieber-Erregers von den früher bekannten Rickettsien rechtfertigte sich aus mehreren Gründen, die bereits in den wenigen bis anhin besprochenen Arbeiten aus den Jahren 1937—1939 zum Ausdruck kamen: Fehlen eines Exanthems und von B. Proteus-Antikörpern; Übertragungsmöglichkeit auch ohne Zwischenwirt — damals sehr wahrscheinlich, heute sicher; Filtrierbarkeit der Erreger. Im folgenden werden wir die von PHILIP eingeführte, nicht unbedingt nötige (siehe WEYER, 1953), aber sachlich einigermaßen belegbare und heute am meisten benützte Bezeichnung *Coxiella burneti* verwenden.

Wir folgen dem Vorschlag PHILIPs mehr aus „Konformismus" dem Sprachgebrauch gegenüber als aus Überzeugung. Wenn wir Nomenklaturbestrebungen nicht in jedem Fall für überflüssig halten, so ist ihnen gegenüber häufig eine gewisse Zurückhaltung angebracht — hier vor allem, weil das Vorgehen des als Linné der Rickettsien auftretenden Entomologen bei näherem Zusehen gelegentlich der Willkür keineswegs entbehrte, und andererseits unsere effektiven Kenntnisse über die Rickettsien durch sein Eingreifen nicht bereichert wurden, hat er doch z. B. die wohlbegründete und anerkannte Bezeichnung „R. mooseri" durch „R. typhi-Philip" ersetzen wollen (PHILIP, 1943).

DYER konnte Ende 1938 die australischen mit den amerikanischen Ergebnissen in enge Beziehung bringen, so daß auch das „X-Virus", bzw. das „Nine Mile-Virus" keine „Rickettsia in search of disease" mehr blieben. Es kam damals bis zu einem gewissen Grade zu einer Überkreuzung der Forschungsrichtungen, indem sich während einiger Jahre die australischen Untersucher hauptsächlich um epidemiologische Fragen wie Reservoire und Vektoren bemühten, während in den USA mehr klinische Beobachtungen in den Vordergrund traten.

DERRICK und seine Mitarbeiter fanden die C. burneti in der Zecke *Haemaphysalis humerosa* (SMITH und DERRICK), aber auch in einem der drei Wirte dieser Zecken, einem kleinen Marsupialier, dem Beuteldachs (*Bandicoot*, Isoodon torosus, Ramsay), der auf der Brisbane vorgelagerten Moreton Insel in großer Zahl vorkommt (DERRICK und SMITH). Auf Grund der Agglutinine konnte der Durchseuchungsgrad der Bandicoots bestimmt werden, welcher auf der Insel 34 %, auf dem australischen Festland höchstens 4 % betrug; außerdem waren die Tiere auf der Insel viel stärker verzeckt (s. Abb. 1).

Es ist bemerkenswert, wie unvoreingenommen in dieser Artikelserie von 1940 das Problem der Infektkette beurteilt wurde (FREEMAN, DERRICK u. Mitarb.). Eine militärische Einheit hatte 1939 während 11 Tagen ihr Zeltlager und ihre Übungsplätze im Busch der Moreton Insel, also einem von Bandicoots und ihren Parasiten dicht besiedelten Gebiet; keiner der 186 Soldaten wies nachher Antikörper gegen C. burneti auf. Als Vektor für die Infektion des Menschen schien die Zecke also kaum in Betracht zu fallen.

Nachdem schon in DERRICKs erster Publikation das Q-Fieber den Eindruck einer Berufskrankheit von Schlachthof- und Viehfarm-Personal machte, konnten bei diesen Arbeitern nicht nur der häufig, vielleicht in etwa der Hälfte aller Infektionen vorkommende, klinisch latente Verlauf festgestellt werden, sondern auch erstmals Antikörper im Serum einer Kuh gefunden werden.

Als *natürliches Reservoir* der C. burneti stand in Australien der Bandicoot weit
im Vordergrund; die Rickettsie ließ sich auch aus einigen anderen Tieren, Nagern
und Beuteltieren, isolieren. Als noch viel breiter erwies sich aber das *experimentelle*

Abb. 1. Beuteldachs oder Bandicoot — Isoodon torosus, weibl. (Photographie von E. H. DERRIK, Presse méd. 81,
1947)

Infektionsspektrum, d. h. als potentielle Reservoire kamen noch viele andere Tier-
spezies in Frage (DERRICK, SMITH und BROWN, 1940), als potentielle *Vektoren* z. B.
die sowohl auf Bandicoots als auch auf Menschen lebende *Zecke* Ixodes holocyclus
(SMITH, 1942a) oder die auf Kühen lebende Zecke Haemaphysalis bispinosa.

Unterdessen gelang in den USA der Nachweis der C. burneti — Cox hielt vorerst an seiner Bezeichnung „Rickettsia diaporica" fest — auch in anderen amerikanischen Zecken, so in Dermacentor occidentalis und in Amblyomma americanum
durch PARKER (Cox, 1940; PARKER, 1943).

Cox, der in Dottersackkulturen nicht nur eine Vaccine, sondern auch ein verbessertes Antigen für Agglutinationsreaktionen gewinnen konnte, bestimmte damit die Antikörper in 19 von
72 Patientenseren, die ihm von Ärzten eingesandt wurden; dazu bemerkte er, daß in allen bis
auf einen der Fälle ein Zeckenbiß in der Anamnese festgestellt worden sei (Cox, 1940). Offenbar
war in den USA die Idee von der Unerläßlichkeit eines Arthropodenvektors bei Rickettsiosen
so vorherrschend, daß es unterlassen wurde, Angaben über den Beruf dieser Patienten und
über ihr Krankheitsbild zu machen; auch ein allfälliges Warmblüterreservoir, aus welchem die
Zecken ihre Rickettsien beziehen könnten, wurde nicht erwähnt. Gerade im Hinblick auf diese
im Grunde vorwiegend technisch orientierten amerikanischen Arbeiten müssen wir dem Weit-
blick der Australier unsere besondere Bewunderung zollen. Auch FREEMAN, DERRICK und ihre
Mitarbeiter waren auf Zeckenjagd; es entging ihnen dabei aber nicht, daß in der Anamnese
von Q-Fieberpatienten der Beruf offenbar viel entscheidender war als der Zeckenbiß.

Eine weitere technische Verbesserung diagnostischer Methoden brachte gegenüber der Agglutination die von IDA BENGTSON (1941) eingeführte *Komplementbindungsreaktion* mit einem nach der Methode von CASTANEDA hergestellten Dotter-
sack-Antigen.

Die *Bedeutung der aerogenen Infektion* wurde den amerikanischen Forschern
erst bewußt, als bei einer Laboratoriumsinfektion in einem Gebäude des National
Institute of Health (NIH) 1940 explosiv 15 Fälle von Q-Fieber auftraten, wovon
ein Fall mit tödlichem Ausgang.

Auffälligerweise blieben die Mitarbeiter der Rickettsien-Abteilung verschont (DYER, 1940,
1949). Cox (1952) liefert hierzu einen interessanten Hinweis: Die Personen, welche sich hauptsächlich mit Rickettsien befaßten, waren alle gegen Rocky Mountain Spotted Fever geimpft;
die Vaccine enthielt Zeckengewebe, die Zecken aber waren offenbar — bevor in ihnen absicht-
lich die Rickettsia rickettsi zur Vermehrung gebracht wurde — natürlicherweise von C. burneti
(bzw. R. diaporica) besiedelt worden. Es war Cox nämlich experimentell möglich, Zecken
doppelt zu infizieren und aus ihnen einen hochwertigen Impfstoff gegen beide Krankheiten
herzustellen.

Bei diesem von HORNIBROOK und NELSON klinisch untersuchten lokalisierten Ausbruch wurde erstmals auf das diagnostisch äußerst wichtige *Lungeninfiltrat* hingewiesen, ein Symptom, das sogar von den gründlichen australischen Untersuchern übersehen worden war. Die bei jedem der 15 Patienten festgestellte zentrale Pneumonie wäre unerkannt geblieben, wenn man auf die radiologische Untersuchung verzichtet hätte. DERRICK (1937) erwähnte nur bei einem seiner 9 ersten Fällen Rhonchi in beiden Lungen und eine leichte Dämpfung über der rechten Basis, sowie bei drei weiteren Patienten leichten Husten; zweifellos waren diese Patienten nicht radiologisch untersucht worden.

Außer der Mitteilung über einige sporadische Fälle in Montana, und zwar ebenfalls mit Pneumonitis (HESDORFFER und DUFFALO), erscheinen bis zum Ende des 2. Weltkrieges wenig Arbeiten über Q-Fieber, zum mindesten unter dieser, d. h. der „korrekten" Bezeichnung. In der ersten Arbeit von englischer Seite beschrieb FINLAY (1942) die experimentelle Erzeugung von interstitiellen Pneumonien in Mäusen durch intranasale Inoculation des australischen und des amerikanischen (Nine Mile-) Stammes; die Infektion war nicht tödlich und erinnerte histologisch an die durch Fleckfieber-Rickettsien erzeugten Läsionen.

Die Spärlichkeit der Publikationen über Q-Fieber von 1943 bis und mit 1945 war zweifellos kriegsbedingt. Immerhin erwähnt BAYNE-JONES, daß auf Grund der bedeutenden Studien von MAC LEOD und DINGLE über primär atypische Pneumonien, von 1942 an in sanitätsdienstlichen Weisungen der amerikanischen Armee auch Q-Fieber differentialdiagnostisch in Erwägung gezogen wurde. Es war dann aber ausgerechnet das Kriegsgeschehen, welches zu einer neuen Blüte der Q-Fieberforschung führte.

Wie die „Klassik" (DERRICK, BURNET, DAVIS, COX, PARKER), so schöpfte auch diese „Renaissance" aus zwei unabhängigen Quellen, die allerdings, ähnlich wie seinerzeit durch DYER, wieder mittels eines ganz dünnen Kanals kommunizierten. Die ältere dieser auf dem *Mittelmeerraum* basierenden Quellen ist deutsch. Militärärzte beobachteten seit Frühjahr 1941 auf dem Balkan Epidemien begrenzten Ausmaßes bei der Truppe, so BECKMANN in Rumänien (1941), WEILER in Griechenland (1941), HIRT und BAUER in Serbien (1941), DENNING in Griechenland und Bulgarien (1941, 1942), IMHÄUSER in Serbien (1943), MEYTHALER u. a., wobei der Krankheit verschiedene geographisch bedingte Namen gegeben wurden, von denen „*Balkangrippe*" der gebräuchlichste wurde.

Analoge Beobachtungen wurden auch in anderen Ländern bzw. Armeen gemacht, so in der *Schweiz* von GSELL und ENGEL (1942), von HAEMIG und HEYDEN (1942), von ROCH, ALPHONSE und LÖFFLER (1947) u. a. Was allen diesen Autoren auffiel, war der heftige Kopfschmerz, Fieber von 39—40° C von etwa einer Woche Dauer, geringer physikalischer Lungenbefund bei einem oder mehreren röntgenologisch deutlich erkennbaren bronchopneumonischen Herden, Resistenz gegen Sulfonamide und fehlende Letalität. Eine weitgehende ätiologische Aufklärung solcher Fälle in Europa gelang vor Ende des Krieges einzig HERZBERG. Er erhielt 1944 von IMHÄUSER, der in Athen mit CAMINOPETROS zusammenarbeitete, infizierte Meerschweinchen. CAMINOPETROS hatte Blut erkrankter Soldaten Meerschweinchen intrapulmonal injiziert, worauf das infektiöse Agens durch Passagen in diesen Tieren erhalten werden konnte. HERZBERG erkannte die *Filtrierbarkeit des Erregers* durch bakteriendichte Filter; es gelang ihm auch dessen mikroskopische Darstellung im Mäuselungen-Tupfpräparat. Auf Grund morphologischer Kriterien dachte HERZBERG an Rickettsien, auf Grund biologischer Kriterien eher an ein Virus.

Soweit war man auf deutscher Seite gekommen, bevor eine Verbindung mit der angelsächsischen Q-Fieber-Forschung hergestellt wurde. Obwohl die australische und amerikanische Literatur der Jahre 1937—1939 auch auf unserem Kontinent zur Verfügung stand, wurde aber die Identität des Balkanfiebers und anderen, epidemisch vorkommenden atypischen Pneumonien mit dem Q-Fieber von europäischen Autoren erst nach Kriegsende erkannt.

Der Brückenschlag vom Balkan zu den Amerikanern erfolgte im Dezember 1944 durch den bereits erwähnten CAMINOPETROS in Athen.

Damals, mitten im griechischen Bürgerkrieg, kam Captain ZARAFONETIS von der USA
Typhus Commission nach Athen und nahm dort Kontakt auf mit CAMINOPETROS, dem Abteilungsleiter für experimentelle Medizin im griechischen Institut Pasteur. CAMINOPETROS berichtete dem amerikanischen Offizier über die in der deutschen Armee und auch bei der Zivilbevölkerung aufgetretenen Ausbrüche von Bronchopneumonie. Er übergab ZARAFONETIS ein
zugeschmolzenes Röhrchen mit Citratblut eines Meerschweinchens und teilte ihm mit, er habe
1943 Blut oder Sputum mehrerer Patienten mit „Balkangrippe" auf Meerschweinchen intrapulmonal verimpft und das infektiöse Agens in diesem Tier passiert, einen Stamm über 20
Passagen während 15 Monaten. Diese *Blutprobe* gelangte nun auf einem abenteuerlichen Weg
innert 5 Monaten über Kairo, Washington schließlich bis im Mai 1945 nach Fort Bragg zu
DINGLE, der C. burneti feststellte, und zwar überraschenderweise einen Stamm von solcher
Infektiosität, daß es zu mehreren unbeabsichtigten Laboratoriumszwischenfällen kam (Commission on Acute Respiratory Diseases).

Im Juli 1946 erschien im American Journal of Hygiene eine aufsehenerregende
182 Seiten starke Serie von zwölf Artikeln, welche der Q-Fieber-Forschung einen
starken Auftrieb gab. Die Autoren waren: ROBBINS, RAGAN, GAULD, WARNER,
RUSTIGIAN, SNYDER, SMADEL, FEINSTEIN, YESNER, MARKS; die Mitglieder der
Commission on Acute Respiratory Diseases in Fort Bragg, North Carolina: DINGLE
(Leiter), ABERNETHY, BADGER, BEARD, CRESSY, FELLER, GORDON, LANGMUIR,
RAMMELKAMP und STRAUSS; die Mitarbeiter des National Institute of Health,
Bethesda: TOPPING, SHEPARD und HUEBNER, sowie CHENEY und GEIB, damals in
Panamá. Ausgangspunkt für die amerikanischen Untersuchungen war die im
Dezember 1944 in London von seiten des englischen Generalmajors BIGGAM
R.A.M.C. an Major DINGLE erfolgte Mitteilung über das Vorkommen lokalisierter

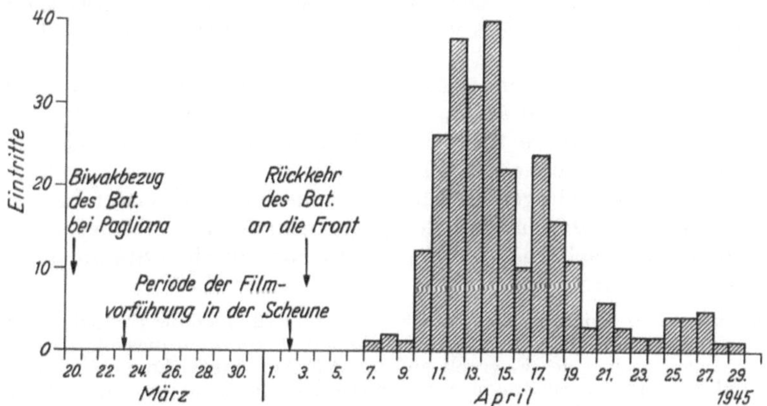

Abb. 2. Tägliche Spitalaufnahmen von Q-Fieber-Patienten im 3. Bat., 362. Inf. Regiment (ROBBINS, GAULD und
WARNER, 1944)

Ausbrüche „*atypischer Pneumonie*" *bei britischen Truppen, die im Mittelmeerraum*
stationiert waren. Das Krankheitsbild soll sich aber in mehreren Punkten von
jenem unterschieden haben, das in den Vereinigten Staaten als „primär atypische
Pneumonie" bezeichnet wurde. Im Februar 1945 konnte nun ein Ausbruch dieser
„neuen" Krankheit im 6. Bataillon des britischen Fallschirm-Regiments, das eben
aus Athen nach Italien verlegt worden war, von GAULD, ROBBINS und DINGLE
untersucht und als Q-Fieber identifiziert werden. Bis zum Juni 1945 wurden im
ganzen *8* gleichartig verlaufende, auf bestimmte *Truppenkörper der alliierten
Armee* beschränkte *Epidemien im Mittelmeerraum* beobachtet, wobei die Zahl der
gemeldeten Kranken jeweils zwischen *25* und *85* schwankte.

Eine größere Patientenzahl umfaßte nur die für das epidemiologische Verständnis besonders aufschlußreiche Episode beim 3. Bataillon des 362. Infanterie
Regiments der *US-Armee*. Der rund 900 Mann starke Truppenkörper bezog am

20. März 1945 Biwak *im nördlichen Apennin* in der Gegend des Städtchens Firenzuola, bzw. des Dorfes Pagliana nahe der Straße Florenz—Bologna. Es war eine Ausbildungsperiode eingeschaltet, die bis zum 3. April dauerte; die 5 Kompanien hatten im Turnus Lehrfilme anzusehen, welche in einer großen, eine ganze Einheit fassenden Scheune gezeigt wurden. Nachdem die Truppe sich bereits wieder in einem Kampfabschnitt befand, kam es zwischen dem 10. und 12. April in den einzelnen Kompanien gestaffelt zu explosiven Ausbrüchen von Erkrankungen, die vor allem als „atypische Pneumonie", seltener als „Fieber unbekannter Ursache" bezeichnet wurden (Abb. 2). In anderen Bataillonen des gleichen Regiments wurden nur 4 Fälle mit ähnlichem klinischen Verlauf gemeldet, und zwar ausgerechnet bei 4 Mann, die zusammen mit dem 3. Bataillon am 25. März in der Scheune waren. Wenn auch damals eine Übertragung des Erregers durch Arthropoden nicht völlig ausgeschlossen wurde, so erschien doch die *aerogene Infektion durch* erregerhaltigen *Staub* weitaus am wahrscheinlichsten.

Es erkrankten insgesamt 269 Mann, d. h. annähernd $^1/_3$ des Bestandes. Die ätiologische Diagnose „Q-Fieber" konnte damals durch 6 Erregerisolierungen aus Patientenblut und durch den Anstieg der komplementbindenden Antikörper in 30 Serumpaaren gestellt werden.

Nicht nur bei Laboratoriumsinfektionen (HORNIBROOK und NELSON), sondern auch unter „natürlichen" Bedingungen standen also die Atemwege als Eintrittspforte dieser Rickettsien weit im Vordergrund; es genügte augenscheinlich ein indirekter Kontakt mit dem tierischen Reservoir, der durch Staub, vor allem Haus- und Strohstaub, vermittelt wurde. Die *Inkubationszeit* konnte bei den Dislokationen geschlossener Verbände relativ leicht ermittelt werden; sie schwankte zwischen *14—26 Tagen,* und war im Mittel 19 und 20 Tage. Interessant war auch die Feststellung, daß z. B. im Dorf Pagliana ein Großteil der erwachsenen Bevölkerung Antikörper gegen C. burneti im Blut besaß, was auf das endemische Vorkommen der Infektion in Italien hinwies.

Von nicht zu unterschätzender Bedeutung für die Laboratoriumsdiagnostik war die Feststellung, daß die *verschiedenen* geprüften *Rickettsienantigene* im Agglutinationstest vergleichbare Resultate gaben, in der Komplementbindung dagegen stark voneinander abwichen. Während mit ätherextrahierten Antigenen des Nine Mile-Stammes und einiger Mittelmeerstämme nur bei Verwendung schwach verdünnter Rekonvaleszentenseren komplementbindende Antikörper zu finden waren, gelang dieser Nachweis viel leichter mit australischen Stämmen oder dem Mittelmeerstamm Henzerling.

Die amerikanischen Autoren gaben ohne weiteres zu, daß ihnen die Ermittlung des Reservoirs nicht gelungen war. Ihr Beitrag war aber immerhin so bedeutungsvoll, daß erst er die allgemeine Aufmerksamkeit der Fachwelt auf das Q-Fieber lenkte. Es mutet deshalb eigentümlich an, daß sich Autoren wie ZDRODOVSKII und GOLINEVICH nicht genug darin tun konnten, auf diese Lücke in der Infektkette hinzuweisen, besonders wenn man sich bewußt ist, daß anscheinend vor 1954 keine russischen Arbeiten über Q-Fieber erschienen, was damit erklärt wurde, die Krankheit sei in Rußland erst 1952 aufgetreten.

Im Rahmen dieser großen amerikanischen Artikelserien wurden noch andernorts aufgetretene *Q-Fieber-Ausbrüche* beschrieben. Von 1638 Angehörigen der US Air Force, die vom Luftstützpunkt Grottaglie über *Neapel* nach den Vereinigten Staaten zurückkehrten, erkrankten rund $^1/_3$ unmittelbar nach der Landung (FEINSTEIN, YESNER, MARKS und Commission). Im gleichen Jahr wurde auch in *Panamá* das Vorkommen von Q-Fieber registriert (CHENEY und GEIB). Eindrücklich ist die von ROBBINS und RAGAN damals gegebene Differentialdiagnose des Q-Fiebers, die seither nicht mehr sehr wesentlich ergänzt werden konnte.

Im Hinblick auf die „atypische Pneumonie" sollten folgende ätiologische Möglichkeiten ausgeschlossen werden: Influenzavirus, Psittakosevirus, Pilze wie Coccidioides immitis, primär atypische Pneumonie mit unbekannter Ätiologie und Kälteagglutininen, schließlich auch bakterielle Pneumonien; bei fehlenden Lungenerscheinungen kamen in Frage: Phlebotomusfieber, Malaria, Prodromalstadien der infektiösen Hepatitis, nicht ikterische Leptospirosen, Dengue, Salmonellosen.

Das Auftreten von Q-Fieber wurde *in* den *verschiedenen Ländern* zeitlich in folgender Reihe bekanntgegeben: *1946* berichteten IRONS, TOPPING, SHEPARD und Cox über die erste anscheinend autochthon und außerhalb eines Laboratoriums in den *USA* entstandene größere Epidemie in einem Schlachthaus in Amarillo, Texas; von 136 Angestellten erkrankten 55, 2 davon starben. 1947 wurden aus den USA je eine neue Epidemie in einem Schlachthaus (Chicago) durch SHEPARD, sowie in einem Laboratorium durch SPICKNALL, HUEBNER, FINGER und BLOCKER gemeldet. Im selben Jahr registrierten BLANC u. Mitarb. Q-Fieber in *Marokko*, und COMBIESCO in *Rumänien*.

GSELL war der erste, der Q-Fieber in der *Schweiz* richtig diagnostizierte (September *1947*, Schweiz. Akademie med. Wiss.; 15. 10. 47 Médécine et Hygiène). Damit war gezeigt, daß diese Krankheit in der alten Welt auch *außerhalb des Mittelmeer- und Balkanraumes* vorkam und zwar nicht nur als Laboratoriumsunfall oder als militärische sondern auch als „zivile" Krankheit, so wie seinerzeit in Australien. HENI und GERMER (*1948*) beschrieben in *Deutschland* die ersten autochthonen Q-Fieber-Fälle mit der nun anerkannten „Etikette"; ebenfalls 1948 berichtete SCHUH über eine Schlachthausepidemie in Strasbourg (Frankreich). *1949* folgten die Berichte aus *Israel* (KLOPSTOCK u. Mitarb.) und aus *Spanien* (PEREZ GALLARDO). Mit dem Jahre 1950 beginnt der Durchbruch, d. h. das allgemeine Bekanntwerden, das Suchen und Finden des Q-Fiebers in fast allen Ländern der Erde (Übersicht s. KAPLAN und BERTAGNA, 1955); nur Irland, Skandinavien und Neu-Seeland blieben bisher anscheinend verschont (WEYER, 1962).

Das weltweite Vorkommen des Q-Fiebers, sein Auftreten in gemäßigten, subtropischen und tropischen Breiten zeigt, daß ständig einwirkende Klimafaktoren keinen besonderen Anteil am epidemiologischen Geschehen zu haben scheinen (HENGEL, KAUSCHE, LAUR und RABENSCHLAG).

III. Erreger

Nach BENGTSON (in BERGEY's Manual, 6. Aufl., 1948) wird die Ordnung Rickettsiales in 3 Familien gegliedert: I. Rickettsiaceae, II. Bartonellaceae, III. Chlamydozoaceae. Die Familie der Rickettsiaceae ihrerseits zerfällt in die 3 Genera: Rickettsia, Coxiella, Cowdria. Die einzige Species Coxiella ist *C. burneti* (weiteres s. S. 1016).

Es handelt sich um kleine bakterienähnliche, pleomorphe Mikroorganismen von teils kokkoider, teils stäbchenförmiger Gestalt, die unbeweglich sind. Das Vorkommen in infizierten Zellen beschränkt sich auf deren cytoplasmatischen Anteil, wo die Coxiellen entweder in kompakten Gruppen oder diffus verteilt sind. Die Abmessungen der kurzen Stäbchen sind 0,25 μ in der Breite und 0,4—0,5 μ in der Länge. Aus 2—6 Elementen können kurze Ketten entstehen. In stark infiziertem Gewebe haben die Coxiellen die Tendenz, kleinere Elemente zu bilden. Nach BENGTSON (1941) lassen sich die Erreger durch Filter mit einer mittleren Porengröße von 0,4 μ passieren. C. burneti färbt sich nach GRAM nur schwach und zwar negativ, nach GIEMSA purpurrot, nach MACCHIAVELLO leuchtend rot; nach HERZBERG mit Viktoriablau und schließlich mit der Kontrastdarstellung nach RYCHLO (1958) dunkelblau-violett.

Im *Elektronenmikroskop* zeigen Dünnschnitte von C. burneti (nach STOKER, SMITH und FISET) innerhalb der Grenzmembran, die eine Stärke von 5—10 mμ erreicht, eine intermediäre granuläre, 25 mμ breite Zone mit einzelnen Granula von 5 mμ Durchmesser; in der zentralen Aussparung liegt ein dichter klar umrissener Körper von der Form eines unregelmäßig geflochtenen Stranges (s. Abb. 3). Es erscheint zweifelhaft, ob rein morphologisch eine Abgrenzung von anderen Rickettsien möglich ist — vielleicht mit Ausnahme der etwas geringeren Dicke der Coxi-ellen, wobei die Differenz höchstens 50 mμ beträgt. Auf eine gewisse strukturelle Ähnlichkeit der Coxiellen mit dem Vacciniavirus weisen STOKER u. Mitarb. (1956) hin. Über die Bedeutung eigentümlicher, zopfförmiger Strukturen, die von BOBB und DOWNS mit dem Elektronenmikroskop aufgenommen wurden, herrscht Un-sicherheit.

SMITH und STOKER wiesen mit Hilfe von Papierchromatographie und Spektrophotometrie in der Trockensubstanz von C. burneti 9,7% DNS und 4,3% RNS nach. Während die Menge der DNS bei verschiedenen Präparationen konstant blieb, wechselte der RNS-Anteil. In der Rickettsien-DNS konnte kein 5-Methyl-Cytosin gefunden werden, während die Hühner-embryo-DNS von dieser Base 4,3% bezogen auf das Gesamt-Cytosin, enthielt.

Die *Vermehrung* der Coxiellen setzt die Existenz lebender Wirtszellen voraus. BURNET (1938) hat als erster Coxiellen in Maitland-Kulturen von Hühnerembryo-zellen über 12 Passagen gezüchtet und dabei die im Cytoplasma liegenden Mikro-kolonien beschrieben. COX und BELL (1939) bestätigten die optimale Eignung von Dottersackgewebe für die in-vitro Züchtung des Q-Fieber-Erregers. Eindeutig die größte Ausbeute an Rickettsien ergibt aber die von COX (1938a) eingeführte Züchtung im Dottersack bebrüteter Hühnereier. Nach BERMAN u. Mitarb. (1960)

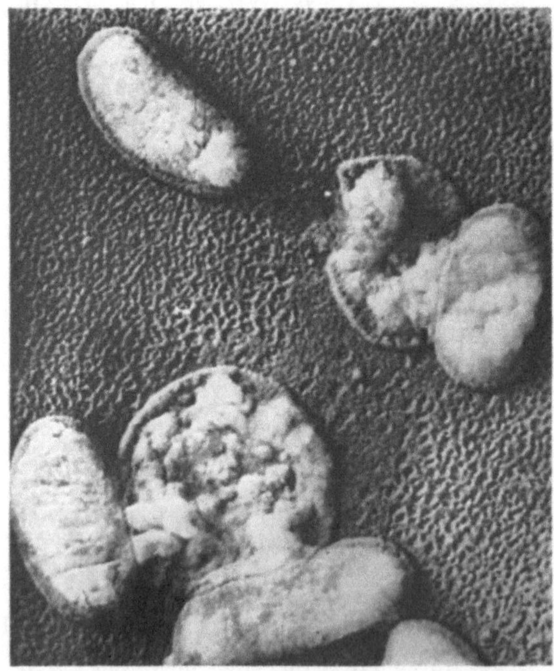

soll dieser Wirt für geringe Rickettsienmengen auch emp-findlicher sein als das Meer-schweinchen.

WEISS und PIETRYK (1956) züchteten C. burneti in Monolayer-Kulturen von *Hühner-Entoderm-zellen*. Die Rickettsien wurden am 4. Tag nach der Infektion im Cyto-plasma sichtbar. Anscheinend kam es nur zu einer Zell-zu-Zell-Infek-tion, da sich unter Voraussetzung eines geringen Inoculums kleine Herdchen im Rasen der Wirtszellen bildeten, die eine Zählung der in-fektiösen Einheiten gestattete. In L-Zellen sahen ROBERTS und DOWNS (1959) die Coxiellen im Lichtmikro-skop mit *Macchiavello*-Färbung am 3. Tag nach der Infektion in großen cytoplasmatischen Vacuolen; mit fluorescierenden Antikörpern war das Virusantigen schon nach 21 Std im Cytoplasma sichtbar; im Zell-kern wurde kein Virusmaterial gesehen. Trümmer von L-Zellen erlaubten keine Vermehrung von Coxiellen. Auch in Detroit-6-Zellen ließ sich C. burneti zur Vermehrung bringen, wobei grundsätzlich die-selben Beobachtungen gemacht wurden: Beschränkung der Zell-parasiten auf das Cytoplasma, wo

Abb. 3. Rickettsia Burneti (SIEGERT und KEHLER, aus dem Virus-Atlas von K. HERZBERG)

sie zuerst in Vacuolen verschiedener Größe auftreten, anschließend die Vacuolen verlassen und beim Undichtwerden der Zellmembran freigesetzt werden (ROSENBERG und KORDOVA, 1962).

Die im Hinblick auf die taxonomische Stellung der Rickettsien interessante Frage nach einer Vermehrung durch Zweiteilung wurde von KORDOVÁ und KVIČALA (1962) verneint; die in verschiedenen Tumorzellstämmen gezüchteten Coxiellen zeigten eine an die großen Virusarten erinnernde intracytoplasmatische Proliferation.

Untersuchungen über die *biochemischen Eigenschaften* von C. burneti haben eine teilweise Wirtsunabhängigkeit zutage gefördert (CONSIGLI und PARETSKY, 1962; MOULDER, 1962; PARETSKY, CONSIGLI und DOWNS, 1959). So haben MYERS, PARETSKY und DOWNS (1959) Folsäure in R. burneti nachgewiesen, MYERS und PARETSKY (1961) den Vorgang der Hydroxymethylation in Anwesenheit von Tetrahydrofolat. Später fanden MATTHEIS, SILVERMAN und PARETSKY (1963) in C. burneti ein Folat, das von demjenigen der Wirtszellen verschieden ist. 1963 berichteten MALLAVIA und PARETSKY über die Fähigkeit der zellfreien Coxiella zur katalytischen Synthese von Citrullin aus Ornithin und Carbamylphosphat, sowie des Pyrimidinvorläufers Ureidosuccinat.

Während diese von der Wirtszelle unabhängigen Stoffwechseleigenschaften die C. burneti den freilebenden, fakultativ parasitären Bakterien näherbringen, bleiben noch die für die Abhängigkeit vom Wirt maßgebenden Faktoren aufzuklären. Bemerkenswert sind hinsichtlich der taxonomischen Stellung der Rickettsien auch Untersuchungen der russischen Autoren PODOLJAN, MILJUTIN u. Mitarb. (1963) über den Einfluß von Penicillin auf in Zellkulturen gehaltene Coxiellen; es zeigten sich nämlich Modifikationen, die als L-Formen interpretiert werden können.

Zahlreiche Untersuchungen befaßten sich mit der *auffallend hohen Resistenz* von C. burneti gegenüber physikalischen und chemischen Einwirkungen. Es scheint, daß C. burneti nicht nur leichter überlebt als andere Rickettsien (HUEBNER, 1947), sondern auch neben den sporenbildenden Bakterien zu den widerstandsfähigsten Mikroorganismen überhaupt gehört, und daß diese Eigenschaft für die eigentümlichen epidemiologischen Zusammenhänge verantwortlich gemacht werden muß.

Wie andere Rickettsien ist auch C. burneti im trockenen Zustand erheblich resistenter als im feuchten (WEYER, 1959). So blieb C. burneti im trockenen Kot der Zecke Dermacentor andersoni mindestens bis zu 586 Tagen infektiös (PHILIP, 1948), im Wasser bei 20—22° C angeblich bis zu 160 Tagen (KULAGIN u. Mitarb., 1956b), im Patientenblut, das bei Zimmertemperatur luftdicht verschlossen aufbewahrt wurde, bis zu 240 Tagen (COMBIESCO u. Mitarb.). Die Angaben bezüglich Überlebenszeit von C. burneti in Milch und Milchprodukten schwanken (nach REUSSE): in Butter 41 Tage, in Käse 25—46 Tage, in sterilisierter und künstlich kontaminierter Kuhmilch 45 Tage, in Sauermilch weniger als 24 Std.

Eine *Abtötung* erfolgte in *natürlich* kontaminierter Milch (MARMION u. Mitarb., 1951) bei 61,9° C während 30 min, bzw. 71,7° C während 15 sek, nicht aber bei 70,6° C während 15 sek; daß ein Erhitzen auf 71,7° C während 15 sek genügt, bestätigten auch HUEBNER u. Mitarb. (1949) und ENRIGHT u. Mitarb. (1956). In *künstlich* kontaminierter Milch erwiesen sich die Rickettsien als resistenter, indem BINGEL u. Mitarb. eine vollständige Abtötung erst unter folgenden Bedingungen erzielten: 71° C während 80 sek, bzw. 100° C während 7 sek, während sie für die praktischen Zwecke der Pasteurisierung 85° C während mindestens 7 sek für ausreichend halten.

C. burneti aus Dottersackkulturen überlebten 63° C während 40 sek während R. mooseri, R. rickettsi und R. akari schon bei 50° C während 15 sek abgetötet wurden (RANSOM und HUEBNER). Es ist offenbar, daß die üblichen Pasteurisierungsverfahren bei 72—75° C gerade in den Grenzbereich der thermischen Widerstandsfähigkeit von C. burneti fallen und daher eine sichere Abtötung nicht gewährleisten (HUEBNER u. Mitarb., 1949).

Gegenüber *chemischen Einflüssen* ist C. burneti ebenfalls *außergewöhnlich resistent*. Während R. provazeki in vitro durch ein aus höhermolecularen Derivaten von Aminosäuren hergestelltes Desinfektionsmittel (Tego 103) innerhalb von 5 min getötet wurde, gelang dies beim Q-Fieber-Erreger unter denselben Bedingungen erst nach 48stündiger Einwirkungszeit (WEYER, 1950). Aus der Fülle der Angaben seien nur wenige repräsentative angeführt: Eine Abtötung erfolgte mit Äther nach 1 min (geschüttelt) (KIRCHBERGER), mit 70% Alkohol nach 2 min (KIRCHBERGER) mit 2% Chlorkalk nach 1—5 min (KULAGIN, 1956c), mit 3% Chloramin nach 1—5 min (KULAGIN, 1956b), mit 1% Formalin nach 72 Std (RAMSON), mit 0,4% Phenol nach 48 Std, mit 1% Phenol nach 2 Std (KIRCHBERGER), mit 3—5% Phenol nach 1—5 min (KULAGIN, 1956b). Bei dieser Auswahl lassen wir solche Angaben unberücksichtigt, die bestritten wurden. Nach WEYER (1959) sind die zahlreichen widerspruchsvollen Ergebnisse nur z. T. auf Eigentümlichkeiten der verwendeten Stämme oder auf Unterschiede der Nachweistechnik zurückzuführen.

C. burneti ist bei *natürlicher Infektion* eindeutig *nur für den Menschen pathogen*, unter *experimentellen Bedingungen* auch für Meerschweinchen und für Hamster, weniger für weiße Mäuse, Affen, Hunde, Ratten und Kaninchen. Die als Reservoir in Frage kommenden *Arthropoden und deren Wirtstiere* wie der Bandicoot u. a. Beuteltiere oder auch Nagetiere — sowie Haustiere *Rind, Schaf, Ziege* — machen unter natürlichen Verhältnissen allem Anschein nach fast ausschließlich nur latente Infektionen durch.

Einer Mitteilung von CAMINOPETROS (1948) ist zu entnehmen, daß nach *experimenteller Infektion* mittels subcutaner, subconjunctivaler und intrapulmonaler Injektion und durch nasale Instillation auch *Ziegen, Schafe,* Pferde, Maultiere, Hunde, nicht aber Katzen nach einer Inkubation von 6—10 Tagen eine hochfiebrige Erkrankung von 7—10 Tagen Dauer zeigen. BELL u. Mitarb. (1950) infizierten *Kühe* über die Ausführungsgänge der Milchdrüsen und erzeugten eine von Mastitis begleitete akute Allgemeininfektion.

LENNETTE u. Mitarb. (1952) inoculierten *Schafe* intravenös mit Coxiellen und erzeugten eine wenige Stunden dauernde Rickettsiaemie, gefolgt von einer mehrtägigen fieberhaften Reaktion; zu einer Ausscheidung der Erreger kam es aber kaum. Epidemiologisch aufschlußreicher waren die Versuche der gleichen Gruppe (WINN u. Mitarb., 1961), bei denen sechs trächtige Schafe peroral inoculiert wurden. Fünf Tiere machten eine inapparente Infektion durch, was sich bei vier Tieren in perinataler Rickettsienausscheidung (Placenta, Milch, Faeces) und in Serumantikörpern, bei einem Tier nur in Rickettsienausscheidung äußerte. Zum Nachweis der Antikörper erwies sich hier — im Gegensatz zum Menschen — die Agglutination als empfindlicher als die Komplementbindung.

Als Kuriosität sei erwähnt, daß außer den ungezählten Säugern, Vögeln und Arthropoden BLANC (1961) auch in intrakardial beimpften griechischen *Schildkröten* C. burneti halten konnte und zwar blieben während mindestens 80 Tagen, ohne irgendwelche Symptome oder Antikörper zu zeigen; den Schildkröten angesetzte Zecken infizierten sich. Nach GIROUD, CAPPONI und DUMAS (1962) sollen sogar Fische, die mit kontaminiertem Fleisch gefüttert wurden, als Glieder der Infektkette fungieren können.

Bei der Meerschweincheninfektion wurde mit zunehmender *Infektionsdosis* die Inkubationszeit verkürzt, die febrile Periode aber verlängert, so daß die Zeit vom Moment der Infektion bis zum Moment der Entfieberung eine bemerkenswerte Konstanz von 8—11 Tagen aufwies (TIGERTT, 1959). Bei stärkerer Dosierung und bei der Wahl besonders pathogener Stämme kann die Infektion der Meerschweinchen letal enden. Die Tiere wiesen eine starke, bis 12fache Volumenzunahme der Milz auf, eine Skrotalreaktion fehlt. Daß Meerschweinchen und Mäuse noch mehrere Monate nach dem Überstehen einer Infektion mit 10^4 ID50 immer noch Coxiellen beherbergen können, zeigten SIDWELL, THORPE und GEBHARDT (1964), welche die latent gewordene Infektion durch Röntgenstrahlen oder Cortison zu reaktivieren und die Erreger erneut zu isolieren vermochten.

Virulenzunterschiede — im Sinne von GRUMBACH — ließen sich a priori bei Stämmen verschiedener Herkunft beobachten — so bereits zwischen den ersten in Australien und in Amerika isolierten Coxiellen, oder bei von wilden Nagern in Montana isolierten Stämmen (BURGDORFER u. Mitarb., 1963). Unterschiede ergaben sich aber auch beim gleichen Stamm, bedingt durch die Wahl des Wirtstieres und die Zahl der Passagen; NAUCK und WEYER (1949) machten erstmals auf eine Virulenzsteigerung durch Zeckenpassage, bzw. eine Virulenzabnahme durch Flohpassage, aufmerksam.

Zwischen allen bisher isolierten Stämmen von C. burneti herrscht vollständige *gekreuzte Immunität*, nicht aber gegenüber anderen Rickettsien; mit Proteusbacillen besteht keine Antigengemeinschaft. Dagegen eignen sich nicht alle Stämme

gleichermaßen, um als Antigen in der Komplementbindungsreaktion verwendet
zu werden, was schon ROBBINS u. Mitarb. (1946), sowie TOPPING u. Mitarb. (1946)
auffiel. Daher wurden die untersuchten *Coxiella-Stämme* in zwei Gruppen eingeteilt, je nach ihrer Brauchbarkeit zum Nachweis komplementbindender Antikörper in Menschenseren, nämlich a) *stark reagierende*, wie der italienische Stamm
Henzerling, ein australischer Stamm und ein Balkangrippe-Stamm und b) *schwach
reagierende*, wie der amerikanische Dyer-Stamm, sowie ein Stamm aus Panama.

Trotzdem in vitro Unterschiede im Antikörperbindungsvermögen bei verschiedenen Stämmen bestehen, schienen diese vorerst in ihrer Fähigkeit, Antikörper in vivo hervorzurufen,
nicht zu differieren (FISET). Überraschenderweise beschränken sich die erwähnten Unterschiede
verschiedener Coxiellen-Stämme bei serologischen Reaktionen auf die Komplementbindung,
betreffen aber die Agglutination kaum.

Daß die Eignung als *Antigen* nicht grundsätzlich stammesbedingt ist, sondern
von der Zahl der Dottersackpassagen abhängt, bemerkte zuerst STOKER (1950). Zwei
in England isolierte Stämme von C. burneti, der Christie-Stamm menschlichen
Ursprungs und der erste in England aus Milch isolierte Stamm M 1, verhielten
sich in den ersten Dottersackpassagen wie der amerikanische Stamm Dyer, indem
sie kein Komplement fixierten; nach einigen weiteren Passagen glichen sie sich
aber dem Stamm Henzerling an. In den Händen von HERZBERG und URBACH
(1951) zeigte der als Antigen verwendete Stamm Grita nach 14—17 Passagen einen
analogen Umschlag, d. h. Grita verhielt sich erst dann wie Henzerling. Dieses Phänomen wurde von STOKER und FISET (1956) als *Phasenwechsel* bezeichnet und durch
verschiedene Untersucher bestätigt (LACKMAN u. Mitarb., 1962).

Ein frisch vom Patienten isolierter und in Meerschweinchen gezüchteter Stamm
bindet kein Komplement, befindet sich somit in der sog. nichtreaktiven Phase,
oder *Phase I*; wird er anschließend auf den Dottersack von Bruteiern übertragen
und auf diesem Wirt in Passagen weitergezüchtet, so nimmt der Stamm die reak-
tive Phase oder *Phase II* an. Die zugrunde liegende Änderung der Antigenstruktur
erwies sich als vollständig reversibel (STOKER und FISET, 1956), wenn auch diese
Fähigkeit zur Variabilität offenbar nicht allen Stämmen im gleichen Maße eigen ist.
Nach BREZINA u. Mitarb. (1963) erfolgt der Umschlag umso später, je virulenter
der Stamm ursprünglich war.

FISET (1956) nahm an, daß sich der Übergang von der bei natürlicher Infektion stets vorkommenden Phase I in die Phase II durch den Verlust einer an der Oberfläche der Coxiellen
liegenden Polysaccharidschicht erklärt, die durch eine schwache Antigenwirkung und eine
geringe Bindungsfähigkeit für Antikörper charakterisiert ist.
Die Antikörper gegen das Phase I-Antigen (oder Antigen I) erscheinen im Serum infizierter
Menschen und Tiere einige Wochen später als jene Antikörper, die gegen das Phase II-Antigen
(oder Antigen II) gerichtet sind. Nach MARMION (1962) ist der gleichzeitige Nachweis von
Phase I- und Phase II-Antikörpern in der Komplementbindung das Zeichen einer chronischen
Infektion mit C. burneti, während es bei akutem Verlauf fast nur zur Ausbildung von Phase
II-Antikörpern komme. BOBB und DOWNS (1962) sahen zwischen dem Phasenwechsel der
Coxiellen und jenem der Geiselantigene gramnegativer Bakterien eine gewisse Analogie,
die aber nicht restlos geklärt werden kann, solange die chemische Struktur der Coxiella-Anti-
gene I und II nicht ermittelt ist. CARVALHO DE SOUZA, FRANCO und PINTO teilen 1959 mit, daß
ihnen der Phasenwechsel auch in Zellkulturen gelungen sei, wobei die veröffentlichten Proto-
kolle aber nicht überzeugend wirken. Dieser, nach einigen Dottersackpassagen beobachtete
Wechsel von Phase I in Phase II ist gewissermaßen ein „unphysiologisches", d. h. ein reines
Laboratoriumsphänomen und hat zuerst deshalb Bedeutung erlangt, weil sich Stämme in der
Phase II weit besser für die Komplementbindung eignen. Wie sich später herausstellte, sind
Phase I-Stämme nicht nur toxischer für Meerschweinchen; sie werden auch, wie BREZINA und
KAZAR (1965) bekanntgaben, in viel geringerem Maße phagocytiert als Phase II-Stämme. Zur
Verwendung für die Schutzimpfung eignet sich nur die Phase I (ABINANTI und MARMION,
1957).

C. burneti besitzt als einzige der menschenpathogenen Rickettsien die Eigenschaft, in wässeriger Suspension bei Behandlung mit Äthyläther nur in beschränk-

tem Maße *lösliche Antigene* abzugeben (ORMSBEE, 1951). ANAKER u. Mitarb. (1962) behandelten Coxiellen nach dem von BOIVIN inaugurierten Verfahren mit Trichloressigsäure und konnten einen allerdings nur schwach antigenwirksamen Extrakt gewinnen, den sie mittels Phenol in ein Hapten umwandelten (ANAKER u. Mitarb., 1963). Durch Verwendung anderer organischer Lösungsmittel, nämlich Dimethylsulfoxyd und Dimethylacetamid, gelang es ORMSBEE u. Mitarb. (1962) aus einem Phase I-Stamm, nicht aber aus einem Phase II-Stamm, ein anscheinend stärker immunisierendes eiweißarmes Antigen von äußerst geringer Toxizität zu extrahieren. Eine mechanische Trennung der beiden Phasen durch Dichtegradienten-Zentrifugation gelang HOYER u. Mitarb. (1963); Phase I erwies sich dabei als schwerer. In Zellkulturen konnten allerdings KORDOVA u. Mitarb. (1963) kein unterschiedliches Verhalten zwischen den beiden Phasen feststellen. ORMSBEE u. Mitarb. (1964) zeigten im Tierversuch, daß nach Reinigung Vaccinen, hergestellt aus Coxiellen der Phase I eine 100—300fach stärkere Schutzwirkung aufwiesen als die entsprechenden Phase II-Vaccinen.

Bei der Untersuchung gemischter Infektionen machten MIKA u. Mitarb. (1954, 1959) die Feststellung, daß Brucella suis bzw. deren Endotoxin Meerschweinchen gegen den letalen Effekt von Coxiellen zu schützen vermag, ein Interferenzphänomen, das jedenfalls nicht immunologisch erklärt werden kann.

IV. Epidemiologie II

(Teil I s. S. 1012 ff.)

Die Geschichte des Q-Fiebers ist sehr weitgehend nichts anderes als die Geschichte der Bemühungen um die Aufklärung der Infektionskette (s. S. 1013). Es handelt sich um eine *Zoonose*, deren Erreger für den Menschen zweifellos eine hohe *Infektiosität bzw. Kontagiosität* besitzt; da die Zahl der Exponierten aber kaum je mit Sicherheit angegeben werden kann, war eine exakte Bestimmung des Kontagionsindex, sowie dessen allfällige Schwankungen bis jetzt nicht möglich (HENGEL u. Mitarb.; KAUFMANN u. Mitarb.). TIGERTT u. Mitarb. (1961) gingen auf Grund ihrer Infektionsversuche mit dem von HUEBNER aus der Milch isolierten AD-Stamm soweit, anzunehmen, daß ein einziges Rickettsienpartikel genüge, um beim Meerschweinchen auf intraperitonealem oder aerogenem, beim Menschen auf aerogenem Weg verabreicht, den Infektionsvorgang auszulösen.

Bei jedem Ausbruch ist nach der *tierischen Quelle* zu suchen, und zwar vor allem bei *Rindern* (HUEBNER u. Mitarb., JELLISON u. Mitarb.) bzw. bei *Schafen* und *Ziegen* (CAMINOPETROS; LENNETTE u. Mitarb., KILCHSPERGER und WIESMANN). Die natürlich infizierten Tiere erscheinen klinisch in der Regel gesund, sie zeigen weder Wachstums- und Entwicklungshemmung, noch Ausfall der Milchproduktion oder andere Symptome; ob es gelegentlich zu Fehl- oder Totgeburten kommt, ist nicht ausgeschlossen (BECHT und HESS). WIESMANN (1951) erwähnte die Möglichkeit eines durch diese Ursache bedingten seuchenhaften Verwerfens von Ziegen. Nur durch den Nachweis der Rickettsienausscheidung oder der spezifischen Antikörper kann die Existenz solch latenter Infektionen bewiesen werden.

Ein wichtiges Geschehen für die Weiterverbreitung der Infektion *von Haustier zu Haustier*, aber auch *von Haustier auf den Menschen* ist der *Geburtsakt*. In diesem Zeitpunkt werden die Rickettsien, welche sich wahrscheinlich vorwiegend im Uterus, im Euter und den regionären Lymphknoten aufhalten, mit der Placenta, in den Lochien, in der Milch, vorübergehend auch im Kot und gelegentlich auch im Urin ausgeschieden (JELLISON u. Mitarb., 1948; LUOTO und HUEBNER, 1950; WELSH u. Mitarb., 1951; ABINANTI u. Mitarb., 1953; WINN u. Mitarb., 1953). Eine starke Vermehrung und Ausscheidung der Coxiellen wurde nur im Zusammenhang mit der Beendigung der Gravidität beobachtet; anscheinend kommt es nachher gewissermaßen zur Autosterilisation, indem bei Schafen diese Ausscheidung jeweils nur noch kurze Zeit in der perinatalen Periode beobachtet wurde (ABINANTI). Die periodische Häufung der Krankheit unter den Menschen in gewissen Gegenden im Anschluß an die Zeit des Lammens im Frühjahr wird so verständlich. Wegen der hohen Resistenz der Coxiellen kann die Umgebung der Tiere, z. B. der *Stallstaub*, in einem Maße kontaminiert werden, die an die Verseuchung durch Milzbrandsporen erinnert. Die Routen wandernder Schafherden haben gelegentlich ihre Spur in Form menschlicher Q-Fieberfälle hinterlassen (BABUDIERI; SCHUBOTHE, BOCK und WIESMANN).

Außer bei Kühen, Schafen und Ziegen sind auch bei anderen Haustieren, z. B. Kamelen, Dromedaren, Pferden und Hunden, in gewissen Gegenden Antikörper für Q-Fieber festgestellt worden; nach den bisherigen Erfahrungen spielen aber diese Tiere epidemiologisch keine größere Rolle (WEYER, 1959). PHILIP (1948) dachte an die Möglichkeit der Verschleppung von Coxiellen durch Fliegen, eine Vermutung, über die seither keine Mitteilung mehr erschienen ist.

In Anbetracht der Widerstandsfähigkeit der Erreger gegen Eintrocknen ist es nicht überraschend, daß es gelegentlich bei gehäuftem Vorkommen von Q-Fieber unmöglich ist, die *Infektionsquelle*, bzw. den Infektionsmodus zu eruieren. Während OLIPHANT u. Mitarb. (1949) mehrere Q-Fieberfälle in einer Wäscherei zwanglos mit den aus einem Rickettsienlaboratorium dorthin gebrachten Arbeitskleidern erklären konnten, war der Weg der Einschleppung gelegentlich schwieriger aufzudecken. Bei zwei in der Schweiz beobachteten Epidemien wurde das einemal amerikanisches Packstroh (WEGMANN), das anderemal ausländisches Holz (GUTSCHER und NUFER) als Vektor verdächtigt. DERRICK (1953) hält in beiden Fällen die geäußerte Hypothese als möglich, aber doch als zu wenig begründet. Uns selbst gelang es auch nicht jedesmal, wenn wir der Herkunft von Q-Fieber-Epidemien nachforschten, die Spur bis zum tierischen Reservoir zu verfolgen. Während wir in der Schweiz in einer großen Anstaltsepidemie mit 302 infizierten Personen (KAUFMANN, LÖFFLER und SCHMID; SCHMID, HEITZ und LÖFFLER) und in einer anderen etwa zehnmal kleineren Häufung von Fällen, ebenfalls in einer geschlossenen Anstalt, beidemale infizierte Kühe fanden, ließ sich in einem auf drei Bauerngehöfte beschränkten Ausbruch (LÖFFLER, 1964) die Herkunft der Rickettsien weder auf Haus- oder Wildtiere, noch auf kontaminierte Gegenstände zurückführen. Auch isoliert auftretende Fälle sind schon früh beschrieben worden (EKLUND u. Mitarb.), doch dürften sie bei näherem Zusehen eher selten sein. Eine der seltenen Ausnahmen einer Ansteckung mehrerer Menschen durch Wildtiere (Bandicoots) oder deren Zecken wurde von DWYER u. Mitarb. (1960) beschrieben, welche überzeugt sind, in der vorgelegenen Situation die Rolle von Haustieren als Infektionsquelle ausgeschlossen zu haben.

Einen *Vektor* von großer Reichweite stellt die *Milch* dar, worauf CAMINOPETROS (1948) in Griechenland, HUEBNER u. Mitarb. (1948) in Süd-Kalifornien und MARMION u. Mitarb. (1951) in England aufmerksam machten. Bei infizierten Muttertieren kommt es nach der Geburt zu einer Coxiellenausscheidung in der Milch, die bei Schafen kürzere Zeit, bei Kühen während Monaten andauern kann. Durch diesen Infektionsmodus sprengt das Q-Fieber den beschränkten Rahmen einer Berufskrankheit. Die Ansteckung erfolgt in erster Linie durch den Genuß roher Milch, aber auch Pasteurisieren der Milch — übrigens ein sehr unpräziser Begriff — schützt nicht unbedingt vor der Infektion, was durch Antikörperbestimmungen bei Milchkonsumenten ermittelt wurde (BELL u. Mitarb.). Besonders wichtig für die menschliche Gesundheit ist die Q-Fieber-Freiheit der sog. Vorzugsmilchbestände, da der Konsument diese Milch sollte roh trinken können (BECHT und HESS).

CAMINOPETROS (1948) wies Coxiellen in der Ziegenmilch nach und zwar sowohl bei natürlich infizierten, äußerlich gesunden Tieren, als auch nach experimenteller Infektion; letztere war von einer gut einwöchigen Krankheit gefolgt, die Milchleistung war anscheinend nicht beeinträchtigt, die Ausscheidung der Coxiellen dauerte 3 Monate an. HUEBNER u. Mitarb. (1948) fanden C. burneti in der Sammelmilch in 60% von 63 Molkereien, spezifische Antikörper bei 10—20% von ca. 4000 Kühen. Etwa die Hälfte aller nicht infizierten Kühe, die nach SüdKalifornien eingeführt wurden, infizierten sich in den folgenden 6 Monaten und blieben es teilweise bis über 2 Jahre. JELLISON u. Mitarb. (1950) wiesen C. burneti in Schafmilch nach. SLAVIN (1952) prüfte in England 8343 Milchproben von 2581 Bauernhöfen im Meerschweinchentest; 6,9% der Milchproben enthielten Rickettsien. Die epidemiologische Analyse des Q-Fiebers enthielten in einer städtischen Gegend von England durch MARMION und HARVEY ergab, daß von 22 Personen mit positiver Komplementbindungsreaktion noch eine einzige Umgang mit Vieh hatte, 91% brauchten aber in ihrem Haushalt rohe Kuhmilch, in welcher auch Erreger nachgewiesen werden konnten.

Trotzdem der Genuß rickettsienhaltiger Sammelmilch somit ein sehr häufiges Ereignis gewesen sein muß, schien dieser Infektionsweg im allgemeinen nur zu inapparenten Infektionen geführt zu haben, denn das *Q-Fieber als klinische Manifestation* ist im großen und ganzen doch eine Krankheit jener Personen geblieben, die *direkten*, wenn auch oft nur kurzdauernden *Kontakt mit Tierhaltung* hatten. Eine interessante epidemiologische Hypothese äußerten LUOTO und PICKENS (1961), welche die Seltenheit der Erkrankung nach Milchgenuß damit erklärten, daß die rickettsienhaltige Milch gleichzeitig Antikörper enthält. So haben in der Tat BENSON u. Mitarb. (1963) Milch, die infolge Infektion der Kühe coxiellenhaltig war, 120 Personen zu trinken gegeben; bei 12 Personen kam es als Zeichen einer inapparenten Infektion zum Anstieg spezifischer Antikörper.

Infektketten, die den Menschen erreichen, brechen bei diesem Wirt praktisch immer ab. Mitteilungen über *Infektionen von Mensch zu Mensch* sind ganz auffallend *selten*. Im Gegensatz zu Erregern, die sich, wie das Influenzavirus, auf den Menschen beschränken — soweit wir wenigstens bis heute annehmen — sind bei der Anthropozoonose Q-Fieber menschliche Einzelfälle von geringer epidemiologischer Bedeutung. Ausnahmen wurden aber beschrieben, bei denen ein Individuum zur Quelle weiterer Infektionen wurde; allerdings handelte es sich dabei in der Regel um Zwischenfälle in *Spitälern oder Laboratorien*.

Eine derartige Beobachtung stammt von MAC CALLUM u. Mitarb. (1949); Infektionsquelle war ein am 11. Krankheitstag an einer Pneumonie verstorbener 78jähriger Mann; angesteckt wurden seine Krankenschwester, zwei Pathologen und ein Sektionswärter. DEUTSCH und PETERSON hatten den Eindruck, daß in einem Spital drei Angehörige des Pflegepersonals von einem Q-Fieber-Patienten infiziert worden waren. Einen besonders eindrücklichen Fall von Mensch-zu-Mensch-Übertragung erlebten SIEGERT, SIMROCK und STRÖDER (1950). Ein Laborant hatte sich mit dem Stamm der Balkangrippe infiziert, litt an einer chronischen fieberhaften Pneumonie und schied die Rickettsien während sicher 5 Monaten im Sputum aus; ansteckend war er nur für die Dauer von 2 Monaten, während denen unter dem Pflegepersonal, den Spitalpatienten und deren Angehörigen 32 weitere Fälle auftraten. Zur Vorsicht gegenüber der Annahme von Mensch-zu-Mensch-Infektionen mahnten HENI und GERMER durch ihre Beobachtung, daß bei familiären Häufungen von Q-Fieberfällen der zeitliche Abstand zwischen den einzelnen Krankheitsausbrüchen bei den Familienmitgliedern meistens viel kürzer war als die normale Dauer der Inkubationszeit.

Ganz eindeutig in einen „Gegensatz zur bisherigen Lehrmeinung" stellten TRÜB, BOESE und POSCH, bzw. BOESE, TRÜB und POSCH (1960) ihre Schlußfolgerung, welche sie aus der Untersuchung einer *Q-Fieber-Epidemie 1958 in Nordrhein-Westfalen* zogen. Im Anschluß an einen Zuchtviehmarkt kam es zu einer explosiven Häufung von Q-Fieber bei den Ausstellungsbesuchern; weitere Fälle ereigneten sich aber während mindestens 6 Monaten, wobei es sich bei den später Erkrankten um Familienangehörige von Ausstellern und Käufern handelte,

welche die Ausstellung nicht besucht hatten. Die Autoren sahen im Auftreten der insgesamt
515 Krankheitsfälle deutlich *drei Wellen*; die der zweiten und der dritten Welle zugehörigen
wurden als Sekundärinfizierte bezeichnet, welche durch die primärinfizierten Personen angesteckt worden wären. Bemerkenswert war der um das zwei- bis vierfache niedrigere Antikörpertiter im Blut der Patienten der zweiten und dritten Welle. Im Hinblick auf das gesamte Schrifttum möchten wir der Interpretation dieser interessanten Beobachtungen, insbesondere, daß
es sich bei der dritten Welle um sonst nie beobachtete Tertiärinfektion gehandelt habe, doch
mit Reserve begegnen. Es wäre denkbar, daß sich die Spätfälle, d. h. jene der sog. zweiten und
dritten Welle entweder alimentär oder nur insofern „sekundär" infiziert hätten, als die Be-
sucher der Ausstellung, bzw. die Kleider als passive Vektoren wirkten, oder daß sich auf der
Ausstellung auch Tiere infizierten, oder auch nur kontaminierten, welche anschließend die
Coxiellen in ihre vorher Q-fieberfreien Ställe gebracht hätten.

Als potentielle Infektionsquelle kommen auch *Vögel* in Frage. BABUDIERI und
MOSCOVICI stellten Serumantikörper fest in 3 von 32 Tauben in der Republik San
Marino, wo Q-Fieber kurz zuvor aufgetreten war, in einem Vogel auch Coxiellen.
Tschechische Autoren (SYRUČEK und RAŠKA) fanden die Infektion bei Singvögeln,
hauptsächlich bei Schwalben und Spatzen; Vögel, die auf einem Hof mit Q-Fieber
gefangen wurden, zeigten in 15,8 % (27 von 117), jene von einem benachbarten
Q-Fieber-freien Hof nur in 1,8 % (2 von 117) Antikörper; in 4 von 35 Versuchen
gelang auch die Isolierung der Erreger.

Sobald feststeht, daß ein für Warmblüter pathogener Mikroorganismus sich auch in Vögeln, zumal in Zugvögeln, vermehren kann, muß an die Möglichkeit einer Verschleppung der
Infektion über weite Strecken gedacht werden; Beweise für eine solche Annahme hiefür liegen
allerdings unseres Wissens für das Q-Fieber nicht vor.

Wenn man sich vergegenwärtigt, welch entscheidende Rolle *Arthropoden* in der
Epidemiologie der Rickettsiosen spielen, so versteht man auch, weshalb so viele
Arbeiten den *Beziehungen der C. burneti zu Arthropoden* gewidmet wurden. WEYER
(1959), der beste Kenner dieses Fragenkomplexes, faßte seine Versuche folgendermaßen zusammen (1959):

„Das größte Wirtsspektrum innerhalb der Arthropoden besitzt C. burneti. Die Erreger
konnten experimentell außer auf eine große Zahl von *Schild- und Lederzecken* auch auf Läuse
und Mehlkäferlarven, ferner auf Bettwanzen, Raubwanzen und Flöhe übertragen und hier zur
Vermehrung gebracht werden (WEYER, 1953). Die Zecken und Insekten wurden teils künstlich
rectal oder intracölomal, teils auf natürlichem Wege durch Füttern an Mäusen infiziert. Die
infizierten Zecken konnten die Rickettsien während des Saugaktes auf Meerschweinchen übertragen, wobei offen blieb, ob die Erreger mit dem Kot oder dem Speichel ausgeschieden wurden.
Die Hämolymphe von Lederzecken (O. moubata), Raubwanzen, Flohen und Mehlkäferlarven
bildet ebenso wie die von Läusen einen günstigen Nährboden für C. burneti, die sich frei in der
Blutflüssigkeit, in erster Linie aber intracellulär in Blutzellen vermehren. Rectal inoculierte
Bettwanzen schieden mindestens 101 Tage lang virulente Rickettsien mit dem Kot aus. In
Flöhen siedelten sich die Rickettsien nur nach künstlicher intracölomaler Inoculation an, wäh-
rend es bei natürlicher Inoculation durch den Saugakt lediglich zu einem kurzen Aufenthalt
der Erreger im Magen oder gelegentlich zum Befall einzelner Magenzellen kam.
Während die Q-Fieber-Erreger bei einer natürlichen Infektion von O. moubata durch den
Saugakt auf die Magenzellen der Zecke beschränkt blieben, vermehrten sie sich nach künstlicher intracölomaler Übertragung auch in anderen Organen und wurden mit Speichel, Coxal-
flüssigkeit und Harn ausgeschieden (WEYER, 1948). *Infizierte Zecken* blieben ohne Schädigung
jahrelang (Beobachtung bei 1298 Tagen abgebrochen) *Rickettsienträger*. Durch Befall der
Ovarien kann es zu einer transovariellen Übertragung kommen. Die *transovarielle Übertragung*
von C. burneti ist experimentell auch bei anderen Zecken festgestellt worden, z. B. bei Arten
der Gattungen Dermacentor, Amblyomma, Hyalomma und Rhipicephalus. Obwohl C. burneti
im Vergleich zu anderen Rickettsien eine ungewöhnlich große Anpassungsfähigkeit an sehr
verschiedene Organe und Gewebe von systematisch weit getrennten Gliederfüßlern besitzt,
dürften die experimentell geprüften Wirte unter natürlichen Verhältnissen als Überträger nur
eine nebensächliche Rolle spielen. Am ehesten könnten noch die mit dem Kot infizierter Wan-
zen und Läuse ausgeschiedenen Rickettsien eine Infektionsquelle darstellen."

DERRICK hatte bereits 1943 die Naturgeschichte des Q-Fiebers, d. h. seine Auffassung über den Infektionsweg des Erregers zusammenfassend dargestellt: In
einem primären Infektionscyclus werden die Bandicoots (Isoodon torosus-Ramsay)
und vermutlich auch andere Buschtiere durch Zecken verbunden, vor allem

Haemophysalis humerosa, wahrscheinlich auch Ixodes holocyclus. Von BURG-
DORFER u. Mitarb. (1963), welche Coxiellen aus kleinen Nagetieren der Rocky
Mountain isolierten, und zwar aus Gegenden, die Rindern, Schafen und Ziegen
unzugänglich sind, stammt eine Übersicht aller bis heute als Coxiellenträger ermittelten Wildtiere. In einem sekundären Cyclus werden nach DERRICK durch
Ixodes Haustiere, vor allem Rinder infiziert, in seltenen Fällen auch direkt Menschen, die im Busch arbeiten. Die Verbreitung innerhalb der Rinder erfolgt über
Haemaphysalis bispinosa, die Übertragung vom Rind auf den Menschen ebenfalls
durch Haemaphysalis bispinosa oder durch Boophilus annulatus.

Seither ist dieses ebenso einleuchtende wie suggestive Schema dahin korrigiert
worden, daß der *Weiterbestand der Infektion unter den Haustieren auch ohne Zecken*
gewährleistet ist und daß *Arthropoden für die Ansteckung des Menschen praktisch
ohne Bedeutung* sind. Daß Zecken als Vektoren dienen können, ist experimentell
bewiesen, die Frage aber, ob für eine Übertragung von Wildtier auf Wildtier, bzw.
von Wildtier auf Haustier Zecken oder andere Arthropoden unbedingt notwendig
sind, ist bei weitem noch nicht abgeklärt.

Das für den Menschen wichtigste Reservoir der C. burneti liegt allem Anschein
nach in den *Haustieren*. Wenn es aber zu Ausbrüchen von Q-Fieber kommt, bei
denen Haustiere serologisch als Quelle ausgeschlossen werden, so bestehen immer
noch mindestens *fünf Möglichkeiten*:

1. die seltene, aber bewiesene Infektion durch einen Menschen;

2. die theoretisch mögliche, aber unseres Wissens nicht bewiesene Infektion
durch Arthropoden oder

3. direkt durch wilde Säugetiere oder Vögel;

4. die Infektion durch kontaminiertes Material auf größere Entfernung wie
Futtermittel, Heu usw.;

5. der unseres Erachtens wahrscheinlichste Fall sehr niedriger Antikörperwerte
im Blut von Tieren, welche trotz dieses Befundes den Erreger ausscheiden, worauf
schon HUEBNER u. Mitarb. (1948) hingewiesen haben. Zur Erfassung derart geringer Antikörpermengen wird sich möglicherweise der von TABERT und LACKMAN
(1965) eingeführte Radioisotop-Präzipitations-Test (RIPT) eignen.

Eine weitere Frage ist noch offen, nämlich, weshalb die Infektionskette beim
Menschen — von verschwindenden Ausnahmen abgesehen — stets abbricht. Da
Pneumonien zum Normalbild des Q-Fiebers gehören und aus Gurgelflüssigkeit
nicht selten Coxiellen gezüchtet werden können, sollte man — auch wenn die Spärlichkeit des Auswurfs berücksichtigt wird — bei der Unmöglichkeit des Menschen
als Infektionsquelle zu wirken, nicht nur an die Quantität der Erreger, sondern
auch an eine qualitative Veränderung der Coxiellen, d. h. an einen Virulenzverlust
im Menschen denken. Diese Hypothese wurde bisher unseres Wissens nicht bewiesen, wenn auch andererseits experimentell Virulenzsteigerungen durch Zeckenpassage (NAUCK und WEYER) sowie durch Meerschweinchenpassage (ROUX) wahrscheinlich gemacht wurden.

V. Klinisches Bild

Die *Inkubationszeit* dauert 2—3 Wochen, im Mittel 19 Tage; die längste Inkubationszeit wurde mit 35 Tagen angegeben (BEECH u. Mitarb., 1962), bei Labor-
infektionen ist sie eher etwas kürzer, z. B. nach KIKUTH und BOCK 9—17 Tage, bei
experimenteller Infektion nur 2—4 Tage (BLANC u. Mitarb.). Die am Tierversuch
beobachtete Abhängigkeit der Inkubationszeit von der Infektionsdosis konnte
auch bei Versuchen an Freiwilligen festgestellt werden (TIGERTT): Durch Erhöhung
der Dosis von 10 auf 10^5 ID50 (bezogen auf das Meerschweinchen) konnte die Inkubationszeit von 17 auf 10 Tage verkürzt werden.

Klinisch *inapparente Infektionen* sind häufig. STROEDER u. Mitarb. (1949) fanden in einer Spitalepidemie unter 45 Personen $^1/_3$ abortive Fälle, die erst nachträglich als Q-Fieber identifiziert wurden. Nach unserer Erfahrung waren in einer lokalisierten Epidemie von 300 infizierten Personen 100 klinisch nie krank (KAUFMANN, LÖFFLER und SCHMID); das Verhältnis 2 manifest Infizierte : 1 inapparent Infizierten war somit wie bei STROEDER, während FRASER u. Mitarb. (1960) bei englischen Marineangehörigen auf 57 infizierte 18 Kranke und 39 inapparent infizierte fanden. Inapparent infiziert bedeutet hier, daß diese Personen komplementbindende Serum-Antikörper aufwiesen, sich aber subjektiv nicht krank fühlten und objektiv keine erkennbaren Symptome zeigten; da diese „Gesunden" jedoch nicht durchleuchtet wurden, ist die Möglichkeit symptomloser Lungeninfiltrate wie sie FEINSTEIN, YESNER und MARKS, sowie HENI und GERMER erwähnten, nicht ausgeschlossen. Der Anteil an inapparenten Infektionen würde bei Q-Fieber demnach etwa zwischen den relativ wenigen Fällen bei der Influenza A_2 und den relativ vielen bei den Adenovirusinfektionen liegen (LÖFFLER, 1959).

Ein *Prodromalstadium* von wenigen Stunden bis Tagen kann gelegentlich dem Fieberanstieg vorausgehen; es ist durch Müdigkeit, Appetitlosigkeit, leichtes Frösteln, evtl. durch Schmerzen an Abdomen, Thorax, Extremitäten, in Lücken früher

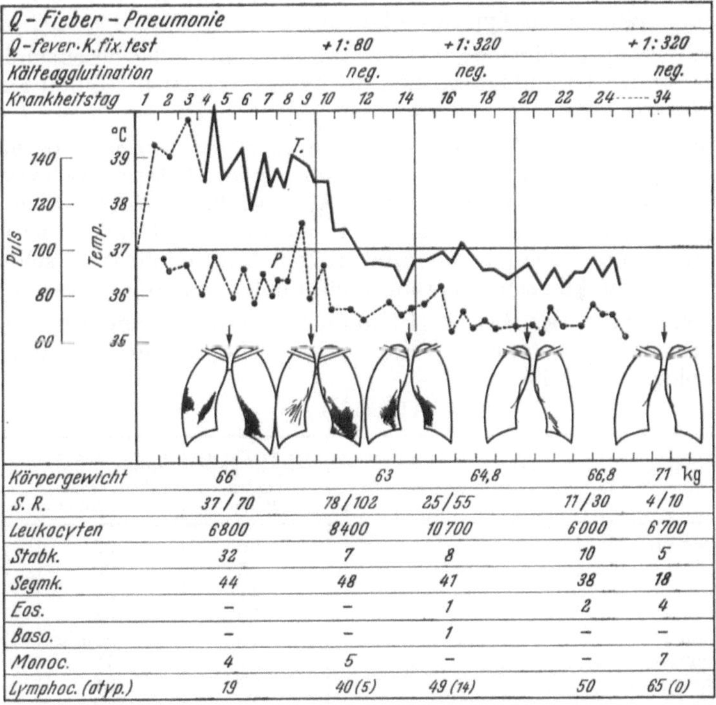

Körpergewicht	66	63	64,8	66,8	71 kg
S. R.	37 / 70	78 / 102	25 / 55	11 / 30	4 / 10
Leukocyten	6800	8400	10700	6000	6700
Stabk.	32	7	8	10	5
Segmk.	44	48	41	38	18
Eos.	–	–	1	2	4
Baso.	–	–	1	–	–
Monoc.	4	5	–	–	7
Lymphoc. (atyp.)	19	40 (5)	49 (14)	50	65 (0)

Abb. 4. Ablauf einer Q-Fieber-Erkrankung: Temperatur- und Pulskurve, Röntgenbefunde, Senkung und Blutbild (O. GSELL, 1965)

gezogener Zähne usw. gekennzeichnet. Bei einer akut, aber nur selten mit Schüttelfrost beginnenden fieberhaften Erkrankung sind *heftige Kopfschmerzen*, besonders hinter Stirne und Augen, das wichtigste *Hinweissymptom* für Q-Fieber.

Die *Körpertemperatur* steigt innert 1—3 Tagen auf 39—40° C an, bleibt während 4—5 Tagen erhöht, seltener während kürzerer oder längerer Zeit (1—15 Tage); sie kann mehr oder weniger stark intermittieren und fällt in unbehandelten Fällen fast stets lytisch zur Norm ab. Ausgiebiges Schwitzen und relative Bradykardie begleiten das Fieber in den meisten Fällen (s. Abb. 4).

Der *Allgemeinzustand* ist trotz sehr hoher Temperaturen und trotz der Kopfschmerzen und der häufigen allgemeinen Muskelschmerzen verhältnismäßig wenig beeinträchtigt; in selteneren Fällen fühlen sich die Patienten aber schwerkrank. Gelenkbeschwerden sind häufig (HUEBNER u. Mitarb., 1949). Rötung und Gedunsenheit des Gesichtes und leichtes Erythem am Rücken sind oft auffällig, erklären sich aber hinreichend als Folge von Fieber und Exsudation; eigentliche Exantheme fehlen charakteristischerweise bei dieser Rickettsiose. Die Zunge ist gewöhnlich belegt; oft wird über Verstopfung geklagt, seltener über Durchfall. Die Leber ist gelegentlich druckempfindlich; die Milz selten leicht vergrößert, aber nicht palpabel (ROCH, ALPHONSE und LÖFFLER, 1947; RILLIET, 1949).

Im *Blutbild* finden sich trotz des hohen Fiebers normale oder häufig auch erniedrigte Leukocytenwerte von 4000—7000 mit einer mehr oder weniger ausgesprochenen Linksverschiebung von 15—25—40 % Stabkernigen auf der Höhe der Krankheit. Die Eosinophilen sind in der ersten Krankheitswoche spärlich oder fehlen. In der Rekonvaleszenz kommt es nicht selten zu einer leichten postinfektiöser Lymphocytose. Das rote Blutbild ist meist unverändert; selten ist eine leichte Anämie sekundären Typs zu erkennen.

Die Blutsenkungsgeschwindigkeit ist anfangs nur mäßig beschleunigt, pflegt im Laufe der ersten Krankheitswochen auf Werte von 20/45—40/80 anzusteigen (ASCHENBRENNER, 1952).

Das *grippeartige Krankheitsbild* ist oft durch Hustenreiz mit spärlichem, gelegentlich blutig tingiertem Auswurf gekennzeichnet; katarrhalische Symptome gehören nicht zum üblichen Verlauf und Auswurf kann völlig fehlen. Die rein febrile, grippale Form ist eher selten; so beobachtete sie GSELL (1950) unter 25 klinischen Fällen nur zweimal; das Fehlen eines Lungeninfiltrates schließt allerdings einen schweren klinischen Verlauf nicht immer aus (SCHUBOTHE u. Mitarb.).

Dem Buch von STUART-HARRIS (1965) über die virusbedingten Infektionen des Respirationstraktes entnehmen wir eine tabellarische Zusammenstellung über die Symptomatologie des Q-Fiebers.

Tabelle 1

Häufigkeit der Symptome in %	FEINSTEIN u. Mitarb., 1946 Italien 128 Patienten	DENLINGER u. Mitarb., 1949 S. Californien 77 Patienten	CLARK u. Mitarb., 1951 N. Californien 65 Patienten
Plötzlicher Beginn	30	92	72
Fieber	73	100	100
Schüttelfrost	41	84	74
Schwächegefühl	50	94	100
Kopfschmerzen	75	sehr häufig	65
Rückenschmerzen	24	12	47
Appetitlosigkeit	37	54	43
Übelkeit	16	32	22
Erbrechen	?	26	13
Husten	62	62	24
Thoraxschmerzen	36	36	10
Halsweh	24	2	5
Schnupfen	23	4	4
Thorax:			
Rasselgeräusche	55	59	21
Dämpfung	33	26	3
Röntgenschatten	100	84	34

Bronchopneumonische Herde kommen bei der weit überwiegenden Mehrzahl aller klinisch manifesten Fälle vor; ihre prozentuale Häufigkeit wird bei hospitalisierten Patienten ziemlich einheitlich mit etwa 90% angegeben (FEINSTEIN, YESNER und MARKS; GSELL; HENGEL, KAUSCHE, LAUR und RABENSCHLAG u. a.).

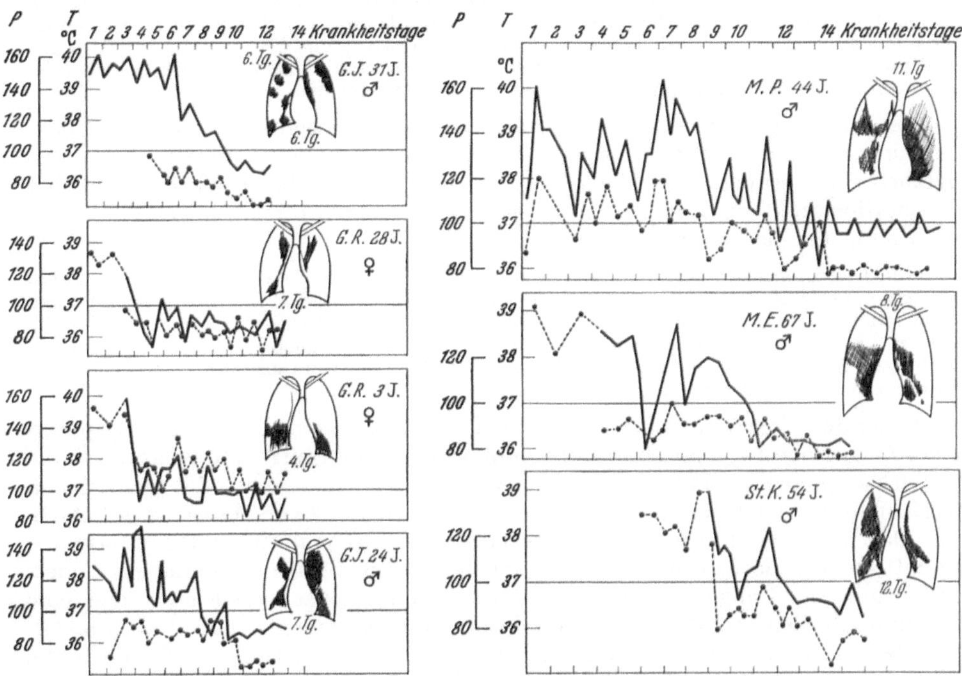

Abb. 5. Lungeninfiltrate bei Q-Fieber in verschiedener Zahl, Größe und Lokalisation. Wechselnd intensives Fieber (ohne Antibiotica-Therapie) (O. GSELL, 1948)

Die Lungenaffektionen entwickeln sich im Laufe weniger Tage im Sinne der *sog. atypischen, d. h. nicht lobären Pneumonie* (COLE), charakterisiert durch die Diskrepanz zwischen deutlichem Röntgenbefund und diskreten auskultatorischen Phänomenen einerseits und durch die Therapieresistenz gegen Sulfonamide und Penicillin andererseits.

Im Röntgenbild sind die Infiltrate nach wenigen Krankheitstagen als unscharf begrenzte, weiche Herde, oft multipel und beidseitig, vor allem in den Unterlappen zu erkennen; häufig sind sie von Hilusschwellungen begleitet und zeigen im ganzen eine langsame Resorption. FEINSTEIN, YESNER und MARKS (1946) gliederten in ihrer großen Übersicht mit 128 Q-Fieber-Pneumonien die röntgenologisch sichtbaren Lungenveränderungen in drei Typen: a) den bronchitischen Typ mit Beschränkung auf die Hilusgegend, b) den peribronchitischen Typ, mit Lokalisierung der Verschattungen in den äußeren zwei Dritteln der Lungenfelder, unter Durchscheinen der Bronchialzeichnung, c) den alveolären Typ mit gewöhnlich auf den äußersten Drittel der Lungenfelder beschränkten, eher rundlichen Verschattungen. Dazu können bei allen drei Typen Zeichen einer Pleuritis vorkommen. GSELL (1950, 1964) unterschied neben a) den weitaus häufigsten isoliert oder multipel auftretenden, weichen Infiltraten, die an Tuberkulose erinnern, folgende, seltenere Formen: b) massive, große Infiltrierungen, sog. pseudolobäre Pneumonie, c) miliare Infiltrate, sog. Pseudomiliartuberkulose (RILLIET, 1949), d) perihiläre Infiltrate, sog. Pseudobronchialcarcinom.

Was die Lungenveränderungen bei Q-Fieber betrifft, so sind sie allerdings weder im Einzelfall, noch generell von jenen zu unterscheiden, die Bowen (1935) als „acute pneumonitis", Reimann (1938) als „atypical pneumonia", Smiley, Showacre, Lee und Ferries (1939) als „acute interstitial pneumonitis", Murray (1940) als „atypical bronchopneumonia", Kneeland und Smetana (1942) als „bronchopneumonia of unusual character and undetermined etiology", und Loncope (1940) als „bronchopneumonia of unknown etiology" beschrieben hatten. Trotz den Versuchen, die genannten Syndrome auf Grund des Röntgenbildes zu charakterisieren, sehen erfahrene Radiologen wie Hartweg oder Laur und Rabenschlag (in Hengel u. Mitarb.) darin kein zuverlässiges differentialdiagnostisches Hilfsmittel, die Q-Fieber-Infiltrate von anderen sog. atypischen Pneumonien zu unterscheiden.

Auf Grund der sehr häufigen Koincidenz von offensichtlich aerogener Infektion und Pneumonie, aber auch auf Grund der von Blanc u. Mitarb. (1948) ausgeführten Experimente an Menschen, bei denen es nur bei Infektion über den Respirationstrakt zu Lungeninfiltrationen kam, schien die Pathogenese der Q-Fieber-Pneumonie hinreichend geklärt zu sein.

Nun bestritten aber Tigertt, Benenson und Gochenour (1961) auf Grund von Tierversuchen diesen Kausalzusammenhang. Sie kamen zum Schluß, daß eine Lungenentzündung nicht zwangsläufig die Folge einer aerogenen Infektion sei, daß es bei dieser Eintrittspforte auch zu Läsionen anderer Organe kommen könne und daß schließlich — und das ist wohl ihre wichtigste Behauptung — Lungenschädigungen leichter bei intraperitonealer als bei intranasaler Inoculation zustande kämen.

Unter den *Komplikationen* steht wohl *Thrombophlebitis*, oft als Ausgangspunkt einer *Lungenembolie*, bzw. eines Lungeninfarktes an der Spitze. Moeschlin sah die ersten Symptome der Phlebitis im Gebiet der V. saphena magna oder femoralis im Verlauf der 3. oder 4. Krankheitswoche auftreten. Unter 4 von Marmion u. Mitarb. bis 1953 in England ermittelten Todesfällen war zweimal ein Lungeninfarkt die unmittelbare Todesursache. Auch der von Pulver u. Mitarb. beschriebene Todesfall zeigte eine Lungenembolie; Ouradou und Defranc berichteten über eine Mesenterialvenenthrombose. Auf Grund seiner Beobachtungen vermutete Moeschlin, daß auch die in der Literatur häufig erwähnten Pleuritisfälle, z. B. von Irons und Hooper, wahrscheinlich Infarktpleuritiden waren.

Bei der auffallenden Häufigkeit und Intensität der *Kopfschmerzen* ist das Vorkommen *meningo-encephaler Veränderungen* keine Überraschung; Gsell und seine Schüler haben sich besonders eingehend damit befaßt. Meningismus mit Nacken- und Rückensteifigkeit und positivem Kernig ist öfters vorhanden; die Lumbalpunktion fällt aber mehrheitlich normal aus. Vereinzelt kommt es jedoch zu sicherer Meningitis serosa mit mäßiger Drucksteigerung, leicht erhöhten Zellzahlen (10/3—60/3), geringer Eiweißvermehrung und schwach positiver Goldsolreaktion.

Encephalitische Erscheinungen sind seltener, kommen aber gelegentlich zusammen mit Meningitis, gelegentlich isoliert vor; im besonderen wurden beschrieben: Delirien (Gsell), extrapyramidale Störungen, Aphasie, Diplopie, Schlafinversion (Wegmann), Kleinhirn-Vestibularis-Störungen, Neuritis optica beidseits (Siegert u. a.), Vestibularisläsion, Halluzinose, Pyramidenzeichen (Wyss), Hirnstammsymptome (Moeschlin), Somnolenz, tonisch-klonische Krämpfe (Lonigro), Hemiplegie, Facialisparese, Aphasie, psychoorganische Veränderungen (Gsell). Gsell betont, daß die Encephalitis nicht zu den primären Läsionen des Q-Fiebers, sondern zu dessen Komplikationen zu zählen ist.

Als seltene Komplikation wurde *Hepatitis* beobachtet. Bereits Derrick (1937) erwähnte unter seinen ersten 9 Fällen einen Patienten mit Gelbsucht und besonders stark reduziertem Allgemeinzustand, der erst 70 Tage nach Krankheitsbeginn aus dem Spital entlassen werden konnte. Clark u. Mitarb. sahen bei 180 eigenen Beobachtungen Ikterus in 5 % ihrer Fälle; aus der Schweiz berichtete Ludwig über 2 Hepatitisfälle mit Ikterus, ebenso Wespi. Als weitere, aber ebenfalls seltene Komplikationen wurden beobachtet: *Orchitis* (Gsell, 1950), *Epididymitis* (Moesch-

LIN und KOSZEWSKY, 1950), *Perikarditis* (LUDWIG, 1956 a), *Myokarditis* (WENDT, 1953; GSELL, 1962), Myokardinfarkt und periphere Gefäßschädigungen, nachweisbar durch negative Palpationsbefunde an den Fußarterien (FLACHSMANN). Zu erwähnen ist, daß bisher fast keine Schädigungen von Niere und ableitenden Harnwegen beobachtet wurden, auch autoptisch nicht (WHITTIK), obwohl die Ausscheidung der Coxiellen durch den Urin nicht selten ist; ein Ausnahmefall wird von BONARD u. Mitarb. (1962) mitgeteilt.

Die *Immunität* nach Q-Fieber ist im allgemeinen solide, wenn auch offenbar nicht immer lebenslänglich andauernd. Zweiterkrankungen sind äußerst selten beschrieben worden; so sah GSELL (1962) bei einem Manne nach einem 10jährigen beschwerdefreien Intervall das erneute Auftreten einer Pneumonie und gleichzeitig den Wiederanstieg der komplementbindenden Antikörper.

Kurzfristig, d. h. nach wenigen Tagen bis Wochen auftretende *Rezidive* ereignen sich nicht häufig; allerdings referierten schon DERRICK und BURNET (1939) über einen Patienten, dessen Temperatur 2 Tage nach der Entfieberung wieder anstieg, während die „Commission" bei der Epidemie von Fort Bragg von vier Rückfällen berichtete, die sich innert 18—67 Tagen nach Krankheitsbeginn ereigneten. Vorzeitiger Abbruch oder ungenügende Dosierung der Therapie mit Antibiotica fördert offensichtlich das Auftreten von Rezidiven (LENNETTE u. Mitarb., 1948). Es gibt bis heute keine Anhaltspunkte dafür, daß, in Analogie zur Brill-Zinsserschen Krankheit beim Fleckfieber, auch bei Q-Fieber Spätrezidive vorkommen, auch wenn die Tierversuche von SIDWELL u. Mitarb. (1964) mit der Aktivierung latenter Infektionen durch die Schädigung der immunologischen Abwehr, solche Vorgänge auch beim Menschen in den Bereich der Möglichkeit rückten.

Wenn Senkungsbeschleunigung und hoher Antikörpertiter über 1 Jahr nach dem akuten Krankheitsstadium erhalten bleiben, so ist an eine *chronische Infektion* mit C. burneti zu denken; derartige Fälle sind in den letzten Jahren mehrfach beschrieben worden. Bemerkenswert ist die verhältnismäßig große Zahl von *subakuten Endokarditiden*, die seit der ersten Beschreibung von MARMION u. Mitarb. (1953) gesehen wurden. Diese Autoren berichteten über 7 Fälle, bei denen Rickettsien in den Klappenendothelien nachzuweisen waren; 4 Fälle hatten eine sichere rheumatische Anamnese; klinisch trat die Endokarditis bis zu 15 Monaten nach der akuten Episode des Q-Fiebers auf, ihre Dauer variierte zwischen 5 Monaten und 5 Jahren. Über ähnliche Beobachtungen berichteten EVANS u. Mitarb. (1959), ROBSON und SHIMMING (1959), ANDREWS und MARMION (1959), SMITH und EVANS (1960), GSELL (1962), GRIST (1963).

Die *Letalität* wird mit unter 1 % angegeben; seit der Einführung der Breitspektrum-Antibiotica dürfte sie noch gesunken sein; unkompliziertes Q-Fieber führte aber unseres Wissens überhaupt nie zum Tode. Bei den wenigen bekanntgewordenen *Todesfällen* handelt es sich entweder um eine durch die Infektion mit C. burneti bedingte Verschlimmerung eines vorbestehenden Leidens, z. B. einer Endokarditis, eines Myokardschadens oder einer Tuberkulose, oder dann um eine Spätkomplikation, z. B. eine Encephalitis, relativ am häufigsten aber um eine Lungenembolie.

VI. Pathologische Anatomie

Bei Todesfällen fand sich *pathologisch-anatomisch* eine interstitielle Pneumonie mit monocytärem Zellexsudat in den Alveolen und Bronchiolen, Verdickung des interalveolären Bindegewebes mit Ödem und vorwiegend monolymphocytärer Infiltration, dazu Proliferation der Fibroblasten und auch Nekrosen (s. GSELL, 1948; PULVER und AUFDERMAUR, 1948), LILLIE, PERRIN und ARMSTRONG (1941) erhoben einen solchen Befund bei dem einzigen Todesfall, der im Verlauf der von

HORNIBROOK, bzw. DYER u. Mitarb. beschriebenen Laboratoriumsepidemie auftrat; sie konnten das Bild bei acht Rhesusaffen durch intrapulmonale Injektion des Rickettsienstammes reproduzieren. Andere Organe als die Lunge zeigten keine pathognomonischen Veränderungen; Rickettsien konnten weder im Menschen, noch in den im Versuch verwendeten Affen mikroskopisch gesehen werden. WHITTIK (1950) untersuchte autoptisch einen Mann, der 78jährig nach 11tägiger Krankheitsdauer an einer Pneumonie gestorben war; vier Personen, die bei der Sektion anwesend waren, erkrankten in der Folge an Q-Fieber. Mikroskopisch wurden reichlich Rickettsien im pneumonischen Exsudat, in Gehirn, Testes, Leber und Nieren gefunden — ein zweifellos außergewöhnlicher Befund. PULVER und FELLMANN haben 1957 über die fünf Autopsien akuter Q-Fiebererkrankungen, die damals in der Weltliteratur mitgeteilt waren, referiert; Lungeninfarkte standen als Todesursache im Vordergrund.

Über die anatomischen Veränderungen bei einem chronischen, sorgfältig verifizierten Q-Fieber mit Coxiellakolonien in den Wucherungen der Aortaklappe berichteten ANDREWS und MARMION (1959). Ähnliche Beobachtungen finden sich in den Mitteilungen von EVANS u. Mitarb. (1959) und von MARMION u. Mitarb. (1960) bei je einem Fall subakuter Endokarditis mit Erregernachweis auf den Herzklappen. Obwohl Hepatitis eine seltene Komplikation des Q-Fiebers ist (LUDWIG, 1956b, WESPI), neigen GERSTL u. Mitarb. auf Grund von Biopsien bei 4 Q-Fieberfällen ohne Hepatitis zur Annahme, das Vorkommen kleiner herdförmiger hepatocellulärer Schädigungen sei häufig.

Diagnose

Die Diagnose des Q-Fiebers wird auf Grund einer „*doppelten Trias*" gestellt. Die *klinische oder kleine Trias* besteht aus folgenden Symptomen: plötzlich einsetzendes, hohes, unregelmäßiges *Fieber* mit starkem Schwitzen, retrobulbäre *Kopfschmerzen, atypische Pneumonie* ohne katarrhalische Erscheinungen. Diese kleine Trias wird durch die epidemiologischen Erhebungen und die mikrobiologischen Laboratoriumsbefunde zur *großen Trias* entscheidend ergänzt (Abb. 6).

Es sei betont, daß der klinische Symptomkomplex dieser Trias allein höchstens eine Vermutungsdiagnose zu stellen erlaubt, daß aber die Erhebung der früher erwähnten Nebensymptome und die Feststellung von Komplikationen, vielleicht mit Ausnahme der Thrombophlebitis, bei den Bemühungen um eine ätiologische Diagnose kaum weiterhelfen.

Im Anfangsstadium, vor Ausbildung der Lungenerscheinungen, kommen differentialdiagnostisch *alle „grippalen" Infekte* in Frage, aber auch Salmonellosen, Leptospirosen, leichte Formen anderer Rickettsiosen, wie Fleckfieber etc.; in tropischen bzw. außereuropäischen Gegenden erweitert sich das Spektrum erheblich: Dengue, Malaria, Tularaemie etc. Liegt das Bild einer atypischen, d. h. nicht lobären Pneumonie vor, so ist eine ganze Reihe ätiologischer Möglichkeiten in Erwägung zu ziehen. Hierzu gehören verschiedene Formen tuberkulöser Infiltrierungen, der Carcinommetastasierung, sowie andere bakteriell bedingte „*atypische*" *Pneumonien*, das meist durch Askaridenlarven bedingte flüchtige, eosinophile Lungeninfiltrat (W. LÖFFLER); ferner Coccidiomycose, Histoplasmose u. a. Pilzerkrankungen, schließlich, wie GSELL (1965) ausführlich darlegte, Lungenbeteiligungen bei Infektionen mit Mycoplasmen (z. B. Mycoplasma pneumoniae; EATON, MARMION, CHANOCK, HAYFLICK) mit Bedsonien (Ornithose- oder Psittakose-Virus), mit Influenzaviren, mit Adenoviren, mit Parainfluenzaviren, im Kindesalter auch mit Respiratory-Syncytial-Virus, mit Reovirus und mit Rhinoviren. Schwierigkeiten in der Abgrenzung gegen Tuberkulose macht gelegentlich die gegenüber den meisten bacteriellen Pneumonien auffallend langsame Rückbildung der Lungenprozesse und die dementsprechend benötigte längere Zeit der Rekonvaleszenz von mehreren Wochen (MOHR).

Vorausgesetzt, es handle sich um einen isolierten Fall oder den ersten Fall einer Gruppenerkrankung, so läßt die rein klinische Beurteilung den Beobachter gewöhnlich im Stich. Die vor bald 15 Jahren geäußerte Klage ASCHENBRENNERS, daß „die ätiologische Diagnose dieser Viruspneumonien für den Kliniker im Einzelfall immer noch mit recht großen Schwierigkeiten verbunden" sei, gilt auch heute.

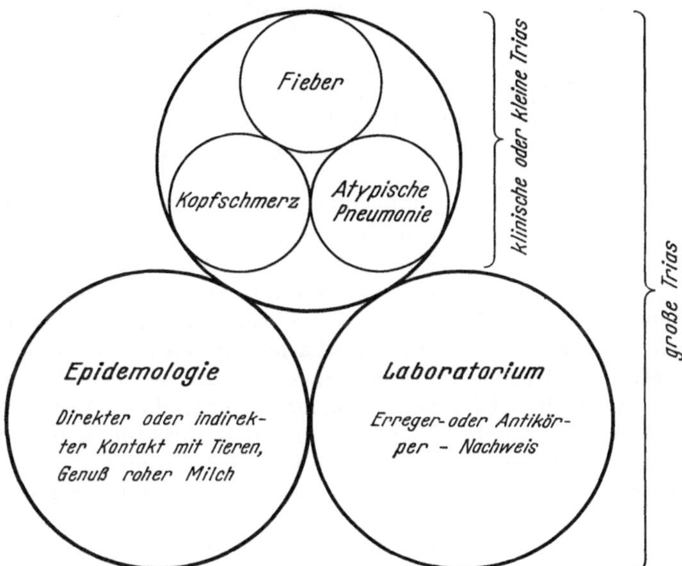

Abb. 6. Schema der Q-Fieber-Diagnose (H. LÖFFLER, 1966)

Wir glauben sogar, beifügen zu dürfen, daß beim Q-Fieber die klinische Diagnostik nicht durch Verfeinerung, sondern eher durch Vergröberung gewinnt, mit anderen Worten, durch die Berücksichtigung der *Symptomentrias Fieber—Kopfschmerz—atypische Pneumonie.*

Die *anamnestischen Angaben*, besonders hinsichtlich direktem oder indirektem Kontakt mit Rindern, Schafen oder Ziegen, bzw. hinsichtlich Genuß roher Milch, liefern wesentliche Indizien. Auffallend ist die Tatsache, daß Q-Fieber im Kindesalter höchst selten (PARROTT) vorkommt, bei Erwachsenen das männliche Geschlecht bevorzugt und im speziellen jugendliche Männer befällt.

Neben der klinischen Trias und den epidemiologischen Verdachtsmomenten stützt sich die einwandfreie Diagnose auf die mikrobiologische *Laboratoriumsdiagnostik* (LÖFFLER, 1956). Diese besteht allgemein im Nachweis der Erreger und der im Blut zirkulierenden spezifischen Antikörper.

Als Ausgangsmaterial für die *Isolierung* kommen in Frage: Blut, Sputum, Liquor cerebrospinalis, Urin, entnommen zu Beginn, mindestens aber in der febrilen Phase der Krankheit. WEYER (1962) betont allerdings, daß — im Gegensatz zu anderen Rickettsiosen — bei Q-Fieber und bei Wolhynischem Fieber die Erreger gelegentlich noch über die Entfieberung hinaus nachgewiesen werden können. Die *Inoculation* erfolgt am besten intraperitoneal *auf* zwei *Meerschweinchen* in der Menge von 3—5 ml. Handelt es sich um einen Frühfall, so soll das Blut frisch — ohne Zusatz — überimpft werden; dauert die Krankheit schon länger als

10 Tage, so läßt man das Blut gerinnen, gießt das antikörperhaltige Serum ab, zerreibt den Blutkuchen mit Sand und schwemmt ihn in physiologischer Kochsalzlösung auf.

Das Q-Fieber des Meerschweinchens äußert sich nach einer Inkubationszeit von 4—8 Tagen durch Fieber von 40,5—41° C; eine Rektaltemperatur von 40° C gilt beim Meerschweinchen als die oberste Grenze der Norm. Gelegentlich sterben Meerschweinchen an der Infektion, wobei sie Vergrößerungen der Milz, evtl. auch der mesenterialen Lymphknoten zeigen. Zum Zweck von Passagen werden Tiere auf der Höhe des Fiebers getötet und Milzsuspensionen intraperitoneal weiter verimpft. Häufig ist erst bei späteren Passagen in Tupfpräparaten von Milz und Leber eine Färbung der Rickettsien nach GIEMSA oder MACCHIAVELLO möglich. GOL'DIN und AMOSENKOWA (1961) konnten in Blut- und Milzausstrichen von Versuchstieren schon zwischen dem 3. und 6. Tage der Infektion, bei zwei Patienten ebenfalls vom 4. Tag an im Blut die Coxiellen mittels direkter Immunofluorescenz sichtbar machen.

Praktisch einfacher und auch gefahrloser ist es, den Erregernachweis im Meerschweinchen nicht direkt, sondern indirekt zu erbringen, nämlich durch Bestimmung eines Antikörperanstieges gegen C. burneti im Blut der inoculierten Tiere.

BURGDORFER (1951) und BURGDORFER, GEIGY, GSELL und WIESMANN (1951) haben nach einem schon von WEYER (1948) geübten Verfahren die Rückfallfieberzecke Ornithodorus moubata an Q-Fieber-Patienten, sowie an latent infizierten Rindern angesetzt; die Darmaufschwemmungen der Zecken erwiesen sich als infektiös für Meerschweinchen. Dieses als *Xenodiagnose* bezeichnete Verfahren hat sich in manchen Fällen bei spärlicher Rickettsiaemie dem direkten Meerschweinchenversuch als überlegen erwiesen, insbesondere für die Isolierung von Erregern des klassischen Fleckfiebers und des Wolhynischen Fiebers durch die Laus (WEYER, 1959).

Bei Arbeiten mit C. burneti sind wegen der hohen Infektiosität der Erreger besondere *Vorsichtsmaßnahmen* angezeigt, so z. B. die Schutzimpfung. Die Titerhöhe der in vitro nachweisbaren Antikörper ist — wie das allgemein für Infektionskrankheiten zutrifft — kein genaues Abbild der Immunitätslage; ebensowenig besteht eine strenge Parallelität zwischen Titerverlauf und Schwere des klinischen Bildes, können doch auch inapparent verlaufende Infektionen serologisch hohe Werte zeigen.

Die *serologische Diagnose* im Patientenblut erfolgt entweder durch die *Agglutination*, insbesondere mit den von HERZBERG (1950) oder von HAAS (1952) angegebenen Mikromethoden, oder durch die häufiger gebrauchte *Komplementbindung;* die komplementbindenden Antikörper erscheinen früher und bleiben länger nachweisbar als die agglutinierenden. Zur Kontrolle des Titeranstieges ist es wünschenswert, ein Serumpaar untersuchen zu können. Komplementbindende Antikörper erscheinen im allgemeinen nach Ablauf der 1. Krankheitswoche und erreichen meist nach der 3. Woche ihr Maximum (ROBBINS u. Mitarb., 1946), gelegentlich wird ein protrahierter Titeranstieg festgestellt. In einem Einzelserum hat ein Titer von 1:32 bzw. 1:40 eine gewisse diagnostische Bedeutung, wobei aber sowohl das klinische Bild mit zu berücksichtigen ist, als auch die Tatsache, daß stark erhöhte Titer (1:160 und höher) während Monaten, schwach erhöhte (1:20 und höher) während Jahren nach der Erkrankung (SMADEL) gefunden werden; bei niedrigen Titerwerten, die rasch zurückgehen, ist an eine Mitreaktion zu denken (GSELL, 1950). Die Kälteagglutination ist bei Q-Fieber negativ. In praxi erfolgt die ätiologische Differenzierung der atypischen Pneumonien am häufigsten serologisch und zwar mittels der Komplementbindung. Erleichtert wird dieses Vorgehen durch die im Handel erhältlichen Antigene für die Diagnose von Influenza, Psittakose, Parainfluenza,

Q-Fieber, Infektionen mit Adenovirus und Respiratory-Syncytial-Virus, sowie von Pilzerkrankungen. Was die Komplementbindung betrifft, so sind als Antigene nur Stämme zu verwenden, welche sich in Phase II befinden, also z. B. die sich im Handel befindlichen Dottersack-Antigene der Firma Lederle, hergestellt aus den Stämmen *Henzerling* und *Nine Mile*.

Wenn auch milchhygienische Überwachungsmaßnahmen nicht zum Aufgabenbereich der Human- sondern der Veterinärmedizin gehören, sei hier doch eine serologische Methode erwähnt, die sich auch in der Schweiz bestens bewährt hat (BECHT und HESS, 1964), nämlich der *Capillar-Agglutinations-Test* (CAT) nach LUOTO (LUOTO und MASON, 1955). Im Prinzip wird ein Röhrchen mittels Kapillarität zuerst zu $^1/_3$ mit einer gefärbten Coxiellensuspension, dann mit der zu prüfenden Milch gefüllt, alsdann umgedreht und auf einer allfällig sich bildende Färbung der Rahmschicht geachtet. Eine Modifikation dieses Tests, der sog. *Agglutinations-Resuspensions-Test* (ART) wurde von ORMSBEE (1962) empfohlen. Für die Kontrolle des Infektionszustandes von Schafen haben sich besser als die Komplementbindung zwei Methoden bewährt, die auf der Agglutination beruhen: 1. der Capillar-Agglutinations-Test (CAT) von LUOTO (1953) und 2. der wahrscheinlich noch empfindlichere Microscopic-Slide-Agglutinations-Test (MSAT) von BABUDIERI (1953).

ABINANTI und MARMION (1957) haben für die Ermittlung der schützenden Serumantikörper einen *Neutralisationstest in der Maus* entwickelt, der die stärkere Schutzwirkung der gegen die Phase I-Antigene gerichteten Antikörper im Vergleich zu den Anti-Phase II-Antikörpern anzeigte; eine allgemeinere Anwendung hat diese etwas komplizierte Methode nicht gefunden.

Mehr Aussicht auf praktische Verwendung hat vielleicht der auf den Arbeiten von HOYER und PICKENS (1962) und von GERLOFF, HOYER und McLAREN (1962) beruhende *Radioisotop-Präcipitations-Test* (RIPT), den TABERT und LACKMAN (1965) erstmals für epidemiologische Untersuchungen über Q-Fieber einsetzten.

Der originelle Mechanismus der Reaktion beruht auf der Idee des indirekten Coombtests und besteht aus folgenden drei Schritten: 1. Das auf Antikörpergehalt zu prüfende Serum wird mit einer bestimmten Erregermenge, die zuvor mit radioaktivem Jod gekoppelt wurde, zusammengebracht. 2. Durch Zugabe von Antigammaglobulin kommt es zu einer Präcipitation des Antigen-Antikörper-Komplexes. 3. Die Bestimmung der Radioaktivität von Präcipitat, bzw. überstehender Flüssigkeit gestattet, die Antikörpermenge zu ermitteln.

Die RIPT-Antikörper, welche nach TABERT und LACKMAN wahrscheinlich den 7 S-Gammaglobulinen zuzurechnen sind, scheinen den neutralisierenden Antikörpern näher zu stehen als die zu den 19 S-Makroglobulinen gehörigen komplementbindenden Antikörper. Außerdem soll der RIPT (Radioisotop-Präcipitations-Test) empfindlicher sein als der CFT (Complement fixations-Test) und der CAT (Capillar-Agglutinations-Test). Dagegen dauert es z. B. im Anschluß an Schutzimpfungen länger, d. h. 2 Monate, bis mit dem RIPT Antikörper nachweisbar werden, während der CFT schon nach 1—2 Wochen positiv wird, in manchen Fällen aber dauernd negativ bleiben kann.

Nicht zum Zwecke der Individualdiagnostik, sondern für epidemiologische Untersuchungen, d. h. zur Kontrolle der Durchseuchung einer bestimmten Population wurde — in Analogie zur Tuberkulinreaktion — auch eine *allergische Hautreaktion* herangezogen.

GIROUD und JADIN applizierten 1950 als erste aus Dottersackmembranen hergestellte Antigene intracutan und erzeugten damit bei positiv reagierenden Probanden eine Rötung und Papelbildung, die nach 24—48 Std ihre maximale Ausbildung zeigte. MIRRI (1950) führte die Methode in die Veterinärmedizin ein. LOPES (1952) verwendete für die Cutanreaktion am Menschen ein Antigen, das eigentlich für die Komplementbindungsreaktion bestimmt war (Lederle-Antigen, Stamm Henzerling); mit dieser Technik konnte er unter der Bevölkerung der Liparischen Inseln mehr Antikörperträger ermitteln als bei Verwendung der Komplementbindung, was sich wohl damit erklären läßt, daß die Serumantikörper lange vor den cutan fixierten Antikörpern zu verschwinden pflegen.

Um die bei der Q-Fieber-Schutzimpfung so unerwünschten allergischen Lokal- und Allgemeinerscheinungen zu vermeiden, empfahlen LACKMAN u. Mitarb. und VIVONA u. Mitarb. (1964) zur Erfassung eines geringen Sensibilitätsgrades als einfachste Methode eine vorausgehende *Hautprobe* durch Injektion von 0,1 ml Vaccine. Falls innert 4—5 Tagen keine Reaktion auftritt, kann unbedenklich die erste volle

Impfdosis von 1,0 ml gegeben werden; bei Ausbleiben einer Reaktion kann nach einer Woche die zweite Impfung mit 1,0 ml folgen.

Schließlich sei noch daran erinnert, daß generell mit der Häufigkeit einer Infektion auch die Wahrscheinlichkeit von Doppel- oder *Mehrfachinfektionen* ansteigt; so kann sich Q-Fieber z. B. mit einer Brucellose, einer Salmonellose, einer Tuberkulose, einer Influenza, einer Mononucleose usw. vergesellschaften; Mehrfachinfektionen scheinen allerdings bei Haustieren weit häufiger vorzukommen als bei Menschen (DRAGONAS).

Prophylaxe

Über *Desinfektionsmaßnahmen* bei Vorkommen des Q-Fiebers in landwirtschaftlichen Betrieben berichtete REUSSE eingehend; für die Händedesinfektion empfahl er 2%iges Chloramin. Will man bei verseuchten oder auch nur verdächtigen Viehbeständen sichergehen, so empfiehlt sich nach BINGEL und ENGELHARDT und nach SCHOOP die Hocherhitzung (85° C während einiger Sekunden), da die Abtötungsgrenze für Coxiellen bei der üblichen Pasteurisation (Kurzerhitzung von 72—75° C während 15 sek) nur knapp überschritten wird (HUEBNER u. Mitarb., 1949; BECHT und HESS, 1964).

C. burneti ist wie andere Rickettsien ein ausgesprochen infektiöser Erreger. Die Letalität des Q-Fiebers ist zwar minimal, d. h. weit unter 1%, aber es wurden schon mehrfach *Laboratoriumsinfektionen* beschrieben, so bereits in Australien von BURNET und FREEMAN (1939), dann vor dem 2. Weltkrieg in NIH von HORNIBROOK und NELSON, auf dem italienischen Kriegsschauplatz von ROBBINS und RUSTIGIAN, unmittelbar nach Kriegsende infolge Arbeiten mit den Balkanfieber-Stämmen in Fort Bragg (USA) von der „Commission", in Deutschland von WEYER (1949); HERZBERG (1950); HENGEL, KAUSCHE, LAUR und RABENSCHLAG (1954) und anderen mehr. Ein immunologischer Schutz ist daher für alles mit Coxiella arbeitende Personal sehr erwünscht, gegebenenfalls auch für andere Berufe, wie Schlachthausarbeiter, angezeigt.

BLANC u. Mitarb. erwähnen 1948 die Möglichkeit einer *aktiven Immunisierung* mit lebendem Impfstoff. Sie hatten nämlich zum Zwecke der Pyretotherapie coxiellahaltiges Material aus Meerschweinchenmilzen auf verschiedenen Wegen mehreren Menschen inoculiert. Über die Atemwege konnte mit Aerosolen das übliche klinische Bild des Q-Fiebers mit Pneumonie erzeugt werden, während intramusculäre und intradermale Injektionen nur einen kurzdauernden Fieberschub bewirkten. Die Verwendung lebender Coxiellen zur Impfung ist nach Angabe von ANAKER (1962) in beschränktem Maße in Frankreich und Rußland weiter verfolgt worden. PICKENS und GAON in USA (1961) schwächten die Virulenz der Coxiellen durch Züchtung auf Hühnerembryozellen ab und immunisierten damit Meerschweinchen.

Cox hat 1940 als erster über eine *abgetötete, formolisierte Dottersack-Vaccine* berichtet, 1941 folgte BENGTSON. Zur Immunisierung von Menschen wurde *Q-Fieber-Vaccine* erst von SMADEL, SNYDER und ROBBINS (1948) verwendet, wobei damals die während des Krieges in den Jahren 1941—1946 im Mittelmeerraum aufgetretenen Häufungen dieser Infektionskrankheit vor allem eine Impfung von Armeeangehörigen nahelegten. Da seit Mitte 1950, d. h. im Laufe des letzten Jahrzehnts, Ausbrüche von Q-Fieber seltener geworden sind und jeweils auch weniger Personen umfassen, besteht *kein allgemeines Bedürfnis nach einer Vaccine*; wohl aus diesem Grunde ist sie nur in kleinen Mengen erhältlich.

SMADEL u. Mitarb. (1948) haben den Impfstoff nach den für Fleckfieber-Vaccine üblichen Verfahren gewonnen (RANDALL u. Mitarb.; CRAIGIE; TOPPING).

Es wird 0,2 ml einer 10⁻¹ Verdünnung von Dottersack-Passage-Material in den Dottersack von 7 Tage alten Hühnerembryonen inoculiert, die weitere Bebrütung geschieht bei 35° C während 4—5 Tagen. Etwa ein Drittel der Eier stirbt und wird verworfen; von den überlebenden werden die Dottersackmembranen geerntet und in gepufferter physiologischer Kochsalzlösung (pH 7,6) zu einer 20%igen Suspension verarbeitet unter Zugabe von 0,5% Formaldehyd USP. Diese formolisierte Suspension wird für 3—5 Tage bei 4° C gelagert, um die Infektiosität zu zerstören; anschließend wird sie nochmals mit physiologischer Kochsalzlösung zu gleichen Teilen verdünnt, mit Äther extrahiert und die wässerige Phase bei kleiner Tourenzahl abzentrifugiert. Die endgültige Vaccine besteht aus einer 10%igen Suspension mit 0,25% Formalin und 0,001% Merthiolate.

Im Hinblick auf die Rolle, welche das Q-Fieber im 2. Weltkrieg gespielt hatte, und um einen möglichst haltbaren Impfstoff zu gewinnen, entwickelten BERMAN u. Mitarb. (1961) aus infizierten, formolisierten Dottersäcken eine *lyophilisierte Vaccine*.

SMADEL u. Mitarb. verimpften ihre Vaccine in drei Injektionen, je 1 ml subcutan im Intervall einer Woche auf Meerschweinchen. Während nach einer Challenge-Infektion von den nicht geimpften Kontrolltieren zwischen 40—80% starben, überlebten die geimpften Tiere, machten allerdings eine kurze febrile Krankheit durch. Eine Schutzwirkung der Vaccine konnte auch beobachtet werden, wenn die Impfung erst nach der Infektion erfolgte, und zwar, unter bestimmten Voraussetzungen, bis 5 Tage später. Antibioticum-Effekt und Immunisierung ließen sich insofern kombinieren, als im Tierversuch durch Terramycin die Inkubation verlängert wurde, so daß die durch Impfung erzeugte Immunität genügend Zeit zu ihrer Entwicklung erhielt. Wenn die Impfung zu spät in der Inkubationszeit erfolgte, war sie wirkungslos; wenn andererseits nur Terramycin gegeben wurde, trat nach Absetzen des Medikamentes wieder Fieber auf.

Impfversuche an Menschen wurden unseres Wissens *nur in kleinem Maßstab* durchgeführt (SMADEL u. Mitarb., 1948; MEIKLEJOHN und LENNETTE, 1950; BENENSON, 1959), bestätigen aber ebenfalls die beschränkte Wirksamkeit der Q-Fieber-Vaccine. Ein wesentlicher Nachteil der bisher verwendeten Q-Fieber-Vaccinen lag in der relativen *Häufigkeit steriler Abscesse*, die sich allem Anschein nach aber nur bei Revaccinationen einstellten. Es sei deshalb eine von BENENSON (1959) wiedergegebene russische Mitteilung erwähnt (ZUBKOWA): „Zur Verhütung allergischer Reaktionen soll vor einer Impfung eine serologische Untersuchung vorgenommen werden. Bei Personen mit positiver Komplementbindungsreaktion ist die Impfung zu unterlassen."

Wegen der gefürchteten allergischen Reaktionen, die nicht nur nach früheren Impfungen, sondern gerade bei den durch Coxiella gefährdeten Berufen auch durch inapparent durchgemachte Infektionen bedingt sein können, muß gegebenenfalls vor einer Impfaktion die Immunitätslage der Impflinge geprüft werden. Neben den beschriebenen in-vitro Methoden bietet sich als einfachstes Vorgehen die Vorprüfung mit 0,1 ml der Vaccine selber an.

ANAKER u. Mitarb. (1962) stellten mit Hilfe des Dichtegradienten (RIBI und HOYER, 1960) gereinigte Suspensionen von Coxiellen her, die ihnen als Ausgangsmaterial für verschiedene Vaccinen dienten, und die im Tierversuch mit wechselndem Erfolg geprüft wurden. Eines dieser Antigene, nämlich der Trichloressigsäure-Extrakt, konnte durch Phenolbehandlung in ein Hapten überführt werden (ANAKER u. Mitarb., 1963). Auch die anscheinend wirksameren und relativ ungiftigen Antigenimpfstoffe, wie sie ORMSBEE u. Mitarb. (1962) herstellten, haben unseres Wissens die Bewährungsprobe am Menschen noch nicht bestanden.

Eine neue Serie von Impfversuchen an Freiwilligen ist von LUOTO u. Mitarb. (1963) begonnen worden, wobei bisher über die serologischen und intracutanen Vorprüfungen berichtet wurde. Von russischer Seite liegen Mitteilungen vor über Impfversuche am Menschen, und zwar von ZDRODOWSKIJ und GENIG (1962), bzw. ZDRODOWSKIJ (1963) mit einer lebenden, durch Eipassagen abgeschwächten Vaccine und von URAKOW und SCETININ (1962) mit einer abgetöteten Vaccine. Eine Impfprophylaxe ist im übrigen bei dieser therapeutisch sehr gut zu beherrschenden Infektion nur in Ausnahmesituationen, z. B. in Laboratorien, angezeigt.

Therapie

Q-Fieber läßt sich durch Sulfonamide und Penicillin nicht beeinflussen. Streptomycin wirkt hemmend in der Zellkultur von Coxiellen (ROBERTS und DOWNS),

bewährte sich in praxi aber auch nicht (HUEBNER, HOTTLE und ROBINSON). Die
gute Wirkung von Aureomycin wurde experimentell durch WONG und COX festgestellt; LENNETTE u. Mitarb. (1948) haben mit diesem Mittel erstmals 23 Patienten behandelt, wobei die Entfieberung meist innert 48—72 Std erfolgte. GSELL hat

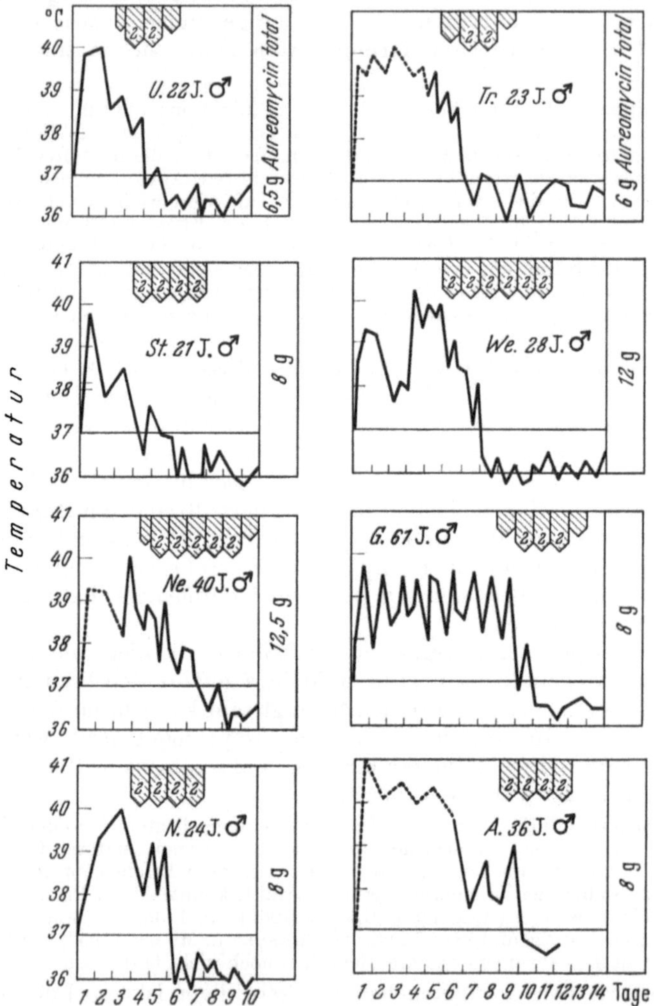

Abb. 7. Q-Fieber: Temperaturverlauf bei Aureomycinbehandlung (O. GSELL, 1950)

1950 mit Aureomycintherapie bei einer Dosis von 2 g pro Tag ebenfalls gute Resultate erzielt wie Abb. 7 zeigt. ZARAFONETIS u. Mitarb. (1950) berichteten als erste
über eine erfolgreiche Behandlung mit Chloromycetin.

Zur *spezifischen Therapie* werden heute die *Tetracycline oder Chloramphenicol*
empfohlen, peroral verabreicht und zwar während mehreren Tagen über die Entfieberung hinaus. Falls ein Rückfall auftritt, ist die Therapie wieder aufzunehmen.
Differentialdiagnostische Unsicherheiten im Rahmen der atypischen Pneumonien
dürfen den Arzt nicht an der Verwendung von Breitspektrumantibiotica hindern.
Wie GSELL (1965) unterstrich, wirken diese Mittel bei Ornithose-, Mycoplasma-

und Coxiella-Pneumonien, während sie, für nur 3—4 Tage eingesetzt, auch bei den resistenten Influenza- u. a. Virus-Pneumonien zum mindesten kaum schaden dürften, bakterielle Sekundärinfektionen aber unterbinden können.

Versicherungstechnisch von Bedeutung ist die Tatsache, daß Q-Fieber wie andere Zoonosen als Berufskrankheit entschädigt wird, und zwar z. B. von der Schweiz. Unfallversicherungsanstalt seit 1956 (MARTI).

Wenn wir die Q-Fieber-Forschung mit einem Riegelbau vergleichen, dann war durch die 1937 erschienenen zwei australischen Arbeiten das Fundament gelegt, welches 1938 durch die amerikanischen Beiträge konsolidiert wurde; mit ziemlicher Latenz entstand dann 1946 und 1947 das Balkengerüst, welches die Gestalt des Hauses schon erkennen ließ. Im Jahre 1948 setzte ein zunehmend breiter werdender Strom von Beiträgen zu diesem Thema ein, wodurch noch einige wichtige Lücken geschlossen und einige interessante Probleme aufgedeckt bzw. gelöst wurden. Bezüglich Prophylaxe und Therapie steht das Q-Fieber im gegenwärtigen Augenblick (1966) den bakteriellen Krankheiten näher als den Viruskrankheiten, indem eine aktive Immunisierung unbefriedigend, die verfügbaren Heilmittel dagegen von guter Wirksamkeit sind. Um aber beim Bild des Hausbaus zu bleiben, so wurde in den letzten 15 Jahren an manchen leichter zugänglicheren Mauerstellen besonders eifrig gearbeitet, während mehrere dünne Stellen oder gar Löcher bis heute bestehen blieben, so daß das Gebäude trotz der 3 Jahrzehnte, die seit der Grundsteinlegung verflossen sind, noch nicht fertiggestellt ist.

Literatur

Abinanti, F.R.: The varied epidemiology of Q-fever infections. Walter Reed Army Med. Sci. Publ. 6, 8—14 (1959). — **Abinanti, F.R., E.H. Lennette, J.F. Winn, and H.H. Welsh**: Q-fever Studies. XVIII. Presence of C. burneti in the birth fluids of naturally infected sheep. Amer. J. Hyg. 58, 385—388 (1953). — **Abinanti, F.R., and B.P. Marmion**: Protective or neutralizing antibody in Q-fever. Amer. J. Hyg. 66, 173—195 (1957). — **Abinanti, F.R., H.H. Welsh, E.H. Lennette, and O. Brunetti**: Q-fever Studies. Some aspects of the experimental infection induced in sheep by the intratracheal route of inoculation. Amer. J. Hyg. 57, 170—184 (1953). — **Abinanti, F.R., H.H. Welsh, J.F. Winn, and E.H. Lennette**: Q-fever Studies XIX. Presence and epidemiological significance of C. burneti in sheep wool. Amer. J. Hyg. 61, 362 to 370 (1955). — **Allen, W.H.**: Acute pneumonitis. Ann. intern. Med. 10, 441 (1936/37). — **Anacker, R.L., W.T. Haskins, D.B. Lackman, E. Ribi, and E.G. Pickens**: Conversion of the phase I antigen of Coxiella burneti to hapten by phenol treatment. J. Bact. 85, 1165—1170 (1963). — **Anaker, R.L., D.B. Lackman, E.G. Pickens, and E. Ribi**: Antigenic and skin-reactive properties of fractions of Coxiella burneti. J. Immunol. 89, 145—153 (1962). — **Andrews, P.S., and B.P. Marmion**: Chronic Q-fever. II. Morbid anatomical and bacteriological findings in a patient with endocarditis. Brit. med. J. 1959 II, 983—988. — **Aschenbrenner, R., u. H. Eyer**: Rickettsiosen. In: Handbuch Innere Medizin, 4. Aufl., S. 638—761. Berlin-Göttingen-Heidelberg: Springer 1952. — **Autors, the**: Q-Fever, a foreword. Amer. J. Hyg. 44, 1—5 (1946).

Babudieri, B.: Untersuchungen über Q-Fieber in Italien. Helv. med. Acta 17, 301—315 (1950). — **Babudieri, B., and C. Moscovici**: Experimental and natural infection of birds by C. burneti. Nature (Lond.) 169, 195—196 (1952). — **Babudieri, B., e L. Ravaioli**: Infezione sperimentale della pecora con C. burneti. R. C. Ist. sup. Sanità 15, 194—214 (1957). — **Bayne-Jones, S.**: Q-fever: Military experience in World War II. Walter Reed Army Med. Sci. Publ. 6, 1—7 (1959). — **Becht, H., u. E. Hess**: Zur Epizootologie, Diagnostik und Bekämpfung des Q-Fiebers beim Rind. Schweiz. Arch. Tierheilk. 106, 389—399 (1964). — **Beck, M.D., J.A. Bell, E.W. Shaw, and R.J. Huebner**: Q-fever studies in Southern California. II. An epidemiological study of 300 cases. Publ. Hlth Rep. (Wash.) 64, 41—49 (1949). — **Beech, M.D., A.E. Duxbury, and P. Warner**: Q-fever in South Australia. An outbreak in a meatwork. J. Hyg. (Lond.) 60, 1—20 (1962). — **Bell, J.A., M.D. Beck, and R.J. Huebner**: Epidemiologic studies of Q-fever in Southern California. J. Amer. med. Ass. 142, 868—872 (1950). — **Benenson, A.S.**: Q-fever Vaccine. Efficacy and present status. Walter Reed Army med. Sci. Publ. 6, 47—60 (1959). — **Bengtson, I.A.**: Complement-fixation in Q-fever. Proc. Soc. exp. Biol. (N.Y.) 46, 665—668

(1941). ~ Immunological relationship between the rickettsiae of Australian and American Q-fever. Publ. Hlth Rep. (Wash.) **56**, 272—281 (1941). ~ Studies on active and passive immunity in Q-fever infected and immunized guinea pigs. Publ. Hlth Rep. (Wash.) **56**, 327—336 (1941). ~ In: Bergey's Manual of Determinative Bacteriology, 6th ed., p. 1092 —1093. Baltimore: Williams and Wilkins 1948. — **Benson, W. W., D.W. Brock**, and **J. Mather**: Serologic analysis of a penitentiary group using raw milk from a Q-fever infected herd. Publ. Hlth Rep. (Wash.) **78**, 707—710 (1963). — **Berman, S., G. Cole, J.P. Lowenthal,** and **R.B. Gochenour**: Safety test for Q-fever vaccine. J. Bact. **79**, 747—751 (1960). — **Berman, S., R.B. Gochenour, G. Cole, J.P. Lowenthal,** and **A.S. Benenson**: Method for the production of a purified dry Q-fever-vaccine. J. Bact. **81**, 794—799 (1961). — **Bieling, R.,** u. **O. Gsell**: Die Viruskrankheiten des Menschen, 6. Aufl. Leipzig: Johann Ambrosius Barth 1964. — **Bingel, K.F.,** u. **H. Engelhardt**: Genügen unsere Pasteurisierungsmaßnahmen zur Unschädlichmachung des Q-Fieber-Erregers in der Kuhmilch? Arch. Hyg. (Berl.) **136**, 417—425 (1952). — **Blanc, G.**: Comportement de Rickettsia burneti; Derrick chez la tique Hyalomma aegytptium (LIN) et la tortue terrestre Testudo graeca LIN. Path. et Microbiol. (Basel) **24**, Suppl. 21—26 (1961). — **Blanc, G., J. Bruneau, R. Poitrot,** et **B. Delage**: Quelques données sur la Q-fever (maladie de Derrick-Burnet) expérimentale. Bull. Acad. Méd. (Paris) **132**, 243—250 (1948). — **Blanc, G., L.A. Martin,** et **A. Maurice**: Présence du virus de la Q-fever dans le Maroc méridional. Bull. Acad. Méd. (Paris) **131**, 138—143 (1947). ~ Le mérion (Meriones shawi) de la région Goulimine est un réservoir de virus de la Q-fever marocaine. C.R. Acad. Sci. (Paris) **224**, 1673—1674 (1947). — **Bobb, D.,** and **C.M. Downs**: The phase antigens of C. burneti. Canad. J. Microbiol. **8**, 689—702 (1962). ~ Spiral-like structures formed by aggregations of Q-fever rickettsiae. J. Bact. **84**, 1120—1122 (1962). — **Boese, W., C.L.P. Trüb** u. **J. Posch**: Ergebnisse der serologischen Untersuchungen bei der Q-Fieber-Epidemie 1958 am linken Niederrhein, Land Nordrhein-Westfalen. Zbl. Bakt. **179**, 325—335 (1960). — **Bonard, E.C., A. Daulte,** et **M.F. Paccaud**: Néphrite à Rickettsies (fièvre Q). Schweiz. med. Wschr. **92**, 425—426 (1962). — **Bowen, A.**: Acute influenza pneumonitis. Amer. J. Roentgenol. **34**, 168—175 (1935). — **Brezina, R.,** u. **J. Kazar**: Study of the antigenic structure of C. burneti. II. Phagocytosis and opsonization in relation to the phase of C. burneti. Acta virol. **9**, 268—274 (1965). — **Brezina, R., J. Řeháček,** and **N. Kordova**: Virulence of C. burneti. Acta virol. **7**, 260—268 (1963). — **Burgdorfer, W.**: Ornithodorus moubata als Testobjekt bei Q-Fieberfällen in der Schweiz. Acta Trop. (Basel) **8**, 44—51 (1951). — **Burgdorfer, W., R. Geigy, O. Gsell** u. **E. Wiesmann**: Parasitologische und klinische Beobachtungen an Q-Fieber-Fällen in der Schweiz. Schweiz. med. Wschr. **81**, 162—166 (1951). — **Burgdorfer, W., E.G. Pickens, V.F. Newhouse,** and **D.B. Lackman**: Isolation of Coxiella burneti from rodents in Western Montana. J. inf. Dis. **112**, 181—186 (1963). — **Burnet, F.M.**: Tissue culture of the rickettsia of Q-fever. Aust. J. exp. Biol. **16**, 219—224 (1938). — **Burnet, F.M.,** and **M. Freeman**: Experimental studies on the virus of Q-fever. Med. J. Aust. **2**, 299—305 (1937). ~ The Rickettsia of Q-fever. Further experimental studies. Med. J. Aust. **1**, 296 (1938). ~ A comparative study of rickettsial strains from an infection of ticks in Montana (USA) and from Q-fever. Med. J. Aust. **2**, 887—891 (1939). ~ Note on a series of laboratory infections with the Rickettsia of Q-fever. Med. J. Aust. **1**, 11—12 (1939).

Caminopetros, J.: Le lait, source de contamination de l'homme et des animaux dans la transmission de la fièvre du Queensland observée en Grèce. Bull. Acad. Méd. (Paris) **132**, 468—471 (1948). ~ La Q-fever en Grèce. Le lait, source de l'infection pour l'homme et les animaux. Ann. Parasit. Hum. et Comp. **23**, 107—118 (1948). — **Carvalho de Souza, J.R., A.P. Franco,** et **M.R. Pinto**: Variation de phase antigénique de la Coxiella burneti dans des cultures de tissus. C. R. Soc. Biol. (Paris) **153**, 1673—1676 (1959). — **Castaneda, M.R.**: Studies on the mechanisme of immunity in typhus fever. Complement fixation in typhus fever. J. Immunol. **31**, 285—291 (1936). — **Chanock, R.M., L. Hayflick,** and **M.F. Barile**: Growth on artificial medium of an agent associated with atypical pneumonia and its identification as a PPLO. Proc. nat. Acad. Sci. USA **48**, 41 (1961). — **Cheney, G.,** and **W.A. Geib**: The identification of Q-fever in Panama. Amer. J. Hyg. **44**, 158—172 (1946). — **Combiesco, D.,** et **N. Dumitresco**: Survie in vitro de Rickettsia burneti de la fièvre Q en Roumanie. Ann. Inst. Pasteur **76**, 79—80 (1949). — **Combiesco, D., V. Vasilin,** et **N. Dumitresco**: Identification d'une nouvelle rickettsiose chez l'homme en Roumanie. C. R. Soc. Biol. (Paris) **141**, 716—717 (1947). — **Consigli, R.A.,** and **D. Paretsky**: Oxydation of glucose 6-phosphate and isocitrate by C. burneti. J. Bact. **83**, 206—207 (1962). — **Cox, H.R.**: Use of yolk sac of developing chick embryo as medium for growing rickettsiae of Rocky Mountain spotted fever and typhus groups. Publ. Hlth Rep. (Wash.) **53**, 2241—2247 (1938a). ~ A filter-passing infectious agent isolated from ticks. III. Description of organism and cultivation experiments. Publ. Hlth Rep. (Wash.) **53**, 2270—2276 (1938b). ~ Studies of a filter-passing infectious agent isolated from ticks. V. Further attempts to cultivate in cell-free media. Suggested classification. Publ. Hlth Rep. (Wash.) **54**, 1822—1827 (1939). ~ Rickettsia diaporica and american Q-fever. Amer. J. trop. Med. **20**, 463—469 (1940). ~ Some recent advances and current problems in the field of rickettsial diseases. Arch.

ges. Virusforsch. **4**, 518—533 (1952). — **Cox, H.R.**, and **E.J. Bell**: The cultivation of Rickettsia diaporica in tissue culture and in tissues of developing chick embryos. Publ. Hlth Rep. (Wash.) **54**, 2171—2178 (1939). — **Cox, H.R.**, **W.C. Tesar**, and **J.V. Irons**: Isolation and Identification of rickettsias in an outbreak among stock handlers and slaughterhouse workers. J. Amer. med. Ass. **133**, 820—821 (1947). — **Clark, W.H.**, **E.H. Lennette**, **O.C. Railsback**, and **M.S. Romer**: Q-fever in California. VII. Clinical features in 180 cases. Arch. intern. Med. **88**, 155—167 (1951). — **Clark, W.H.**, **E.H. Lennette**, and **M.S. Romer**: Q-fever in California. XI. An epidemiologic summary of 350 cases. Amer. J. Hyg. **54**, 319—350 (1951). — **Cole, R.J.**: Acute pulmonary infections. Baltimore: Williams and Wilkins 1928. — **Commission on Acute Respiratory Diseases**, Fort Bragg, North Carolina: Epidemics of Q-fever among troops returning from Italy in the spring of 1945. II. Epidemiological studies. Amer. J. Hyg. **44**, 88—102 (1946). ~ Epidemics of Q-fever among troops returning from Italy in the spring of 1945. III. Etiological studies. Amer. J. Hyg. **44**, 103—109 (1946). ~ Identification and characteristics of the Balkangrippe strain of Rickettsia burneti. Amer. J. Hyg. **44**, 110—122 (1946). ~ A laboratory outbreak of Q-fever caused by the Balkangrippe strain of Rickettsia burneti. Amer. J. Hyg. **44**, 123—157 (1946). — **Craigie, J.**: Application and control of ethyl-ether-water interface effects to the separation of rickettsiae from yolk sac suspension. Canad. J. Res., E **23**, 104—110 (1945).

Davis, G.E., and **H.R. Cox**: A filter-passing infectious agent isolated from ticks. I. Isolation from Dermacentor andersoni, reactions in animals and filtration experiment. Publ. Hlth Rep. (Wash.) **53**, 2259—2267 (1938). — **Denlinger, R.B.**: Clinical aspects of Q-fever in S. California. Ann. intern. Med. **30**, 510—520 (1949). — **Dennig, H.**: Q-Fieber (Balkangrippe). Dtsch. med. Wschr. **72**, 369—371 (1947). — **Derrick, E.H.**: Q-fever, a new entity. Clinical features, diagnosis and laboratory investigations. Med. J. Aust. **2**, 281—299 (1937). ~ Rickettsia burneti: the cause of Q-fever. Med. J. Aust. **1**, 14 (1939). ~ The epidemiology of Q-fever. J. Hyg. (Lond.) **43**, 357—361 (1943/44). ~ The epidemiology of Q-Fever. A review. Med. J. Aust. **1**, 245—253 (1953). — **Derrick, E.H.**, and **F.M. Burnet**: Q-fever. Proc. Pacific Sci. Congr. Pacific Sci. Assoc. 6th **5**, 745—752 (1939). — **Derrick, E.H.**, and **D.J.W. Smith**: Studies on the epidemiology of Q-fever. II. The isolation of 3 strains of R. burneti from the bandicoot Isoodon torosus. Aust. J. exp. Biol. **18**, 99—102 (1940). — **Derrick, E.H.**, **D.J.W. Smith**, **H.E. Brown**, and **M. Freeman**: The role of the bandicoot in the epidemiology of Q-fever. A preliminary note. Med. J. Aust. **1**, 150 (1939). — **Derrick, E.H.**, **D.J.W. Smith**, and **H.E. Brown**: Studies on the epidemiology of Q-fever. VI. The susceptibility of various animals. Aust. J. exp. Biol. **18**, 409—413 (1940). ~ Studies on the epidemiology of Q-fever. IX. The role of the cow in the transmission of human infection. Aust. J. exp. Biol. **20**, 105—110 (1942). — **Deutsch, D.L.**, and **E.T. Peterson**: Q-Fever: Transmission from one human being to others. Report of three cases. J. Amer. med. Ass. **143**, 348—350 (1950). — **Dragonas, P.N.**: Rickettsioses et Néo-Rickettsioses en Grèce. Bull. Soc. Path. exot. **56**, 17—21 (1963). — **Dwyer, R.S.C.**, **J.I. Tonge**, **T.R. Hofman**, **W. Scott**, and **E.H. Derrick**: A remarkable outbreak of Q-fever. Med. J. Aust. **2**, 456—458 (1960). — **Dyer, R.E.**: A filter-passing agent isolated from ticks. IV. Human infection. Publ. Hlth Rep. (Wash.) **53**, 2277—2282 (1938). ~ Similarity of Australian Q-fever and a disease caused by an infectious agent isolated from ticks in Montana. Publ. Hlth Rep. (Wash.) **54**, 1229—1237 (1939). ~ Q-Fever. History and present status. Amer. J. publ. Hlth **49**, 471—477 (1949). — **Dyer, R.E.**, **N.H. Topping**, and **I.A. Bengtson**: An institutional outbreak of pneumonitis. II. Isolation and identification of causative agent. Publ. Hlth Rep. (Wash.) **55**, 1945—1954 (1940).

Eaton, M.D., **G. Meiklejohn**, and **W. van Herick**: Studies on the etiology of primary atypical pneumonia. J. exp. Med. **79**, 649—668 (1944). — **Eklund, C.M.**, **R.R. Parker**, and **D.B. Lackman**: A case of Q-fever probably contracted by exposure to ticks in nature. Publ. Hlth Rep. (Wash.) **62**, 1413—1421 (1947). — **Enright, J.B.**, **W.W. Sadler**, and **R.C. Thomas**: Observations on the thermal inactivation of organism of Q-fever in milk. J. Milk. Fed. **19**, 313 (1956). ~ Pasteurization of milk containing the organism of Q-fever. Amer. J. publ. Hlth **47**, 695—700 (1957). — **Evans, A.D.**, **D.E.B. Powel**, and **C.D. Burrell**: Fatal endocarditis associated with Q-fever. Lancet **1959 I**, 864—865.

Fähndrich, W.H.: Über atypische Pneumonien (Viruspneumonien). Dtsch. med. Wschr. **71**, 169—171 (1946). — **Feinstein, M.**, **R. Yesner**, and **J.L. Marks**: Epidemics of Q-fever among troops returning from Italy in the spring of 1945. I. Clinical aspects of the epidemic at Camp Patrick Henry, Virginia. Amer. J. Hyg. **44**, 72—87 (1946). — **Findlay, G.M.**: Pneumonitis in mice infected with Q-fever. Trans. roy. Soc. trop. Med. Hyg. **35**, 213—218 (1942). — **Fiset, P.**: Antigenic variation of Viruses and Rickettsiae with particular reference to R. burneti. Ph. D. Thesis. Cambridge University 1955. ~ Phase variation of R. burneti. Study of the antibody response in guinea pigs and rabbits. Canad. J. Microbiol. **3**, 435—445 (1957). ~ Serologic Diagnosis, Strain Identification and Antigenic Variation. Walter Reed Army Med. Sci. Publ. **6**,

28—38 (1959). — **Flachsmann, H.**, u. **K. Flachsmann**: Herz und Gefäße bei Q-Fieber. Schweiz. med. Wschr. **93**, 1842—1847 (1963). — **Fraser, P.K., L.A. Hatsch, R.J. Carmichael**, and **A.D. Evans**: Q-fever in naval personnel. Lancet **1960 II**, 971—973. — **Freeman, M.**: Studies on the epidemiology of Q-fever. V. Surveys of human and animal sera for R. burneti agglutinins. Aust. J. exp. Biol. **18**, 193—200 (1940).

Geigy, R.: Ein Zeckentest zum Diagnostizieren des Q-Fiebers. Bull. schweiz. Akad. med. Wiss. **7**, 1—8 (1951). — **Geigy, R., O. Gsell**, u. **E. Wiesmann**: Parasitologische und klinische Beobachtungen an Q-Fieber-Fällen in der Schweiz. Schweiz. med. Wschr. **81**, 162—166 (1951). — **Gerstl, B., E.R. Mowitt, J.R. Skahen**: Liver function and morphology in Q-fever. Gastroenterology **30**, 813—824 (1956). — **Giroud, P.**, et **Jadin J.**: Comparaison entre différents tests pour le diagnostic de la Fièvre Q. C.R. Acad. Sci. (Paris) **230**, 2347—2348 (1950). — **Giroud P., U. Capponi**, et **N. Dumas**: Les poissons sont témoins d'affections dues à R. burneti. C.R. Acad. Sci. (Paris) **255**, 1537—1539 (1962). — **Gochenour, W.S.**: Veterinary Importance of Q-fever. Walter Reed Army Med. Sci. Publ. **6**, 20—22 (1959). — **Gol'din, R.B.**, and **N.I. Amosenkova**: Studies of experimental rickettsioses by using fluorescent antibody. II. Use of immune fluorescent gamma-globulin for early and rapid diagnosis of Q-rickettsiosis. Voprosy Virus. **5**, 591—598 (1961). — **Grist, N.R.**: Données cliniques nouvelles sur les Rickettsioses. Complications Cardiovasculaires dues à la fièvre Q. Bull. Soc. path. Exot. **56**, 684—690 (1963). — **Grumbach, A.**: Die Gast-Wirt-Beziehungen und ihre Merkmale. In: Die Infektionskrankheiten des Menschen und ihre Erreger; hrsg. von A. Grumbach u. W. Kikuth. Stuttgart. Georg Thieme 1958. — **Gsell, O.**: Pneumonies à Rickettsia burneti. Méd. et Hyg. **108**, 15. Okt. 1947. ~ Q-Fieber in der Schweiz. Schweiz. med. Wschr. **78**, 1—8 (1948). ~ Pneumonie durch Rickettsia burneti. Q-Fieber-Infektionen in der Schweiz. Bull. Schweiz. Akad. med. Wiss. **3**, 301—310 (1948). ~ Queenslandfieber-Studien. Helv. med. Acta **15**, 372—385 (1948). ~ Klinik und Epidemiologie des Q-Fiebers. Helv. med. Acta A, **17**, 279—300 (1950). ~ Zweimaliges Q-Fieber, chronisches Q-Fieber, Q-Fieber-Myocarditis und -Endocarditis. Schweiz. med. Wschr. **43**, 1219—1222 (1962). ~ Atypische Pneumonien, ihre klinische und ätiologische Differenzierung. Regensburger ärztl. Fortbildung **13**, 1—12 (1965). — **Gsell, O.**, u. **M. Engel**: Sulfonamid-resistente Pneumonien. Schweiz. med. Wschr. **23**, 35—38 (1942). — **Gutscher, V.**, u. **K. Nufer**: Über eine Queensland-fever-Endemie in Bremgarten. Schweiz. med. Wschr. **78**, 1064—1066 (1948).

Haas, R.: Über eine Mikro-Agglutinationsreaktion für die Serodiagnose des Q-Fiebers. Klin. Wschr. **30**, 80 (1952). — **Haemig, E.**, u. **W. Heyden**: Influenzaartige Epidemie mit gehäuften Lungeninfiltraten in einem Füs.-Bat. Schweiz. med. Wschr. **72**, 1113—1119 (1942). — **Hartweg, H.**: Neuere Forschungsergebnisse bei Viruspneumonien und ihre Auswirkungen auf die Deutung des Röntgenbildes bei diesen Krankheiten. Fortschr. Röntgenstr. **76**, 70—77 (1952). — **Hengel, R., G.A. Kausche, A. Laur** u. **K. Rabenschlag**: Das Q-Fieber. Ergebn. inn. Med. Kinderheilk. **5**, 219—305 (1954). — **Heni, E.**, u. **W.D. Germer**: Q(ueensland)-Fieber in Deutschland. Dtsch. med. Wschr. **73**, 472—476 (1948). — **Herzberg, K.**: Isolierung und Identifizierung eines zweiten Stammes von epidemischer Bronchopneumonie („Viruspneumonie") des Menschen. Dtsch. Gesundh.-Wes. **1**, 137—140 (1946). ~ Epidemische Bronchopneumonie (Viruspneumonie) des Menschen. Kultur und Darstellung des Erregers. Zbl. Bakt., I. Abt. Orig. **152**, 1—14 (1947). ~ Zur Epidemiologie des Q-Fiebers in Deutschland. Dtsch. Gesundh.-Wes. **5**, 1095—1100 (1950). ~ Virus Atlas, Berlin 1951. — **Herzberg, K.**, u. **H. Urbach**: Untersuchungen mit europäischen Q-Fieber-Antigenen. 1. Mitteilung. Z. Immun.-forsch. **108**, 376—388 (1951). — **Hesdorffer, M.B.**, and **J.A. Duffalo**: American Q-fever. Report of a probable case. J. Amer. med. Ass. **116**, 1901—1902 (1941). — **Hess, E.**: Persönliche Mitteilung. — **Hornibrook, J.W.**, and **K.R. Nelson**: An institutional outbreak of pneumonitis. I. Epidemiological and clinical studies. Publ. Hlth Rep. (Wash.) **55**, 1936—1944 (1940). — **Hoyer, B.R., R.A. Ormsbee, P. Fiset**, and **D.B. Lackmann**: Differentiation of phase I and phase II C. burneti by equilibrium density gradient sedimentation. Nature (Lond.) **197**, 573—574 (1963). — **Hoyer, B.H.**, and **E. Pickens**: Preparation of P32-labeled Coxiella burneti cells. J. Bact. **84**, 873 (1962). — **Huebner, R.J.**: Report on an outbreak of Q-fever at the NIH. II. Epidemiological features. Amer. J. publ. Hlth. **37**, 431—442 (1947). — **Huebner, R.J., W.L. Jellison, M.D. Beck, R.R. Parker**, and **C.C. Shepard**: Q-fever studies in Southern California. I. Recovery of Rickettsia burneti from raw milk. Publ. Hlth Rep. (Wash.) **63**, 214—222 (1948). — **Huebner, R.J., W.L. Jellison, M.D. Beck**, and **F.T. Willcox**: Q-fever studies in Southern California. III. Effects of pasteurization on survival of C. b. in naturallyi nfected milk. Publ. Hlth Rep. (Wash.) **64**, 499 (1949).

Imhäuser, K.: Über das Auftreten von Bronchopneumonien im Südostraum. Z. klin. Med. **142**, 486—495 (1943). — **Irons, J.V.**, and **J.M. Hooper**: Q-fever in the United States. II. Clinical data on an outbreak among stockhandlers and slaughterhouse-workers. J. Amer. med. Ass.

133, 815—818 (1947). — **Irons, J.V., N.H. Topping, C.C. Shepard,** and **H.R. Cox:** Outbreak of Q-fever in the United States. Publ. Hlth Rep. (Wash.) **61**, 748 (1946).

Jackson, G., R.B. Denlinger, and **R.A. Carter:** Roentgen manifestations of Q-fever. Radiology **53**, 739 (1949). — **Jellison, W.L., R. Ormsbee, M.D. Beck, R.J. Huebner, R.R. Parker,** and **E.J. Bell:** Q-fever studies in Southern California. V. Natural Infection in a dairy cow. Publ. Hlth Rep. (Wash.) **63**, 1611—1618 (1948). — **Jellison, W.L., H.H. Welsh, B.E. Elson,** and **R.J. Huebner:** XI. Recovery of C. burneti from milk of sheep. Publ. Hlth Rep. (Wash.) **65**, 395—399 (1950).

Kaplan, M.M., and **P. Bertagna:** The geographical distribution of Q-fever. Bull. Wld Hlth Org. **13**, 829—860 (1955). — **Kaufmann, L., H. Löffler** u. **G. Schmid:** Beitrag zur Epidemiologie des Q-Fiebers. Helv. med. Acta **24**, 416—421 (1957). — **Kikuth, W.,** u. **M. Bock:** 23 Fälle von Laboratoriuminfektionen mit Q-Fieber. Med. Klin. **44**, 1056—1060 (1949). — **Kilchsberger, G.,** u. **E. Wiesmann:** Schweiz. Arch. Tierheilk. **91**, 553 (1949). — **Kirberger, E.:** Die Resistenz der C. burneti in vitro. Z. Tropenmed. Parasit. **3**, 77—86 (1951). — **Kneeland, Y.,** and **H.F. Smetaba:** Current bronchopneumonia of unusual character and undetermined etiology. Bull. Johns Hopk. Hosp. **67**, 229—235 (1940). — **Kordová, N.,** and **R. Brezina:** Multiplication dynamics of phase I and II C. burneti in different cell cultures. Acta virol. **7**, 84—87 (1963). — **Kordová, N.,** and **P. Kvičala:** C. burneti in tissue cultures, studied by the optic microscope and in phase contrast. Folia microbiol. **7**, 89—92 (1962). — **Kulagin, S.M.,** and **V.A. Silitsch:** Q-fever in the Grozny district. Zh. Mikrobiol. (Mosk.) **35**—39 (1956); zit. nach F. Weyer, 1959. — **Kulagin, S.M.,** and **N.F. Sokolova:** Desinfection of objects contaminated with R. burneti. Zh. Mikrobiol. (Mosk.) **27**, 48 (1956b); zit. nach M. Reusse. — **Kulagin, S.M., N.F. Sokolova,** and **N.J. Fedorova** Resistance of R. burneti to some physical and chemical agents. Zh. Mikrobiol. (Mosk.) **27**, 28 (1956c); zit. nach M. Reusse.

Lackman, D.B., C.J. Bell, J.F. Bell, and **E.G. Pickens:** Intradermal sensitivity testing in man with a purified vaccine for Q-fever. Amer. J. publ. Hlth. **52**, 87—93 (1962). — **Lackman, D.B., L.H. Frommhagen, F.W. Jensen,** and **E.H. Lennette:** Q-fever studies. XIII. Antibody patterns against Coxiella burneti. Amer. J. Hyg. **75**, 158—167 (1962). — **Lennette, E.H.:** Q-Fever. In: Viral and rickettsial infections of man, 3. Aufl., pp. 880—895 (Th.M. Rivers and F.L. Horsfall, eds.). Philadelphia: Lippincott 1959. — **Lennette, E.H.,** and **W.H. Clark:** Observations on the epidemiology of Q-fever in Northern California. J. Amer. med. Ass. **145**, 306—309 (1951). — **Lennette, E.H., W.H. Clark,** and **B.H. Dean:** Sheep and goats in the epidemiology of Q-fever in Northern California. Amer. J. trop. Med. **29**, 527—541 (1949). — **Lennette, E.H., W.H. Clark, F.W. Jensen,** and **C.J. Toomb:** Q-fever studies. XV. Development and persistence in man of complement fixing and agglutinating antibodies to C. burneti. J. Immunol. **68**, 591—598 (1952). — **Lennette, E.H., B.H. Dean, M.M. Abinanti, O. Brunetti,** and **J.M. Covert:** Serological survey of shepp, goats and cattle in three epidemiologic categories. Amer. J. Hyg. **54**, 1—14 (1951). — **Lennette, E.H., M.A. Holmes,** and **F.R. Abinanti:** Studies on Q-fever. XIV. Observations on the pathogenesis of the experimental infection induced in sheep by the intravenous route. Amer. J. Hyg. **55**, 254—267 (1952). — **Lennette, E.H., G. Meiklejohn,** and **H.M. Thelen:** Treatment of Q-fever in man with Aureomycin. Amer. N.Y. Acad. Sci. **51**, 331—339 (1948). — **Lillie, R.D., T.L. Perrin,** and **C. Armstrong:** An institutional outbreak of pneumonitis. III. Histopathology in man and rhesus monkeys of the pneumonitis due to the virus of Q-fever. Publ. Hlth Rep. (Wash.) **56**, 149—155 (1941). — **Lippelt, H.,** u. **F.H. Caselitz:** Zur Komplementbindung des Q-Fiebers. Dtsch. med. Wschr. **74**, 918—919 (1949). — **Löffler, H.:** Laboratoriumsdiagnostik von Virus- und Rickettsienkrankheiten der Atmungsorgane. In: Handbuch Innere Medizin, 4. Aufl. Berlin-Göttingen-Heidelberg: Springer 1956. ~ Epidemiologie der Viruskrankheiten. Helv. med. Acta **26**, 575—585 (1959). ~ Nicht veröffentlichte Untersuchungen (1964). — **Löffler, W.:** Flüchtige eosinophile Infiltrate. Beitr. Klin. Tuberk. **79** (1932). — **Longcope, W.T.:** Bronchopneumonia of unknown etiology (Variety X). A report of 32 cases with 2 deaths. Bull. Johns Hopk. Hosp. **67**, 268 (1940) — **Lonigro, M.:** Primi casi di febbre Q in Lucania. G. Mal. infett. **6**, 6 (1954). — **Lopes, A.:** La intradermoreazione nella febbre Q dell'uomo. Ann. Sanita publ. **13**, 1135—1143 (1952). — **Ludwig, H.:** Q-Fieber-Pericarditis. Schweiz. med. Wschr. **86**, 490—491 (1956). ~ Q-Fieber-Hepatitis. Schweiz. med. Wschr. **86**, 1052—1054 (1956). — **Luoto, L.:** A capillary agglutination test for bovine Q-fever. J. Immunol. **71**, 226—231 (1953). ~ A capillary-tube test for antibody against C. burneti in human, guinea pig, and sheep sera. J. Immunol. **77**, 294—298 (1956). — **Luoto, L., J.F. Bell, M. Casey,** and **D.B. Lackman:** Q-fever vaccination of human volunteers. I. The serologic and skin-test response following subcutaneous injections. Amer. J. Hyg. **78**, 1—15 (1963). — **Luoto, L.,** and **R.J. Huebner:** Q-fever studies in Southern California. IX. Isolation of Q-fever organisms from parturient placentas of naturally infected dairy cows. Publ. Hlth Rep. (Wash.) **65**, 541—544 (1950). — **Luoto, L.,** and **D.M. Mason:** An agglutination test for bovine Q-fever performed on milk samples. J.

Immunol. 74, 222—227 (1955). — **Luoto, L.**, and **E. G. Pickens**: A résumé of recent research seeking to define the Q-fever problem. Amer. J. Hyg. 74, 43—49 (1961).

MacCallum, F. O., B.P. Marmion, and **M.G.P. Stoker**: Q-fever in Great Britain. Isolation of R. burneti from an indigenous case. Lancet 1949 II, 1026. — **Mallavia, L.**, and **D. Paretsky**: Studies on the physiology of Rickettsiae. V. Metabolisme of carbonylphosphate by C. burneti. J. Bact. 86, 232—238 (1963). — **Mäkinen-Forel, M.**: A propos d'une épidemie de fièvre Q. Schweiz. med. Wschr. 31, 569 (1950). — **Marmion, B.P.**: Subacute richettsial endocarditis; annusual complication of Q-fever. J. Hyg. (Lond.) 6, 79—84 (1962). — **Marmion, B.P.**, and **G.M. Goodburn**: Effect of an organic gold salt on Eaton's primary atypical pneumonia agent and other observations. Nature (Lond.) 189, 247—248 (1961). — **Marmion, B.P.**, and **M.S. Harvey**: The varying epidemiology of Q-fever in the Southeast Region of Great Britain. I. In an urban area. J. Hyg. 54, 533—546 (1956). — **Marmion, B.P., F.E. Higgins, J.B. Bridges**, and **A.T. Edwards**: A case of subacute rickettsial endocarditis; with a survey of cardiac patients for this infection. Brit. med. J. 1960 II, 1264—1267. — **Marmion, B.P., F.O. MacCallum, A. Rowlands**, and **C.C. Thiel**: The effect of pasteurization on milk containing R. burneti. Mth. Bull. Minist. Hlth Lab. Serv. 10, 119 (1951). — **Marmion, B.P., M.G.P. Stoker, J.H. McCoy, R.A. Malloch**, and **B. Moore**: Q-fever in Great Britain. Lancet 1953 I, 503—510. — **Marti, T.**: Zoonosen als Berufskrankheiten. Schweiz. Unfallversicherungsanstalt, Mitteilungen der med. Abt. 361—368 (1965). — **Mattheis, M.S.**: Folic acid studies on Coxiella burneti. Thesis, University of Kansas, Lawrence (1962). — **Mattheis, M.S., M. Silverman**, and **D. Paretsky**: Studies on the physiology of rickettsiae. IV. Folic acids of C. burneti. J. Bact. 85, 37—41 (1963). — **Meiklejohn, G.**, and **E.H. Lennette**: Q-fever in California. I. Observations on vaccination of human beings. Amer. J. Hyg. 52, 54—64 (1950). — **Meythaler, F.**, u. **D. Betz**: Die Viruspneumonie des Menschen. Vorträge aus der Praktischen Medizin 29. Stuttgart: Ferdinand Enke 1952. — **Meythaler, R.**, u. **K.E. Schmid**: Atypische Pneumonie infolge virusbedingter Lungeninfektionen. Verh. dtsch. Ges. inn. Med. 54, 297—302 (1948). — **Mika, L.A., R.J. Goodlow, J. Victor**, and **W. Braun**: Studies on mixed infections. I. Brucellosis and Q-Fever. Proc. Soc. exp. Biol. (N.Y.) 87, 500—507 (1954). — **Mika, L.A., J.B. Pirsch**, and **N.L. Pollok**: Studies on mixed infections. V. Effect of stressor compounds in combined infection with Brucella suis and Coxiella burneti. J. Bact. 77, 189—193 (1959). — **Mika, L.A., N.L. Pollok, L.E. Schneider**, and **J.B. Pirsch**: Studies on mixed infections. III. Influence of immunological factors in combined Brucella suis and Coxiella burneti infection. J. Bact. 76, 437—441 (1958). — **Mirri, A.**: La „febbre Q" negli animali in sicilia e diagnosi allergica della „febbre Q" negli animali. Ann. Sanità publ. 11, 917—926 (1950). — **Mohr, W.**: Q-Fieber. In: Virus- und Rickettsieninfektionen des Menschen, hrsg. von R. Haas u. O. Vivell. München: J. F. Lehmann 1965. — **Mooser, H.**: Das Q-Fieber. In: Die Infektionskrankheiten des Menschen und ihre Erreger, S. 1230—1235. Hrsg. von A. Grumbach u. W. Kikuth. Stuttgart: Georg Thieme 1958. — **Moeschlin, S.**, u. **B.J. Koszewski**: Komplikationen des Q-fever. Schweiz. med. Wschr. 80, 929—931 (1950). — **Moulder, J.W.**: The biochemistry of intracellular parasitism. Chicago: The University of Chicago Press 1962. — **Murray, M.E.**: Atypical bronchopneumonia of unknown etiology. New Engl. J. Med. 222, 565 (1940). — **Myers, W.F.**: Host-parasite interrelationships involving Coxiella burneti. Thesis, University of Kansas, Lawrence (1958). — **Myers, W.F.**, and **D. Paretsky**: Synthesis of serine by C. burneti. J. Bact. 82, 761—763 (1961). — **Myers, W.F., D. Paretsky**, and **C.M. Downs**: Physiology of rickettsiae, transformylation and oxidative phosphorylation reactions involving C. burneti. Bact. Proc. p. 122 (1959).

Nauck, E.G., u. **F. Weyer**: Laboratoriums-Infektionen bei Q-Fieber. Dtsch. med. Wschr. 74, 198—200 (1949). — **Noguchi, H.**: A filter passing virus obtained from Dermacentor andersoni. J. exp. Med. 44, 1—10 (1926). — **Noser, E.**: Encephalitis und Meningitis bei Q-Fieber. Inaug. Diss., Basel 1957.

Oliphant, J.W., D.A. Gordon, A. Meis, and **R.R. Parker**: Q-fever in laundry workers, presumably transmitted from contaminated clothing. Amer. J. Hyg. 49, 76—82 (1949). — **Ormsbee, R.A.**: A method of purifying C. burneti and other pathogenic Rickettsiae. J. Immunol. 88, 100—108 (1962). ~ An agglutination-resuspension test for Q-fever antibodies. J. Immunol. 92, 159—166 (1964). — **Ormsbee, R.A., E.J. Bell**, and **D.B. Lackman**: Antigens of Coxiella burneti. I. Extraction of antigens with nonaqueous organic solvents. J. Immunol. 88, 741—749 (1962). — **Ormsbee, R.A., E.G. Pickens**, and **D.B. Lackman**: An antigenic analysis of three strains of Coxiella burneti. Amer. J. Hyg. 79, 154—162 (1964). — **Ouradou, J.**, et **M. Defrance**: Réflexions à propos d'un infarctus mésentérique survenu au décours d'une pneumopathie à sérologie rickettsienne positive. Maroc. méd. 39, 541—542 (1960).

Paretsky, D., R.A. Consigli, and **C.M. Downs**: Studies on the physiology of rickettsiae. III. Glucose phosphorylation and hexokinase activity in C. burneti. J. Bact. 83, 538—543 (1962). — **Paretsky, D., C.M. Downs, R.A. Consigli**, and **B.K. Joyce**: Studies on the physiology of Rickettsiae. I. Some enzyme systems of Coxiella burneti. J. infect. Dis. 103, 6—11 (1958). — **Parker,**

R.R., E.J. Bell, and **H.G. Stoenner:** Q-fever, a brief survey of the problem. J. Amer. vet. med. Ass. **114,** 55—60 (1949). — **Parker, R.R.,** and **G.E. Davis:** A filter passing infectious agent from ticks. II. Transmission by Dermacentor andersoni. Publ. Hlth Rep. (Wash.) **53,** 2267—2270 (1938). — **Parker, R.R.,** and **G.M. Kohls:** American Q-fever: the occurrence of Rickettsia diaporica in Amblyomma americanum in Eastern Texas. Publ. Hlth Rep. (Wash.) **58,** 1510—1511 (1943). — **Parker, R.R.,** and **E.A. Steinhaus:** American and Australian Q-fevers: persistance of the infectious agents in guinea pig tissues after defervescence. Publ. Hlth Rep. (Wash.) **58,** 523—527 (1943). — **Parrott, R.H.:** Viral respiratory tract illnesses in children. New York Acad. Med. **39,** 629—635 (1963). — **Philip, C.B.:** Nomenclature of the pathogenic rickettsiae. Amer. J. Hyg. **37,** 301—309 (1943). ~ Comments on the name of the Q-fever organism. Publ. Hlth Rep. (Wash.) **63,** 58 (1948). ~ Observations on experimental Q-fever. J. Parasit. **34,** 457—464 (1948). — **Perrin, T.L.:** Histopathologic observations in a case of Q-fever. Arch. Path. **47,** 361—365 (1949). — **Pickens, E.Eg.,** and **J.A. Gaon:** Growth of Coxiella burneti in agar tissue culture. Amer. J. trop. Med. Hyg. **10,** 49—52 (1961). — **Pinto, M.R.:** Le diagnostic de laboratoire de la fièvre Q et le problème de la variation antigénique de C. burneti. Bull. Soc. path. exot. **56,** 643—655 (1963). — **Pirsch, J.B.,** and **L.A. Mika:** Studies on mixed infections. IV. Role of bacterial endotoxin in combined infection with Brucella suis and Coxiella burneti. J. Bact. **77,** 185—188 (1959). — **Podoljan, V.J.,** and **V.N. Miljutin:** L-transformation of viruses and Rickettsia in tissue cultures. Vop. Virus. **1,** 24—27 (1963). — **Pulver, W.,** u. **M. Aufdermaur:** Q-Fieber-Studien. Helv. med. Acta **15,** 381—384 (1948). — **Pulver, W.,** u. **N. Fellmann:** Über tödlich verlaufene Q-Fieber-Erkrankungen. Schweiz. med. Wschr. **87,** 73—77 (1957).

Randall, R., R.N. Roerig, J.W. Mills, H. Plotz, R.L. Reagan, and **S.C. Bukantz:** Outline of methods developed for the preparation of a concentrated typhus vaccine. Report submitted to the Director, Army Medical School, Nov. 20, 1942. — **Ransom, S.,** and **R.J. Huebner:** Studies on the resistence of Coxiella burneti to physical and chemical agents. Amer. J. Hyg. **53,** 110—119 (1951). — **Raška, K.,** u. **L. Syruček:** Ein Beitrag zur Epidemiologie der Q-Rickettsiose. Zbl. Bakt. I. Abt. Orig. **167,** 267—280 (1956). — **Reimann, H.A.:** An acute infection of the respiratory tract with atypical pneumonia. J. Amer. med. Ass. **111,** 2377 (1938). — **Reusse, M.:** Die Bedeutung des Q-Fiebers als Zoonose. Z. Tropenmed. Parasit. **11,** 223—262 (1960). — **Rhodes, A.J.,** and **Van Rooyen:** Q-fever. In: Textbook of virology, 4th ed., pp. 541—548. Baltimore: Williams and Wilkins 1962. — **Ribi, E.,** and **B.H. Hoyer:** Purification of Q-fever rickettsiae by densitygradient sedimentation. J. Immunol. **85,** 314—318 (1960). — **Rilliet, B.:** Les pneumonies atypiques et la fièvre du Queensland. Praxis **38,** 1065—1069 (1949). — **Robbins, F.C., R.L. Gauld,** and **F.B. Warner:** Q-fever in the Mediterranean Area. Report of its occurrence in Allied troops. II. Epidemiology. Amer. J. Hyg. **44,** 23—50 (1946). — **Robbins, F.C.,** and **C.A. Ragan:** Q-fever in the Mediterranean Area. Report of its occurrence in Allied troops. I. Clinical features of the disease. Amer. J. Hyg. **44,** 6—22 (1946). — **Robbins, F.C.,** and **R. Rustigian:** Q-fever in the Mediterranean Area. Report of its occurrence in Allied troops. IV. A laboratory outbreak. Amer. J. Hyg. **44,** 64—71 (1946). — **Robbins, F.C., R. Rustigian, M.J. Snyder,** and **J.E. Smadel:** Q-fever in the Mediterranean Area. Report of its occurrence in Allied troops. III. The etiological agent. Amer. J. Hyg. **44,** 51—63 (1946). — **Roberts, A.N.,** and **C.M. Downs:** Study on the growth of Coxiella burneti in the L strain mouse fibroblast and the chick fibroblast. J. Bact. **77,** 194—204 (1959). — **Robson, A.O.,** and **C.D.G.L. Shimmin:** Chronic Q-fever. I. Clinical aspects of a patient with endocarditis. Brit. med. J. **1959 II,** 980—983. — **Roch, M., P. Alphonse,** et **H. Löffler:** Suette érythémateuse bénigne. Méd. et Hyg. (Genève) **5,** 15 juillet 1947. — **van Rooyen, C.E.,** and **G.D. Scott:** Electron microscopy of typhus rickettsiae. Canad. J. med. Sci. **27,** 250—253 (1949). — **Rosenberg, M.,** and **N. Kordova:** Multiplication of Coxiella burneti in Detroit-6 cell cultures. An electron microscope study. Acta virol. **6,** 176—180 (1962). — **Roux, J.:** Le pouvoir pathogène de R. burneti pour le cobaye. Variations expérimentales. C.R. Soc. Biol. (Paris) **150,** 782—784 (1956). — **Rychlo, A.:** Kontrastdarstellung der Rickettsien in histologischen Schnitten mit Giemsa-Farbstoff. Schweiz. Z. allg. Path. **21,** 858—865 (1958).

Schmid, G., J. Heitz u. **H. Löffler:** Über eine Q-Fieber-Epidemie in einer geschlossenen landwirtschaftlichen Siedlung. Schweiz. Z. allg. Path. **20,** 561—566 (1957). — **Schoop, G.:** Das Q-Fieber. Übersicht über den Stand der Forschung und Untersuchungen über das Vorkommen in Südhessen. Mh. Tierheilk. **5,** 93 (1953). — **Schubothe, H., M. Bock** u. **E. Wiesmann:** Q-Fieber in Südbaden. Klin. Wschr. **29,** 596—605 (1951). — **Schuh, V.:** Une épidémie de fièvre Q à Strasbourg. C.R. Acad. Sci. (Paris) **226,** 2189—2191 (1948). — **Shepard, C.C.:** An outbreak of Q-fever in a Chicago packing house. Amer. J. Hyg. **46,** 185—192 (1947). — **Sidwell, R.W., B.D. Thorpe,** and **L.P. Gebhardt:** Studies of latent Q-fever infections. I. Effects of whole body X-irradiation upon latently infected guinea pigs, white mice and deer mice. Amer. J. Hyg. **79,** 113—124 (1964). ~ Studies of latent Q-fever infections. II. Effects of multiple cortisone injections. Amer. J. Hyg. **79,** 320—327 (1964). — **Siegert, R., W. Simrock** u. **H. Schweinsberg:** Q-Fieber-Studien,

2. Mitteilung. Zbl. Bakt., I. Abt. Orig. **159**, 159—169 (1952/53). — **Siegert, R., W. Simrock** u. **U. Ströder**: Über einen epidemischen Ausbruch von Q-Fieber in einem Krankenhaus. Z. Tropenmed. Parasit. **2**, 1—40 (1950). — **Slavin, G.**: Q-fever. The domestic animal as a source of infection for man. Vet. Rec. **64**, 743—750 (1952). — **Smadel, J.E.**: Q-Fever. In: Viral and Rickettsial infections of man, 2. Aufl., pp. 652—664 (Th. M. Rivers, edit.). Philadelphia: Lippincott 1952. ~ Epilogue to Q-fever Symposium. Walter Reed Army Med. Sci. Publ. **6**, 61—62 (1959). — **Smadel, J.E., M.J. Snyder**, and **F.C. Robbins**: Vaccination against Q-fever. Amer. J. Hyg. **47**, 71—81 (1948). — **Smiley, D.F., E.C. Showacre, W.F. Lee**, and **H.W. Ferris**: Acute interstitial pneumonitis. J. Amer. med. Ass. **112**, 1901 (1939). — **Smith, D.J.W.**: Studies in the epidemiology of Q-fever. III. The transmission of Q-fever by the tick Haemaphysalis humerosa. Aust. J. exp. Biol. med. Sci. **20**, 103—118 (1940). ~ Studies in the epidemiology of Q-fever. IV. The failure to transmit Q-fever with the cat flea Ctenocephalides felis. Aust. J. exp. Biol. med. Sci. **18**, 119—124 (1940). ~ Studies in the epidemiology of Q-fever. X. The transmission of Q-fever by the tick Ixodes holocyclus (with a note on tick-paralysis in bandicoots). Aust. J. exp. Biol. med. Sci. **20**, 213—218 (1942). ~ Studies in the epidemiology of Q-fever. XI. Experimental infection of the tick Haemaphysalis biospinosa and Ornithodorus sp. with R. burneti. Aust. J. exp. Biol. med. Sci. **18**, 295—296 (1942). — **Smith, D.J.W., H.E. Brown**, and **E.H. Derrick**: A further series of laboratory infections with the rickettsia of Q-fever. Med. J. Aust. **1**, 13—14 (1939). — **Smith, D.J.W.**, and **E.H. Derrick**: Studies in the epidemiology of Q-fever. I. The isolation of six strains of R. burneti from the tick Haemaphysalis humerosa. Aust. J. exp. Biol. med. Sci. **18**, 1—8 (1940). — **Smith, W.G.**, and **A.D. Evans**: Chronic Q-fever with mitral-valve endocarditis. Lancet **1960 II**, 846—848. — **Smith, D.J.D.**, and **M.G.P. Stoken**: The nucleic acids of R. burneti. Brit. J. exp. Path. **32**, 433—441 (1951). — **Spicknall, C.G., R.J. Huebner, M.D. Finger**, and **W.P. Blocker**: Report of an outbreak of Q-fever at the NIH. Clinical features. Ann. intern. Med. **27**, 28—41 (1947). — **Stoker, M.G.P.**: Serological evidence of Q-fever in Great Britain. Lancet **1949 I**, 178—179. ~ Q-fever in Great Britain. The causative agent. Lancet **1950 II**, 616. ~ Variation in complement fixing activity of R. burneti during egg adaptation. J. Hyg. (Lond.) **51**, 311—321 (1953). — **Stoker, M.G.P.**, and **P. Fiset**: Phase variation of the Nine Mile and other strains of R. burneti. Canad. J. Microbiol. **2**, 310—321 (1956). — **Stoker, M.G.P.**, and **B.P. Marmion**: The spread of Q-fever from animals to man (The natural history of a Rickettsial disease). Bull. Wld Hlth Org. **13**, 781—806 (1955). — **Stoker, M.G.P., Z. Page**, and **B.P. Marmion**: Problems in the diagnosis of Q-fever by complement fixation tests. Bull. Wld Hlth Org. **13**, 807—827 (1955). — **Stoker, M.G.P., K.M. Smith**, and **P. Fiset**: Internal structure of R. burneti as shown by electron microscopy of thin sections. J. gen. Microbiol. **15**, 632—635 (1956). — **Strauss, E.**, and **E. Sulkin**: Q-fever. A note clarifying the identity of american strains of C. burneti. Amer. J. publ. Hlth. **39**, 1041 (1949). — **Ströder, W., R. Siegert** u. **W. Simrock**: Neue Gesichtspunkte zur Klinik und Ätiologie des Q-Fiebers. Verh. dtsch. Ges. inn. Med. **55**, 143—150 (1949). — **Stuart-Harris, C.H.**: Influenza and other virus infections of the respiratory tract. London: E. Arnold. 1965. — **Syruček, L.**, and **K. Raška**: Q-fever in domestic and wild birds. Bull. Wld Hlth Org. **15**, 329—337 (1956).

Tabert, G.G., and **D.B. Lackman**: The radioisotope precipitation test for study of Q-fever antibodies in human and animal sera. J. Immunol. **94**, 959—965 (1965). — **Tigertt, W.D.**: Studies on Q-fever in man. Walter Reed Army Med. Sci. Publ. **6**, 39—46 (1959). — **Tigertt, W.D., A.S. Benenson**, and **W.S. Gochenour**: Airborne Q-fever. Bact. Rev. **25**, 285—293 (1961). — **Topping, N.H.**: Notes on the preparation of epidemic typhus vaccine. Nat. Inst. Hlth Bull. **183**, 30 (1945). — **Topping, N.H.**, and **C.C. Shepard**: The preparation of antigens from yolk sacs infected with Rickettsiae. Publ. Hlth Rep. (Wash.) **61**, 701—707 (1946). — **Topping, N.H., C.C. Shepard**, and **R.J. Huebner**: Q-fever: an immunological comparison of strains. Amer. J. Hyg. **44**, 173—182 (1946). — **Trüb, C.L.P., W. Boese** u. **J. Posch**: Die Q-Fieber-Epidemie am Niederrhein 1958, Land Nordrhein-Westfalen. Arch. Hyg. **144**, 48—73 (1960).

Urakow, N.N., and **V.P. Scetinin**: Immunization of man with killed Q-fever vaccine. J. Microbiol. Epidem. Immunobiol. 11—16 (1962). — **Urbach, H.**, u. **M. Spróssig**: Die fluoreszenzmikroskopische Darstellung der R. burneti und ihre photographische Wiedergabe. Zbl. Bakt., I. Abt. Orig. **161**, 39—44 (1954).

Virona, S., J.P. Lowenthal, S. Berman, A.S. Benenson, and **J.E. Smadel**: Report of a field study with Q-fever vaccine. Amer. J. Hyg. **79**, 143—153 (1964). — **Vischer, W.A.**: Gehäuftes Auftreten von Q-Fieber in einer Rekrutenschule. Schweiz. med. Wschr. **79**, 137—138 (1949).

Wegmann, T.: Über eine Q-Fieber-Epidemie in Graubünden. Schweiz. med. Wschr. **78**, 529—531 (1948). ~ Encephalitis nach Q-Fieber. Schweiz. med. Wschr. **79**, 690—692 (1949). — **Weiss, E.**, and **H.C. Pietryk**: Growth of C. burneti in monolayer cultures of chick embryo entodermal cells. J. Bact. **72**, 235—241 (1956). — **Welsh, H.H., F.W. Jensen**, and **E.H. Lennette**: Q-fever studies. XX. Comparison of four serologic techniques for the detection and measurement of antibody to Coxiella burneti in naturally exposed sheep. Amer. J. Hyg. **70**, 1—13 (1959). — **Welsh, H. H., E. H. Lennette, F. R. Abinanti**, and **J. F. Winn**: Q-fever in California. IV. Occurence of Coxiella burneti in the placenta of naturally infected sheep. Publ. Hlth Rep. (Wash.) **65**, 1473—1477 (1951). ~ Airborne transmission of Q-fever. The role of parturition in the generation of infective aerosols. Ann. N.Y. Acad. Sci. **70**, 528—540 (1958). — **Wendt, M. L.**: Myokarditis bei Q-Fieber. Schriftenreihe d. Zt. inn. Med., H. 1, Infekt.-Kr. Leipzig: Georg Thieme, 1953. — **Wespi, H.**: Ein Fall von Q-Fieber-Hepatitis. Schweiz. med. Wschr. **87**, 90—93 (1957). — **Weyer, F.**: Die künstliche Infektion von Zecken mit Rickettsien und anderen Krankheitserregern. Zbl. Bakt., I. Abt. Orig. **152**, 449—457 (1948). ~ Über die Wirkung von „Tego 103" auf Rickettsien. Z. Tropenmed. Parasit. **1**, 586—594 (1950). ~ Die Beziehungen des Q-Fieber-Erregers (Rickettsia burneti) zu Arthropoden. Z. Tropenmed. Parasit. **4**, 344—382 (1953). ~ Ätiologie und Epidemiologie der Rickettsiosen des Menschen. Ergebn. Mikrobiol. **32**, 74—160 (1959). ~ Persönliche Mitteilung (1962). — **Whittik, J. W.**: Necropsy findings in a case of Q-fever in Britain. Brit. med. J. **1**, 979—980 (1950). — **Wiesmann, E.**: Zur Diagnose des Q-fever. Schweiz. Z. Path. **11**, 522—530 (1948). ~ Die Q-fever-Forschung in der Schweiz in den Jahren 1947—1951. Z. Tropenmed. Parasit. **3**, 297—301 (1952). — **Winn, J. F., F. R. Abinanti, E. H. Lennette**, and **H. H. Welsh**: Q-fever studies. XXII. Inoculation of sheep by the intestinal route. Amer. J. Hyg. **73**, 105—113 (1961). — **Winn, J. F., E. H. Lennette, H. H. Welsh**, and **F. R. Abinanti**: Q-fever studies. XVII. Presence of Coxiella burneti in the feces of naturally infected sheep. Amer. J. Hyg. **58**, 183—187 (1953). — **Wong, S. C.**, and **H. R. Cox**: Action of Aureomycin against experimental rickettsiae and viral infections. Ann. N.Y. Acad. Sci. **51**, 290—305 (1948). — **Wyss, S.**: Die Beteiligung des Nervensystems beim Q-Fever. Inaug. Diss., Zürich 1952.

Zarafonetis, C. J. D.: Virus of "Balkangrippe". Memorandum to the Director, USA Typhus Commission, Febr. 15, 1945. — **Zarafonetis, C. D. J.**, and **R. C. Bates**: Q-fever. Report of a case treated with Chloromycetin. Ann. intern. Med. **32**, 982—995 (1950). — **Zdrodovskij, P.**: Prophylaxie spécifique des Rickettsioses. Bull. Soc. Path. exot. **56**, 822—825 (1963). — **Zdrodowskij, P. F.**, and **V. A. Genig**: Concerning live vaccine against Q-fever. Vop. Virus. 335 —358 (1962). — **Zdrodovskij, P. F.**, and **H. M. Golinevich**: The Rickettsial Diseases. Pergamon Press, 1960.

V. Krankheiten durch Mycoplasmen

Allgemeines und unspezifische (PPLO)-Urethritis
(Adnex: Morbus Reiter)

Von R. H. Regamey und M. F. Paccaud, Genf

I. Definition

Unter der Bezeichnung „*unspezifische Urethritis*" (u. U.)[1] faßt man diejenigen Harnröhrenentzündungen zusammen, bei denen *N. gonorrhoeae* nicht nachgewiesen werden kann (Klieneberger-Nobel, 1959 a, b). Während der letzten Jahrzehnte haben die u. U. an Häufigkeit stark zugenommen; sie bedeuten oft für den Facharzt der Geschlechtskrankheiten schwer zu lösende Aufgaben (*141*).

		Verhältnis der u. U. zu den gesamten Urethritiden
Harkness (1950)	1921—1939	17—21%
	1940—1947	31%
	1948—1949	48%
Ambrose und Taylor (1953)		62%
Willcox (1957)		70%
Memmesheimer (1964)	1954	46%
	1962—1963	57—62%

Harkness (1950) zählt über ein Dutzend u. U.-Varianten auf, die nach verschiedenen Kriterien (18, 65, 80, 125, 142) eingeteilt werden können, z. B.: 1. bakterielle Urethritis, 2. Trichomonas-Urethritis, 3. abakterielle Urethritis, welche u. a. die akute abakterielle Urethritis von Hecht (1927) sowie die häufigere subakute mikrobenfreie Urethritis von Waelsch (1901) umfaßt. Nach anderen Gesichtspunkten unterscheidet man:

a) *sekundäre u. U.:* nach innerem oder äußerem Reiz, nach Erkrankungen der Urethra, der Harnblase oder der Nieren, nach Trauma, bei Tumoren, *ab ingestis*, usw.

b) *primäre u. U.:* a) bakterielle
b) abakterielle: Metazoen (Fliegen, Milben), Protozoen (Trichomonas, Amöben), Pilze, Spirochäten, PPLO, TRIC-Erreger (Trachom, Einschlußconjunctivitis); Einschlußblennorrhoe; allergische, chemisch bedingte, idiopatische Urethritis usw. (Eigentliche Virus-Urethritiden wurden noch nicht erkannt).

Die Ätiologie der u. U. bietet manche Schwierigkeiten, selbst beim Nachweis von Protozoen, Bakterien oder Viren, die nicht unbedingt die Hauptrolle spielen. Der vorliegende Beitrag befaßt sich mit den u. U., bei welchen *Pleuropneumonie ähnliche Organismen* (pleuro-pneumonia-like-organisms = PPLO) gefunden werden. Eine besondere Aufmerksamkeit wird der ätiologischen Bedeutung dieser Mikroorganismen geschenkt.

---

[1] In der angelsächsischen Literatur: nongonococcical urethritis oder NGU.

II. Geschichte

Die Erreger der Rinderpleuropneumonie und die ihnen nahestehenden Keime (PPLO) werden taxonomisch zwischen Virus und Bakterien eingeteilt. Ihre ätiologische Bedeutung wurde 1898 bei *Tierkrankheiten*, bei der Rinderpneumonie, einer vormals in Südafrika und Australien häufigen Zoonose, von NOCARD, ROUX u. Mitarb. abgeklärt. 25 Jahre später fanden BRIDRÉ und DONATIEN (1923) einen ähnlichen Keim in der Agalaxia contagiosa, einer Erkrankung, die die Gelenke, Augen und Euter der Schafe und Ziegen befällt. SHOETENSACK (1934) machte die gleiche Entdeckung bei einem Infekt der Luftwege des Hundes, KLIENEBERGER (1935) bei der Arthritis der Ratte. Es folgen dann weitere Befunde bei zahlreichen Tieren, sogar im Abwasser und Schlamm von Kanalisationen (LAIDLAW und ELFORD, 1936; SEIFFERT, 1937 a, b).

Die wohl früheste Feststellung eines *PPLO beim Menschen* dürfte GEY (1935) zugeschrieben werden: der Keim wurde im menschlichen zur Gewebekultur vorbereiteten Placentarblut beobachtet. DIENES und EDSALL (1937) isolierten ein PPLO in Reinkultur aus einem bartholinischen Absceß bei einer Laborantin, die sich angeblich mit Ratten infiziert hatte. Seither züchtet man öfter Mycoplasmen sowohl aus menschlichen Geschlechtsorganen als auch aus anderen Körperflüssigkeiten und dies bei den verschiedensten Erkrankungen. DIENES (1940) findet PPLO aus Cervixsekret, DIENES und SMITH (1942) aus unspezifischer Urethritis. Im selben Jahre stellen die beiden Autoren bei der Untersuchung von 129 Männern und Frauen 28mal Mycoplasmen in Cervix, Vagina, Prostata, Urethra fest und erwähnen eine mögliche Ansteckung durch Geschlechtsverkehr. BEVERIDGE (1943) trifft bei 67 Medizinstudenten keinen einzigen PPLO-Träger, dagegen 17 Trägerinnen unter 101 angeblich gesunden Frauen. KLIENEBERGER-NOBEL (1945), SALAMAN (1946), HARKNESS und HENDERSON-BEGG (1948) sowie zahlreiche andere Autoren befaßten sich mit dem Studium der beim Menschen vorkommenden PPLO.

III. Erreger

Die PPLO gehört der Gattung *Mycoplasma* an. Sie sind charakterisiert durch das Fehlen einer starren Membran, ihre besondere Fortpflanzungsart, ihre Pleomorphie, die eigenartigen Merkmale ihrer Kolonien. Wie die Viren sind sie filtrierbar, aber wie die Bakterien gedeihen sie auf künstlichen Nährböden; zwar wachsen sie nicht auf der Oberfläche, sondern in die Tiefe des Mediums hinein.

Morphologie. Die Literatur ist reich an Beschreibungen von PPLO (*37, 64, 92*). Gegenüber anderen Bakterien, mit Ausnahme der L-Formen, bedeutet das Fehlen einer starren Membran (*55*) das wesentliche Unterscheidungsmerkmal. Die Mycoplasmen lassen sich schlecht mit den gewöhnlichen Farbstoffen färben. Giemsa-, Macchiavello-, Castañeda- oder Dienes-(*14, 64*) Methoden ergeben dennoch gute Ergebnisse. Will man schöne Bilder auf Organausstrichen erzielen, so ist es vorteilhaft, eine langsame Giemsafärbung zu wählen; Fixierung während 1—2 min in azetonfreiem Äthylalkohol; leichtes Trocknen mit Fließpapier; 24stündige Färbung mit einer Giemsalösung 1:10.

Die kleinste vermehrungsfähige Einheit, das *Elementarkörperchen*, ist ein filtrierbares, kugelförmiges Körnchen von 100—150 mμ (*31*) Durchmesser, das sich zu einem größeren Komplex — der PPLO-Zelle — entwickelt, und sich schließlich wieder in Elementarkörperchen aufteilt. Die Art des Nährbodens, flüssig oder fest, bedingt die kugel- bzw. fadenartigen Erscheinungen der PPLO-Zellen. Für KLIENEBERGER-NOBEL (1962) entspricht die Pleomorphie mit ihren kokkobacillären, bacillären annulären, bipolaren usw. Formen nur Variationen über ein einziges Thema.

Oft beobachtet man die Bildung verzweigter Mycelia; septenlose Fäden entwickeln sich aus Elementarkörperchen und erreichen eine Länge von 120—200 μ. Durch Alterungsprozesse bilden sie sich in kleine Ketten um, deren einzelne Teile untereinander durch nichtprotoplasmatische Brücken zusammengehalten werden. Schließlich brechen diese Ketten auf und geben Elementarkörperchen frei. Die Fadenlänge soll umgekehrt proportional zur Agarkonzentration sein. Elektronenoptische Untersuchungen erlaubten, das Fehlen von Geißeln bzw. Flagellen und eine vacuoläre Struktur des Protoplasmas festzustellen; die Wanddicke der Vacuolen beträgt 75 Å (*6, 52*).

Kultur. Die Mycoplasmen sind die kleinsten Mikroorganismen, die auf unbelebten Nährböden wachsen. Sie erfordern gewisse im menschlichen oder tierischen Serum vorkommende Wachstumsfaktoren bzw. Ascitesflüssigkeit oder Hefeextrakte. Seren, die Antikörper gegen

PPLO aufweisen, hemmen das Wachstum, selbst in Abwesenheit des Komplementes (*28, 99*). Als Wachstumsfaktor wurde ein Lipoprotein erkannt, das sich aus Cholesterol und Phospholipid zusammensetzt und das die Synthese eines zur Bildung der Membranlipide nötigen Sterols ermöglicht (*1, 27, 92, 129, 130*). Gewisse PPLO verlangen auch Desoxyribonucleinsäure. Hefeextrakte sowie Filtrate aus Staphylokokkenkulturen (*2*) steigern das Wachstum. Zahlreiche Typen von Nährböden sind beschrieben worden (*5, 33, 38, 62, 86, 101, 104*).

Die parasitären Stämme gedeihen nicht bei Zimmertemperatur; ihr Wachstumsoptimum liegt bei 37° C, ihre Wachstumsgeschwindigkeit bei 3,27 $\pm$ 0,78 Stunden pro Generation (*92*). Die PPLO entwickeln sich ebenso gut aerob wie anaerob; nur gewisse Stämme sind mikroaerophil oder anaerob (*33, 38, 110, 132*). Ein CO_2-Gehalt von 10—20% kann nützlich sein (*34*).

Im Ausgangsmaterial sind die Mycoplasmen oft mit Bakterien vergesellschaftet. Das Wachstum der Begleitflora wird durch Hemmungsstoffe wie Sulfonamide, Penicillin, Kristallviolett, Kaliumtellurit, Thalliumacetat unterdrückt.

Die Kultur gedeiht auch auf Hühnerembryonen. Röckl und Nasemann (1956) machten sich die Beobachtung von Schauwecker (1947) zunutze; im 6 Tage alten Dottersack gelang ihnen die Anzüchtung leichter, wenn gleichzeitig das Virus der Ektromelie oder ein Virus der Pockengruppe zugefügt wurde. Eine ähnliche Beobachtung galt für Kulturen auf der Allantoismembran. In Gewebekulturen vermehren sich die PPLO ebenso gut intra- wie extracellulär (*2, 4, 30, 122*).

Gegenüber physikalischen Einwirkungen sind die Mycoplasmen wenig resistent: 50° C zerstörten sie innerhalb 10 Minuten. Ihre Konservierung bereitet immerhin keine Schwierigkeiten (*5, 33, 57, 64*). Kelton (1964) führt an, daß PPLO mindestens 3—4 Jahre in lyophilisiertem Zustand und mindestens 10 Monate zwischen —26° C und —65° C überleben. Im Gegensatz dazu haben alternierendes Einfrieren und Wiederauftauen eine verschiedene Wirkung auf die einzelnen Stämme. Oberflächenaktive Stoffe wie Seifen und Gallensalze schädigen die PPLO leicht; osmotische Schwankungen sind überraschenderweise wenig wirksam. Zuckervergärung ist von Stamm zu Stamm verschieden. Die Säurebildung erfolgt ohne Gasbildung (*26, 39*). Zahlreiche andere enzymatische Eigenschaften sind erforscht worden (*1, 64, 66, 92, 128, 130*); bei Gewebekulturen z. B. versucht man eine Arginin-Desaminase festzustellen; eine solche Aktivität zeigt die Anwesenheit von PPLO, die aus Organen inapparent infizierter Tiere stammen (*48, 106, 116*). Die beim Menschen isolierten Stämme erzeugen weder Indol noch H_2S, noch Oxydase, noch reduzieren sie Nitrate in Nitrite. Einzig *M. pneumoniae* erzeugt ein sehr aktives β-Haemolysin; die übrigen Mycoplasmen sind an- oder α-haemolysierend (*15, 92, 134*).

Wachstumscharakter. Das Aussehen der PPLO-Kulturen ist von Klieneberger-Nobel (1962) ausführlich beschrieben worden. Ob glatt oder körnig weisen die Kolonien charakteristische Merkmale auf, die sie von den übrigen Bakterienkulturen scharf unterscheiden; dabei gleichen sich alle Mycoplasmaspecies. Die Kolonien sind nach 24 Std mit der Lupe bereits sichtbar, nach 48 Std identifizierbar (*38*); ihre Entwicklung erstreckt sich über 2—7 Tage. Der Durchmesser schwankt zwischen 10 und 1000 μ, normalerweise zwischen 250 und 750 μ. Shepard fand in Fällen von u. U. sehr kleine Kolonien (T-Formen = Tiny form), die nur 5—15 μ messen:

T-Stämme. Die Variante unterscheidet sich durch gewisse Färbeeigenschaften, durch ihr Wachstum auf Agar, durch protoplasmatische Einschlüsse in den abgeschabten und nach Giemsa gefärbten Epithelzellen der Urethra (Gewebe-Phase der T-Stämme). Die Merkmale dieser Stämme, die als besonders pathogen zu betrachten wären, sind durch verschiedene Autoren beschrieben worden (*33, 35, 120, 123, 124, 125*).

G-Stämme. Diese streng anaerobe, charakteristische Form wurde von Ruiter und Wentholt (1953 a, b) aus einer Gangrän des Penis, bei Vulvovaginitis und Balanitis ulcerosa isoliert.

Wie schon erwähnt, entwickeln sich die PPLO-Kolonien in die Tiefe des Agars und lassen sich deshalb mit der Öse nicht abschaben. *M. pneumoniae* ausgenommen, zeigen sie bei auffallendem Licht oder im Phasenkontrastverfahren eine typische „Spiegeleiform": das optisch dichtere Zentrum dringt in den Nährboden ein; die periphere Zone breitet sich an der Oberfläche aus (*132*). Die Struktur der Kolonien hängt wesentlich von den äußeren Faktoren ab. Die Oberfläche zeigt eine Eindellung oder eine kleine zentrale Erhebung; sie ist fein strukturiert oder im Gegenteil ziemlich grob vacuolisiert. Die bei den L-Formen beschriebenen „large bodies" werden auch in den Mycoplasmenkolonien gefunden. Aus gesunden Trägern oder aus u. U.-Patienten isolierte PPLO zeigen keine morphologischen Unterschiede.

Einteilung. Die gebräuchliche Einteilung der PPLO wurde von EDWARD und FREUNDT (1956) vorgeschlagen. Trotz Unbeständigkeit der kulturellen und morphologischen Merkmale, die je nach den Wachstumsbedingungen variieren können, trotz bescheidener Bedeutung der biochemischen Teste, ist diese Klassifikation auch heute noch gerechtfertigt; sie wird durch serologische Reaktionen unterstützt, obschon diese nicht immer zufriedenstellend ausfallen. Die Agglutination (direkt oder nach Adsorption) läßt sich kaum verwenden, denn zu viele Stämme werden autoagglutiniert. Hämagglutination- und Hämagglutinationhemmungsteste eignen sich gut für Geflügel-Mycoplasmen, aber versagen bei den menschlichen Stämmen. Eine Latexreaktion ist von MORTON (1962) empfohlen. Trotz gewisser Mängel, die auf das antikomplementäre Vermögen gewisser Antigene zurückzuführen sind, wird in der Praxis die Komplementbindungsreaktion vorgezogen (8, 13, 50, 64, 77). Mit EDWARD und FREUNDT (1956) unterscheidet LEMCKE (1964a) *17 PPLO-Typen*, von denen *5 in Beziehung zu Infekten beim Menschen stehen*; letzthin wurde ein *6. Typ* beschrieben (78, 91). 4 Typen treffen sich bei Mäusen, 4 andere bei Rind und Ziege, 2 beim Geflügel, 1 bei Zellkulturen von Säugetieren; ein letzter Typus lebt als Saprophyt (73). Die 6 beim Menschen vorkommenden Stämme tragen folgende Bezeichnungen (15, 16, 78,138):

1. *Mycoplasma hominis Typus I*
2. *Mycoplasma hominis Typus II*
3. *Mycoplasma salivarium*
4. *Mycoplasma fermentans*
5. *Mycoplasma pneumoniae (Eaton agent)*
6. *Mycoplasma orale*

Eine eingehende Besprechung über die Differentialdiagnose der PPLO-Typen findet sich im Amer. Rev. resp. Dis. 88, 231—239 (1963). Die serologischen Reaktionen, besonders die Agargeldiffusionsteste, sowie die kulturellen und biochemischen Reaktionen rechtfertigen die heutige Einteilung. Für LEMCKE (1964a) ist das *M. hominis Typus II* mit dem *M. arthritidis*, einer PPLO der Ratte identisch. Beim Menschen existieren gewisse Kreuzreaktionen zwischen oralen und genitalen Stämmen (TAYLOR-ROBINSON u. Mitarb., 1963) sowie Antigenverwandtschaften zwischen menschlichen und tierischen Stämmen (4, 36, 39, 64, 77, 92, 98, 131). Will man in der Praxis Antikörper bei PPLO verdächtigen Kranken nachweisen, so genügt es, einen einzigen urogenitalen Stamm zu wählen, denn — wenigstens in Europa — sämtliche bei u. U. isolierten Mycoplasmen gehören der gleichen serologischen Gruppe an (CARD, 1959). Neueste Literaturangaben unter 144—149.

PPLO und L-Phase der Bakterien. 1930 beschrieb KLIENEBERGER in Kulturen von *Streptobacillus moniliformis* außergewöhnlich kleine, denjenigen der Rinderpleuropneumonie ähnliche Kolonien. Diese *L-Phase* (L für Lister Institute) entsteht spontan; sie erscheint oder wird unterhalten durch Einfluß von Penicillin und anderen Antibiotica, Glycerin, gewissen Aminosäuren (24), Antikörpern, Bakteriophagen usw., kurz durch alle das Wachstum erschwerenden Faktoren. Die L-Phase kann unter natürlichen Verhältnissen spontan entstehen und sich in die ursprüngliche Bakterienform zurückverwandeln. Sie wurde bei über 24 Mikrobenarten beschrieben, und die Liste ist bis heute nicht abgeschlossen (64).

Sind die im Urogenitaltrakt des Menschen und speziell die bei u. U. vorkommenden PPLO nicht einfach L-Phasen, die aus infektiösen Keimen und örtlichen Epiphyten entstanden sind, z. B. aus Gonokokken, Saprokokken, Corynebakterien usw. ? Könnte nicht das bei Gonorrhoe häufig angewendete Penicillin eine L-Phase erwecken, die die Resistenz gegenüber den Antibiotica und die Verlängerung der klinischen Zeichen erklären würde ? Wäre es nicht möglich, daß unter Antibioticaeinfluß die so häufig im Urogenitaltrakt vorkommenden Corynebakterien in die L-Phase übergehen ?

Die Unterschiede zwischen PPLO und L-Phase sind wenig ausgeprägt (6, 26, 54, 60, 61, 64, 74, 92, 130, 137, 140), so daß ein Vergleich Schwierigkeiten bietet, umsomehr als die von den Autoren gewählten Nährböden und Methoden verschieden sind.

PPLO		L-Phase
	Ähnlichkeiten	
	Aussehen der Kolonien (Spiegeleiform)	
	Fehlen einer cellulären Membran	
	Natur der Proteine und Kohlenhydrate	
	Unterschiede	
	Lipidgehalt	
	Verhalten gegenüber osmotisch und lytisch wirkenden Stoffen (in Zusammenhang mit der Lipidstruktur)	
	Bedürfnis nach Baustoffen (als Ausdruck der enzymatischen Ausrüstung)	
	Elektronenoptisches Aussehen	
Feinere Struktur		
Cholesterol-abhängig		
Leichte Anzüchtung und üppiges Wachstum auf günstigen Nährböden		Wachstum stets langsam und zu Beginn zögernd
Weitverbreitet in der Natur		Selten
Zahlreicher in den Filtraten, da kleiner (100—150mμ)		Spärlicher in Filtraten, da größer (250—300 mμ)

Der grundlegende Unterschied zwischen PPLO und L-Phase besteht aber in der *Unmöglichkeit für die PPLO, eine Bakterienform zu bilden;* selbst nach zahlreichen Passagen in antibioticafreiem Medium gelingt dies nicht. Die L-Phase hingegen läßt sich in die ursprüngliche Bakterienform zurückführen. Dieser wohl einfachen Definition mangelt es vielleicht doch an Genauigkeit: der aus der menschlichen Urethra isolierte PPLO-Stamm CAMPO wird seit 15 Jahren auf künstlichen Nährböden übertragen; von Zeit zu Zeit erscheinen in den Kulturen Corynebakterien, die nicht als Verunreinigungen betrachtet werden sollen und die dieselben fermentativen und serologischen Eigenschaften wie die PPLO aufweisen (SMITH, PEOPLES und MORTON, 1957). Eine ähnliche Beobachtung machten WITTLER, CARY und LINDBERG (1956). Manche Autoren schließen aus ihren Erfahrungen, daß öfter L-Phasen irrtümlicherweise als PPLO aufgefaßt werden. Die Diskussion bleibt offen.

IV. Pathogenese und Epidemiologie

Pathogenese und Epidemiologie der PPLO-Infekte müssen zusammen besprochen werden. Die Rolle der Mycoplasmen als Erreger der u. U. ist noch umstritten; ihr Studium verlangt die Bearbeitung von statistischen Angaben, die im übrigen nur Vermutungen erwecken, jedoch keine endgültige Antwort liefern.

Die meisten Beobachter nehmen an, daß die menschlichen Mycoplasmen häufiger *in den pathologisch veränderten Urogenitalorganen* vorkommen. Bei der *Frau* ist das saure pH der normalen Vagina — wo fast ausschließlich Döderleinsche Bacillen gefunden werden — für die PPLO ungünstig; so treffen sich diese selten beim Mädchen, bei der undeflorierten und ja selbst bei der erst kurz verheirateten Frau sowie in der Schwangerschaft (*38, 44, 50, 59, 62, 83, 93, 95*). Im allgemeinen ist die Frau öfter infiziert als der Mann. Bei behandelten oder unbehandelten Gonorrhoen, besonders nach Penicillintherapie, steigt die Häufigkeit der PPLO an und kann sogar 90 % erreichen (*62, 63, 100, 114, 133*). Mycoplasmen wurden nicht selten in Reinkultur im Laufe verschiedenster Krankheiten des Urogenitaltraktes isoliert: Urethritis, Cystitis, Pyelonephritis, Vulvitis, Vaginitis, fusotreponematöse

Vulvovaginitis, Metritis oder Parametritis, Salpingitis, Tubenabsceß, Purpura Henoch-Schönlein, Wochenbettfieber (*43, 62, 92, 96, 127, 135*). PPLO begleiten oft die Trichonomas-Infekte (*62, 96, 105*).

Nach Klieneberg-Nobel (1959) sind Männer mit hohem Hygienestand und Knaben vor der Pubertät frei von PPLO. Morton u. Mitarb. (1952) fanden im Sperma von 28 gesunden Männern kein einziges Mycoplasma. Zahlreiche Beobachtungen belegen, daß die PPLO-Häufigkeit bei an u. U. erkrankten Individuen beträchtlich ist und 25—50—80% erreicht, daß aber auch Gesunde Träger sein können (*45, 50, 62, 96*). Bei ihren 443 Patienten erwähnen Röckl, Nasemann und Stettwieser (1954) folgende Befunde:

	PPLO-Häufigkeit	
Männer		
Angeblich gesunde Harnwege		19%
An u. U. erkrankt		27%
Bei 20 Fällen chronischer Prostatitis	3 Fälle	
Bei 22 Fällen akuter Gonorrhoe	1 Fall	
Bakterienfrei und PPLO-frei	5 Fälle	
Bakterienfrei, aber mit PPLO	1 Fall	
Mit Trichomonas und PPLO	6 Fälle =	2%
Frauen		
Reinlichkeitsgrad der Vagina I—IV		62%
Mädchen mit Geschlechtsverkehr		74%
Mit Trichomonas		20%
Mit Trichomonas und PPLO	19 Fälle =	16%

Röckl u. Mitarb. betrachten die PPLO als harmlose Saprophyten des Urogenitaltraktes. Freundt (1956) ist der gleichen Auffassung; er findet keine Beziehung zwischen klinischen Symptomen und bakteriologischem Befund: in der Urethra werden Mycoplasmen bei 54% der gesunden Individuen und nur bei 30% der u. U.-Träger gefunden; diese Zahlen gelten für Dänemark. Es ist immerhin zu betonen, daß Statistiken verschiedener Autoren nicht unbedingt miteinander vergleichbar sind; Freundt z. B. untersucht Material, das er oberflächlich an der Außenseite des Meatus oder am Praeputium entnimmt, während Klieneberger-Nobel (1959) zuerst den Meatus reinigt und dann ihre Probe tief aus der Urethra anterior abschabt. In England findet diese Autorin nur 3% der Gesunden, aber 74% der Männer mit akuter u. U. Träger von PPLO! Die Häufigkeit der Mycoplasmen im Urogenitaltrakt scheint weitgehend an Hygienegewohnheiten gebunden zu sein (Shepard, 1954).

Die Argumente, die die *pathogenetische Bedeutung der PPLO* beweisen sollen, sind mehr oder weniger stichhaltig:
— zweifellos sind PPLO imstande, Krankheiten beim Menschen auszulösen, die sogar schwer verlaufen können, z. B. Infektionen mit *M. pneumoniae* (Eaton agent) (*62*);
— gesunde Individuen beherbergen eher selten Mycoplasmen, während an u. U. Erkrankte öfter Träger von PPLO sind (*2, 95*). Sind PPLO die Erreger der Infektion oder erleichtert die Infektion die Anzüchtung der PPLO?
— häufige Beziehungen zwischen PPLO und gewissen Formen der u. U. lassen eine pathogenetische Rolle vermuten (*44*);
—PPLO sind manchmal die einzigen Keime, die bei einer u. U. gezüchtet werden;
— in gewissen Fällen von u. U., bei denen Mycoplasmen in Reinkultur gewonnen wurden, führt die Behandlung mit Streptomycin oder Oxytetracyclin zur raschen Heilung (*82*). Bei Vorhandensein einer Mischflora ist aber das Argument wertlos: die Besserung und das Verschwinden der PPLO könnten der Bakterienvernichtung zugeschrieben werden. Andererseits ist zu betonen, daß die Antibioticatherapie nicht alle Mycoplasmen-u. U. heilt;
— bei Nachweis von Mycoplasmen führt die Aureomycin-Behandlung zu besseren Resultaten als wenn Mycoplasmen nicht festgestellt wurden (*53*);

— STOCKES (1955) beschreibt die Zunahme von PPLO-Antikörpern im Laufe von 4 schweren Infekten, bei denen Mycoplasmen isoliert wurden (Septicämie, Wochenbettfieber, Empyem und Hydrosalpinx). Andere Autoren machten ähnliche Beobachtungen bei Salpingo-Oophoritis (*81*) und Salpingitis (*79*). Das Argument ist kaum stichhaltig. PPLO können nur Begleitkeime sein und doch zur Bildung von Antikörpern führen. Andererseits könnte angenommen werden, daß eine so lokalisierte Infektion wie die u. U. die Bildung von Antikörpern nicht unbedingt auslöst.

Es ist wichtig festzustellen, daß *bisher noch kein Beweis erbracht wurde, daß die PPLO unfähig seien, eine u. U. auszulösen.*

In manchen schweren Infekten, wie Gangräna fusotreponemica des Penis, Phymose, Balanitis, Prostatitis oder Epididymitis (*92, 110*), spielen höchstwahrscheinlich die Mycoplasmen nur eine untergeordnete Rolle. Die Auffassung derjenigen Autoren, die den PPLO keine oder nur eine sekundäre Bedeutung in der Entstehung der u. U. zuschreiben, darf nicht in einem zu engen Sinne betrachtet werden (*40, 84, 87, 109, 119*). Ein entscheidender Beweis des pathogenen Vermögens wird erst durch die künstliche Übertragung von Mensch zu Mensch erbracht (*14*). Obschon bei Freiwilligen die intracutane Injektion von lebenden, aus der Urethra isolierten Mycoplasmen erfolglos blieb, soll erwähnt werden, daß Ansteckungen durch Geschlechtsverkehr oder Familienkontakt bekannt sind, und daß nach MORTON (1964) eine experimentelle Übertragung von u. U. beim Menschen bereits gelungen ist; auch akzidentelle Laboratoriumsinfektionen wurden beschrieben (*72*). Das Fehlen von Beweisen im Tierversuch läßt sich dadurch erklären, daß die PPLO nur in der Tierspecies pathogen wirken, bei der sie isoliert wurden. Die aus u. U. gewonnenen G-Stämme von RUITER und WENTHOLT (1955) lösten bei der jungen weißen Maus arthritische Schäden aus und ihre Pathogenität nahm mit den Passagen zu; diese G-Stämme gehören aber wahrscheinlich nicht den sechs bekannten menschlichen Typen an.

Gewisse neue Versuche sind nicht ohne Interesse. So nahmen FORD und DU VERNET (1963) das Studium der T-Stämme (s. S. 1054) wieder auf. Bei u. U. kommt diese Variante häufiger vor als bei Stämmen mit weitausgebreiteten Kolonien (in 10% der Fälle bei gesunden Soldaten und 79% bei an u. U. erkrankten Menschen). SHEPARD u. Mitarb. (1964) sind der Meinung, daß es bereits heute berechtigt ist, die T-Stämme als Auslöser einer besonderen Form von *venerischen Urethritis* anzusehen.

Falls die Mycoplasmen keine *primäre* Pathogenität besitzen, wären sie nicht doch imstande, eine präexistente Erkrankung zu erschweren? Beim Tier wird die Aggressivität gewisser PPLO durch Gegenwart anderer Infektionserreger gesteigert. MOOSER (*88, 89*) hebt z. B. hervor, daß murine Mycoplasmen bösartiger wirken, wenn sie mit dem Virus der Ektromelie gemischt werden; so fügten einige Autoren ihren PPLO-Kulturen auf Hühnerembryonen dieses Virus zu, um damit die Züchtung der Mycoplasmen zu begünstigen (vgl. auch HOWELL und JONES, 1963). Das Umgekehrte ist ebensogut möglich: infektiöse Keime (Bakterien oder Viren), chemische Stoffe wie Histamin erschweren das Krankheitsbild, zumindestens beim Tier; eine ähnliche Beobachtung beim Menschen steht noch aus (*1*). Unter natürlichen Verhältnissen sind bekanntlich die PPLO Saprophyten, deren Nachweis oft scheitert; nach MINCK und KIRN (1960) schaffen andere Infektionen lokale Flora- und pH-Veränderungen, die eine Wucherung der Mycoplasmen gestatten.

Erfolgen PPLO-Infektionen durch Geschlechtsverkehr? Als erste haben DIENES und SMITH (1942) diese Hypothese erwähnt. Bei weißen und schwarzen Studenten beobachtete SHEPARD (1954) eine andere Verteilung der Mycoplasmen, die auf verschiedene Gewohnheiten und Bräuche zurückzuführen ist. Obschon Geschlechtsbeziehungen oft nicht in Frage kommen, sprechen zahlreiche Beobachtungen doch für eine venerische Entstehung (*13, 43, 62, 82, 92, 94*).

Die bei den u. U. angetroffenen Mycoplasmen gehören in der Regel zum *Mycoplasma hominis Typus I* (s. S. 1055). *Mycoplasma hominis Typus II* wurde nur ausnahmsweise angetroffen und zwar in den Vereinigten Staaten (Stamm CAMPO). Die von RUITER und WENTHOLT (1953 a) beschriebenen G-Stämme gehören dem *Mycoplasma fermentans* an. Hie und da findet man auch bei u. U. nicht klassifizierbare Stämme (*50*). Wie schon erwähnt, unterscheiden sich die urogenitalen PPLO von anderen menschlichen PPLO, besonders von *Mycoplasma pneumoniae* (Eaton agent) durch morphologische, kulturelle, metabolische und serologische Eigenschaften (*15, 21, 96, 138*).

Über die *Immunität* beim Menschen sind wir ungenügend unterrichtet. Die durchgemachte Infektion verleiht dem Tier einen sicheren Schutz, auch wenn im Serum keine spezifischen Antikörper nachweisbar sind (*26*), was für den Menschen nicht unbedingt gilt.

V. Pathologisch-anatomische Befunde

Die urethroskopische Untersuchung (*42*) zeigt eine Entzündung der Urethraschleimhaut, besonders in ihrem vorderen Teil. Es entstehen kleine knötchenartige Infiltrationen, die von den angelsächsischen Autoren als „millet seed" oder „sago grans" bezeichnet werden; es handelt sich um feine durchsichtige Körperchen, die an die charakteristischen Trachomkörner erinnern. Bei reinen PPLO-Infektionen fehlen pyogene Prozesse.

VI. Klinisches Bild

Die Urethritis ist so bekannt, daß sie keiner ausführlichen Beschreibung bedarf. Nach einer Inkubationszeit von 6—10 Tagen (*86*), von 3—5 Wochen (*125*), beginnt die Affektion mit spärlichem Ausfluß, zuweilen von kurzer Dauer. Das Sekret ist flüssig oder eitrig-schleimig, weißlich-grau oder gelblich; es enthält wenig Eiterkörperchen, hie und da Bakterien oder andere Parasiten. Der Patient empfindet keine subjektiven Beschwerden oder er beklagt sich über Prickeln in der Urethra, dumpfe, zwischen den Harnausscheidungen gesteigerte Schmerzen, Dysurie, Pollakisurie.

Die u. U. tritt ohne vorhergehendes urogenitales Leiden auf; sie erscheint auch kürzere oder längere Zeit nach einem spezifischen bzw. unspezifischen lokalen Infekt. Sie kann schnell heilen; sie weist aber eher die Tendenz auf, chronisch zu verlaufen und sich mit Besserungs- und Verschlimmerungsperioden auf Monate und Jahre zu erstrecken.

Die häufigsten Komplikationen betreffen die angrenzenden Organe, besonders die Prostata. Paraurethritis (*67*), Epididymitis, Vaginitis usw. wurden schon erwähnt (s. S. 1056-1057).

Diagnose. Weder Mikroskop noch Elektronen-Mikroskop erlauben, im Urethrasekret eine PPLO-Infektion mit Sicherheit zu identifizieren (*64, 121*). Einzig die *Kultur* gibt gültige Antwort. Im Falle einer Urethritis und in Abwesenheit einer spezifischen Symptomatologie sollte eine polyvalente Untersuchung durchgeführt werden (*125*).

1. Das Sekret wird auf zwei Objektträger ausgestrichen: Methylenblau- und Gramfärbung ermöglichen den Nachweis von Gonokokken und Begleitflora.

2. Steril entnommenes Sekret wird auf zwei Kochblutagarplatten gestrichen. Eine Platte enthält Kristallviolett als Inhibitor. Die Nährböden werden 48 Std bei 37° C unter mikroaerophilen Verhältnissen bebrütet (Nachweis von Gonokokken).

3. Zwei weitere Fleischextrakt-Agarplatten mit Eosinmethylenblau werden zur Züchtung von Mimeae geimpft (*51, 113*).

4. Meatus und Fossa navicularis werden dann mit 70%igem Alkohol gereinigt. Eine Platinöse wird 2,5 cm tief in die Urethra anterior eingeführt, und mit einer lebhaften Bewegung zurückgezogen, wobei die Mucosa abgeschabt wird. Das Material wird auf wenigstens zwei für PPLO geeignete Nährböden gebracht und 2—7 Tage bei 37° C bebrütet. Eine Probe wird aerob, die andere anaerob oder in CO_2 kultiviert.

5. Gleichzeitig wird das abgeschabte Urethramaterial auf einem Objektträger verstrichen, sofort mittels azetonfreiem Äthylalkohol fixiert (1—2 min), dann mit einem Fließpapier leicht abgewischt und 24 Std in einer Giemsalösung $^1/_{10}$ gefärbt. Der Ausstrich dient zum Nachweis von Einschlußkörperchen und zur Bestimmung der verschiedenen Zellenarten.

6. Urin wird für die makroskopische Gläserprobe gesammelt; nach Zentrifugieren wird im Bodensatz nach Trichomonaden gesucht (zu diesem Zweck verwendet man auch das abgeschabte Urethramaterial).

Bei der Frau kann man sich mit der Untersuchung des Vaginalsekretes begnügen, denn wo immer ein Infekt lokalisiert ist, stets sind PPLO in der Vagina vorhanden (*13, 62*).

Mycoplasmen sind im Urin ziemlich beständig. 80% der Keime überleben nach 6 Std bei Zimmertemperatur, 50% nach 24 Std. Nach KLIENEBERGER-NOBEL (1959) findet man gleichviele PPLO-Keime im Urin wie im Urethraeiter, so daß man auf das Abschaben der Urethra verzichten kann. Die Autorin empfiehlt, Subkulturen während drei aufeinanderfolgenden Tagen anzulegen, die Platten 7 Tage bei 37° C aufzubewahren und die Kolonien sowohl mit der Handlupe (6×) als auch mit dem Mikroskop (56×) zu suchen. In gewissen Fällen wird die Urogenitaluntersuchung mit einer Blut- oder Synovialflüssigkeitskultur vervollständigt.

Zur ätiologischen *Differentialdiagnose* sollten sämtliche Möglichkeiten von u. U. berücksichtigt werden, die zu Beginn dieser Darstellung erwähnt wurden (s. S. 1052). Die sichere Diagnose wird nur mit einer positiven Kultur von Mycoplasmen erbracht. Serologische Untersuchungen, namentlich die Komplementbindungsreaktion, beweisen die An- oder Abwesenheit spezifischer Antikörper; sie besitzen aber eine begrenzte Bedeutung, denn zahlreiche asymptomatisch infizierte Menschen besitzen anti-PPLO-Antikörper, und manche von u. U. befallene Kranke, bei denen Mycoplasmen nachgewiesen wurden, zeigen in ihrem Serum keine anti-PPLO-Antikörper (*8, 13, 45, 77, 81, 135*). Eine Cutanreaktion ist nicht bekannt; die von HARKNESS und HENDERSON-BEGG (1948) hergestellten Allergene gaben positive Hautreaktionen bei sensibilisierten Meerschweinchen, aber versagten bei an u. U. erkrankten Patienten (s. weiter: M. Reiter).

Therapie. Obgleich die Lokalbehandlung meistens erfolglos bleibt, wird sie immer noch verschrieben, um die Chemo- oder Antibioticatherapie zu unterstützen. MEMMESHEIMER (1964) empfiehlt die klassischen Spülungen mit Kaliumpermenganat 0,2 °/$_{00}$, Argentum nitricum 0,2 °/$_{00}$, Targesin 1 °/$_{00}$, Hydrargyrum oxycyanatum 0,2 °/$_{00}$, sowie Instillationen mit Zincum sulfuricum 2,5—10 °/$_{00}$, Cuprum sulfuricum 1—10 °/$_{00}$, Mercurochrom 5—20 °/$_{00}$. Desinfektionsmittel enthaltende Salben mit oder ohne Antibioticazusatz werden in den in der Ophthalmologie gebräuchlichen Dosen ebenfalls verwendet.

Sulfonamide und Antibiotica gaben Anlaß zu zahlreichen *in vitro*-Versuchen. Sulfonamide, Erythromycin, Penicillin, Polymyxin, Bacitracin zeigen keine bakteriostatische Wirkung; Chloramphenicol, Aureomycin, Sodium Penicillin G, Dihydrostreptomycin, Ampicillin, Spiramicin, Rovamycin sind wenig oder gar nicht aktiv (*33, 56, 65, 67, 75, 76, 92, 107*). Bei Mischinfektionen erleichtert die Verabreichung von Erythromycin die Isolierung der PPLO (*108*). Die von FORD (1962) untersuchten PPLO reagierten auf 1,5 μg/ml Tetracyclin bzw. Streptomycin. Die Empfindlichkeit für Chlortetracyclin, Oxytetracyclin und Chloramphenicol ist von Stamm zu Stamm verschieden.

SHEPARD u. Mitarb. (1964) verabreichten mit guten Resultaten Tetracyclin oder Oxytetracyclin in Dosen von 500 mg alle 6 Std während 7 Tagen. LEBERMANN u. Mitarb. (1952) verschreiben kleinere Dosen: 250 mg ebenfalls alle 6 Std während 1 Woche. Rückfälle kommen häufig vor, besonders bei Infektionen mit T-Stämmen, was selbstverständlich eine Wiederholung der Behandlung verlangt. Es soll betont werden, daß ein früher schon mit Antibiotica behandelter Patient auf die u. U.-Therapie mit denselben Antibiotica nicht günstig reagiert. Die Entwicklung einer Resistenz während der Behandlung wurde oft erwähnt (*92*).

Nach Angaben der Literatur (MEMMESHEIMER, 1964) nimmt die Wirkung der Antibiotica in dieser Reihenfolge ab: Terramycin (Oxytetracyclin), Aureomycin (Chlortetracyclin), Tetracyclin, Erythromycin, Streptomycin, Chloramphenicol. MORTON (1965) vertritt eine etwas abweichende Meinung. Für beide Autoren soll *Terramycin als Antibioticum der Wahl zur Behandlung der PPLO-Infektionen betrachtet werden.*

Bei Verdacht auf einen venerischen Ursprung wird man selbstverständlich den Kranken und den Partner behandeln müssen. Die prophylaktischen Maßnahmen gehören zur alltäglichen Hygiene. Beim Auftreten vermehrter u. U.-Fälle wird man epidemiologische Maßnahmen treffen, u. a. die Partner systematisch untersuchen.

Morbus Reiter

Ein Zusammenhang zwischen Ruhr und Rheumatismus war schon von Hippokrates bekannt und wurde im 19. Jahrhundert von mehreren Ärzten erwähnt. 1818 beobachtete BRODIE 6 Fälle mit der Trias Urethritis-Conjunctivitis-Arthritis. Im Jahre 1916 beschreiben an der französischen Front FIESSINGER und LEROY 4 Fälle mit oculo-urethro-synovialem Syndrom, während REITER gleichzeitig an der deutschen Front über einen identischen Fall berichtet, der aber fälschlicherweise als Spirochaetose angesehen wurde. Während der letzten Jahre erschienen zahlreiche Arbeiten über M. Reiter (*9, 47, 103*).

Die Erkrankung tritt besonders beim jüngeren Mann, selten sporadisch, meist eher endemo-epidemisch auf. Sie zeigt eine Jahreszeit-Abhängigkeit und befällt öfter Menschen mit geschwächtem Allgemeinzustand.

Klinisches Bild. In der Anamnese kann fast immer eine Episode mit Durchfällen festgestellt werden, die ungefähr 2 Wochen später von der Symptomentrias gefolgt ist. Zuerst erscheint eine unauffällige *Urethritis* mit einem gonokokkenfreien Sekret. Einige Tage später taucht plötzlich eine beidseitige, schmerzhafte *Conjunctivitis* mit Lichtscheu auf; die Tränensekretion enthält nur gewöhnliche, unspezifische Keime. Auf diese in der Regel gutartige Affektion folgt 4—10 Tage später ein *Gelenksyndrom*, das sich plötzlich entwickelt und folgende selten beidseitige Lokalisationen bevorzugt: Knie (90 %), Knöchelgelenk (40 %), Handgelenk (25 %), Ellbogen, Rachis und Becken. Das betroffene geschwollene Gelenk enthält eine serofibrinöse, albuminreiche Flüssigkeit sowie degenerierte polymorphkernige Leukocyten, die später durch Lymphocyten ersetzt werden (*47*). Synovia und Kapsel verdicken sich. Im Knochen selbst lassen sich degenerative Prozesse erkennen. Die Gelenkentzündung verläuft poly- (43 %), pauci- (40 %) oder monoartikulär (17 %). Eine Muskelatrophie ist immer vorhanden und erscheint schlagartig. Allgemeine Symptome fehlen nicht: Fieber, Abmagerung, Erhöhung der Blutsenkungsgeschwindigkeit, Fibrinämie, Erhöhung der β_2- und γ-Globuline, mäßige Leukocytose, manchmal Eosinophilie, oft normochrome Anämie. Dieses Krankheitsbild bildet sich innerhalb 1—7 Wochen zurück.

Die *Trias* des M. Reiter ist eine Pseudo-Trias, denn es existiert ein *viertes*, fast immer vorhandenes *Symptom*: die vorhergehende *Darmbeteiligung*. DETTMART (1964) nimmt auch eine Symptomentetras an, aber sein viertes Symptom entspricht dem Auftreten von Hauterscheinungen (*69, 70*). Es gibt unvollständige Formen, z. B. ohne Gelenkbefall oder Conjunctivitis.

Die Krankheit hat meist eine günstige Prognose und hinterläßt keine Dauerfolgen. Immerhin wurden zahlreiche Komplikationen in den verschiedensten Organen gefunden: *Urogenitaltrakt* (Cystitis, Prostatitis, Pyelonephritis usw.), *Augen* (Keratitis, Ulcus corneae, Iridocyclitis usw.), *Gelenke* (Spondylitis ankylosans) (*25*), *Haut und Schleimhäute* (Balanitis erosiva, Herpes, Aphthose, Ectodermose, Keratodermie, Nagelablösung), *Mund und Speicheldrüsen* (Pyorrhoe, Stomatitis, Befall der Parotis), *Herz* (*25, 85*), *Atmungsapparat und Eingeweide* (*47*). Kürzlich wurde ein Todesfall als Folge einer cytotoxischen Degeneration besonders der Lymphknoten und der Magenschleimhaut beschrieben (*17*).

Die *Differentialdiagnose* stößt auf manche Schwierigkeiten und muß folgende Krankheiten in Betracht ziehen: akuter Gelenkrneumatismus, Gonorrhoe-Rheumatismus, postinfektiöser Rheumatismus, Gelenktuberkulose, posttraumatische Hydarthrose, primärchronische Polyarthritis, Spondylarthritis ankylosans sowie weitere sekundäre rheumatische Erscheinungen.

Serologische Reaktionen sind praktisch wertlos. Cutanteste könnten manchmal nützlich sein. Lymphdrüsensuspension und Gelenkexsudat eines Kranken mit M. Reiter ergaben positive Reaktionen von Tuberculintypus bei Patienten mit Reiterscher Krankheit und negative Reaktionen bei den Kontrollen (*136*). Ein PPLO-Autoantigen löste stärkere Cutanreaktionen bei einem Patienten mit M. Reiter und M. Bechterew als bei einer Kontrollperson (*68*) aus.

Höchstwahrscheinlich werden manche klinischen Zustände als M. Reiter irrtümlicherweise diagnostiziert. Urethritis ist eine nicht seltene Krankheit: Gelenk- und Hauterscheinungen treten oft als allergische Reaktionen im Anschluß an Infekte sowie nach Einnahme von Medikamenten auf, so daß eine zufällige Conjunctivitis die Trias eines Pseudo-M. Reiter ergänzen kann. In solchen Fällen sollte nicht der Ausdruck „M. Reiter", sondern „*Reitersches Syndrom*" verwendet werden. Die Bezeichnung „M. Reiter" sollte einer Symptomen-Trias oder -Tetras *mit einheitlicher Ätiologie* vorbehalten werden.

Die *Ätiologie* des M. Reiter ist noch ungeklärt. Verschiedene Argumente bringen auf den Gedanken, es könnte sich um ein Virus handeln, das aus dem Darmlumen in den Körper eindringt; dieses Virus hätte die Eigenschaften einer Myagawanella. In der Tat findet man in befallenen Epithelzellen der Urethra, der Conjunctiva und manchmal der Synovia Einschlüsse, die denjenigen der Ornithose-Psittakose-Trachom-Gruppe ähneln; Kulturen auf Hühnerembryonen, serologische und epidemiologische Untersuchungen bekräftigen diese Hypothese. M. Reiter wäre also ein Spezialfall der *Einschlußblenorrhoe*.

Andere Autoren denken mehr an eine *Mycoplasmen-Ätiologie*, denn die tierischen PPLO-Infektionen sind oft durch Gelenkbefall gekennzeichnet. Bei M. Reiter konnten tatsächlich PPLO aus Synovia, Conjunctiven und Urethra gleichzeitig isoliert werden (12, *22*, *68*, *71*, *72* et al.). In seinem Handbuchartikel über *M. Reiter* erwähnt Bohnstedt (1964) die Versuche von Kritschweskij u. Mitarb. (1954): aus Urethra, Conjunctiva und Gelenken isolierte PPLO-ähnliche Mikroorganismen bewirkten bei Injektion in die vordere Augenkammer des Kaninchens eine Uveitis und bei einem der Tiere eine Urethritis; die Stämme erwiesen sich pathogen für die Maus; der aggressive Charakter der Mikroorganismen änderte sich im Laufe der Überimpfungen nicht. Klieneberger-Nobel (1956) ist *nicht* geneigt, den Mycoplasmen eine ätiologische Rolle zuzuerkennen; sie untersuchte 20 Patienten mit M. Reiter: 6 Kulturen aus Synovialflüssigkeit zeigten keine PPLO und von 14 Entnahmen aus Urethritis fielen nur 2 positiv aus. Einerseits existieren viele Fälle von M. Reiter, bei denen man vergeblich nach PPLO sucht und andererseits gibt es auch Allgemein- oder Gelenkerkrankungen mit PPLO, die keinen Zusammenhang zum M. Reiter haben. Es ist nicht erstaunlich, daß man in der Reiterschen Krankheit häufig Mycoplasmen findet, wenn man die hohe Frequenz der PPLO selbst beim anscheinend gesunden Menschen in Betracht zieht.

Die Mycoplasmen-Ätiologie sollte immerhin nicht ohne weiteres abgelehnt werden, denn sie erklärt die eigenartige Beziehung zwischen vorausgehenden Intestinalerscheinungen und Symptomentrias: die in der Natur weit verbreiteten PPLO würden im Verlauf von lokalen Störungen die Darmwand durchdringen (*9*, *34*).

Die prophylaktische *Behandlung* beschränkt sich auf die Kontrolle des anfänglichen Durchfalls: Sulfaguanidin, Iodoxychinolin, Mycostatin.

Die *Therapie* stützt sich auf Antibiotica, Tetracycline, Spiromycin in gleichen Dosen wie für die durch PPLO verursachten u. U. Die Ergebnisse sind eher enttäuschend. Die beste Wirkung wird dem i. v. eingespritzten Aureomycin zugeschrieben. Die Corticosteroide (δ- oder Hydrocortison, Dexamethason) werden in hohen Dosen verschrieben, jedoch mit bescheidenem Erfolg (was bei der Differentialdiagnose mit dem Gelenkrheumatismus nützlich sein könnte); wie üblich wird vorerst die Integrität des Verdauungstraktes geprüft und Penicillin sowie Streptomycin prophylaktisch verschrieben. Bessere, wenn auch nur flüchtige Resultate wurden durch intraarticuläre Steroidinjektionen erreicht. Im übrigen haben sich Antimalariamittel (Nivaquin), Pyrocatechol-Carboxylsäure, Griseofulvin, Irgapyrin, Pyramidon intravenös, Gold (Reiztherapie) manchmal als nützlich erwiesen (*47*, *65*). Keine Therapie ist befriedigend, was unsere Ungewißheit in bezug auf die Ätiologie noch unterstreicht.

Literatur

1. ADLER, H.E., and M. SHIFRINE: Nutrition, metabolism and pathogenicity of Mycoplasma. Ann. Rev. Microbiol. **14**, 141—161 (1960). — **2.** ALTUCCI, P.: I PPLO (pleuropneumonia-like organisms): aspetti microbiologici e clinici. Parte I. Parte II. Boll. Ist. sieroter. milan. **42**, 588—607 (1963); **43**, 63—76 (1964). — **3.** AMBROSE, S.S., Jr., and W.W. TAYLOR: A study of the etiology, epidemiology and therapeusis of nongonococcal urethritis. Amer. J. Syph. **37**, 501—513 (1953).

4. BAILEY, J.S., H.W. CLARK, W.R. FELTS, R.C. FOWLER, and T.McP. BROWN: Antigenic properties of pleuropneumonia-like organisms from tissue cell cultures and the human genital area. J. Bact. **82**, 542—547 (1961). — **5.** BARILE, M.F., R. YAGUCHI, and W.C. EVELAND: A simplified medium for the cultivation of pleuropneumonia-like organisms and the L-forms of bacteria. Amer. J. clin. Path. **30**, 171—176 (1958). — **6.** BARTMANN, K., u. W. HÖPKEN: Phasenkontrastmikroskopische Beobachtungen zur Morphologie der peripneumonieähnlichen Organismen (PPLO). Zbl. Bakt., I. Abt. Orig. **163**, 319—332 (1955). — **7.** BEVERIDGE, W.I.B.: Isolation of pleuropneumonia-like organisms from the male urethra. Med. J. Aust. **2**, 479—481 (1943). — **8.** BEVERIDGE, W.I.B., A.D. CAMPBELL, and P.E. LIND: Pleuropneumonia-like organisms in cases of non-gonococcal urethritis in man and in normal female genitalia. Med. J. Aust. **1**, 179—180 (1946). — **9.** BOHNSTEDT, R.M.: Morbus Reiter. In: Handb. d. Haut- u. Geschlechtskrankheiten, Ergänzungswerk (J. JADASSOHN), VI/1, 931—966. Berlin-Heidelberg-New York: Springer 1964. — **10.** BRIDRÉ, J., and A. DONATIEN: Le microbe de l'agalaxie contagieuse du mouton et de la chèvre. Ann. Inst. Pasteur **39**, 925—951 (1925). — **11.** BRODIE, (1818); zit. n. D. HILLEMAND (1963). — **12.** BUTAS, C.A.: The isolation of pleuropneumonia-like organisms from two cases of polyarthritis. Canad. J. Microbiol. **3**, 419—426 (1957).

13. CARD, D.H.: PPLO of human genital origin. Serological classification of strains and antibody distribution in man. Brit. J. vener. Dis. **35**, 27—34 (1959). — **14.** CATHALA, F.: Les organismes du groupe de la péripneumonie des bovidés (Pleuropneumonialike organisms). Presse méd. **69**, 1439—1442 (1961). — **15.** CHANOCK, R.M., L. DIENES, M.D. EATON, D.G.ff. EDWARD, E.A. FREUNDT, L. HAYFLICK, J.F. ph. HERS, K.E. JENSEN, C. LIU, B.P. MARMION, H.E. MORTON, M.A. MUFSON, P.F. SMITH, N.L. SOMERSON, and D. TAYLOR-ROBINSON: Mycoplasma pneumoniae: proposed nomenclature for atypical pneumonia organism (Eaton agent). Science **140**, 662 (1963). — **16.** CHANOCK, R.M., M.A. MUFSON, N.L. SOMERSON, and R.B. COUCH: Role of Mycoplasma (PPLO) in human respiratory disease. Amer. Rev. respir. Dis. **88**, 218—239 (1963).

17. DENKO, C.W., and E. VON HAAM: Reiter's syndrome. Clinicopathological study of a fatal case. J. Amer. med. Ass. **186**, 632—636 (1963). — **18.** DETTMAR, H.: Unspezifische Infektionen der Geschlechtsorgane und der Harnröhre. In: Handb. der Urologie, IX/1, 253—301. Berlin-Heidelberg-New York: Springer 1964. — **19.** DIENES, L.: Cultivation of pleuropneumonia-like organisms from female genital organs. Proc. Soc. exp. Biol. (N.Y.) **44**, 468—469 (1940). — **20.** DIENES, L., and G. EDSALL: Observations on the L-organism of Klieneberger. Proc. Soc. exp. Biol. (N.Y) **36**, 740—744 (1937). — **21.** DIENES, L., and S. MADOFF: Differences between oral and genital strains of human pleuropneumonia-like organisms. Proc. Soc. exp. Biol. (N.Y) **82**, 36—38 (1953). — **22.** DIENES, L., M.W. ROPES, W.E. SMITH, S. MADOFF, and W. BAUER: The role of pleuropneumonia-like organisms in genitourinary and joint diseases. New Engl. J. Med. **238**, 509—515, 563—567 (1948). — **23.** DIENES, L., and W.E. SMITH: Relationship of pleuropneumonia-like (L) organisms to infections of human genital tract. Proc. Soc. exp. Biol. (N.Y.) **50**, 99—101 (1942). — **24.** DIENES, L., and P.C. ZAMECNIK: Transformation of bacteria into L forms by amino acids. J. Bact. **64**, 770—771 (1952).

25. EDITORIAL: 5ème Congrès européen des maladies rhumatismales, Stockholm, 25—28 août 1963. Presse méd. **72**, 691—692 (1964). — **26.** EDWARD, D.G., ff.: The pleuropneumonia group of organisms: a review, together with some new observations. J. gen. Microbiol. **10**, 27—64 (1954). — **27.** EDWARD, D.G. ff., and W.A. FITZGERALD: Cholesterol in the growth of organisms of the pleuropneumonia group. J. gen. Microbiol. **5**, 576—586 (1951). — **28.** EDWARD, D.G. ff., and W.A. FITZGERALD: Inhibition of growth of pleuropneumonia-like organisms by antibody. J. Path. Bact. **68**, 23—30 (1954). — **29.** EDWARD, D.G. ff., and E.A. FREUNDT: The classification and nomenclature of organisms of the pleuropneumonia group. J. gen. Microbiol. **14**, 197—207 (1956). — **30.** EDWARDS, G.A., and J. FOGH: Fine structure of pleuropneumonia-like organisms in pure culture and in infected tissue culture cells. J. Bact. **79**, 267—276 (1960). — **31.** ELFORD, W.J.: The sizes of viruses and bacteriophages, and methods for their determination. In: Handb. der Virusforschung (Hgg. R. DOERR u. C. HALLAUER). Wien: Springer 1938.

32. FIESSINGER, N., et E. LEROY: Contribution à l'étude d'une épidémie de dysenterie dans la Somme (juillet-octobre 1916). Bull. Soc. méd. Hôp. Paris **40**, 2030—2069 (1916). — **33.** FORD, D.K.: Culture of human genital "T-strain" pleuropneumonia-like organisms. J. Bact. **84**, 1028—1034 (1962). — **34.** FORD, D.K., and M. DUVERNET: Genital strains of human pleuropneumonia-like organisms. Brit. J. vener. Dis. **39**, 18—20 (1963). — **35.** FORD, D.K., and J. MACDONALD: Morphology of human genital "T-strain" pleuropneumonia-like organisms. J. Bact. **85**, 649—653 (1963). — **36.** FOWLER, R.C., D.W. COBLE, N.C. KRAMER, and T.McP. BROWN: Starch gel electrophoresis of a fraction of certain of the pleuropneumonia-like group of microorganisms. J. Bact. **86**, 1145—1151 (1963). — **37.** FREUNDT, E.A.: Morphological studies of the pleuropneumonia organism (Micromyces peripneumoniae bovis). Acta path. microbiol. scand. **31**, 508—529 (1952). — **38.** FREUNDT, E.A.: The occurence of Micromyces (pleuropneumonia-like organisms) in the female genito-urinary tract. Acta path. microbiol. scand. **32**, 468—480 (1953). — **39.** FREUNDT, E.A.: Morphological and biochemical investigations of human pleuropneumonia-like organisms (Micromyces). Acta path. microbiol. scand. **34**, 127—144 (1954). — **40.** FREUNDT, E.A.: Occurence and ecology of Mycoplasma species (pleuropneumonia-like organisms) in the male urethra. Brit. J. vener. Dis. **32**, 188—194 (1956).

41. GEY (1935), zit. n. H.E. MORTON (1965). — **42.** GLINGAR, A.: Endoskopie der Harnröhre, Diagnostik und Therapie. Wien. Beitr. Urol. **1**, 68 (1947), zit. n. A.M. MEMMESHEIMER (1964). — **43.** GOTTHARDSON, A., and B. MELÉN: Isolation of pleuropneumonia-like organisms from ovarian abscesses. Acta path. microbiol. scand. **33**, 291—293 (1953). — **44.** HARKNESS, A.H.: Non-gonococcal urethritis. Edinburgh: E. and S. Livingstone Ltd. 1950. — **45.** HARKNESS, A.H., and A. HENDERSON-BEGG: The significance of pleuropneumonia-like or "L" organisms in non-gonococcal urethritis, Reiter's disease and abacterial pyuria. Brit. J. vener. Dis. **24**, 50—58 (1948). — **46.** HECHT, H.: Serodiagnostik der Gonorrhoe und Tuberkulose mittels der Aktivmethode (HR). Derm. Wschr. **84**, 676—681 (1927). — **47.** HILLEMAND, D.: Maladie de Fiessinger-Leroy-Reiter. Presse méd. **71**, 2143—2146 (1963). — **48.** HOLMGREN, N.B., and W.E. CAMPBELL, Jr.: Tissue cell culture contamination in relation to bacterial pleuropneumonia-like organisms-L form conversion. J. Bact. **79**, 869—874 (1960). — **49.** HOWELL, E.V., and R.S. JONES: Factors influencing pathogenicity of Mycoplasma arthritidis (PPLO). Proc. Soc. exp. Biol. (N.Y.) **112**, 69—72 (1963). — **50.** HUIJSMANS-EVERS, A.G.M., and A.C. RUYS: Microorganisms of the *Pleuropneumonia* group (family of *Mycoplasmataceae*) in man. I and II. Antonie v. Leeuwenhoek **22**, 371—376, 377—384 (1956).

51. INO, J., D.L. NEUGEBAUER, and R.N. LUCAS: Isolation of *Mima polymorpha* var. *oxidans* from two patients with urethritis and a clinical syndrome resembling gonorrhea. Amer. J. clin. Path. **32**, 364—366 (1959). — **52.** ITERSON, W. VAN, and A.C. HUYS: The fine structure of the Mycoplasmataceae (Microorganisms of the pleuropneumonia group = PPLO). I. *Mycoplasma hominis, M. fermentans* and *M. salivarium*. J. Ultrastruct. Res. **3**, 282—301 (1960).

53. JENSEN, T.: Non-gonococcal urethritis treated with aureomycin. Acta derm.-venereol. (Stockh.) **34**, 82—88 (1954); Amer. J. Syph. **38**, 125—135 (1954).

54. KANDLER, O., u. G. KANDLER: Die L-Phase der Bakterien. Ergebn. Mikrobiol. **33**, 97—127 (1960). — **55.** KANDLER, O., u. C. ZEHENDER: Über das Vorkommen von a-, ε-Diaminopimelinsäure bei verschiedenen L-Phasentypen von *Proteus vulgaris* und bei den pleuropneumonie-ähnlichen Organismen. Z. Naturforsch. **12**b, 725—728 (1957). — **56.** KELLER, R., and H.E. MORTON: Susceptibilities of Kazan, Nichols, and Reiter strains of treponema and pleuropneumonia-like organisms to the antibiotic erythromycin (ilotycin). Amer. J. Syph. **37**, 379—382 (1953). — **57.** KELTON, W.H.: Storage of Mycoplasma strains. J. Bact. **87**, 588—592 (1964). — **58.** KLIENEBERGER, E.: Natural occurrence of pleuropneumonia-like organisms in apparent symbiosis with *Streptobacillus moniliformis* and other bacteria. J. Path. Bact. **40**, 93—105 (1935). — **59.** KLIENEBERGER-NOBEL, E.: Pleuropneumonia-like organisms in the human vagina. Lancet **1945 II**, 46—47. — **60.** KLIENEBERGER-NOBEL, E.: Über die Wesensverschiedenheit der peripneumonie-ähnlichen Organismen und der L-Phase der Bakterien. Zbl. Bakt., I. Abt. Orig. **165**, 329—343 (1956). — **61.** KLIENEBERGER-NOBEL, E.: Die L-Form der Bakterien. Zbl. Bakt., I. Abt. Orig. **173**, 376—385 (1958). — **62.** KLIENEBERGER-NOBEL, E.: Pleuropneumonia-like organisms in genital infections. Brit. med. J. **1**, 19—23 (1959a). — **63.** KLIENEBERGER-NOBEL, E.: Possible significance of PPLO in human genital infection. Brit. J. vener. Dis. **35**, 20—23 (1959b). — **64.** KLIENEBERGER-NOBEL, E.: Pleuropneumonialike organisms (PPLO) mycoplasmataceae. New York and London: Academic Press 1962. — **65.** KLIKA, M.: Die nicht-gonorrhoischen Urethritiden des Mannes. Med. Mschr. **14**, 707—711 (1960). — **66.** KRAEMER, P.M.: Interaction of Mycoplasma (PPLO) and Murine lymphoma cell cultures: prevention of cell lysis by arginine. Proc. Soc. exp. Med. (N.Y.) **115**, 206—212 (1964). — **67.** KRÜCKEN, H.: Mykoplasma species (PPLO) bei Paraurethritis. Derm. Wschr. **140**, 1342—1346 (1959). — **68.** KRÜCKEN, H., u. H. FABRY: Pleuropneumonia-like organisms bei Morbus Reiter und verwandten Syndromen. Ärztl. Wschr. **10**, 294—299 (1955). — **69.** KUSKE, H.: Über die Hauterscheinungen bei Morbus Reiter. (Ein Beitrag zur Differentialdiagnose der sog. gonorrhoischen Keratosen.) Arch. Derm. Syph. (Berl.) **179**, 58—73 (1939). — **70.** KUSKE, H.: Die Reitersche Krankheit. Praxis **33**, 681—685 (1944). — **71.** KUZELL, W.C., and E.A. MANKLE: Cortisone acetate and terramycin in polyarthritis of rats. Proc. Soc. exp. Biol. (N.Y.) **74**, 677—681 (1950). — **72.** KUZELL, W.C., and E.A. MANKLE: Cultivation of pleuropneumonia-like organisms in Reiter's disease, including one instance of laboratory cross infection. Ann. N.Y. Acad. Sci. 79, 650—657 (1960).

73. LAIDLAW, P. P., and W. J. ELFORD: A new group of filterable organisms. Proc. roy. Soc. B **120**, 292—303 (1936). — **74.** LANGENFELD, M. G., and P. F. SMITH: Phosphorus distribution in Pleuropneumonia-like and L-type organisms. J. Bact. **86**, 1216—1219 (1963). — **75.** LEBERMAN, R., P. F. SMITH, and H. E. MORTON: The susceptibility of pleuropneumonia-like organisms to the in vitro action of antibiotics: aureomycin, chloramphenicol, dihydrostreptomycin, streptomycin, and sodium penicillin G. J. Urol. (Baltimore) **64**, 167—173 (1950). — **76.** LEBERMAN, R., P. F. SMITH, and H. E. MORTON: Susceptibility of pleuropneumonia-like organisms to action of antibiotics: II. Terramycin and Neomycin. J. Urol. (Baltimore) **68**, 399—402 (1952). — **77.** LEMCKE, R. M.: The serological differenciation of Mycoplasma strains (pleuropneumonia-like organisms) from various sources. J. Hyg. (Lond.) **62**, 199—219 (1964a). — **78.** LEMCKE, R. M.: The relationship of a type of *Mycoplasma* isolated from tissue cultures to a new human oral *Mycoplasma*. J. Hyg. (Lond.) **62**, 351—352 (1964b). — **79.** LEMCKE, R., et G. W. CSONKA: Antibodies against pleuropneumonia-like organisms in patients with salpingitis. Brit. J. vener. Dis. **38**, 212—217 (1962). — **80.** LONGHIN, S. DR., şi V. VINTICI: Uretritele negonococice. Viaţa med. **11**, 367—372 (1964).

81. MELÉN, B., and A. GOTTHARDSON: Complement fixation with human pleuropneumonia-like organisms. Acta path. microbiol. scand. **37**, 196—200 (1955). — **82.** MELÉN, B., and B. LINNROS: Pleuropneumonia-like organisms in cases of non-gonococcal urethritis in man. Acta derm.-venereol. (Stockh.) **32**, 77—85 (1952). — **83.** MELÉN, B., and E. ODEBLAD: Pleuropneumonia-like organisms in the female genito-urinary tract. Scand. J. clin. Lab. Invest. **3**, 47—51 (1951). — **84.** MELÉN, B., and E. ODEBLAD: Pleuropneumonia-like organisms in genito-urinary tract of healthy women. Acta derm.-venereol. (Stockh.) **32**, 74—76 (1952). — **85.** MÉMIN, Y., et J. PERNOD: Syndrome de Fiessinger-Leroy-Reiter et complications cardiaques. A propos de deux observations. Presse méd. **71**, 2793—2794 (1963). — **86.** MEMMESHEIMER, A. M.: Die nichtgonorrhoischen Harnröhrenentzündungen des Mannes. In: Handb. der Haut- und Geschlechtskrankheiten, Ergänzungswerk (J. JADASSOHN), VI/1, 874—919. Berlin-Heidelberg-New York: Springer 1964. — **87.** MINCK, R., et A. KIRN: Rôle des organismes du groupe de la péri-pneumonie des bovidés (P.P.L.O.) en pathologie humaine. Path. et Biol. **8**, 1443—1446 (1960). — **88.** MOOSER, H.: Two varieties of murine PPLO strains distinguishable from each other by their mode of in vivo growth when associated with the virus of ectromelia. Arch. ges. Virusforsch. **4**, 207—216 (1951). — **89.** MOOSER, H., u. H. JOOS: Die Infektion der Maus mit menschlichen PPLO-Stämmen. Schweiz. Z. allg. Path. **15**, 735—739 (1952). — **90.** MORTON, H. E.: Latex fixation and agglutination of pleuropneumonia-like organisms (PPLO). Bact. Proc. **119**, 92 (1962); zit. n. H. E. MORTON (1965). — **91.** MORTON, H. E.: Communication personnelle (19. 11. 1964). — **92.** MORTON, H. E.: The pleuropneumonia and pleuropneumonia-like organisms. In: Bacterial and mycotic infections in man (R. J. DUBOS and J. J. HIRSCH, eds.), pp. 786—789, 1965 (in press). — **93.** MORTON, H. E., P. F. SMITH, and R. KELLER: Prevalence of pleuropneumonia-like organisms and the evaluation of media and methods for their isolation from clinical material. Amer. J. publ. Hlth **42**, 913—925 (1952). — **94.** MORTON, H. E., P. F. SMITH, and P. R. LEBERMAN: Investigation of the cultivation of pleuropneumonia-like organisms from man. Amer. J. Syph. **35**, 361—369 (1951).

95. NERMUT, M. V., J. UHER u. A. GERYLOVOVÁ: Über das Vorkommen und die Bedeutung der sog. L-Organismen (PPLO) in weiblichen Geschlechtsorganen. Zbl. Gynäk. **80**, 669—679 (1958). — **96.** NICOL, C. S., and D. G. ff. EDWARD: Role of organisms of the pleuropneumonia group in human genital infections. Brit. J. vener. Dis. **29**, 141—150 (1953). — **97.** NOCARD, E., et E. R. ROUX: Le microbe de la péripneumonie. Ann. Inst. Pasteur **12**, 240—262 (1898). — **98.** NORMAN, M. C., S. SASLAW, and L. R. KUHN: Antigenic similarity of five human strains of pleuropneumonia-like organisms. Proc. Soc. exp. Biol. (N.Y.) **75**, 718—720 (1950).

99. POLLOCK, M. E., and G. E. KENNY: Mammalian cell cultures contaminated with PPLO III. Elimination of PPLO with specific antiserum. Proc. Soc. exp. Biol. (N.Y.) **112**, 176—181 (1963).

100. RANDALL, J. H., R. J. STEIN, and J. C. AYRES: Pleuropneumonia-like organisms in the female genital tract; study of 300 gynecological cases. Amer. J. Obstet. Gynec. **59**, 404—414 (1950). — **101.** RAZIN, S., and B. C. J. G. KNIGHT: A partially defined medium for the growth of mycoplasma. J. gen. Microbiol. **22**, 492—503 (1960). — **102.** REITER, H.: Über eine bisher unerkannte Spirochäteninfektion (*Spirochaetosis arthritica*). Dtsch. med. Wschr. **1916**, 1535 bis 1536. — **103.** REITER, H.: Veröffentlichungen über die „Reitersche Krankheit". München: Urban & Schwarzenberg 1961. — **104.** RÖCKL, H., u. T. NASEMANN: Die pleuropneumonie-ähnlichen Organismen (PPLO) und ihre Bedeutung für die unspezifische Urethritis. Zbl. Bakt., I. Abt. Orig. **165**, 313—328 (1956). — **105.** RÖCKL, H., T. NASEMANN u. E. STETTWIESER: Untersuchungen zur Pathogenität der pleuropneumonie-ähnlichen Organismen im Urogenitaltrakt des Menschen, mit besonderer Berücksichtigung der unspezifischen Urethritis. Hautarzt **5**, 340—348 (1954). — **106.** ROTHBLAT, G. H., and H. E. MORTON: Detection and possible source of contaminating pleuropneumonia-like organisms (PPLO) in cultures of tissue cells. Proc. Soc. exp. Biol. (N.Y.) **100**, 87—90 (1959). — **107.** Roux, M., et C. Isabellon: La spiramycine dans les urétrites aiguës contractées outre-mer. Presse méd. **71**, 2579—2580 (1963). — **108.** Rubin, A., N.L. Somerson, P.F. Smith, and H.E. Morton: The effects of the administration of erythromycin upon Neisseria gonorrhoeae and pleuropneumonia-like organisms in the uterine cervix. Amer. J. Syph. **38**, 472—477 (1954). — **109.** Ruiter, M., and H.M.M. Wentholt: Isolation of a pleuropneumonia-like organism (G-strain) in a case of fusospirillary vulvo-vaginitis. Acta derm.-venereol. (Stockh.) **33**, 123—129 (1953a). — **110.** Ruiter, M., and H.M.M. Wentholt: Incidence, significance and bacteriological features of pleuropneumonia-like organisms in a number of pathological conditions of the human genitourinary tract. Acta derm.-venereol. (Stockh.) **33**, 130—146 (1953b). — **111.** Ruiter, M., and H.M.M. Wentholt: Isolation of a pleuropneumonia-like organism from a skin lesion associated with a fusospirochetal flora. J. invest. Derm. **24**, 31—34 (1955).

112. Salaman, M.H., A.J. King, H.J. Bell, A.E. Wilkinson, E. Gallagher, C. Kirk, I.E. Howorth, and P.H. Keppich: The isolation of organisms of the pleuropneumonia group from the genital tract of men and women. J. Path. Bact. **58**, 31—35 (1946). — **113.** Sanders, A.C., M.J. Pelczar, and A.F. Hoefling: Interactions of *Staphylococcus* and *Neisseria gonorrhoeae* in "penicillin resistant" gonorrhea. Antibiot. and Chemother. **12**, 10—16 (1962). — **114.** Schaub, I.G., and J.A. Guilbeau: The occurence of pleuropneumonia-like organisms in material from the postpartum uterus; simplified methods for isolation and staining. Bull. Johns Hopk. Hosp. **84**, 1—10 (1949). — **115.** Schauwecker, R.: Untersuchungen über einen dem Erreger der Pleuropneumonie ähnlichen Mikroorganismus in der weißen Maus. Schweiz. Z. allg. Path. **10**, 714—724 (1947). — **116.** Schimke, R.T., and M.F. Barile: Arginine metabolism in pleuropneumonia-like organisms isolated from mammalian cell culture. J. Bact. **86**, 195—206 (1963). — **117.** Seiffert, G.: Über das Vorkommen filtrabler Mikroorganismen in der Natur und ihre Züchtbarkeit. Zbl. Bakt., I. Abt. Orig. **139**, 337—342 (1937a). — **118.** Seiffert, G.: Filtrable Mikroorganismen in der freien Natur. Zbl. Bakt., I. Abt. Orig. **140**, 168—172 (1937b). — **119.** Shepard, M.C.: Recovery of pleuropneumonia-like organisms from Negro men with and without nongonococcal urethritis. Amer. J. Syph. **38**, 113—124 (1954). — **120.** Shepard, M.C.: T-form colonies of pleuropneumonia-like organisms. J. Bact. **71**, 362—369 (1956). — **121.** Shepard, M.C.: Visualization and morphology of pleuropneumonia-like organisms in clinical material. J. Bact. **73**, 162—171 (1957). — **122.** Shepard, M.C.: Growth and development of T strain pleuropneumonialike organisms in human epidermoid carcinoma cells (HeLa). J. Bact. **75**, 351—355 (1958). — **123.** Shepard, M.C.: Non gonococcal urethritis in the Camp Lejeune Area. Urol. int. (Basel) **9**, 252—257 (1959). — **124.** Shepard, M.C.: Recovery, propagation, and characteristics of T-Strain PPLO isolated from human cases of nongonococcal urethritis. Ann. N.Y. Acad. Sci. **79**, 397—402 (1960). — **125.** Shepard, M.C., C.E. Alexander, Jr., C.D. Lunceford, and P.E. Campbell: Possible role of T-strain Mycoplasma in nongonococcal urethritis. A sixth venereal disease? J. Amer. med. Ass. **188**, 729—735 (1964). — **126.** Shoetensack, M.: Pure cultivation of the filtrable virus isolated from canine distemper. Kitasato Arch. exp. Med. **11**, 277—290 (1934). — **127.** Slingerland, D.W., and H.R. Morgan: Sustained bacteremia with pleuropneumonia-like organisms in a postpartum patient. J. Amer. med. Ass. **150**, 1309—1310 (1952). — **128.** Smith, P.F.: Cholesterol esterase activity of pleuropneumonia-like organisms. J. Bact. **77**, 682—689 (1959). — **129.** Smith, P.F.: The carotenoid pigments of Mycoplasma. J. gen. Microbiol. **32**, 307—319 (1963). — **130.** Smith, P.F.: Comparative physiology of pleuropneumonia-like and L-type organisms. Bact. Rev. **28**, 97—125 (1964). — **131.** Smith, P.F., D.M. Peoples, and H.E. Morton: Conversion of pleuropneumonialike organisms to bacteria. Proc. Soc. exp. Biol. (N.Y.) **96**, 550—553 (1957). — **132.** Somerson, N.L., and H.E. Morton: Reduction of tetrazolium salts by pleuropneumonia-like organisms. J. Bact. **65**, 245—251 (1953). — **133.** Somerson, N.L., A. Rubin, P.F. Smith, and H.E. Morton: The presence of *Neisseria gonorrhoeae* and pleuropneumonia-like organisms in the cervix uteri. Amer. J. Obstet Gynec. **69**, 848—853 (1955). — **134.** Somerson, N.L., D. Taylor-Robinson, and R.M. Chanock: Hemolysin production as an aid in the identification and quantitation of Eaton agent (Mycoplasma pneumoniae). Amer. J. Hyg. **77**, 122—128 (1963). — **135.** Stokes, E.J.: Human infection with pleuropneumonia-like organisms. Lancet **1955 I**, 276—279. — **136.** Storm-Mathisen, A.: Cutaneous tests for Reiter's disease. A preliminary report. Acta derm.-venereol. (Stockh.) **26**, 547—556 (1946). — **137.** Symposium: Biology of the pleuropneumonia-like organisms. Ann. N.Y. Acad. Sci. **79**, 305—758 (1960).

138. Taylor-Robinson, D., N.L. Somerson, H.C. Turner, and R.M. Chanock: Serological relationships among human mycoplasmas as shown by complement-fixation and gel diffusion. J. Bact. **85**, 1261—1273 (1963).

139. Waelsch, L.: Über chronische, nicht gonorrhoische Urethritis. Prag. med. Wschr. **26**, 517—519 (1901). — **140.** Weibull, C., and B.M. Lundin: Morphology of pleuropneumonia-like organisms and bacterial L forms grown in liquid media. J. Bact. **85**, 440—445 (1963). — **141.** Willcox, R.R.: Non-specific urethritis. J. roy. Army med. Cps. **101**, 196—207 (1955). —

142. Willcox, R. R.: Recherches entreprises dans le but de prouver ou d'éliminer l'étiologie virale des U.N.G. (Les uréthrites non gonococciques, Paris 1957). — **143.** Wittler, R. G., S. G. Cary, and R. B. Lindberg: Reversion of a pleuropneumonia-like organism to a *Corynebacterium* during tissue culture passage. J. gen. Microbiol. **14**, 763—774 (1956).

Literaturergänzung:

144. Girardi, A. J., L. Hayflick, A. M. Lewis, and N. L. Somerson: Recovery of mycoplasmas in the study of human leukaemia and other malignancies. Nature (Lond.) **205**, 188—189 (1965).

145. Hayflick, L., and H. Koprowski: Direct agar isolation of mycoplasmas from human leukaemic bone marrow. Nature (Lond.) **205**, 713—714 (1965).

146. Hayflick, L., and R. M. Chanock: *Mycoplasma* species of man. Bact. Rev. **29**, 185—221 (1965).

147. Hutfield, D. C.: Non-gonococcal urethritis. Clin. Med. **72**, 1639—1643 (1965).

148. Kraemer, P. M.: Mycoplasma (PPLO) from covertly contaminated tissue cultures: differences in arginine degradation between strains. Proc. Soc. exp. Biol. (N.Y.) **117**, 910—918 (1964).

149. Taylor-Robinson, D., H. Fox, and R. M. Chanock: Characterization of a newly identified mycoplasma from the human oropharynx. Amer. J. Epidemiol. **81**, 180—191 (1965).

Mycoplasma pneumoniae (Eaton-Agens)-Pneumonie

Von H. A. Reimann, Philadelphia

Mit 4 Abbildungen

I. Definition

Eine Mycoplasma pneumoniae-Pneumonie tritt sporadisch auf oder als schwere Form bei kleinen oder großen Epidemien von Infektionen des Respirationstraktes. Allgemeinsymptome herrschen vor und der röntgenologische Befund einer Lungenbeteiligung übertrifft oft die Erhebungen bei der physikalischen Untersuchung; eine Kälteagglutination der Erythrocyten tritt auf und die Therapie mit Antibiotica ist erfolgreich. Der Bronchialbaum und das interstitielle Lungengewebe sind hauptsächlich betroffen.

II. Geschichte

Seit 1864 aufbewahrte Gewebeschnitte zeigen eine interstitielle Pneumonie. Einige Pneumonien, die der pandemischen Influenza von 1918/19 zugeschrieben werden, könnten Mycoplasma-bedingt gewesen sein (8). Vor der Entdeckung des Influenzavirus im Jahre 1933 konnte keine der abakteriellen Pneumonien ätiologisch klassifiziert werden. Bei den Beobachtungen von 1937, als andere filtrierbare Mikroorganismen bei Infektionen des Respirationstraktes noch unbekannt waren, beschrieb Reimann 2 Formen von nicht influenzabedingten Pneumonien, die vermutlich von Viren verursacht waren (s. S. 1074). Die eine Form trat während Winterepidemien mit leichter Erkrankung des Respirationstraktes auf, die schließlich auf verschiedene Viren als Ursache zurückgeführt werden konnte; die andere Form bestand aus schwereren, von Jahreszeiten unabhängigen Infektionen mit vergleichsweise weniger zahlreichen, leichten Erkrankungen während lokalisierten Krankheitsausbrüchen (24). Ein nicht faßbarer, filtrierbarer, damals nicht bestimmbarer Erreger, retrospektiv wahrscheinlich ein Mycoplasma, konnte nachgewiesen werden, der in Kulturen schlecht zu züchten war und bei beimpften Mäusen eine Pneumonie verursachte. 1943 wurde die Verschiedenheit der 2 Formen klarer, als im Serum einiger Patienten ein *Erythrocytenkälteagglutinin* gefunden wurde (23, 33) und ein Agglutinin für *Streptococcus MG* (32). Ähnliche Pneumonien wurden wieder 1944 (26) und 1950 (27) beschrieben. 1954 konnten Kälteagglutinin-positive Pneumonien mit Tetracyclin geheilt werden (21). Wegen dieser Eigenschaften wurde der Unterschied des betreffenden Mikroorganismus zu wirklichen Viren deutlich und man erkannte, daß die Erkrankung nicht virusbedingt war (15).

Der im Jahre 1942 eingeführte, unglückliche Name „*primär atypische Pneumonie*" umfaßte beide Arten von Pneumonie. Jetzt ist der Ausdruck für Mycoplasma-Pneumonien reserviert, ist aber vage, weil andere Erreger ebenfalls primär atypische Pneumonien verursachen, d. h. Pneumonien, die von der klassischen lobären Pneumokokken-Pneumonie verschieden sind.

1942 konnte Eaton bei Pneumoniepatienten, deren Blut ein Kälteagglutinin aufwies (9), einen Erreger isolieren und bewies später die Empfindlichkeit der sog. PAP(primär atypische Pneumonie)-Erreger auf Antibiotica (11). Dieser Tatsache wurde wenig Aufmerksamkeit geschenkt bis nach 1957, als Liu mit der Fluorescenzantikörpermethode bewies, daß der *PAP- oder Eaton-Erreger* die Ursache war (18, 19). Diese Ergebnisse wurden bestätigt und von Cook (5) und anderen nach 1960 ergänzt. Der Erreger wurde 1963 als zur PPLO-Gruppe zugehörig erkannt und *Mycoplasma pneumoniae* genannt und damit der Unterschied zu anderen Mycoplasmaorganismen deutlich hervorgehoben.

III. Erreger

Das *Mycoplasma pneumoniae* ist einer von verschiedenen Species, der als PPLO (Pleuropneumonia-like-organisms = pleuropneumonieähnliche Organismen) bekannten Erreger. Es ist ein filtrierbarer Kokkobacillus 180—250 mμ groß, größer als die Viren des Respirationstraktes und kleiner als Rickettsien. Es hämolysiert Meerschweinchen- und Pferdeerythrocyten, wächst kaum in Gewebekulturen, zellfreien oder Ei-Kulturen, bildet Kolonien von 10—600 mμ Größe und ist auf Tetracycline empfindlich.

Für Hamster, Mäuse und Baumwollratten ist es schwach virulent und unterscheidet sich im Antigen klar von *Streptococcus MG* und von den Makrogammaglobulinen, welche eine Kälteagglutination verursachen. Die entsprechende

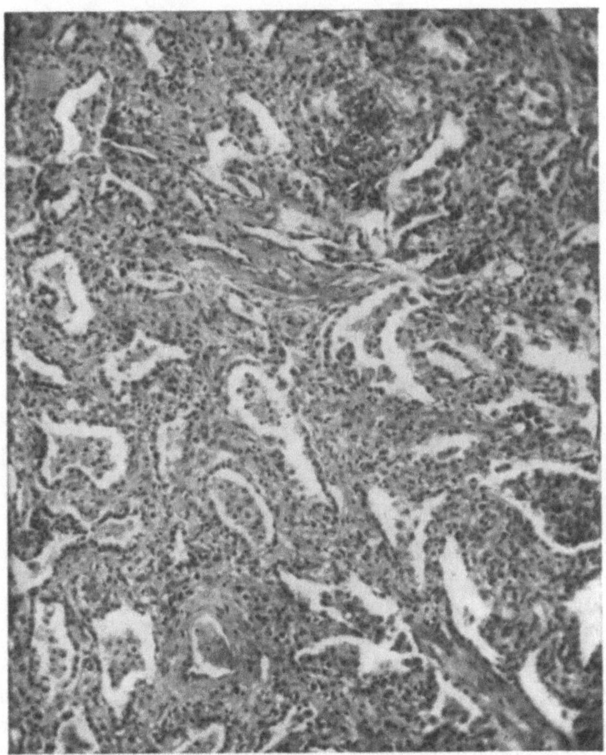

Abb. 1. Mycoplasmapneumonie. Verdickte Alveolarsepten, verengte Zwischenräume. Kontinuierliche Reihe mononucleärer Zellen kleiden die Exsudat enthaltenden Alveolen aus, × 100

Literatur wurde von Rytel zusammengefaßt (*30*). Der Titer der Komplementbindungsreaktion für Mycoplasma pneumoniae überstieg in 5 aufeinanderfolgenden Fällen von Erythema exsudativum multiforme (Stevens-Johnson-Syndrom; mucocutanes Fieber) 1:256, was auf die Möglichkeit hinweist, daß dieser Erreger die Krankheit auslöste (*20*). Die Erkrankung ist oft durch eine interstitielle Pneumonie gekennzeichnet.

Mycoplasma pharyngis, salivarium, hominis und *orale* sind Saprophyten im Nasopharynx und können mit Mycoplasma pneumoniae verwechselt werden (*4*).

IV. Pathologie

Es gibt keine spezifischen Läsionen. Die Veränderungen der Mucosa der oberen Luftwege und der Lunge (Abb. 1) sind ähnlich jenen bei den Viruspneumonien (s. S. 1078). Meningo-Encephalitis, akute Splenitis, herdförmige Lebernekrosen, Myokarditis oder Trommelfellentzündung können auftreten. Bei experimentell

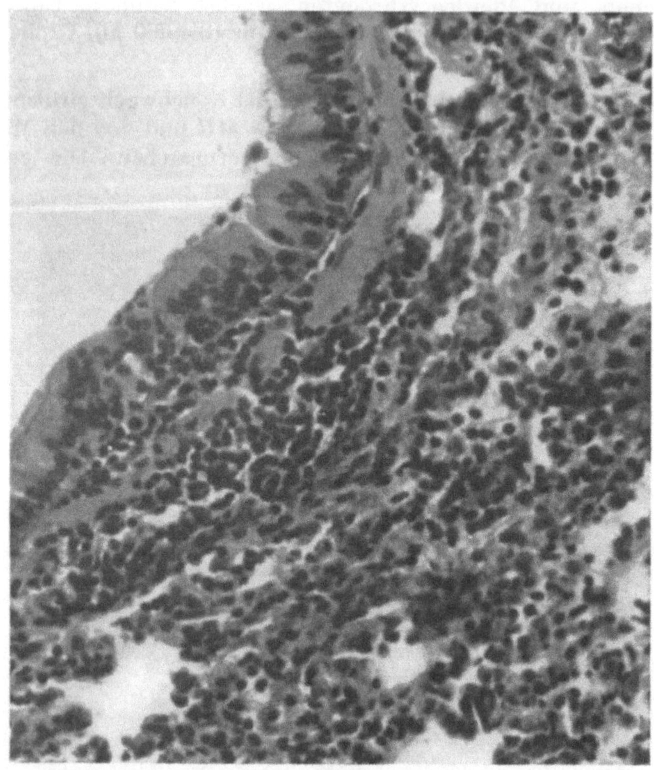

Abb. 2. Mycoplasma pneumoniae-Pneumonie, Hamsterlunge, × 400, 7 Tage nach intranasaler Beimpfung. Peribronchiales Infiltrat mit Monocyten. Das Bronchialepithel ist nicht betroffen. Das Parenchym war nur wenig oder überhaupt nicht beteiligt (im Bild nicht zu sehen) (Mit freundlicher Erlaubnis von Dr. W. A. CLYDE, Chapel Hill, N. C.)

infizierten Hamstern war das Mycoplasma pneumoniae hauptsächlich auf dem Bronchusepithel lokalisiert und blieb dort mehr als 10 Wochen nachweisbar (s. Abb. 2 u. 3). Die peribronchialen Infiltrate mit vorwiegend mononucleären Zellen glichen jenen bei Viruspneumonien (*8*) und den Beschreibungen von 1939 (*25*).

V. Epidemiologie

Eine Infektion mit *Mycoplasma pneumoniae* ist entweder *endemisch, gelegentlich epidemisch* oder *pandemisch*, wie offenbar 1937/38 und möglicherweise 1918/19. Die Infektion wird durch die Inhalation der in der Luft enthaltenen Erreger übertragen oder auch auf andere Weise, ist aber nicht so ansteckend wie Viruserkrankungen des Respirationstraktes und breitet sich auch langsamer aus. Bei sporadischen Fällen fehlt oft jeder Hinweis auf eine mögliche Ansteckungsquelle. Kleine lokale Epidemien erfassen Familien und andere auf Häuser beschränkte Personengruppen.

Die Erkrankung zeigt ein ähnliches epidemisches Spektrum wie Abb. 1, S. 1077 im Kapitel der Viruspneumonien, mit allen Variationsformen, sei es ohne Infektion, mit inapparenter Infektion, sei es mit leichter, mäßig schwerer und schwerer Erkrankung, sowohl mit als auch ohne Pneumonie. Todesfälle sind selten. Das Verhältnis von schweren Pneumonien zu leichten Erkrankungen ist oft größer als bei den Virusinfektionen. Bei kleineren Krankheitsherden kann die pneumonische Form überwiegen, bei größeren Epidemien verläuft die Mehrzahl der Fälle unauffällig, leicht oder schwer, aber ohne Pneumonie (*1, 16*).

Häufigkeit. Die Häufigkeit der Infektion wechselt von Jahr zu Jahr und von Ort zu Ort. Sie ist unabhängig von Jahreszeiten und verläuft gelegentlich epidemisch im Sommer und Herbst. Die Häufigkeit ist am größten im Alter zwischen 20 und 40 Jahren, sämtliche Lebensalter sind aber beteiligt.

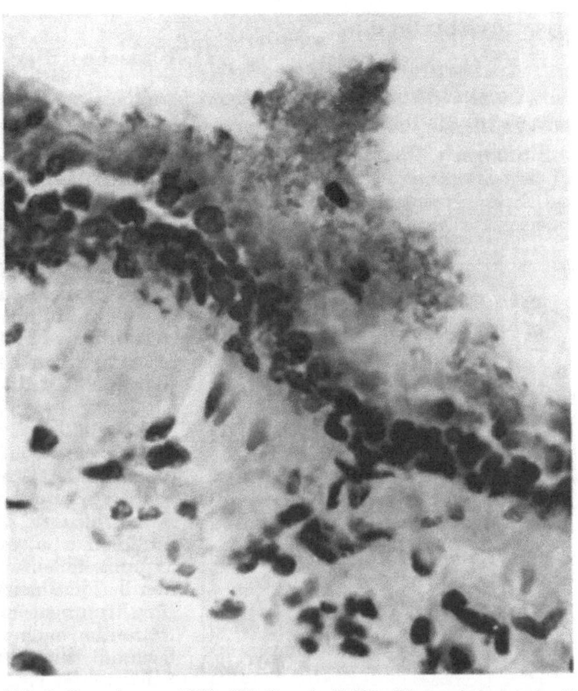

Abb. 3. Bronchus, × 1000. Mit Van de Grift's Lösung fixiert und mit modifizierter Technik nach Brown und Brenn gefärbt. Mycoplasma in Haufen auf der Oberseite des Epithels. Mycoplasma identifiziert durch Fluorescenz-Antikörper-Färbung

(Mit freundlicher Erlaubnis von Dr. W. A. CLYDE, Chapel Hill, N. C.)

Immunologisch konnte nachgewiesen werden, daß 5 % (*16*) bis 40 % (*5*) der Bevölkerung eine frühere Infektion durchgemacht hatten. Ein spezifischer serologischer Nachweis der Infektion war in 80—90 % der kälteagglutinin-positiven Pneumonien (*10*) vorhanden, aber nur bei 10—25 % der Patienten mit leichter, nicht pneumonischer Erkrankung, im Gesamten in durchschnittlich 50 %. Ähnliche Ergebnisse wurden mit der Fluorescenz-Antikörpermethode erhalten (*5*). In einer bestimmten Jahreszeit verursachte Mycoplasma pneumoniae an einem Ort 25 % aller akuten, leichten und pneumonischen Infektionen des Respirationstraktes. Spezifische Antikörper wurden bei 6 % gesunder Personen nachweisbar, bei 8 % der Personen mit afebriler Erkrankung des Respirationstraktes, bei 28 % mit febriler Erkrankung und in 68 % der Pneumonien (*2*). Bei anderen Krankheitsausbrüchen erschienen Antikörper in 24 %—62 % der Pneumonien (*12*) und in 19 % der leichten Infektionen (*10*). Ungefähr 10 % der Pneumonien bei 88 Militärrekruten wurden durch diese Erreger verursacht (*22*). In einer Gruppe von Kindern hatten 10 % eine Pneumonie und 2 davon auch eine Meningo-Encephalitis (*1*). In einem Haushalt erkrankten 3 Personen an einer Pneumonie und Antikörper konnten bei gesunden Familienangehörigen nachgewiesen werden (*5*). Die Inkubationszeit betrug ungefähr 17 Tage. 6 Kinder einer Schulklasse hatten eine Pneumonie (*14*).

Abb. 2, auf S. 1078 (im Kapitel Viruspneumonie) zeigt das Ausmaß der Mycoplasmainfektion und anderer Viruserkrankungen des Respirationstraktes und die relative Häufigkeit leichter und schwerer Fälle bei Kindern und Erwachsenen. Erwachsene wurden öfter betroffen als Kinder. Nur schwer erkrankte Personen treten ins Spital ein.

VI. Klinisches Bild

Die *Inkubationszeit* dauert gewöhnlich länger als bei den Viruspneumonien und beträgt 1—3 Wochen mit einem Durchschnitt von 12—14 Tagen.

2 Studien mit experimenteller Erreger-inoculation zeigen gut die *Symptomatologie:* Bei 27 beimpften antikörperfreien Freiwilligen traten bei jedem einzelnen spezifische Antikörper auf. Klinisch waren 6 inapparent infiziert, 11 krank, aber afebril, 6 hatten 4—9 Tage später eine leichte Naso-Pharyngitis, 11 eine Trommelfellentzündung und nur 3 nach 9—12 Tagen eine Pneumonie. Kälteagglutinine wurden bei 12 und Agglutinine für *Streptococcus MG* bei 3 nachgewiesen. Der Ausbruch einer Infektion wurde dagegen bei 25 Freiwilligen mit schon vorhandenen Antikörpern selten beobachtet: nur 6 hatten eine leichte Naso-Pharyngitis und einer eine Trommelfellentzündung. Spezifische Antikörper entstanden bei 17, ein Kälteagglutinin oder Agglutinine gegen *Streptococcus MG* fehlten (*29*). 42 weitere Freiwillige, die keine Antikörper aufwiesen, wurden intranasal mit Zellkulturen beimpft. Der Erreger konnte bei 21 auf Agarplatten wiedergewonnen werden. Mehrere Freiwillige waren latent infiziert, 23 leicht erkrankt, von denen einige nur Fieber hatten; 3 hatten eine Pneumonie, 2 eine Trommelfellentzündung. Kälteagglutinine entstanden bei den meisten febrilen Patienten. Agglutinine für Streptococcus MG wurden bei 4 von 18 febrilen Patienten nachweisbar, selten bei den anderen. Es bestand keine Beziehung des Antikörpertiters zur Schwere der Erkrankung (*6*).

In den meisten Fällen finden sich zuerst milde Symptome einer Infektion der oberen Luftwege, die dann rasch stärker werden. Husten und Kopfschmerzen verschlimmern sich, Frösteln und Schwitzen tritt auf und das Fieber steigt an. Es besteht eine relative Bradykardie (Abb. 4), Dyspnoe und Cyanose. Die Milz wird gelegentlich palpabel. Es entwickelt sich ein klinischer Verlauf mit physikalischen Zeichen und röntgenologischen Merkmalen einer Lungeninfiltration gleich bei den auf S. 1081 beschriebenen Viruspneumonien, nur ist die Erkrankung schwerer, die Allgemeinsymptome intensiver und die Niedergeschlagenheit deutlicher. Manchmal treten auch gastro-intestinale Störungen auf, selten eine Nackensteifigkeit mit Zellvermehrung im Liquor.

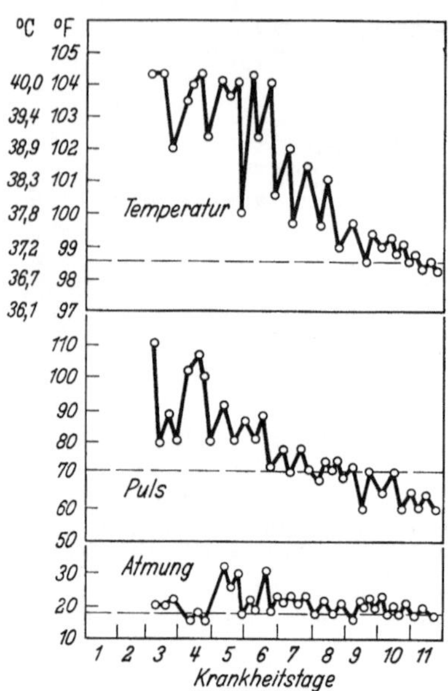

Abb. 4. Schwere Mycoplasmapneumonie von 8 Tagen Dauer. Mehrere Fam.-Angehörige hatten eine leichte Erkrankung des Respirationstraktes. Die Krankheit des Patienten begann mit Schmerzen und Schwächegefühl. Es folgten Frösteln, Fieber, unproduktiver Husten, heftige Kopfschmerzen, Dyspnoe und Cyanose, profuses Schwitzen und eine relative Bradykardie mit einmaliger Frequenz von 110. Rhonchi und abgeschwächtes Atemgeräusch über der linken Lunge. Fehlende Kälteagglutinine am 5. Tag; 1:250 positiv am 18. Tag

Die Häufigkeit der Symptome bei 103 Patienten war folgende:

Fieber und Husten	100	Meningismus	5
Schnupfen	55	Conjunctivitis	5
Kopfweh	30	Lymphadenitis	5
Pharyngitis	30	Otitis	5
Erbrechen	25		

In einigen Fällen tritt nur eine Pneumonie auf, abrupt mit geringer oder keiner Beteiligung der oberen Luftwege. Manchmal wird eine Pneumonie ambulant bei afebrilen Patienten nur mit dem Röntgenbild entdeckt. Bei einem schwer erkrankten Patienten, dessen Kälteagglutinintiter auf 1:8000 anstieg (*26*), waren die Lungen überhaupt nicht betroffen. Die Erkrankung kann 2—4 Wochen dauern mit einem Gewichtsverlust von 7—10 kg.

Als *Komplikationen* sind in einigen Fällen hämolytische Anämie, Pleuraerguß, Otitis media, Trommelfellentzündung, Sinusitis, Stomatitis, Perikarditis und Myokarditis mitgeteilt worden. *Letalen Verlauf* zeigen ungefähr *1%* der Fälle; Todesursache ist eine Toxämie oder das Versagen des Kreislaufes, vor allem bei schwächlichen und betagten Personen. Die *Rekonvaleszenz* ist oft durch allgemeine Asthenie verlängert. Husten kann über Wochen anhalten. Im Röntgenbild können bei intensiver Erkrankung Lungeninfiltrate über 6 und mehr Wochen noch bestehen.

Laborbefunde. In ungefähr 50% aller Fälle tritt eine *Kälteagglutination der Erythrocyten* auf, bei schwerer Infektion in 90% der Fälle. In 10—25% treten *Agglutinine gegen Streptococcus MG* auf. Die höchsten Titer werden in 10 Tagen bis 3 Wochen erreicht und nehmen während mehrerer Wochen bis Monate ab (*16*). Die Zahl und Art der zirkulierenden Leukocyten sind gewöhnlich normal, können aber gelegentlich bis 15000 und mehr pro mm^3 ansteigen, evtl. mit auffallender Vermehrung der Monocyten. Die Senkungsgeschwindigkeit steigt meist nur leicht an. Das Mycoplasma pneumoniae ist im Sputum, wenn erhältlich, nachweisbar oder im Sekret von Nase, Hals, Trachea, Bronchi und Lungen und gelegentlich im Blut. Die Luesserologie ist manchmal falsch positiv.

Die im Röntgenbild sichtbaren Lungenveränderungen sind die gleichen wie bei den Viruspneumonien (*16*) (s. S. 1082).

Diagnose: Die klinischen, röntgenologischen, pathologischen und epidemiologischen Merkmale der Mycoplasma-Pneumonie können von jenen der Viruspneumonien nicht unterschieden werden. Die Isolierung und Identifizierung der Erreger und die serologischen Teste brauchen Zeit, so daß die spezifische Diagnose meist retrospektiv nach überstandener Krankheit gestellt werden kann. Das Immunofluorescenzverfahren gibt raschere Auskunft. Wird während einer Epidemie bei einem Fall die ätiologische Diagnose gestellt, dann haben wahrscheinlich die anderen die gleiche Infektion. Q-Fieber, Psittakose Ornithose, Histoplasmose und Coccidioidose-Pneumonien, gelegentlich auch bakterielle Pneumonien, verlaufen klinisch ähnlich. Manchmal wird Typhus, ein Lungencarcinom oder eine Tuberkulose fälschlich vermutet (*27*).

Die spezifische Diagnose der Infektionen wird gemäß den auf S. 1084 beschriebenen Methoden gestellt (Kapitel Viruspneumonie). Mycoplasma pneumoniae aus Exsudat und Kulturen erzeugt oft eine Pneumonie bei beimpften Hamstern, Mäusen und Meerschweinchen. Die Erreger können in Gewebekulturen, Ei- oder anderen zellfreien Kulturen gezüchtet und mit der Immunfluorescenz und der Komplementbindungsreaktion bestimmt werden (*3, 5*).

Prophylaxe: Es werden Versuche unternommen, attenuierte Stämme von Mycoplasma pneumoniae als Vaccine zu erhalten (*6*).

Behandlung: Die symptomatische Behandlung ist die gleiche wie für die Viruspneumonien (s. S. 1086). Mycoplasmapneumonien sprechen gut auf Breitbandantibiotica an. Am besten bewährten sich Tetracycline, oral, 6-stündlich 0,5 g oder für schwere Fälle Tetracyclin intramusculär, bis das Fieber abgesunken ist, dann 0,5 g 2mal täglich während mehrerer Tage (*16*).

Wegen der klinischen Ähnlichkeit der Mycoplasmapneumonien zu den Viruspneumonien stellt sich die Frage, ob nicht alle diese pulmonalen Infektionen versuchsweise einfach mit Tetracyclin behandelt werden sollten, wenn man die spezifische Diagnose nicht sofort stellen kann. Da die Mehrzahl dieser Pneumonien gutartig verläuft und die Mortalität nur 1 % beträgt, ist aber eine Antibioticatherapie nur für schwere Fälle notwendig. Corticosteroide mögen unter Umständen bei der Behandlung eines Kreislaufversagens wertvoll sein.

Literatur

1. Chanock, R.M. et al.: Serologic Evidence of Infection with Eaton Agent in Lower Respiratory Illness in Children. New Engl. J. Med. 262, 648—654 (1960). — 2. Chanock, R.M. et al.: Eaton Agent Pneumonia. J. Amer. med. Ass. 175, 213—220 (1961). — 3. Chanock, R.M., L. Hayflick, and M.F. Barile: Growth on Artificial Medium of an Agent Associated with Atypical Pneumonia and its Identification as a PPLO. Proc. nat. Acad. Sci. (Wash.) 48, 41—49 (1962). — 4. Clyde, W.A.: Mycoplasma Species in the Human Pharynx. Fed. Proc. 23, 579 (1964). — 5. Cook, M.K. et al.: Role of Eaton Agent in Disease of Lower Respiratory Tract: Evidence for Infection in Adults. Brit. med. J. 1, 905—911 (1960). — 6. Couch, R.B., T.R. Cate, and R.M. Chanock: Infection with Artificially Propagated Eaton Agent. Implications for the Development of Attenuated Vaccine for Cold Agglutinin-Positive Pneumonia. J. Amer. med. Ass. 187, 442—447 (1964). — 7. Dajani, A.S., W.A. Clyde, and F.W. Denny: Pathogenesis of M. Pneumoniae Infection in Hamsters. Fed. Proc. 23, 192 (1964). — 8. Dingle, J.H., and W.S. Jordan: Viral and Rickettsial Infection of Man, p. 600 (T.M. Rivers, and F.L. Horsfall, eds.). Philadelphia and Montreal: J.B. Lippincott Co. 1959. — 9. Eaton, M.D., G. Meiklejohn, and W. van Herick: Studies on the Etiology of Primary Atypical Pneumonia. I. Filterable Agent Transmissible to Cottons Rats, Hamsters and Chick Embryos. J. exp. Med. 79, 649—668 (1944). — 10. Eaton, M.D., and W. van Herick: Serological and Epidemiological Studies on Primary Atypical Pneumonia and Related Upper Respiratory Disease. Amer. J. Hyg. 45, 82—86 (1947). — 11. Eaton, M.D.: Action of Aureomycin and Chloromycetin on Virus of Primary Atypical Pneumonia. Proc. Soc. exp. Biol. (N.Y.) 73, 24—29 (1950). — 12. Evans, A.S., and M. Brobst: Bronchitis, Pneumonitis and Pneumonia in University of Wisconsin Students. New Engl. J. Med. 265, 101—103 (1961). — 13. Finland, M., and M.W. Barnes: Cold-Agglutinin in Patients with Primary Atypical Pneumonia, 1950 to 1956. Arch. intern. Med. 101, 462—466 (1957). — 14. Goodburn, G.M., B.P. Marmion, and E.J.C. Kendall: Infection with Eaton's Primary Atypical Pneumonia Agent in England. Brit. med. J. 1, 1266—1270 (1963). — 15. Gsell, O.: Klinische Charakteristika und Einteilung der Viruskrankheiten. Münch. med. Wschr. 104, 1661—1669 (1962). — 16. Jansson, E. et al.: Studies on Eaton PPLO Pneumonia. Brit. med. J. 1, 142 to 145 (1964). — 17. Kingston, J.R. et al.: Eaton Agent Pneumonia. J. Amer. med. Ass. 176, 118—123 (1961). — 18. Liu, C.: Studies on Primary Atypical Pneumonia, I. Localization, Isolation, and Cultivation of Virus in Chick Embryos. J. exp. Med. 106, 455—466 (1957). — 19. Liu, C., M.D. Eaton, and J.T. Heyl: Studies on Primary Atypical Pneumonia. II. Observations Concerning Development and Immunologic Characteristics of Antibody in Patients. J. exp. Med. 109, 545—556 (1959). — 20. Ludlam, G.B., J.B. Bridges, and E.C. Benn: Association of Stevens-Johnson Syndrome with Antibody for Mycoplasma Pneumoniae. Lancet 194 I, 958—959. — 21. Meiklejohn, G. et al.: Chemotherapy of Primary Atypical Pneumonia. J. Amer. med. Ass. 154, 553—555 (1954). — 22. Miller, L.F. et al.: Epidemiology of Nonbacterial Pneumonia Among Naval Recruits. J. Amer. med. Ass. 185, 92—99 (1963). — 23. Peterson, O.L., T.H. Ham, and M. Finland: Cold Agglutinin (Autohemagglutination) in Primary Atypical Pneumonia. Science 97, 167 (1943). — 24. Reimann, H.A.: An Acute Infection of the Respiratory Tract with Atypical Pneumonia. A Disease Entity Probably caused by a Filtrable Virus. J. Amer. med. Ass. 111, 2377—2384 (1938). — 25. Reimann, H.A., and J. Stokes: An Epidemic Infection of the Respiratory Tract in 1938 to 1939. A Newly Recognized Entity. Trans. Ass. Amer. Phycns 54, 123—127 (1939). — 26. Reimann, H.A.: Primary Atypical Pneumonia of Unknown Cause: Report of Similar Disease without Pneumonia. J. Mich. med. Soc. 43, 147—149 (1944). — 27. Reimann, H.A.: Severe Sporadic Virus Pneumonias. Diagnostic and Therapeutic Problems. J. Amer. med. Ass. 144, 81—83 (1950). — 28. Reimann, H.A.: Viral and Mycoplasmal Pneumonias. Prevention and Treatment. Dis. Chest 46, 158—164 (1964). — 29. Rifkind, D. et al.: Ear Involvement (Myringitis) and Primary Atypical Pneumonia Following Inoculation of Volunteers with Eaton Agent. Amer. Rev. respir. Dis. 85, 479—489 (1962). — 30. Rytel, M.W.: Primary Atypical Pneumonia. Current Concepts (Review and References). Amer. J. med. Sci. 247, 84—104 (1964). — 31. Stokes, J., G.S. Kenney, and D.S. Shaw: A new Filtrable Agent Associated with Respiratory Infection. Trans. and Studies, Coll. of Phys. Philadelphia 6, 329 to 333 (1939). — 32. Thomas, H.M.: The Role of Alpha Hemolytic Streptococci in Pneumonia. Bull. Johns Hopk. Hosp. 72, 218—231 (1943). — 33. Turner, J.C. et al.: Relation of Cold Agglutinins to Atypical Pneumonia. Lancet 1943 I, 765.

Adnex zu Band I

Virus-Pneumonien

Von Hobart A. Reimann, Philadelphia

Mit 13 Abbildungen

I. Definition

Virus-Pneumonie ist der allgemeingebräuchliche Name für Pneumonien, die als schwerste Form leichter Infektionen des Respirationstraktes auftreten, sowie für Pneumonien bei einigen Allgemeinerkrankungen, die durch verschiedenerlei Viren verursacht werden. Die leichten nicht-pneumonischen Formen von Infektionen der Luftwege werden in Kapitel Viruskatarrh, Seite 122 von Germer dargestellt (andere von Rossi, Siegert und von Gsell).

II. Geschichte

Vor 1938 beschränkte sich die Aufmerksamkeit auf die schweren bakteriellen Pneumonien. Die unentwickelte Technik des Virusnachweises verzögerte das Erkennen von Viruspneumonien, obwohl die interstitiellen Lungenveränderungen bei Masern schon 1881 von Bartels beschrieben worden waren, bei Schafpocken 1903 von Bosc und Borrel, bei Variola 1909 von Keysselitz und bei der als pandemische Influenza gehaltenen Erkrankung 1918 von McCallum. Mit Ausnahme der Pandemie 1918, wo retrospektiv auch Mycoplasma pneumoniae beteiligt gewesen sein mag, waren diese Pneumonien virusbedingt. Experimentelle Untersuchungen von Levaditi und Guerin (1923), Lillie und Armstrong (1924), McCordock und Muckenfuss (1933) wiesen nach, daß Kuhpockenvirus ähnliche Lungenveränderungen bei Tieren hervorrief (16).

Bei einigen Patienten wurden von deutschen, französischen und amerikanischen Röntgenologen in den Jahren *nach 1920* während Epidemien mit leichter Infektion der Luftwege *Lungeninfiltrate* beschrieben. Man glaubte, die Veränderungen seien die Folge einer Influenza-Pneumonie oder von bakteriellen Infektionen. Niemand versuchte, die Ursache aufzudecken oder die Wichtigkeit dieser Feststellungen zu betonen. Der Influenzavirus wurde erst 1933 von Smith, Andrewes und Laidlaw entdeckt. Andere Viren und spezifische diagnostische Methoden waren nicht bekannt und so wurde auch das medizinische Interesse dafür nicht geweckt.

1938 klärte Reimanns Beschreibung abakterieller oder viraler Pneumonien und deren Verschiedenheit von Pneumonien bakterieller Ursache die ganze Angelegenheit. Zu jener Zeit schien es 2 klinisch ähnliche, aber epidemiologisch verschiedene Formen der nicht-influenzabedingten Pneumonie zu geben. Eine Art trat während milder epidemischer oder pandemischer Infektionen der Luftwege auf (15), die zweite Form verlief schwerer und trat sporadisch oder lokalisiert auf (14). Letztere konnte retrospektiv dem *Mycoplasma pneumoniae* (sog. Eaton agent) zugeschrieben werden (1), S. 1068. Diese Ansicht wurde durch die experimentelle Überimpfung von Exsudat von Patienten auf Freiwillige bekräftigt, wobei die meisten Personen an einer leichten Infektion erkrankten und einige wenige eine Pneumonie bekamen (3). Angaben von Publikationen über Virus-Pneumonien bis 1950 sind in zahlreichen Zeitschriften zu finden (5, 6, 16, 19). In den folgenden 10 Jahren wurden dann mehr als 70 Viren entdeckt, die milde Infektionen der Luftwege und ihre begleitenden Pneumonien verursachen konnten (8). Weitere Mitteilungen zu diesem Thema bis 1962 wurden in einem Symposium zusammengefaßt (4), bis 1965 bei Gsell (8), Siegenthaler und Hegglin (18a).

III. Terminologie

Namen wie stille Bronchopneumonie, abakterielle Pneumonie, akute Pneumonitis und primär atypische Pneumonie wurden verwendet. Dieser letzte Terminus ist unbefriedigend, da auch viele Bakterien atypische Pneumonien verursachen, d. h. Pneumonien, die nicht mit der typischen oder klassischen lobären Pneumokokkenpneumonie übereinstimmen (*2*). Der umfassende Name Virus-Pneumonie schien bis vor kurzem die beste Bezeichnung. Da die filtrierbaren Erreger der Psittakose-Ornithose, von Q-Fieber und Mycoplasmose, die nicht als echte Viren zu betrachten sind und die Pneumonien verursachen, die von viralen Lungeninfiltraten nicht zu unterscheiden sind, entspricht die Bezeichnung „Virus-

Tabelle 1. *Liste spezifischer Ursachen der Viruspneumonien*

HÄUFIG BETEILIGTE VIREN	WENIGER HÄUFIGE URSACHEN	
Myxoviren	*Picorna Viren*	*Andere Viren*
Grippe Typ A, B, C	(pico = klein-RNA)	Varicellen
Parainfluenza Typ 1, 2, 3, 4	Enteroviren*	Kuhpocken
Respiro-syncytiale Viren (RS)	ECHO Typ 28	Variola
Masern (Morbilli)	Coxsackie A, Typ 9, 21	Cytomegale Erkrankung
	Coxsackie B, Typ 1, 4, 5	Lymphocytäre Choriomeningitis
Adenoviren	*Rhinoviren* viele Typen	Herpes zoster
28 Typen beim Menschen	ERC	Erythema multiforme exsudativum
unbekannte oder nicht- klassifizierte Viren	Coryza, Salisbury, Muri usw.	Mononucleosis infectiosa
	Reoviren, Typ 1, 2, 3	Katzenkratzkrankheit unbekannte Viren

* Zur Vereinfachung der Nomenklatur schlug ein Komitee vor, die Enteroviren mit einer Zahl allein zu bezeichnen, z. B. Polioviren 1—3; Coxsackie A Viren 4—26; Coxsackie B Viren 27—32; ECHO-Viren 33—62 (*10*).

pneumonien" nicht mehr den Tatsachen, wird aber hier noch im eben besprochenen erweiterten Sinn beibehalten. Wenn die Ursache bekannt ist, sollte besser der spezifische ätiologische Name verwendet werden, z. B. Influenza A Pneumonie, Adenovirus Typ 4 Pneumonie usw., der Tab. 1 entsprechend. Nomenklatur und Einteilung kann geändert werden, wenn die Verwandtschaft der Viren untereinander revidiert werden muß oder „neue" entdeckt werden.

Enteroviren verursachen gelegentlich Infektionen der Luftwege und Respiroviren können enteritische Erkrankungen erzeugen. Beiderlei Arten betreffen das Intestinum und den Nasopharynx. Viruspneumonien kommen auch bei Allgemeinerkrankungen vor, die virusbedingt oder vermutlich durch ein Virus ausgelöst werden (entsprechend Tab. 1). Sie können im Vordergrund stehen oder durch andere lokale oder Allgemeinsymptome oder Hautveränderungen verschleiert werden. Viren sind im allgemeinen polytrop.

Die Epidemiologie, Pathologie, klinischen Symptome, Prophylaxe und Therapie gleichen sich bei allen Viruspneumonien und werden in der folgenden allgemeinen Besprechung abgehandelt. Zusammenfassungen und spezielle Characteristica spezifischer Gruppen werden getrennt in der angeführten Reihenfolge dargestellt.

IV. Allgemeine Besprechung der Viruspneumonien

Epidemiologie

Virusinfekte des Respirationstraktes sind *ansteckend* und werden vor allem auf dem Luftwege von Mensch zu Mensch übertragen. Beim Sprechen, Husten oder Nießen (*1*) werden die Viren von kranken und gesunden Trägern in Sekrettröpfchen als Aerosol ausgestoßen und schweben dann in der Luft ähnlich wie Zigarettenrauch. Enger Kontakt, Küsse, Exsudate und infizierte Gegenstände sind auch Möglichkeiten der Übertragung. Die Erkrankung tritt vorwiegend *in kalten Monaten* auf (*21*), wenn die Menschen zu Hause in Gruppen beieinander sind, aber sie können auch sporadisch oder epidemisch zu irgend einer Jahreszeit auftreten. Die *Häufigkeit* der Infektion in bezug auf *Lebensalter* ist am größten bei Säuglingen und Kleinkindern. Eine überstandene Infektion hinterläßt bei Erwachsenen einen wechselnden Immunitätsgrad und die Wahrscheinlichkeit, an einer schwerwiegenden Pneumonie zu erkranken, wird geringer. Die Häufigkeit der Erkrankung ist groß bei Rekruten und ähnlichen Menschengruppen, deren Widerstandskraft durch gedrängtes Beieinanderleben und vielerlei Impfungen gegen andere Erkrankungen vermindert ist (*12*). Die natürliche *Immunität* nach einer Virusinfektion der Luftwege ist von kurzer Dauer und nach spezifischer Impfung ist die Immunitätsdauer noch kürzer. Es ist möglich, mehrmals im Jahr vom gleichen Virus infiziert zu werden oder aufeinanderfolgende Infektionen mit verschiedenen Viren durchzumachen (*13*). Beim gleichen Patienten können zwei oder mehr Viren krankheitserzeugend sein und während der Rekonvaleszenz treten dann Antikörper gegen mehr als ein Virus auf. Einer mag die Ursache der Pneumonie sein, vielleicht sind es zwei, oder einer oder beide sind nur Kommensalen. Mehrere Viren können zur gleichen Zeit bei der Bevölkerung eine Epidemie auslösen (*12, 26*). Die *Isolierung eines Virus* bei einem Patienten ist *noch kein Beweis*, die auslösende Ursache der Krankheit gefunden zu haben, außer der homologe Antikörper trete später im Blut auf. Bakterielle Superinfektionen, wie z. B. bei der Grippe-Pandemie von 1918/19, sind selten.

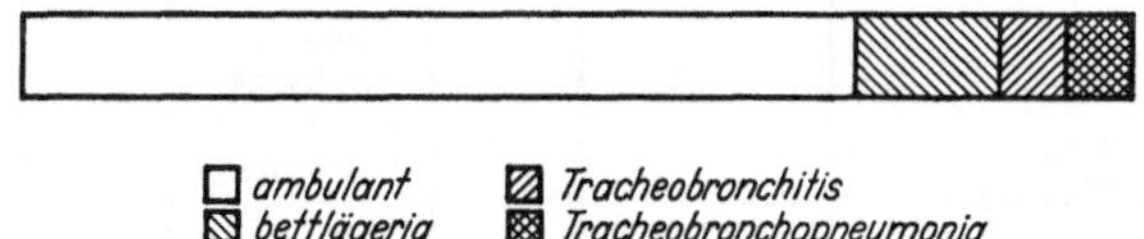

Abb. 1. Klinisches Spektrum während einer Epidemie. Leichte Erkrankung des Respirationstraktes bei 400 Patienten. Ambulant 75 %, bettlägerig 25 %; Pneumonie 6 %

Während irgendeiner Virusepidemie sind die Erkrankten *verschieden schwer* betroffen. Immune oder widerstandsfähige Personen widerstehen der Infektion, andere sind latent infiziert und werden nur durch den Nachweis homologer Antikörper entdeckt, viele sind nur leicht erkrankt, wenige schwer, noch weniger haben Pneumonien und tödliche Fälle sind selten. Die Schwere der Erkrankung ist schematisch in der graphischen Darstellung der Abb. 1 festgehalten.

Häufigkeit: Virusinfektionen des Respirationstraktes sind die häufigsten aller milden Erkrankungen. Die Häufigkeit der Infektionen mit RS-Viren, Adenoviren und Parainfluenzaviren ist am höchsten bei Säuglingen und Kleinkindern. Erwachsene werden häufiger von Rhino- und Influenzaviren befallen. Eine Schätzung der relativen Häufigkeit der spezifischen Infektion bei Kindern und Erwachsenen, die geringgradig erkrankt sind (ambulante Patienten) und Schwererkrankten (Spitalpatienten) wird in Abb. 2 näher umrissen. 1957 hatte z. B. Influenza A 2 die größten Zwischenräume eingenommen.

Viruspneumonien sind 10 mal häufiger als bakterielle, die wirkliche Häufigkeit ist allerdings nicht bekannt, außer bei genau beobachteten Bevölkerungsgruppen. Unter College-Studenten waren 95 % akuter pulmonaler Infektionen virusbedingt (*36*). Viele Fälle von Viruspneumonie werden nicht erkannt und sind in Statistiken nicht aufgezählt, weil eine Pneumonie bei leicht erkrankten ambulanten Patienten nicht vermutet wird und die Diagnose oft nur mit einem Röntgenbild gestellt werden kann. Während den Epidemien schwankt das Verhältnis zwischen milden nichtpneumonischen Erkrankungen und Pneumonien je nach den verursachenden Viren, — ja selbst beim gleichen Virus —, entsprechend der Altersgruppe, der Immunität der beteiligten Bevölkerung und anderen Faktoren (Abb. 1). Die Zahl der Pneumonien bei den verschiedenen Epidemien schwankt zwischen 0 und 25 %. Myxo-, RS- und Adenoviren sind die Hauptursachen; Picorna-Viren und andere in der Liste angeführte Erreger verursachen selten eine Pneumonie.

Pathologie: Wegen der geringen Mortalität der Viruspneumonien sind nicht viele Autopsien ausgeführt worden. Im allgemeinen sind die Lungen schwer betroffen, die Pleura ist selten verändert und die regionären Lymphknoten nur

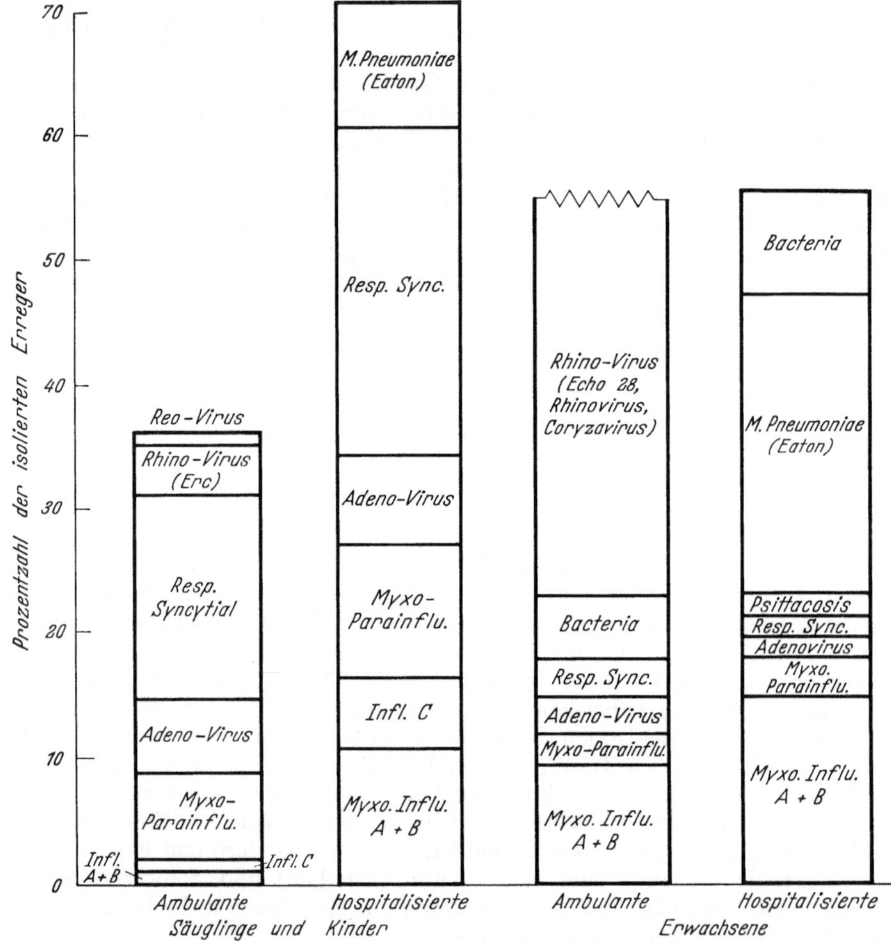

Abb. 2. Zusammenstellung von Beobachtungen bei großen Gruppen von Kleinkindern, Kindern und Erwachsenen von 1953—1960. Allgemeine Schätzung der Häufigkeit akuter Infektionen des Respirationstraktes bei ambulanten und Spitalpatienten (HILLEMANN, JAMA 180:452, 1962)
Bei Kleinkindern und Kindern bestand vorwiegend eine RS-Vireninfektion, die besonders schwer verlief (Kolonne Spital). Bei Erwachsenen verursachten Rhinoviren die meisten leichten Infektionen (OUT-Patient-Kolonne) und *Mycoplasma pneumoniae* verursachte viel mehr schwere Infektionen als die Myxoviren (Kolonne Spital). Adenoviren und Bakterien waren bei Kindern und Erwachsenen relativ selten Ursache einer Erkrankung.
Die Verhältnisse wechseln von Jahr zu Jahr entsprechend den vorliegenden Viren. Würde das Jahr 1957 allein betrachtet, hätte Influenza A alle anderen übertroffen

geringfügig vergrößert. Auf Lungenschnitten erscheinen die Veränderungen in verschiedener Größe und Verteilung. Sie sind fleckförmig verstreut und in verschiedenen Stadien der Entwicklung. Auch Gebiete mit Atelektasen oder Emphysem werden angetroffen.

Die Lungenveränderungen erscheinen histologisch als *interstitielles Ödem* mit Hyperämie, akuter focaler Bronchiolitis und Mucosa Desquamation vorwiegend in der Umgebung der Bronchien und Bronchiolen. Das Infiltrat besteht vorwiegend aus Monocyten und wenig Neutrophilen und Plasmazellen. Einschlußkörperchen können vorkommen. Das Lumen der Bronchien und Bronchiolen enthält eitriges oder schleimiges Exsudat aus Zelldetritus, mononucleären und neutrophilen Zellen. Die Mucosa und ihre umgebenden Wände sind entzündet und von ähnlichen Zellen durchsetzt, aber es sind keine Erreger vorhanden. Das Epithel kann Metaplasien aufweisen. Das anliegende peribronchiale Gewebe, die Alveolarwände und -septen zeigen ähnliche Veränderungen. In den Alveolen ist wenig Exsudat mit Monocyten, Neutrophilen und Erythrocyten, aber wenig Fibrin (Abb. 3, 8, 9, 10). Bei

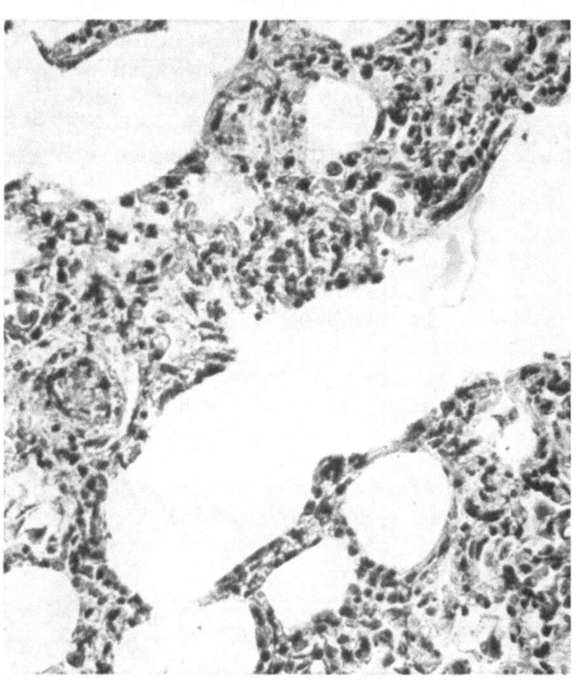

Abb. 3. Virus-Pneumonie. Akute interstitielle Monocyteninfiltration um einen Alveolargang herum, × 200. Mit freundlicher Erlaubnis von Dr. G. E. APONTE

bakterieller Superinfektion überwiegen die Neutrophilen, die Veränderungen sind geringfügiger und gleichen weitgehend den Läsionen, die entsprechende Bakterien oder deren Kombinationen hervorrufen (7).

Eine akute, follikuläre Splenitis und mesenteriale Lymphadenitis kann vorkommen. Eigentliche Meningoencephalitis oder toxische cerebrale Veränderungen sind jedoch selten (für Literaturangaben zu entsprechenden Fällen s. Arbeit Nr. 16).

Prädisponierende Faktoren. In den meisten Fällen sind keine prädisponierenden Faktoren erkennbar. Anfälligkeit und Widerstandsfähigkeit gegenüber viralen Infektionen lassen sich nicht genau bestimmen. Vorübergehende Infektionen oder Impfungen mögen einen gewissen Grad von Immunität erwirken, aber eine Infektion kann auch in Gegenwart spezifischer Antikörper auftreten. Gelegentlich begünstigt Müdigkeit, Erkältung und exzessives Rauchen eine Infektion. Menschenansammlungen, multiple Impfungen gegen andere Krankheiten, verminderte Resistenz bei chronischen Erkrankungen oder andere Faktoren spielen ebenfalls eine Rolle.

Inkubationszeit: Epidemiologische Beobachtungen und Experimente bei Freiwilligen lassen uns eine Inkubationszeit von 1 bis mehr als 5 Tagen annehmen. Längere Zeiten entsprechen wahrscheinlich dem Zustand eines Virusträgers, bevor der Virus krankheitserzeugend geworden ist.

Krankheitsbeginn: Eine milde Infektion des Respirationstraktes oder eine primäre Pneumonie kann abrupt beginnen, meist werden aber geringfügige Symptome allmählich schlimmer, wie gleich geschildert wird.

Klinisches Bild

Alle spezifischen Viruspneumonien zeigen die gemeinsamen Symptome einer milden oder ernsthaften Entzündung der Schleimhäute von Nase, Pharynx, Larynx, Trachea, Bronchien, Bronchiolen und Lungen. Eine Rhinitis, Pharyngitis, Tracheitis oder Pneumonie kann allein auftreten, einanderfolgend oder kombiniert. Der rein beschreibende pathologisch-anatomische Begriff *Nasopharyngolaryngotracheobronchopneumonie* gilt, wenn alle Gebiete gleichzeitig betroffen sind. Diese Abschnitte können von verschiedenen Virusinfektionen in

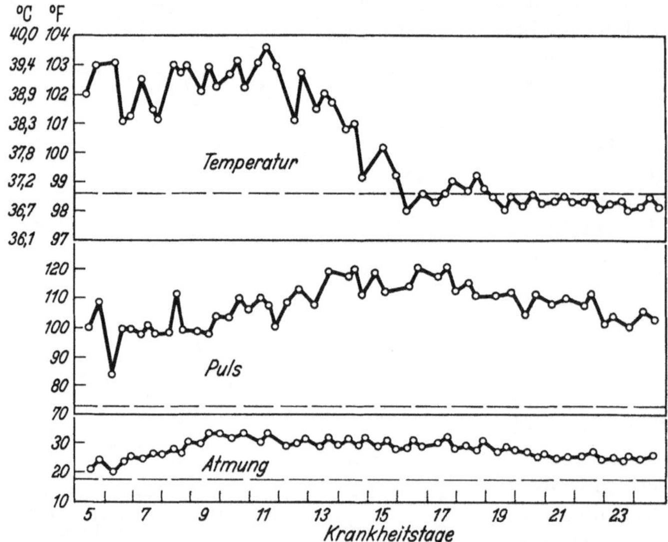

Abb. 4. Schwere Viruspneumonie von 15 Tagen: Beginn mit Nasenverstopfung. Die Symptome verschlimmerten sich mit Frösteln, Schmerzen, Fieber, Schwitzen, Lichtscheu und Husten ohne Auswurf. Spitaleintritt am 5. Tag mit Rhonchi, abgeschwächtem Atemgeräusch über beiden Unterlappen und Lungeninfiltraten wie Abb. 3 zeigt

ähnlicher Weise verändert werden oder durch das gleiche Virus in verschiedener Art und Weise. Die Krankheit erscheint bei verschiedenen Patienten mit wechselnd starken lokalen und allgemeinen Symptomen (Abb. 1). Der Ernst der Erkrankung ist mit wenigen Ausnahmen dem Ausmaß und der Intensität der Schleimhaut- und Lungenveränderungen proportional.

Klinische Formen: Unauffällige oder *asymptomatische Formen* werden an flüchtigen Infiltraten im Röntgenbild und durch die Isolierung des entsprechenden Virus erkannt und nachher durch das Erscheinen spezifischer Antikörper im Blute bewiesen.

Milde Formen: Allmählich oder plötzlich bemerken die Patienten ein unbehagliches Gefühl mit Schleimhautschwellung der Nase, leichter Pharyngitis, Kopfweh, Schmerzen, Unwohlsein, Anorexie, conjunctivaler Reizung, Schwäche, Schmerzen in den Augen, Lichtscheu und Husten ohne Auswurf, ebenso Kältegefühl oder Frösteln, mit oder ohne Fieber, Schweißausbrüche oder Schnupfen. Rhonchi können hörbar sein. Röntgenbilder zeigen flüchtige Infiltrate bei Bronchiolitis oder Pneumonie. Die Kranken gehen ihrer üblichen Arbeit nach, behandeln sich selber, ohne einen Arzt zu konsultieren und verbreiten die Infektion auf ihrem Wege. Die Beschwerden dauern einen Tag bis eine Woche, verschwinden dann, können aber rezidivieren.

Schwere, eigentlich pneumonische Formen: Die soeben beschriebenen Symtome verstärken sich. Husten, Fieber, Unwohlsein, Kopfweh, Schmerzen, Frösteln und Schwitzen halten an oder verschlimmern sich. Husten ist die häufigste und oft bemühendste Erscheinung. Es tritt paroxysmal auf und kann bei plötzlichem Lagewechsel erscheinen. Es verschlimmert Kopfweh und Halsschmerzen und verursacht retrosternale, thoracale oder abdominelle Schmerzen, Schlaflosigkeit und Erschöpfung. Zu Beginn kann kein oder wenig schleimiges oder schleimig-eitriges Sputum ausgeworfen werden, später selten mehr als 30 ml pro Tag. Es ist gelegentlich blutig tingiert. Selten besteht weder Husten noch Auswurf.

Bei den meisten Patienten ist der Pharynx gerötet, selten besteht eine stärkere Schmerzhaftigkeit mit wenig Auswurf. Verstopfung der Nase, Heiserkeit und Aphonie dürften vorkommen. Die Temperatur kann bis 40,5° C steigen, liegt aber meist zwischen 37,8° und 39° C und ist uncharakteristisch im Verlauf. Es kann remittierend sein, selten besteht eine Continua oder ein unregelmäßiger Verlauf; die Temperatur fällt bei der Lysis ab (Abb. 4). Die Beschwerden gehen oft mit dem Fieber parallel, Ausnahmen kommen jedoch vor. Es gibt Patienten mit hohem Fieber und ausgedehnter Beteiligung der Lunge, die nicht sehr krank scheinen, andere Patienten können während der ganzen Zeit fieberfrei sein. Schwere Krankheit kann bei geringfügigster Beteiligung der Lunge bestehen. Frösteln oder Kältegefühl sind oft von profusem Schwitzen begleitet. Anorexie, Unwohlsein und Schmerzen sind üblich, retroorbitale Schmerzen, conjunctivale Injektion und Lichtscheu können jedoch vorkommen. Schmerzen wegen pleuritischem Reiben sind selten.

Die Pulsfrequenz kann im Vergleich zum Fieber niedrig sein und steigt später an (Abb. 4). In frischen Fällen ist sie oft niedrig und mag den Grad der „Toxämie" anzeigen. In einigen Mitteilungen wird der Puls in den meisten Fällen nie über 100 angegeben. Atemfrequenz, Dyspnoe und Cyanose verstärken sich gewöhnlich mit der Zunahme der Pneumonie.

Starkes Kopfweh, Verwirrtheit, Schwindel, Delir, Somnolenz, Nackensteifigkeit und abnorme Reflexe können auftreten und weisen auf eine Meningoencephalitis hin. Gastrointestinale Störungen sind häufig.

Krankheitssymptome: Wegen des verschiedenen Schwerogrades der Erkrankung kann eine ebenso große *Variabilität der Symptome* erwartet werden. Das Gesicht kann gerötet sein mit roten Conjunctiven. Husten bringt nur wenig zähen Schleim hervor. Dyspnoe, Tachypnoe und Cyanose kommen bei sehr schwerer Erkrankung vor. Laryngoskopie und Bronchoskopie zeigen Entzündungen der Mucosa, gelegentlich Ekchoriationen, Verschorfung und Lymphoide Hyperplasie. Die Plica vocalis kann entzündet und geschwollen sein. Der ganze Respirationstrakt ist innen entzündet, oder die Mucosa des oberen Teils bleibt normal. Selten sind die cervicalen Lymphknoten vergrößert oder schmerzhaft.

Lungen: Eine charakteristische Eigenheit der Erkrankung sind die *geringen physikalischen Befunde* über der Lunge im Vergleich zum Ausmaß der Schatten auf den Röntgenbildern. Die Zeichen sind jene eines infiltrativen Prozesses oder einer Stauung. Rhonchi hört man bei den meisten Patienten zu irgend einer Zeit. Gelegentlich können überhaupt keine pathologischen Zeichen auftreten oder erst nach der Rekonvaleszenz. Es kann sogar ein physikalischer Befund vorhanden sein ohne infiltrative Zeichen im Röntgenbild und umgekehrt. Die ersten nachweisbaren Zeichen einer Lungenbeteiligung während den ersten 2—4 Tagen sind abgeschwächte Atemgeräusche und Rhonchi in den betroffenen Gebieten. Bei Fortschreiten des Prozesses wird der Klopfschall kürzer. Im allgemeinen sind die Befunde variabel und können innerhalb Stunden den

Ort wechseln, so wie die Entzündung sich ausbreitet oder wie Atelektase oder Emphysem erscheint und wieder verschwindet. Die Zeichen können irgendwo im Thorax lokalisiert sein oder gleichzeitig überall oder nacheinander auftreten, so wie die Entzündung wandert. Von Zeit zu Zeit können gehäufte Rhonchi hörbar werden. Rhonchi und Dämpfung können 1—2 Tage dauern oder noch Wochen nach der Genesung anhalten. Anzahl und Ausmaß der physikalischen Befunde gehen nicht immer mit der Schwere der Erkrankung parallel. Eine echte Konsolidation ist für Viruspneumonien nicht charakteristisch. Abgeschwächtes Atemgeräusch, Bronchophonie und Ägophonie weisen auf eine Atelektase hin, Pleurareiben oder Zeichen von Exsudat kommen in einem kleinen Prozentsatz vor, perikarditisches Reiben seltener.

Dauer: Viruspneumonien dauern wenige Tage bis 2 Wochen oder länger. Während Wochen nach Überstehen der Krankheit können Infiltrate röntgenologisch nachgewiesen werden. Selten tritt ein Rezidiv auf mit erneuter Erkrankung der gleichen oder einer anderen Stelle der Lunge. Eine rasche Erholung ist die Regel, eine Asthenie kann aber die Rekonvaleszenz verzögern.

Mortalität: Die Mortalität beträgt ca. *1%*. Die meisten tödlichen Fälle betreffen *Säuglinge, ältere Patienten,* chronisch erkrankte oder sonst *geschwächte Personen.* Der Tod tritt ein wegen Kreislaufversagen, Erschöpfung, Toxämie oder bakterieller Superinfektion.

Komplikationen: Außer bei Influenza und Masern sind Komplikationen wegen *bakterieller Superinfektion* selten. Staphylokokken, Pneumokokken, hämolytische Streptokokken und Influenza-(Pfeiffer)-Bacillen sind dann die hauptsächlichsten Erreger und verursachen die entsprechenden charakteristischen Lungenveränderungen oder anderen Erscheinungen. Mischinfektionen der Lungen mit der üblichen Flora von Mund und Nase können auftreten, vor allem bei schwächlichen oder älteren Personen. Bei Patienten, deren Widerstandskraft durch Antibiotica und Corticosteroide vermindert ist, kann eine Superinfektion mit saprophytischen, gram-negativen Bakterien auftreten. Seltene Komplikationen sind eine bakterielle *Otitis und Sinusitis (20).* Bei heftigem Husten können Rippenfrakturen entstehen.

Andere Erscheinungen können nicht als Komplikationen, sondern als toxische Nebenwirkungen auftreten, sei es als integrierender Teil oder als Endeffekt der Virusinfektion selber. Sie sind die Folge der polytropen Wirkung der Viren und manifestieren sich als *Perikarditis, Myokarditis, Meningoencephalitis,* mesenteriale *Lymphadenitis, Enteritis* oder toxische *Psychose.* Im Verlauf der Krankheit kann wiederholt ein Kreislaufkollaps auftreten, eine Hauptursache der tödlich verlaufenden Fälle. Monate und Jahre nach Gesundung *(1)* können pulmonale Störungen des Gasaustausches weiterbestehen, die in der akuten Phase der Erkrankung aufgetreten waren. Chronische Bronchiektasen, Emphysem oder Lungenfibrose *(11)* können der Viruspneumonie vorangehen und sind selten deren Folge. Im Röntgenbild sichtbare Restinfiltrate können während Monaten oder für immer nachweisbar bleiben, ohne weitere Bedeutung zu haben.

Röntgen: Routinemäßig angefertigte Röntgenbilder während Epidemien viraler Infektionen der Luftwege würden bei manchen Patienten unerwartet flüchtige *Lungeninfiltrate* zeigen. Pneumonien werden oft erst im Röntgenbild entdeckt. Die Schwere der Erkrankung geht gewöhnlich dem Ausmaß der Lungenbeteiligung parallel, Ausnahmen sind aber häufig.

Schatten auf den Lungen können schon 12 Std nach Beginn der Erkrankung auftreten. Bei experimentell erzeugten Pneumonien traten nachweisbare Zeichen am 2.—5. Tag der Erkrankung auf, gewöhnlich am 4. Tag. Die ersten Schatten weisen auf eine Tracheobronchitis hin mit unbestimmten, lokalisierten, verwaschenen Strukturen. Die *verminderte Strahlen-*

durchlässigkeit breitet sich dann streifig den großen Bronchien entlang in die Peripherie aus, oder wie ein Schleier, der keilförmig im Parenchym endet, einen Teil des Lungenlappens, selten einen ganzen Lappen, mit gleichzeitiger Beteiligung des Interstitiums verschattend. Gewöhnlich nimmt die Dichte zum Hilus hin zu und die akzentuierte Lungenzeichnung ist gewöhnlich durch die Schatten hindurch erkennbar. Verstreute pneumonische Herde oder Atelektasen können ineinander übergehen, innerhalb Stunden oder Tagen auftreten und wieder verschwinden. Manchmal entsteht ein Schatten im Parenchym und breitet sich radiär aus.

Ein einzelner Lappen kann verändert sein, gewöhnlich der untere (Abb. 5). In 10—20 % der Fälle sind mehrere Lappen beteiligt. In 13 % der Fälle bleibt der Prozeß auf die Gegend des Hilus beschränkt. Das Infiltrat kann in einem bestimmten Gebiet lokalisiert bleiben, breitet sich aber charakteristischerweise in

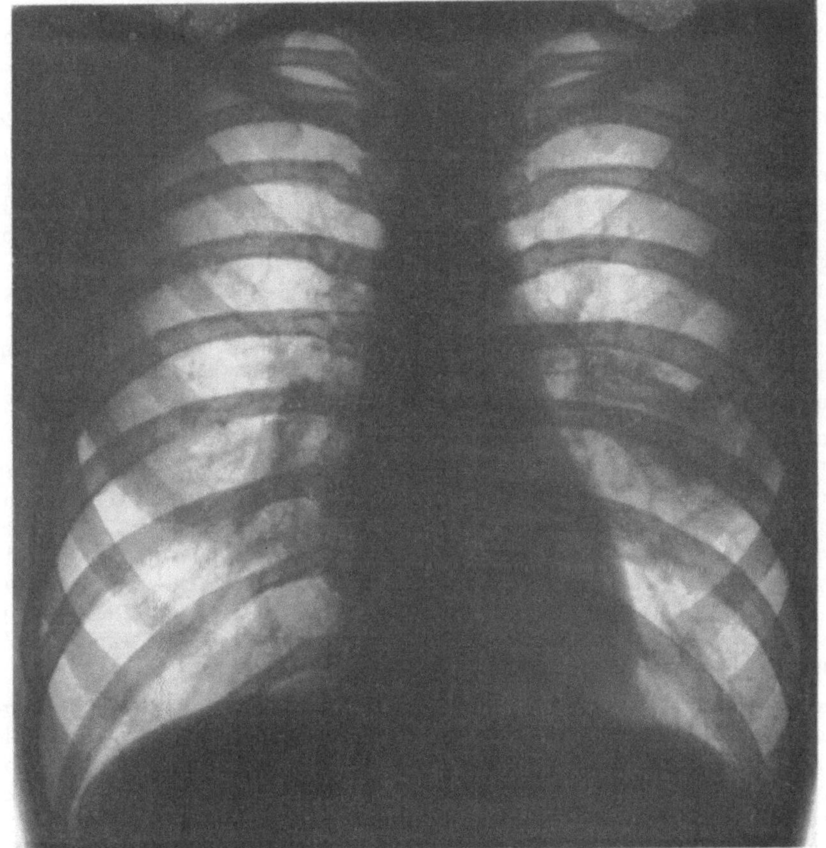

Abb. 5. Diffuse Infiltrate beider Lungen, besonders rechts

einem Lappen aus oder wandert in andere Lappen oder erscheint auf der anderen Lungenseite, bis in seltenen Fällen alle Gebiete gleichzeitig oder nacheinander verschattet sind. Die Schatten werden verschieden beschrieben: als milchglasähnlich, flaumig, flockig, fleckig, weich, körnig, schleierförmig, flau, herdförmig, homogen. Die Schatten sind selten so dicht wie jene bei Pneumokokken-Pneumonie.

Die Infiltrate können in 3—4 Tagen verschwinden, bestehen aber oft noch 3—4 Wochen später oder länger. Die Zeichen der Resorption folgen in umgekehrter Reihenfolge, als letztes verschwindet die verstärkte Lungenzeichnung.

In einigen Fällen nehmen die Schatten nach klinischer Gesundung an Größe und Dichte zu. Verstreute Atelektaseherde und helle Emphysemfelder werden häufig angetroffen.

Pleuraverschwartung oder E sudat treten selten auf. Erweiterte Bronchien lassen an Bronchiektasen denken, aber die Veränderung ist im allgemeinen vorübergehend. *Rippenfrakturen* kommen gelegentlich vor.

Laborbefunde: Das spärliche, uncharakteristische *Sputum* ist schleimig oder schleimig-eitrig, oder fehlt ganz. Die Menge kann später zunehmen, übersteigt aber selten 30 ml pro Tag. Hie und da ist es *blutig tingiert*, oft enthält es vorwiegend mononucleäre Zellen. Die Bakterienflora verändert sich selten vor, während oder nach der Pneumonie. Pneumokokken der höheren Gruppenzahlen werden oft gefunden.

Der Hämoglobinwert und die Zahl der Erythrocyten nehmen nur in schweren, lange sich hinziehenden Fällen ab. Punktierte Erythrocyten und Doehlesche Körperchen sind beobachtet worden.

Eine *Leukopenie* ist öfters, leichte Leukocytose seltener vorhanden, die Zellzahl ist aber gewöhnlich normal. Während experimentell bei Freiwilligen erzeugten Pneumonien wurden keine wesentlichen Veränderungen der Zellen verzeichnet. Die Senkungsreaktion kann wenig erhöht sein. Eine Kälteagglutination der Erythrocyten tritt nicht auf. Eine vorübergehende Proteinurie kann vorkommen. Tritt Pleura- oder Perikarderguß auf, ist er gewöhnlich dünnflüssig und klar.

Der Liquor cerebrospinalis zeigt keine pathologischen Veränderungen, kann aber vermehrt Lymphocyten und Protein enthalten. Bei einigen Patienten mit Meningoencephalitis lagen die Leukocytenwerte zwischen 15 und 2500 pro mm^3 mit vorwiegend polymorphen oder mononucleären Zellen.

Flüchtige elektrokardiographische Veränderungen sind meist unwichtig.

Diagnose: Die klinische Diagnose der Viruspneumonien wird anhand der Symptome, Befunde und Röntgenbilder gestellt. Leukocytenzahl und Senkungsreaktion sind selten verändert. Das fehlende Ansprechen auf eine Antibioticatherapie erleichtert die retrospektive Diagnose. Die ätiologische Diagnose ist viel wichtiger. Besteht eine Epidemie leichter Erkrankungen des Respirationstraktes, wird die spezifische Diagnose sofort erleichtert. Wird die Diagnose bei einem Patienten mit Sicherheit gestellt, dann leiden weitere Patienten mit großer Wahrscheinlichkeit an derselben Infektion. Nachweis und Bestimmung von Viren benötigen Tage in speziell ausgerüsteten Laboratorien.

Diagnostische Labormethoden: Sputum, wenn vorhanden, oder nasopharyngeale Spülungen mit Ringerlösung oder isotonischer Lösung von Natrium-Chlorid müssen sofort oder bei einer Verzögerung, von 24 Std an, eisgekühlt dem Laboratorium für Kulturen zugesandt werden. Im frühen, akuten Stadium der Erkrankung sollten ungefähr 10 ml Serum entnommen, im Kühlschrank aufbewahrt und dem Laboratorium mit einer zweiten, 10 Tage bis 2 Wochen später entnommenen Serumprobe zugesandt werden. Eine vierfache Erhöhung der spezifischen Antikörper ist zur Bestimmung des in Frage kommenden Virus notwendig. Virusneutralisations-, Komplementbindungs- und Hämagglutinations-Hemmreaktionen werden ausgeführt. Neutralisationsteste mit Gewebekulturen sind zeitraubend und aufwendig. Das Hämadsorptionsverfahren wird zum Nachweis einer Virusvermehrung bei bestehender oder fehlender cytopathogener Wirkung angewendet, bei Verdacht auf einen Myxovirus (Influenza oder Parainfluenza). Die Adenoviren haben einen gemeinsamen komplementbindenden Antikörper. Für den Nachweis der Viren werden verschiedene Arten von Zellkulturen verwendet, je nach der speziellen Empfänglichkeit der Wirtszellen, analog den selektiven

Medien für Bakterien. Man beobachtet einen positiven oder negativen cytopathogenen Effekt oder eine Hämadsorption und die schließliche Identifizierung geschieht serologisch. Das Verfahren erlaubt eine mutmaßliche Diagnose in 5—10 Tagen und eine spezifische Identifizierung nach 10—270 Tagen. Die Immunfluorescenztechnik wird raschere Resultate geben, sobald sie vervollkommnet ist.

Differentialdiagnose: Die Viruspneumonien, die von den auf Seite 1076 aufgezählten Erregern verursacht werden, haben ein ähnliches klinisches Erscheinungsbild und werden durch das soeben beschriebene Vorgehen differenziert.

Leider braucht der Nachweis Tage oder Wochen und die ätiologische Diagnose kann erst retrospektiv gestellt werden. Dasselbe gilt für die Histoplasmosepneumonien, Coccidioidomykose, Q-Fieber, Toxoplasmose, Mycoplasmose (Eaton-Agent), Psittakose-Ornithose und Tularämie, die klinisch von den Viruspneumonien oft nicht zu unterscheiden sind (17). Diese können durch ihre epidemiologischen Eigenheiten, den Verlauf der Krankheit, den Nachweis der Ursache mit Hauttesten und Kulturen, mikroskopisch oder serologisch (18) erkannt werden. Es ist wichtig, die Diagnose dieser Erkrankung rasch zu stellen, da eine Therapie mit Antibiotica wirksam ist.

Typhus, Brucellose, Dengue-Fieber und Malaria mit normaler Leukocytenzahl, Schwitzen und Husten können zuerst vermutet werden, bis die Symptome klar werden. Ein Exanthem bei Masern, Varicellen, Kuhpocken, Variola oder ein Erythema exsudativum multiforme können die Diagnose verschleiern. Das Löfflersche Syndrom, allergisch bedingte Pneumonien oder Eosinophileninfiltrate zeigen eine Eosinophilie oder andere allergische Zeichen. Eine Mononucleosis infectiosa wird an Veränderungen des Blutbildes erkannt, dem heterophilen Antikörpertest und Vergrößerung von Lymphknoten und Milz. Neoplasmen der Lunge, Atelektase, Fibrose, passive Kongestion oder Bronchiektasen können zeitweilig vermutet werden (18).

Das Röntgenbild hilft weitgehend eine Pneumonie zu erkennen und deren Verlauf zu verfolgen, bei der Diagnosestellung oder der Differenzierung kann man sich aber nicht darauf allein verlassen. Die Infiltrate bei Viruspneumonien können von anderen Lungeninfiltraten bei Mycoplasma-, Bedsonia-, Rickettsien- oder Pilzinfektionen, frischer lokalisierter oder miliarer Lungentuberkulose nicht unterschieden werden, zeitweilig auch nicht von bakteriellen Pneumonien oder Pneumonien bei Sarcoidose, Pneumoconiose, Allergie, Atelektase, passiver Kongestion oder neoplastischer Infiltration.

Die vornehmliche Aufgabe ist die Abgrenzung bakterieller und anderer Pneumonien, für welche eine sofortige Antibiotica-Therapie erforderlich ist. Bakterien erzeugen oft atypische Pneumonien im ursprünglichen Sinne des Wortes (2) und diese können klinisch oft nicht von den Viruspneumonien unterschieden werden. Die Diagnose bleibt oft unsicher, wenn während einer Viruspneumonie Pneumokokken, hämolytische Streptokokken, Staphylokokken, H.-influenzae oder andere Bakterien in großer Zahl im Sputum vorhanden sind. Der Nachweis von Pneumokokken, vor allem der niedrigen Typenzahlen im Sputum oder im Blut ist ein starker Hinweis für ihre ätiologische Bedeutung. Pneumokokken anderer Typen sind oft nur Kommensalen, können aber auch Pneumonien verursachen. Röntgenbild, Leukocytenzahl, Herpes, Bradykardie, fehlendes Ansprechen auf Antibiotica-Therapie sind für die Differenzierung nicht verläßlich. Die Diagnose der bakteriellen Pneumonien kann unmöglich werden, wenn eine Antibiotica-Therapie die Erreger aus Sputum und Blut entfernt hat.

Bei Zeichen einer Nervenbeteiligung taucht die Frage auf, ob eine Virus- oder Bakterien-Meningitis oder -encephalomyelitis besteht.

Prophylaxe

Theoretisch wäre die Isolierung des Patienten wünschenswert wegen der Möglichkeit von Luft- und Kontakt-Übertragung. Bei akuten Infektionen des Respirationstraktes ist hingegen die Isolierung sinnlos, wenn sie nicht frühzeitig einsetzt und streng eingehalten wird.

Eine absolute Isolierung ist im allgemeinen nicht durchführbar oder unmöglich. Bis eine Epidemie erkannt wird und Verhütungsmaßnahmen eingeleitet werden können, ist es gewöhnlich zu spät, weil der Erreger schon weit verbreitet ist. Gesunde Träger, Personen mit latenter Infektion und ambulante Patienten mit leichten Symptomen entgehen der Kontrolle und verbreiten die Infektion. Prinzipiell sollte ein enger und beständiger Kontakt mit Patienten, die schwer erkrankt sind, vermieden werden.

Vaccine: Vaccine gegen Masern, Influenza und Adenoviren sind erhältlich. Der Wert der Vaccine für Influenza- und Adenoviren-Infektion ist ungewiß. Es werden Anstrengungen unternommen, Vaccine für andere Respiroviren herzustellen (*9*).

Aus folgenden Gründen sind die Aussichten, einzelne Personen oder Bevölkerungsgruppen erfolgreich schützen zu können, nicht sehr groß: für viele Viren Antigene noch nicht erhältlich; Schwäche mancher *Antigene* in einer polyvalenten Vaccine; ständige Antigenänderung einiger Viren; Unmöglichkeit, eine rasche, spezifische Diagnose zu stellen; die zur Herstellung, Verteilung und Anwendung der Vaccine notwendige Zeit; die langsame Entwicklung und kurze Dauer der erreichten Immunität. Trotzdem wird eine Impfung mit wirksamer, spezifischer Vaccine vor Ausbruch einer drohenden Epidemie bekannter Ursache für Schwangere oder Einzelpersonen höheren Alters, mit kardiopulmonalen oder anderen chronischen Erkrankungen, bei denen eine Infektion gefährlich wäre, durchaus wünschenswert.

Therapie

Patienten mit leichten Symptomen verweigern meist ins Bett zu gehen und sind dann wandernde Verbreiter der Infektion. Patienten mit Fieber sollten im Bett bleiben. In den meisten Fällen werden keine Medikamente notwendig. Erleichternd wirken bei Husten eine relativ feuchte, kühle Luft, milde Analgetica bei Kopfweh oder Schmerzen, wenn die Mittel nicht zusätzliches Schwitzen verursachen. Im durchschnittlichen Fall von kurzer Dauer ist gewöhnlich eine besondere Diät nicht notwendig, sie soll variiert und genügend sein. Massive orale oder intravenöse Flüssigkeitszufuhr kommt nur bei stärkstem Schwitzen in Frage, dann sollte auch Natrium-Chlorid verabreicht werden.

Die *lokale Behandlung* mit Pinseln, Gurgeln oder Sprays mit speziellen Lösungen wird nicht empfohlen. Eine Nasenverstopfung kann durch Inhalation oder Verwendung entsprechender wässeriger Lösungen von Amphetamin (Benzedrin), 2-Aminoheptan (Tuamin), Naphazolinhydrochlorid (Privin), Epinephrin oder ähnlichen Verbindungen gebessert werden.

Fieber: Lauwarme Abwaschungen, kühlende Umschläge oder eine gekühlte Matratze geben Erleichterung und sind nutzvoll bei hohem Fieber oder Delir. Antipyretica senken das Fieber, verursachen aber oft vermehrt Schwitzen und Flüssigkeitsverlust. Es gibt keine befriedigenden Mittel, das Schwitzen zu verhindern. Feuchte Kleider und Bettwäsche sollten ausgewechselt werden.

Husten: Der Husten widersteht oft einer Behandlung. Die einfachsten Mittel sind Bettruhe, Stille, Lutschtabletten, die der Patient langsam auf der Zunge zergehen läßt. Eine Trockenheit der Schleimhäute kann durch Abkühlen der Raumluft und Anfeuchten mit einem Wasserzerstäuber behoben werden. Ein gelegentlicher Spray warmer, isotonischer Natrium-Chlorid-Lösung auf die entzündete Mucosa gibt Linderung. Eine Stoffbinde (Scultetus) kann mit angemessener Festigkeit um unteren Thorax und oberes Abdomen gebunden werden, was die vom Husten schmerzenden Muskeln entlastet. Kopfweh wird häufig durch Husten verschlimmert. Es wird mit kühlen Umschlägen und Codein behandelt. Bei nicht allzu starkem Schwitzen kann Aspirin eingenommen werden. Sollten diese Maßnahmen keine Linderung bringen, kann zur Hustenstillung Codein-Phosphat in Dosen von 15—30 mg je nach Bedarf gegeben werden. Morphin-Sulphat, 8—15 mg, ist eine letzte Zuflucht, Erleichterung und Schlaf zu erreichen. Da die Bildung von Auswurf gering ist, besteht kein Grund, die Menge zu vermehren. Wenn ein zähes Sputum lästig fällt, kann die Expektoration durch Inhalation von

5%igem CO_2, welches die Respiration vertieft, verbessert werden, dies könnte auch die Bildung von Atelektasen verhindern. Wenn einfache Methoden, Sekret zu aspirieren, versagen, wird in desperaten Fällen eine Tracheotomie mit Absaugen notwendig, um die verlegten Luftwege zu befreien.

Bei *Dyspnoe* und *Cyanose* wird die Inhalation von Sauerstoff empfohlen. Ein Kreislaufkollaps wird mit den entsprechenden Mitteln behoben. Wertlos sind die sogenannten kardialen Stimulantien, wie Campher, Coffein, Strychnin oder Coramin. Digitalis wird nur bei Herzversagen oder Vorhofflimmern notwendig. Eine Corticosteroidtherapie wird nicht empfohlen.

Antibiotica-Therapie: Im Augenblick existieren keine antiviralen Medikamente. Versuche, synthetische Mittel herzustellen, sind aber im Gange. Weil Mycoplasma- (Eaton-Agent)- und Psittakose-Pneumonien klinisch von Viruspneumonien nicht unterschieden werden können, auf Antibiotica aber ansprechen, mag man sich fragen, ob nicht alle Viruspneumonien so behandelt werden sollen, wenn die ätiologische Diagnose nicht gestellt werden kann. Da die Mortalität nur ca. 1% beträgt, sollte eine Antibiotica-Therapie nur in schweren Fällen versucht werden.

Häufig ist die frühzeitige Abgrenzung gegenüber bakteriellen Pneumonien unsicher, wenn nicht sogar unmöglich. Bei Unsicherheit sollten vor dem Verabreichen von Breitband-Antibiotica entsprechende Proben von Sputum oder Blut für die Laboruntersuchungen gesammelt werden, damit die ätiologische Diagnose noch gestellt werden kann. Wird die spezifische Diagnose gestellt, erhält der Patient das entsprechende Antibioticum in adequater, kontrollierter Dosis. Tritt nach einer angemessenen Zeit von 72 Std keine Besserung ein, sollte die Diagnose revidiert und bei Ausschluß einer bakteriellen Infektion die Antibiotica-Therapie abgestellt werden.

Die routinemäßige prophylaktische Anwendung von Antibiotica, um eine mögliche sekundäre bakterielle Infektion zu verhüten, ist nicht empfehlenswert. Die Häufigkeit einer Superinfektion wird dadurch möglicherweise noch erhöht. Natürlich muß eine auftretende bakterielle Komplikation sofort spezifisch behandelt werden.

V. Spezifische Viruspneumonien

Grippe-Virus-Pneumonien

Weil eine bakterielle Superinfektion bei Grippe häufiger auftrat als bei anderen respiroviralen Erkrankungen, wurde in der Vergangenheit eine Pneumonie während Influenzaerkrankung oft fälschlicherweise für eine bakterielle Komplikation gehalten. Viele bakterielle Komplikationen traten aus unbekannten Gründen während der Pandemie 1918/19 auf (vermutlich Grippevirus A). Die zu jener Zeit von McCallum beschriebene bakterienfreie, interstitielle Pneumonie wies auf ihre nicht bakterielle Herkunft hin. Der im Jahre 1933 entdeckte Grippe A-Virus, bald darauf die B- und C-Viren, waren die ersten der mannigfachen Respiroviren, die 20 Jahre später isoliert wurden. Die Grippe ergab also sozusagen einen Standard, mit dem nachfolgend aufgestellte Gruppen verglichen werden konnten.

Häufigkeit: Die relative Häufigkeit von Grippe A, B und C und anderen Virusinfektionen bei Kindern und Erwachsenen wird ganz allgemein in Abb. 2 dargestellt.

Bei den verschiedenen Grippe-Epidemien der Jahre nach 1919 trat eine Pneumonie bei 0% (*22*) bis 70% (*29*) der Betroffenen auf, abhängig von der Natur des Virus, vom immunologischen Status der Bevölkerung, von der beteiligten Altersgruppe, der sorgfältigen Beobachtung und von anderen Faktoren (s. S. 375).

Während einer Grippe A-Epidemie bei 1383 Kindern erkrankten 758. Von diesen hatten 28% eine Pneumonie, 2 starben (*30*). Von Kindern, die ins Spital eingewiesen wurden, hatten 15 von 29 mit Grippe A und 4 von 11 mit Grippe B eine Pneumonie (*25*). Bei einer anderen

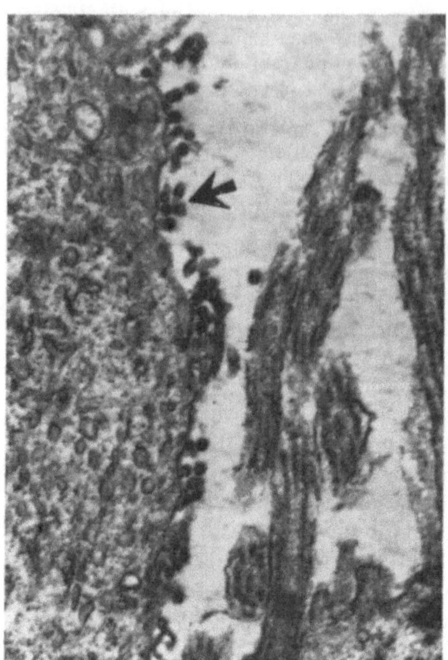

Gruppe von 40 Kindern in einem Spital hatten 50% eine Pneumonie bei A- und B-Infektion (*26*). In den Jahren 1957—1960 waren Erwachsene weniger schwer betroffen. Unter 138 Erwachsenen mit Influenza A im Jahre 1957 hatten 3,6% eine Grippe-Pneumonie (*23*). Nur in 3% der Fälle bestand eine Pneumonie bei jungen Männern mit Grippe B (*12*).

Pathologie: Die Veränderungen der Lunge sind ähnlich jenen anderer Pneumonien (s. S. 352). Am 1. Tage treten im Tracheobronchialbaum eine Nekrobiose und Desquamation des Flimmerepithels auf. Abgesehen von einzelnen Stellen ist die Basalzellschicht im allge-

Abb. 6 und 7:
mit freundlicher Erlaubnis von Dr. M. J. PLUMMER

←

Abb. 6. Influenza-Viruspartikel, die auf der Oberfläche einer Epithelzelle eines Bronchiolus liegen, 3 Tage nach Impfung einer Maus. × 10000 (*27*)

Abb. 7. Viruspartikel, die auf der Oberfläche einer Zelle ausreifen. Figurenähnliche Stäbchen, die abgeschnitten, runde, kugelige, reife Partikel von 100 mμ Größe bilden, die ins Lumen eingetreten sind. Filamente im Cytoplasma der Zelle (Pfeil) sind möglicherweise Virusribonucleoproteine, × 40000

↓

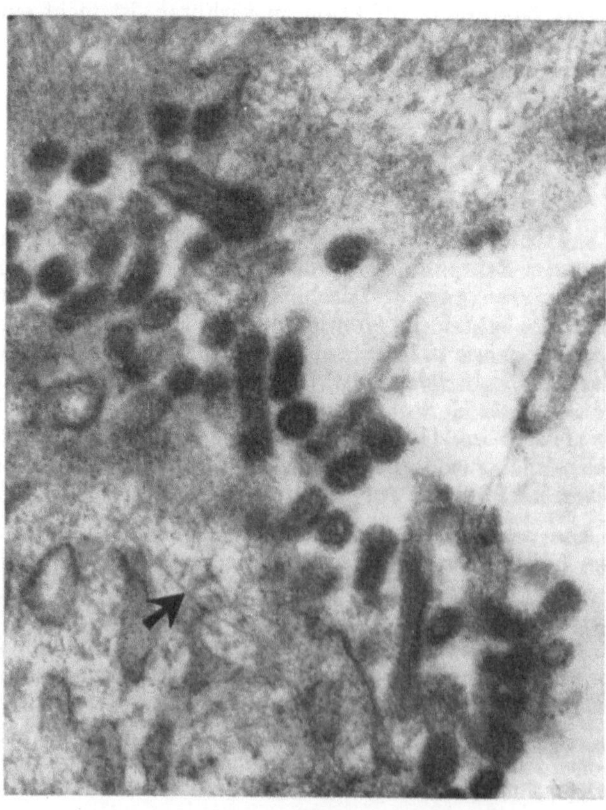

meinen intakt. Intranucleäre und intracytoplasmatische Partikel von 22 mμ Größe sind festzustellen (*24*). Während der Gesundung treten Epithelmetaplasien auf. Bakterien fehlen (*32*). Die frühesten Veränderungen werden elektronenmikroskopisch innerhalb 24 Std nach Beimpfung von Mäusen in der Peripherie der Lunge festgestellt, wobei Herde mit Ödem der auskleidenden Zellen der Alveolen, des Capillarendothels und der Basalmembran erkennbar sind. Im Zentrum sind Bronchuszellen ohne Flimmerhaare mit Hyperplasie des endoplasmatischen Reticulums und apicalem cytoplasmatischen Ödem zu erkennen. Die Zellen der Bronchiolen sind degeneriert und abgeschilfert. Das peribronchiale Interstitium ist von Monocyten durchsetzt. Nach 1 Woche entsteht eine Konsolidation durch Hypertrophie, Degeneration und Desquamation der auskleidenden Alveolarzellen und Makrophagen. Viruspartikel reifen an der Oberfläche der Bronchiolen aus und treten ins Lumen ein (Abb. 6 und 7).

Klinik: Wie bei anderen epidemischen Infektionen des Respirationstraktes trifft eine Influenza die Bevölkerung in verschiedener Schwere. Immune Personen werden nicht infiziert, andere sind latent infiziert, die meisten leicht erkrankt, wenige schwerwiegend krank, noch weniger leiden an einer Pneumonie, wie die graphische Darstellung (Abb. 1) zeigt. Wie auf Seite 375 beschrieben, ist die Pneumonie von wechselnder Schwere. In letalen Fällen bestand hohes Fieber, Cyanose, Dyspnoe, Rhonchi, Leukocytose, hämorrhagische Tracheobronchitis und eine Pneumonie, ähnlich den Beobachtungen von 1918/19 (*24*, *28*). Die hauptsächliche Todesursache waren Kreislaufkollaps und Toxämie. Die Behandlung versagte (*28*).

Komplikationen: Wie schon erwähnt, tritt eine bakterielle Superinfektion häufiger auf als bei anderen Virusinfektionen. Der Befall mit Pneumokokken, hämolytischen Streptokokken, Staphylokokken und Pfeiffer-Bacillen (Haemophilus influencae) war die Todesursache in über 30 % der Fälle der Pandemie von 1918/19. Aus unbekannten Gründen traten bei den folgenden Epidemien viel weniger bakterielle Infektionen auf, und dies in der Zeit vor den Antibiotica. Die Staphylokokken-Superinfektion wurde wiederum von Wichtigkeit bei der Influenza A 2-Pandemie von 1957, aber vor allem bei Patienten mit chronisch-cardialer oder pulmonaler Erkrankung und bei Kranken, deren Widerstandsfähigkeit durch hohes Alter, Schwäche, Alkoholismus und Corticosteroidtherapie beeinträchtigt war. Bei einigen Fällen glaubte man, die Antibiotica-Therapie habe eine Infektion mit Staphylokokken begünstigt (*31*).

Von 25 Spitalpatienten hatten 10 eine Laryngotracheitis, die übrigen eine Pneumonie. Von 73 älteren Patienten mit chronischen Lungenerkrankungen hatten 4 eine Laryngotracheitis und 69 eine Pneumonie, 12 von diesen starben, davon 6 an einer sog. Staphylokokken-Pneumonie (*31*). Anderswo war die Influenza-Viruspneumonie in 20% von 148 letalen Fällen die Todesursache und eine bakterielle Infektion — vorwiegend Staphylokokken —, bei den übrigen (*24*). Bei einer anderen Gruppe von 30 letalen Fällen waren nur 6 Pneumonien virusbedingt und 24 durch bakterielle Superinfektion; alle hatten eine vorbestehende cardiale Erkrankung (*28*).

Die *Prophylaxe* der Grippe-Pneumonie wird auf Seite 392 besprochen, ihre Behandlung auf Seite 390.

Parainfluenzaviruspneumonie

Parainfluenzaviren verursachen bei Erwachsenen im allgemeinen leichte Erkrankungen der oberen Luftwege. Die Mehrzahl der Betroffenen ist schon durch vorangehende Infektion teilweise immun (s. S. 411).

Einige mit Virustyp II beimpfte Freiwillige entwickelten eine Pneumonie (*39*). Von Militärpersonen hatten nur 8 Erwachsene während einer Epidemie eine Pneumonie (*37*). Virustyp I verursachte bei 200 College-Studenten 8,5% aller Infektionen des Respirationstraktes, aber nur 3 hatten 1959 eine Pneumonie (*35*). Im folgenden Jahr verursachte Parainfluenzavirus Typ III 3,8% der Infektionen des unteren Respirationstraktes (*36*). Bei Marine-Rekruten verursachten die Viren Typ I, II und III 4% der Pneumonien (*12*).

Die Erkrankung verläuft bei Kleinkindern und Kindern schwerer (Abb. 2). Bei 500 Kindern mit akuter Infektion des Respirationstraktes hatten nur 16 eine Pneumonie, meist durch Typ III verursacht (*38*). Selten (*33*) verursachte der Virus Typ I eine Pneumonie bei 2 oder 3 Patienten (*34*).

Respiro-syncytiale Viruspneumonie

RS = Respiro-syncytiale Infektionen verursachten gewöhnlich Winterepidemien von mehreren Monaten Dauer und sind eine der häufigsten Infektionen bei Kleinkindern und Kindern. Es kamen dabei schwere Pneumonien und einzelne Todesfälle vor (*40, 41, 44*). In Epidemien hatten 30—40 % der Fälle eine Pneumonie (*41, 43, 46*). In einer über 3 Jahre sich erstreckenden Arbeit wurden in 11 % von 1038 Kranken mit einer Pneumonie komplementbindende Antikörper auf RS nachgewiesen. RS-Virus verursachte einmal 21 %, einmal 68 % der Pneumonien (*42*). Weiteres s. S. 132.

Die Lungenveränderungen sind dieselben wie bei den anderen Viruspneumonien (*40*). Erwachsene sind wegen der von früheren Infektionen herrührenden Immunität weniger empfänglich (Abb. 1). Weniger als 5% der Erwachsenen mit Schnupfen hatten einen serologischen Hinweis für eine Infektion mit RS-Virus. Bei beimpften Freiwilligen betrug die Inkubationszeit ungefähr 5 Tage. Eine Infektion trat auch dann auf, wenn spezifische Antikörper im Blute vorhanden waren (*45*).

Masernpneumonie

Virusbedingte Veränderungen der Lunge sind bei Masern (Morbilli) häufiger als vermutet. Bei verschiedenen Epidemien wurde eine Pneumonie klinisch oder

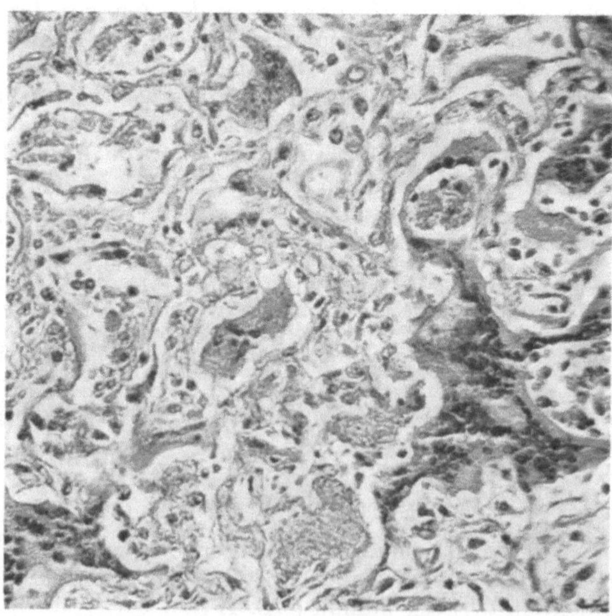

Abb. 8. Masern-Pneumonie: interstitielle Infiltration mit Monocyten verdickte Alveolarwände und Exsudat. Riesenzellen, in Zellen der Alveolen und Ductus entstehend. Mit freundlicher Erlaubnis von Dr. J. E. Aponte

röntgenologisch bei 7—50 % der Patienten entdeckt. In England war die Häufigkeit einer Pneumonie oder schweren Bronchitis bei 55 000 Fällen von Masern 38 °/₀₀.

Sie trat vor allem im Frühstadium bei jüngeren Kindern auf und verlief gelegentlich letal. Vereinzelt bestand eine Unsicherheit, ob sie rein virusbedingt oder teilweise oder ganz bakteriell verursacht war. Die Masernpneumonie, ähnlich wie die Influenzapneumonie, neigt mehr zu komplizierenden Infektionen mit Staphylokokken, hämolytischen Streptokokken oder Pneumokokken (47) als andere Viruspneumonien. Die Lungenveränderungen sind charakterisiert durch das Auftreten von Alagna- oder Warthin-Finkeldey-Riesenzellen (Abb. 8). Literaturhinweise zu Publikationen vor 1947 sind in einer zusammenfassenden Arbeit (16) angegeben. Weiteres s. S. 485.

Adenoviruspneumonien

Adenovirusepidemien kommen hauptsächlich im Winter vor, hie und da zu anderen Zeiten (62). Bei Erwachsenen verläuft die Mehrzahl der Infektionen unauffällig oder leicht wie jene anderer Respiroviruserkrankungen (60). Kleinkinder

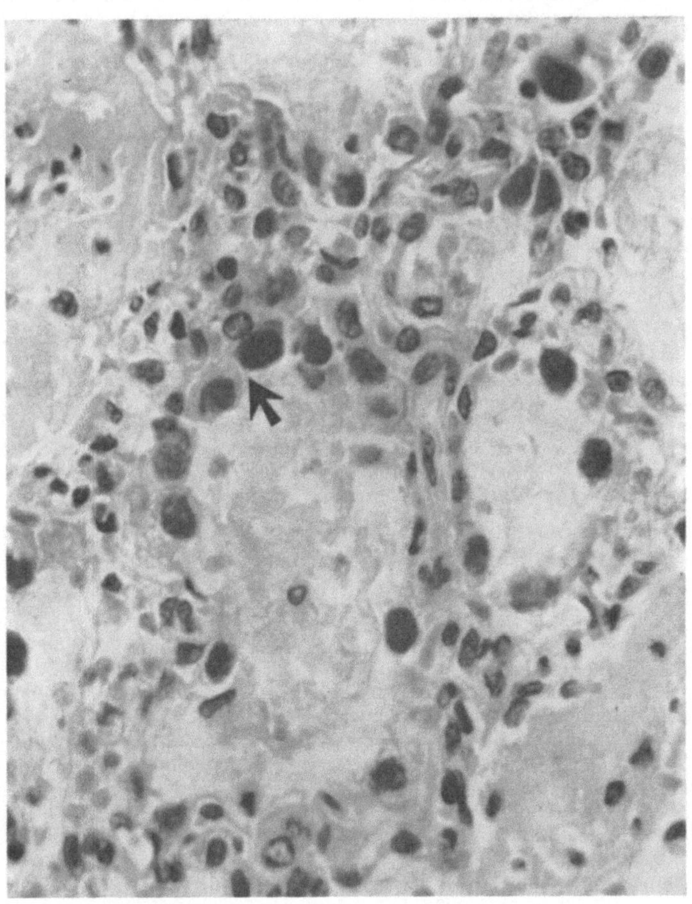

Abb. 9. Adenovirus, Typ 3 Pneumonie: Die Kerne der alveolären Histiocyten im entzündeten Gebiet sind fast völlig mit dunkelgefärbten Einschlüssen angefüllt (Pfeil). Proteinähnliche Substanzen in den Alveolarräumen, × 400. Mit freundlicher Erlaubnis von Dr. HARRY T. WRIGHT (63)

und Kinder werden am häufigsten und schwerer betroffen, vor allem von den Typen 1—4, 7, 14 und 21 (57) (Abb. 1). Die Viren können schon normalerweise

69*

im Rachen gefunden werden und ihre Beziehung zur Erkrankung muß serologisch an Hand des frischen und Rekonvaleszentenserums bewiesen werden (s. S. 326).

Von 99 Kleinkindern und Kindern hatten während einer durch Virus Typ 7 verursachten Epidemie 76 eine Pneumonie (56). Manchmal war die Pneumonie von Darmstörungen begleitet (53). Während einer Epidemie betrug die Mortalität bei 3000 Fällen 15% (62). Virus Typ 7 verursachte isolierte Fälle von Pneumonie, einige davon verliefen tödlich (48, 50, 57, 58). Viren vom Typ I und III waren die Ursache bei anderen Pneumonien (55).

Im Lungengewebe eines 9 Monate alten Kleinkindes, das starb, wurde Adenovirus Typ III gefunden. Die Leukocytenzahl betrug 38000/mm³. Bei der Autopsie fand sich eine weit ausgebreitete, nekrotisierende Pneumonie mit Ödem und Bildung hyaliner Membrane. Die vergrößerten, von Cytoplasmavacuolen umgebenen Kerne der großen alveolären Histiocyten enthielten basophile Einschlüsse (Abb. 9). Auch im Tracheobronchial-Epithel waren kleine, acidophile, intranucleäre Einschlußkörperchen. Die mediastinalen Lymphknoten waren vergrößert, aber ohne Einschlüsse (63). Die Einschlußkörperchen unterscheiden sich von jenen bei Riesenzellpneumonien und man vermutet, sie seien für Adenovirusinfektionen spezifisch. Ihr Nachweis im Sputum könnte eine frühe Diagnose erleichtern (50).

Bei einer Epidemie bei Erwachsenen, die durch Virustyp 21 ausgelöst war, ließen sich physikalische Zeichen einer Pneumonie bei 25% von 400 Kranken nachweisen, Infiltrate im Rö-Bild in 11%. Die Erkrankung dauerte 1—7 Tage (62). An einem anderen Ort hatten nur 6% eine Pneumonie (54). Ein Adenovirus verursachte 12 (9%) von 132 Pneumonien bei Rekruten. Alle hatten Husten und Fieber, 11 hatten Halsweh, 9 eine Nausea, wovon 5 erbrechen mußten. Mehrere hatten Diarrhoe, Thoraxschmerzen oder eine Trommelfellentzündung. Die Leukocytenzahl lag zwischen 5000 und 30000/mm³. Die durchschnittliche Dauer des Fiebers betrug ca. 3 Tage (49). Gemäß einem anderen Bericht war ein Adenovirus Typ 4 die Ursache von 80% sämtlicher Pneumonien. Die Häufigkeit der Infektionen und der Pneumonien schwankte offensichtlich bei den verschiedenen Krankheitsausbrüchen. Vor allem wurden Militärrekruten betroffen, wahrscheinlich infolge engen Kontaktes und verminderter Widerstandsfähigkeit nach multiplen Impfungen gegen andere Krankheiten (59).

Picornaviruspneumonien

a) ECHO-Viren: ECHO-Viren sind *selten* die Ursache von Viruspneumonien.

Vereinzelte Fälle sind beschrieben worden, bevor die heute geltende Einteilung der Viren angenommen worden war. Einige Erreger, die jetzt bei den ECHO-Viren eingereiht sind, waren bei anderen Gruppen untergebracht, und andere Viren wurden der ECHO-Gruppe angeschlossen (67, 71, 72). Unter 88 Fällen von Pneumonie wurde nur eine ECHO Typ 28 Infektion verzeichnet (59). Bei weiterer Beobachtung wird wahrscheinlich eine zufällig oder primär durch ECHO-Viren verursachte Pneumonie häufiger erkannt werden.

b) Coxsackieviruspneumonien: Nur wenige Fälle mit einer Pneumonie werden angegeben (66, 68, 69, 75) und bei einigen wurde der Virus als Ursache nicht unbedingt bewiesen.

Während eines Sommers trat bei 15 Kindern eine Infektion durch ein Virus der Gruppe A, Typ 9 auf. Alle hatten eine Pharyngitis; 4 eine Meningoencephalitis, 2 davon ein Exanthem; 3 hatten eine Lungenentzündung, 2 von diesen auch einen Hautausschlag und eines von diesen starb im Alter von 16 Monaten. Bei der Autopsie waren die Lungenveränderungen dieselben wie bei den anderen Viruspneumonien (70).

Bei einer anderen Epidemie des Virus Gruppe B, Typ 5, hatten 19 Kleinkinder eine Pleurodynie und 19 eine febrile Pharyngitis. 5 hatten eine virusbedingte Pneumonie ohne extrapulmonale Beteiligung. 3 davon waren Säuglinge mit engem Kontakt, bei denen der Virus isoliert und ein neutralisierender Antikörper im Blut nachgewiesen wurde (73). Bei einem Neugeborenen, dessen Mutter mit Virus B, Typ 4, infiziert war, wurde postmortal eine Viruspneumonie festgestellt (64).

Bei 125 ambulanten Kindern mit einer Infektion der oberen Luftwege erschienen Antikörper gegen Gruppe B, Typ 5, in 20%, bei einigen waren auch die unteren Luftwege mitbeteiligt (74). Während einer Epidemie in Philadelphia 1961 waren viele Pneumonien auf den Virus Typ 5 zurückzuführen.

Wahrscheinlich verursachen Coxsackieviren, wie auch die Influenzaviren, ernstere Erkrankungen bei Patienten mit chronischen Herzerkrankungen. Ein letaler Fall von Pneumonie bei Virus B I Infektion kam bei einem Erwachsenen vor, der an einer akuten rheumatischen Carditis litt (68).

10 erwachsene Freiwillige, die keine spezifischen Antikörper aufwiesen, wurden mit Virus *Gruppe A, Typ 21*, beimpft. Bei zweien trat eine Pneumonie auf, die übrigen zeigten nur leichte Symptome (*65*).

c) Pneumonien durch Rhinoviren (*ERC = ECHO-Rhino-Coryza*) sind nicht sicher bewiesen. Bei Kleinkindern und Kindern werden sie auch als Ursache ernsterer Erkrankungen angegeben (*77*), 7 % einer solchen Gruppe litt an einer Pneumonie (*78*). Laut einem anderen Bericht hatten alle Erwachsenen mit Rhinoviren „Erkältungen", aber keine Beteiligung der Lungen (*78*). Unter 88 Fällen von

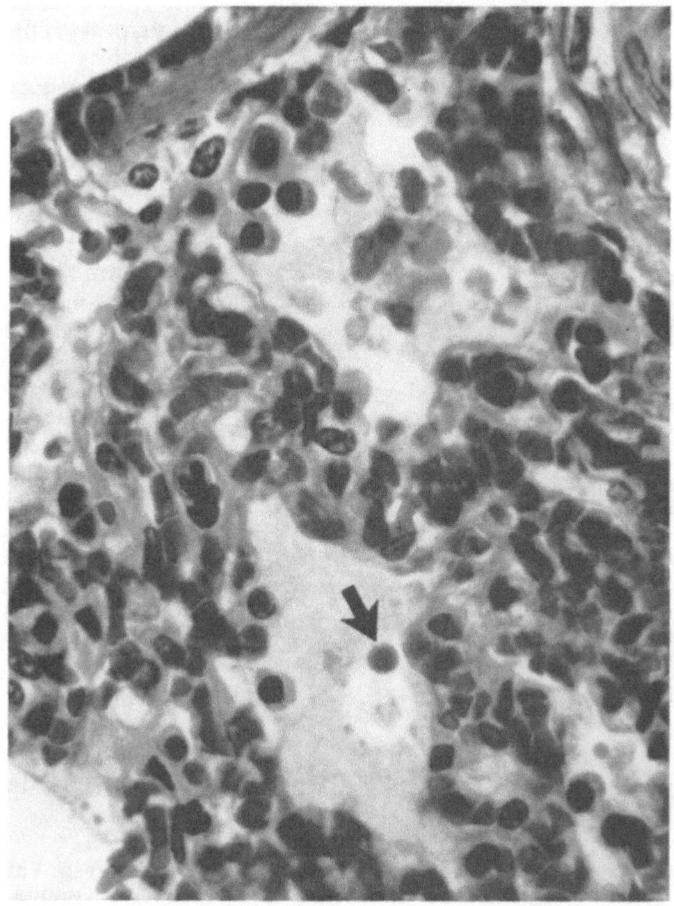

Abb. 10. Reovirus-Pneumonie. Im entzündeten Gebiet Infiltration mit Plasmazellen, Monocyten und einem Einschlußkörperchen (Pfeil), × 400. Mit freundlicher Erlaubnis von Dr. R. A. Joske (*79*)

Pneumonie bei Marinerekruten wurde nur bei einer Pneumonie ein Coryza-Virus gefunden (*12*), wobei es fraglich bleibt, ob dieser die Ursache der Pneumonie war.

d) Reo-Viren (früher ECHO 10 Gruppe genannt) verursachten selten eine pneumonische Erkrankung. Ein Fall einer Viruspneumonie eines Erwachsenen war durch ein Reo-Virus Typ 1 bedingt (*76*). Eine Pneumonie begleitete eine Hepatitis und Encephalitis als Teil einer allgemeinen Erkrankung bei einem Kinde (*79*) (Abb. 10).

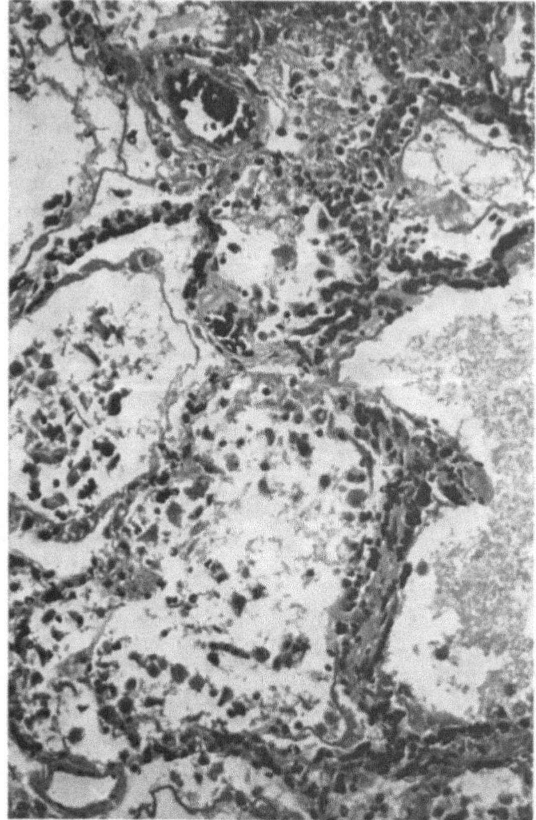

←
Abb. 11. Varicellen-Pneumonie. Verdickte Alveolarwände und akutes celluläres Exsudat mit Fibrin in den Zwischenräumen. Kongestion, celluläres Exsudat und Ödem des interstitiellen Gewebes, × 160.

Mit freundlicher Erlaubnis von Dr. R. A. Joske und R. E. J. ten Seldam of Perth, Australia

VI. Virus-Pneumonien bei allgemeinen Viruserkrankungen

Varicellen-Pneumonie

Eine Viruspneumonie kann bei Patienten mit Varicellen (Windpocken) auftreten (*82, 90, 92*). Bei Erwachsenen verläuft sie schwerwiegender als bei Kindern, vor allem während der Schwangerschaft. Symptome, Befunde und Läsionen sind dieselben wie bei anderen Viruspneumonien (s. S. 610). Der Foetus kann in gleicher Weise infiziert sein (*83, 86*). Einschlußkörperchen vom Typ A erschienen in den Zellen des entzündeten Lungengewebes (*88*) und im Sputum (*93*). Der alveolocapillare Gasaustausch war im akuten Stadium der Erkrankung pathologisch und hielt für Monate nach der Erholung an (*81*).

Bei *Herpes zoster* sind letzthin 3 Fälle von Viruspneumonie beschrieben worden (*89*) (s. S. 638).

Pocken- resp. Variola-Pneumonie

Viruspneumonien kommen bei Pockenkranken vor. Bei experimentell mit Pocken- und Variolavirus infizierten Tieren ließen sie sich ebenfalls nach-

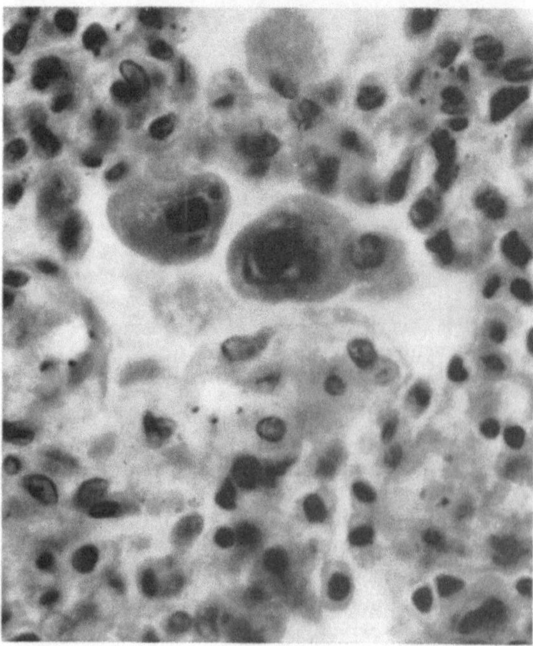

←
Abb. 12. Cytomegaloviren-Pneumonie. 2 Riesenzellen mit intranucleären Einschlüssen in einem Entzündungsherd, × 560. Mit freundlicher Erlaubnis von Dr. J. B. Hanshaw (*101*)

weisen. Einschlüsse in den Alveolarzellen glichen den Guarnerischen Körperchen
(*85, 87*). Bei einem Patienten mit Encephalitis bestand eine Pneumonie (*91*). Es
sind aber nur wenige Angaben über die Häufigkeit von Viruspneumonien bei
Variola zu finden. Bei einigen wenigen Personen, die mit Variola-Patienten in
Kontakt waren, wurden Lungenveränderungen nachgewiesen (*84*). Eine Superinfektion mit Pyokokken ist nicht selten (s. S. 684).

Cytomegalievirus-(Riesenzell-, Einschlußkörperchen-)Pneumonie

Die Lungenveränderungen sind ähnlich wie bei anderen Viruspneumonien,
außer dem Vorherrschen von Riesenzellen und Einschlußkörperchen (Abb. 12).
Ist der Foetus oder das Neugeborene angesteckt, so können neben Hepatospleno-
megalie oder Meningoencephalitis Pneumonien auftreten. Mit zunehmendem
Alter nehmen auch die Lungenveränderungen zu (*106*). Einschlußkörperchen-
erkrankung oder Riesenzellpneumonie kommen bei älteren, schwächlichen Kindern

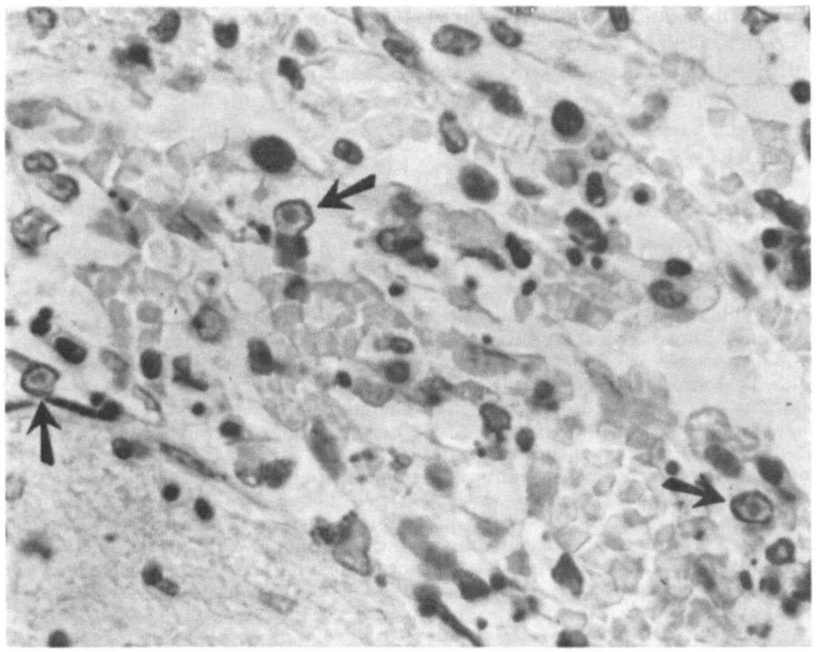

Abb. 13. Einschlüsse in Herpes simplex-Virus-Pneumonie (mit freundlicher Erlaubnis von Dr. C. WHEELER und
W. A. HUFFINES, Chapel Hill, N. C.)

Einschlußkörperchen (Pfeil), × 400. Mit freundlicher Erlaubnis von Dr. R. A. JOSKE (*79*)

vor (*94*) und bei erwachsenen Carcinompatienten (*99, 105*). Bei einem Patienten
wurden bei der Autopsie sowohl eine Riesenzell- wie auch eine *Pneumocystis
carinii*-Pneumonie beobachtet (*111*) (s. S. 745).

Bei der *lymphocytären Choriomeningitis* kann die Viruspneumonie ohne die
üblichen Zeichen einer Meningoencephalitis auftreten (*102, 108*). In typischen
Fällen wurde sie selten beobachtet, konnte aber durch Routine-Röntgenbilder
häufiger entdeckt werden. Von FARMER und JANEWAY (*97*) ist die Literatur bis
1947 zusammengefaßt worden (s. S. 448).

Erythema exsudativum multiforme

(Stevens-Johnson Erkrankung, mucocutanes Fieber) ist vermutlich virusbedingt. Eine Pneumonie ist ein integrierender Teil der Erkrankung. Sie wurde bei 14 von 17 schwer erkrankten Personen festgestellt, von denen 2 starben. Die Symptome, Befunde und Lungenveränderungen sind die gleichen wie bei den anderen Viruspneumonien (*98, 103, 109*). Eine Leukopenie ist die Regel. Rezidive sind häufig (*96*). Das Auftreten einer Leukocytose ist vermutlich durch sekundäre bakterielle Infektion der Haut- und Schleimhautläsionen bedingt. Gelegentlich tritt eine Kälteagglutination der Erythrocyten auf, gleich wie bei der Mycoplasma-Pneumonie. Bei 5 aufeinanderfolgenden Fällen mit geringer Lungenbeteiligung überstieg der Titer der Komplementbindungsreaktion für Mycoplasma pneumoniae 1:256, was auf einen möglichen ursächlichen Zusammenhang hinweist (*104*). In der Lunge eines anderen Patienten wurde ein Herpes simplex-Virus nachgewiesen.

Die *Mononucleosis infectiosa* betrifft selten die Lunge (s. S. 820). Bei 3 % von 500 Patienten konnte eine Lungenveränderung röntgenologisch nachgewiesen werden. Die heterophile Antikörperreaktion kann auch bei anderen Viruspneumonien positiv sein (*110*). Bei einem Patienten wurde bei der Autopsie eine interstitielle Infiltration der Lunge mit Monocyten beobachtet (*95*). Bei *Herpes simplex* können seltene Pneumonien mit Einschlußkörperchen sich finden (s. Abb. 13 S. 1095).

Bei einem Patienten mit *Katzenkratzkrankheit* bestand eine Pneumonie (*107*) (s. S. 868).

Allgemeine Literatur

1. BERVEN, H.: Studies on the Cardiopulmonary Function in the Post-Infectious Phase of "Atypical" Pneumonia. Acta med. scand. Suppl. 382—390 (1962).
2. COLE, R. I.: Acute Pulmonary Infections, De Lamar Lectures 1927—1928. Baltimore: William & Wilkins Co. 1928. — 3. Commission on Acute Respiratory Diseases: Experimental Transmission of Minor Respiratory Illness to Human Volunteers. J. clin. Invest. 26, 957—965 (1947). — 4. Conference on Newer Respiratory Disease Viruses. National Institutes of Health, U.S.P.H.S. Bethesda, Md. (1962), pp. 1—449; *idem.* Amer. Rev. respir. Dis. 88, 1—419 (1963).
5. FRANCOIS, R.: Pneumonies a Virus et Pneumonie Primitive Atypique, pp. 1—192. Lyon: Emmanuel Vitte 1950. — 6. FRUGONI, C., F. MAGRASSI, and G. GIUNCHI: Le Malattie Dell'Apparato Respiratorio da Virus e da Rickettsie, pp. 3—356. Roma: Luigi Pozzi, Edit. 1949.
7. GOLDEN, A.: Pathologic Anatomy of "Atypical Pneumonia, Etiology Undetermined": Acute Interstitial Pneumonitis. Arch. Path. 38, 187—204 (1944). — 8. GSELL, O.: Klinische Charakteristika und Einleitung der Viruskrankheiten. Münch. med. Wschr. 104/36, 1661—1669 (1962); Atypische Pneumonien. Regensburger ärztl. Fortbildg. 13, 1 (1965).
9. HILLEMAN, M. R.: Prospects for Vaccination Against More Recently Discovered Respiratory Viruses. Industry and Tropical Health 5, 81—89, 1964 (References). — 10. International Enterovirus Study Group. Picornavirus Group. Virology 19, 114—116 (1963).
11. LARSEN, K. A.: Diffuse Progressive Interstitial Fibrosis of the Lungs. Acta path. microbiol. scand. 45, 167—183 (1959).
12. MILLER, L. F.: Epidemiology of Nonbacterial Pneumonia Among Naval Recruits. J. Amer. med. Ass. 185, 92—99 (1963). — 13. MOGABGAB, W. J.: Viruses Associated with Upper Respiratory Illness in Adults. Ann. intern. Med. 59, 306—310 (1963).
14. REIMANN, H. A.: An Acute Infection of the Respiratory Tract with Atypical Pneumonia, a Disease Entity Probably Caused by a Filtrable Virus. J. Amer. med. Ass. 111, 2377—2384 (1938). — 15. REIMANN, H. A., and W. P. HAVENS: An Epidemic Disease of the Respiratory Tract. Arch. intern. Med. 65, 138—150 (1940). — 16. REIMANN, H. A.: The Viral Pneumonias and Pneumonias of Probable Viral Origin. Medicine (Baltimore) 26, 167—249 (1947) (Review with References). — 17. REIMANN, H. A.: Severe Sporadic Virus Pneumonias. Diagnostic and Therapeutic Problems. J. Amer. med. Ass. 144, 81—85 (1950). — 18. REIMANN, H. A.: Current Problems of the Pneumonias. Ann. intern. Med. 56, 144—154 (1962). — 18a. SIEGENTHALER, W., u. R. HEGGLIN: Die verschiedenen Viruskrankheiten des Respirationstraktes. Der Internist 6, 323—338 (1965).
19. VAN ERP, TH.: De Primair Atypische Pneumonieen van Onbekunde Oorsprong, pp. 1—124. Leiden: E. J. Brill 1947.

20. Weinstein, L., and T.-W. Chang: Secondary Bacterial Infection in Common Viral Diseases and Their Treatment. Med. Clin. N. Amer. **43**/5, 1379—1399 (1959). — **21.** Wilder, C.S.: Acute Respiratory Illness Reported at the U.S. National Health Survey During 1957 to 1962, Conference on Newer Respiratory Disease Viruses. National Institutes of Health, U.S.P.H.S., Bethesda, Md., pp. 14—21 (1962).

Spezialliteratur

Myxoviruspneumonien, Influenzapneumonien

22. Adams, J.M., M. Thigpen, and D.R. Rickard: An Epidemic of Influenza A in Infants and Children. J. Amer. med. Ass. **125**, 473—476 (1944).

23. Evans, A.S., E.C. Dick, and K. Nystuen: Influenza in University of Wisconsin Students. Arch. environm. Hlth **6**, 748—755 (1963).

24. Hers, J.F.P., N. Masurel, and J. Mulder: Bacteriology and Histopathology of the Respiratory Tract and Lungs in Fatal Asian Influenza. Lancet **1958 II**, 1141—1143.

25. Moffet, H.L. et al.: Outbreaks of Influenza B in a Children's Home. J. Amer. med. Ass. **182**, 834—838 (1962).

26. Parrott, R.H. et al.: Serious Respiratory Tract Illness as a Result of Asian Influenza and Influenza B Infections in Children. J. Pediat. **61**, 205—213 (1962). — **27.** Plummer, M.J., and R.S. Stone: The Pathogenesis of Viral Influenzal Pneumonia in Mice. Amer. J. Path. **45**, 95—114 (1964).

28. Rogers, D.E. et al.: The Syndrome of Fatal Influenza Virus Pneumonia. Trans. Ass. Amer. Physns **71**, 260—269 (1958).

29. Scadding, J.G.: Lung Changes in Influenza. Quart. J. Med. **6**, 425—466 (1937). — **30.** Schmidt, J.P., T.G. Metcalf, and F.W. Miltenberger: An Epidemic of Asian Influenza in Children at Ladd Air Force Base, Alaska, 1960. J. Pediat. **61**, 214—220 (1962).

31. Walker, W.C. et al.: Respiratory Complications of Influenza. Lancet **1958 I**, 449—454. — **32.** Walsh, J.J. et al.: Bronchotracheal Response in Human Influenza. Arch. intern. Med. **108**, 376—388 (1961) (References).

Parainfluenzapneumonie

33. Chanock, R.M. et al.: Newly Recognized Myxovirus from Children with Respiratory Disease. New Engl. J. Med. **258**, 207—213 (1958). — **34.** Chanock, R.M. et al.: Myxoviruses: Parainfluenza, Conference on Respiratory Disease Viruses, p. 152. Nat. Inst. Hlth U.S.P.H.S., 1963.

35. Evans, A.S.: Infection with Hemadsorption Virus in University of Wisconsin Students. New Engl. J. Med. **263**, 233—237 (1960). — **36.** Evans, A.S., and M. Brobst: Bronchitis, Pneumonitis and Pneumonia in University of Wisconsin Students. New Engl. J. Med. **265**, 401—409 (1961).

37. McDonald, J.C. et al.: Coe (Coxsackie A2) Virus, Para-Influenza Virus and other Respiratory Virus Infections in the R.A.F., 1958—1960. J. Hyg. **60**, 235—348 (1962).

38. Parrott, R.H. et al.: Respiratory Diseases of Viral Etiology. III. Myxoviruses: Parainfluenza. Amer. J. Publ. Hlth **52**, 907—914 (1962).

39. Reichelderfer, T.E. et al.: Infection of Human Volunteers with Type 2 Hemadsorption Virus. Science **128**, 779—780 (1958).

Respiro-syncytiale und Masernpneumonie

40. Adams, J.M., D.T. Imagawa, and K. Zike: Epidemic Bronchiolitis and Pneumonitis Related to Respiratory Syncytial Virus. J. Amer. med. Ass. **176**, 1037—1039 (1961). — **41.** Andrew, J.D., and P.S. Gardner: Occurrence of Respiratory Syncytial Virus in Acute Respiratory Disease in Infancy. Lancet **1963 I**, 295—296.

42. Chanock, R.M. et al.: Respiratory Syncytial Virus. One Virus Recovery and Other Observations During 1960 Outbreaks of Bronchiolitis, Pneumonia, and Minor Respiratory Disease in Children. J. Amer. med. Ass. **176**, 647—653 (1961). — Parrott, R.H. et al.: Two Serologic Studies over a 34-month Period of Children with Bronchiolitis, Pneumonia, and Minor Respiratory Disease. J. Amer. med. Ass. **176**, 653—657 (1961).

43. Hilleman, M.R.: Respiratory Syncytial Virus. Amer. Rev. respir. Dis. **88**, 181—189 (1963) (References). — **44.** Holzel, A. et al.: Isolation of Respiratory Syncytial Virus from Children with Acute Respiratory Disease. Lancet **1963 I**, 295—296.

45. Johnson, K.M. et al.: Respiratory Syncytial Virus Infection in Adult Volunteers. J. Amer. med. Ass. **176**, 663—665 (1961).

46. KAPIKIAN, A.Z. et al.: Outbreak of Febrile Illness and Pneumonia Associated with Respiratory Syncytial Virus Infection. Amer. J. Hyg. **74**, 234—248 (1961).
47. WEINSTEIN, L., and W. FRANKLIN: The Pneumonia of Measles. Amer. J. med. Sci. **217**, 314 (1949).

Adenoviruspneumonie

48. BENYESH-MELNICK, M., and H.S. ROSENBERG: The Isolation of Adenovirus Type 7 from a Fatal Case of Pneumonia and Disseminated Disease. J. Pediat. **64**, 83—87 (1964). — **49.** BRYANT, R.E., and E.R. RHOADS: Clinical Characteristics of Adenovirus Pneumonia in Adults. Amer. Rev. respir. Dis. **90**, 285 (1964).
50. CHANY, C. et al.: Severe and Fatal Pneumonia in Infants and Young Children Associated with Adenovirus Infections. Amer. J. Hyg. **67**, 367—373 (1958). — **51.** CHESHICK, S.G., and R.S. DRIEZIN: The Role of Adenovirus on the Course of Pneumonia in Infancy. Sovetsk. Med. **25**, 65—70 (1962).
52. DEINHARDT, F. et al.: The Isolation of Adenovirus Type 1 from a Fatal Case of Viral "Pneumonitis". Arch. intern. Med. **102**, 816—820 (1958).
53. FORSELL, P. et al.: Adenoviral Epidemic. Ann. Paediat. Fenn. **8**, 35 (1962). — **54.** FRASER, P.K., and L.A. HATCH: Outbreak of Adenovirus Infection in the Portsmouth Naval Command. Brit. med. J. **1**, 470—473 (1959).
55. HUEBNER, R.J. et al.: Adenoviral-Pharyngeal-Conjunctival Agents. New Engl. J. Med. **251**, 1077—1082 (1954).
56. KAPSENBERG, J.A.: Epidemic of Adenovirus 7 Among Children. Ned. T. Geneesk. **106**, 65 (1962). — **57.** KOCH, L.M., and H. VAN GELDEREN: An Epidemic of Adenovirus Pneumonia. Maandschr. Kindergeneesk. **27**, 402—410 (1959).
58. MATUMOTO, M., S. UCHIDA, and T. HOSHIKA: Isolation of an Intermediate Type of Adenovirus from a Fatal Case of Infantile Pneumonia. Japanese J. exp. Med. **28**, 305—310 (1958). — **59.** MILLER, L.F. et al.: Epidemiology of Nonbacterial Pneumonia Among Naval Recruits. J. Amer. med. Ass. **185**, 92—99 (1963).
60. PEREIRA, H.G., and B. KELLY: Studies on Natural and Experimental Infections by Adenoviruses. Proc. roy. Soc. Med. **50**, 755 (1957).
61. VAN DER VEEN, J., and J.H. DIJKMAN: Association of Type 21 Adenovirus with Acute Respiratory Illness in Military Recruits. Amer. J. Hyg. **76**, 149—159 (1962). — **62.** VAN DER VEEN, J.: The Role of Adenovirus in Respiratory Disease. Conference on Newer Respiratory Disease Viruses. National Institutes of Health, U.S.P.H.S., Bethesda, pp. 167—180 (1962) (References).
63. WRIGHT, H.T., J.B. BECKWITH, and J.L. GWINN: A Fatal Case of Inclusion Body Pneumonia in an Infant Infected with Adenovirus Type 3. J. Pediat. **64**, 528—530 (1964).

Coxsackie- und ECHO-Viruspneumonien

64. ARTENSTEIN, M.S., F.C. CADIGAN, and E.L. BUESCHER: Epidemic Coxsackie Virus Infection with Mixed Clinical Manifestations. Ann. intern. Med. **60**, 196—203 (1964).
65. COUCH, R.B. et al.: Production of Tracheobronchitis and Pneumonia with Submicron-Size Particles of Coxsackie A21 Aerosol. Abstr. J. Clin. Invest. **42**, 927 (1963).
66. GORDON, R.B., E.H. LENNETTE, and R.S. SANDROCK: Varied Clinical Manifestations of Coxsackie Virus Infections. Arch. intern. Med. **103**, 63—69 (1959).
67. HAMRE, D., and J.J. PROCKNOW: Virological Studies on Acute Respiratory Disease in Young Adults: I. Isolation of ECHO 28. Proc. Soc. exp. Biol. (N.Y.) **107**, 770 (1961).
68. JOHN, C.L., O.W. FELTON, and J.D. CHERRY: Coxsackie B1 Pneumonia in an Adult. J. Amer. med. Ass. **189**, 236—237 (1964).
69. KIBRICK, S., and K. BENIRSCHKE: Severe Generalized Disease (Encephalohepatomyocarditis) Occurring in Newborn Period and Due to Infection with Coxsackie Virus Group B. Pediat. **22**, 857—863 (1958).
70. LERNER, A.M. et al.: Infections due to Coxsackie Virus Group A, Type 9, in Boston, 1959, with Special Reference to Exanthems and Pneumonia. New Engl. J. Med. **263**, 1265—1272 (1960).
71. REILLY, C.M. et al.: ECHO Virus Type 25 in Respiratory Illness. J. Pediat. **62**, 538—542 (1963).
72. SANFORD, J.P., and S.E. SULKIN: The Clinical Spectrum of ECHO-Virus Infection. New Engl. J. Med. **262**, 1113—1117 (1959). — **73.** SIEGEL, W. et al.: Two New Variants of Infection with Coxsackie Virus Group B, Type 5 in Young Children. New Engl. J. Med. **268**, 1210—1216 (1963).
74. VARGASKO, A.J. et al.: Association of Coxsackie B-5 Virus with Minor Respiratory Tract Illness in Children. Abstr. Amer. J. Dis. Child. **104**, 539 (1962).
75. WRIGHT, H.T. et al.: Fatal Infection in Infant Associated with Coxsackie Virus Group A, Type 16. New Engl. J. Med. **268**, 1041—1043 (1963).

Rhinovirus- und Reoviruspneumonien

76. EL-RAI, F.M., and A.S. EVANS: Reovirus Infections in Children and Young Adults. Arch. environm. Hlth 7, 700 (1963).
77. HEYCOCK, J.B., and T.C. NOBLE: 1230 Cases of Acute Bronchiolitis in Infancy. Brit. med. J. 2, 879 (1962). — 78. HILLEMAN, M.R. et al.: Clinical-Epidemiologic Findings in Coryza Virus Infections. Amer. Rev. respir. Dis. 88, 274 (1963) (References).
79. JOSKE, R.A. et al.: Hepatitis-Encephalitis in Humans with Reovirus Infection. Arch. intern. Med. 113, 811—816 (1964).

Varicellen, Variolapneumonien

80. ANDREWS, R.H.: Pneumonia and Bronchial Vesiculation Associated with Herpes Zoster. Brit. med. J. 2, 384—386 (1957).
81. BOCLES, J.S., N.J. EHRENKRANZ, and A. MARKS: Abnormalities of Respiratory Function in Varicella Pneumonia. Ann. intern. Med. 60, 183—195 (1964).
82. CLAUDY, W.A.: Pneumonia Associated with Varicella. Arch. intern. Med. 80, 185—192 (1947).
83. DRIPS, R.C.: Varicella in a Term Pregnancy Complicated by Postpartum Varicella Pneumonia and Varicella in Newborn Infant. Obstet. and Gynec. 22, 771—778 (1963).
84. HOWAT, H.T., and W.M. ARNOTT: Outbreak of Pneumonia in Smallpox Contacts. Lancet 1944 II, 312.
85. LILLIE, R.D.: Smallpox and Vaccinia, the Pathologic Histology. Arch. Path. 16, 241 to 291 (1930). — 86. LUCCHESI, P.F. et al.: Varicella Neonatorum. Amer. J. Dis. Child. 73, 44—54 (1947).
87. McCORDOCK, H.A., and R.S. MUCKENFUSS: The Similarity of Virus Ineumonia in Animals to Epidemic Influenza and Interstitial Bronchopneumonia in Man. Amer. J. Path. 9, 221—251 (1933). — 88. MERMELSTEIN, R.H., and A.W. FREIREICH: Varicella Pneumonia. Ann. intern. Med. 55, 456—463 (1961) (References). — 89. MERSELIS, J.G., D. KAYE, and E.W. HOOK: Disseminated Herpes Zoster. Arch. intern. Med. 113, 679—682 (1964).
90. SASLAW, S., J.A. PRIOR, and B.K. WISEMAN: Varicella Pneumonia. Arch. intern. Med. 91, 35—42 (1953).
91. TURNBULL, H.M., and J. McINTOSH: Encephalo-Myelitis Following Vaccination. Brit. J. exp. Path. 7, 181—187 (1926).
92. WARING, J.J., K. NEUBERGER, and E.F. GEEVER: Severe Forms of Chickenpox in Adults. Arch. intern. Med. 69, 384—408 (1942). — 93. WILLIAMS, B., and T.H. CAPERS: The Demonstration of Intranuclear Inclusion Bodies in Sputum from a Patient with Varicella Pneumonia. Amer. J. Med. 27, 836—841 (1959).

Verschiedene Pneumonien

94. ADAMS, J.M. et al.: Giant Cell Pneumonia. Clinicopathologic and Experimental Studies. Pediat. 18, 888—898 (1956). — 95. ALLEN, F.H., and A. KELLNER: Infectious Mononucleosis: An Autopsy Report. Amer. J. Path. 23, 463—478 (1947).
96. Commission on Acute Respiratory Diseases: Association of Pneumonia with Erythema Multiforme Exudativum. Arch. intern. Med. 78, 687—710 (1946) (References).
97. FARMER, T., and A. JANEWAY: Infections with the Virus of Lymphocytic Chorio-meningitis. Medicine (Baltimore) 21, 1—30 (1942) (References). — 98. FINLAND, M., L.S. JOLLIFFE, and F. PARKER: Pneumonia and Erythema Multiforme Exudativum. Amer. J. Med. 4, 473—502 (1948). — 99. FISHER, E.R., and E. DAVIS: Cytomegalic-Inclusion Disease in the Adult. New Engl. J. Med. 258, 1036—1040 (1958). — 100. FOERSTER, D.W., and L.V. SCOTT: Isolation of Herpes Simplex Virus from a Patient with Erythema Multiforme Exudativum (Stevens-Johnson Syndrome). New Engl. J. Med. 259, 473—475 (1958).
101. HANSHAW, J.B.: Clinical Significance of Cytomegalovirus Infection. Postgrad. Med. 35, 472—480 (1964). — 102. HAYES, G.S., and T.L. HARTMAN: Lymphocytic Choriomeningitis. Bull. Johns Hopk. Hosp. 73, 275—286 (1943). — 103. HOLSCHER, J.F.M.: Acute Virus Infections of the Lower Respiratory Tract in Children and the Stevens-Johnson Syndrome. Ned. T. Geneesk. 102, 1025—1029 (1958).
104. LUDLAM, G.B., J.B. BRIDGES, and E.C. BENN: Association of Stevens-Johnson Syndrome with Antibody for Mycoplasma Pneumoniae. Lancet 1964 I, 958—959.
105. McMILLAN, G.C.: Fatal Inclusion-Disease Pneumonitis in an Adult. Amer. J. Path. 23, 995—1002 (1947). — 106. MEDEARIS, D.N.: Observations Concerning Human Cytomegalovirus Infection and Disease. Bull. Johns Hopk. Hosp. 114, 181—211 (1964).
107. SHELDON, G.C., and H. SMELLIE: Cat-Scratch Disease with Pneumonia. Brit. med. J. 2, 446—447 (1957). — 108. SMADEL, J.E. et al.: Lymphocytic Choriomeningitis: Two Human Fatalities Following an Unusual Febrile Illness. Proc. Soc. exp. Biol. (N.Y.) 49, 683—686

(1942). — **109.** Stanyon, J.H., and W.P. Warner: Mucosal Respiratory Syndrome. Canad. med. Ass. J. **53**, 427—434 (1946).

110. Wechsler, H.F., A.H. Rosenblum, and C.T. Sills: Infectious Mononucleosis: Report of an Epidemic in an Army Post. Ann. intern. Med. **25**, 113—133 (1946). — **111.** Williams, G., T.B. Stratton, and J.C. Leonard: Cytomegalic Inclusion Disease and Pneumocystis Carinii Infection in an Adult. Lancet **1960 II**, 951—955.

Namenverzeichnis

Die *kursiv* gesetzten Seitenzahlen beziehen sich auf die Literaturverzeichnisse; *kursive* Ziffern in eckigen Klammern geben die Nummern der Zitate im Literaturverzeichnis an.

Lee, R.S., s. Wyatt, J.P. 732, 743, *752*

Lee, W.F., s. Smiley, D.F. 1034, *1050*

Lee Yong Kiat, s. Chew, A. 296, *303*

Lefebure 50

Lefkowitz jr., L.B., s. Dowling, H.F. 131, *135*

Le Gal, Y., s. Frühling, L. 639, *651*

Legant, O., s. Zelig, M.A. 301, *305*

Legeźyński, S. *570*

Legler 787

Lehan, P.H., E.W. Chick, I.L. Doto, T.D.Y. Chin, R.H. Heeren u. M.L. Furcolow 98, 100, 104, 109, *117*

Lehmann, E. *725*

Lehmann, F. *730*

Lehmann, J., s. Collins, S.D. 363, *397*

Lehmann-Grube, F. 93, *117*, 337, *342*, 443, *453*

— R. Ackermann, K.-A. Jochheim, G. Liedtke u. W. Scheid 444, *453*

— u. J.T. Syverton 93, *117*

— s. Scheid, W. 444, *453*

Lehndorff 596

Lehndorff, H., u. E. Schwarz 809, 814, *837*

Leibin 263

Leibowitz, S. *804*, 815, 817, 822, 828, 829, 831, 833, *837*

— L. Greenwald, I. Cohen u. J. Litwins 831, *838*

— s. Litwins, J. 640, *652*, 788, *804*, 826

Leicher, H. 414, 415, *417*

Leichtenstern, O. 381, *399*

— u. G. Sticker *399*

Leichtenstern-Strümpell 906

Leider, M., u. M.A. Contreras 645, *652*

Leigh, A.D. 354, *399*

Leiner, C. 17, 456, 485, *514*

Leishmann, A.W.D. 886, *887*

Lelbach, W.K., s. Vorlaender, K.O. 767, 768, *808*

Lelong, M., F. Lepage, Le Tan Vinh, P. Tournier u. C. Chany 733, 740, 742, 748, *750*

— s. Chany, C. 320, 321, 326, 327, 328, *330*

— s. Cochard, A.-M. 740, *749*

— s. Gernez-Rieux, Ch. 409, *416*

— Le Tan Vinh 587

Lembke, A., s. Essen, K.W. 756, *802*

Lemcke, R.M. [*77*] 1055, 1060, [*78*] 1055, *1065*

— u. G.W. Csonka [*79*] 1058, *1065*

Lempfried, s. Klenk 334

Lenard, J.C., s. Williams, G. 743, *752*

Leng-Levy, J., s. Creyx, M. 867, 875, *875*

Lennartz, H. 14, 17, 28, 50, *65*, 430

— G. Maas u. G. Kersting 101, *117*

— s. Brohl, I. 101, 109, *113*

Lennette, E.H. *1047*

— G.E. Caplan u. R.L. Magoffin 428, 429, 431, *434*

— u. W.H. Clark 1026, *1047*

— u. B.H. Dean 1026, *1047*

— — M.M. Abinanti, O. Brunetti u. J.M. Covert 1026, *1047*

— M.A. Holmes u. F.R. Abinanti 1024, 1026, *1047*

— F.W. Jeusen u. C.J. Toomb 1026, *1047*

— R.L. Magoffin u. E.G. Knouf 99, 107, 108, 109, *117*

— N.J. Schmidt u. A.C. Hollister jr. *88*, 112, *117*

— G. Meiklejohn u. H.M. Thelen 1026, 1035, 1042, *1047*

— M.I. Ota, F.J. Fujimoto, A. Wiener u. E.C. Loomis 252, *252*

— — u. M.N. Hoffman 252, *252*

— N.J. Schmidt, R.L. Magoffin, J. Dennis u. A. Wiener 99, 108, 109, *117*

— — — u. A. Wiener 108, 109, *117*

— O.A. Soave, K. Nakamura u. G.H. Kellog jr. *570*

— A. Wiener, I. Hoshiwara, J. Woodie u. R.L. Magoffin 111, *117*

— s. Abinanti, F.R. *1043*

— s. Clark, W.H. 1032, 1034, *1045*

— s. Fox, J.P. *292*

— s. Gordon, R.B. *88;* [*66*] 1092, *1098*

— s. Lackman, D.B. 1025, 1039, *1047*

— s. Magoffin, R.L. 65, *89*

— s. Meiklejohn, G. 298, *304*, 1041, *1048*

— s. Schmidt, N.J. 93, 95, 96, 111, *120*, 604, 605, *613*, 642, 643, *653*

— s. Smith, M. 589, *601*

— s. Stallones, R.A. 129, *137*

Lennette, E.H., s. Welsh, H H., 161, *163*, *1050*

— s. Winn, J.F. 1024, 1026, *1051*

Lenormant *874*

Lenz *541*

Leo, H. 485, *514*

Leonard, J.C., s. Williams, G. [*111*] 1095, *1100*

Leone, C., s. Murray, R. 776, *805*

Leopold, J.H., s. McCoy, G.A. 595, *600*

Leopold, P.G. *957*

Lepage, F., u. B. Schramm 740, *750*

— s. Lelong, M. 733, 740, 742, 748, *750*

Lepehne, G. 783, *804*

Lépine, P. 21, 37, 290, *292;* [*32*] 879, *883*, 959

— u. O. Croissant 541, *722*

— E. de Lavergne, S. Gilgenkrantz, M.C. Carré u. J. Maurin 98, 105, 106, 107, 108, *117*

— P. Mollaret u. V. Sautter 444, *453*

— J. Samaille, J. Maurin, O. Dubois u. M.-C. Carré 102, *117*

— u. V. Sautter 443, 445, 446, *453*

— s. Chany, C. 320, 321, 326, 327, 328, *330*

— s. Mollaret, P. 449, *453*

Lepow, M.L., D.H. Carver u. F.C. Robbins 95, 98, 101, *117*

— — H.T. Wright, W.A. Woods

— u. F.C. Robbins 95, 98, 101, 107, *117*

— s. Ingram, V.G. 99, *116*

— s. Mortimer, E.A. 615, *616*

Lepper, M.H., s. Blatt, N.H. *568*

Leppin, W., s. Bansi, H.W. 428, *434*

Lerche, Ch., s. Gardborg, O. *956*

Lerebouillet 50

Lerner, A.M. *149;* [*70*] 1092, *1098*

— J.D. Cherry u. M. Finland 127, 133, *136*

— — u. J.O. Klein 106, *117*

— — — u. M. Finland 127, 133, *136*

— J.O. Klein, H.S. Levin u. M. Finland *88*

— s. Klein, J.O. 102, 105, 107, *116;* [*30*] 879, *883*

Lerner, E.M., u. V.H. Haas *453*

Sachverzeichnis

Berichtigung: Auf Seite 504 im Beitrag Masern ist in Abbildung 20 die Bezeichnung der Nucleinsäure zu korrigieren und an Stelle von DNS einzusetzen „RNS".

Joh. Roth sel. Ww., Graphische Kunstanstalt, München

Infektionskrankheiten

Redigiert von H. Opitz und F. Schmid
(Handbuch der Kinderheilkunde.
Hrsg. von H. Opitz und F. Schmid.
V. Band)
Mit 418 zum Teil farbigen Abbildungen
XII, 1259 Seiten 4°. 1963
Ganzleinen DM 360.—

Allgemeine Infektionslehre. – Allgemeine Epidemiologie. – Infektionskrankheiten: Virusinfektionen. Rickettsiosen. Bakterielle Infektionen. Spirochaetosen und Leptospirosen. Protozoenerkrankungen. Parasitenerkrankungen. Mykosen. – Systematik der Schizomycetes, Rickettsiales, Virales, Eumycetes, Protozoa und Vermes. Infektionserreger und Infektionskrankheiten. Meldepflicht von Erkrankungen nach dem Bundesseuchengesetz (vom 18. 7. 1961). Inkubationszeiten der wichtigsten Infektionskrankheiten. Verzeichnis der Infektionskrankheiten. Sachverzeichnis.

Infektionskrankheiten

(Handbuch der Inneren Medizin.
Vierte Auflage, 1. Band)
Bearbeitet von zahlreichen
Fachwissenschaftlern. In zwei Teilen,
die nur zusammen abgegeben werden.

1. Teil
Mit 417 z. T. farbigen Abbildungen
XVIII, 1536 Seiten Gr.-8°. 1952

2. Teil
Mit 293 z. T. farbigen Abbildungen
XVI, 1225 Seiten Gr.-8°. 1952
Ganzleinen DM 374.—

Infektionskrankheiten
der Haut

(Handbuch der Haut- und Geschlechtskrankheiten. J. Jadassohn, Ergänzungswerk, IV. Band, Teil 1 A und B)

Infektionskrankheiten der Haut I
Hrsg. von A. Marchionini und H. Götz
Mit 202 teils farbigen Abbildungen
XIV, 688 Seiten Gr.-8°. 1965
Ganzleinen DM 265.—

Infektionskrankheiten der Haut II
Hrsg. von A. Marchionini und H. Röckl
In Vorbereitung

Medizinische Mikrobiologie

Von **Ernest Jawetz**, Ph. D., M. D.,
Prof. of Microbiology and Chairman,
Department of Microbiology,
Lecturer in Medicine and Pediatrics,
University of California, School of
Medicine (San Francisco)
Joseph L. Melnick, Ph. D., Prof.
of Virology and Epidemiology, Baylor
University College of Medicine, Houston,
und **Edward A. Adelberg**, Ph. D.,
Prof. of Microbiology and Chairman,
Department of Microbiology,
Yale University.
Unveränderter Neudruck. Mit 173 Abb.
VIII, 600 Seiten Gr.-8°. 1966
Steif geheftet DM 28.—

SPRINGER-VERLAG
BERLIN · HEIDELBERG · NEW YORK